U0335686

核电厂一回路源项和排放源项

刘新华　主编

科学出版社

北京

内 容 简 介

本书涵盖了我国核电厂一回路源项和排放源项的最新研究成果。全书共11章。第一章简要介绍我国核电堆型、核电厂正常运行辐射影响及安全要求、一回路源项和排放源项的研究历程与源项框架体系。第二章介绍M310、WWER、AP1000 和 EPR 等堆型引进时的一回路源项和排放源项。第三章至第五章系统总结新构建的一回路源项和排放源项框架体系、一回路源项模式和参数、排放源项模式和参数的研究成果。第六章至第九章对CPR1000/CNP1000、WWER、AP1000 和 EPR 等堆型的一回路源项和排放源项进行了重新计算。第十章介绍我国自主研究设计的高温气冷堆的一回路源项和排放源项。第十一章提出对未来继续研究的展望。

本书可供从事核电厂放射性废物管理、辐射防护、环境影响评价、辐射监测等领域的研究、设计、运行和监管人员参考使用，也可作为大专院校相关专业的参考教材。

图书在版编目(CIP)数据

核电厂一回路源项和排放源项 / 刘新华主编. —北京：科学出版社，2019.6

ISBN 978-7-03-061695-1

Ⅰ.①核… Ⅱ.①刘… Ⅲ.①核电厂–放射性废物–废物管理 Ⅳ.①TL94

中国版本图书馆 CIP 数据核字(2019)第 117838 号

责任编辑：车宜平 沈红芬 / 责任校对：杨 赛

责任印制：赵 博 / 封面设计：陈 敬

科学出版社 出版

北京东黄城根北街 16 号

邮政编码：100717

http://www.sciencep.com

北京画中画印刷有限公司 印刷

科学出版社发行 各地新华书店经销

*

2019年6月第 一 版 开本：787×1092 1/16

2019年6月第一次印刷 印张：24 1/2

字数：580 000

定价：148.00 元

(如有印装质量问题，我社负责调换)

编 写 人 员

主　　编　刘新华

编　　委（按姓氏笔画排序）

上官志洪　毛亚蔚　方　岚　李　兰　李　红

祝兆文　唐邵华　梅其良　蔡德昌

编　　者（按姓氏笔画排序）

上官志洪　王晓亮　毛亚蔚　方　岚　付亚茹

付鹏涛　吕炜枫　刘新华　米爱军　李　兰

李　红　李怀斌　肖　锋　陈　洋　祝兆文

徐春艳　唐邵华　梅其良　曹建主　蔡德昌

熊　军　魏方欣

编写秘书　祝兆文

前　言

核电与火电、水电一起构成世界电力的三大支柱，在世界能源结构中占有重要地位。自1954年世界上第一座商业核电站——苏联奥布宁斯克核电站投产以来，核电发展已历经60多年。根据世界核协会统计的数据，截至2019年2月，全球正在运行的核电机组共计448台，分布在30多个国家和地区，核电发电量占世界发电总量的10.5%。全世界正在运行的核电机组中，压水堆占60%，沸水堆占21%，重水堆占9%，石墨堆等其他堆型占10%，压水堆为主导堆型。

我国自1991年第一座核电站——秦山核电站并网发电以来，截至2019年2月，已投入商业运行的核电机组达到45台，发电功率43TW，在建核电机组13台。我国核电堆型以压水堆为主，另外还有重水堆和高温气冷堆。

核电厂在运行过程中伴随着放射性核素的产生，这些核素来源于堆芯裂变和活化，经泄漏和迁移进入反应堆一回路，然后经放射性废物处理系统处理后，绝大部分包容在放射性固体废物中最终处置，极少部分包含在气态和液态流出物中，满足排放要求后排入环境。有些固体废物中放射性核素含量很低，满足解控标准，经审批后解控。此外，还有一部分含有放射性或被放射性核素沾污的物品，满足标准后可以再循环再利用。核电厂内各系统设备中的放射性核素和泄漏到房间内的气载放射性核素对员工产生外照射和内照射；气态和液态流出物排放到环境中，对公众和环境产生辐射影响；放射性废物处置和放射性物品再循环再利用，也对人和环境产生辐射影响。

通常采用源项(source term)这一术语来客观描述放射性物质的种类、数量和辐射特性。在工程应用中，源项可以按照核电厂建设阶段、运行状态、源项用途、假设保守性、系统设备、产生机理和核素种类等不同的角度进行分类。

核电厂运行的状态可以分为正常运行工况和事故工况，因此，核电厂的源项可分为正常运行源项和事故源项。按照源项的用途，核电厂正常运行源项可分为辐射防护源项和放射性废物管理源项。辐射防护源项用于电厂辐射防护设计和辐射防护运行管理；放射性废物管理源项则主要用于放射性废物管理系统的设计和运行管理、环境影响评价等。

辐射防护源项按照保守性可分为现实源项和保守源项。按照系统设备可分为堆芯积存量、堆本体源项、一回路源项、二回路源项、设备源项、厂房内外照射源项和气载放射性源项等。

放射性废物管理源项按照保守性可分为现实源项和保守源项。按照系统设备可分为堆芯积存量、一回路源项、二回路源项、废气处理系统源项、废液处理系统源项、气态流出物排放源项、液态流出物排放源项和固体废物源项等。按照核素类别可分为裂变产物源项、活化腐蚀产物源项、氚源项和 ^{14}C 源项。按照核电厂建设阶段，气态和液态流出物排放源项可分为选址源项、设计源项和运行源项等。

电厂对工作人员、公众和环境产生辐射影响的主要原因是一回路冷却剂泄漏，因此一回路源项是辐射防护和放射性废物管理的源头。气态流出物和液态流出物排放直接对公众与环境产生影响，其源项是评价核电厂运行对公众和环境影响的基础。

本书研究一回路源项和流出物排放源项，为辐射防护和放射性废物管理提供科学基础。在本书中，一回路源项的研究和计算，包括堆芯积存量、一回路裂变产物源项和一回路活化腐蚀产物源项；流出物排放源项的研究和计算，包括二回路源项、废气处理系统源项、废液处理系统源项、氚源项、^{14}C 源项、气态流出物排放源项和液态流出物排放源项。

我国正在设计、建造或已投入商业运行的核电堆型主要包括 M310/CPR1000/CNP1000、WWER1000、EPR 和 AP1000 等压水堆，另外还有重水堆、高温气冷堆和快堆。我国核电机型的发展大多经历了引进、消化吸收，以及为适应我国法规要求而进行设计调整、设计优化等过程。核电厂一回路源项和排放源项也经历了类似的发展过程。

总体上，我国核电厂一回路源项和排放源项的研究历经了 4 个阶段。在对各引进核电堆型源项消化吸收的基础上，开展了二代改进堆型源项研究和三代堆型源项研究，2013 年开始标准化源项体系构建，包括源项框架体系的研究、源项基本假设的统一、源项计算模型和参数的研究、源项的重新计算等。本书对此进行了系统的总结。

本书的主要内容来源于三项研究课题的成果，分别为“现实源项和设计源项问题的研究”、“核电厂放射性废物管理源项框架体系研究”和“核电厂放射性废物管理源项计算方法研究及计算”。

“现实源项和设计源项问题的研究”是大型先进压水堆核电站国家科技重大专项科研课题“CAP1400 安全评审技术及独立验证试验”的子课题 12。该课题于 2011 年 12 月立项，完成时间为 2016 年 12 月，承担单位为环境保护部核与辐射安全中心，联合单位为上海核工程研究设计院、苏州热工研究院有限公司和清华大学核能与新能源技术研究院，课题负责人为刘新华。子课题 12 的研究目标是研究制定CAP1400一回路设计源项和现实源项及气态和液态流出物排放源项的审评原则(建议稿)。该课题已经通过国家能源局组织的项目验收。

"核电厂放射性废物管理源项框架体系研究"是2015年环境保护部核与辐射安全监管项目。该课题于2015年1月立项,完成时间为2016年12月,承担单位为环境保护部核与辐射安全中心,课题负责人为刘新华。该课题的研究目标是建立一套统一的适合我国核电厂放射性废物管理源项的框架体系,为国内核电厂放射性废物管理源项计算提供参考,为相关核安全监管提供技术支持。

为了将前述两个课题的研究成果推广应用,2013年1月至2016年12月,环境保护部核与辐射安全中心组织国内相关设计和环评单位,包括中国核电工程有限公司、上海核工程研究设计院、深圳中广核工程设计有限公司、中广核研究院有限公司、中国核动力研究设计院、苏州热工研究院有限公司和清华大学等,联合开展"核电厂放射性废物管理源项计算方法研究及计算"。该课题是自发研究课题,课题负责人为刘新华。该课题基于前述研究建立的统一框架体系,梳理前期关于源项计算模型和计算参数的研究成果,对关键的技术问题开展研究,形成较规范的源项计算方法,并用该方法对国内现有压水堆核电厂一回路源项和排放源项进行重新计算。

本书涵盖了我国核电厂一回路源项和排放源项的最新研究成果。全书共11章。第一章为概述,简要介绍我国核电堆型、核电厂正常运行辐射影响及安全要求、一回路源项和排放源项的研究历程。第二章介绍M310、WWER、AP1000和EPR等堆型引进时的一回路源项和排放源项,这些源项是我国源项研究的基础。第三章至第五章,系统地总结新构建的一回路源项和排放源项框架体系、一回路源项模式和参数、排放源项模式和参数的研究成果。第六章至第九章,对CPR1000/CNP1000、WWER、AP1000和EPR等堆型的一回路源项和排放源项进行了重新计算。第十章介绍我国自主研究设计的高温气冷堆的一回路源项和排放源项。第十一章提出对未来继续研究的展望。

考虑到重水堆和秦山核电站一期堆型的特殊性,本书的研究范围不包括重水堆和秦山核电站一期堆型。鉴于CAP1400核电站和华龙一号核电站尚未投入商业运行,其计算结果没有纳入本书。

本书的编写人员来自生态环境部核与辐射安全中心(原环境保护部核与辐射安全中心)、中国核电工程有限公司、上海核工程研究设计院、深圳中广核工程设计有限公司、中广核研究院有限公司、中国核动力研究设计院、中核核电运行管理有限公司、清华大学和苏州热工研究院有限公司。所有编写人员均多年从事我国核电厂辐射源项的研究、设计和审评工作,有很深的理论基础和丰富的实践经验。

本书第一章由方岚、祝兆文编写，刘新华审稿；第二章由米爱军、熊军、肖锋、陈洋、付亚茹、付鹏涛编写，上官志洪审稿；第三章由刘新华、方岚、祝兆文、魏方欣、徐春艳编写，刘新华审稿；第四章由李兰、王晓亮、付鹏涛、付亚茹、方岚编写，刘新华审稿；第五章由王晓亮、李怀斌、熊军、付鹏涛、祝兆文编写，刘新华审稿；第六章由付鹏涛、米爱军、肖锋编写，唐邵华审稿；第七章由王晓亮、米爱军编写，毛亚蔚审稿；第八章由付亚茹、李怀斌编写，梅其良审稿；第九章由吕炜枫、付鹏涛编写，蔡德昌审稿；第十章由曹建主编写，李红审稿；第十一章由祝兆文、方岚编写，刘新华审稿。

本书在编写过程中得到了生态环境部核与辐射安全中心陈晓秋、吴浩、杨端节和熊晓伟等的大力支持；本书引用的部分国内核电厂运行数据，由中核核电运行管理有限公司朱月龙、游兆金，大亚湾核电运营管理有限责任公司欧阳俊杰和江苏核电有限公司孙开斌等提供，在此对他们的支持一并表示感谢。

本书可供从事核电厂放射性废物管理、辐射防护、环境影响评价、辐射监测等领域的研究、设计、运行和监管人员参考使用，也可作为大专院校相关专业的参考教材。

由于本书涉及的知识面广，加之编者水平有限，书中难免存在不足，真诚希望广大读者提出宝贵意见，以便再版时修改、完善。

刘新华

2019 年 3 月于北京

目　　录

第一章 概　　述

1.1 核电厂堆型简介

核电与火电、水电一起构成世界能源的三大支柱，在世界能源结构中有着重要的地位。自1954年世界上第一座商业核电站——苏联奥布宁斯克核电站投产以来，核电发展已历经60多年。据世界核协会统计的数据，截至2019年2月全球正在运行的核电机组分布在30多个国家和地区，共计448台，发电功率2488TW，2017年发电量占世界发电总量的10.5%；在建57台，规划中126台。世界主要核电国家机组情况统计见图1.1.1。

全世界正在运行的核电机组中，压水堆占60%，沸水堆占21%，重水堆占9%，石墨堆等其他堆型占10%。压水堆是世界核电的主导堆型。

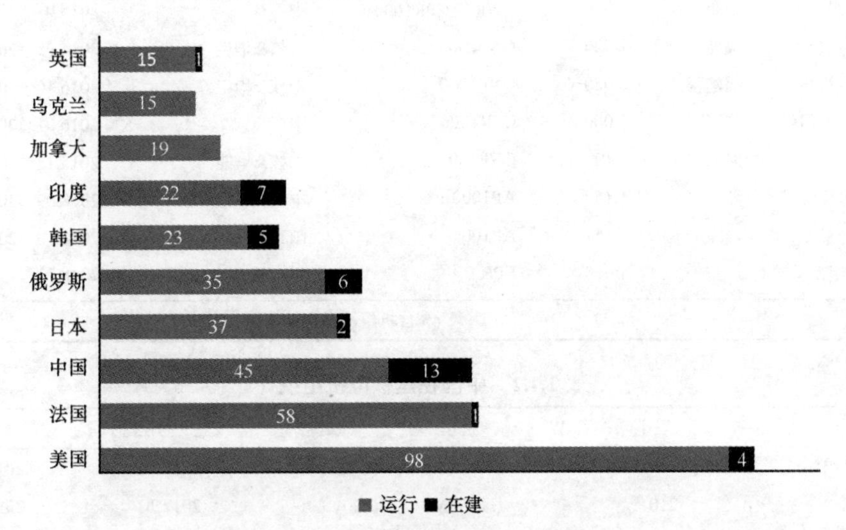

图1.1.1　世界主要核电国家机组统计

数据来自世界核协会网站 http://www.world-nuclear.org/information-library/country-profiles/countries-a-f/china-nuclear-power.aspx，统计截至2019年2月

我国自1991年第一座核电站——秦山核电站并网发电以来，截至2019年2月，已投入商业运行的核电机组达到45台，正在建设的核电机组13台。我国核电堆型包括压水堆、重水堆和高温气冷堆，以压水堆为主。我国大陆运行和在建核电站分别见表1.1.1和表1.1.2。

表1.1.1　中国运行核电机组情况统计

机组	省份	发电功率(MW)	机型	运营商	商运时间
大亚湾1、2号机组	广东	944	PWR(M310)	中广核	1994.02
秦山一期	浙江	298	PWR(CNP300)	中核	1994.04

续表

机组	省份	发电功率(MW)	机型	运营商	商运时间
秦山二期1、2号机组	浙江	610	PWR(CNP600)	中核	2002.04～2004.05
秦山二期3、4号机组	浙江	620	PWR(CNP600)	中核	2010.10～2011.12
秦山三期1、2号机组	浙江	677	PHWR(CANDU 6)	中核	2002.12～2003.07
方家山1、2号机组	浙江	1 012	PWR(CPR1000)	中核	2014.12～2015.02
岭澳一期1、2号机组	广东	950	PWR(M310)	中广核	2002.05～2003.06
岭澳二期1、2号机组	广东	1 007	PWR(CPR1000)	中广核	2010.09～2011.08
田湾1、2号机组	江苏	990	PWR(WWER1000)	中核	2007.05～2007.08
田湾3、4号机组	江苏	1 060	PWR(WWER1000)	中核	2018.02～2018.12
宁德1、2号机组	福建	1 018	PWR(CPR1000)	中广核&大唐	2013.04～2014.05
宁德3、4号机组	福建	1 018	PWR(CPR1000)	中广核&大唐	2015.06～2016.07
红沿河1、2号机组	辽宁	1 061	PWR(CPR1000)	中广核	2013.06～2014.05
红沿河3、4号机组	辽宁	1 061	PWR(CPR1000)	中广核	2015.11～2017.01
阳江1、2号机组	广东	1 000	PWR(CPR1000)	中广核	2014.03～2015.06
阳江3、4号机组	广东	1 000	PWR(CPR1000)	中广核	2016.01～2017.03
阳江5号机组	广东	1 000	PWR(ACPR1000)	中广核	2018.07
福清1、2号机组	福建	1 020	CNP1000	中核&华电	2014.03～2015.06
福清3、4号机组	福建	1 020	CNP1000	中核&华电	2016.10～2017.09
防城港1、2号机组	广西	1 000	CPR1000	中广核	2016.01～2006.10
昌江1、2号机组	海南	601	CNP600	中核&华能	2015.12～2016.08
三门1、2号机组	浙江	1 157	AP1000	中核	2018.09～2018.11
海阳1、2号机组	山东	1 157	AP1000	国家电投	2018.10～2018.11
台山1号机组	广东	1 660	EPR	中广核	2018.11
总计	45台机组，发电功率43TW				

表 1.1.2　中国在建核电机组统计

机组	省份	发电功率(MW)	机型	运营商	开工时间	计划商运时间
台山2号机组	广东	1 750	EPR	中广核	2010.04	2019
山东石岛湾	山东	210	HTR-PM	华能	2012.12	2019
阳江6号机组	广东	1 086	ACPR1000	中广核	2013.12	2019
红沿河5、6号机组	辽宁	1 119	ACPR1000	中广核&国家电投	2015.03～2015.07	2019～2020
福清5、6号机组	福建	1 150	华龙一号	中核&华电	2015.05～2015.12	2019～2020
防城港3、4号机组	广西	1 180	华龙一号	中广核	2015.12～2016.12	2019～2020
田湾5、6号机组	江苏	1 118	ACPR1000	中核	2015.12～2016.09	2020～2021
霞浦1号机组	福建	600	CFR600	中核	2017.12	2023
渤海浮动堆	辽宁	60	ACPR50s	中广核	2016.11	2020
总计	13台机组，发电功率12.8TW					

通常把20世纪五六十年代建造的验证性核电厂称为第一代；七八十年代标准化、系列化、批量建设的核电厂称为第二代；九十年代开发研究成熟的先进轻水堆称为第三代；而第四代核电技术则是指待开发的核电技术，其主要特征是防止核扩散，具有更好的经济性，安全性

高，废物产生量少。美国西屋电气公司开发的AP1000与我国自主研发的华龙一号等堆型属于第三代堆型，高温气冷堆是具有第四代特征的堆型。

第二代核电技术是在全面总结第一代核电厂研发、建造及运行经验的基础上，按当时确立的核安全标准，形成的一套核电厂设计、建造、运行管理等方面的技术。目前世界上运行的核电厂主要是第二代堆型。

为吸取三里岛核电站和切尔诺贝利核电站严重事故的教训，满足公众对提高核电安全性的迫切要求，美国和欧洲相继出台了“美国用户要求文件”(URD)和“欧洲用户要求文件”(EUR)，对新建核电厂的安全性、经济性等方面提出了一系列新要求。据此开发的核电堆型被称为第三代堆型。

日本福岛核事故发生后，世界上主要核电国家及国际原子能机构(IAEA)和经济合作与发展组织核能机构(OECD-NEA)等国际组织积极研究和制定新的安全要求。2011年3月16日，国务院常务会议通过核电“国四条”，提出按照全球最高安全标准要求新建核电项目。2012年10月24日，国务院常务会议通过《核安全与放射性污染防治“十二五”规划及2020年远景目标》和《核电中长期发展规划(2011—2020年)》。目前，我国正在按两个规划建设新的核电项目。

与第二代核电技术相比，第三代核电技术采用了非能动安全设计，满足国际原子能机构安全法规对预防和缓解严重事故的要求，也满足URD、EUR的要求，有效提高了安全性。例如，AP1000和EPR的堆芯损坏频率(CDF)分别为5.1E–07/堆年和1.2E–06/堆年，大量放射性释放概率分别为5.9E–08/堆年和9.6E–08/堆年，比第二代核电厂低1～2个数量级。

第三代核电厂技术的进步还体现在先进的燃料管理技术、先进的反应堆设计技术、先进的人因工程、先进的数字化仪表控制系统和控制室、宽裕的操作员可不干预时间，以及模块化设计和建造技术等方面。

1.1.1 压水堆核电厂

压水堆核电厂的工作原理如图1.1.2所示，核燃料在反应堆内裂变并释放出大量热能；高温高压的循环冷却水把能量带出，在蒸汽发生器内生成蒸汽，进入汽轮机发电。

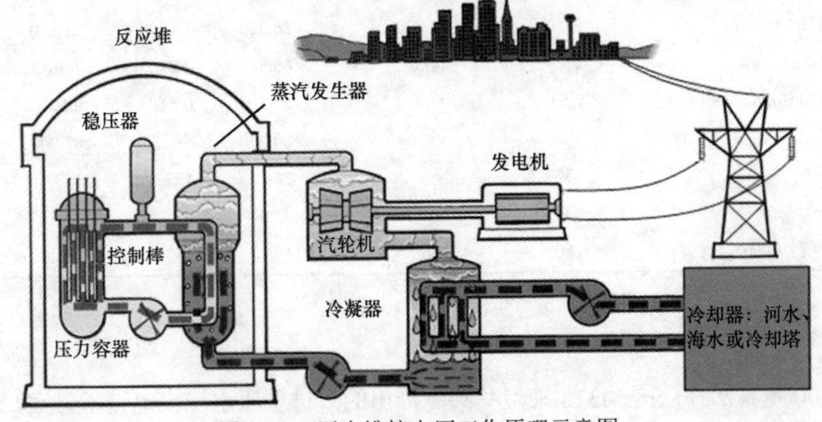

图1.1.2 压水堆核电厂工作原理示意图

压水堆核电厂主要由 3 个回路构成：

一回路：反应堆冷却剂被堆芯加热，流经蒸汽发生器内的U形传热管，通过管壁将热能传递给管外的二回路冷却水，释放热量后又被主泵送回堆芯。

二回路：蒸汽发生器U形管外的二回路水受热变成蒸汽，推动汽轮机做功，之后进入冷凝器冷却，凝结成水返回蒸汽发生器。

三回路：三回路使用海水或淡水，它的作用是在冷凝器中冷却二回路的蒸汽，使之变回冷凝水。

当前，我国运行和在建的压水堆核电堆型主要有 M310/CPR1000/CNP1000、WWER1000、EPR、AP1000、华龙一号、CAP1400 和高温气冷堆等，各堆型主要参数参见表 1.1.3。M310 引入我国之后，中核集团和中广核集团在引进、消化、吸收国外先进技术的基础上，结合多年来的渐进式改进和自主创新形成了“二代加”百万千瓦级压水堆核电技术，包括 CPR1000、ACPR1000、CNP600 和 CNP1000 等堆型。由于这些堆型一回路源项和排放源项的计算方法较为相似，为避免过多重复，本节主要介绍 CPR1000 堆型。

表 1.1.3　各堆型主要设计参数

参数名称	CPR1000	WWER1000	EPR	AP1000	华龙一号	CAP1400
环路数	3	4	4	2	3	2
机组布置	双堆	单堆	单堆	单堆	单堆	单堆
电厂设计寿期(年)	60	40	60	60	60	60
换料周期(月)	18	18	18	18	18	18
机组额定电功率(MW)	1 020	1 060	1 750	1 250	1 161	1 500
反应堆额定热功率(MW)	2 905	3 000	4 590	3 415	3 050	4 040
反应堆冷却剂系统运行压力(MPa abs)	15.5	15.7	15.5	15.5	15.5	15.5
反应堆冷却剂系统设计压力(MPa abs)	17.2	17.64	17.6	16.67	17.23	17.3
反应堆压力容器入口冷却剂温度(℃)	292.4	291	295.2	280.7	291.5	284.3
反应堆压力容器出口冷却剂温度(℃)	327.6	321	331.8	321.1	328.5	323.7
蒸汽发生器出口主蒸汽压力(MPa abs)	6.71	6.28	7.62	5.61	6.80	6.01
主蒸汽总流量(kg/s)	1 613.4	1 633.2	2 604	1 615	1 701	2 245
压力容器内径(mm)	3 989	4 335	4 870	3 988	4 246	4 430
主泵名义流量(m^3/h)	23 790	22 000	28 320	17 000	22 840	41 452
安全壳内径(m)	37	44.0	46.8	4 038.6	46.8	43.0
安全壳设计压力(MPa abs)	0.52	0.39	0.55	0.51	0.52	0.54
安全壳净容积(m^3)	49 300	69 169	80 000	58 332	87 000	75 000
燃料组件数	157	163	241	157	177	193
活性段长度(m)	3.66	3.53	4.20	4.27	3.65	4.27
平均线功率密度(W/cm)	186	166.7	166.7	187.3	173.8	181.0

1.1.1.1　CPR1000 堆型

CPR1000 是我国在法国 M310 堆型基础上推出的改进型压水堆核电技术方案，是在引进、消化、吸收国外先进技术的基础上，结合 20 多年的渐进式改进和自主创新形成的“二代加”

百万千瓦级压水堆核电技术。我国岭澳核电站二期(以下简称岭澳二期)、阳江核电站1、2号机组等都属于CPR1000堆型。

CPR1000技术方案基于大亚湾核电站和岭澳核电站一期M310堆型的成熟设计，采用经验证的技术和定型的设备，同类型机组在世界上已有1000多堆年运行经验。大亚湾核电站采取了三里岛事故后的修改，使其达到了国际核电20世纪80年代末的水平。岭澳核电站一期(以下简称岭澳一期)以大亚湾核电站为参考核电站，维持热功率和其他主要支行参数不变，结合经验反馈和核安全技术发展要求，通过37项技术改进，进一步提高了核电站安全水平和技术经济性能，使总体性能达到了国际核电20世纪90年代中期的水平。岭澳二期所采纳的CPR1000方案是在大亚湾核电站、岭澳一期的技术基础之上，结合法国为追赶世界先进核电的发展所做的第二次十年大修计划(VD2)的改进，采取了严重事故的预防和缓解等措施，使岭澳二期的综合技术安全经济指标达到目前国际同类核电站的先进水平。

CPR1000技术方案的主要特点：

(1)基于状态导向的事故处理规程(SOP)：该技术特点有利于减轻操作人员负担，降低人因失误，且有利于处理多重事故及与严重事故处理规程接口。

(2)首炉18个月换料方案：该技术特点有利于减少换料大修次数，降低大修成本、燃料循环成本、放射性废物的产生量、反应堆压力容器的中子流量和工作人员的受辐照剂量，提高电厂的可利用率和年发电量。

(3)堆腔注水：该技术特点有利于防止或延迟压力容器熔穿，防止堆芯熔融物与混凝土反应，防止安全壳底板熔穿，抑制安全壳内氢的产生量，提高安全壳保持完整性的概率。

(4)长寿命压力容器(设计寿命达60年)：该技术特点有利于低泄漏设计，减少中子对压力容器的辐照，采用严格控制Cu、P、S、Ni含量材料的整体锻件，延长压力容器的使用寿命，并最终延长核电厂的使用寿命。

(5)主回路破前漏(LBB)：该技术特点有利于简化系统(如取消主管道防甩止挡板、减少主管道阻尼器)，节约成本，且可改善维修及在役检查的可接近性，降低工作人员的辐照剂量。

(6)可视化进度控制：该技术特点有利于直接在三维模型上显示施工进度的进展和状态，检验施工顺序和方案，展示进度和计划的差异，为施工计划的安排和优化提供支持和服务。

(7)三维辅助设计：该技术特点有利于进行系统三维布置校验，检验接口是否自洽，也可进行三维空间布置校验，设置最佳路径，缩短大修工期。

1.1.1.2 WWER1000堆型简介

WWER1000为俄罗斯设计的第二代堆型，我国田湾核电站1、2号机组采用了WWER-1000/V428核电机组(以下简称WWER)，该机组是在总结WWER1000/V320型机组的设计、建造和运行经验基础上，按照国际现行核安全法规，并采用一些先进技术而完成的改进型设计，在某些方面已达到国际上第三代核电厂的要求。概率安全评价表明，发生堆芯严重损坏或熔化事故的概率小于3.3E-06堆年，发生严重放射性泄漏事故的概率不超过6.4E-08堆年。

WWER1000的技术主要特点：

(1)双层安全壳：双层安全壳内层采用钢缆预应力张拉系统的钢筋混凝土墙体，厚1.2m，内壁衬有6mm厚的钢覆面；外层采用普通钢筋混凝土墙体，厚0.6m；内外壳之间为1.8m的带有碘和气溶胶过滤器通风系统的负压环形空间，能有效减少放射性气溶胶和碘向周围环境的释放，外壳能够抵御地震、龙卷风和小型飞机等外力的撞击，从而达到有效防护的目的。双层安全壳反应堆厂房外径51.2m，内径44m，总高度74.2m。

(2) 安全壳预应力钢缆系统：安全壳采用后张预应力钢缆系统，共有水平环向360°预应力钢丝束70束，竖向倒U形预应力钢丝束50束，每束由55根低松弛性的七股钢绞线组成，该设计系国内首次采用的国际先进技术，设计内抗压能力达到0.5MPa，最高可达0.7MPa。该系统能够大大提高安全壳的承压能力，提高了核电厂的安全水平。

(3) "N+3"的多重保护安全系统：安全系统如堆芯应急冷却系统、事故浓硼注入系统、安全壳喷淋系统和事故给水系统等均由2通道改为4通道，即每个能动系统均由4个完全独立和实体隔离的通道组成。如果一个通道处于检修状态，另一个通道发生与初始事件有关的故障，第三个通道发生单一故障，则还有一个通道可投入使用，这样在运行中形成了1个系统运行、3个系统备用的"N+3"的有效组合，比一般压水堆采用"N+1"或"N+2"的设计更加可靠，从而提高了核电厂的安全性。

(4) 堆芯熔融物捕集器：设置了堆芯熔融物捕集器，其主要功能是在严重事故下收集并冷却堆芯熔融物，以防止堆芯熔融物与反应堆厂房的混凝土底板发生反应并导致底板熔穿，从而有效地防止了严重事故下放射性物质的泄漏，以缓解超设计基准事故的严重后果。

(5) 全数字化仪控系统：仪控系统采用先进的数字化分布控制系统(DCS)，它由运行仪控"TXP"和安全仪控"TXS"两部分组成，是目前我国核电厂首次引进的全数字化仪控系统。运行仪控采用最新的软硬件标准、分层处理的体系结构、综合自动化控制的设计思想和统一的人机接口，可实现长运行寿命、低运行成本及最佳可操作性；安全仪控采用可靠性硬件和软件、多重冗余和纠错技术，在反应堆保护专设安全设施驱动等系统应用中，满足了严格的安全要求。由于DCS系统具有更高的可靠性、更强的监视和控制功能，以及安装、调试、维护更为方便等特点，将对保证核电厂安全、可靠、高效地运行发挥重要作用。

1.1.1.3 EPR堆型

EPR由法国法马通公司和德国西门子公司联合开发，在传统商用压水堆核电厂技术基础上，增加安全系统冗余度，加大单机容量，以满足欧洲用户要求文件(EUR)的设计要求，是第三代先进压水堆。我国台山核电站1、2号机组为EPR堆型。

1991年，为吸取三里岛核电站事故和切尔诺贝利核电站事故严重教训，法马通公司和西门子公司开始联合设计开发新一代改进型压水堆核电厂。它是以法国N4和德国Konvoi核电站为主要设计参考，以满足EUR为设计要求，于1998年完成初步设计，2000年11月在完成初步设计评审后向法国核安全当局递交了设计详细技术导则。2003年12月，芬兰电力公司签订了世界第一台EPR核电机组建设合同。法国第一台EPR机组于2007年1月浇筑第一罐混凝土。

EPR 主要的技术改进：

(1) 堆芯由 241 个燃料组件构成，满足单机功率增加需要，可使用 50%的 MOX 燃料(UO_2 和 PuO_2 制成的 U-Pu 混合氧化物)。

(2) 采用双层安全壳：内层为金属衬里预应力混凝土安全壳，布置由 4 条环路组成的反应堆冷却剂系统，每条环路由 1 台蒸汽发生器、1 台主泵和相应的主管道组成。内层安全壳采用大容积和较高设计压力，在严重事故工况下，能确保在 12h 内不需要安全壳热量导出系统投入运行，在低压堆芯熔化事故下，如积聚在安全壳内最大量的氢气发生爆燃，也能保证安全壳的完整性和密封性；外层为钢筋混凝土安全壳，用以抵御外部灾害，如外部飞射物、飞机撞击等。

(3) 增加专设安全系统冗余度：每个安全系统及其支持系统如应急交流电源系统都由 4 个 100%容量安全序列组成，分别布置在 1～4 号安全厂房和 1～4 号柴油发电机厂房内，实现地理位置分隔。

(4) 增加对严重事故的预防和缓解设施：稳压器顶部设有卸压阀、防止严重事故下的高压熔堆；设置安全壳热量导出系统，导出安全壳内热量，限制安全壳压力；设置底板保护设施，将堆芯熔融物进行收集并展开到一个较大的区域(展开区)内，采用水冷却底板，保护底板不熔穿，以保持安全壳完整性。采用干式堆腔设计，避免大量水直接与堆芯熔融物接触，防止压力容器外的蒸汽爆炸。

1.1.1.4 AP1000 堆型

AP1000 由美国西屋电气公司研发，采用由重力、自然循环和储能等非能动技术来驱动专设安全设施，满足美国用户要求文件(URD)设计要求，属于第三代先进压水堆。我国三门核电站 1、2 号机组和海阳核电站 1、2 号机组，都属于 AP1000 堆型。

1990 年，美国电力研究院为吸取美国三里岛核电站和苏联切尔诺贝利核电站严重事故教训颁布了美国 URD，对新建核电厂的安全性、经济性等方面提出了一系列要求。美国西屋电气公司在其 20 多年压水堆设计和运行技术基础上，为满足 URD 的设计要求，开始非能动先进压水堆 AP600(电功率为 600MW)的研发工作，对非能动安全系统进行了大量的试验研究，并开发了非能动安全分析计算程序，于 1998 年 9 月获得美国核管理委员会(NRC)的最终设计批准。1999 年 12 月，西屋电气公司在 AP600 基础上，开发 AP1000(电功率为 1250MW)核电厂设计，于 2005 年 12 月获得 NRC 颁发的 AP1000 第 15 版设计控制文件(design control document，DCD)批准证书。2011 年 12 月，NRC 又批准了对其第 19 版 DCD 的修正设计证书，并于 2012 年 2 月正式批准在佐治亚州 VOGTEL 核电站扩建 VOGTLE 3 号和 4 号 2 台 AP1000 核电机组。

AP1000 采用非能动的安全系统，简化了安全系统配置，减少了安全支持系统等，安全级设备和厂房、阀门、管道、电缆等的数量比传统商用核电厂有明显减少，加上采用模块化设计和施工技术，可缩短工期，提高了 AP1000 核电厂的安全性和经济性。

AP1000 的技术改进：

(1) 紧凑布置的反应堆冷却剂系统：它采用两个环路，各由 1 台蒸汽发生器、2 台屏蔽式电动泵、1 条热管段和 2 条冷管段组成。

(2) 由非能动应急堆芯冷却系统、非能动安全壳冷却系统、主控制室应急可居留系统、非能动安全壳裂变产物去除系统和安全壳氢气控制系统构成 AP1000 专设安全系统，并取消安全级交流应急电源、系统；设置全面完善的预防和缓解严重事故的措施，包括防止高压熔堆的自动泄压系统、堆腔淹没系统和反应堆压力容器外部冷却设施，可将堆芯熔融物保留在压力容器内，并设置了安全壳内氢气自动复合的氢气控制系统等。

(3) 采用机械补偿模式：利用控制棒的机械动作完成负荷跟踪过程中的反应性控制和功率分布控制，以实现不调硼负荷跟踪，取消了硼回收系统；简化了化学和容积控制系统。采用屏蔽式冷却剂循环泵的压头作为净化流的驱动力，在安全壳内实现高压净化，取消了传统压水堆核电厂的上充泵、容积控制箱和泵轴封水系统。

(4) 设计基准地面水平加速度为 0.3g，能适应更多的厂址条件。

(5) 进行模块化的设计和施工，以缩短工期，降低工程造价。

1.1.1.5 华龙一号堆型

华龙一号由中国两大核电企业中国广核集团和中国核工业集团联合开发，融合了“能动与非能动”先进设计理念，主要技术指标和安全指标满足我国和全球其他最新安全要求，是具有完全自主知识产权的第三代压水堆。我国福清核电站 5、6 号机组和防城港核电站 3、4 号机组，都属于华龙一号堆型。

华龙一号充分利用我国近 30 年来核电厂设计、建设、运营所积累的经验，借鉴了包括 AP1000、EPR 在内的先进核电技术和福岛核事故后国内外的经验反馈，以“177 组燃料组件堆芯”和“三个实体隔离的安全系列”为主要技术特征，在能动安全的基础上采取了有效的非能动安全措施，采用世界最高安全要求和最新技术标准，满足国际原子能机构的安全要求，满足美国、欧洲三代技术标准和我国的核安全监管要求，依托业已成熟的我国核电装备制造业体系和能力，采用经验证的成熟技术，实现了集成创新，首台套国产化率即可达到 90%。华龙一号从顶层设计出发，采取了有效提高安全性的措施，满足中国政府“十三五”及以后新建核电机组“从设计上实际消除大量放射性物质释放的可能性”的 2020 年远景目标，具备应对类似福岛核事故极端工况的能力。

1.1.1.6 CAP1400 堆型

CAP1400 是在消化、吸收我国引进第三代核电技术 AP1000 基础上，通过再创新，突破关键设计技术、重大试验验证技术、关键设备改进设计和制造技术，完成了具有自主知识产权的大型先进压水堆核电技术的开发。我国石岛湾示范工程为 CAP1400 堆型。

跟 AP1000 相比，CAP1400 重新设计了反应堆和所有主设备，堆芯采用 193 个高性能燃料组件，机组发电功率达到 1500MW 以上，净输出功率超过 1400MW，并且自主设计了可抗击大型商用飞机恶意撞击的钢板混凝土(SC)结构屏蔽厂房。汽轮机发电机系统和辅助系统、钢安全壳等关键设备也得以重新设计。进一步增强了核电厂抗击地震、外部水淹等极端自然灾害的设防，非能动安全系统具备 72h 后的补给能力。

1.1.2 其他堆型核电厂

除压水堆核电厂外，我国在运和在建的核电堆型还包括CANDU堆型和高温气冷堆。

1.1.2.1 CANDU堆型

重水堆核电厂是发展较早的核电厂，有各种类别，但已实现工业规模推广的只有加拿大发展起来的CANDU型压力管式重水堆核电厂。CANDU堆型的特点是堆芯使用压力管代替压水堆的压力容器，用重水作为慢化剂和冷却剂，以天然铀作燃料，采用不停堆更换燃料方式。秦山三期1、2号机组为CNADU6堆型。

CANDU型反应堆本体为水平放置的筒形容器(称排管容器)，里面盛相对低温低压的重水慢化剂。容器内贯穿有多根水平管道(压力管)，其中装有燃料棒束和作为冷却剂的高温、高压重水。由主回路水泵输送冷却剂，经过燃料管道，把燃料发出的热量带出堆芯，然后经过蒸汽发生器，加热二次侧的轻水使其产生蒸汽，以供给汽轮机-发电机组，使热能转换为机械能，机械能转换为电能。排管容器由超低碳不锈钢制造，压力管由锆-铌合金制造。整个排管容器连同其内容物置于带不锈钢衬里的混凝土堆室中。堆室内充以轻水，作为冷却和屏蔽用。

蒸汽发生器和主回路水泵安装在反应堆的两端，以便使冷却剂自反应堆的一端流入反应堆堆芯的一半燃料管道，另一端则以相反的方向流入另一半燃料管道。冷却剂系统设有一个稳压器，以维持主回路的压力，使重水不致沸腾。慢化剂系统的温度较低，循环泵和热交换器把高温燃料管道传给慢化剂的热量及重水与中子和γ射线相互作用产生的热量带出堆芯。

重水堆的燃料是天然的二氧化铀压制、烧结而成的圆柱形芯块，装入一根锆合金包壳管内，两端密封形成一根燃料元件。再将若干根燃料元件焊到两个端部支撑板上，形成柱形燃料棒束。元件棒间用定位隔块使其隔开。燃料更换时，在反应堆的两端各设一台遥控操作的换料机。当某根压力管内的燃料需要更换时，一台换料机处于装料位置，另一台则处于卸料位置。处于装料位置的换料机内装有新的燃料棒束，由逆冷却剂流向推入，堆内相对应压力管道内的乏燃料棒束即被推入另一端处于卸料位置的换料机内。整个操作由计算机来完成，可实现不停堆换料。

1.1.2.2 高温气冷堆

高温气冷堆用氦气作为冷却剂，采用涂敷颗粒燃料，以石墨作为慢化剂。堆芯出口温度为850～1000℃甚至更高。根据堆芯形状，高温气冷堆分球床型高温气冷堆和柱状型高温气冷堆。高温气冷堆核电厂具有良好的固有安全性，它能保证反应堆在任何事故下不发生堆芯熔化和放射性大量释放。高温气冷堆具有热效率高(40%～41%)、燃耗深(最大高达20MW·d/tU)、转换比高(0.7～0.8)等优点，由于氦气化学稳定性好，传热性能好，而且诱生放射性小，停堆后能将余热安全带出，安全性能好。中国高温气冷堆的研究发展工作始于20世纪70年代中期，主要研究单位是清华大学核能与新能源技术研究院。正在建设的山东石岛湾高温气冷堆核电站为HTR-PM堆型。

高温气冷堆的详细介绍参见本书第十章。

1.2 正常运行辐射影响及安全要求

1.2.1 正常运行辐射影响

核电厂是通过可控的 ^{235}U 链式反应产生能量并发电的设施，因此核电厂的主要危害来自核反应产生的放射性。核电厂的辐射影响包括正常运行辐射影响和事故辐射影响。

核电厂在运行过程中伴随着放射性核素的产生，这些核素来源于堆芯裂变和活化，经泄漏和迁移进入反应堆一回路，然后经放射性废物处理系统处理后，绝大部分包容在放射性固体废物中最终处置，极少部分包含在气态和液态流出物中，满足排放要求后排入环境。有些固体废物中放射性含量很低，满足解控标准，经审批后解控。此外，还有一部分含有放射性或被放射性核素沾污的物品，满足标准后可以再循环再利用。核电厂厂内各系统设备内的放射性核素和泄漏到房间内的气载放射性核素对电厂员工产生外照射和内照射；气态和液态流出物排放到环境中，对公众和环境产生辐射影响；放射性废物处置和放射性物品再循环再利用，也对人和环境产生辐射影响。

我国核电厂在投入运行后，对所有气态和液态流出物进行监测，也对核电厂周围环境进行监测。流出物监测内容包括主要核素的排放浓度和排放总量。表 1.2.1 给出了我国秦山二期 4 台机组、大亚湾核电基地 6 台机组和田湾核电站 4 台机组自投入运行至 2015 年共计 164 堆年的气态和液态流出物排放量统计情况，作为对比，表中也给出了联合国原子辐射效应科学委员会(UNSCEAR)2008 报告《电离辐射的源和效应》中统计的全球压水堆排放量统计平均值和 GB 6249—2011 中给出的排放量限值。由表 1.2.1 可见，我国运行核电厂气态和液态流出物排放量最大值均小于国家标准规定的年排放量控制值，气液态流出物排放量平均值均小于 UNSCEAR2008 报告的统计值，液态氚排放量与 UNSCEAR2008 报告统计值持平。

表 1.2.1 我国秦山、大亚湾和田湾核电站 164 堆年气态和液态流出物排放量统计表

[单位：Bq/(GW·a)]

	核素种类	最大值	平均值	UNSCEAR2008 (1998—2002)	GB 6249—2011
液态	氚	3.82E+13	2.08E+13	2.00E+13	7.50E+13
	^{14}C	1.45E+10	6.69E+09	—	1.50E+11
	其余核素	4.46E+10	1.52E+09	1.10E+10	5.00E+11
气态	氚	2.48E+12	6.67E+11	2.20E+12	1.50E+13
	^{14}C	4.43E+11	1.60E+11	2.20E+11	7.00E+11
	惰性气体	4.01E+13	3.37E+12	1.10E+13	6.00E+14
	碘	6.20E+07	6.69E+06	3.00E+08	2.00E+10
	粒子(半衰期≥8d)	3.06E+07	3.35E+06	3.00E+07	5.00E+10

注：GB 6249—2011 的排放量控制值是针对 3000MW 热功率的机组。

核电厂建有完善的辐射防护和放射性废物管理系统，正常运行时对工作人员和周围的公众产生的辐射影响很小。UNSCEAR2008 报告《电离辐射的源和效应》中世界核电厂放射性核素释放的归一化集体剂量，参见表 1.2.2，表中集体剂量是按照电功率归一化排放量和总释放量所致的集体剂量估算的。从表 1.2.2 中可知，反应堆向环境的释放所致人群组平均年集体剂量较低。

表 1.2.2　世界核电厂放射性核素释放的归一化集体剂量　[单位：人・Sv/(GW・a)]

堆型	年份	液态流出物		气载流出物					合计
		氚	其余核素	氚	^{14}C	惰性气体	^{131}I	其他粒子	
轻水堆	UNSCEAR2000(1990—1994)	1.40E-02	6.00E-03	3.00E-03	5.00E-03	5.90E-02	1.00E-04	4.00E-04	8.75E-02
	UNSCEAR2008(1998—2002)	1.29E-02	3.61E-03	1.18E-03	4.42E-03	5.92E-02	1.35E-06	2.59E-05	8.13E-02
重水堆	UNSCEAR2000(1990—1994)	3.20E-01	4.30E-02	2.30E-01	1.40E+00	4.30E-01	1.00E-04	1.00E-04	2.42E+00
	UNSCEAR2008(1998—2002)	1.17E-03	2.71E-03	1.88E-02	1.23E-02	1.43E-01	2.71E-04	4.22E-02	2.20E-01

我国核电厂所在省份的环境监测站，均对核电厂气态和液态流出物排放和核电厂周围环境实施监督性监测，《2013 年全国辐射环境质量报告》(环境保护部)表明，运行核电厂周围环境电离辐射水平总体未见明显变化。

1.2.2　主要安全要求

1.2.2.1　法规标准体系

随着核工业的发展，我国逐步建立了完善的核与辐射安全法规标准体系。

我国核与辐射安全法规标准体系由国家法律、条例、部门规章/强制性国标、核安全导则/推荐性国标和技术文件构成，如图 1.2.1 所示。表 1.2.3 列出了主要的核与辐射安全法律和国务院条例。

图 1.2.1　核与辐射安全法规、标准体系

表 1.2.3　我国现行核与辐射安全法律和条例

	名称	实施时间
法律	中华人民共和国放射性污染防治法(主席令第六号)	2003.10.01
	中华人民共和国核安全法(主席令第七十三号)	2018.01.01
条例	中华人民共和国民用核设施安全监督管理条例	1986.10.29
	中华人民共和国核材料管制条例	1987.06.15
	中华人民共和国核电厂核事故应急管理条例(国务院令第 124 号)	1993.08.04
	中华人民共和国放射性同位素与射线装置安全和防护条例(国务院令第 449 号)	2005.12.01
	中华人民共和国民用核安全设备监督管理条例(国务院令第 500 号)	2008.01.01
	中华人民共和国放射性物品运输安全管理条例(国务院令第 562 号)	2010.01.01
	中华人民共和国放射性废物安全管理条例(国务院令第 612 号)	2012.03.01

此外，行业主管部门发布的行业标准，如国家国防科技工业局发布的EJ系列标准、国家能源局发布的NB系列标准，对核电厂核与辐射安全提出了具体的要求。目前，中国核能行业协会等社会团体在积极编制和发布核与辐射团体标准，各大核电集团也在积极编制企业标准。这些标准都是我国核与辐射安全法规标准体系的补充。

1.2.2.2 核与辐射安全基本原则

2007年，国际原子能机构(IAEA)“安全标准丛书”第SF-1号《基本安全原则》制定了核与辐射基本安全目标和基本安全原则。《基本安全原则》由欧洲原子能共同体、联合国粮食及农业组织、国际原子能机构、国际劳工组织、国际海事组织、经济合作与发展组织核能机构、泛美卫生组织、联合国环境规划署和世界卫生组织联合倡议。

基本安全目标适用于引起辐射危险的所有情况。安全原则在相关情况下适用于为和平目的利用的一切现有的和新的设施和活动的整个寿期，并适用于为减轻现有辐射危险而采取的防护行动。安全原则为提出要求和采取措施以保护人类和环境免于辐射危险并促进引起辐射危险的设施和活动的安全奠定了基础，这些设施和活动特别包括核设施、辐射源和放射源的应用、放射性物质运输和放射性废物管理。

《基本安全原则》确定的基本安全目标是保护人类和环境免于电离辐射的有害影响。

《基本安全原则》确定的10条基本安全原则如下：

原则 1：安全责任。对引起辐射危险的设施和活动负有责任的人员或组织必须对安全负主要责任。

原则 2：政府职责。必须建立和保持有效的法律和政府安全框架，包括独立的监管机构。

原则 3：对安全的领导和管理。在与辐射危险有关的组织内以及在引起辐射危险的设施和活动中，必须确立和保持对安全的有效领导和管理。

原则 4：设施和活动的合理性。引起辐射危险的设施和活动必须能够产生总体效益。

原则 5：防护的最优化。必须实现防护的最优化，以提供合理可行的最高安全水平。

原则 6：限制对个人造成的危险。控制辐射危险的措施必须确保任何个人都不会承受无法接受的伤害危险。

原则 7：保护当代和后代。必须保护当前和今后的人类和环境免于辐射危险。

原则 8：防止事故。必须做出一切实际努力防止和减轻核事故或辐射事故。

原则 9：应急准备和响应。必须为核事件或辐射事件的应急准备和响应做出安排。

原则 10：采取防护行动减少现有的或未受监管控制的辐射危险。必须证明为减少现有的或未受监管控制的辐射危险而采取的防护行动的合理性并对这些行动实施优化。

1.2.2.3 剂量约束和管理目标值

辐射防护最优化是核电厂职业辐射防护、放射性废物管理和公众辐射防护必须遵循的基本原则。

根据《电离辐射防护和辐射源安全基本标准》(GB 18871—2002)规定的辐射防护要求，

结合我国核电厂建设和运行实践，参考 IAEA 标准及美国等核电发达国家的法规标准，我国《核动力厂环境辐射防护规定》(GB 6249—2011)要求，核动力厂所有导致公众辐射照射的实践活动均应符合辐射防护实践的正当性原则。在考虑了经济和社会因素之后，个人受照剂量的大小、受照射的人数及受照射的可能性均保持在可合理达到的尽量低水平。任何厂址的所有核动力堆向环境释放的放射性物质对公众中任何个人造成的有效剂量，每年必须小于 0.25mSv 的剂量约束值。此外，国家核安全局在核电厂审批中，一般将核电厂工作人员辐射防护剂量约束值定为 15mSv/a。

剂量约束是辐射防护最优化的上限值。核电厂营运单位必须在剂量约束值和豁免水平(0.01mSv)之间进行优化，提出剂量管理目标值。GB 6249—2011 规定：核动力厂营运单位应根据经监管部门批准的剂量约束值，分别制定气态流出物和液态流出物的剂量管理目标值。

以上对公众辐射防护的规定，都是针对整个核电厂址，即无论一个核电厂址建设多少个核电机组，其总的辐射影响必须统一控制，确保公众安全。

1.2.2.4 放射性废物最小化

放射性废物最小化是放射性废物管理的基本原则。《中华人民共和国放射性污染防治法》第三十九条规定，核设施营运单位应当合理选择和利用原材料，采用先进的生产工艺和设备，尽量减少放射性废物的产生量。目前，放射性废物最小化的原则已经落实到核安全法规和相关标准中。例如，GB 6249—2011 规定：核动力厂应采取一切可合理达到的措施对放射性废物实施管理，实现废物最小化，包括在核动力厂的设计、运行和退役的全过程。废物管理应采用最佳可行技术实施对所有废气、废液和固体废物流的整体控制方案的优化及对废物从产生到处置的全过程的优化，力求获得最佳的环境、经济和社会效益，并有利于可持续发展。

在 HAD 401/08-2016《核设施放射性废物最小化》中，确定的核设施放射性废物最小化原则：核设施废物最小化应以确保安全为前提，以废物处置为核心，通过技术和管理措施实现废物最小化。因此，核电厂应通过减少废物产生、废物减容及再循环、再利用等措施，确保核电厂正常运行产生气、液态流出物解控排放，确保最终形成稳定的和标准化的低放固体废物且废物量合理可行尽量低。

放射性废物最小化包括如下几个主要方面的内容。

(1) 以核电厂运行安全和废物安全为前提。废物最小化的目的是减少废物处置的辐射危害和减少经济损失，实施应不危及核安全。在核电厂实施的任何正常运行辐射管理措施，都不应该影响核安全。

(2) 以安全处置为核心。放射性废物管理的最终目的是安全处置，因此实施放射性废物最小化，最终的目的是确保形成稳定的和标准化的适合处置的低放射性固体废物且废物量合理、可行、尽量低。

(3) 减少废物产生量。通过优化核电厂的设计，减少放射性废物从堆芯迁移出来，是废物最小化的根本所在。

(4) 废物减容。采取先进、成熟的放射性废物处理工艺，确保在满足气、液态流出物解控排放的前提下，形成适合处置的低放射性固体废物且废物量合理、可行、尽量低。

(5) 再循环、再利用。在核电厂内进行放射性废物的再循环、再利用，可以有效地减少放射性废物的产生量，也可以节约资源。此外，再循环、再利用还包括放射性废物解控后的使用。

(6) 及时解控。核电厂运行产生的部分放射性废物，放射性核素含量低，半衰期短，应及时解控成为普通废物，减少处置代价。

(7) 解控排放。放射性废物处理工艺应尽可能多地去除废气和废液中的放射性，并能安全稳定地运行，确保核电厂正常运行产生气、液态流出物满足国家排放标准，解控排放。

1.2.2.5 流出物排放总量控制和浓度控制

我国对气态和液态流出物实施年排放总量控制和浓度控制，以确保流出物排放是优化的，是解控排放的，确保液态流出物是近零排放的。

《中华人民共和国放射性污染防治法》第四十条至第四十二条对流出物的排放提出了基本要求。第四十条规定，向环境排放放射性废气、废液，必须符合国家放射性污染防治标准。第四十一条要求，产生放射性废气、废液的单位向环境排放符合国家放射性污染防治标准的放射性废气、废液，应当向审批环境影响评价文件的环境保护行政主管部门申请放射性核素排放量，并定期报告排放计量结果。第四十二条规定，产生放射性废液的单位，向环境排放符合国家放射性污染防治标准的放射性废液，必须采用符合国务院环境保护行政主管部门规定的排放方式。禁止利用渗井、渗坑、天然裂隙、溶洞或者国家禁止的其他方式排放放射性废液。

GB 18871—2002 规定：

> 8.6.1 注册者和许可证持有者应保证，由其获准的实践和源向环境排放放射性物质时符合下列所有条件，并已获得监管部门的批准：
>
> a) 排放不超过监管部门认可的排放限值，包括排放总量限值和浓度限值；
>
> b) 有适当的流量和浓度监控设备，排放是受控的；
>
> c) 含放射性物质的废液是采用槽式排放的；
>
> d) 排放所致的公众照射符合本标准附录 B（标准的附录）所规定的剂量限制要求；
>
> e) 已按本标准的有关要求使排放的控制最优化。

(1) 总量控制：根据辐射防护最优化的原则，气态和液态流出物排放总量是和剂量管理目标值相对应的。GB 6249—2011 制定的排放总量控制值，更多的是考虑了我国核电厂的设计和运行水平。GB 14587—2011 规定了液态流出物设计排放量的确定要求，并进一步明确了核电厂液态流出物排放总量的运行控制要求。

GB 6249—2011 规定：

6.2 核动力厂必须按每堆实施放射性流出物年排放总量的控制，对于 3000MW 热功率的反应堆，其控制值如下：

表 1 气载放射性流出物控制值

	轻水堆	重水堆
惰性气体	6×10^{14}Bq/a	
碘	2×10^{10}Bq/a	
粒子(半衰期≥8d)	5×10^{10}Bq/a	
碳 14	7×10^{11}Bq/a	1.6×10^{12}Bq/a
氚	1.5×10^{13}Bq/a	4.5×10^{14}Bq/a

表 2 液态放射性流出物控制值

	轻水堆	重水堆
氚	7.5×10^{13}Bq/a	3.5×10^{14}Bq/a
碳 14	1.5×10^{11}Bq/a	2×10^{11}Bq/a(除氚外)
其余核素	5.0×10^{10}Bq/a	

6.3 对于热功率大于或小于 3000MW 的反应堆，应根据其功率按照 6.2 规定适当调整。

6.4 对于同一堆型的多堆厂址，所有机组的年总排放量应控制在 6.2 规定值的 4 倍以内。对于不同堆型的多堆厂址，所有机组的年总排放量控制值则由审管部门批准。

6.5 核动力厂放射性排放量设计目标值不超过上述 6.2、6.3 和 6.4 确定年排放量控制值。营运单位应针对核动力厂厂址的环境特征及放射性废物处理工艺技术水平，遵循可合理达到的尽量低的原则，向审管部门定期申请或复核(首次装料前提出申请，以后每隔 5 年复核一次)放射性流出物排放量。申请的放射性流出物排放量不得高于放射性排放量设计目标值，并经审管部门批准后实施。

6.6 核动力厂的年排放总量应按季度和月控制，每个季度的排放总量不应超过所批准的年排放总量的二分之一，每个月的排放总量不应超过所批准的年排放总量的五分之一。若超过，则必须迅速查明原因，采取有效措施。

GB 14587—2011 规定：

4.3 核电厂址受纳水体的稀释能力应满足冷却水或冷却塔排污水和放射性液态流出物排放的环境要求，并作为核电厂址比选的一项主要指标。

4.4 在核电厂设计阶段，核电厂设计单位应根据 4.1、4.2 和 4.3 的规定，提出核电厂放射性液态流出物中包括 H-3 和 C-14 在内的各放射性核素的年设计排放总量，并经审批确定。对于核电厂不同来源的放射性液态流出物，核电厂设计单位应根据其排水量、所含放射性核素的种类和活度浓度，分别提出各系统排放口放射性液态流出物中除 H-3、C-14 外其他放射性核素的设计排放浓度，并经审批确定。

4.5 在首次装料前，核电厂营运单位应在设计排放量基础上，根据厂址环境特征以及同类核电厂的运行经验反馈，对放射性液态流出物的排放管理进行优化，提出电厂放射性液态流出物年排放总量和排放浓度申请值，经审批后作为电厂放射性液态流出物年排放总量和排放浓度控制值。对于多机组厂址，应统一提出放射性液态流出物年排放总量申请值。

4.6 在运行期间，核电厂营运单位应结合运行经验反馈和厂址条件的变化情况，对放射性液态流出物的排放管理进一步进行优化分析，每 5 年对核电厂放射性液态流出物排放量申请值进行一次复核或修订。当厂址条件发生明显变化时，应在半年内对核电厂放射性液态流出物排放量申请值进行复核或修订。

4.7 核电厂营运单位应按季度控制放射性液态流出物年排放总量，核电厂连续三个月内的放射性液态流出物排放总量不应超过年排放总量控制值的二分之一，每个月内的放射性液态流出物排放总量不应超过年排放总量控制值的五分之一。滨河、滨湖或滨水库核电厂，可以结合受纳水域的特性，制订更合理的排放方式，报批后实施。

(2)浓度控制：由于液态流出物实施槽式排放，因此可进行排放浓度控制。GB 6249—2011 和 GB 14587—2011 根据滨海和内陆核电厂液态流出物受纳水体稀释能力的差异及水功能的差异，制定了不同的排放浓度控制值，以确保液态流出物近零排放。

GB 6249—2011 规定：

6.7 核动力厂液态放射性流出物必须采用槽式排放方式，液态放射性流出物排放应实施放射性浓度控制，且浓度控制值应根据最佳可行技术，结合厂址条件和运行经验反馈进行优化，并报审管部门批准。

6.8 对于滨海厂址，槽式排放出口处的放射性流出物中除氚、碳 14 外其他放射性核素浓度不应超过 1000Bq/L；对于内陆厂址，槽式排放出口处的放射性流出物中除氚、碳 14 外其他放射性核素浓度不应超过 100Bq/L 并保证排放口下游 1km 处受纳水体中总 β 放射性不超过 1Bq/L，氚浓度不超过 100Bq/L。如果浓度超过上述规定，营运单位在排放前必须得到审管部门的批准。

GB 14587—2011 规定：

4.2 核电厂放射性液态流出物向环境排放应采用槽式排放，排放的放射性总量应符合 GB 6249 中有关放射性液态流出物年排放总量限值的相关规定。同时，对于滨海厂址，系统排放口处除 H-3、C-14 外其他放射性核素的总排放浓度上限值为 1000Bq/L；对于滨河、滨湖或滨水库厂址，系统排放口处除 H-3、C-14 外其他放射性核素的总排放浓度上限值为 100Bq/L，且总排放口下游 1km 处受纳水体中总 β 放射性浓度不得超过 1Bq/L，H-3 浓度不得超过 100Bq/L。

GB 6249—2011 和 GB 14587—2011 除了规定总量控制和浓度控制外，还制定了一系列的排放管理要求，以确保核电厂液态流出物排放满足标准制定的总量控制和浓度控制要求。

(3)液态流出物近零排放：福岛核事故后，欧盟提出了“环境水体中人工放射性核素接近于零”的要求。根据国务院对我国新建核电按照“最高安全标准”建设的要求，我国新建核电厂放射性液态流出物排放应“近零排放”。

根据核与辐射安全中心 2013 年完成的“核电厂液态流出物放射性近零排放技术研究”，核电厂液态流出物放射性近零排放的定义为核电厂向环境排放的液态流出物中的放射性核素浓度低于解控水平；核电厂受纳水体中的人工放射性核素浓度接近于零。

根据各运行核电厂环境影响评价报告书，按照 GB 6249—2011 和 GB 14587—2011 规定的排放浓度排放，对公众造成的剂量小于 10μSv/a 的豁免剂量准则，因此，我国核电厂向环境排放的液态流出物中的放射性核素浓度低于解控水平。此外，GB 6249—2011 和 GB 14587—2011 规定的内陆核电厂放射性液态流出物排放浓度，与世界卫生组织(WHO)《饮用水卫生标准》中的指导水平相当。

GB 6249—2011 和 GB 14587—2011 规定的内陆核电厂液态流出物受纳水体排放口下游1km 处的浓度，满足我国《生活饮用水卫生标准》，其中氚满足国际上最严格的欧洲生活饮用水卫生标准，可认为核电厂受纳水体中的人工放射性核素浓度接近于零。

因此，GB 6249—2011 和 GB 14587—2011 制定的核电厂放射性液态流出物排放控制要求就是近零排放的控制要求。

1.2.2.6 辐射环境监测和辐射影响评价

《中华人民共和国放射性污染防治法》规定，国家建立放射性污染监测制度。国务院环境保护行政主管部门会同国务院其他有关部门组织环境监测网络，对放射性污染实施监测管理。我国实行核设施监测和国家监管机构双重监测的制度。核电厂营运单位每月、每年向生态环境部(国家核安全局)报告流出物和环境监测数据。环境保护部及各省辐射监测部门的监督性监测数据定期公开，未来将逐步实时公开。

根据《中华人民共和国环境保护法》和《中华人民共和国环境影响评价法》，我国对核设施实行环境影响评价制度。目前，核电厂在选址、建造和运行阶段，都要编制环境影响报告书，全面评价核电厂的选址、设计和运行及对环境的影响。各阶段环境影响报告书的基本要求如下：

(1) 申请审批厂址阶段环境影响报告书：本阶段报告书中，应提供足够的环境资料，特别是关于厂址周围区域人口分布、工业交通状况、自然资源与生态、气象、水文及地质地震等资料。报告书可以在资料调研、现场踏勘及利用参考电厂数据资料的基础上编制。这个阶段评价的重点，是从保护环境的观点出发，通过研究厂址与环境之间的相互关系判定所选厂址的适宜性，并根据厂址的主要环境特征，对核电厂的工程设计提出环境保护方面的要求，申请厂址批准书。

(2) 申请建造许可证阶段环境影响报告书：本阶段报告书中，通过就地调查和(或)实验的手段，提供核电厂所在地和可能受影响地区的实测环境资料。提供核电厂源项的设计参数、核电厂废弃物质的设计排放量和有关环境保护设施的设计资料，进而评估核电厂的潜在环境影响。这个阶段评价的重点，是论证厂址和核电厂的工程设计能否满足保护环境的要求，从设计上保证环境保护设施得到落实，申请核电厂建造许可证。

(3) 申请反应堆首次装料和运行许可证阶段环境影响报告书：本阶段报告书中应根据所建核电厂的实际情况，特别是其中关于环境保护设施(含应急设施)的建造性能、质量，以及那些在申领建造许可证时尚未完成但规定在试运行前完成的工作成果和现在的环境状况，预测核电厂运行后的环境影响。报告中应重点阐述与环境保护有关的核电厂实际设计参数、环保设施及申请废弃物质排放量有关的内容。提供完整详细的流出物和环境监测计划及监测技术规范。完成并提供核电厂运行前调查结果，重点是放射性辐射水平本底调查结果，完成核电厂场内应急计划及应急准备。这个阶段的评价重点，是检验核电厂建设和环境保护措施是否符合国家和地方的有关规定和要求，申请核电厂的首次装料和气、液态流出物的年排放量。

1.3 一回路源项和排放源项的研究历程

我国核电厂一回路源项和排放源项的发展经历了引进、消化吸收，以及为适应我国法规标准要求进行设计调整、设计优化等过程。

M310 是从法国引进的 1000MW 级压水堆；CANDU6 是从加拿大引进的 700MW 级重水堆；WWER 是从俄罗斯引进的 1000MW 级压水堆；AP1000 是从美国引进的 1000MW 级压水堆；EPR 是从法国引进的 1650MW 级压水堆。我国目前正在研究的第三代堆型包括 CAP1400、华龙一号和高温气冷堆。CAP1400 源自美国的 AP1000 技术，华龙一号源自法国的 M310 技术，高温气冷堆是清华大学自主研究的堆型。

对于法系电厂，从 M310 到 EPR，源项设计思路发生了较大改变，更多地采用了法国 900MW/1300MW/1450MW 和德国 Konvoi 电站的运行经验反馈数据进行源项的设计。对于美系电厂，从 20 世纪 80 年代到目前的 AP1000，源项设计基本上没有变化，且继续沿用了美国 20 世纪 80 年代的相关标准和计算模型。这可能与美国最近 20 年来没有建设新的核电厂有关。CANDU6 和 WWER 是 2000 年左右建造的，其源项设计基本上反映了同类型电厂当时的设计水平和运行水平。

由于我国核电堆型较多，且来自不同的国家，源项的设计要求各不相同，源项研究范围很广且难度很大，这些研究工作主要包括对国外引进堆型源项的消化吸收、关键参数研究、源项框架体系研究、运行经验数据的收集整理和分析、源项计算参数和基本假设的完善等。在此基础上，结合我国法规标准要求和源项审评实践，制定我国核电厂一回路源项和排放源项的审评要求，并对每个堆型的一回路源项和排放源项进行重新计算。

总体上，我国核电厂一回路源项和排放源项的研究历经了四个阶段，参见表 1.3.1。在对各引进核电堆型源项消化吸收的基础上，开展了二代改进堆型源项研究和三代堆型源项研究，2013 年开始标准化源项体系构建，包括源项框架体系的研究、源项基本假设的统一、源项计算模型和参数的研究、一回路源项和排放源项的重新计算等。

表 1.3.1 我国核电厂一回路源项和排放源项研究阶段

	第一阶段	第二阶段	第三阶段	第四阶段
大致时间	1980～1993 年	1994～2006 年	2007～2012 年	2013 年至今
阶段名称	二代堆型源项消化吸收	二代改进堆型源项研究	三代堆型源项研究	源项框架体系构建和模式参数研究
主要工作	国外引进堆型源项的消化吸收	源项计算模型和关键参数的研究	国内外电厂运行经验反馈数据分析、敏感性分析、源项计算模型和参数研究	源项框架体系研究、源项基本假设统一、源项计算模型和参数研究、源项重新计算
代表电厂	大亚湾、岭澳一期	岭澳二期、秦山二期、田湾 1、2 号机组等	三门 1、2 号机组、台山 1、2 号机组、防城港 3、4 号机组、福清 5、6 号机组、CAP1400 石岛湾示范工程等	三门 1、2 号机组、台山 1、2 号机组、防城港 3、4 号机组、福清 5、6 号机组、CAP1400 石岛湾示范工程等

1.3.1 二代堆型源项消化吸收

我国20世纪八九十年代建造的核电堆型主要包括M310、CANDU6和WWER堆型。M310是从法国引进的1000MW级压水堆，CANDU6是从加拿大引进的700MW级重水堆，WWER是从俄罗斯引进的1000MW级压水堆。这三种堆型均为第二代压水堆。

这一阶段我国主要研究堆型是M310，时间跨度从20世纪80年代到90年代中期，源项典型分析方法为大亚湾和岭澳1、2号机组中所采用的源项分析方法，这些方法基于法国当时较为成熟的分析方法。源项分析中需要的核电厂运行经验反馈基于当时国外电厂的运行经验反馈数据。

这一阶段我国尚缺乏标准化的大型商用压水堆核电机组的运行经验反馈，一回路源项和排放源项的研究工作主要是对引进堆型源项的消化和吸收，主要包括源项计算模型和程序的采购、转译、消化、吸收和复核计算等。

(1)堆芯积存量：大亚湾核电站和岭澳一期堆芯积存量的分析采用了ORIGEN2程序，结合相应的燃料管理方案计算了堆芯积存量。这一阶段给出的反应堆裂变产物堆芯积存量仅考虑了放射性惰性气体和碘同位素，相关的分析在第二章中描述。这一阶段的堆芯积存量，除了用于事故工况下的放射性后果分析，理论上也为用于辐射屏蔽设计的一回路裂变产物源项提供设计输入。

(2)一回路裂变产物源项：本阶段的一回路源项总共有三套，第一套基于用作计算电厂寿期内包括预期运行事件期间放射性释放物估计值的现实模型，第二套源项是关于反应堆冷却剂活度的保守设计，它用于制定电厂运行的规定限值，与放射性废物处理系统的设计源项一致，同时还用于计算与这些限值相关的放射性释放值。这两套源项主要用于电厂的环境影响评价。第三套源项主要用于辐射屏蔽设计。

这一阶段的一回路裂变产物源项分析采用法国程序PROFIP3，其利用燃料组件上所做的运行与试验的经验反馈模拟裂变产物释放到反应堆冷却剂中的过程，针对不同的包壳破损计算得到反应堆冷却剂活度谱。对碘、铯和惰性气体，假定了瞬态工况时的活度峰现象。该程序也计算了由UO_2造成包壳外污染产生的反应堆冷却剂活度。

^{131}I剂量当量是裂变产物源项研究中的重要参数，^{131}I剂量当量(简称^{131}I当量或^{131}Ieq)，是指碘的同位素^{131}I、^{132}I、^{133}I、^{134}I和^{135}I共同照射对人体甲状腺产生的剂量，与^{131}I单独照射产生的剂量相等时^{131}I的活度浓度。一回路^{131}I当量升高，说明一回路冷却剂中^{131}I等裂变核素的活度浓度增大，表明燃料元件包壳可能发生破损。^{131}I当量的计算方法，详见4.2.2。

对于一回路设计和现实源项，为了进行源项计算，提出如下两套运行工况假设，分别是正常运行工况假设和异常运行工况假设。

1)工况A：正常运行工况。

工况A假设在整个燃料循环中，反应堆冷却剂的裂变产物放射性浓度取为0.55GBq/t ^{131}I当量。该值由法杰马(FRAGEMA)计算结果导出(截至1988年3月，约200堆年)，该结果是在法国全部运行中的PWR电厂于每个循环终点(不包括布热2号电站的第2个和第8个循环)记录的碘活度的平均值。尽管该结果统计时段截至1988年8月，但该时段至岭澳一期项目审查时段的法国电厂运行经验反馈也支持该结果，也就是说，该结果代表了法国当时全部运行中的 PWR 电厂于每个循环终点记录的碘活度的平均值。

2) 工况 B：异常运行工况。

工况 B 分析了一种由于燃料包壳较大破损造成较大反应堆冷却剂活度的设计工况。

对于大亚湾核电站和岭澳一期，异常运行工况的反应堆冷却剂活度假设如下：

- 前 1/4 循环为 0.55GBq/t ^{131}I 当量；
- 中间 1/2 循环为 4.44GBq/t ^{131}I 当量；
- 后 1/4 循环为 37 GBq/t ^{131}I 当量。

其中，在 0.55GBq/t ^{131}I 当量运行周期内，裂变产物活度与工况 A 相同。在 4.44GBq/t ^{131}I 当量运行期间，裂变产物活度约为工况 A 的 8 (4.44/0.55) 倍；在 37GBq/t ^{131}I 当量期间，约为工况 A 的 67 (37/0.55) 倍。

37GBq/t ^{131}I 当量的活度是其他情况的包络值，因此它与废物处理系统的设计值相一致，并与反应堆冷却剂系统运行技术规范书中的放射性活度水平相一致。

在采用前两套源项进行废物量分析时，工况 A 下的废物量称为预期值，工况 B 下的废物量称为设计值。

第三套源项按照美国西屋电气公司方法和法国 NPPS (不包括 N4 型) 设计中所用的方法，放射性源计算的前提是设计包壳当量破损率为 1%。核燃料中裂变产物的活度和正常运行工况下一回路冷却剂的裂变产物活度都是用 FIPCO5 计算机程序计算的。该程序把裂变产物的迁移模式与包壳当量破损率结合起来。由已知活度放射性核素 (可多达 108 种) 构成的源发出的 γ 射线的能谱可用 ACTIVI 程序算出，并分为不同能群。

其中，前两套源项出现在安全分析报告的第 11 章中，主要用于放射性流出物的分析和放射性废物处理系统的设计，第三套源项则出现在安全分析报告第 12 章中，主要用于辐射屏蔽。

(3) 一回路活化腐蚀产物源项：在《岭澳一期工程初步安全分析报告》(PSAR) 审评中我国开始研究活化腐蚀产物冷停堆源项问题。与一回路裂变产物相对应，一回路活化腐蚀产物也有三套源项，前两套主要用于放射性流出物分析和放射性废物处理系统的设计，相应源项的运行工况假设如下：

1) 工况 A：正常运行工况。

稳态时的腐蚀产物活度是根据岭澳核电站的特点 (由因科镍 690 制作的蒸汽发生器传热管，AFA 型燃料等) 用 PACTOLE 程序计算出的。瞬变腐蚀产物活度不能用本程序计算得出，由法国电厂数据给出。

2) 工况 B：异常运行工况。

对于工况 B，反应堆冷却剂活度的假设如下：

- 前 1/4 循环为 0.55GBq/t ^{131}I 当量；
- 中间 1/2 循环为 4.44GBq/t ^{131}I 当量；
- 后 1/4 循环为 37GBq/t ^{131}I 当量。

在 0.55GBq/t ^{131}I 当量运行周期内，腐蚀产物活度与工况 A 相同 (冷停堆期间的腐蚀产物活度除外)。

作为保守估计，在 4.4GBq/t 和 37GBq/t ^{131}I 当量稳态运行期间，腐蚀产物的活度推断为工况 A 的 3 倍。对所有运行期间，冷停堆时主要腐蚀产物(^{58}Co、^{60}Co、^{110m}Ag 和 ^{124}Sb)的活度为法国 1300MW 核电厂记录的最大值。

活化腐蚀产物的第三套源项主要用于辐射屏蔽设计，其活度利用 PACTOLE 程序计算。

(4) 氚和 ^{14}C 源项：本阶段关于反应堆冷却剂中氚源项的产生主要考虑两个来源：一个是反应堆冷却剂中氚的产生，主要归因于反应堆冷却剂中用于控制反应性的硼和用于控制反应堆冷却剂 pH 值的锂(^{6}Li)；另一个是燃料中产生的氚通过包壳扩散至主冷却剂。

在正常运行条件下(包壳扩散率 1%)，^{7}Li 富集度为 99.98%时，反应堆冷却剂中氚的年产量估计为 17.4TBq(470Ci，1Ci = 3.7×10^{10}Bq)。

在最不利情况下，如比较大的燃料包壳泄漏率(包壳扩散率 2%)和 ^{7}Li 富集度为 99.96%时，氚年产量可上升到 22.7TBq(610Ci)。

它们均被认为通过液态途径排放。

本阶段未考虑 ^{14}C 源项。

(5) 二回路源项：本阶段在二回路源项计算中，假设二回路系统的污染是由于蒸汽发生器的管束出现泄漏造成的，这些泄漏用一台蒸汽发生器在 1 年中 2 个月时间内线性发展的一种假想泄漏加以模型化(假设其他蒸汽发生器不泄漏)。反应堆冷却剂从一回路到二回路的泄漏于 2 个月内从 0 变为 72kg/h。对于工况 B，这种泄漏是发生在反应堆冷却剂活度为 37GBq/t ^{131}I 当量的循环期间的。

(6) 流出物排放源项：对于气态和液态流出物排放源项的计算，在大亚湾核电站建设期间，当时的广东核电合营有限公司采购了法方开发的 REJLIQ/REJGAZ 这两个程序，后来能源部苏州热工研究所(即目前的苏州热工研究院有限公司)对这两个程序进行了研究，并在 1989 年完成了 BASIC 语言向 FORTRAN 语言的转译。在大亚湾核电站 M310 核电机组的基础上，中国广东核电集团(现中国广核集团)和中国核工业集团公司分别开发了 CPR1000 核电技术路线和 CNP1000 核电技术路线，这两种技术路线的流出物排放源项计算的理念和方法也基本沿袭了 REJLIQ 和 REJGAS。

本阶段气液态流出物环境排放源项采用 REJLIQ/REJGAZ 程序计算，基于前文所述的正常运行工况和异常运行工况主冷却剂源项。液态流出物排放源项的计算考虑了硼回收系统(TEP)、废液处理系统(TEU)、常规岛废液排放系统(SEK)的排放。

气载流出物排放源项的计算考虑了废气处理系统(TEG)的排放、反应堆厂房(RB)和辅助厂房(NAB)的主冷却剂泄漏产生的排放及二回路的排放。

与主冷却剂裂变产物源项类似，本阶段中大亚湾核电站和岭澳核电站一期在气液态流出物计算假设中有部分差别，如工况 B 的前 1/4 循环采用的主冷却剂活度浓度由第一阶段的 0GBq/t 修改为 0.55GBq/t ^{131}I 当量，以及 TEU 的废水输入中，工况 A 增加了 20m^{3} 主冷却剂当量体积的设备疏水，工况 B 增加了 50m^{3} 主冷却剂当量体积的设备疏水，并将工况 A 中的地面疏水中 55m^{3} 主冷却剂当量体积拆分成两部分，其中 30m^{3} 不经处理即排放，25m^{3} 经蒸发器处理。

1.3.2 二代改进堆型源项研究

源项研究第二阶段，为二代改进堆型源项研究阶段。随着我国压水堆核电厂审查、设计和运行经验的积累，具备了对早期源项分析体系进行调整的能力。特别是大亚湾核电站和岭澳一期运行经验的积累，使得我国有条件对早期源项分析体系下的分析结果有了可供对比分析的运行经验反馈数据。同时，我国相关环保法规的要求也需要对早期的源项分析体系进行适当的调整以符合我国法规标准的要求。在监管方、设计方和运行方的共同努力下，这一时期的源项分析体系有了较大的推动，各类源项分析程序、源项分析模型及分析参数都有了不同程度的更新，使得分析结果相较早期的源项分析体系更能反映压水堆核电厂实际的运行情况。

第二阶段的时间跨度从 20 世纪 90 年代到 21 世纪初，代表为岭澳二期、秦山核电站二期(以下简称秦山二期)和田湾 1、2 号机组。

1.3.2.1 M310/CPR1000/CNP600 源项研究

这一阶段的源项分析典型方法为岭澳二期中所采用的源项分析方法。在岭澳二期和秦山二期扩建项目 PSAR 审评阶段，我国开始系统关注源项计算中的一系列问题，中国核动力研究设计院对部分源项进行了重新计算。2008 年我国将 M310 源项问题列为 M310 共性问题进行重点研究，在后续 CPR1000 核电厂，如宁德和红沿河等核电站 PSAR 审评阶段，设计方开始对源项计算方法进行优化和改进。

(1) 堆芯积存量：岭澳二期堆芯积存量的计算分析同样采用 ORIGEN2 程序，结合相应的燃料管理方案计算了放射性惰性气体和碘同位素的堆芯积存量。受堆芯热功率、组件初始富集度、燃耗深度及铀装量等参数对堆芯积存量结果的影响，该阶段的堆芯积存量计算结果与上一阶段相比，部分核素的结果发生了变化，但总体相差不大。这一阶段的堆芯积存量主要用于事故工况下的放射性后果分析，理论上也为用于辐射屏蔽设计的一回路裂变产物源项提供设计输入。

(2) 一回路裂变产物源项：本阶段一回路裂变产物源项数据也有三套，其中前两套源项与大亚湾及岭澳 1、2 号机组的一致，在一回路裂变产物源项的计算中，同样提出了两套运行工况假设：

1) 工况 A (Case A)：正常运行工况。

对于工况 A，在整个燃料循环中，反应堆冷却剂的裂变产物放射性浓度取为 0.55GBq/t ^{131}I 当量。该值不但反映了法国运行电厂(约 200 堆年，不包括布热 2 号电站的第 2 个和第 8 个循环)在每个循环末所记录的碘活度的平均值，同时也考虑了大亚湾核电站和岭澳一期的运行经验反馈。大亚湾核电站和岭澳一期的平均值一般都在 0.1GBq/t 以下(除大亚湾核电站 1995、1996 年的平均值接近 0.3GBq/t 外)，因此根据当时的经验反馈，进一步确认了采用 0.55GBq/t ^{131}I 当量作为工况 A 的源项是合适的。

2) 工况 B (Case B)：异常运行工况。

对于工况 B，分析了一种由于燃料包壳较大破损造成较大反应堆冷却剂活度的设计工况。这类反应堆冷却剂活度的假设如下：

• 前 1/4 循环为 0.55GBq/t ^{131}I 当量；

• 中间 1/2 循环为 4.44GBq/t ^{131}I 当量；

• 后 1/4 循环为 37GBq/t ^{131}I 当量。

在 0.55GBq/t ^{131}I 当量运行周期内，裂变产物活度与工况 A 相同(冷停堆期间的腐蚀产物活度除外)。

在 4.44GBq/t ^{131}I 当量运行期间，裂变产物活度是工况 A 的 4.44/0.55 倍；在 37GBq/t ^{131}I 当量期间，是工况 A 的 37/0.55 倍。

用于辐射屏蔽计算的第三套源项，在该阶段有了变化。在岭澳 3、4 号机组初步安全分析报告阶段，第三套源项沿袭了第一阶段的源项分析方法，即按照美国 Westinghouse 方法和法国 NPPS(不包括 N4 型)设计中所用的方法，采用 FIPCO5 计算机程序计算核燃料中裂变产物的活度和正常运行工况下一回路冷却剂的裂变产物活度，一回路源项的计算基于 1%燃料包壳破损率。

随着我国监管部门审查深度的深入、设计单位自主设计能力的提高及我国同类运行电厂运行经验的积累，核电厂的审查方、设计方及运行方开始关注用于不同目的的一回路裂变产物源项分析机理的统一问题。各方的努力最终促成了在岭澳 3、4 号机组最终安全分析报告阶段第三套源项分析方法的调整。此阶段给出的用于屏蔽计算的一回路裂变产物源项采用 PROFIP5 程序计算，计算中，假定燃料元件包壳破损率为 0.25%，然后将反应堆冷却剂中的活度浓度归一化到 37GBq/t ^{131}I 当量活度浓度。

该阶段前两套源项同样出现在安全分析报告的第 11 章中，主要用于放射性流出物的分析和放射性废物处理系统的设计，第三套源项则出现在安全分析报告第 12 章中，主要用于辐射屏蔽。

(3)一回路活化腐蚀产物源项：本阶段一回路活化腐蚀产物与第一阶段一致，也有三套源项，前两套主要用于放射性流出物分析和放射性废物处理系统的设计，相应源项的运行工况假设如下：

1)工况 A：正常运行工况。

稳态时的腐蚀产物活度是根据岭澳核电站的特点(由因科镍 690 制作的蒸汽发生器管子，AFA 型燃料等)用 PACTOLE 程序计算出的。瞬变腐蚀产物活度不能用本程序计算得出，是由法国电厂测出的。

2)工况 B：异常运行工况。

对于工况 B，反应堆冷却剂活度的假设如下：

• 前 1/4 循环为 0.55GBq/t ^{131}I 当量；

• 中间 1/2 循环为 4.44GBq/t ^{131}I 当量；

• 后 1/4 循环为 37GBq/t ^{131}I 当量。

在 0.55GBq/t ^{131}I 当量运行周期内，腐蚀产物活度与工况 A 相同(冷停堆期间的腐蚀产物活度除外)。

作为保守估计，在 4.4GBq/t 和 37GBq/t ^{131}I 当量稳态运行期间，腐蚀产物的活度推断为工况 A 的 3 倍。对所有运行期间，冷停堆时主要腐蚀产物(^{58}Co、^{60}Co、^{110m}Ag 和 ^{124}Sb)的活度为法国 1300MW 核电厂记录的最大值。

活化腐蚀产物的第三套源项主要用于辐射屏蔽设计，其活度利用 PACTOLE 程序计算。需要说明的是，尽管用于屏蔽设计的一回路活化腐蚀产物源项同样采用 PACTOLE 程序计算，但第三套源项的计算结果与第一套源项的计算结果有一定的差异。因此，在本阶段也开始考虑基于相同分析机理和分析程序的一回路活化腐蚀产物源项分析结果的统一问题。

(4) 氚和 ^{14}C 源项：本阶段关于反应堆主冷却剂中氚源项的产生也主要考虑主冷却剂中硼、锂活化产生和三元裂变产生并通过包壳扩散至主冷却剂中的部分。在正常运行条件下和最不利情况下所考虑的 ^{7}Li 富集度及包壳扩散率均与第一阶段相同。

与第一阶段不同的是，在考虑氚向环境排放时，大部分被释放到液态排出流中，一部分由气态流出物排放。

本阶段 ^{14}C 的环境排放开始引起重视，在岭澳二期的安全分析报告中给出了 ^{14}C 源项。事实上，尽管在岭澳一期的初步安全分析报告和最终安全分析报告中均为设计 ^{14}C 源项的分析，但法马通公司(FRAMATOME)已经开始了针对岭澳一期的 ^{14}C 源项分析工作，并按照工况 A 和工况 B 两种工况分析了 ^{14}C 源项。

1) 工况 A：气态 0.2TBq/a，液态 5GBq/a。

2) 工况 B：气态 0.37TBq/a，液态 50GBq/a。

其中工况 A 工况基于法国 900MW 电厂实际测量数据的平均值给出，工况 B 工况基于法国 900MW 和 1300MW 电厂测量记录最大值的两倍给出。

(5) 二回路源项：本阶段二回路源项的计算假设与上阶段相同。

(6) 流出物排放源项：本阶段气液态流出物源项采用 TSLIQ/TSGAZ 对气液态流出物环境排放源项进行计算，TSLIQ/TSGAZ 是根据法方相关资料由苏州热工研究院有限公司自主开发的，其基本假设与岭澳一期所采用的假设相同。

在秦山二期的设计中，一回路裂变产物和腐蚀产物的活度浓度均委托法方计算，裂变产物活度浓度是采用 PROFIP5 程序计算得到的；腐蚀产物活度浓度是采用 PACTOLE L0 程序计算得到的。秦山二期扩建工程中采用最新版本 PROFIP5 和 PACTOLE V2 分别计算一回路裂变产物和腐蚀产物源项。

1.3.2.2 WWER1000 堆型源项研究

田湾 1、2 号机组的 PSAR 反映了 WWER 机组进入我国的源项研究基础，相关的源项分析工作大多是采用俄罗斯各研究机构开发的程序计算得到的，部分源项是在分析俄罗斯的运行经验数据的基础上得到的。WWER 源项分析包括了裂变产物堆芯积存量、主回路裂变产物和活化腐蚀产物源项、氚源项、二回路源项、气液态环境排放源项等。

1.3.3 三代堆型源项研究

源项研究第三阶段为三代堆型源项研究阶段。随着第三代压水堆核电技术的逐步成熟，我国核电发展的重点开始转向三代压水堆，这一时期在我国涌现了各种机型的三代压水堆，其中既有国外引进的先进机型，如引进自美国的AP1000机型、引进自法国的EPR机型、引进自俄罗斯的三代WWER机型，也有我国自主开发的机型，如华龙一号、CAP1400和高温气冷堆等。

1.3.3.1 M310/CPR1000/CNP1000系列源项计算方法的完善

这一阶段主要完善了M310/CPR1000/CNP1000堆型氚和^{14}C源项的计算方法，这些源项分析方法已广泛用于我国自主设计的二代改进堆型电厂，如宁德核电站1、2号和方家山核电站1、2号机组等。

(1)堆芯积存量：本阶段核电机组堆芯积存量的计算采用ORIGEN-S程序，该程序是SCALE程序系统中主要的源项计算模块，主要用于分析核素浓度随时间的变化及积存量、衰变热等源项参数的计算。相对于ORIGEN2程序，该程序采用的截面库参数进行了更新，计算结果更加精确。同时，考虑到事故分析的需要，在给出放射性惰性气体和碘同位素的积存量基础上，增加了锶组核素的积存量。本阶段计算堆芯积存量时采用燃耗分段包络的计算方法，包络组件燃耗在轴向不均匀分布的影响，同时采用一定的功率保守因子，以包络堆芯功率分布不均匀性的影响。

(2)一回路裂变产物源项：本阶段一回路中的源项总共有三套，其中第一套和第二套源项主要用于电厂的环境影响评价，第三套源项主要用于电厂的辐射屏蔽设计。第一套对应正常运行工况A，反应堆冷却剂的放射性浓度取为0.55GBq/t ^{131}I当量。第二套源项对应异常运行工况B，其分析对应于反应堆冷却剂活度较大的设计工况，较大的活度可能是由于发生了某种程度上的燃料包壳破损。在分析时，对反应堆冷却剂活度的假设如下，依然考虑为3个循环：

- 前1/4循环为0.55GBq/t ^{131}I当量；
- 中间1/2循环为4.44GBq/t ^{131}I当量；
- 后1/4循环为37GBq/t ^{131}I当量。

但在具体计算时与之前的工程有所不同：

在0.55GBq/t ^{131}I当量运行期间内，裂变产物活度与工况A相同。

在4.44GBq/t ^{131}I当量运行期间，假定全堆有19根燃料棒包壳破损，然后将计算得到的反应堆冷却剂中的放射性活度浓度归一化到4.44GBq/t ^{131}I当量活度浓度，该值为法国同类电厂200堆年运行的最大值。

在37GBq/t ^{131}I当量运行期间，假定全堆燃料元件破损率为0.25%，然后将计算得到的反应堆冷却剂中的放射性活度浓度归一化到37GBq/t ^{131}I当量活度浓度，该值对应于技术规格书中的最大放射性活度限值条件。

第三套对应屏蔽设计源项，其计算假设和计算方法与前一阶段相同，采用PROFIP5程序计算，计算中，假定燃料元件包壳破损率为 0.25%，然后将反应堆冷却剂中的活度浓度归一化到 37GBq/t ^{131}I 当量活度浓度。

(3)一回路活化腐蚀产物源项：与前几个阶段相似，基于不同的分析目的也有三套源项，前两套主要用于放射性流出物分析和放射性废物处理系统的设计，相应源项的运行工况假设与前两个阶段完全相同。对于用于辐射屏蔽设计的第三套源项，之前所做的一回路活化腐蚀产物源项分析机理、分析程序和分析结果的统一在本阶段基本得以实现。本阶段，用于辐射屏蔽设计的活化腐蚀产物第三套源项是第一套源项的 3 倍。

(4)氚和 ^{14}C 源项：与前两个阶段相同的是，氚源项的分析同样基于产生机理给出了保守和现实两套运行方式，与之前阶段相比，本阶段的各种途径产氚的分析过程更为精细，前两个阶段基于热中子通量的分析已被多群中子通量的细致分析替代，各产氚反应的反应截面也结合最新的评价核截面数据库进行了重新制备。同时，对之前阶段未考虑的注入二次中子源的氚也进行了分析。分析过程中对于氚通过包壳向燃料和包壳向主冷却剂扩散的扩散率则根据秦山二期和岭澳二期的运行经验反馈进行了修订，通过拟合氚排放量而确定的计算假设为正常运行条件下和最不利情况下对应的三元裂变部分通过包壳的扩散率分别为 2%和 3%。

在考虑氚的年排放量设计时，认为设计值中 90%经由液态途径排放，10%经气态途径排放。实际设计中出于保守的考虑，认为主冷却剂中产生的氚 100%经液态途径排放，10%经气态途径排放。

对于 ^{14}C 源项，与之前两个阶段不同，本阶段根据 ^{14}C 产生机理分析给出了 ^{14}C 源项的设计值，考虑了 ^{17}O 和 ^{14}N 两个反应道的 ^{14}C 产生量，并根据运行电厂的 ^{14}C 排放量和运行过程中联氨添加量确定了相关的计算参数，计算中同样考虑了精细多群中子通量，各反应道的 ^{14}C 产生截面也可根据最新评价核截面数据库得到。

(5)二回路源项：与之前各阶段相比，本阶段的二回路源项计算假设条件最大变化是，在考虑一回路向二回路系统的泄漏时，假定三台蒸汽发生器各自都存在 0.5kg/h 的常年泄漏项，其泄漏时间为每年 7000h，三台蒸汽发生器中只有一台发生每年两个月的附加泄漏，且附加泄漏的时间段与常年泄漏的末期重合，附加泄漏率为 0～72kg/h 线性变化，其他时间附加泄漏为 0。

(6)气液态排放源项：本阶段气液态流出物源项分析方法与上阶段相同。

1.3.3.2 AP1000 源项研究

2008 年前后，我国开始引进第三代先进压水堆 AP1000 和 EPR 堆型，清华大学也开展了大量高温气冷堆放射性废物管理源项的研究工作。

AP1000 是西屋电气公司开发的双环路 1250MW 级压水堆核电机组。与以往传统的压水堆设计相比，AP1000 的主要特点在于采用了非能动的安全理念，同时采用了一些严重事故缓解措施，被认为是第三代核电机型之一。

AP1000 电厂设计基准反应堆冷却剂裂变产物活度浓度是根据假设条件(基于一定的燃料包壳破损率和不同核素的逃脱率系数)通过机理模型计算得到的。美国核管理委员会标准审查大纲(SRP)中规定在压水堆电厂设计中，使用0.25%的燃料包壳破损率，对于屏蔽设计是可以接受的，故分析时假定的燃料包壳破损率为0.25%。对于除氚和^{14}C外的其他核素，其正常运行排放源项是根据NUREG-0017中的分析方法，通过PWR-GALE程序计算得到的。现实源项的计算由参考核电厂运行状态下放射性核素源项推算得到。对于待算电厂，其一、二回路冷却剂中放射性核素活度浓度等于参考核电厂的放射性核素活度浓度乘以相应的调整因子。

AP1000用ORIGEN程序计算得到堆芯燃料中产生的与时间相关的裂变产物放射性总量，计算过程中考虑了不同核素的逃脱率系数造成的影响；用FIPCO程序计算设计基准反应堆冷却剂裂变产物活度浓度，FIPCO程序建立了描述反应堆冷却剂中裂变产物行为的微分方程，全面考虑了它们在反应堆冷却剂中产生和消失的途径，计算得到电厂运行期间工程上所需的反应堆冷却剂中裂变产物的最大活度浓度。

AP1000反应堆冷却剂中腐蚀产物活度基于运行电厂的测量数据，它与燃料包壳破损率无关。反应堆冷却剂腐蚀产物的活度浓度是以运行电厂测量数据为基础，通过一定的调整而得到的，即基于NUREG-0017(1985)中的方法，采用PWR-GALE程序计算得到。主要考虑的核素为^{51}Cr、^{54}Mn、^{55}Fe、^{58}Co和^{60}Co。设计基准腐蚀产物源项的计算方法同现实源项的计算方法一致。

AP1000堆型源项研究工作包括对ORIGEN-S、POST、FIPCO3.1、COAL和PWR-GALE等程序的消化吸收和应用，并对部分源项进行复核计算。

1.3.3.3 EPR源项研究

EPR是以法国N4和德国Konvoi核电机组为基础，并以EUR为设计规范设计的第三代堆型，装机容量为1750MW，被认为是第三代核电机型之一。

EPR一回路现实源项是基于近年法国1300MW电厂和N4电厂共244堆年的运行经验数据确定的，约为0.2GBq/t ^{131}I当量。技术规格书源项基于0.25%燃料元件破损率，先采用ORIGEN-S程序计算堆芯积存量，然后根据核素的逃逸率系数、一回路系统的下泄、净化和衰变等过程计算一回路中各核素的活度浓度，作为技术规格书源项。技术规格书源项约为23GBq/t ^{131}I当量，与电厂技术规格书源项、屏蔽设计源项是一致的。

EPR台山核电站的排放源项与早期法国FA3机组PSAR和UK-EPR基本安全概述中提供的源项相同。排放源项的确定主要基于电厂的运行经验数据，并考虑了EPR在材质、一回路水化学、三废处理系统设计上的改进。其源项经验反馈数据主要来源于法国1300MW核电机组8个电厂2001～2003年完整的测量数据。预期排放源项为电厂运行经验数据的平均值；最大排放源项考虑了正常运行的所有情况(包括停堆瞬态)。法国电力公司(EDF)还提供了2007～2011年法国900MW、1300MW和N4电厂的排放量运行数据，以验证设计排放源项的保守性。

由于EPR的源项均来自运行经验反馈数据，完全采用运行数据确定源项的合理性和保守性是这阶段的研究重点，这些研究工作包括对运行经验数据的分析、对数据统计分析和处理方法的研究等。

1.3.3.4 高温气冷堆源项研究

与压水堆相比，我国高温气冷堆一回路源项和排放源项分析技术的发展起步较晚，可供参考的分析方法不多，研究基础比较薄弱。

我国发展的是球床模块式高温气冷堆技术，与美国、日本等国家采取柱状燃料元件的高温气冷堆有很大区别，源项分析方法差别较大。一回路源项和排放源项分析主要参考德国球床型高温气冷堆的运行经验、燃料辐照试验、堆外试验及相关安全分析报告。

20 世纪 80 年代前后，德国利用球床型高温气冷堆 AVR 燃料试验堆及一些堆外试验回路，成功收集了很多放射性测量数据和材料特性数据，并在此基础上形成了一些源项计算模型，开发了相关分析软件。这些软件既用于堆外试验的后计算，也用于高温气冷堆源项的预测分析，如德国球床模块式高温气冷堆概念堆 HTR-MODUL 安全分析报告中，INTERATOM 利用自己开发的程序进行了放射性源项预测，并通过了当时德国核安全主管部门的审评。

我国对高温气冷堆源项的研究在 10MW 高温气冷实验堆(HTR-10)项目实施阶段才逐步受到重视。在 HTR-10 安全分析及安全审评中，基本上是类比 AVR 堆的测量数据和 HTR-MODUL 的预测结果得到 HTR-10 的放射性源项，对源项模型的正确性、源项结果的可靠性及保守性难以得到令人信服的结论。

在 HTR-10 设计运行的基础上，我国正自主开发建设模块式高温气冷堆核电厂示范工程(HTR-PM)，在前期项目可行性研究、立项后的初步安全分析阶段，高温气冷堆源项研究技术获得了较大的发展。系统地引进了德国于利希研究中心开发的源项计算软件——燃料破损率计算软件 PANAMA、裂变产物释放计算软件 FRESCO、放射性沉积计算软件 SPATRA 等，并加强了源项计算模型和软件的验证，包括与国际上其他模型的比对及与实验结果的比对。我国清华大学和德国于利希研究中心还各自对 HTR-PM 的设计源项进行了预测，并进行了计算比对。这些 V&V 工作基本上验证了用于 HTR-PM 放射性源项分析的模型和程序的可用性和保守性，这些方法可以作为我国高温气冷堆源项研究的基础。

目前，在国家科技重大专项的框架下，新建了一些实验回路和实验设施，加强 HTR-10 运行时放射性源项数据的收集；HTR-PM 的燃料元件也已送往欧洲相关机构进行辐照和辐照后试验，预期可以得到一批放射性测量数据；另外，也加强了放射性源项的基础研究，对一些重要的放射性核素的输运特性利用物理学原理开展理论计算。这些研究工作成果都将应用于高温气冷堆源项分析模型的验证和改进，以此为基础，开发一套完整的、具有我国自主知识产权的关于高温气冷堆放射性源项分析计算软件的工作也已起步。

1.4 源项框架体系构建和模式参数研究

为了解决目前我国压水堆核电厂一回路源项和排放源项体系存在的问题，本书结合法规标准要求、我国核电厂一回路源项和排放源项的审评和研究成果，以及近年来国内外核电厂的运行实践，从源项应用的目的出发，研究提出了一套适合我国核电厂的一回路源项和排放源项框架体系。

提新出的核电厂一回路源项和排放源项框架体系，规范了我国核电厂一回路源项和排放源项的设计要求，理顺了不同堆型核电厂一回路源项和排放源项的计算流程，基本解决了我国目前不同堆型核电厂源项设计与应用脱节、源项应用目的不明确、源项设计要求和计算流程不规范等问题。

1.4.1 源项框架体系的构建

目前我国核电二代、二代加、各种三代压水堆机型共存，且这些堆型又是从法国、美国、俄罗斯和加拿大等不同国家引进。每种机型都拥有一套自身的源项分析体系，使得源项分析体系过于庞杂，不利于监管和技术交流，也不利于我国核电的发展。

一回路源项和排放源项与反应堆等系统的设计一样，必须满足引进国和我国法规标准的要求。由于一回路源项和排放源项方面的法规标准要求还不够完善，而不同国家对源项的设计要求和验收准则又各不相同，使得我国不同堆型的源项设计要求千差万别，而每种堆型的源项分析体系和计算方法又都存在一定的问题。最主要的共性问题就是源项的设计与应用脱节、源项的应用目的不明确、源项设计要求和计算流程不规范等。本书 3.1 将对不同堆型源项体系在我国应用中存在的问题进行分析。

20 多年来，我国源项研究和审评人员，在对不同堆型源项消化吸收的基础上，一直在开展源项研究工作，同时也在不断地收集整理和分析国内核电厂的运行数据，为我国源项框架体系的构建提供基础数据。随着我国核电的发展、堆型的增多和法规标准要求的提高，迫切需要建立适应我国核电厂一回路源项和排放源项的框架体系，使我国核电厂一回路源项和排放源项体系向标准化方向发展。经过几年的摸索和研究，本书提出了一套适合我国核电厂的一回路源项和排放源项框架体系。本书 3.2 将详细介绍源项框架体系的构建。

1.4.2 源项基本假设的统一、源项设计基准的确定

根据构建的源项框架体系，进行源项基本假设研究，实现了不同机型源项计算基本假设的一致性，可以在统一的安全水平下进行源项的应用，详见第三章。

在构建新框架体系的同时，本书对核电厂一回路裂变产物设计源项的计算基准、一回路裂变产物现实源项的计算基准、一回路活化腐蚀产物源项的计算基准、气液态流出物排放源项的计算基准，以及一回路源项和排放源项核素种类的选取原则等开展了研究，具体研究内容和结论参见 3.2。

1.4.3 源项计算模式和参数研究

针对不同堆型，以新构建的源项框架体系和统一的基本假设，全面审查源项计算模型和参数的适用性，并进行具体的研究，详见第四章和第五章。主要研究内容如下：

· 裂变产物堆芯积存量计算模式和参数研究；

- 一回路裂变产物设计源项计算模型和参数研究；
- 一回路裂变产物现实源项计算模型和参数研究；
- 一回路活化腐蚀产物源项计算模型和参数研究；
- 氚源项计算模型和参数研究；
- ^{14}C 源项计算模型和参数研究；
- 气液态流出物排放源项计算模型和参数研究。

1.4.4 源项的重新计算

根据新构建的一回路源项和排放源项框架体系，以及我国 20 多年来源项研究成果，本书对 CPR1000、WWER、EPR 和 AP1000 四种堆型源项，包括一回路源项、二回路源项、氚源项、^{14}C 源项和气液态流出物排放源项进行了重新计算。

1.4.5 新堆型应用

除了上述堆型之外，我国自主知识产权的华龙一号和 CAP1400 的设计中，均采用了新的一回路源项和排放源项框架体系。

从 2016 年起，我国核电厂一回路源项和排放源项的研究进入了标准化源项框架体系的完善和工程应用阶段。

第二章　引进压水堆源项

我国核电厂源项研究是在消化吸收国外核电厂源项技术的基础上逐步开展的。为了准确地描述放射性废物管理源项研究的基础，本章详细介绍了 M310、WWER、AP1000 和 EPR 核电机组引进时的源项计算方法和结果。

2.1　M310

早期的 M310 核电机组源项分析采用了机组引进之初法国源项分析方法，各类源项的分析方法体现在大亚湾核电机组的安全分析报告和岭澳一期的初步安全分析报告中。在 M310 核电机组后续的审评和设计修改过程中，源项分析方法有了一定的调整，因此，在大亚湾的安全分析报告和岭澳一期核电机组的初步安全分析报告中的源项最能反映 M310 机组的源项研究基础，考虑到岭澳一期核电机组初步安全分析报告中的源项与大亚湾安全分析报告中的源项一致，且岭澳一期核电机组的相关资料更为完备，因此，对 M310 机组源项研究基础采用了岭澳一期的初步安全分析中的源项。

M310 机组早期的源项分析包括了裂变产物堆芯积存量、主回路裂变产物和活化腐蚀产物源项、氚源项、二回路源项、气液态环境排放源项等。M310 机组早期的源项分析工作在源项分析程序、源项分析方法及源项分析所涵盖的内容等方面，与后续随着审管要求和设计改进的深入而有部分差异，如引进时 M310 机组在分析主回路裂变产物源项时，针对环境排放和屏蔽设计不同的用途而采用了不同的主回路裂变产物源项分析程序，且在裂变产物设计源项分析的基准上也未保持一致。再例如，引进时 M310 机组未对 ^{14}C 源项进行分析，而在后续 M310 机组的源项分析过程中，由于环境影响评价分析的需要，均补充了对 ^{14}C 源项的分析。M310 机组引进时源项分析的内容和方法，将在下文进行阐述。

2.1.1　裂变产物堆芯积存量

M310 机组引进时的裂变产物堆芯积存量分析工作，以岭澳一期工程的初步安全分析报告为例。计算分析采用了 ORIGEN2 程序，该程序是用途非常广泛的点燃耗及放射性衰变计算程序，可以计算模拟核燃料循环过程中放射性物质的积累、衰变等过程，给出核素的组成、放射性活度、衰变热、中子和光子源项等参数。堆芯积存量应用较多的领域是核电厂事故源项的计算分析，给出事故发生时堆芯裂变产物的核素成分及对应的积存量。

岭澳一期工程 M310 型反应堆堆芯热功率为 2905MW，反应堆内共装载 157 个 AFA-2G 型燃料组件，该型燃料组件由 264 根燃料棒、24 根导向管和 1 根仪表管构成，燃料棒包壳采用低锡锆-4 合金包壳。堆芯采用三区换料管理方案，首循环分别装载 ^{235}U 富集度为 1.8%、2.4%和 3.1%的燃料组件，之后换料装入富集度为 3.2%的燃料组件。裂变产物堆芯积存量基于燃料管理方案为三区平衡年换料方案，具体结果详见表 2.1.1。

表 2.1.1 M310 堆芯积存量 (单位：GBq，$\times 10^8$)

核素	1/3 堆芯			总计
	一区	二区	三区	
^{83m}Kr	1.37E+00	1.25E+00	1.15E+00	3.77E+00
^{85m}Kr	3.18E+00	2.83E+00	2.51E+00	8.52E+00
^{85}Kr	3.74E-02	6.68E-02	9.20E-02	1.96E-01
^{87}Kr	6.32E+00	5.52E+00	4.79E+00	1.66E+01
^{88}Kr	8.71E+00	7.57E+00	6.54E+00	2.28E+01
^{131m}Xe	6.49E-02	6.76E-02	7.01E-02	2.03E-01
^{133m}Xe	2.86E+00	2.87E+00	2.88E+00	8.61E+00
^{133}Xe	2.02E+01	2.02E+01	2.02E+01	6.06E+01
^{135m}Xe	3.51E+00	3.72E+00	3.92E+00	1.12E+01
^{135}Xe	5.06E+00	4.99E+00	4.72E+00	1.48E+01
^{138}Xe	1.77E+01	1.70E+01	1.62E+01	5.09E+01
^{131}I	9.26E+00	9.62E+00	9.99E+00	2.89E+01
^{132}I	1.35E+01	1.40E+01	1.44E+01	4.19E+01
^{133}I	2.02E+01	2.02E+01	2.01E+01	6.05E+01
^{134}I	2.24E+01	2.24E+01	2.18E+01	6.66E+01
^{135}I	1.90E+01	1.90E+01	1.88E+01	5.68E+01

2.1.2 一回路裂变产物源项

当反应堆运行时，燃料元件(UO_2)中将产生气态和固态裂变产物。它们在元件中迁移，积存在芯块-包壳间隙中，一旦包壳发生破损，便将以一定的概率释放到冷却剂中，构成冷却剂中的裂变产物源项。为模拟裂变产物在燃料芯块中的产生及其随后通过燃料包壳缺陷从燃料释放到反应堆冷却剂中的复杂现象，依据法国 PWR 燃料组件实验和电厂功率运行经验的反馈，开发了 PROFIP 程序，程序在法国原子能和替代能源委员会(CEA)研究中心做了验证。

裂变产物在燃料中产生并随后进入反应堆冷却剂的模型分为 4 个连续的过程：

• 通过裂变、放射性衰变或中子俘获而实际产生的裂变产物；

• 由各种机理如晶间扩散和俘获、反冲和击出等造成的裂变产物从燃料中的释放；

• 裂变产物扩散到燃料包壳，并通过包壳缺损释入反应堆冷却剂；

• 考虑了反应堆运行参数(净化率、在化学和容积控制系统和稳压器中的分配、泄漏率等)后的反应堆冷却剂系统中裂变产物的总估算。

反应堆冷却剂系统的放射性主要取决于包壳缺陷的特征和裂变产物穿过包壳缺陷进入反应堆冷却剂中的特性。

对于不同类型的包壳破损和反应堆运行，按法国在燃料组件上所做的运行与试验的经验反馈，PROFIP 程序将裂变产物释放到反应堆冷却剂中的过程模型化。对碘、铯和惰性气体，根据运行经验反馈，还给出了瞬态工况时峰释放现象所导致的活度。该程序也计算了由 UO_2 造成包壳外污染产生的反应堆冷却剂活度。

在本节中，对反应堆冷却剂系统的活度水平采用 ^{131}I 当量活度浓度来表示。^{131}I 当量活度浓度是指与反应堆冷却剂中所含碘同位素混合物放射性对甲状腺产生同等剂量的单独 ^{131}I 的活度浓度。

平衡循环工况下，在进行源项计算时，采用如下两套假设：

(1) 工况 A：正常运行工况。

在这种工况下，基于法国电厂的运行经验反馈，反应堆冷却剂的放射性活度浓度取为 0.55GBq/t ^{131}I 当量。

(2) 工况 B：异常运行工况。

在这种工况下，分析对应于反应堆冷却剂活度较大的设计工况，较大的活度可能是由于发生了某种程度上的燃料包壳破损造成的。在分析时，对反应堆冷却剂活度浓度的假设如下：

- 前 1/4 循环为 0.55GBq/t ^{131}I 当量；
- 中间 1/2 循环为 4.44GBq/t ^{131}I 当量；
- 后 1/4 循环为 37GBq/t ^{131}I 当量。

在 0.55GBq/t ^{131}I 当量运行期间内，裂变产物活度浓度与工况 A 相同。

在 4.44GBq/t ^{131}I 当量运行期间，假定全堆有 19 根燃料棒包壳破损，然后将计算得到的反应堆冷却剂中的放射性活度浓度归一化到 4.44GBq/t ^{131}I 当量活度浓度，该值为法国同类电厂 200 堆年运行的最大值。

在 37GBq/t ^{131}I 当量运行期间，假定全堆燃料元件破损率为 0.25%，然后将计算得到的反应堆冷却剂中的放射性活度浓度归一化到 37GBq/t ^{131}I 当量活度浓度，该值对应于技术规格书中的最大放射性活度浓度限值条件。

在采用前两套源项进行废物量分析时，工况 A 下的废物量称为预期值，工况 B 下的废物量称为设计值。

需要说明的是，在大亚湾核电站的主回路裂变产物源项分析过程中，对于异常运行工况的假设与岭澳一期有部分差异。

大亚湾核电站异常运行工况的反应堆冷却剂活度假设如下：

- 前 1/4 循环为 0GBq/t ^{131}I 当量；
- 中间 1/2 循环为 4.44GBq/t ^{131}I 当量；
- 后 1/4 循环为 37GBq/t ^{131}I 当量。

其中，在 4.44GBq/t 当量运行期间，裂变产物活度是工况 A 的 8 (4.44/0.55) 倍；在 37GBq/t 期间，是工况 A 的 67 (37/0.55) 倍。

考虑的岭澳一期的相关资料较为完备，为与其他源项的选取依据保持一致，故而此处给出岭澳一期的主冷却剂中裂变产物源项作为引进时源项。

表 2.1.2～表 2.1.4 给出了冷却剂中裂变产物的活度浓度。

表 2.1.2 主冷却剂中裂变产物的活度浓度（0.55GBq/t ^{131}I 当量） （单位：GBq/t）

放射性核素	活度浓度		放射性核素	活度浓度	
	稳态	瞬态		稳态	瞬态
^{85m}Kr	3.2E−01	7.3E−01	^{90}Y	3.6E−06	—
^{85}Kr	2.5E−02	2.5E−02	^{91}Y	2.5E−04	—
^{87}Kr	5.5E−01	1.2E+00	^{91}Sr	5.0E−02	—
^{88}Kr	7.8E−01	1.9E+00	^{92}Sr	7.8E−02	—
^{133m}Xe	1.9E−01	4.1E−01	^{92}Zr	7.8E−04	—
^{133}Xe	8.3E+00	1.6E+01	^{95}Nb	7.8E−04	—
^{135}Xe	1.9E+00	2.5E+00	^{99}Mo	1.6E−02	—
^{138}Xe	1.4E+00	4.0E+00	^{99m}Tc	1.0E−02	—
总惰性气体	1.4E+01	2.7E+01	^{103}Ru	1.1E−03	—
^{131}I	2.7E−01	6.9E+00	^{106}Ru	7.0E−05	—
^{132}I	5.1E−01	5.9E+00	^{131m}Te	1.7E−03	—
^{133}I	8.7E−01	6.9E+00	^{131}Te	6.5E−02	—
^{134}I	3.5E−01	4.5E+00	^{132}Te	1.1E−02	—
^{133}I	5.5E−01	4.5E+00	^{134}Te	1.4E−01	—
总碘	2.6E+00	2.9E+01	^{140}Ba	4.1E−03	—
^{131}I 当量	5.5E−01	9.4E+00	^{140}La	4.1E−03	—
^{134}Cs	2.4E−03	1.2E+00	^{141}Ce	1.5E−03	—
^{136}Cs	0.0E+00	2.1E−01	^{143}Ce	2.6E−02	—
^{137}Cs	2.4E−03	1.0E+00	^{143}Pr	8.3E−04	—
^{89}Sr	6.0E−04	—	^{144}Ce	1.5E−04	—
^{90}Sr	3.6E−06	—	^{144}Pr	1.5E−04	—

表 2.1.3 主冷却剂中裂变产物的活度浓度（4.44GBq/t ^{131}I 当量）（单位：GBq/t）

放射性核素	活度浓度		放射性核素	活度浓度	
	稳态	瞬态		稳态	瞬态
^{85m}Kr	2.6E+00	5.8E+00	^{131}I	2.2E+00	5.5E+01
^{85}Kr	2.0E−01	2.4E−01	^{132}I	4.1E+00	4.6E+01
^{87}Kr	4.4E+00	1.1E+01	^{133}I	7.0E+00	5.3E+01
^{88}Kr	6.3E+00	1.4E+01	^{134}I	2.8E+00	3.7E+01
^{133m}Xe	1.5E+00	3.2E+00	^{135}I	4.4E+00	3.3E+01
^{133}Xe	6.7E+01	1.3E+02	总碘	2.1E+01	2.2E+02
^{135}Xe	1.5E+01	2.1E+01	^{131}I 当量	4.0E+00	7.7E+01
^{138}Xe	1.1E+01	3.2E+01	^{134}Cs	1.9E−02	9.3E+00
总惰性气体	1.1E+02	2.2E+02	^{136}Cs	0.0E+00	1.7E+00

续表

放射性核素	活度浓度		放射性核素	活度浓度	
	稳态	瞬态		稳态	瞬态
^{137}Cs	1.9E-02	7.8E+00	^{106}Ru	5.6E-04	—
^{89}Sr	4.8E-03	—	^{131m}Te	1.4E-02	—
^{90}Sr	2.9E-05	—	^{131}Te	5.2E-01	—
^{90}Y	2.9E-05	—	^{132}Te	8.9E-02	—
^{91}Y	1.9E-03	—	^{134}Te	1.1E+00	—
^{91}Sr	4.1E-01	—	^{140}Ba	3.2E-02	—
^{92}Sr	6.2E-01	—	^{140}La	3.2E-02	—
^{92}Zr	6.2E-03	—	^{141}Ce	1.2E-02	—
^{95}Nb	6.2E-03	—	^{143}Ce	2.0E-01	—
^{99}Mo	1.3E-01	—	^{143}Pr	6.7E-03	—
^{99m}Tc	7.8E-02	—	^{144}Ce	1.2E-03	—
^{103}Ru	8.9E-03	—	^{144}Pr	1.2E-03	—

注：PSAR 并未提供 4.44GBq/t 的设计值，此处由 37GBq/t 的活度谱归一而来。

表 2.1.4　主冷却剂中裂变产物的活度浓度(37GBq/t ^{131}I 当量)（单位：GBq/t)

放射性核素	活度浓度		放射性核素	活度浓度	
	稳态	瞬态		稳态	瞬态
^{85m}Kr	2.2E+01	4.9E+01	^{90}Y	2.4E-04	—
^{85}Kr	1.7E+00	2.0E+00	^{91}Y	1.6E-02	—
^{87}Kr	3.5E+01	8.4E+01	^{91}Sr	3.4E+00	—
^{88}Kr	5.6E+01	1.3E+02	^{92}Sr	5.2E+00	—
^{133m}Xe	1.3E+01	2.7E+01	^{92}Zr	5.2E-02	—
^{133}Xe	5.6E+02	1.1E+03	^{95}Nb	5.2E-02	—
^{135}Xe	1.3E+02	1.7E+02	^{99}Mo	1.1E+00	—
^{138}Xe	9.0E+01	2.6E+02	^{99m}Tc	6.5E-01	—
总惰性气体	9.0E+02	1.8E+03	^{103}Ru	7.4E-02	—
^{131}I	1.9E+01	4.7E+02	^{106}Ru	4.7E-03	—
^{132}I	3.6E+01	4.0E+02	^{131m}Te	1.2E-01	—
^{133}I	6.0E+01	4.5E+02	^{131}Te	4.3E+00	—
^{134}I	2.3E+01	3.0E+02	^{132}Te	7.4E-01	—
^{135}I	4.0E+01	3.0E+02	^{134}Te	9.2E+00	—
总碘	1.8E+02	1.9E+03	^{140}Ba	2.7E-01	—
^{131}I 当量	3.7E+01	6.4E+02	^{140}La	2.7E-01	—
^{134}Cs	1.6E-01	7.7E+01	^{141}Ce	1.0E-01	—
^{136}Cs	0.0E+00	1.4E+01	^{143}Ce	1.7E+00	—
^{137}Cs	1.6E-01	6.5E+01	^{143}Pr	5.6E-02	—
^{89}Sr	4.0E-02	—	^{144}Ce	1.0E-02	—
^{90}Sr	2.4E-04	—	^{144}Pr	1.0E-02	—

2.1.3 一回路活化腐蚀产物源项

一回路冷却剂中的腐蚀产物源项来自两方面：一方面是堆内部件，另一方面是一回路管道和设备。前者在发生腐蚀并释放到冷却剂中之前已经受到中子照射而具有放射性；后者在流经堆内并受到堆芯及其相邻区域的中子照射之后才具有放射性。

为了确定 PWR 中活化产物和腐蚀产物的行为，在基础研究的基础上结合运行中反应堆的测量和堆外试验回路实验，开发验证了一个称为 PACTOLE F0 计算程序。PACTOLE 程序用于计算 PWR 中活化腐蚀产物的行为，并在基础研究的基础上结合运行中的测量和堆外试验回路实验加以验证。

本程序对一些实际发生的基本机理进行模拟，并尽可能不采用经验关系式。PACTOLE 程序由多种物理化学模型组成，这些模型描述了一回路系统中母材金属、母材金属表面氧化物薄层、管壁表面沉积物、冷却剂中的悬浮物颗粒和溶解物之间的物质交换现象。该程序通过模拟冷却剂与沉积物之间的物质交换过程、冷却剂对溶解物和悬浮物的输运作用及中子的活化作用，对一回路冷却剂系统中主要腐蚀产物的产生、输运、活化和沉积现象进行定量的计算，最终得到主要腐蚀产物及其活度浓度在一回路冷却剂系统中的分布情况。

在 PACTOLE 程序中，一回路冷却剂系统被划分成一系列分区，每一个分区对应某个重要部件或其中一部分。每个区域均可采用冷却剂和管壁的温度、冷却剂流速和水力当量直径、所用材料的表面粗糙度和化学成分、中子注量率等来表征。每种腐蚀产物在冷却剂中的存在形式都分溶解态和非溶解态两种。使用这个程序也需要了解功率输出记录和水化学状态随时间的演变。

由于瞬态工况下发生的现象是很复杂的，瞬态和冷停堆工况下溶液中的核素活度采用法国电厂运行经验的反馈值。

5 种活度浓度较大的腐蚀产物核素(^{51}Cr、^{54}Mn、^{59}Fe、^{58}Co 和 ^{60}Co)的活度是使用 PACTOLE 程序计算得到的，这些放射性腐蚀产物以可溶或不可溶的形式，随冷却剂流动或形成沉积。经验反馈表明，还存在着其他一些比较重要的放射性腐蚀产物核素，如 ^{110m}Ag 和 ^{124}Sb。这些核素虽然被回路冷却剂输运，但 PACTOLE 程序不能对其进行计算，其活度浓度只能由测量确定。

活化腐蚀产物源项分析考虑了两套源项假设，分别为正常运行工况和异常运行工况，相关假设如下：

(1) 工况 A：正常运行工况。

稳态时的腐蚀产物活度浓度是根据岭澳核电站的特点(由因科镍 690 制作的蒸汽发生器传热管，AFA 型燃料等)用 PACTOLE 程序计算出的。瞬变腐蚀产物活度浓度不能用本程序计算得到，因此采用法国运行电厂的经验反馈。

(2) 工况 B：异常运行工况。

对于工况 B，反应堆冷却剂活度浓度的假设如下：

- 前 1/4 循环为 0.55GBq/t ^{131}I 当量；
- 中间 1/2 循环为 4.44GBq/t ^{131}I 当量；

· 后 1/4 循环为 37GBq/t ^{131}I 当量。

在 0.55GBq/t ^{131}I 当量运行周期内，腐蚀产物活度与 A 工况相同(冷停堆期间的腐蚀产物活度浓度除外)。

作为保守估计，在 4.4GBq/t 和 37GBq/t ^{131}I 当量稳态运行期间，腐蚀产物的活度浓度推断为工况 A 的 3 倍。对所有运行期间，冷停堆时主要腐蚀产物(^{58}Co、^{60}Co、^{110m}Ag 和 ^{124}Sb)的活度浓度为法国 1300MW 核电厂记录的最大值。

表 2.1.5 给出了正常运行工况下冷却剂中腐蚀产物的活度浓度。表 2.1.6 给出了在 4.4GBq/t 和 37GBq/t ^{131}I 当量运行期间冷却剂中腐蚀产物的活度浓度。

表 2.1.5　正常运行工况下反应堆冷却剂中活化腐蚀产物的活度浓度(单位：GBq/t)

放射性核素	稳态工况	瞬态工况	冷停堆工况
^{51}Cr	5.90E−03	1.90E−01	3.70E+00
^{54}Mn	6.10E−04	5.10E−01	3.70E+00
^{59}Fe	1.00E−04	1.90E−02	1.90E+00
^{58}Co	1.60E−02	1.50E+00	4.00E+02
^{60}Co	3.90E−02	1.50E−01	2.50E+01
^{110m}Ag	6.00E−03	1.20E−01	8.00E−01
^{124}Sb	1.00E−02	2.00E−01	5.50E+01

表 2.1.6　在 4.4GBq/t 和 37GBq/t ^{131}I 当量运行期间反应堆冷却剂中活化腐蚀产物的活度浓度

(单位：GBq/t)

放射性核素	稳态工况	瞬态工况	冷停堆工况
^{51}Cr	1.80E−02	1.90E−01	3.70E+00
^{54}Mn	1.80E−03	5.10E−01	3.70E+00
^{59}Fe	3.00E−04	1.90E−02	1.90E+00
^{58}Co	4.80E−02	1.50E+00	4.00E+02
^{60}Co	1.20E−01	1.50E−01	2.50E+01
^{110m}Ag	1.80E−02	1.20E−01	8.00E−01
^{124}Sb	3.00E−02	2.00E−01	5.50E+01

2.1.4　二回路源项

二回路系统的污染是由于蒸汽发生器(SG)的管束出现泄漏造成的。这些泄漏用一台蒸汽发生器在 1 年中 2 个月时间内线性发展的一种假想泄漏加以模型化(假设其他蒸汽发生器不泄漏)。反应堆冷却剂从一回路到二回路的泄漏于 2 个月内从 0 变为 72kg/h。对于工况 B，这种泄漏是发生在反应堆冷却剂活度浓度为 37GBq/t ^{131}I 当量的循环期间的。

二回路系统的废物产生于不复用的蒸汽发生器排污和二回路系统的泄漏。

在正常运行工况下(除启动和停堆外)，蒸汽发生器排污系统在经离子交换树脂处理后，在二回路系统中被复用。这种排污不会产生任何废液。

为了假设一种更不利的工况，假定反应堆冷却剂从一回路向二回路的泄漏有 2 次(于出现泄漏后的 1 个月和 2 个月期间)。二回路蒸汽发生器系统中的全部活度均不经蒸汽发生器排污系统处理而被释放至常规岛废液排放系统。

尽管事实上这两种假设(泄漏率和蒸汽发生器的全部排污)对代表正常运行的工况 A 过于保守，但是这两种情况还是被采用了，因为相应的放射性废物水平对于工况 A 来说还是低的。

因此，所考虑的假设如下：

• 认为蒸汽中的固体裂变产物夹带因子等于蒸汽中的含水量水平，即 0.25%;

• 碘的夹带因子：1%;

• 气体的夹带因子：100%;

• 一台蒸汽发生器中的水重量：44t;

• 二回路系统的泄漏率：22t/h;

• 蒸汽发生器的排污率：10t/h 和 50t/h。

对于最不利的情况(工况 B，蒸汽发生器泄漏 72kg/h)，在稳态运行和瞬变后 1.5h 时，二回路水和蒸汽中惰性气体、碘和铯的最大计算活度浓度列于表 2.1.7 中。

表 2.1.7　二回路水和蒸汽中惰性气体、碘和铯的最大活度浓度（单位：GBq/t）

核素	稳态		瞬变后 1.5h	
	在 SG 水中的浓度	在蒸汽中的浓度	在 SG 水中的浓度	在蒸汽中的浓度
^{85m}Kr	0	2.7E−07	0	6.3E−07
^{85}Kr	0	1.7E−08	0	1.7E−06
^{87}Kr	0	4.1E−07	0	1.0E−06
^{88}Kr	0	6.7E−07	0	1.5E−06
^{133}Xe	0	6.7E−06	0	1.3E−05
^{135}Xe	0	1.6E−06	0	2.0E−06
^{138}Xe	0	1.1E−06	0	3.1E−06
^{131}I	4.4E−05	5.5E−07	2E−04	2.5E−06
^{132}I	3.4E−05	4.4E−07	1.5E−04	1.9E−06
^{133}I	1.2E−04	1.5E−06	2.6E−04	3.3E−06
^{134}I	1.1E−05	1.4E−07	8.9E−05	1.1E−06
^{135}I	6.3E−05	8.1E−07	1.5E−04	1.9E−06
^{134}Cs	3.7E−07	9.6E−10	2.8E−05	7.0E−08
^{137}Cs	3.7E−07	9.6E−10	2.3E−05	5.9E−08

2.1.5　氚和 ^{14}C 源项

反应堆冷却剂中氚的产生，主要归因于燃料中产生的氚通过包壳部分扩散，同时也归因于反应堆冷却剂中用于控制反应性的硼和用于控制反应堆冷却剂 pH 值的锂(^{6}Li)。在早期的 M310 机组氚源项的分析中，对于氚的产生量考虑了较为现实的情况和较为不利的情况，而两种情况的考虑，在设计源项的分析中是通过调节氚通过燃料包壳的泄漏率及 ^{7}Li 的富集度来实现的。

在正常运行条件下(包壳扩散率 1%)，^{7}Li 富集度为 99.98%时，反应堆冷却剂中氚的年产量估计为 17.4TBq(470Ci)。

在最不利情况下，如比较大的燃料包壳泄漏率(包壳扩散率 2%)和 ^{7}Li 富集度为 99.96%时，氚年产量可上升到 22.7TBq(610Ci)。

岭澳一期的初步安全分析中未包含 ^{14}C 源项。

2.1.6 气液态流出物排放源项

核电厂在运行状态下放射性核素以气态和液态两种方式向环境释放。放射性核素以气态方式向环境释放的途径主要包括经核岛厂房通风系统、废气处理系统(TEG)和二回路系统。这些气态放射性核素最终将排往核辅助厂房通风系统(DVN)经过过滤后通过烟囱排入大气。放射性核素以液态方式向环境释放的途径主要包括含氚废液排放、废液处理系统(TEU)排放和二回路系统排放。这些液态放射性核素最终都通过核岛废液排放系统(TER)或常规岛废液排放系统(SEL)排入环境中。由于废液进入 TER 和 SEL 系统后需贮存一定时间后再向环境排放，因此在计算过程中考虑了废液在 TER 和 SEL 系统中一定的贮存衰变时间。

对于向环境排放的气态或液态流体，根据其初始的来源及流出物源项计算的基准源项，可分析得到该流体内初始的放射性浓度和活度。考虑该流体从产生源头至排入环境过程中的衰变及净化去污设备对其去污效果，可分析得到在产生源头至排入环境过程中该流体内放射性核素的去除情况。考虑所有向环境排放的流体对时间的积分，可得到在运行状态下以气态或液态方式向环境释放的放射性核素总量。

为反映 M310 系列机组早期引进时期的气液态流出物排放源项的设计情况，本部分内容取自大亚湾核电站和岭澳一期的 PSAR 及《大亚湾核电站环境影响报告书》(装料阶段)相关章节。

2.1.6.1 有关反应堆冷却剂中活度的基本假设

所有数据均是针对一台机组而言的，机组运行时间为一个燃料循环时间加上每年换料时间，共 380d。

负荷跟踪于 80%燃耗(相当于 276d)的情况下进行。

负荷跟踪的配置如下：

· 12h 100%满功率运行；

· 3h 从 100%到 50%降功率运行；

· 6h 50%功率运行；

· 3h 从 50%到 100%提升功率运行。

认为以降功率到 30%代替降功率到 50%时的降功率负荷跟踪不会改变反应堆冷却剂的活度。

在此负荷跟踪下，可增加下列瞬态运行：

· 7 次 8h 的热停堆(在 Xe 峰时重新启动)；

• 7 次 90h 的热停堆(在 Xe 衰变后重新启动)；

• 2 次冷停堆；

• 1 次换料停堆。

考虑燃料的燃耗为 33 000MW • d/t，堆芯装有 72.5t 铀。

为了进行源项计算，提出如下两套假设：

(1) 工况 A：正常运行工况。

在这种工况下，关于燃料性能、废物处理系统运行及其释放的假设，均尽可能地来自法国电厂的运行经验反馈，但腐蚀产物是根据岭澳核电站特点计算出的(瞬态值除外)；而且，还采用了一些其他假设，以包括预期运行事件，如 UO_2 造成包壳外部污染和异常包壳破损率。在此工况下的废物量称为“预期值”。

(2) 工况 B：异常运行工况。

这个工况相应于采用设计基准燃料泄漏率假设来进行计算得到的废物量称为“设计值”。

这两套源项假设的主要差别在于反应堆冷却剂的放射性活度浓度。两种工况下一回路冷却剂中的裂变产物源项和活化腐蚀产物源项见 2.1.2 和 2.1.3。

2.1.6.2 气态流出物排放源项

(1) 有关放射性废气的来源和假设：位于核辅助厂房的 TEG 系统处理两种放射性气体流出物，分别为含氢废气和含氧废气。

1) 含氢废气：来自废气处理系统。

这些流出物由下列操作产生：

• 硼回收系统处理反应堆冷却剂时的脱气；

• 停堆前反应堆冷却剂的除气；

• 贮存罐的扫气(假设每年 2 次，相当于一回路 2 次除气)。

这些流出物是反应堆冷却剂通过化学和容积控制系统及硼回收系统的除盐器后排出的。这个工艺过程的碘的去污因子为 100。

在脱气塔中，除去所有的惰性气体，而碘的分配因子为 10^{-3}。

考虑 3 次停堆，每次对反应堆冷却剂进行脱气。

TEG 系统衰变罐的泄漏率为每天泄漏贮存气体的 0.01%。

贮存气体的衰变时间为 45d。

2) 含氧废气：反应堆厂房中反应堆冷却剂的泄漏速率取 66kg/h，泄漏的冷却剂中包含的所有气体和一部分碘排放到厂房大气中。考虑到泄漏冷却剂的温度，碘的分配因子取 10^{-3}。

每年有 180h 由安全壳空气净化系统(EVF)以 20 000m^3/h 的流量进行内部过滤及由安全壳内空气监测系统(ETY)以 1500m^3/h 的流量进行扫气，以降低反应堆厂房中空气的放射性水平。这两个系统捕集碘的去污因子为 10。

在核辅助厂房中反应堆冷却剂的泄漏估计值：

• 冷泄漏，31kg/h；

• 热泄漏，2kg/h。

在这些泄漏中包含的所有气体和一部分碘都排放到厂房大气中。

对于热泄漏($T>60$℃)包含的碘，分配因子取 10^{-3}；对于冷泄漏包含的碘，分配因子取 10^{-4}。

辅助厂房通风系统的放射性气体产物未经衰变即排放大气。在可能被碘污染的房间中通风系统设有碘捕集器。在 25℃和 40%相对湿度情况下，对碘分子(I_2)的设计去污因子为 5000，对甲基碘(ICH_3)的设计去污因子为 1000，然而在做排放计算时，假定去污因子为 10。

没有在二回路系统再冷凝的以蒸汽形式泄漏的放射性直接排往大气，其分配因子为 1。经过冷凝器之后，惰性气体的分配因子保持为 1，但是碘的分配因子假设为 10^{-4}。

气态流出物排放量的详细结果见表 2.1.8 和表 2.1.9。

表 2.1.8 计算的各系统预期的废气排放量(工况 A) (单位：GBq/a)

核素	废气处理系统	泄漏		二回路	总量
	负荷跟踪	反应堆厂房	核辅助厂房		
^{85m}Kr	6.10E+00	1.40E+00	8.45E+01	1.60E+01	1.08E+02
^{85}Kr	4.33E+02	1.32E+01	6.60E+00	1.20E+00	4.55E+02
^{87}Kr	1.03E+01	0.70E+00	1.45E+02	2.75E+01	1.84E+01
^{88}Kr	1.49E+01	2.20E+00	2.06E+02	3.90E+01	2.62E+02
^{133m}Xe	4.70E+00	9.60E+00	5.02E+01	9.50E+00	7.40E+01
^{133}Xe	1.18E+03	8.82E+02	2.19E+03	4.15E+02	4.67E+03
^{135}Xe	3.56E+01	1.65E+01	5.02E+02	9.50E+01	6.49E+02
^{138}Xe	2.69E+01	0.40E+00	3.70E+02	7.00E+01	4.67E+02
惰性气体总量	1.71E+03	9.26E+02	3.55E+03	6.73E+02	6.87E+03
^{131}I	2.30E-01	5.10E-05	1.10E-04	2.60E-03	2.30E-01
^{132}I	5.70E-03	5.30E-05	2.10E-04	2.20E-03	8.10E-03
^{133}I	7.40E-03	1.50E-04	3.50E-04	7.50E-03	1.50E-02
^{134}I	4.30E-03	2.10E-05	1.40E-04	7.80E-04	5.20E-03
^{135}I	4.40E-03	8.10E-05	2.20E-04	3.70E-03	8.40E-03
总碘	2.50E-01	3.60E-04	1.00E-03	1.70E-02	2.70E-01

表 2.1.9 计算的各系统预期的废气排放量(工况 B) (单位：GBq/a)

核素	废气处理系统	泄漏		二回路	总量
	负荷跟踪	反应堆厂房	核辅助厂房		
^{85m}Kr	1.70E+02	2.90E+01	1.80E+03	1.10E+03	3.05E+03
^{85}Kr	1.07E+04	2.76E+02	1.39E+02	8.50E+01	1.12E+04
^{87}Kr	2.72E+02	1.40E+01	2.87E+03	1.75E+03	4.91E+03
^{88}Kr	4.25E+02	4.70E+01	4.55E+03	2.80E+03	7.82E+03

续表

核素	废气处理系统	泄漏		二回路	总量
	负荷跟踪	反应堆厂房	核辅助厂房		
^{133m}Xe	1.27E+02	2.02E+02	1.06E+03	6.50E+02	2.04E+03
^{133}Xe	3.08E+04	1.8.E+04	4.55E+04	2.78E+04	1.22E+05
^{135}Xe	8.70E+02	3.49E+02	1.03E+04	6.30E+03	1.78E+04
^{138}Xe	7.37E+02	8.00E+00	1.40E+03	4.50E+03	6.64E+03
惰性气体总量	4.40E+04	1.92E+04	6.76E+04	4.50E+04	1.76E+05
^{131}I	17.6	1.10E-03	2.30E-03	1.80E-01	1.78E+01
^{132}I	4.30E-01	1.20E-03	4.40E-03	1.50E-01	5.90E-01
^{133}I	5.40E-01	3.30E-03	7.50E-03	5.20E-01	1.10E+00
^{134}I	3.20E-01	4.10E-04	3.00E-03	5.50E-02	3.70E-01
^{135}I	3.30E-01	1.80E-03	5.00E-03	2.70E-01	6.00E-01
总碘	1.90E+01	7.80E-03	2.20E-02	1.20E+00	2.00E+01

(2)计算得到的负荷跟踪运行方式下除氚以外的气体排放量

1)TEU 系统的排放量：假设核电厂根据负荷跟踪程序 G 方式运行。每台机组由 TEP 脱气塔处理的相应的反应堆冷却剂体积假设为每年 16 500m^3。

由 TEG 含氢子系统收集的气体体积相当于这个反应堆冷却剂容积中所包含的气体，加上贮存罐扫气产生的气体。

TEG 设备泄漏和流出物衰变后排放组成 TEG 系统的排放。

2)反应堆冷却剂泄漏产生的排放：反应堆冷却剂泄漏估计为 100kg/h，一部分在反应堆厂房(RB)内，另一部分在核辅助厂房(NAB)内。

(3)计算得到的氚排放量

带氚的水蒸气排放是由于：

• 核电厂正常运行时安全壳内空气监测系统(ETY)的偶然运行；

• 换料停堆前反应堆厂房疏水；

• 水池的蒸发。

(4)其他气载放射性排放量

1)气溶胶：没有物理模型来描述和计算气溶胶的产生和排放。根据法国和美国的核电厂运行经验，与健康效应有关的气溶胶排放主要是 ^{58}Co、^{60} Co、 ^{134}Cs、 ^{137}Cs。排放量估计每台机组在 0.1～2GBq。

2)氩：空气中的氩(^{40}Ar)受中子辐照形成 ^{41}Ar 放射性核素，即 ^{41}Ar 是在反应堆容器周围的空气中产生的。

当反应堆安全壳的空气进行换气，这主要发生在反应堆功率运行期间，由于 ^{41}Ar 高的衰变常数，这种放射性核素会排放到环境中。

ETY 安全壳换气子系统一年内运行很短时间，因此 ^{41}Ar 的排放量是很低的，每年小于 20GBq。

2.1.6.3　液态流出物排放源项

压水堆的液态流出物主要来自下列系统：

- 硼回收系统(TEP)；
- 废液处理系统(TEU)；
- 常规岛废液排放系统(SEL)。

(1)硼回收系统(TEP)的排放(不包括氚)

在整个燃料循环时间(380d)内，由 TEP 处理的流出物量如下：

- 负荷跟踪(100%～50%)，$47m^3/d$；
- 首次启动，$197m^3$；
- 换料停堆，$142m^3$；
- 热停堆(8h)，$1274m^3$；
- 热停堆(90h)，$1120m^3$；
- 冷停堆，$561m^3$；
- 其他流出物，$1000m^3$(罐的疏水，泄漏等)。

每台机组每年由 TEP 处理的反应堆冷却剂流出物的量是 $16\,500m^3$。相当于 2 台机组运行在负荷跟踪(50%)方式下的全年流出物处理容积，大于 1 台机组运行在负荷跟踪(30%)方式下和另 1 台机组运行在基本负荷方式下所对应的容积。但是，如果额外的容积重新用来补给时，则 TEP 系统的液态排放量是一样的。

TEP 除硼水排放的目的是减小反应堆冷却剂中的氚浓度。各种泄漏、取样和疏水及除硼水的任意排放都会使反应堆冷却剂中的氚浓度下降。

在运行工况期间，假设平衡状态下每个机组每年排放 $4300m^3$，这相当于瞬态产生的水量。一回路水中氚的平均浓度为 4GBq/t(工况 A)和 5.3GBq/t(工况 B)。

在 TEP 中处理的最短时间是 5d。

根据运行经验给出去污因子：化学和容积控制系统(RCV)除盐器的去污因子为 10，TEP 除盐器的去污因子为 10，TEP 蒸发装置的去污因子为 100，总的去污因子为 10 000。

(2)废液处理系统(TEU)的排放(不包括氚)：TEU 废液的化学水质和放射性取决于不同的废液来源。TEU 处理流程的选择取决于废液的化学水质和放射性：

- 工艺疏水：$2250m^3$；比放射性：0.37GBq/t($10^{-2}Ci/m^3$)。
- 地面疏水：$5000m^3$；比放射性：18.5MBq/t($5\times10^{-4}Ci/m^3$)。
- 化学疏水：$1500m^3$；比放射性：1.11GBq/t($3\times10^{-2}Ci/m^3$)。

淋浴疏水估计为 $1250m^3$，但它们的放射性很低，这些废水一般可以不经过处理即排放。然而，当出现高放射性时，这些废水送入 TEU 地面疏水罐。

冷停堆前的设备疏水及冷停堆期间一回路泄漏的量包括在工艺疏水中。此外，也考虑具有高放射性的设备疏水的量，这些疏水量估计为 $50m^3$ 一回路除气的水。

正常处理的运行方式如下：

- 工艺疏水由除盐器处理；

• 地面疏水经过滤后排放；

• 化学疏水经蒸发处理。

对于下列情况，也可用蒸发处理：

• 化学含量与除盐装置不相容的工艺疏水；

• 放射性太高的地面疏水。

表 2.1.10 和表 2.1.11 给出 TEP 和 TEU 在工况 A(计算的预期排放)和工况 B(计算的设计排放)下的运行假设。

废液在 TEU 中的处理时间是 5d。

去污因子根据运行经验得出：

• TEU 除盐器的去污因子为 100；

• TEU 蒸发装置的去污因子为 1000。

表 2.1.10 硼回收系统和废液处理系统的运行假设废液处理系统废物输入量(每台机组)

工况 A			工况 B			
	每台机组每年流出物容积(m^3)	每台机组每年除气的反应堆冷却剂当量(m^2)		1/4 燃料循环(0.55GBq/t ^{131}I 当量)	1/2 燃料循环(4.44GBq/t ^{131}I 当量)	1/4 燃料循环(37GBq/t ^{131}I 当量)
由于 TEU 处理的全部流出物	10 000	1 555	除气的反应堆冷却剂		1555m^3	
地面疏水(未经处理的排放)	5 000	55	蒸发装置处理	250	600	290
工艺疏水(在除盐器上处理)	2 250	500	除盐器处理	125	170	100
化学废液(在蒸发装置上处理)	1 500	1 000	未经处理的排放	15	5	0
洗涤流出物(未经处理的排放)	1 250	可忽略				

表 2.1.11 硼回收系统和废液处理系统的运行假设(工况 A 和工况 B)废液系统的去污因子

设备	去污因子
蒸发装置	
TEU	1 000
TEP	1 000
过滤器	
所有系统	1
除盐器	
TEU	100
TEP	10

(3) 常规岛废液排放系统(SEL)的排放：二回路系统的污染由蒸汽发生器管束泄漏造成。

泄漏模拟中假设一台蒸汽发生器的泄漏在 1 年中的 2 个月内线性发展(假设其他蒸汽发生器没有泄漏)。反应堆冷却剂向二回路的泄漏在 2 个月内从 0 发展到 72kg/h。然而，对于工况 B，在反应堆冷却剂放射性为 37GBq/t 的 ^{131}I 当量的燃料循环期间考虑泄漏。

二回路系统的液态废物由不回收的蒸汽发生器排污和二回路系统泄漏所产生。

在正常运行工况下，除了启动和停运外，蒸汽发生器的排污(APG 系统)经过离子交换树脂的处理在二回路系统内重复使用，它们不产生任何废物。

为了设想较不利的情况，假设在反应堆冷却剂从一回路向二回路泄漏的时间里发生了 2 次(在开始泄漏后 1 个月和 2 个月内)，而二回路蒸汽发生器系统内所包含的总放射性未经处理即通过蒸汽发生器排污系统(APG)向 SEL 排放。

尽管这两种假设(泄漏率和蒸汽发生器全部排污)过于保守以致不能代表工况 A，它们还是均被两种工况所采用，因为相应的放射性废物水平对工况 A 来说还是很低的。

这样考虑的假设如下：

- 固体裂变产物进入蒸汽的夹带因子考虑为等于蒸汽中所含的水分，即 0.25%；
- 碘夹带因子为 1%；
- 气体夹带因子为 100%；
- 蒸汽发生器中水的重量为 44t；
- 二回路系统泄漏率为 22t/h；
- 每台蒸汽发生器的排污率为 10～50t/h。

据此计算得出二回路水和蒸汽中惰性气体、碘和铯的最大放射性活度浓度(工况 B)(表 2.1.12)。

表 2.1.12　二回路水和蒸汽中惰性气体、碘和铯的最大放射性活度浓度(单位：GBq/kg)

核素	稳态		瞬态后 1.5h	
	蒸汽发生器水中的活度浓度	蒸汽中的活度浓度	蒸汽发生器水中的活度浓度	蒸汽中的活度浓度
^{85m}Kr	0	2.70E-06	0	6.30E-07
^{85}Kr	0	1.70E-06	0	1.70E-06
^{87}Kr	0	4.10E-07	0	1.00E-06
^{88}Kr	0	6.70E-07	0	1.50E-06
^{133}Xe	0	6.70E-06	0	1.30E-05
^{135}Xe	0	1.60E-06	0	2.00E-06
^{138}Xe	0	1.10E-06	0	3.10E-06
^{131}I	4.40E-05	5.50E-07	2.00E-04	2.50E-06
^{132}I	3.40E-05	4.40E-07	1.50E-04	1.90E-06
^{133}I	1.20E-04	1.50E-06	2.60E-04	3.30E-06
^{134}I	1.10E-05	1.40E-07	8.90E-05	1.10E-06
^{135}I	6.30E-05	8.10E-07	1.50E-04	1.90E-06
^{134}Cs	3.70E-07	9.60E-10	2.80E-05	7.00E-08
^{137}Cs	3.70E-07	9.60E-10	2.30E-05	5.90E-08

(4)结果：每台机组计算的废液按来源和同位素给出的详细排放量见表 2.1.13 和表 2.1.14。

表 2.1.13 计算的每台机组预期的废液排放量（工况 A） （单位：GBq/a）

核素	硼回收系统	废液处理系统	二回路系统	总计
^{89}Sr	1.50E-04	3.40E-04	5.00E-04	9.90E-04
^{90}Sr	9.40E-07	2.20E-04	3.10E-06	2.20E-04
^{90}Y	9.40E-07	2.20E-04	3.10E-06	2.20E-04
^{91}Y	6.20E-05	1.40E-02	2.10E-04	1.50E-02
^{91}Sr	2.10E-06	4.50E-04	1.50E-02	1.50E-02
^{92}Sr	0.00E+00	0.00E+00	1.40E-02	1.40E-02
^{95}Zr	1.90E-04	4.50E-02	6.50E-04	4.60E-02
^{95}Nb	1.80E-04	4.30E-02	6.40E-04	4.40E-02
^{99}Mo	1.20E-04	2.80E-01	8.80E-03	2.90E-01
^{99m}Tc	7.50E-04	1.70E-01	5.50E-03	1.80E-01
^{103}Ru	2.60E-04	6.10E-02	9.10E-04	6.30E-02
^{106}Ru	1.80E-05	4.20E-03	6.00E-05	4.30E-03
^{131m}Te	2.50E-05	5.60E-03	6.80E-04	6.30E-03
^{131}Te	0.00E+00	0.00E+00	3.10E-03	3.10E-03
^{132}Te	9.90E-04	2.30E-01	6.30E-03	2.30E-01
^{134}Te	0.00E+00	0.00E+00	1.00E-02	1.00E-02
^{131}I	5.80E-01	1.10E+01	1.90E-01	1.10E+01
^{132}I	0.00E+00	0.00E+00	8.60E-02	8.60E-02
^{133}I	1.90E-02	9.40E-01	3.10E-01	1.30E+00
^{134}I	0.00E+00	0.00E+00	3.10E-02	3.10E-02
^{135}I	2.80E-06	1.30E-04	1.50E-01	1.50E-01
^{134}Cs	1.50E-01	1.60E-01	2.10E-03	3.10E-01
^{136}Cs	2.10E-02	1.30E-03	0.00E+00	2.20E-02
^{137}Cs	1.30E-01	1.50E-01	2.00E-03	2.80E-01
^{137m}Ba	0.00E+00	0.00E+00	0.00E+00	0.00E+00
^{140}Ba	8.20E-04	1.90E-01	3.10E-03	1.90E-01
^{140}La	1.40E-04	3.10E-02	1.90E-03	3.30E-02
^{141}Ce	3.50E-04	8.20E-02	1.20E-03	8.40E-02
^{143}Ce	5.40E-04	1.20E-01	1.10E-02	1.30E-01
^{143}Pr	2.10E-04	5.00E-02	7.10E-04	5.10E-02
^{144}Ce	3.90E-05	9.00E-03	1.30E-04	9.20E-03
^{144}Pr	3.90E-05	9.00E-03	1.30E-04	9.20E-03
^{51}Cr	2.20E-02	4.80E-01	4.80E-03	5.10E-01
^{54}Mn	6.50E-02	2.20E-01	5.20E-04	2.80E-01
^{59}Fe	2.30E-03	9.40E-02	8.30E-05	9.60E-02
^{58}Co	1.90E-01	1.20E+01	1.30E-02	1.20E+01
^{60}Co	2.00E-02	7.90E-01	3.30E-03	8.10E-01
^{110m}Ag	2.60E-02	6.10E-01	8.50E-03	6.40E-01
^{124}Sb	2.70E-02	2.30E+00	8.30E-03	2.40E+00
合计	1.30E+00	3.00E+01	9.00E-01	3.20E+01

但是，这些计算程序是根据一些假设建立的，而这些假设不总是能严格代表核电厂的实际情况。特别是，各处理系统的运行方式不同，而且燃料循环如果与程序中考虑的明显

不同，也会在程序应用中产生一定风险。

表 2.1.14　计算的每台机组设计的废液排放量(工况 B)　(单位：GBq/a)

核素	硼回收系统	废液处理系统	二回路系统	总计
^{89}Sr	3.10E-03	9.00E-02	3.30E-02	1.30E-01
^{90}Sr	0.00E+00	0.00E+00	0.00E+00	0.00E+00
^{90}Y	0.00E+00	0.00E+00	0.00E+00	0.00E+00
^{91}Y	1.20E-03	3.70E-02	1.30E-02	5.10E-02
^{91}Sr	0.00E+00	1.20E-03	1.00E+00	1.00E+00
^{92}Sr	0.00E+00	0.00E+00	9.60E-01	9.60E-01
^{95}Zr	4.10E-03	1.20E-02	4.30E-02	5.90E-02
^{95}Nb	3.90E-03	1.10E-02	4.30E-02	5.80E-02
^{99}Mo	2.60E-02	7.50E-01	6.00E-01	1.40E+00
^{99m}Tc	1.50E-02	4.50E-01	3.60E-01	8.20E-01
^{103}Ru	5.50E-03	1.60E-01	6.10E-02	2.30E-01
^{106}Ru	0.00E+00	1.10E-02	4.00E-03	1.50E-02
^{131m}Te	0.00E+00	1.60E-02	4.80E-02	6.40E-02
^{131}Te	0.00E+00	0.00E+00	2.00E-01	2.00E-01
^{132}Te	2.10E-02	6.10E-01	4.30E-01	1.10E+00
^{134}Te	0.00E+00	0.00E+00	6.90E-01	6.90E-01
^{131}I	1.26E+01	3.12E+01	1.33E+01	5.71E+01
^{132}I	0.00E+00	0.00E+00	6.10E+00	6.10E+00
^{133}I	3.70E-01	2.60E+00	2.14E+01	2.44E+01
^{134}I	0.00E+00	0.00E+00	2.00E+00	2.00E+00
^{135}I	0.00E+00	0.00E+00	1.07E+01	1.07E+01
^{134}Cs	3.10E+00	1.00E+00	1.40E-01	4.20E+00
^{136}Cs	4.20E-01	8.40E-02	0.00E+00	5.00E-01
^{137}Cs	2.60E+00	9.30E-01	1.40E-01	3.70E+00
^{137m}Ba	1.00E+00	2.30E-01	0.00E+00	1.23E+00
^{140}Ba	1.70E-02	5.00E-01	2.10E-01	7.30E-01
^{140}La	2.80E-03	8.20E-02	1.20E-01	2.00E-01
^{141}Ce	7.40E-03	2.20E-01	8.20E-02	3.10E-01
^{143}Ce	1.10E-02	3.20E-01	7.10E-01	1.00E+00
^{143}Pr	4.50E-03	1.30E-01	4.80E-02	1.80E-01
^{144}Ce	0.00E+00	2.30E-02	8.50E-03	3.10E-01
^{144}Pr	0.00E+00	2.30E-02	8.50E-03	3.10E-01
^{51}Cr	2.30E-02	3.80E-01	1.50E-02	4.10E-01
^{54}Mn	6.50E-02	2.10E-01	1.50E-03	2.80E-01
^{59}Fe	2.30E-03	9.20E-02	0.00E+00	9.40E-02

续表

核素	硼回收系统	废液处理系统	二回路系统	总计
^{58}Co	2.00E-01	1.16E+01	4.00E-02	1.18E+01
^{60}Co	4.10E-02	1.60E+00	1.00E-02	1.70E+00
^{110m}Ag	2.80E-02	4.20E-01	2.50E-02	4.70E-01
^{124}Sb	2.80E-02	2.10E+00	2.50E-02	2.10E+00
合计	2.10E+01	5.60E+01	6.00E+01	1.37E+02

2.2 WWER

我国的 WWER 机型最早应用在田湾核电站一期(以下简称田湾一期)，田湾 1、2 号机组的 PSAR 反映了 WWER 机组进入我国的源项研究基础，相关的源项分析工作大多采用俄罗斯各研究机构开发的程序，部分源项是在分析俄罗斯核电机组运行经验数据的基础上得到的。

WWER 机组的源项分析包括了裂变产物堆芯积存量、主回路裂变产物和活化腐蚀产物源项、氚源项、二回路源项、气液态流出物排放源项等。由于 WWER 机型在我国仅应用在田湾核电站一期和二期工程，源项分析工作也是基于俄罗斯较为成熟的源项分析体系，因此，WWER 的源项在田湾核电站一期和二期工程的设计和审评过程中整体分析方法方面的变化较小，主要的变化集中于设计参数的调整。引进时的 WWER 机组源项分析的内容和方法，将在下文进行阐述。

2.2.1 裂变产物堆芯积存量

WWER 机组的裂变产物堆芯积存量计算分析基于田湾核电站一期工程，堆芯热功率 3000MW，寿期内 ^{235}U 的平均质量 1260kg，堆内共有 163 个燃料组件，采用分区布置，在第一个燃料循环中，平均富集度为 3.62%的燃料组件布置在堆芯的外围，富集度较低(1.6% 和 2.4%)的燃料组件布置于堆芯的中部。从第八循环开始，堆芯的燃料燃耗和功率分布特性开始稳定，即进入平衡换料循环。

进入平衡换料循环期间，每年向堆芯装料 12 个平均富集度为 3.61%的新燃料组件、24 个平均富集度为 4.0%及 12 个平均富集度为 4.1%的新燃料组件。在卸下的燃料组件中，有 18 个运行了 4 年，其他 30 个运行了 3 年。新燃料组件主要装入堆芯的中部，以减少堆芯的中子泄漏。

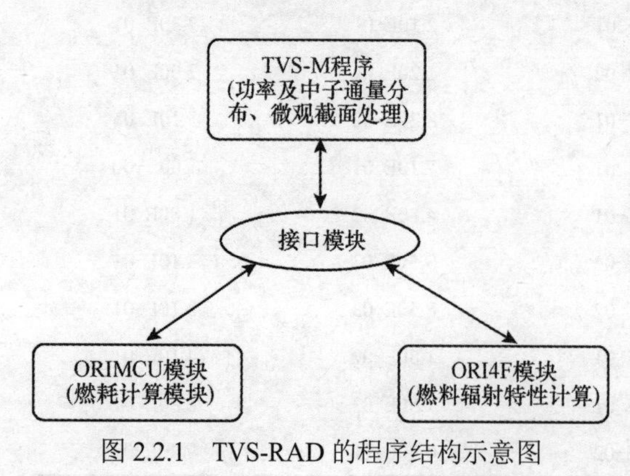

图 2.2.1 TVS-RAD 的程序结构示意图

WWER 机组裂变产物堆芯积存量计算分析采用 TVS-RAD 程序包，该程序包由莫斯科国家研究中心库尔恰托夫研究所(National Research Center Kurchatov Institute，NRCKI)开发，是一个模块化结构的程序系统，包括 TVS-M 程序、ORIMCU 模块、ORI4F 模块及接口模块，其程序结构见图 2.2.1。其中 TVS-M

程序的主要功能是求解 WWER 堆芯 2D 模型下的输运方程，进行功率及中子通量分布、微观截面的计算处理。ORIMCU 模块用于计算堆内材料核素成分随燃耗的变化，ORI4F 模块则用于燃料辐射特性的计算，可以给出核素浓度、活度、衰变热等计算结果。

在年换料管理方案下，WWER 机组裂变产物堆芯积存量数据见表 2.2.1。

表 2.2.1 WWER 机组裂变产物堆芯积存量 （单位：GBq，$\times 10^8$）

核素	活度	核素	活度	核素	活度
^{72}Zn	4.63E-04	^{103m}Rh	3.77E+01	^{139}Cs	5.21E+01
^{72}Ga	4.64E-04	^{105m}Rh	8.43E+00	^{140}Cs	4.68E+01
^{73}Ga	1.34E-03	^{106}Rh	1.88E+01	^{141}Cs	3.57E+01
^{74}Ga	1.02E-03	^{109}Rh	8.36E+00	^{142}Cs	2.07E+01
^{77}Ge	2.02E-02	^{109}Pd	9.65E+00	^{143}Cs	1.06E+01
^{77m}Ge	5.38E-02	^{111}Pd	1.60E+00	^{137m}Ba	2.34E+00
^{78}Ge	1.98E-01	^{111m}Pd	7.05E-02	^{139}Ba	5.34E+01
^{77}As	6.25E-02	^{112}Pd	7.34E-01	^{90}Br	4.37E+00
^{78}As	2.00E-01	^{113}Pd	4.28E-01	^{83m}Kr	3.63E+00
^{79}As	3.72E-01	^{114}Pd	3.32E-01	^{85}Kr	2.12E-01
^{79}Se	1.53E-06	^{115}Pd	2.02E-01	^{85m}Kr	7.58E+00
^{79m}Se	3.68E-01	^{109m}Ag	9.64E+00	^{87}Kr	1.52E+01
^{81}Se	1.50E+00	^{111}Ag	1.52E+00	^{88}Kr	2.11E+01
^{81m}Se	1.06E-01	^{111m}Ag	1.60E+00	^{89}Kr	2.64E+01
^{83}Se	1.70E+00	^{112}Ag	7.36E-01	^{90}Kr	2.83E+01
^{83m}Se	1.82E+00	^{113}Ag	4.16E-01	^{91}Kr	1.94E+01
^{84}Se	6.58E+00	^{113m}Ag	8.34E-02	^{92}Kr	1.03E+01
^{85}Se	3.12E+00	^{114}Ag	3.45E-01	^{93}Kr	3.48E+00
^{87}Se	4.39E+00	^{115}Ag	1.60E-01	^{94}Kr	1.60E+00
^{82}Br	1.12E-01	^{117}Ag	1.30E-01	^{88}Rb	2.16E+01
^{83}Br	3.62E+00	^{115}Cd	2.29E-01	^{89}Rb	2.83E+01
^{84}Br	6.75E+00	^{135}Xe	1.37E+01	^{90}Rb	2.61E+01
^{84m}Br	1.79E-01	^{135m}Xe	1.25E+01	^{91}Rb	3.44E+01
^{85}Br	7.55E+00	^{137}Xe	5.49E+01	^{92}Rb	3.03E+01
^{87}Br	1.20E+01	^{138}Xe	5.16E+01	^{93}Rb	2.50E+01
^{88}Br	1.17E+01	^{139}Xe	3.85E+01	^{94}Rb	1.29E+01
^{89}Br	8.06E+00	^{140}Xe	2.68E+01	^{89}Sr	2.47E+01
^{105}Tc	2.94E+01	^{141}Xe	1.03E+01	^{90}Sr	1.84E+00
^{107}Tc	1.40E+01	^{142}Xe	4.02E+00	^{91}Sr	3.69E+01
^{103}Ru	3.78E+01	^{143}Xe	6.00E-01	^{92}Sr	3.90E+01
^{105}Ru	2.97E+01	^{134}Cs	4.32E+00	^{93}Sr	4.38E+01
^{106}Ru	1.13E+01	^{135}Cs	8.26E-06	^{94}Sr	4.36E+01
^{107}Ru	1.68E+01	^{137}Cs	2.45E+00	^{95}Sr	3.91E+01
^{108}Ru	1.07E+01	^{138}Cs	5.59E+01	^{89m}Y	2.31E-03

续表

核素	活度	核素	活度	核素	活度
^{115m}Cd	8.98E-03	^{147}Ce	1.86E+01	^{129}Te	8.63E+00
^{117}Cd	2.28E-01	^{148}Ce	1.31E+01	^{129m}Te	1.50E+00
^{117m}Cd	5.20E-02	^{143}Pr	4.07E+01	^{131}Te	2.46E+01
^{119}Cd	1.48E-01	^{144}Pr	2.99E+01	^{131m}Te	5.64E+00
^{119m}Cd	7.18E-02	^{145}Pr	3.12E+01	^{132}Te	4.14E+01
^{115m}In	2.29E-01	^{146}Pr	2.49E+01	^{133}Te	3.27E+01
^{117}In	1.70E-01	^{147}Pr	1.96E+01	^{133m}Te	2.70E+01
^{117m}In	2.09E-01	^{90}Y	1.91E+00	^{134}Te	5.36E+01
^{119}In	9.37E-02	^{91}Y	3.16E+01	^{135}Te	2.88E+01
^{119m}In	1.34E-01	^{91m}Y	2.14E+01	^{131}I	2.75E+01
^{121}Sn	2.27E-01	^{92}Y	3.90E+01	^{132}I	4.22E+01
^{121m}Sn	4.76E-05	^{93}Y	2.97E+01	^{133}I	6.02E+01
^{123}Sn	1.50E-02	^{94}Y	4.70E+01	^{134}I	6.70E+01
^{123m}Sn	2.40E-01	^{95}Y	4.88E+01	^{135}I	5.74E+01
^{125}Sn	1.32E-01	^{95}Zr	4.17E+01	^{136}I	2.64E+01
^{125m}Sn	4.21E-01	^{98}Zr	5.04E+01	^{137}I	2.81E+01
^{126}Sn	1.14E-05	^{99}Zr	4.96E+01	^{138}I	1.42E+01
^{127}Sn	9.74E-01	^{95}Nb	4.05E+01	^{139}I	6.95E+00
^{128}Sn	4.05E+00	^{95m}Nb	4.67E-01	^{131m}Xe	2.67E-01
^{130}Sn	9.84E+00	^{97}Nb	4.77E+01	^{133}Xe	5.72E+01
^{131}Sn	8.36E+00	^{97m}Nb	4.50E+01	^{133m}Xe	1.84E+00
^{132}Sn	6.66E+00	^{98}Nb	5.08E+01	^{148}Pr	1.51E+01
^{125}Sb	1.78E-01	^{99}Nb	3.21E+01	^{147}Nd	1.94E+01
^{126}Sb	6.76E-03	^{100m}Nb	4.12E+00	^{149}Nd	1.11E+01
^{126m}Sb	9.91E-03	^{99}Mo	5.45E+01	^{151}Nd	5.63E+00
^{127}Sb	2.38E+00	^{101}Mo	4.96E+01	^{147}Pm	2.43E+00
^{128}Sb	4.20E-01	^{102}Mo	4.65E+01	^{149}Pm	2.09E+01
^{128m}Sb	4.28E+00	^{104}Mo	3.44E+01	^{151}Pm	5.69E+00
^{140}Ba	4.93E+01	^{105}Mo	2.48E+01	^{151}Sm	2.71E-02
^{141}Ba	4.84E+01	^{99m}Tc	4.79E+01	^{153}Sm	1.37E+01
^{142}Ba	4.62E+01	^{101}Tc	4.96E+01	^{155}Sm	1.01E+00
^{143}Ba	3.96E+01	^{102}Tc	4.65E+01	^{156}Sm	6.28E-01
^{140}La	5.05E+01	^{103}Tc	4.48E+01	^{155}Eu	6.42E-02
^{141}La	4.88E+01	^{104}Tc	3.61E+01	^{156}Eu	5.14E+00
^{142}La	4.78E+01	^{129}Sb	9.24E+00	^{157}Eu	4.06E-01
^{143}La	4.55E+01	^{130}Sb	3.07E+00	^{158}Eu	2.26E-01
^{141}Ce	4.19E+01	^{131}Sb	2.30E+01	^{159}Gd	1.32E-01
^{143}Ce	4.58E+01	^{132}Sb	1.37E+01	^{161}Gd	2.40E-02
^{144}Ce	2.96E+01	^{125m}Te	3.68E-02	^{161}Tb	2.30E-02
^{145}Ce	3.12E+01	^{127}Te	2.28E+00		
^{146}Ce	2.47E+01	^{127m}Te	3.19E-01		

2.2.2　一回路裂变产物源项

WWER 机组在功率运行时，一回路冷却剂中的裂变产物来源如下：

· 存在气密性丧失和明显包壳破损的燃料棒；

· 燃料棒包壳外表面的沾污铀；

· 结构材料的杂质铀。

在反应堆运行初期(燃料棒无制造缺陷，包壳完整)，主回路中的裂变产物主要是燃料棒外表面的 ^{235}U 污染物的裂变碎片在动能作用下释放到冷却剂中引起的，其中 ^{235}U 污染物包括制造过程中在包壳表面沾污的铀及锆包壳中的天然铀杂质。

在反应堆正常运行时，燃料包壳会因多种腐蚀和疲劳过程的影响而丧失密封性。在此过程中，首先会出现微裂纹，继而在包壳上产生大的破口，裂变产物由燃料棒向主冷却剂中的释放量不断增长。

在上述模型框架内，裂变产物首先从二氧化铀芯块向燃料棒气隙释放，机理如下：

· ^{235}U 裂变时，裂变碎片在动能作用下释放(反冲释放)；

· 裂变碎片从燃料表面逃逸，使裂变产物被“击出”而释放(“击出”效应)；

· 裂变产物从结构变化区域释放(高温燃料区)。

反应堆运行时，如果堆芯内存在燃料棒泄漏，通常可以看到在反应堆功率下降或上升后一回路冷却剂中裂变产物的放射性活度增加(暴增现象)。在电厂的瞬态工况下，考虑了这种由泄漏燃料棒的气隙内积聚的气态和挥发性裂变产物的额外释放导致的放射性活度快速升高(尖峰效应)。

WWER 机组的设计中，采用 RELWWER 计算机程序计算释放至一回路冷却剂中的裂变产物源项。RELWWER 程序由俄罗斯库尔恰托夫研究所编制、验证，主要用于计算反应堆燃料棒间隙中的裂变产物活度，裂变产物在不同净化回路模型下一回路的冷却剂活度，以及回路中的过滤器、除气器等净化设备的活度。在 RELWWER 程序中，裂变碎片产生之后的迁移过程见图 2.2.2。

计算中考虑了以下条件：

· 裂变产物直接从燃料芯块释放到主冷却剂(0.02%的燃料元件与冷却剂有直接接触)；

· 裂变产物从气隙释放到主冷却剂(0.2%的燃料元件气密性丧失)；

· 容积和硼控系统对主冷却剂以 5t/h 的流量连续去污；

· 一回路净化系统离子交换过滤器以 30t/h 的流量对主冷却剂连续排污；

· 硼控模式下，通过一回路净化系统离子交换过滤器以 935t/a 的速率移除主冷却剂，经地漏水处理系统离子交换过滤器处理后排放至含硼水储存系统的浓缩液箱。

表 2.2.2 给出了正常运行工况下主回路中的裂变产物源项，包括正常功率运行和瞬态源项。其中瞬态源项也是用 RELWWER 程序计算的。

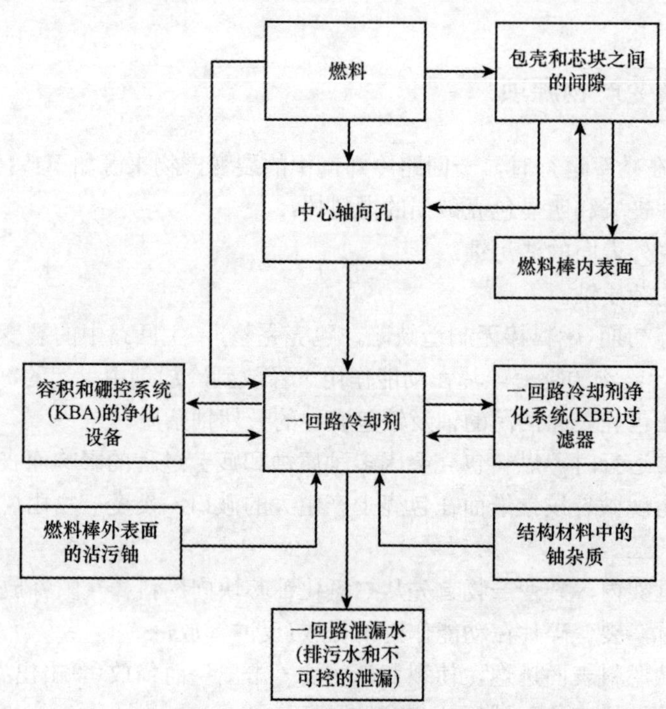

图 2.2.2　RELWWER 程序的计算流程

表 2.2.2　一回路冷却剂中的裂变产物源项　　(单位：Bq/kg)

核素	机组额定工况	功率降低	核素	机组额定工况	功率降低
^{84}Br	1.51E+06	2.60E+07	^{131m}Te	1.32E+04	1.32E+04
^{87}Br	1.16E+06	5.27E+07	^{131}Te	2.57E+05	2.57E+05
^{83m}Kr	3.81E+06	1.54E+07	^{132}Te	3.61E+04	3.61E+04
^{85m}Kr	8.65E+06	2.58E+07	^{133m}Te	4.94E+05	4.94E+05
^{85}Kr	9.54E+03	1.19E+04	^{131}I	3.53E+06	5.41E+07
^{87}Kr	9.12E+06	6.64E+07	^{132}I	1.73E+07	2.20E+08
^{88}Kr	2.10E+07	8.51E+07	^{133}I	1.12E+07	1.16E+08
^{89}Kr	3.34E+06	1.04E+08	^{134}I	7.51E+06	9.27E+07
^{88}Rb	2.15E+07	8.44E+07	^{135}I	9.48E+06	7.93E+07
^{89}Rb	6.01E+06	1.17E+08	总碘	4.90E+07	5.62E+08
^{90}Rb	3.82E+06	1.18E+08	^{131m}Xe	2.39E+05	2.78E+05
^{89}Sr	2.31E+04	2.31E+04	^{133}Xe	6.58E+07	8.41E+07
^{90}Sr	7.25E+01	7.25E+01	^{99}Mo	6.63E+04	6.63E+04
^{91}Sr	7.46E+05	7.46E+05	^{99m}Tc	1.03E+05	1.03E+05
^{92}Sr	4.67E+05	4.67E+05	^{103}Ru	4.87E+03	4.87E+03
^{95}Zr	3.25E+03	3.25E+03	^{106}Ru	3.44E+01	3.44E+01
^{97}Zr	2.00E+05	2.00E+05	^{127}Sb	7.77E+02	7.77E+02
^{95}Nb	1.45E+03	1.45E+03	^{129m}Te	1.81E+02	1.81E+02
^{97}Nb	2.81E+05	2.81E+05	^{129}Te	4.18E+04	4.18E+04

续表

核素	机组额定工况	功率降低	核素	机组额定工况	功率降低
^{135m}Xe	7.25E+06	3.24E+07	^{139}Ba	2.49E+06	2.49E+06
^{135}Xe	4.64E+07	6.65E+07	^{140}Ba	2.66E+04	2.66E+04
^{137}Xe	2.68E+06	1.07E+08	^{141}Ba	6.32E+05	6.32E+05
^{138}Xe	4.46E+06	6.86E+07	^{140}La	6.06E+04	6.06E+04
^{134}Cs	1.68E+06	9.28E+06	^{143}Pr	4.35E+03	4.35E+03
^{137}Cs	2.10E+06	1.11E+07	^{144}Pr	2.28E+02	2.28E+02
^{138}Cs	7.46E+06	7.50E+07	^{144}Ce	1.71E+00	1.71E+00

注："功率降低"栏给出了反应堆冷却剂中核素的峰值。该峰值是在主回路裂变产物平衡浓度(对应运行限值)的基础上，叠加了0.2%漏气燃料元件的尖峰效应释放量得到的。

2.2.3　一回路活化腐蚀产物源项

一回路冷却剂中及一回路表面的活化腐蚀产物来源包括：

· 堆内构件或堆芯材料的活化与腐蚀；

· 堆外材料的腐蚀，腐蚀颗粒随主冷却剂流经堆芯时被活化。

采用COTRAN程序计算一回路设备部件内的腐蚀产物源项。此程序能够提供在机组稳定运行时冷却剂中腐蚀产物的活度浓度、一回路冷却剂净化系统过滤器上的活度及一回路设备不同区域的表面沉积活度，沉积位置包括：

· 热管段；

· 蒸汽发生器的热腔室；

· 蒸汽发生器的传热管；

· 冷管段；

· 蒸汽发生器的冷腔室；

· 反应堆冷却剂泵的涡形腔室；

· 保护管组件；

· 反应堆压力容器；

· 反应堆堆芯。

COTRAN 程序依据成熟的物理-化学模型，可计算一回路中溶解态和胶体态的腐蚀产物源项。模型机理主要包括：

· 一回路结构材料由于腐蚀产生了非放射性腐蚀产物；

· 在回路的一些位置，溶解的腐蚀产物的饱和浓度超过了在特定热动力学工况下的溶解度，这样会在冷却剂流动的堆芯内形成颗粒；

· 随着溶解物结晶、颗粒沉积和沉积层的溶解与侵蚀，腐蚀产物的外部形成氧化层；

· 冷却剂、颗粒及沉积层之间存在离子交换。

COTRAN程序不模拟冷停堆工况下腐蚀产物源项的变化。停堆工况下主冷却剂中活化腐蚀产物活度来源于俄罗斯国内WWER核电厂的运行数据，不过反应堆冷停堆造成的一回路冷却剂腐蚀产物含量改变不作为核电厂系统设计(包括辐射保护、放射性废物处理)的依据。

表 2.2.3 给出了正常运行工况下主回路中的活化腐蚀产物活度的设计值。

表 2.2.3　一回路冷却剂中的活化腐蚀产物源项　（单位：Bq/kg）

核素	胶体态	溶解态	总计
^{59}Fe	3.60E+00	1.49E+02	1.53E+02
^{58}Co	1.42E+01	5.88E+02	6.03E+02
^{51}Cr	5.29E+00	2.19E+02	2.24E+02
^{54}Mn	7.36E+00	3.05E+02	3.12E+02
^{60}Co	8.58E+01	3.55E+03	3.63E+03

2.2.4　二回路源项

二回路冷却剂中放射性核素的含量是由蒸汽发生器一回路侧的泄漏造成的。在机组正常运行工况下，二回路冷却剂中放射性核素的含量处于敞开式蓄水池的允许极限浓度水平：碘，400Bq/kg；气溶胶，60Bq/kg；腐蚀产物，0.1Bq/kg。

2.2.4.1　数学计算模型

二回路冷却剂放射性裂变产物和腐蚀产物的污染水平受到以下因素影响：

- 通过排污水净化系统(LCQ)离子交换器过滤器处实现的蒸汽发生器的排污；
- 通过冷凝水净化系统(LD)的离子交换器过滤器实现的汽机冷凝水的净化；
- 二回路冷却剂丧失，伴随蒸汽和给水的无组织泄漏。

使用 Beta-Gamma-Project(以下简称 β-γ 程序)计算放射性物质在二回路工艺设备内的分布。

2.2.4.2　设计参数

表 2.2.4 提供了二回路冷却剂活度计算中的工艺参数。表 2.2.5 提供了 LCQ 和 LD 内放射性核素的沉积程度。当未提供放射性核素的沉积效率时，可以根据类似化学元素的特性确定。

表 2.2.4　二回路冷却剂的工艺参数

参数	数值
泄漏至二回路中的一回路冷却剂	1kg/h
蒸汽发生器二次侧水的重量	40t
汽机的蒸汽流量	5 865.5t/h
二回路连续排污并伴随 LCQ 系统内的净化(源自汽机消耗)	58.65t/h(1%)
二回路在 LD 系统过滤器处的连续净化(源自汽机消耗)	3 600t/h(61%)

续表

参数	数值
汽机消耗的冷却剂给水无组织丧失(包括相应的蒸汽)	1(2)%
蒸汽中不同形式的碘的含量	
挥发性气溶胶(占有机物的5%)	90%
核素分布系数	10%
蒸汽发生器、蒸汽/二次侧水	
惰性气体	100/1
碘	1/100
气溶胶	5/1 000
汽机冷凝器，释放/冷凝	
惰性气体	100/1
有机碘	15/100
无机碘	1/100
气溶胶	1/1 000

表 2.2.5 离子交换器树脂和专门水处理蒸发器系统的参数

核素	KBE50 AT001	KBE10 AT001/2	KBF50 AT001/2	KPF10 AT001	KPF40 AT001/2	LCQ	LD	FAL30 AT001/2	FAL30 AT003/4
I，Br	99	—/99	—/99	—	—/99	99	99	—	99
Na，Rb	90	90/—	90/—	—	90/—	90	90	50	40
Cs	—	—/—	90/—	—	80/—	90	90	50	40
Ba，Sr	99	99/—	99/—	—	99/—	99	99	90	9
Zr，Nb，Mo，Tc，Ru，Sb，Te，Pr，Fe，Mn，Co	75	50/25	50/25	80	50/25	75	75	50	40
Cr	90	20/70	20/70	10	—/—	90	90	10	80

注：①过滤器上的核素沉积系数用专门过滤器组入口组分的初始浓度的百分比表示。②水力排放时从离子交换树脂到沉淀池的核素输出系数(用树脂中核素含量的百分比表示)为I：20；Cs：95；其他核素：5。③专门水处理蒸发器系统的处理效率(用接收介质的百分比表示)为KPF系统：0.001；KBF系统：0.01。④通过在WWER核电厂运行时对不同系统内不同核素组的测量，验证离子交换树脂的设计效率的数据，从而开发出Lo-1和Lo-2核电厂的专门水处理和冷凝水净化设备的技术准则。KPF和KBF系统蒸发器的效率由设备开发商证实。

2.2.4.3 冷却剂的活度浓度

(1)机组功率运行：对国内外WWER核电厂一回路和二回路冷却剂中放射性核素活度的运行数据的分析显示，存在一回路向二回路的泄漏，且在两条回路的压差为7MPa时，每台蒸汽发生器的平均泄漏流量为12～19g/h，且在某些工况下此泄漏量可瞬间增加100倍，达到1kg/h左右。

关于辐射防护设计，可将1kg/h的泄漏水平取为机组在额定工况下运行的一个设计基准。已出版的WWER核电厂的统计资料[*Atomnaja Energija*. 1979，41(4)：235；46(1)：31]也支持所选择的泄漏水平。

运行规程规定了允许的泄漏限值(5kg/h)，这需要工作人员的纠正行动。

二回路冷却剂的活度浓度取决于蒸汽发生器一回路侧的泄漏量和一回路的活度浓度。表2.2.6提供了机组功率运行模式(RP)时蒸汽发生器中的蒸汽和沸腾水的活度浓度。

这些用来描述 RP 主要防御层次状态的运行限值(一回路冷却剂向二次侧泄漏、燃料棒泄漏)。

从二回路工艺介质达到标准文件所规定的安全运行限值的角度出发，对蒸汽发生器中二次侧水的活度浓度、单个蒸汽发生器的排污水中的基准核素(^{131}I)的水平进行了评估，结果显示估算值较低：二次侧水中 ^{131}I 的比体积活度未超过 0.185Bq/cm^3，单个蒸汽发生器的排污水中 ^{131}I 的比体积活度未超过 0.74Bq/cm^3。

表 2.2.6 二回路活度浓度 (单位：Bq/kg)

核素	二次侧水	蒸汽
^{83m}Kr	—	6.50E−01
^{85m}Kr	—	1.48E+00
^{85}Kr	—	1.62E−03
^{87}Kr	—	1.56E+00
^{88}Kr	—	3.58E+00
^{131m}Xe	—	4.08E−02
^{133m}Xe	—	3.38E−01
^{133}Xe	—	1.13E+01
^{135m}Xe	—	1.24E+00
^{135}Xe	—	7.95E+00
^{138}Xe	—	7.60E−01
^{131}I	3.75E+01	3.75E−01
^{132}I	1.22E+02	1.22E+00
^{133}I	1.13E+02	1.13E+00
^{134}I	3.40E+01	3.40E−01
^{135}I	8.59E+01	8.59E−01
^{134}Cs	2.43E+01	1.22E−01
^{137}Cs	3.04E+01	1.52E−01
^{51}Cr	3.64E−03	1.82E−05
^{54}Mn	5.09E−03	2.54E−05
^{59}Fe	2.53E−03	1.27E−05
^{58}Co	9.27E−03	4.64E−05
^{60}Co	5.95E−02	2.97E−04
^{89}Sr	3.48E−01	1.75E−03
^{90}Sr	1.06E−03	5.30E−06
^{95}Zr	5.43E−02	2.72E−04
^{95}Nb	2.36E−02	1.18E−04
^{132}Te	5.78E−01	2.89E−03
^{141}Ce	5.82E−02	2.92E−04

(2) 瞬态工况：在反应堆功率变化时，由于尖峰效应额外排放至一回路冷却剂中的裂变产物的设计量会造成二回路冷却剂的活度浓度瞬时变化。单个蒸汽发生器的排污水中 ^{131}I 含量的预计值将不会超过 0.4Bq/cm^3，也不会达到安全运行限值 0.74Bq/cm^3。

(3) 应急工况：核电厂运行期间，蒸汽发生器可能出现各种各样的破损现象，从而影响二回路系统的运行。最典型的破损现象为蒸汽发生器传热管的破裂，会导致放射性气体和气溶胶随着一回路冷却剂进入蒸汽发生器二次侧水中，进而进入二回路工艺系统。

为了避免一回路向二回路的泄漏量增加，设计时规定了应急蒸汽发生器的一回路冷却剂泄漏的安全运行限值 5kg/h。

在长期运行过程中，一旦达到某个安全运行限值(燃料棒泄漏或者单个蒸汽发生器的泄漏值)，应急蒸汽发生器的排污水中 ^{131}I 的含量会增大，但不会超过 $0.15Bq/cm^3$。这样，工作人员就有足够的时间找出泄漏点，并消除引起应急工况的原因。

当二回路参数超过下列安全运行限值时，应停机检查，并排除事故成因：

- 二次侧水中 ^{131}I 的比体积活度不超过 $0.185Bq/cm^3$；
- 单个蒸汽发生器的排污水中的含量不超过 $0.74Bq/cm^3$。

考虑了运行数据，在设计中采用的计算假设为一次侧向二次侧泄漏水平等于 1kg/h。在此泄漏水平下，并且机组的一次侧冷却剂活度处于运行限值水平时，上面提到的放射性参数不会超出安全运行限值。

2.2.5　氚和 ^{14}C 源项

2.2.5.1　氚源项

WWER 核电厂形成氚的辐射源如下：

- 含硼控制棒内及加入硼酸的冷却剂中的中子俘获反应；
- ^{235}U 的三元裂变反应；
- 水中的杂质氘核的活化。

计算 WWER 核电厂氚生成的初始数据见表 2.2.7，氚的年产生量的设计值是 13TBq，各种途径的产氚量见表 2.2.8。

表 2.2.7　WWER 氚年产生量计算输入值

输入参数	参数值
氘活化截面	$5.7E-28cm^2$
热中子流密度	$6.0E+13n/(cm^2 \cdot s)$
堆芯和反射层中冷却剂体积	2.4E+04L
反应堆每年工作时间	2.5E+07s
反应堆热功率	3.0E+09W
^{235}U 三元裂变的氚产量	8.7E-03%
氚从燃料元件到水中的实验系数	2.0E-04
冷却剂中硼酸的最大浓度	7.4g/kg
^{10}B 的快中子活化反应截面(快中子能谱平均)	$3.4E-26cm^2$
大于 1MeV 的中子流密度	$6.0E+13n/(cm^2 \cdot s)$
$^{9}Li(n，n\alpha)H$ 反应截面(大于 3MeV 的中子能谱平均)	$1.5E-26cm^2$
大于 3MeV 的中子流密度	$2.55E+13n/(cm^2 \cdot s)$
$B(n，\alpha)Li$ 反应截面	$3.84E-21cm^2$

表 2.2.8 WWER 氚年产生量的设计值

氚的来源(反应类型)	12 个月换料方案的氚活度(TBq)
D(n，γ)T	0.19
^{10}B(n，2α)T	13
裂变氚	0.074
总量	13

2.2.5.2 ^{14}C 源项

在 WWER 机组的设计中，一回路冷却剂 ^{14}C 源项主要来自水中天然存在的 ^{17}O 的中子活化反应。此外还考虑了 ^{14}N 的活化反应。活化产生量的计算公式为

$$Q = \frac{\varphi \sigma M N_A p \lambda t}{A} \tag{2.2.1}$$

式中，Q 为 ^{14}C 的每日产生量，单位为 Bq/d；φ 为堆芯区域的平均热中子注量率，单位为 1/(cm^2·s)；σ 为反应截面，单位为 cm^2；λ 为 ^{14}C 衰变常数(3.83E−12/s)；N_A 为阿伏伽德罗常数(6.02E+23/mol)；M 为受辐照的元素质量，单位为 g；p 为受活化同位素的天然丰度；A 为同位素的原子质量；t 为活化时间，单位为 s/d。

根据上式的计算，主冷却剂中的 ^{14}C 产生量为 1.1E+09Bq/d，因此 WWER 核电厂的 ^{14}C 产生量为 300GBq/a。

2.2.6 气液态流出物排放源项

2.2.6.1 气态流出物排放源项

(1)排风系统的气体-气溶胶释放：核电厂运行过程中，如果一回路冷却剂和其他放射性介质失控泄漏到受控准入区的无人作业房间内，那么放射性物质会以惰性气体和气溶胶的形式释放。

反应堆功率运行时，排风系统 KLD10 将反应堆厂房封闭结构内的压力维持在 150～250Pa 的负压水平。排风系统配备有组合过滤设施，用于净化空气中的放射性气溶胶和碘。机组准备换料及进行预防性维护时，安全壳释放的空气通过应急检修强制排风系统 KLD20 进行转移，从而确保放射性碘和气溶胶的可靠过滤。

KLE20 强制排风系统将安全厂房、辅助厂房等不能承受压力的受控准入区房屋内部空气的负压维持在不低于 50Pa 的水平，从而阻止污染空气在电厂内外失控传播。同时(必要时)，如果放射性介质包容设备出现泄漏的预计运行事件，排风系统 KLE30 和 KLE20 会根据辐射监测指示信息，自动净化受控准入区房间排出的气体，从而确保在进入烟囱之前，气体内的放射性碘和气溶胶得到了可靠净化。

受控准入区通风系统的所有工程方案都旨在避免放射性物质失控释放到受控准入区的作业房间和定期作业房间内的空气中。

机组功率运行时，封闭区域内主设备失控泄漏的估计水平如下：MCC 系统 100kg/h；

厂用水回路 0.2kg/h。

在机组运行时，不承受压力的反应堆厂房房间、辅助厂房和安全厂房内的辅助系统设备的预计泄漏的估算水平如下：容纳放射性介质的回路和设备为 5kg/h；厂用水回路为 0.4kg/h。

表 2.2.9 提供了计算机组在额定条件下功率运行时，从核电厂厂房和建筑的受控准入区释放到排气通风系统中的气体-气溶胶的输入数据。

表 2.2.9　核电厂气体-气溶胶废物的计算输入数据

参数	数值
一回路冷却剂的比体积活度	见 PSAR 11.1
系统工艺介质的比体积活度	见 PSAR 12.2
限制区域内“热”一回路冷却剂的失控泄漏	100kg/h
限制区域外“冷”污水的失控泄漏(除气一回路冷却剂的当量)	30(3) kg/h
气/水分布率	
“热”泄漏	
惰性气体	100/1
碘	1/100
气溶胶	1/100
“冷”泄漏	
惰性气体	100/1
碘	1/1 000
气溶胶	1/1 000
隔室空气中不同碘的含量	
气溶胶	10%
挥发性(1% 有机)	90%
蒸汽发生器箱体的自由容积	9 490m^3
设计不承受压力的工艺房屋的自由容积	76 800m^3
排气系统 KLD10 的容量	1800m^3/h
排气系统 KLE20 的容量	75 000m^3/h

为了确保在正常运行条件下估算核电厂产生的气体放射性废物时某些设计数据的保守性，设定了以下设备的设计泄漏值：

· MCC 的主要设备：一回路冷却剂 100kg/h；

· 辅助设备：污水(与除气一回路等效)30(3)kg/h。

表 2.2.10 提供了用以降低气体-气溶胶向环境释放并确保通风过滤器效率的通风系统的清单。

在估算机组停机期间的通风量时，还考虑了因功率降低引起的尖峰效应可能造成冷却剂活度增大。计算中提供了燃料棒损坏达到运行限值时受控准入区出现和释放的放射性信息。当燃料棒达到安全运行限值(1%的燃料棒漏气，0.1%的燃料棒直接接触燃料)时，从反应堆厂房排风系统释放到环境中的放射性核素可能会在短期内增大 5 倍。根据自动化工艺辐射监测系统(APRMS)变送器的指示信息，受控准入区(设计不能承压)房间的排风系统的释放不会增加，而排气管将切换至 KLE30 或 KLD20 系统(配备有气溶胶和碘过滤设施)。

表 2.2.10 通风系统的设计参数

	用途	容量(m^3/h)	过滤器类型	净化效率(%)
KLD10	反应堆厂房安全壳空间负压排风系统	1 800	气溶胶 碘	99.97 99.9(90)
KLD20	反应堆厂房应急检修强制排风系统	10 000	气溶胶 碘	99.97 99.9(90)
KLE30	排风系统(安全厂房、辅助厂房和其他厂房的可控准入区)	24 000	气溶胶	99.97
KLT20	排风系统(核服务厂房、辅助厂房可控准入区)	17 000	气溶胶	99.97
KLC11，41	反应堆厂房环形空间及安全厂房应急负压系统	3 600	气溶胶 碘	99.97 99.9(90)

注：1)根据标准文件要求，计算中考虑了净化效率，使设计安全系数具有一定的保守性，以评估在事故工况下公众和环境所承受的放射性释放/影响。

计算时，无机挥发性碘的净化效率取 99%。同时，在配备有气溶胶和碘过滤器的系统中，碘的净化效率取 99%(考虑到不同形式的碘的比率)；气溶胶过滤器的过滤效率取 99.9%，以确保有充分的保守性(考虑到气溶胶空间分布的不确定性)。

2)碘过滤器的净化效率与两种形式的挥发性碘一致：无机碘(有机碘)。

为了保护环境，APRMS 会连续监测核电厂受控准入区的通风释放物，并在超出获得监管当局许可而确定的运行限值时，限制机组的运行。

鉴于自由准入区房间和环境中不存在放射源，从而避免了放射性气体和气溶胶伴随通风释放在其内的传播，但是汽机厂房内的二次设备除外。蒸汽发生器内可能存在的一回路向二回路的泄漏会导致夹带的放射性物质进入二次侧冷却剂中。此时，惰性气体和挥发性裂变产物伴随蒸汽进入汽机中，然后伴随二次侧设备排污进入环境中。

汽机厂房大气中的放射性物质的可能来源是二次侧工艺设备的泄漏。机组在所有设计运行工况下，空气中放射性物质的预计浓度不超出允许的体积活度限值。

考虑到旨在限制机组运行时二次侧工艺介质(通向汽机的新鲜蒸汽、蒸汽发生器的排污水)的排放(根据 APRMS 的指示信息)，通风排放布置在汽机厂房的屋顶之上。

(2)放射性气体净化系统(KPL-2)的气体废物：KPL-2 用于降低除气器工艺污染气体排污、受控泄漏储罐、含硼水储罐、补给水储罐和含硼疏水罐造成的核电厂释放的气体-气溶胶的活度。系统对排放污物中惰性气体的净化效率取决于吸附器的容积及碳吸附剂的吸附因子。

当净化后的排放气体中惰性气体的浓度超过整定值时，KPL-2 系统至烟囱的工艺排气管线自动联锁。

下文提供了机组在不同设计运行工况下的设计参数，用于估算 KPL-2 系统处理的放射性气体的量。

•功率运行时受控冷却剂泄漏流量和非受控冷却剂泄漏流量：进入除气器 KBA10BB001，4.8t/h；进入受控泄漏储罐 KTA10BB001，0.45t/h；进入冷却剂储罐 KBB11/12BB001，0.1t/h。

• 机组停机时 2h 内通过 KBE 过滤器转移的冷却剂的流量：进入除气器 KBA10BB001，60t/h；进入冷却剂储罐 KBB11/12BB001，60t/h。

·机组冷却时(再循环模式，12h 内通过 KBE 过滤器)待除气的冷却剂流量：进入除气器 KBA10BB001，60t/h。

·除气器 KBA10BB001 内的除气效率：功率运行时，99%；转移冷却剂时，90%。

·冷却剂接收储罐 KBB11/12BB001 中来自工艺排污冷却剂的惰性气体含量：10%。

以下工况视为确定进入 KPL-2 系统的放射性气体的设计工况：

·机组功率运行时(允许硼控)；

·机组冷却和换料停堆时。

受控泄漏储罐的排污在氢燃烧系统 KPL-1 除气器中进行处理之后进入 KPL-2 系统的主要管线，KBB、KBC 和 KTC 系统储罐的排污则进入 KPL-2 系统的辅助管线。

通过共用的收集器，储罐 KBB 和 KBC 的空气容积沿排污管线结合在一起，确保工艺操作时气体介质从一个储罐溢流到另一个储罐，从而降低 KBB 系统设备的排污流量。

进入系统主要管线的工艺排污的辐射参数取决于除气器中一回路冷却剂的放射性气体释放及除气效率，而进入系统辅助管线的工艺排污的辐射参数则取决于 KBB11/12BB001 储罐内一回路冷却剂的放射性气体释放。

KPL-1 循环回路的比体积活度处于以下范围内(最小值/最大值)：

·额定工况：1.0E+00/2.0E+03GBq/nm^3；

·机组停堆：1.0E+01/1.0E+04GBq/nm^3。

在估算释放量时，使用处于运行限值水平允许的燃料棒漏气量。机组停堆时的尖峰效应造成的放射性裂变产物的附加释放会导致从 KPL-2 系统中释放的惰性气体增加，但是不超过原来水平的 1.5 倍。而泄漏的燃料棒达到安全运行限值时，机组长期运行时 KPL-2 系统的惰性气体泄漏将比正常水平高 5 倍。

(3) KPL-3 系统的气体废物：KPL-3 系统用于净化 KPF、KPK、KBF 和 JNK 系统储罐的工艺排污。此系统配备有气溶胶过滤器(效率为 99.9%)和碘过滤器(效率不小于 98%)。

当净化后的排放气体中碘的浓度超过整定值时，KPL-3 系统至烟囱的工艺排气管线会自动联锁。

下文提供了机组在不同设计运行工况下的设计参数，用于估算 KPL-3 系统中处理的放射性气体的量。

·进入 KPF 系统的地面水(等量于从一回路中除去的气体) 2700(270) t/a。

·离子交换树脂液压排放时进入 KPK 系统的吸附剂：中等活性树脂(KBE50AT001 过滤器)，15(1) m^3/a；低活性树脂，10m^3/a。

·排放污物中的不同含碘形式：

—KPF 储罐：挥发性(10%有机)，100%。

—KPK 储罐：气溶胶，85%；挥发性(10%有机)，15%。

·KPF 储罐地面水中的惰性气体含量(冷却剂中的含量)：1%。

以下工况视为确定进入 KPL-3 系统的放射性气体量的设计工况：

·机组功率运行过程中，KPF 和 KPK 系统储罐在装填时的持续排污；

·KBE50AT001 吸附剂液压排放(每年一次)至 KPK20BB001 储罐中。

估算进入系统的放射性物质时，考虑了放射性气体和气溶胶在储罐的空气空间内从液相经过表面相分离到稳定状态的特性，以及放射性气体和气溶胶释放(由储罐自由空间内气流的相互作用造成)的动态过程。

燃料棒泄漏达到安全运行限值时，机组的长期运行(一个换料周期)会导致 KPL-3 系统释放物中放射性物质增加 5 倍。

2.2.6.2 液态流出物排放源项

(1)液体放射性废物的辐射特性：本部分提供了机组在额定工况下运行时形成的液体放射性废物(LRW)的分析结果。分析对象为冷却剂内及一回路表面上的裂变产物和腐蚀产物的平衡含量。核电厂的 LRW 内裂变产物含量与机组长期运行时在燃料元件泄漏达到运行限值(0.2%的燃料元件漏气，0.02%的燃料元件严重损坏)工况下的数据一致。评估废液中的腐蚀产物时，考虑了俄罗斯机组 B-1000 的运行数据。从辐射的角度出发，提供了重要核素的辐射特性。

在机组长期运行时，如果燃料元件的泄漏达到安全运行限值，进入地漏水系统的长寿命裂变产物会以 5 倍因子增加。

下文提供了以下信息：

·机组正常运行及出现预计运行事件时，输送至废液收集系统、临时贮存系统及处理系统的不同液流和介质的辐射特性；预测了年均地漏水输送量：7100 m^3/a；

·伴随废液处理系统(KPF)排放的净化失衡水释放到环境中的放射性活度。

1)KPF 系统地漏水的辐射特性：基于蒸发-冷凝-机械过滤-离子交换的地漏水处理的原则，可以在不违反环境保护要求的情况下，确保核电厂排放净化过的非平衡地漏水，并将固化后的放射性蒸发浓缩物(蒸馏残液)安全贮存在核电厂内。

进入 KPF 系统的放射性活度由以下因素决定：

·辅助设备排水和失控泄漏；

·聚积在 KBE、KBB 和 KBF 系统的离子交换器内的析出液(其中含铯 95%，碘 20%，其他核素 5%)；

·一回路设备去污溶液；评估过程中采用的一年内一台蒸汽发生器的去污因数为 20。

机组功率运行、停堆及冷却时，带有含硼水的反应堆和系统内主要设备的失控泄漏及排放物在对含硼水处理、收集和贮存系统(KBB、KBF)中收集和处理，从而降低了进入 KPK 系统内的放射性。

表 2.2.11 提供了机组在不同设计工况下运行时，每年进入 KPF 系统的放射性液体介质。

表 2.2.11 每年(每个机组)侵入 KPF 系统地漏水中的放射性介质

参数	设备排水、泄漏	过滤器处理	设备和隔室去污
体积(m^3/a)	2 700	2 300	1 450
每年侵入量(GBq/a)	6.9×10^3	10^4	1.4×10^3
同位素成分(%)			
腐蚀产物(^{60}Co)	<1(<1)	<1(<1)	100(68)
碘(^{131}I)	89(10)	4(4)	—
铯(^{137}Cs)	11(6)	95(58)	—

核电厂机组功率运行时，收集的设备排水和泄漏造成的地漏水比体积活度在一年中保持不变，并与除气一回路冷却剂活度浓度的10%保持一致。

系统过滤器KBE和KBF中积聚的放射性活度决定了液压排放析出液中的放射性核素的成分；KBE系统过滤器的析出液决定了腐蚀产物和^{131}I的聚积量；KBF系统过滤器的析出液决定了放射性核素铯的聚积量。

沉积在一回路非辐射内表面的腐蚀产物活度决定了设备去污水的活度及其所含放射性核素的成分。

2)KPK和KPC系统介质的辐射特性：经过机械净化的地漏水收集在地漏水贮罐KPF20BB001/2中。地漏水经过蒸发形成蒸馏残液，并临时贮存在LRW临时贮罐KPK10BB001/2中，然后蒸馏残液在KPC系统装置内固化。

中等活性和低活性离子交换树脂分别收集在LRW临时贮罐KPK20BB001/2和KPK30BB001中，并在KPC系统固化装置内进行处理。这种设计确保了介质在贮罐KPK20BB001/2中处理之前，在贮罐中进行了一定的吸附滞留(^{131}I衰变不超过2个月)。

表2.2.12提供了每年进入KPK系统贮罐(用于临时贮存LRW)的放射性活度。进入离子交换树脂临时贮罐内的放射性活度由聚积在KBE系统装置的离子交换器内(^{131}I超过90%)和KBF系统装置的离子交换器内(腐蚀产物超过75%)的放射性核素造成。

KBF交换器液态排放(放射性核素铯超过90%)的处理及一回路设备去污水(腐蚀产物不超过5%)的处理决定了伴随蒸馏残液进入KPC系统内的放射性活度。

表2.2.12　每年(每个机组)侵入KPK系统中的液体放射性废物

参数	蒸馏残液	过滤器的离子交换吸附剂		
	KPK10BB001/2 KPC20BB001	KPK20BB001/2	KPK30BB001	KPC10BB001
体积(m^3/a)	80	15	10	25
每年侵入量(GBq/a)	1.1×10^4	1.9×10^4	3.7	2.4×10^3
同位素成分(%)				
腐蚀产物(^{60}Co)	3(2)	8(6)	<1(<1)	55(44)
碘(^{131}I)	4(4)	27(27)	20(14)	1(1)
铯(^{137}Cs)	93(57)	55(41)	80(45)	21(13)
其他核素	<1	10	<1	23

(2)KPF系统释放到环境中的非放射性不平衡地漏水：反应堆厂房、安全厂房和辅助厂房控制区的非放射性不平衡工艺水从检测箱KPF40BB001/2排出，通过过滤器KPF60(确保低水平的放射性活度和给出核电厂控制区放射性产物排放的总体信息)排放至环境水体中。

非放射性凝结水经过处理，经化学成分和放射性监测后输送至排放通道UQN。如果没有达到排放标准，检测箱中的水将进入疏水箱KPF20BB001/2中进行再次净化。

在机组功率运行中和在进行换料或预防性维护时，净化的排污水预计为7100t/a。每年每个机组伴随净化地漏水排入环境中的放射性活度不超过4MBq/a，此活度由辅助系统设备排放水处理、离子交换器处理后的水及一回路设备去污产生的溶液决定。

主冷却剂处理系统中的非平衡水体积约为200t/a，每年随一回路非平衡非放射性水释入环境中的活度为每个机组 20MBq/a。

随非放射性废水释入环境的放射性物质包括：

• 通过 KTT 系统的监测箱去除控制出入区的污水、特殊洗涤水、控制区的淋浴水；
• 通过 LD 系统监测箱去除来自汽轮机冷凝水净化厂房的再生水；
• 汽轮机厂房的非监测不可控泄漏。

(3) KPF、KPK 和 KPC 系统出现预计运行事件时释放至环境中的活度：在 KPF、KPK 和 KPC 系统出现预计运行事件时，放射性产物不会在核电厂内及超出核电厂边界失控传播。

在停堆且加热蒸汽未加压时，仅在蒸发器或后蒸发器 KPF30AT001/2 加热腔的管际空间出现泄漏时，放射性地漏水才会进入加热蒸汽凝结水中，然后进入二回路。

污染的凝结水的体积完全由安装在加热蒸汽凝结水回水管线上的自动化工艺辐射监测系统(APRMS)变送器的时滞决定。凝结水的活度浓度超过 НРБ-96 规定的许可限值时，变送器发出信号，将凝结水输送至地漏水贮罐 KPF20BB001/2 的管线自动接通。返回至辅助厂房的蒸汽供应系统的污染凝结水的最大可能体积不超过 $1m^3$。

如果假设 APRMS 变送器生成一个信号最多用时 1～2s，当受控介质的比体积活度为 10^4～10^7Bq/kg，并且冷凝水的流量为 $9m^3/h$ 时，输送至位于汽机大厅标高 4.9m 处的排水贮罐 LCMBB001 中的污染凝结水不会超过 5kg。

污染凝结水的比体积活度与地漏水处理系统中蒸馏残液的活度($3GBq/m^3$)一致时，贮罐 LCMBB001(容积：$3m^3$)内的活度被期望升高至 $5MBq/m^3$，但是这种情况不会导致排水贮罐区的剂量率临时升高超过规定值 1μSv/h，尤其在核电厂非控制区。

污染凝结水的排放将导致冷凝器内水设计活度的临时升高(乘以因子 10)，但是二次侧水中的基准核素 ^{131}I 的含量不会超过安全运行限值 $0.185Bq/cm^3$。

汽机大厅和 LD 过滤器再生溶液失控泄漏时，释放到环境中的活度将达到 12.5MBq；此值远小于田湾核电站设计时拟定的允许向环境水中释放限值(每个机组 100GBq/a)，以及 GB 6249—1986 规定的核电厂正常运行时释放至环境水中放射性产物的允许值(每个机组)750GBq/a(不包括氚)。

技术决策(用于避免放射性产物随液体放射性废物在核电厂内及超出核电厂范围的失控传播)能够确保满足俄罗斯和中国规范技术文件有关核电厂液体放射性废物的管理及关于电厂员工和公众的辐射安全要求。

2.2.6.3 正常运行下放射性的排放及子系统和部件放射性的排放

(1) 气体和气溶胶向大气的释放量：放射性气体和气溶胶可随着受控准入区的废气和来自反应堆主要设备的运行通风排放到大气中。

经过滤的废气、气体和气溶胶废物通过高通风烟囱排放。每个机组都有一个通风烟囱位于辅助厂房的附近区域，高度 100m。通过自动工艺辐射监测系统，连续地进行释放监测。从常规区域向大气释放放射性物质的另一个可能途径，是通过汽轮机厂房排出的废气及汽轮机冷凝器(MAJ 系统)移出的气-蒸汽混合物。

由于机组在任何设计载荷运行模式下操作室(常规区域)内放射性核素的体积浓度很低(低于 PVA_{pub})，所以汽轮机厂房的通风排放口被设计在高于顶层的位置。

表 2.2.13 给出了机组在正常模式持续运行期间达到燃料屏障破坏极限时年度气体和气溶胶的释放量(考虑了机组停堆换料)。表 2.2.14 显示了机组在正常模式持续运行期间达到燃料屏障破坏极限(在发生预计运行事件的情况下)时气体和气溶胶的年度释放量。

表 2.2.13 每台机组在正常模式运行时核电厂放射性气体与气溶胶的年排放量(单位：GBq/a)

放射性核素	通风烟囱					
	反应堆厂房通风系统	KPL-2 专门气体净化系统	KPL-3 专门气体净化系统	辅助厂房通风系统	总排放量	高于汽轮机厂房屋顶
^{3}H	3.9E+03	—	5.0E+01	—	3.9E+03	1.2E+00
^{14}C	—	—	—	—	3.0E+02	—
^{83m}Kr	9.2E+02	—	1.1E+02	5.8E+00	1.0E+03	5.3E-03
^{85m}Kr	3.3E+03	3.6E-01	2.4E+02	1.6E+01	3.6E+03	1.2E-02
^{85}Kr	6.7E+00	3.5E+02	2.6E-01	2.0E-02	3.6E+02	1.3E-05
^{87}Kr	1.7E+03	—	2.5E+02	1.2E+01	1.9E+03	1.3E-02
^{88}Kr	6.4E+03	—	5.8E+02	3.5E+01	7.0E+03	2.9E-02
^{131m}Xe	1.7E+02	1.4E+02	6.6E+00	5.0E-01	3.1E+02	3.4E-04
^{133m}Xe	1.3E+03	—	5.5E+01	4.1E+00	1.4E+03	2.8E-03
^{133}Xe	4.5E+04	2.1E+02	1.8E+03	1.4E+02	4.7E+04	9.2E-02
^{135}Xe	2.4E+04	—	1.3E+03	7.9E+01	2.5E+04	6.5E-02
^{138}Xe	2.3E+02	—	1.2E+02	2.7E+00	3.5E+02	6.2E-03
^{131}I	2.5E-01	—	2.0E-02	7.4E-02	3.4E-01	3.1E-03
^{132}I	4.7E-01	—	—	2.8E-01	7.5E-01	1.0E-02
^{133}I	6.7E-01	—	—	2.3E-01	9.0E-01	9.3E-03
^{134}I	1.0E-01	—	—	8.7E-02	1.9E-01	2.8E-03
^{135}I	4.3E-01	—	—	1.8E-01	6.1E-01	7.1E-03
^{51}Cr	1.6E-06	—	—	4.7E-06	6.3E-06	1.5E-07
^{54}Mn	2.2E-06	—	—	6.6E-06	8.7E-06	2.1E-07
^{60}Co	2.5E-05	—	—	7.6E-05	1.0E-04	2.4E-06
^{89}Sr	2.6E-04	—	—	7.1E-04	9.8E-04	1.4E-05
^{90}S	5.5E-07	—	—	1.5E-06	2.1E-06	4.4E-08
^{134}Cs	1.2E-02	—	—	3.5E-02	4.7E-02	1.0E-03
^{137}Cs	1.5E-02	—	—	4.4E-02	5.9E-02	1.3E-03
惰性气体($T_{1/2}$>10min)	8.3E+04	6.9E+02	4.7E+03	3.0E+02	8.8E+04	2.3E-01
碘	1.9E+00	—	2.0E-02	8.5E-01	2.8E+00	3.2E-02
气溶胶($T_{1/2}$>8d)	2.7E-02	—	—	8.1E-02	1.1E-01	2.3E-03

表 2.2.14 每台机组在预计运行事件下放射性气体与气溶胶排放量

（单位：GBq/a）

放射性核素	通风烟囱					高于汽轮机厂房屋顶
	反应堆厂房通风系统	KPL-2 专门气体处理系统	KPL-3 专门气体处理系统	辅助厂房通风系统	总排放量	
^{3}H	3.9E+03	—	—	5.0E+01	3.9E+03	1.2E+00
^{14}C	—	—	—	—	3.0E+02	—
^{83m}Kr	4.6E+03	—	5.5E+02	2.9E+01	5.2E+03	2.7E-02
^{85m}Kr	1.7E+04	1.8E+00	1.2E+03	8.0E+01	1.8E+04	6.0E-02
^{85}Kr	3.4E+01	1.8E+03	1.3E+00	1.0E-01	1.8E+03	6.5E-05
^{87}Kr	8.5E+03	—	1.3E+03	6.0E+01	9.8E+03	6.5E-02
^{88}Kr	3.2E+04	—	2.9E+03	1.8E+02	3.5E+04	1.5E-01
^{131m}Xe	8.5E+02	7.0E+02	3.3E+01	2.5E+00	1.6E+03	1.7E-03
^{133m}Xe	6.5E+03	—	2.7E+02	2.1E+01	6.8E+03	1.4E-02
^{133}Xe	2.4E+05	1.05E+03	9.0E+03	7.0E+02	2.4E+05	4.6E-01
^{135}Xe	1.2E+05	—	6.5E+03	4.6E+02	1.3E+05	3.3E-01
^{138}Xe	1.2E+03	—	6.0E+02	1.4E+01	1.8E+03	3.1E-02
^{131}I	1.3E+00	—	1.0E-01	3.3E-01	1.7E+00	1.6E-02
^{132}I	2.4E+00	—	—	1.3E+00	3.6E+00	5.0E-02
^{133}I	3.4E+00	—	—	1.0E+00	4.4E+00	4.7E-02
^{134}I	5.0E-01	—	—	3.9E-01	8.9E-01	1.4E-02
^{135}I	2.2E+00	—	—	8.1E-01	3.0E+00	3.6E-02
^{51}Cr	1.6E-06	—	—	4.7E-09	1.6E-06	1.5E-07
^{54}Mn	2.2E-06	—	—	6.6E-09	2.2E-06	2.1E-07
^{60}Co	2.5E-05	—	—	7.6E-08	2.5E-05	2.4E-06
^{89}Sr	1.3E-03	—	—	3.6E-06	1.3E-03	7.0E-05
^{90}Sr	2.6E-06	—	—	7.5E-09	2.6E-06	2.2E-07
^{134}Cs	6.0E-02	—	—	1.8E-04	6.0E-02	5.0E-03
^{137}Cs	7.5E-02	—	—	2.2E-04	7.5E-02	6.5E-03
惰性气体（$T_{1/2}$>10min）	4.2E+05	3.5E+03	2.2E+04	1.5E+03	4.4E+05	1.1E+00
碘	9.6E+00	—	1.0E-01	3.8E+00	1.4E+01	1.6E-01
气溶胶（$T_{1/2}$>8d）	1.4E-01	—	—	4.0E-04	1.4E-01	1.2E-02

(2)随非放射性液体废物进入环境的放射性物质：进行放射性控制后，放射性核素可能随受控准入区非放射性的非平衡水(浓度与体积之比低于 НРБ-96 对露天水池规定的允许浓度)、非放射性的排水和汽轮机厂房的非平衡水，以及来自冷凝水净化过滤器的弱放射性水一起排放到环境中。这些水均排放到冷却水系统 UQN 排水隧道的排水沟渠中。

用于计算受控准入区排放的非平衡水的参数见 2.2.6.1。机组正常运行模式下随非放射性液体废物进入环境的放射性物质的年排放量见表 2.2.15。

表 2.2.15　每台机组在正常模式运行时随非放射性废物排入环境的放射性物质的量

（单位：GBq/a）

放射性核素	KBF 系统非平衡	KPF 系统非平衡	LD 系统的再生水	汽轮机厂房不受控泄漏	总排放量
^{3}H	1.5E+03	7.6E+03	—	6.0E+01	9.1E+03
^{131}I	6.2E−04	4.6E−05	7.4E−01	1.5E−01	8.9E−01
^{132}I	3.0E−03	—	3.1E−01	4.9E−01	8.0E−01
^{133}I	2.0E−02	4.1E−07	2.4E−01	4.6E−01	7.0E−01
^{134}I	1.3E−03	—	3.1E−03	1.4E−01	1.4E−01
^{135}I	1.7E−03	—	5.9E−02	3.5E−01	4.1E−01
^{89}Sr	6.0E−06	4.2E−06	1.7E−02	7.0E−04	1.8E−02
^{90}Sr	1.3E−08	8.1E−08	1.2E−04	2.1E−06	1.2E−04
^{134}Cs	5.9E−03	8.3E−03	2.6E+00	4.9E−02	2.7E+00
^{137}Cs	7.4E−03	1.3E−02	3.4E+00	6.1E−02	3.5E+00
^{51}Cr	3.9E−06	2.6E−04	9.8E−05	7.3E−06	3.7E−04
^{54}Mn	1.4E−06	1.3E−04	4.3E−04	1.0E−05	5.7E−04
^{60}Co	1.6E−05	4.9E−01	5.9E−03	1.2E−04	6.5E−03
气溶胶	2.2E−02	2.2E−02	7.4E+00	1.7E+00	9.1E+00
氚排放限值	—	—	—	—	1.5E+05
气溶胶排放限值	—	—	—	—	2.0E+02

(3) 设计解决方案的分析：表 2.2.16 和表 2.2.17 将田湾核电站的气体和气溶胶的排放量设计值（表征了对环境和核电站所在地居民的影响）、运行经验数据与我国国家标准 GB 6249—1986 中的排放量限值进行了比较。

另外表 2.2.17 给出了 Balakovskaya 核电站（与田湾核电站作比较）的运行数据。

表 2.2.16　机组在正常模式运行时通过通风烟囱排入大气的受监管的放射性核素的排放量

受监管的核素组	量纲	设计排放量/每台机组		允许排放量的控制水平
		负荷运行	机组闲置	
放射性惰性气体	GBq/d	3.0E+02	1.1E+02	6.3E+03
^{131}I		1.2E−03	2.8E−03	1.3E−01
长寿命核素混合		4.0E−04	1.1E−04	1.9E−01
^{89}Sr	MBq/m	1.0E−01	2.0E−04	1.9E+02
^{90}Sr		2.1E−04	3.9E−07	1.9E+01
^{137}Cs		6.0E+00	5.9E−02	1.9E+02
^{51}Cr		6.4E−04	1.2E−06	1.9E+02
^{54}Mn		9.0E−04	1.6E−06	1.9E+02
^{60}Co		1.1E−02	1.9E−02	1.9E+02

注：在估计机组停机下的排放量时，考虑了由载荷减少引起的尖峰效应对冷却剂放射性可能造成的增大。

表 2.2.17 WWER 反应堆的核电厂在正常模式运行时通过通风烟囱年度排入大气的放射性气体与气溶胶的比较研究 （单位：GBq/a）

核素组	每年气体与气溶胶通过核电厂通风烟囱排放					压水堆单台机组控制排放
	电厂运行数据	Balakovskaya 核电站单台机组运行数据			PY B-428 机组设计	
		1994 年	1995 年	1996 年		
惰性气体	110 000～280 000	3 950	3 375	1 770	88 000	2 500 000
碘总量	0.74～9.2	—	—	—	2.8	75
^{131}I	—	0.03	0.035	0.17	0.34	—
长寿命核素混合	0.37～11	0.06	0.035	0.045	0.12	—
气溶胶（$T_{1/2}$>8d）	—	—	—	—	0.11	200

根据反应堆厂房密封区的通风排放量，确定核电厂年度放射性惰性气体的排放量，而气溶胶排放量主要由辅助厂房通风的排放量组成。

当达到燃料屏障破坏限值时，一旦正常运行受到破坏，电厂设计也应保证有关放射性气体和气溶胶的安全因子。这时在自动工艺放射性监测系统传感器发出信号后，在排放到通风烟囱之前，非承压的受控准入区生产室内的废气通过 KLE30 和 KLD20 系统过滤装置对碘和气溶胶进行初步有效的过滤清洁。

在反应堆长期运行之后，当达到燃料屏障破坏安全运行限值时，放射性惰性气体的排放量将增加约 5 倍，碘排放量增加 4 倍，气溶胶排放量增加 3 倍。尽管如此，排放量也不会超过设计的控制允许排放量。

测量文献的数据分析表明，在正常运行情况下，气体和气溶胶通风排放量超出规定水平的频率较低。国内外核电厂运行数据表明，在机组正常运行时，只有很少量的燃料元件未承压(1～5 个元件)，远远低于核电厂(采用 B-428 反应堆)设计中可接受的运行限值(100 个元件气密性失效；10 个元件的燃料直接与冷却剂接触)。

由于通风系统正常运行(关闭房间内的通风阀，以便在槽中临时储存放射性废液；KLE20 系统自动切换至带气溶胶与碘净化设施的 KLE30 或 KLD20 系统)，专门污水处理系统的运行与辅助系统设备(含放射性介质)密封失效有关的紧急情况，排放至环境中的介质不会有显著增加。在此情况下，功率运行期间的应急排放量为预计的日排放量。

在任何运行模式下，通过自动工艺辐射监测系统对 NPS 排放至环境的非平衡净化废水安全地进行监测。

上述对机组在正常模式及紧急情况下排入环境的放射性气体与气溶胶的评估，以及上述放射性参数与中国和俄罗斯标准技术文件所建议的监管水平的比较，显示可以可靠地保护公众、电厂人员和环境。

2.3 AP1000

本部分给出的 AP1000 源项分析方法和结果是基于 AP1000DCD(Design Control Document)16 版，其与依托项目安全分析报告中给出的方法和结果一致。AP1000DCD16 版中给出的源项分析方法是西屋电气公司根据美国标准审查大纲(SRP)中的要求给出的。

对于设计基准一回路冷却剂源项，AP1000 核电厂是根据假设条件(基于一定的燃料包壳破损率和不同核素的逃脱率系数)通过机理模型计算得到的。美国核管理委员会(NRC)SRP 中规定，在压水堆核电厂设计中使用 0.25%的燃料包壳破损率，对于屏蔽设计是可以接受的，故 AP1000 分析时假定的燃料包壳破损率为 0.25%。

对于正常运行排放源项，AP1000 主要是基于 NUREG-0017 中给出的方法，采用 PWR-GALE 程序进行计算得到的。其中，参考核电厂主要核素的活度浓度及调整因子的计算是基于 ANSI/ANS-18.1-1984。PWR-GALE 程序中参考核电厂的运行数据，取自美国 20 世纪六七十年代的核电厂运行经验。只要所考虑的核电厂的系统流程和系统内核素的去除途径与参考核电厂相同或相似，就可以通过调整得到待算核电厂的结果。PWR-GALE 程序是美国 NRC 认可的用于计算核电厂正常运行反应堆冷却剂和二回路冷却剂现实源项及向环境排放的放射性量的分析软件。

GB/T 13976—2008《压水堆核电厂运行状态下的放射性源项》于 2008 年进行了升版。该标准有关内容正是参考了 ANSI/ANS-18.1-1984、NUREG-0017 中的相关描述，对压水堆核电厂一、二回路冷却剂现实源项及气液态排放源项的分析方法进行了详细说明。

下文分别对 AP1000DCD16 版中给出的堆芯积存量、反应堆冷却剂源项、二回路冷却剂源项及排放源项等的分析方法及主要参数等进行介绍。

2.3.1 裂变产物堆芯积存量

反应堆在运行时，燃料芯块中的主要放射性核素包括锕系核素和裂变产物。燃料裂变生成的裂变产物有复杂的组成，其中包括稳定核素，也包括半衰期不足 1s 的短寿命核素，其质量数分布很宽。裂变产物的组成是随时间变化的，随着燃料在堆芯中辐照时间的增加，长寿命核素的量会越多，短寿命核素的量会趋于平衡。

堆芯积存量的计算是基于平衡循环堆芯换料方案通过 ORIGEN 程序计算得到的，平衡循环寿期末堆芯积存量包括的核素主要有碘、铯组、碲组、铷组、惰性气体、钡和锶组、铈组及镧组核素，计算结果可用于后续的屏蔽设计及事故后果分析中。AP1000 堆芯积存量可见表 2.3.1。

表 2.3.1 AP1000 堆芯积存量 (单位：Bq)

核素		堆芯积存量	核素		堆芯积存量
碘	^{130}I	6.92E+16	碘	^{133}I	7.21E+18
	^{131}I	3.51E+18		^{134}I	8.10E+18
	^{132}I	5.11E+18		^{135}I	6.84E+18

续表

	核素	堆芯积存量		核素	堆芯积存量
铯组	^{134}Cs	6.10E+17	镧组	^{147}Nd	2.26E+18
	^{136}Cs	1.43E+17		^{241}Am	3.85E+14
	^{137}Cs	4.03E+17		^{242}Cm	1.04E+17
	^{138}Cs	6.73E+18		^{244}Cm	8.95E+15
	^{86}Rb	6.66E+15	惰性气体	^{85m}Kr	9.32E+17
碲组	^{127m}Te	5.07E+16		^{85}Kr	3.96E+16
	^{127}Te	3.12E+17		^{87}Kr	1.84E+18
	^{129m}Te	1.75E+17		^{88}Kr	2.46E+18
	^{129}Te	9.21E+18		^{131m}Xe	3.81E+16
	^{131m}Te	6.95E+17		^{133m}Xe	2.25E+17
	^{132}Te	4.99E+18		^{133}Xe	7.10E+18
	^{127}Sb	3.22E+17		^{135m}Xe	1.51E+18
	^{129}Sb	9.88E+17		^{135}Xe	1.43E+18
铷组	^{103}Ru	5.33E+18		^{138}Xe	6.14E+18
	^{105}Ru	3.67E+18	钡和锶组	^{89}Sr	3.51E+18
	^{106}Ru	1.68E+18		^{90}Sr	3.09E+17
	^{105}Rh	3.41E+18		^{91}Sr	4.33E+18
	^{99}Mo	6.55E+18		^{92}Sr	4.62E+18
	^{99m}Tc	5.77E+18		^{139}Ba	6.39E+18
镧组	^{90}Y	3.23E+17		^{140}Ba	6.22E+18
	^{91}Y	4.55E+18	铈组	^{141}Ce	5.88E+18
	^{92}Y	4.67E+18		^{143}Ce	5.48E+18
	^{93}Y	5.25E+18		^{144}Ce	4.51E+18
	^{95}Nb	6.10E+18		^{238}Pu	8.21E+15
	^{95}Zr	6.03E+18		^{239}Pu	9.31E+14
	^{97}Zr	5.99E+18		^{240}Pu	1.47E+15
	^{140}La	6.55E+18		^{241}Pu	3.74E+17
	^{142}La	5.62E+18		^{239}Np	7.36E+19
	^{143}Pr	5.33E+18			

2.3.2 一回路裂变产物源项

2.3.2.1 设计基准源项

反应堆在运行时，堆芯中的燃料在裂变过程中会产生大量的、具有放射性的裂变产物；这些裂变产物在高温的环境下，通过扩散等机制从燃料芯块中释放到燃料芯块与包壳的间隙里；并通过燃料棒包壳的微小缺陷(小孔、裂纹或破损等)进入到反应堆冷却剂中。

对于设计基准源项，假设有显著的燃料破损，该破损在正常运行期间是预期会发生的。假设燃料包壳小破损存在于能产生 0.25%的堆芯功率输出的燃料棒中(也称为 0.25%燃料破损)，且破损均匀分布在整个堆芯中。

反应堆冷却剂活度的确定基于用ORIGEN程序计算得到的与时间相关的裂变产物堆芯总量。计算反应堆冷却剂裂变产物活度浓度时，采用的微分方程形式见下式：

$$\frac{\mathrm{d}N_{\mathrm{cp}}}{\mathrm{d}t}=\frac{FR_{\mathrm{p}}\times N_{\mathrm{Fp}}}{M_{\mathrm{c}}}-\left[\lambda_{\mathrm{p}}+D_{\mathrm{p}}+\frac{Q_{\mathrm{L}}}{M_{\mathrm{c}}}\times\left(\frac{\mathrm{DF}_{\mathrm{p}}-1}{\mathrm{DF}_{\mathrm{p}}}\right)\right]\times N_{\mathrm{cp}}$$

$$\frac{\mathrm{d}N_{\mathrm{cd}}}{\mathrm{d}t}=\frac{FR_{\mathrm{d}}\times N_{\mathrm{Fd}}}{M_{\mathrm{c}}}+f_{\mathrm{p}}\times\lambda_{\mathrm{p}}\times N_{\mathrm{c_p}}-\left[\lambda_{\mathrm{d}}+D_{\mathrm{d}}+\frac{Q_{\mathrm{L}}}{M_{\mathrm{c}}}\times\left(\frac{\mathrm{DF}_{\mathrm{d}}-1}{\mathrm{DF}_{\mathrm{d}}}\right)\right]\times N_{\mathrm{cd}} \quad (2.3.1)$$

式中，N_{c}为反应堆冷却剂中核素的浓度；N_{F}为燃料中核素的数目；t为运行时间，单位为s；R为核素的逃脱率系数，单位为s^{-1}；F为燃料包壳破损率；M_{c}为反应堆冷却剂质量，单位为g；λ为核素衰变常数，单位为s^{-1}；D为冲排水所致的稀释系数，$D=\frac{\beta}{B_0-\beta\times t}\times\frac{1}{\mathrm{DF}}$，单位为$\mathrm{s}^{-1}$；$B_0$为初始硼浓度，单位为mg/kg；$\beta$为硼浓度下降速率，单位为mg/(kg·s)；DF为除盐床对核素的去污因子；Q_{L}为净化或下泄流量，单位为g/s；f为母核产生子核的衰变分支比。下标p适用于母核，下标d适用于子核。

设计基准反应堆冷却剂活度浓度计算所需参数见表2.3.2，由此得到的AP1000核电厂设计基准反应堆冷却剂裂变产物核素的活度浓度见表2.3.3。在得到设计基准反应堆冷却剂活度浓度后，需要根据此数据制定技术规格书中剂量等效^{131}I活度浓度和剂量等效^{133}Xe的活度浓度限值。计算剂量等效^{131}I活度浓度和剂量等效^{133}Xe活度浓度的方法如下。

剂量等效^{131}I活度浓度的计算基于下式：

$$A_{\mathrm{DEI}}=\sum_i A_{\mathrm{I}i}\times\mathrm{DCF}_i/\mathrm{DCF}_{^{131}\mathrm{I}} \quad (2.3.2)$$

式中，A_{DEI}为剂量等效^{131}I活度浓度，单位为Bq/g；$A_{\mathrm{I}i}$为主冷却剂中碘同位素的活度浓度，单位为Bq/g；DCF_i为碘同位素的内照射剂量转换因子，单位为Sv/Bq；$\mathrm{DCF}_{^{131}\mathrm{I}}$为^{131}I的内照射剂量转换因子，单位为Sv/Bq。

剂量等效^{133}Xe活度浓度的计算方法如下：

$$A_{\mathrm{DEXE}}=\sum_i A_{\mathrm{NG}i}\times\mathrm{DCF}_i/\mathrm{DCF}_{^{133}\mathrm{Xe}} \quad (2.3.3)$$

式中，A_{DEXE}为剂量等效^{133}Xe活度浓度，单位为Bq/g；$A_{\mathrm{NG}i}$为设计基准主冷却剂中惰性气体核素的活度浓度，单位为Bq/g；DCF_i为惰性气体核素相应的外照射的剂量转换因子，单位为Sv·m^3/(Bq·s)；$\mathrm{DCF}_{^{133}\mathrm{Xe}}$为^{133}Xe相应的外照射剂量转换因子，单位为Sv·m^3/(Bq·s)。

表2.3.2　计算设计基准反应堆冷却剂裂变产物活度浓度所需主要参数

参数	数值
堆芯热功率(MW)	3 400
反应堆冷却剂液相体积(m^3)	271.134
反应堆冷却剂满功率平均温度(℃)	303.39
净化流量率(m^3/h)	
最大	22.71
正常	20.74
阳床等效流量，年平均(m^3/h)	2.07

续表

参数	数值
核素释放率系数(燃料破损份额和裂变产物逃脱率系数的乘积)	
含有少量包壳破损的燃料棒产生的等效功率份额(失效燃料份额)	0.002 5
满功率运行期间裂变产物的逃脱率系数(s^{-1})：	
Kr 和 Xe 同位素	6.5E−08
Br、Rb、I 和 Cs 同位素	1.3E−08
Mo、Tc 和 Ag 同位素	2.0E−09
Te 同位素	1.0E−09
Sr 和 Ba 同位素	1.0E−11
Y、Zr、Nb、Ru、Rh、La、Ce 和 Pr 同位素	1.6E−12
化学和容积控制系统混床	
树脂体积(m^3)	1.416
除盐床的同位素去污因子	
Kr 和 Xe 同位素	1
Br 和 I 同位素	10
Sr 和 Ba 同位素	10
其他同位素	1
化学和容积控制系统阳床	
树脂体积(m^3)	1.416
除盐床的同位素去污因子：	
Kr 和 Xe 同位素	1
Sr 和 Ba 同位素	1
^{86}Rb、^{134}Cs 和 ^{137}Cs	10
^{88}Rb、^{89}Rb、^{136}Cs 和 ^{138}Cs	1
其他同位素	1
其他同位素的去除机理*	
初始硼浓度(mg/kg)	1400
运行时间(等效满功率小时)	12 492

*对于除 Kr、Xe、Br、I、Rb、Cs、Sr 和 Ba 以外的所有同位素，其去污因子假定是 10，以便考虑除离子交换以外的其他去除机制，如沉积或过滤。此去污因子适用于正常净化下泄流。

表 2.3.3 设计基准反应堆冷却剂裂变产物活度浓度 (单位：Bq/g)

核素	活度浓度	核素	活度浓度
^{83m}Kr	6.66E+03	^{133}Xe	4.44E+06
^{85m}Kr	3.11E+04	^{135m}Xe	6.29E+03
^{85}Kr	1.11E+05	^{135}Xe	1.30E+05
^{87}Kr	1.74E+04	^{137}Xe	2.48E+03
^{88}Kr	5.55E+04	^{138}Xe	9.25E+03
^{89}Kr	1.30E+03	^{83}Br	1.18E+03
^{131m}Xe	4.81E+04	^{84}Br	6.29E+02
^{133m}Xe	6.29E+04	^{85}Br	7.40E+01

续表

核素	活度浓度	核素	活度浓度
^{129}I	5.55E-04	^{92}Y	1.26E+01
^{130}I	4.07E+02	^{93}Y	4.07E+00
^{131}I	2.63E+04	^{95}Zr	5.92E+00
^{132}I	3.48E+04	^{95}Nb	5.92E+00
^{133}I	4.81E+04	^{99}Mo	7.77E+03
^{134}I	8.14E+03	^{99m}Tc	7.40E+03
^{135}I	2.89E+04	^{103}Ru	5.18E+00
^{134}Cs	2.55E+04	^{103m}Rh	5.18E+00
^{136}Cs	3.70E+04	^{106}Rh	1.67E+00
^{137}Cs	1.85E+04	^{110m}Ag	1.48E+01
^{138}Cs	1.37E+04	^{127m}Te	2.81E+01
^{51}Cr	9.62E+01	^{129m}Te	9.62E+01
^{54}Mn	4.81E+01	^{129}Te	1.41E+02
^{55}Fe	3.70E+01	^{131m}Te	2.48E+02
^{59}Fe	9.25E+00	^{131}Te	1.59E+02
^{58}Co	1.44E+02	^{132}Te	2.92E+03
^{60}Co	1.63E+01	^{134}Te	4.07E+02
^{88}Rb	5.55E+04	^{137m}Ba	1.74E+04
^{89}Rb	2.55E+03	^{140}Ba	3.70E+01
^{89}Sr	4.07E+01	^{140}La	1.15E+01
^{90}Sr	1.81E+00	^{141}Ce	5.92E+00
^{91}Sr	6.29E+01	^{143}Ce	5.18E+00
^{92}Sr	1.52E+01	^{143}Pr	5.55E+00
^{90}Y	4.81E-01	^{144}Ce	4.44E+00
^{91m}Y	3.40E+01	^{144}Pr	4.44E+00
^{91}Y	5.18E+00		

2.3.2.2 现实源项

反应堆冷却剂现实源项根据 NUREG-0017 中分析方法，通过 PWR-GALE 程序计算得到。NUREG-0017 给出的美国运行核电厂的经验数据取自 ANSI/ANS-18.1-1984，经验数据见表 2.3.4。

表 2.3.4　ANSI/ANS-18.1-1984 中参考核电厂反应堆冷却剂现实源项

（单位：Bq/g）

核素	反应堆冷却剂	二回路冷却剂液相	二回路冷却剂气相
^{85m}Kr	5.92E+02	—	1.26E-04
^{85}Kr	1.59E+04	—	3.29E-03
^{87}Kr	6.29E+02	—	3.70E-04
^{88}Kr	6.66E+02	—	1.41E-04
^{131m}Xe	2.70E+04	—	5.55E-03
^{133m}Xe	2.59E+03	—	5.55E-04
^{133}Xe	1.07E+03	—	2.22E-04

续表

核素	反应堆冷却剂	二回路冷却剂液相	二回路冷却剂气相
^{135m}Xe	4.81E+03	—	9.99E−04
^{135}Xe	2.48E+03	—	5.18E−04
^{137}Xe	1.26E+03	—	2.63E−03
^{138}Xe	2.26E+03	—	4.81E−04
^{84}Br	5.92E+02	2.78E−03	2.78E−05
^{131}I	7.40E+01	3.00E−03	3.00E−05
^{132}I	2.22E+03	3.29E−02	3.29E−04
^{133}I	9.62E+02	3.33E−02	3.33E−04
^{134}I	3.70E+03	2.66E−02	2.66E−04
^{135}I	2.04E+03	5.18E−02	5.18E−04
^{134}Cs	2.63E+02	1.22E−02	6.10E−05
^{136}Cs	3.22E+01	1.48E−03	7.40E−06
^{137}Cs	3.48E+02	1.63E−02	8.15E−05
^{24}Na	1.74E+03	5.55E−02	2.78E−04
^{51}Cr	1.15E+02	4.81E−03	2.41E−05
^{54}Mn	5.92E+01	2.41E−03	1.21E−05
^{55}Fe	4.44E+01	1.81E−03	9.05E−06
^{59}Fe	1.11E+01	4.44E−04	2.22E−06
^{58}Co	1.70E+02	7.03E−03	3.52E−05
^{60}Co	1.96E+01	8.14E−04	4.07E−06
^{88}Rb	7.03E+03	1.96E−02	9.80E−05
^{89}Sr	5.18E+00	2.11E−04	1.06E−06
^{91}Sr	3.55E+01	1.04E−03	5.20E−06
^{91m}Y	1.70E+01	1.18E−04	5.90E−07
^{93}Y	1.55E+02	4.44E−03	2.22E−06
^{95}Zr	1.44E+01	5.92E−04	2.96E−06
^{95}Nb	1.04E+01	4.07E−04	2.04E−06
^{99}Mo	2.37E+02	9.25E−03	4.63E−05
^{99m}Tc	1.74E+02	4.07E−03	2.04E−05
^{103}Ru	2.78E+02	1.15E−02	5.75E−05
^{106}Ru	3.33E+03	1.37E−01	6.85E−04
^{110m}Ag	4.81E+01	1.96E−03	9.80E−06
^{129m}Te	7.03E+00	2.89E−04	1.45E−06
^{129}Te	8.88E+02	8.14E−03	4.07E−05
^{131m}Te	5.55E+01	2.00E−03	1.00E−05
^{131}Te	2.85E+02	1.07E−03	5.35E−06
^{132}Te	6.29E+01	2.44E−03	1.22E−05
^{140}Ba	4.81E+02	1.92E−02	9.60E−05
^{140}La	9.25E+02	3.44E−02	1.72E−04
^{141}Ce	5.55E+00	2.26E−04	1.13E−06

续表

核素	反应堆冷却剂	二回路冷却剂液相	二回路冷却剂气相
^{143}Ce	1.04E+02	3.70E−03	1.85E−05
^{144}Ce	1.48E+02	5.92E−03	2.96E−05
^{3}H	3.70E+04	3.70E+01	3.70E+01
^{65}Zn	1.89E+01	7.77E−04	3.70E−06
^{187}W	9.25E+01	3.22E−03	1.63E−05
^{239}Np	8.14E+01	3.11E−03	1.55E−05

AP1000 核电厂一、二回路现实源项的计算是由参考核电厂运行状态下放射性核素源项推算得到的。对于待算核电厂，其一、二回路冷却剂中放射性核素活度浓度等于参考核电厂的放射性核素活度浓度乘以相应的调整因子，调整因子的计算以下式为基础：

$$c=\frac{s}{m\times(\lambda+\beta)} \tag{2.3.4}$$

式中，c 为放射性核素活度浓度，单位为 Bq/g；s 为系统内放射性核素产生率(包括由本系统产生的或由其他系统流入的)，单位为 Bq/s；m 为流体的质量，单位为 g；λ 为放射性核素的衰变常数，单位为 s^{-1}；β 为在系统内由于除盐、过滤及泄漏等原因(不包括核素的衰变作用)而导致的放射性核素的去除率，单位为 s^{-1}。

为便于调整放射性核素活度浓度，将核电厂主要存在的放射性核素分成 6 类：第 1 类，惰性气体；第 2 类，卤素；第 3 类，Cs 和 Rb；第 4 类，水活化产物；第 5 类，氚；第 6 类，其他核素。

各类核素调整因子的计算见表 2.3.5。

表 2.3.5 核电厂调整因子计算公式

元素类别	反应堆冷却剂(f_i)	二次冷却剂	
		液态	蒸汽
惰性气体*	$\frac{P\cdot WP_n(R_{n1}+\lambda)}{WP\cdot P_n(R_1+\lambda)}$	—	$\frac{FS_n}{FS}\cdot f_1$
卤素	$\frac{P\cdot WP_n(R_{n2}+\lambda)}{WP\cdot P_n(R_2+\lambda)}$	$\frac{WS_n\cdot(r_{n2}+\lambda)}{WS\cdot(r_2+\lambda)}\cdot f_2$	$\frac{WS_n\cdot(r_{n2}+\lambda)}{WS\cdot(r_2+\lambda)}\cdot f_2$
Cs 和 Rb	$\frac{P\cdot WP_n(R_{n3}+\lambda)}{WP\cdot P_n(R_3+\lambda)}$	$\frac{WS_n\cdot(r_{n3}+\lambda)}{WS\cdot(r_3+\lambda)}\cdot f_3$	$\frac{WS_n\cdot(r_{n3}+\lambda)}{WS\cdot(r_3+\lambda)}\cdot f_3$
水活化产物	1.0	$\frac{WS_n}{WS}$	$\frac{WS_n}{WS}$
氚#	—	—	—
其他核素	$\frac{P\cdot WP_n(R_{n6}+\lambda)}{WP\cdot P_n(R_6+\lambda)}$	$\frac{WS_n\cdot(r_{n6}+\lambda)}{WS\cdot(r_6+\lambda)}\cdot f_6$	$\frac{WS_n\cdot(r_{n6}+\lambda)}{WS\cdot(r_6+\lambda)}\cdot f_6$

注：1)表中各参数的物理意义参见表 2.3.6 和表 2.3.7，其中脚码 n 为参考核电厂的标称值。

2)f_i 为用于计算一回路冷却剂活度浓度的调整因子，在二回路冷却剂活度浓度调整计算中也将用到。

3)λ 为核素的衰变常数，单位为 h^{-1}。

*在蒸汽发生器内惰性气体很快从冷却剂中析出并随着蒸汽离开蒸汽发生器，因此冷却剂中放射性气体的含量很低，可以忽略不计。蒸汽内惰性气体活度浓度近似等于一次侧向二次侧的惰性气体泄漏率与蒸汽总流量的比值。这些惰性气体随主冷凝器排气释放出去。

#氚的活度浓度与下列因素有关：①核电厂内氚化水的总量；②氚的产生率，包括反应堆冷却剂的活化及燃料中氚的释放；③氚化水参与再循环的份额或从核电厂排放的数量。

表 2.3.6　核电厂确定调整因子的参数值

符号	单位	单位	核素类型					
			惰性气体	卤素	Cs 和 Rb	水活化产物	氚	其他核素
NA	阳离子除盐器对核素的去除份额	—	0	0	0.9	0	0	0.9*
NB	净化除盐器对核素的去除份额	—	0	0.99	0.5	0	0	0.98
R_n	去除率——反应堆冷却剂#	h^{-1}	9.0E−04	6.7E−02	3.7E−02	0		6.6E−02
NS	蒸汽发生器内蒸汽活度浓度与冷却剂中活度浓度之比	—		1.0E−02	5.0E−03		1.0	5.0E−03
NX	冷凝液除盐器对核素的去除份额	—	0.0	0.9	0.5	0.0	0.0	0.9
r_n	去除率——二次冷却剂&	h^{-1}		1.7E−01	1.5E−01			1.7E−01
FL	一次侧向二次侧的泄漏率	kg/s	3.9E−04	3.9E−04	3.9E−04	3.9E−04	3.9E−04	3.9E−04

注：1) 在蒸汽发生器内惰性气体很快从冷却剂中析出并随着蒸汽离开蒸汽发生器，因此冷却剂中放射性气体的含量很低，可以忽略不计。蒸汽内惰性气体活度浓度近似等于一次侧向二次侧的惰性气体泄漏率与蒸汽总流量的比值。这些惰性气体随主冷凝器排气释放出去。

2) 水的活化物在反应堆冷却剂内的化学和物理特性变化不定，难以确定。除盐器对它们几乎没有去除作用。其活度浓度由他们本身的衰变决定。

3) 氚的活度浓度与下列因素有关：①核电厂内氚化水的总量；②氚的产生率，包括反应堆冷却剂的活化及燃料中氚的释放；③氚化水参与再循环的份额或从核电厂排出的数量。

*该项是有效去除项，即包括了淀积等机制的去除作用，对钼和腐蚀产物等核素淀积的去除作用是相当可观的。

#当核电厂的设计参数不等于表 2.3.7 中列举的标称值时，用下式计算 R_n 的数值：

对于第 1 类核素：$R_1 = \dfrac{\mathrm{FB}+(\mathrm{FD}-\mathrm{FB})\cdot Y}{\mathrm{WP}}$

对于第 2、3、6 类核素 $R_{2,3,6} = \dfrac{\mathrm{FD}\cdot\mathrm{NB}+(1-\mathrm{NB})\cdot(\mathrm{FB}+\mathrm{FA}\cdot\mathrm{NA})}{\mathrm{WP}}$

&当核电厂的设计参数不等于表 2.3.7 中列举的标称值时，用下式计算 r_n 的数值：

对于第 2、3、6 类核素：$r_{2,3,6} = \dfrac{\mathrm{FBD}\cdot\mathrm{NBD}+\mathrm{NS}\cdot\mathrm{FS}\cdot\mathrm{NC}\cdot\mathrm{NX}}{\mathrm{WS}}$

参考核电厂系统流程及核素去除途径见图 2.3.1。AP1000 核电厂一、二回路冷却剂现实源项所需参数见表 2.3.7，计算结果见表 2.3.8。

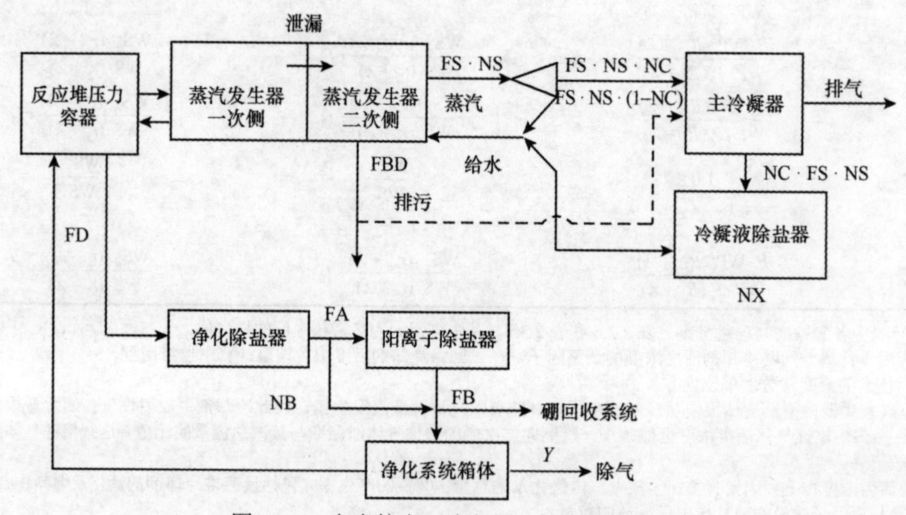

图 2.3.1　参考核电厂流程图及核素去除途径

表 2.3.7　一、二回路冷却剂现实源项所需参数

参数	符号	单位	AP1000 值	标称值
热功率	P	MW	3 400	3400
蒸汽流量率	FS	kg/h	6.80E+06	6.80E+06
反应堆冷却剂系统中的水装量	WP	kg	1.95E+05	2.49E+05
所有蒸汽发生器中的水装量	WS	kg	1.59E+05	2.04E+05
反应堆冷却剂净化流量率	FD	kg/h	1.95E+04	1.68E+04
反应堆冷却剂下泄流量率(用于硼控制的年平均值)	FB	kg/h	6.80E+01	2.27E+02
蒸汽发生器排污率(总)	FBD	kg/h	3.40E+04	3.40E+04
排污流中没有返回二次冷却剂系统的放射性份额	NBD	—	0.0	1.0
通过净化系统阳床的流量率	FA	kg/h	1.95E+03	1.68E+03
冷凝液除盐床的流量率与总的蒸汽流量率之比	NC	—	0.33	0.0
下泄流中未返回反应堆冷却剂系统的惰性气体活度份额	Y	—	0.0	0.0
一次侧向二次侧的泄漏率	FL	kg/d	3.4E+01	3.4E+01

表 2.3.8　一、二回路冷却剂现实源项　（单位：Bq/g）

分类	核素	反应堆冷却剂的活度浓度	蒸汽发生器液相的活度浓度	蒸汽发生器蒸汽的活度浓度
惰性气体	^{85}Kr	7.77E+03	—	1.63E-03
	^{85}Kr	5.18E+04	—	1.07E-02
	^{87}Kr	7.03E+03	—	1.44E-03
	^{88}Kr	1.33E+04	—	2.85E-03
	^{131m}Xe	4.07E+04	—	8.51E-03
	^{133m}Xe	3.44E+03	—	7.40E-04
	^{133}Xe	1.33E+05	—	2.81E-02
	^{135m}Xe	6.29E+03	—	1.30E-03
	^{135}Xe	4.07E+04	—	8.51E-03
	^{137}Xe	1.63E+03	—	3.40E-04
	^{138}Xe	5.55E+03	—	1.18E-03
卤素	^{84}Br	7.40E+02	4.44E-03	4.44E-05
	^{131}I	1.48E+03	9.99E-02	9.99E-04
	^{132}I	9.25E+03	1.89E-01	1.89E-03
	^{133}I	5.18E+03	2.74E-01	2.74E-03
	^{134}I	1.55E+04	1.44E-01	1.44E-03
	^{135}I	1.04E+04	4.07E-01	4.07E-03
Rb 和 Cs	^{88}Rb	8.88E+03	3.29E-02	1.63E-04
	^{134}Cs	2.18E+02	5.55E-02	2.81E-04
	^{136}Cs	2.74E+01	6.29E-03	3.22E-05
	^{137}Cs	2.92E+02	7.40E-02	3.66E-04

续表

分类	核素	反应堆冷却剂的活度浓度	蒸汽发生器液相的活度浓度	蒸汽发生器蒸汽的活度浓度
氚	^{3}H	3.70E+04	3.70E+01	3.70E+01
其他核素	^{24}Na	1.70E+03	1.33E-01	6.66E-04
	^{51}Cr	9.62E+01	1.33E-02	6.66E-05
	^{54}Mn	4.81E+01	6.66E-03	3.40E-05
	^{55}Fe	3.70E+01	5.18E-03	2.59E-05
	^{59}Fe	9.25E+00	1.22E-03	6.29E-06
	^{58}Co	1.44E+02	1.96E-02	9.62E-05
	^{60}Co	1.63E+01	2.26E-03	1.15E-05
	^{65}Zn	1.59E+01	2.18E-03	1.04E-05
	^{89}Sr	4.44E+00	5.92E-04	3.00E-06
	^{90}Sr	3.70E+01	5.18E-05	2.59E-07
	^{91}Sr	3.63E+01	2.37E-03	1.18E-05
	^{90}Y	4.44E-02	5.92E-06	2.96E-08
	^{91m}Y	2.11E+01	2.07E-04	1.04E-06
	^{91}Y	1.63E-01	2.18E-05	1.15E-07
	^{93}Y	1.59E+02	1.04E-02	5.18E-05
	^{95}Zr	1.22E+01	1.67E-03	8.14E-06
	^{95}Nb	8.88E+00	1.15E-03	5.92E-06
	^{99}Mo	2.07E+02	2.48E-02	1.18E-04
	^{99m}Tc	1.89E+02	8.88E-03	4.44E-05
	^{103}Ru	2.33E+02	3.18E-02	1.67E-04
	^{106}Ru	2.78E+03	3.70E-01	1.85E-03
	^{103m}Rh	2.33E+02	3.18E-02	1.67E-04
	^{106}Rh	2.78E+03	3.70E-01	1.85E-03
	^{110m}Ag	4.07E+01	5.55E-03	2.78E-05
	^{129m}Te	5.92E+00	8.14E-04	4.07E-06
	^{129}Te	1.07E+03	1.44E-02	7.40E-05
	^{131m}Te	5.18E+01	5.18E-03	2.59E-05
	^{131}Te	3.59E+02	1.81E-03	9.25E-06
	^{132}Te	5.55E+01	6.66E-03	3.29E-05
	^{137m}Ba	2.47E+02	7.03E-02	3.44E-04
	^{140}Ba	4.07E+02	5.18E-02	2.66E-04
	^{140}La	8.51E+02	8.88E-02	4.44E-04
	^{141}Ce	4.81E+00	6.29E-04	3.18E-06
	^{143}Ce	9.62E+01	9.62E-03	4.81E-05
	^{144}Ce	1.26E+02	1.67E-02	8.51E-05
	^{143}Pr	1.11E+02	1.22E-02	6.66E-05
	^{144}Pr	1.26E+02	1.67E-02	8.51E-05
	^{187}W	8.51E+01	8.14E-03	4.07E-05
	^{239}Np	7.40E+01	8.14E-03	4.07E-05

2.3.3　一回路活化腐蚀产物源项

反应堆冷却剂中腐蚀产物活度基于运行核电厂的测量数据，它与燃料包壳破损率无关。反应堆冷却剂腐蚀产物活度浓度的计算是以运行核电厂测量数据为基础，基于NUREG-0017中的方法，采用PWR-GALE程序计算得到的。

设计基准反应堆冷却剂中腐蚀产物活度浓度所需参数见表2.3.7，计算结果见表2.3.9。

表2.3.9　设计基准反应堆冷却剂腐蚀产物活度浓度　（单位：Bq/g）

核素	活度浓度
^{51}Cr	9.62E+01
^{54}Mn	4.81E+01
^{55}Fe	3.70E+01
^{59}Fe	9.25E+00
^{58}Co	1.44E+02
^{60}Co	1.63E+01

2.3.4　二回路源项

2.3.4.1　设计基准二回路源项

蒸汽发生器传热管破损导致了反应堆冷却剂到二次侧的泄漏。由此引起的二次冷却剂中放射性核素的活度与一次侧向二次侧的泄漏率、核素衰变常数及蒸汽发生器的排污率有关。

设计基准二回路源项计算所需参数见表2.3.10，AP1000核电厂设计基准二回路液相源项见表2.3.11，设计基准二回路气相源项见表2.3.12。

表2.3.10　设计基准二回路源项计算所需参数

参数	数值
二次侧水总质量(kg /蒸汽发生器)	7.98E+04
蒸汽发生器蒸汽份额	0.055
总蒸汽流量率(kg/h)	6.80E+06
水夹带率(%)	0.1
总补给水流量率(kg/h)	332.03
总排污率(m^3/h)	42.25
一次侧向二次侧的总泄漏率(m^3/d)	1.89
碘分配因子(基于质量)	100

表 2.3.11 设计基准二回路液相源项 （单位：Bq/g）

核素	活度浓度	核素	活度浓度
^{83}Br	8.51E−01	^{91m}Y	6.66E−02
^{84}Br	1.48E−01	^{91}Y	8.51E−03
^{85}Br	1.81E−03	^{92}Y	1.81E−02
^{129}I	8.88E−07	^{93}Y	5.55E−03
^{130}I	5.18E−01	^{95}Zr	9.99E−03
^{131}I	4.07E+01	^{95}Nb	9.99E−03
^{132}I	2.70E+01	^{99}Mo	1.26E+01
^{133}I	6.66E+01	^{99m}Tc	1.18E+01
^{134}I	3.00E+00	^{103}Ru	8.51E−03
^{135}I	3.22E+01	^{103m}Rh	8.51E−03
^{88}Rb	8.51E+00	^{106}Rh	7.40E−06
^{89}Rb	3.29E−01	^{110m}Ag	2.48E−02
^{134}Cs	7.77E+01	^{127m}Te	4.81E−02
^{136}Cs	1.11E+02	^{127}Te	1.18E−02
^{137}Cs	5.55E+01	^{129m}Te	1.63E−01
^{138}Cs	3.52E+00	^{129}Te	1.41E−01
^{3}H	3.70E+04	^{131m}Te	3.70E−01
^{51}Cr	8.14E−02	^{131}Te	1.04E−01
^{54}Mn	4.07E−02	^{132}Te	4.81E+00
^{56}Mn	4.81E+00	^{134}Te	1.18E−01
^{55}Fe	3.11E−02	^{137m}Ba	5.18E+01
^{59}Fe	8.14E−03	^{140}Ba	6.29E−02
^{58}Co	1.18E−01	^{140}La	2.22E−02
^{60}Co	1.37E−02	^{141}Ce	9.62E−03
^{89}Sr	1.22E−01	^{143}Ce	8.14E−03
^{90}Sr	5.55E−03	^{144}Ce	7.03E−03
^{91}Sr	1.22E−01	^{143}Pr	9.25E−03
^{92}Sr	1.48E−02	^{144}Pr	7.03E−03
^{90}Y	9.99E−04		

表 2.3.12 设计基准二回路气相源项 （单位：Bq/g）

核素	活度浓度	核素	活度浓度
^{83m}Kr	6.66E−02	^{137}Xe	2.11E−02
^{85m}Kr	2.66E−01	^{138}Xe	7.77E−02
^{85}Kr	9.25E−01	^{129}I	9.99E−09
^{87}Kr	1.52E−01	^{130}I	5.55E−03
^{88}Kr	4.81E−01	^{131}I	4.81E−01
^{89}Kr	1.11E−02	^{132}I	2.96E−01
^{131m}Xe	4.44E−01	^{133}I	7.40E−01
^{133m}Xe	5.18E−01	^{134}I	3.29E−02
^{133}Xe	4.07E+01	^{135}I	3.52E−01
^{135m}Xe	3.70E−01	^{3}H	3.70E+04
^{135}Xe	1.15E+00		

2.3.4.2　二回路现实源项

二回路现实源项的计算由参考核电厂运行状态下放射性核素源项推算得到，计算所需参数见表 2.3.7。二回路现实源项蒸汽发生器液相的活度和蒸汽的活度浓度见表 2.3.8。

2.3.5　氚和 ^{14}C 源项

2.3.5.1　氚源项

在 AP1000 核电厂的分析中，氚排放源项的分析是基于 NUREG-0017(1985)中的方法，采用 PWR-GALE 程序计算得到的。核电厂中氚的排放总量按照 1.48E+10Bq/(MW·a)进行简单估算，此数据以 20 世纪六七十年代美国运行核电厂的经验数据为基础，由此得到 AP1000 核电厂氚的释放总量为 5.03E+13Bq/a。在计算向环境排放的液态氚的量时，根据运行经验考虑废液中氚的活度浓度为 3.70E+04Bq/g，再根据废液的排放量，得到对应的液态氚排放量，剩余的氚则以气态形式排放，由此得到 AP1000 核电厂氚的液态排放量为 3.74+13Bq/a，氚的气态排放量为 1.30E+13Bq/a。

2.3.5.2　^{14}C 源项

在 AP1000 核电厂的分析中，^{14}C 排放源项的分析主要是基于 NUREG-0017(1985)中的方法，采用 PWR-GALE 程序计算得到的。分析是基于 20 世纪六七十年代美国核电厂的运行经验，对参考核电厂 ^{14}C 的排放数据进行统计平均后得到 ^{14}C 的排放量，并假定全部以气态形式排放。由此得到 AP1000 核电厂 ^{14}C 的气态排放量为 2.70E+11Bq/a，液态 ^{14}C 的排放量则未给出。

2.3.6　气液态流出物排放源项

2.3.6.1　气态流出物排放源项

核电厂气态流出物主要包括放射性惰性气体、放射性碘同位素及其他放射性微粒。对于气态流出物排放源项，主要考虑了以下的释放途径：

•从反应堆冷却剂泄漏到安全壳大气中的放射性核素通过安全壳通风系统向环境的释放；

• 工艺流体泄漏的放射性核素通过辅助厂房向环境的释放；

• 汽轮机厂房的通风导致的放射性核素的释放；

•冷凝器空气去除系统的释放(由蒸汽发生器一次侧、二次侧的泄漏导致进入二次侧冷却剂的气载放射性核素通过此途径释放)；

• 放射性核素通过放射性废气系统的释放。

AP1000 核电厂在计算气态流出物排放源项时，对于惰性气体，假定反应堆冷却剂系统内的惰性气体每天以总量 3%的速率泄漏到安全壳空气中，并依此计算通过安全壳通风系统排向环境的放射性惰性气体释放率。辅助系统厂房内反应堆冷却剂的总泄漏率为8.40E–04kg/s，所漏出冷却剂中的惰性气体全部进入厂房空气。汽轮机厂房内蒸汽的泄漏率为2.14E–01kg/s，所漏出蒸汽中所含惰性气体全部进入厂房空气中。

在厂房通风系统排气中碘的释放率与反应堆冷却剂中 ^{131}I 的活度浓度有关。为便于比较，用归一化的释放率表示通过厂房通风排放出去的碘。

厂房通风系统排风中排出的未经处理的放射性微粒的释放率，基于运行的压水堆核电厂的典型测量值给出。

AP1000DCD中使用PWR-GALE程序确定核电厂中放射性核素的气态年释放量，放射性废气年排放量计算所需参数见表2.3.13，单机组放射性废气年排放量见表2.3.14～表2.3.16。

为了论证放射性废气的排放浓度能符合10CFR20中流出物浓度的限值，根据废气放射性释放量确定得到了在厂址边界处的年平均浓度，并且把结果与10CFR20中规定的厂址边界处的浓度限值比较，预期释放的流出物浓度限值份额总和为 0.03，此值远小于容许值1.0。

表2.3.13 AP1000核电厂放射性释放所需参数

参数	数值
热功率水平(MW)	3 400
主冷却剂质量(kg)	197 312.68
主系统下泄流量率(m^3/h)	22.71
下泄阳床流量率，年平均(m^3/h)	2.27
蒸汽发生器数目	2
总蒸汽流量率(kg/h)	6 790 277.78
在每个蒸汽发生器中液体质量(kg)	79 378.66
总排污率(kg/h)	19 050.88
排污处理方法	0*
冷凝液除盐床再生时间	N/A
冷凝液除盐床流量份额	0.33
硼控主冷却剂排水	
排水流量率(m^3/d)	1.65
I去污因子	10^3
Cs和Rb去污因子	10^3
其他核素去污因子	10^3
收集时间(d)	30
处理及排放时间(d)	0
排放份额	1.0
设备疏水及清洁废液	
设备疏水流量率(m^3/d)	1.10
反应堆冷却剂活度份额	1.023
I去污因子	10^3
Cs 和 Rb去污因子	10^3
其他核素去污因子	10^3
收集时间(d)	30
处理及排放时间(d)	0

续表

参数	数值
排放份额	1.0
脏废液	
脏废液输入流量率(m^3/d)	4.54
反应堆冷却剂活度份额	0.001
I 去污因子	10^3
Cs 和 Rb 去污因子	10^3
其他核素去污因子	10^3
收集时间(d)	10
处理及排放时间(d)	0
排放份额	1.0
排污废液	
处理的排污份额	1
I 去污因子	100
Cs 和 Rb 去污因子	10
其他核素去污因子	100
收集时间	N/A
处理及排放时间	N/A
排放份额	0
再生废液	N/A
放射性气体废物系统	
全部下泄流连续脱气	无
Xe 延迟时间(d)	38
Kr 延迟时间(d)	2
脱气塔衰变箱充满时间	N/A
放射性气体废物系统：高效过滤器	无
辅助厂房：活性炭过滤器	无
辅助厂房：高效过滤器	无
安全壳容积(m^3)	59 465.378
安全壳大气内部净化率	N/A
安全壳大风量净化	
每年净化次数(除了两次停堆净化外)	0
活性炭过滤器效率(%)	90
高效过滤器效率(%)	99
安全壳正常连续净化流量(m^3/min)(基于一周 20h，113.267m^3/min)	14.158
排污箱排气释放的碘份额	N/A
主冷凝器抽气器排放的碘的去除份额	0.0
洗涤废液去污因子	0.0#

注：N/A，不适用。
* “0”表明在排污系统中处理后的排污流再循环返回到冷凝液系统。
# “0.0”此输入表明厂内无洗衣房。

表 2.3.14 AP1000 单机组放射性废气年排放量 1 (单位：Bq/a)

惰性气体*	放射性气体废物系统	厂房/区域通风			冷凝器除气系统	总计
		安全壳	辅助厂房	汽轮机厂房		
^{85m}Kr	0.00E+00	1.11E+12	1.48E+11	0.00E+00	7.40E+10	1.33E+12
^{85}Kr	6.11E+13	8.88E+13	1.07E+12	0.00E+00	5.18E+11	1.52E+14
^{87}Kr	0.00E+00	3.33E+11	1.48E+11	0.00E+00	7.40E+10	5.55E+11
^{88}Kr	0.00E+00	1.26E+12	2.96E+11	0.00E+00	1.48E+11	1.70E+12
^{131m}Xe	5.25E+12	5.92E+13	8.51E+11	0.00E+00	4.07E+11	6.66E+13
^{133m}Xe	0.00E+00	3.15E+12	7.40E+10	0.00E+00	0.00E+00	3.22E+12
^{133}Xe	1.11E+12	1.67E+14	2.81E+12	0.00E+00	1.33E+12	1.70E+14
^{135m}Xe	0.00E+00	7.40E+10	1.11E+11	0.00E+00	7.40E+10	2.59E+11
^{135}Xe	0.00E+00	1.11E+13	8.51E+11	0.00E+00	4.07E+11	1.22E+13
^{138}Xe	0.00E+00	3.70E+10	1.11E+11	0.00E+00	7.40E+10	2.22E+11
合计						4.07E+14
^{3}H 通过气体排放管路的释放量						1.30E+13
^{14}C 通过气体管路的释放量						2.70E+11
^{41}Ar 通过安全壳排放的释放量						1.26E+12

*表中的 0.00 表示惰性气体低于 3.70E+10Bq/a。

表 2.3.15 AP1000 单机组放射性废气年排放量 2 (单位：Bq/a)

碘*	燃料装卸区#	厂房/区域通风			冷凝器除气系统	总计
		安全壳	辅助厂房	汽轮机厂房		
^{131}I	1.67E+08	8.51E+07	4.07E+09	0.00E+00	0.00E+00	4.32E+09
^{133}I	5.92E+08	2.04E+08	1.41E+10	7.40E+06	0.00E+00	1.48E+10

*表中的 0.00 表示碘低于 3.70E+06Bq/a。
#燃料装卸区在辅助厂房内，但单独考虑。

表 2.3.16 AP1000 单机组放射性废气年排放量 3 (单位：Bq/a)

放射性核素*	放射性气体废物系统	厂房/区域通风			总计
		安全壳	辅助厂房	燃料装卸区#	
^{51}Cr	5.18E+05	3.40E+06	1.18E+07	6.66E+06	2.26E+07
^{54}Mn	7.77E+04	1.96E+06	2.89E+06	1.11E+07	1.59E+07
^{57}Co	0.00E+00	3.03E+05	0.00E+00	0.00E+00	3.03E+05
^{58}Co	3.22E+05	9.25E+06	7.03E+07	7.77E+08	8.51E+08
^{60}Co	5.18E+05	9.62E+05	1.89E+07	3.03E+08	3.22E+08
^{59}Fe	6.66E+04	9.99E+05	1.85E+06	0.00E+00	2.92E+06
^{89}Sr	1.63E+06	4.81E+06	2.78E+07	7.77E+07	1.11E+08
^{90}Sr	6.29E+05	1.92E+06	1.07E+07	2.96E+07	4.28E+07

续表

放射性核素*	放射性气体废物系统	厂房/区域通风			总计
		安全壳	辅助厂房	燃料装卸区#	
^{95}Zr	1.78E+05	0.00E+00	3.70E+07	1.33E+05	3.70E+07
^{95}Nb	1.37E+05	6.66E+05	1.11E+06	8.88E+07	9.25E+07
^{103}Ru	1.18E+05	5.92E+05	8.51E+05	1.41E+06	2.96E+06
^{106}Ru	9.99E+04	0.00E+00	2.22E+05	2.55E+06	2.89E+06
^{125}Sb	0.00E+00	0.00E+00	1.44E+05	2.11E+06	2.26E+06
^{134}Cs	1.22E+06	9.25E+05	2.00E+07	6.29E+07	8.51E+07
^{136}Cs	1.96E+05	1.18E+06	1.78E+06	0.00E+00	3.15E+06
^{137}Cs	2.85E+06	2.04E+06	2.66E+07	9.99E+07	1.33E+08
^{140}Ba	8.51E+05	0.00E+00	1.48E+07	0.00E+00	1.55E+07
^{141}Ce	8.14E+04	4.81E+05	9.62E+05	1.63E+04	1.55E+06

*释放的颗粒物低于总颗粒物的 1%，将不考虑在内。
#燃料装换料区在辅助厂房内，但单独考虑。

2.3.6.2 液态流出物排放源项

对于液态流出物排放源项，放射性流出物主要来自反应堆冷却剂(主要是反应堆冷却剂调硼排水和反应堆冷却剂的泄漏)及二次冷却剂(主要是蒸汽发生器排污流的处理和二次冷却剂的泄漏)。

除了计划停堆时反应堆冷却剂系统的脱气以外，AP1000 核电厂不回收利用主冷却剂流出物。主冷却剂流出物经过处理后排放到环境中。蒸汽发生器排污流通常返回凝结水系统。

AP1000DCD 中使用 PWR-GALE 程序确定核电厂中放射性核素的液态年释放量，同时，为考虑预期运行事件，如操作员失误引起的非计划排放，将总释放量增加了一个 5.92E+09Bq/a 的调整因子。计算中所用到的输入参数见表 2.3.14，单机组的废液年释放量见表 2.3.17。

为了论证废液排放浓度是否满足 10CFR20 中的流出物浓度限值的要求，用典型的 $7.29m^3/d$ 的日废液释放量和 $1362.75m^3/h$ 的额定循环水排污流量率来估计排放浓度。各放射性核素占流出物浓度限值的份额总和为 0.11，低于容许值 1.0。

表 2.3.17 AP1000 核电厂单机组放射性废液排放量 (单位：Bq/a)

核素	调硼排水	其他废液	汽轮机厂房	综合释放	总释放*
腐蚀和活化产物					
^{24}Na	1.96E+07	0.00E+00#	2.96E+06	2.26E+07	6.03E+07
^{51}Cr	2.52E+07	0.00E+00	0.00E+00	2.59E+07	6.85E+07
^{54}Mn	1.78E+07	0.00E+00	0.00E+00	1.81E+07	4.81E+07
^{55}Fe	1.37E+07	0.00E+00	0.00E+00	1.37E+07	3.70E+07
^{59}Fe	2.96E+06	0.00E+00	0.00E+00	2.96E+06	7.40E+06
^{58}Co	4.63E+07	0.00E+00	3.70E+05	4.66E+07	1.24E+08
^{60}Co	5.92E+06	0.00E+00	0.00E+00	6.29E+06	1.63E+07
^{65}Zn	5.55E+06	0.00E+00	0.00E+00	5.55E+06	1.52E+07

续表

核素	调硼排水	其他废液	汽轮机厂房	综合释放	总释放*
^{187}W	1.48E+06	0.00E+00	0.00E+00	1.85E+06	4.81E+06
^{239}Np	2.96E+06	0.00E+00	0.00E+00	3.33E+06	8.88E+06
裂变产物					
^{84}Br	3.70E+05	0.00E+00	0.00E+00	3.70E+05	7.40E+05
^{88}Rb	3.70E+06	0.00E+00	0.00E+00	3.70E+06	9.99E+06
^{89}Sr	1.48E+06	0.00E+00	0.00E+00	1.48E+06	3.70E+06
^{90}Sr	0.00E+00	0.00E+00	0.00E+00	0.00E+00	3.70E+05
^{91}Sr	3.70E+05	0.00E+00	0.00E+00	3.70E+05	7.40E+05
^{91m}Y	0.00E+00	0.00E+00	0.00E+00	3.70E+05	3.70E+05
^{93}Y	1.11E+06	0.00E+00	0.00E+00	1.48E+06	3.33E+06
^{95}Zr	3.70E+06	0.00E+00	0.00E+00	4.07E+06	8.51E+06
^{95}Nb	3.33E+06	0.00E+00	0.00E+00	3.33E+06	7.77E+06
^{99}Mo	1.04E+07	0.00E+00	3.70E+05	1.11E+07	2.11E+07
^{99m}Tc	9.99E+06	0.00E+00	3.70E+05	1.04E+07	2.04E+07
^{103}Ru	6.77E+07	3.70E+05	7.40E+05	6.85E+07	1.82E+08
^{103m}Rh	6.77E+07	3.70E+05	7.40E+05	6.85E+07	1.82E+08
^{106}Ru	1.01E+09	4.07E+06	7.77E+06	1.02E+09	2.72E+09
^{106}Rh	1.01E+09	4.07E+06	7.77E+06	1.02E+09	2.72E+09
^{110m}Ag	1.44E+07	0.00E+00	0.00E+00	1.44E+07	3.89E+07
^{110}Ag	1.85E+06	0.00E+00	0.00E+00	1.85E+06	5.18E+06
^{129m}Te	1.48E+06	0.00E+00	0.00E+00	1.85E+06	4.44E+06
^{129}Te	2.22E+06	0.00E+00	0.00E+00	2.22E+06	5.55E+06
^{131m}Te	1.11E+06	0.00E+00	0.00E+00	1.11E+06	3.33E+06
^{131}Te	3.70E+05	0.00E+00	0.00E+00	3.70E+05	1.11E+06
^{131}I	1.89E+08	1.48E+06	5.55E+06	1.96E+08	5.23E+08
^{132}Te	3.33E+06	0.00E+00	0.00E+00	3.33E+06	8.88E+06
^{132}I	2.00E+07	3.70E+05	2.59E+06	2.29E+07	6.07E+07
^{133}I	7.81E+07	1.11E+06	1.41E+07	9.32E+07	2.48E+08
^{134}I	1.11E+07	0.00E+00	0.00E+00	1.15E+07	3.00E+07
^{134}Cs	1.37E+08	3.70E+05	7.40E+05	1.38E+08	3.67E+08
^{135}I	5.33E+07	7.40E+05	1.52E+07	6.92E+07	1.84E+08
^{136}Cs	8.51E+06	0.00E+00	0.00E+00	8.88E+06	2.33E+07
^{137}Cs	1.84E+08	3.70E+05	1.11E+06	1.85E+08	4.93E+08
^{137m}Ba	1.72E+08	3.70E+05	7.40E+05	1.73E+08	4.61E+08
^{140}Ba	7.51E+07	3.70E+05	1.11E+06	7.66E+07	2.04E+08
^{140}La	1.01E+08	7.40E+05	1.85E+06	1.03E+08	2.75E+08

续表

核素	调硼排水	其他废液	汽轮机厂房	综合释放	总释放*
^{141}Ce	1.11E+06	0.00E+00	0.00E+00	1.48E+06	3.33E+06
^{143}Ce	2.22E+06	0.00E+00	3.70E+05	2.59E+06	7.03E+06
^{143}Pr	1.85E+06	0.00E+00	0.00E+00	1.85E+06	4.81E+06
^{144}Ce	4.33E+07	0.00E+00	3.70E+05	4.40E+07	1.17E+08
^{144}Pr	4.33E+07	0.00E+00	3.70E+05	4.40E+07	1.17E+08
其他核素	3.70E+05	0.00E+00	0.00E+00	3.70E+05	7.40E+05
总量(除氚)	3.48E+09	1.48E+07	6.52E+07	3.56E+09	9.46E+09
氚释放量					3.737E+13

*释放总量包括了一个被 PWR-GALE 程序加上的调整值 5.92E+09Bq/a，用来考虑预期运行事件，如操纵员过失导致的非计划释放。

#数值 0.00 表明此值小于 3.70E+05Bq/a。

2.4　EPR

根据经验数据及相关的辐射防护研究，EPR 机组定义了三套一回路冷却剂放射性活度浓度，用于放射性释放计算、辐射防护设计和剂量评估。

2.4.1　裂变产物堆芯积存量

假定反应堆输出热功率为 4900MW·h，平衡循环中新燃料组件 ^{235}U 富集度为 5%，平均燃耗为 43GW·d/t U。在初始设计中 EPR 堆芯的额定热功率为 4500MW·h，上述对反应堆输出热功率的假设是保守的，相当于考虑了约 9%的裕量。用来计算堆芯放射性总量的堆芯假设见表 2.4.1，平衡循环的燃料辐照史见表 2.4.2。利用 ORIGEN-S 程序可计算得到堆芯的放射性核素总量，见表 2.4.3。除了列出放射性废物管理需要的核素，表 2.4.4 还包括了大破口 LOCA 关注的核素，如 U 和 Np 的同位素。这些假设与法国 FA3 电站设计是相同的。

表 2.4.1　使用铀燃料的 EPR 堆芯中的放射性总量计算参数

项目	假设
堆芯热功率	4 900MW
堆芯状态	平衡循环
^{235}U 的平均富集度	5.0%
循环长度	321.35EFPD
每个燃料组件中铀的质量	515kg
平衡堆芯的平均燃耗	43GW·d/t U
卸载平均燃耗	63.57GW·d/t U

注：EFPD，等效满功率天。

表 2.4.2 平衡循环中燃料组件的辐照史

堆内停留时间	比功率(GW · d/t U)	燃料组件数量
经历 1 个循环	49.94	48
经历 2 个循环	50.91	48
经历 3 个循环	43.63	48
经历 4 个循环	30.44	48
经历 5 个循环	22.89	49

表 2.4.3 反应堆寿期末的堆芯放射性总量 (单位：Bq)

核素	活度	核素	活度	核素	活度
^{83m}Kr	6.0E+17	^{101}Mo	8.2E+18	^{133m}Te	4.5E+18
^{85}Kr	5.7E+16	^{102}Mo	7.7E+18	^{134}Te	8.9E+18
^{85m}Kr	1.3E+18	^{99m}Tc	8.1E+18	^{128}Sn	6.7E+17
^{87}Kr	2.5E+18	^{101}Tc	8.2E+18	^{130}I	2.2E+16
^{88}Kr	3.5E+18	^{102}Tc	7.7E+18	^{131}I	4.8E+18
^{133}Xe	9.7E+18	^{104}Tc	6.0E+18	^{132}I	7.0E+18
^{133m}Xe	3.1E+17	^{103}Ru	7.4E+18	^{133}I	1.0E+19
^{135}Xe	3.0E+18	^{105}Ru	5.0E+18	^{133m}I	7.4E+17
^{135m}Xe	2.1E+18	^{106}Ru	2.6E+18	^{134}I	1.1E+19
^{138}Xe	8.6E+18	^{103m}Rh	7.4E+18	^{135}I	9.5E+18
^{83}Br	6.0E+17	^{105}Rh	4.6E+18	^{134}Cs	9.3E+17
^{84}Br	1.1E+18	^{105m}Rh	1.4E+18	^{134m}Cs	1.4E+17
^{88}Rb	3.6E+18	^{106}Rh	2.8E+18	^{135m}Cs	1.0E+17
^{89}Rb	4.7E+18	^{107}Rh	2.8E+18	^{136}Cs	2.3E+17
^{89}Sr	4.9E+18	^{109}Pd	1.7E+18	^{137}Cs	6.4E+17
^{90}Sr	4.7E+17	^{112}Pd	2.1E+16	^{138}Cs	9.3E+18
^{91}Sr	6.1E+18	^{109m}Ag	1.7E+18	^{137m}Ba	6.1E+17
^{92}Sr	6.4E+18	^{111}Ag	2.3E+17	^{139}Ba	8.9E+18
^{90}Y	4.9E+17	^{112}Ag	2.1E+16	^{140}Ba	8.9E+18
^{91}Y	6.3E+18	^{127}Sb	4.0E+17	^{141}Ba	8.0E+18
^{91m}Y	3.5E+18	^{128m}Sb	7.0E+17	^{142}Ba	2.1E+18
^{92}Y	6.5E+18	^{129}Sb	1.5E+18	^{140}La	9.4E+18
^{93}Y	4.9E+18	^{130}Sb	5.0E+17	^{141}La	8.1E+18
^{94}Y	7.8E+18	^{131}Sb	3.8E+18	^{142}La	7.9E+18
^{95}Y	4.4E+18	^{127}Te	3.9E+17	^{143}La	7.6E+18
^{95}Zr	8.3E+18	^{129}Te	1.4E+18	^{141}Ce	8.1E+18
^{97}Zr	7.9E+18	^{129m}Te	2.9E+17	^{143}Ce	7.6E+18
^{95}Nb	8.3E+18	^{131}Te	4.1E+18	^{144}Ce	6.1E+18
^{97}Nb	7.9E+18	^{131m}Te	9.2E+17	^{146}Ce	4.1E+18
^{97m}Nb	7.5E+18	^{132}Te	6.9E+18	^{142}Pr	2.7E+17
^{99}Mo	9.1E+18	^{133}Te	5.4E+18	^{143}Pr	7.4E+18

续表

核素	活度	核素	活度	核素	活度
^{144}Pr	6.2E+18	^{149}Pm	2.9E+18	^{240}Np	2.2E+17
^{145}Pr	5.2E+18	^{151}Pm	9.5E+17	^{238}Pu	9.0E+15
^{146}Pr	4.1E+18	^{153}Sm	2.2E+18	^{241}Pu	7.6E+17
^{147}Pr	2.4E+18	^{156}Eu	1.1E+18	^{243}Pu	2.1E+18
^{147}Nd	3.3E+18	^{237}U	4.8E+18	^{242}Am	4.1E+17
^{149}Nd	1.9E+18	^{239}U	9.2E+19	^{244}Am	8.1E+17
^{147}Pm	8.6E+17	^{238}Np	2.1E+18	^{242}Cm	2.4E+17
^{148}Pm	8.2E+17	^{239}Np	9.2E+19	^{244}Cm	1.7E+16

2.4.2　一回路裂变产物源项

在初步安全分析阶段，对EPR堆型定义了三套具有不同保守性的冷却剂裂变产物源项：典型值、设计值和技术规范值。

典型值是机组在“最佳估算运行状态”下冷却剂中裂变产物的预期值，该值反映了法国和德国的大量机组在运行期间(包括稳定状态和停堆瞬态)的平均放射性水平。该源项主要用于确定工作人员在维修期间的剂量(剂量评估)及确定剂量累计目标。反应堆停堆的瞬态源项可以通过机组稳态运行期间的源项乘以核素的“停堆峰值因子”得到。

设计值是以法国和德国核电厂的运行测量数据为基础，可以覆盖这些机组95%运行时间的一套核素谱。该“保守”源项用于：

· 核系统和核岛外系统的设计；
· 在正常运行条件下(稳态和尖峰停堆瞬态)的屏蔽辐射防护；
· 废液、废气和固体放射性废物的管理。

技术规范源项是一套很保守的源项，可以包络裂变产物现实源项和设计源项。技术规范源项中这些极端值用于事故后放射性评估[反应堆冷却剂系统(RCS)的初始总量]及超越设计范围的环境安全认证(仅考虑裂变产物)。该源项还用于废物处理系统(过滤装置、除盐装置和蒸发装置)的屏蔽设计。根据设计者的经验，这些技术规范值要比设计值高出5倍。

对冷却剂中裂变产物，典型值、设计值和技术规范值具有不同保守性，见图2.4.1。其取值见表2.4.4。

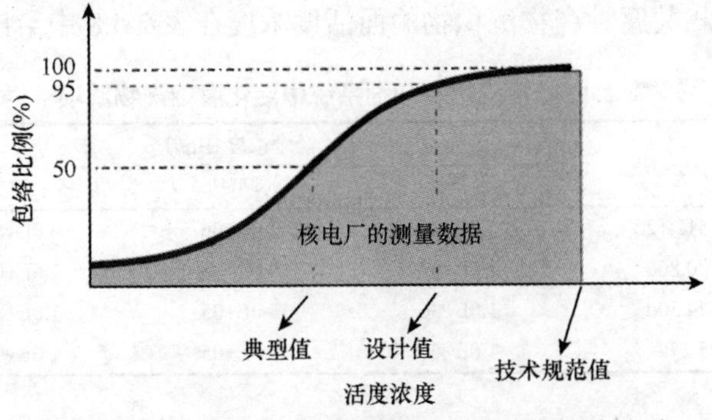

图2.4.1　典型值、设计值和技术规范值之间的关系

表 2.4.4　反应堆冷却剂系统中裂变产物源项

核素	半衰期	活度浓度(Bq/t)			峰值系数
		设计值	典型值	技术规范值	
^{85}Kr	10.72a	5.2E+08	1.9E+07	2.6E+09	1
^{85m}Kr	4.48h	5.5E+09	2.0E+08	2.8E+10	2.3
^{87}Kr	1.27h	1.0E+10	3.6E+08	5.0E+10	2.3
^{88}Kr	2.84h	1.4E+10	5.0E+08	7.0E+10	2.3
^{133}Xe	2.19d	8.0E+10	5.0E+09	4.0E+11	1.9
^{133m}Xe	5.24d	1.7E+09	1.1E+08	8.7E+09	2.3
^{135}Xe	9.14h	1.8E+10	1.1E+09	9.0E+10	1.4
^{138}Xe	14.08min	1.4E+10	8.5E+08	6.8E+10	2.9
^{131}I	8.02d	1.6E+09	1.0E+08	8.0E+09	23
^{132}I	2.30h	2.8E+09	1.8E+08	1.4E+10	12
^{133}I	20.8h	4.9E+09	3.1E+08	2.5E+10	7.6
^{134}I	52.5min	1.7E+09	1.1E+08	8.5E+09	14
^{135}I	6.57h	3.3E+09	2.0E+08	1.6E+10	711
^{134}Cs	2.07a	3.2E+08	4.0E+07	1.6E+09	24
^{137}Cs	30.03a	3.2E+08	4.0E+07	1.6E+09	20
^{138}Cs	33.41min	1.4E+10	8.5E+08	6.8E+10	2.9
^{89}Sr	50.57d	4.9E+06	3.0E+05	2.5E+07	1
^{90}Sr	28.90a	3.0E+04	1.9E+03	1.5E+05	1

2.4.3　一回路活化腐蚀产物源项

在核电厂运行期间，放射性腐蚀产物会沉积在管道和构件内表面，以及形成松散的附着物和(或)固体污染层。这些污染层的形成是一个连续的过程，主要取决于反应堆不同状态下(满功率运行和停堆瞬态)冷却剂系统(RCP)水的物理和化学条件。

对冷却剂中活化腐蚀产物，设计值、典型值和技术规范值取值见表 2.4.5。

Konvoi 核电站 ^{58}Co 和 ^{60}Co 的经验测量数据在表 2.4.6 中给出。法国核电站一回路冷却剂测量数据在表 2.4.7 中给出。根据法国和德国 Knovoi 核电站经验测量值，反应堆冷却回路中最好选择相关核素的放射性浓度和沉积物放射性浓度。一些反应堆冷却剂系统(蒸发器和一回路管道)中的相关腐蚀产物沉积物的面活度浓度在表 2.4.8 中给出。

表 2.4.5　反应堆冷却剂系统中活化腐蚀产物源项

核素	半衰期	活度浓度(Bq/t)			峰值系数
		设计值	典型值	技术规范值	
^{54}Mn	312.12d	4.0E+06	2.0E+06	4.0E+06	300
^{58}Co	70.86d	1.6E+07	8.0E+06	1.6E+07	10 000
^{59}Fe	44.50d	1.0E+06	5.0E+05	1.0E+06	300
^{60}Co	5.27a	1.0E+06	5.0E+05	1.0E+06	500

表 2.4.6　Konvoi 核电站的典型沉积活度

核电站	核素	热段(Bq/m²)	冷段(Bq/m²)
Neckarwestheim 2 (GKN-2)	^{58}Co	8.0E+08	1.0E+09
	^{60}Co	5.0E+08	8.0E+08
Emsland (KKE)	^{58}Co	1.6E+09	3.0E+09
	^{60}Co	3.9E+08	5.5E+08

表 2.4.7　法国核电站的典型沉积活度

核电站	核素	热段(Bq/m²)	过渡段(Bq/m²)
900MW Blayais 4	^{58}Co	3.3E+09	3.8E+09
	^{60}Co	1.6E+09	2.1E+09
1300MW Penly	^{58}Co	2.1E+09～2.6E+09	4.3E+09
	^{60}Co	6.0E+08～7.0E+08	1.1E+09

表 2.4.8　腐蚀产物在一回路管道的沉积活度

核素	热段/冷段(Bq/m²)	蒸汽发生器(Bq/m²)
^{59}Fe	7.0E+07～2.0E+08	5.0E+07～1.2E+08
^{54}Mn	2.5E+08～4.0E+08	6.5E+07～1.3E+08
^{58}Co	3.0E+09～5.2E+09	2.5E+08～2.6E+09
^{60}Co	5.0E+08～1.25E+09	2.5E+08～5.0E+08

2.4.4　二回路源项

二回路系统的放射性来源于蒸汽发生器处一回路冷却剂向二回路的泄漏。泄漏到二回路中的放射性通过汽水分配和迁移，扩散至二回路系统蒸汽、给水和蒸汽发生器水相中。

在二回路系统源项计算中，蒸汽发生器传热管处一回路向二回路的冷却剂泄漏率为最重要的计算参数。在台山核电站一期初步安全分析报告中，二回路系统源项设计值计算时认为四台蒸汽发生器传热管处在整个循环周期内维持 3L/h 的恒定泄漏率。

2.4.5　氚和 ^{14}C 源项

2.4.5.1　氚源项

氚由裂变反应或硼、锂和氘的中子污化反应产生。主冷却剂中实际氚浓度不仅与冷却剂中硼酸浓度有关，也取决于废液管理政策(循环利用或者排放)。由于氚对于屏蔽计算并不是很重要，所以假定一回路冷却剂中氚的平衡值为 37GBq/t。该值已经用于确定由大气辐射产生的内部辐照。

氚的浓度不是一个限制值。在反应堆厂房和燃料厂房内，氚浓度与空气放射性有关系，这取决于空气湿度、气体交换率、燃料贮存水池中的氚浓度及主冷却系统泄漏率。在以后设计中将可能根据中国相关法规对氚源项进行更改，以便能符合当地对气体流出物和液体流出物的排放限值。

每台 EPR 机组的氚释放量如下：

· 液相释放量：预期值为 52TBq，最大排放量 75TBq；

· 气相释放量：预期值为 52TBq，最大排放量 75TBq。

2.4.5.2 ^{14}C 源项

^{14}C 的半衰期是 5730a，这种放射 β 射线的核素还关系到大气放射性和气体泄漏。这种产物的重要产生方式如下：

· (n，p) 与 ^{14}N 反应 (反应堆压力容器周围的空气)；

· (n，α) 与 ^{17}O 反应 (一回路水)；

· (n，γ) 与 ^{13}C 反应 (B4C 控制棒)；

· 裂变反应。

一回路冷却剂中的生成量估计是 1TBq/a，主要产生于一回路水中。其他反应产生的可以忽略。与氚一样，这个值可能要根据中国相关法规进行调整。

每台 EPR 机组的 ^{14}C 释放量如下：

· 液相释放量：预期值为 23GBq，最大排放量 95GBq；

· 气相释放量：预期值为 350GBq，最大排放量 900GBq。

2.4.6 气液态流出物排放源项

在台山一期设计中，在初步设计阶段，气液态放射性流出物源项不是通过数学建模计算的方式计算得出的，而是通过在役同类型核电厂的经验反馈值处理所得出。

台山核电站一期初步安全分析报告 (PSAR)/最终安全分析报告 (FSAR) 中结合 8 台法国 1300MW 核电机组 2001～2003 年度运行排放得到的运行状态气液态放射性流出物源项 (非 ^{3}H 及 ^{14}C) 如表 2.4.9 和表 2.4.10 所示，表中的预期释放量是各统计核电厂气液态流出物年排放量平均值的第一四分位数，最大排放量是各统计核电厂气液态流出物年排放量的最大值。

当前暂时缺失台山核电站一期 PSAR/FSAR 中相关的流出物源项经验值来源。

表 2.4.9 EPR 机组气态放射性核素经验反馈年排放量 (单位：GBq/机组)

放射性核素	预期释放量	最大释放量
^{85}Kr	1.11E+02	3.13E+03
^{133}Xe	5.05E+02	1.42E+04
^{135}Xe	1.58E+02	4.45E+03
^{41}Ar	2.32E+01	6.53E+02
^{131m}Xe	2.40E+00	6.75E+01
总惰性气体	8.00E+02	2.25E+04
^{131}I	2.28E−02	1.82E−01
^{133}I	2.72E−02	2.18E−01
总碘含量	5.00E−02	4.00E−01

续表

放射性核素	预期释放量	最大释放量
^{58}Co	1.02E-04	8.67E-02
^{60}Co	1.20E-04	1.02E-01
^{134}Cs	9.36E-05	7.96E-02
^{137}Cs	8.40E-05	7.14E-02
其他	4.00E-04	3.40E-01

表 2.4.10　EPR 机组液态放射性核素经验反馈年排放量（单位：GBq/机组）

核素	预期释放量	最大释放量
^{131}I	7.00E-03	5.00E-02
^{110m}Ag	3.45E-02	5.70E-01
^{58}Co	1.24E-01	2.07E+00
^{60}Co	1.80E-01	3.00E+00
^{134}Cs	3.36E-02	5.60E-01
^{137}Cs	5.67E-02	9.45E-01
^{54}Mn	1.62E-02	2.70E-01
^{124}Sb	2.94E-02	4.90E-01
^{123m}Te	1.56E-02	2.60E-01
^{63}Ni	5.76E-02	9.60E-01
^{125}Sb	4.89E-02	8.15E-01
其他	3.60E-03	6.00E-02
除碘外裂变产物及活化产物总计	6.00E-01	1.00E+01

第三章 压水堆核电厂源项框架体系研究

我国核电厂一回路源项和排放源项研究工作历经了四个阶段。在对各引进核电堆型源项消化吸收的基础上，开展了二代改进堆型源项研究和三代堆型源项研究，2013 年开始标准化源项体系构建，包括源项框架体系研究、源项基本假设的统一、源项计算模型和参数研究、源项的重新计算等。第二章介绍的 M310、WWER、EPR 和 AP1000 等堆型引进时的一回路源项和排放源项，是我国源项研究的基础。本章分析引进堆型源项在我国应用中存在的问题，介绍我国核电厂一回路源项和排放源项框架体系的研究成果。

3.1 引进堆型源项分析

第二章介绍的 M310、WWER、EPR 和 AP1000 等堆型引进时的一回路源项和排放源项，反映了各堆型引进国当时的基本设计要求，是我国核电厂一回路源项和排放源项研究的基础和起点。本节将对这几种堆型引进时的源项体系进行详细分析。

3.1.1 M310 堆型

早期 M310 堆型采用了引进之初法国的源项分析方法，参见大亚湾核电机组的安全分析报告和岭澳一期的初步安全分析报告。

大亚湾核电机组和岭澳一期的初步安全分析报告中，提供了两套一回路裂变产物源项。现实源项为 0.55GBq/t ^{131}I 当量，该值为法国 20 世纪 80 年代 900MW 核电厂约 200 堆年(不包括布热 2 号电站的第 2 个和第 8 个循环)每个燃料循环末所记录碘活度的平均值。设计源项是假设发生 0.25%燃料破损，计算结果归一到 37GBq/t ^{131}I 当量，该值与核电厂技术规格书的限值保持一致。一回路源项谱采用 PROFIP 程序计算得到。

M310 堆型提供了两套一回路活化腐蚀产物源项，即现实源项和设计源项。活化腐蚀产物源项基于程序计算和运行经验数据确定；提供了两套氚源项，没有提供 ^{14}C 源项。

M310 提供了工况 A 和工况 B 两套气液态流出物排放源项。两套排放源项对一回路裂变产物活度浓度的基本假设是不同的。对于工况 A，假设整个燃料循环中一回路 ^{131}I 当量为 0.55GBq/t。对于工况 B，假设前 1/4 燃料循环一回路 ^{131}I 当量为 0.55GBq/t，中间 1/2 燃料循环为 4.44GBq/t，后 1/4 燃料循环为 37GBq/t，整个燃料循环一回路 ^{131}I 当量平均值为 11.6GBq/t。M310 排放源项是采用 EDF 开发的 REJGAS 和 REJLIQ 程序计算的。对于一回路活化腐蚀产物，假设工况 B 的活度浓度为工况 A 的 3 倍。

对于 M310 双机组厂址，选址阶段、设计阶段和首次装料阶段均采用工况 A 和工况 B 的组合进行三关键分析和环境影响评价等。

原 M310 堆型一回路源项和排放源项体系图见图 3.1.1～图 3.1.3。

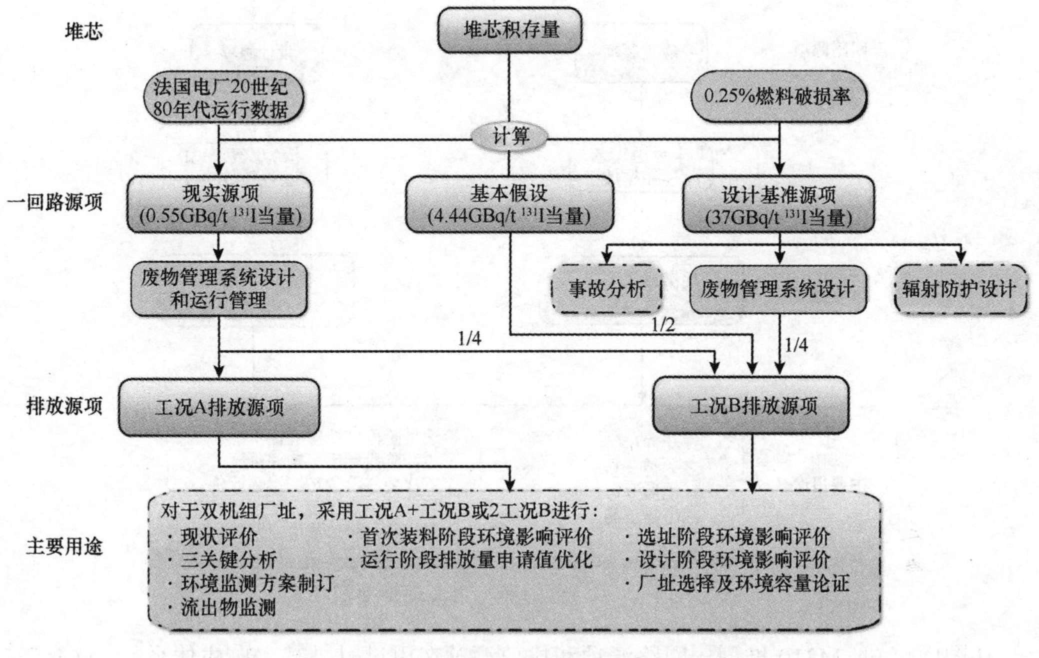

图 3.1.1　原 M310 堆型裂变产物源项框架图

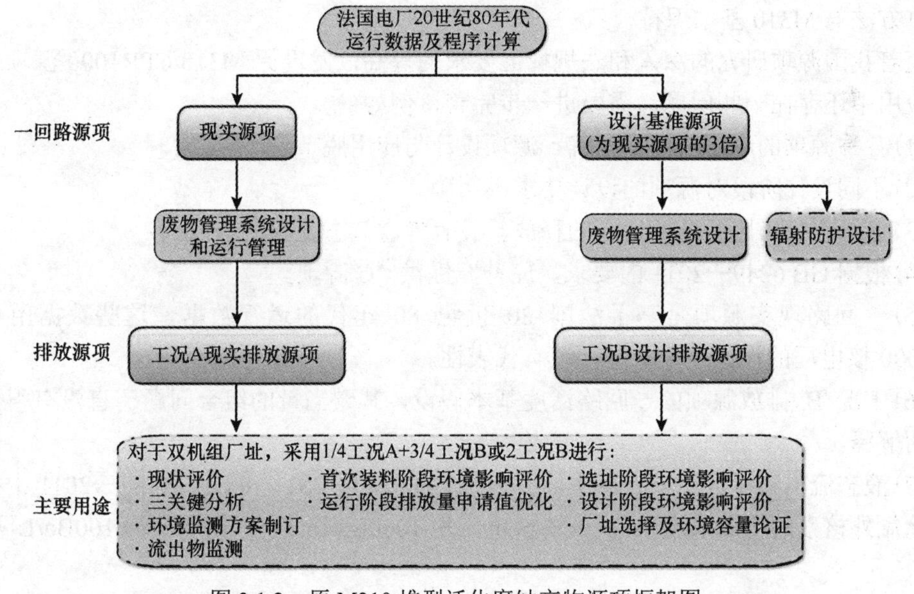

图 3.1.2　原 M310 堆型活化腐蚀产物源项框架图

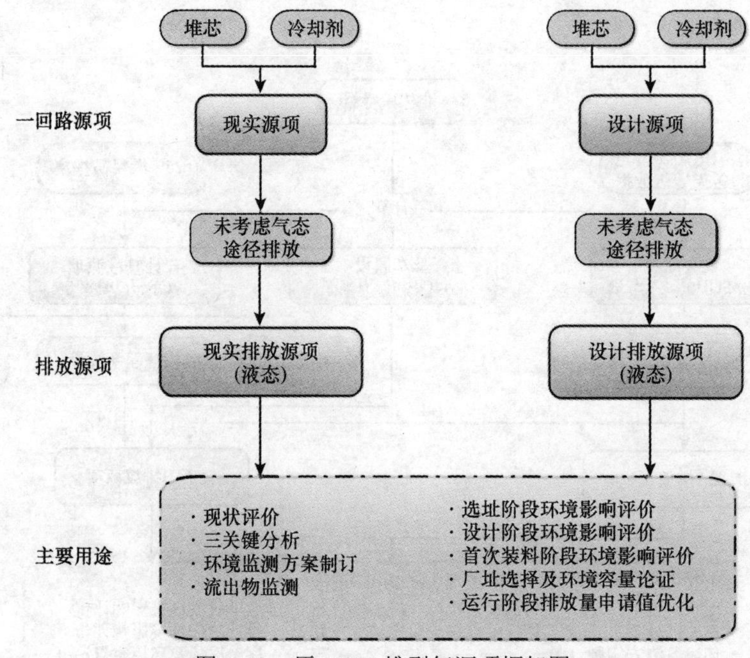

图 3.1.3 原 M310 堆型氚源项框架图

从图中可知，M310 堆型一回路源项和排放源项在引进时是基本自成体系的，这套源项以模型计算为主，运行经验数据相结合的方法确定，总体上反映了当时的运行水平和设计要求，是基本满足当时相关法规标准要求的。CPR1000 是 M310 的改进堆型，其源项体系及计算方法与 M310 基本保持一致。

随着我国源项研究的深入和法规标准要求的提高，发现原 M310/CPR1000 源项体系在我国应用中还存在一些问题，需要进一步完善，例如：

(1) 各种源项的应用目的不明确，源项设计与应用脱节。

(2) 不同设计阶段对源项的设计要求不明确。

(3) 氚源项只考虑了液态途径的释放，没有考虑气态途径的释放。

(4) 根据 GB 6249—2011 的要求，应补充提供 ^{14}C 源项。

(5) 一回路现实源项是基于法国 20 世纪 80 年代的运行数据，这些数据用于现今 CPR1000 核电厂的设计过于陈旧，没有代表性。

(6) 工况 B 排放源项的一回路活度基本假设，其碘当量的组合问题一直没有得到科学合理的解释。

(7) 液态流出物排放源项计算中，应考虑 GB 6249—2011 和 GB 14587—2011 中槽式排放口除氚外核素的排放浓度限值(滨海核电厂为 1000Bq/L、内陆核电厂为 100Bq/L)要求。

3.1.2 WWER1000 堆型

田湾 1、2 号机组初步安全分析报告反映了 WWER1000 堆型进入我国的源项研究基础，WWER1000 堆型提供了两套一回路裂变产物源项、一套活化腐蚀产物源项、一套氚源项和

一套 ^{14}C 源项。WWER 堆型一回路源项和排放源项体系以模型计算为主，这套源项总体上反映了 WWER 堆型当时的运行水平和设计要求，是基本满足当时相关法规标准要求的。原 WWER 堆型一回路源项和排放源项体系图见图 3.1.4～图 3.1.7。

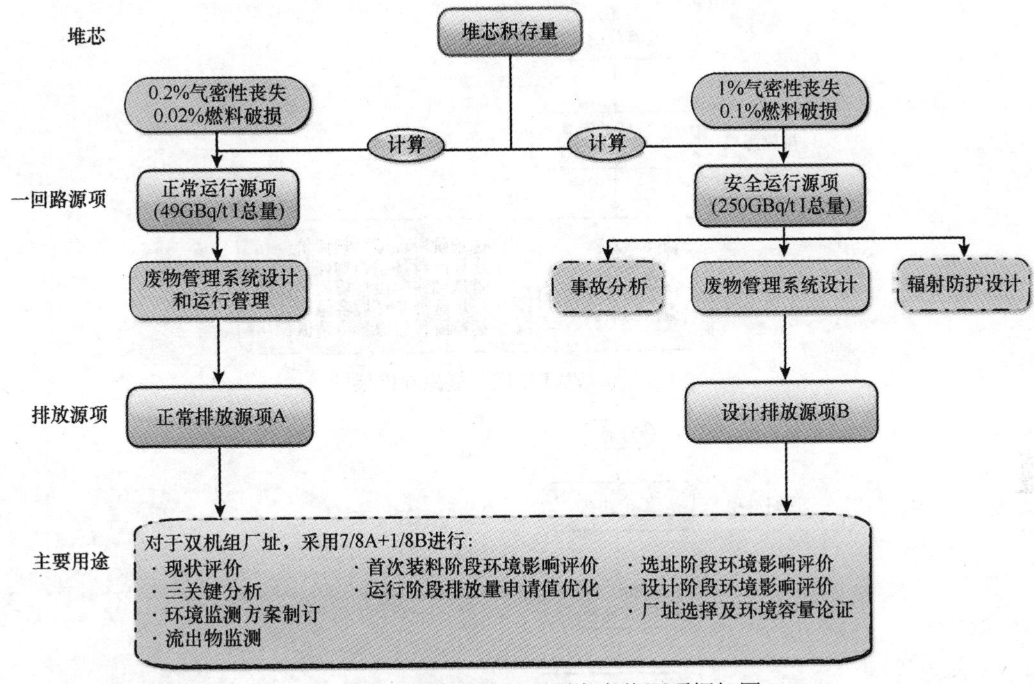

图 3.1.4 原 WWER 堆型裂变产物源项框架图

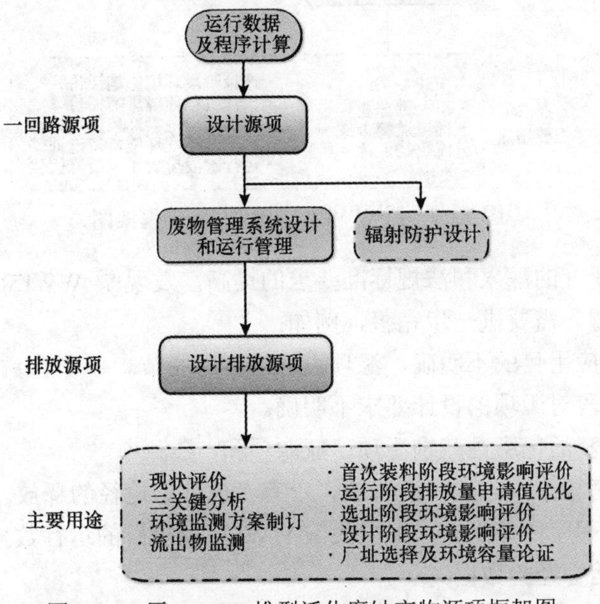

图 3.1.5 原 WWER 堆型活化腐蚀产物源项框架图

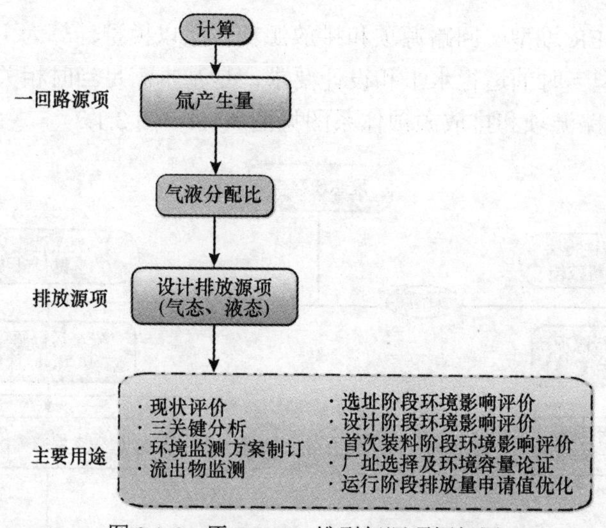

图 3.1.6　原 WWER 堆型氚源项框架图

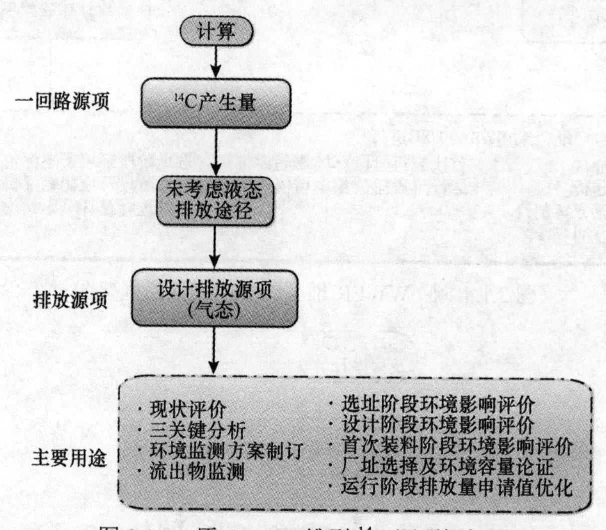

图 3.1.7　原 WWER 堆型 ^{14}C 源项框架图

随着我国源项研究的深入和法规标准要求的提高，发现原 WWER 源项体系在我国应用中还存在一些问题，需要进一步完善，例如：

(1) 各种源项的应用目的不明确，源项设计与应用脱节。

(2) 不同设计阶段对源项的设计要求不明确。

(3) 只提供了一套活化腐蚀产物源项、氚源项和 ^{14}C 源项。

(4) ^{14}C 源项只考虑了气态途径的释放，没有考虑液态途径的释放。

(5) 这套源项以程序计算为主，根据我国 WWER 核电厂的运行数据，部分核素的设计排放源项明显低于运行经验数据。

(6) 液态流出物排放源项计算中，应考虑 GB 6249—2011 和 GB 14587—2011 中槽式排放口除氚外核素的排放浓度限值(滨海核电厂为 1000Bq/L、内陆核电厂为 100Bq/L)要求。

(7) 应考虑一回路裂变产物安全运行源项与技术规格书运行限值的一致性问题。

3.1.3　AP1000 堆型

AP1000 堆型源项分析方法基于 AP1000DCD16 版，是西屋电气公司根据美国标准审查大纲(SRP)中的要求给出的，与三门核电站 1、2 号机组初步安全分析报告中的方法一致。

AP1000 堆型提供了两套一回路源项，即现实源项(约为 3.0GBq/t ^{131}I 当量)和设计基准源项(约为 37GBq/t ^{131}I 当量)。一回路现实源项是根据 ANSI/ANS-18.1-1984 中参考核电厂的一回路源项谱，采用一定的调整因子调整确定的。ANSI/ANS-18.1-1984 中参考核电厂的一回路源项谱，是以美国 H.B.Robinson、Arkansas、D.C.Cook 等 20 座压水堆核电厂共 26 台核电机组 1971～1979 年的运行数据为基础确定的。设计基准源项是先采用 ORIGEN 程序计算出堆芯中裂变产物积存量，然后假设 0.25%燃料元件破损率，采用逃逸率系数法计算得到的。

AP1000 只提供了一套排放源项，名为正常运行排放源项。这套源项是基于一回路现实源项采用 PWR-GALE 程序计算得到的。提供了一套氚排放源项和一套 ^{14}C 排放源项，其中 ^{14}C 源项只给出了气态途径的释放，没有考虑液态途径的释放。

AP1000 三门核电站在选址阶段、设计阶段和首次装料阶段都采用这套正常运行排放源项进行环境影响评价、厂址容量论证和三关键分析等，但一直没有得到审评认可。因为该源项作为现实排放源项，可能不够“现实”；作为设计排放源项又可能不够“保守”。西屋电气公司在论证流出物的排放是否满足 10CFR20 附录 B 限值时，是用 0.25%燃料包壳破损(37GBq/t ^{131}I 当量)计算的流出物排放浓度进行比较，说明西屋电气公司也不认为正常运行排放源项就是保守排放源项。

原 AP1000 堆型一回路源项和排放源项体系图见图 3.1.8～图 3.1.11。

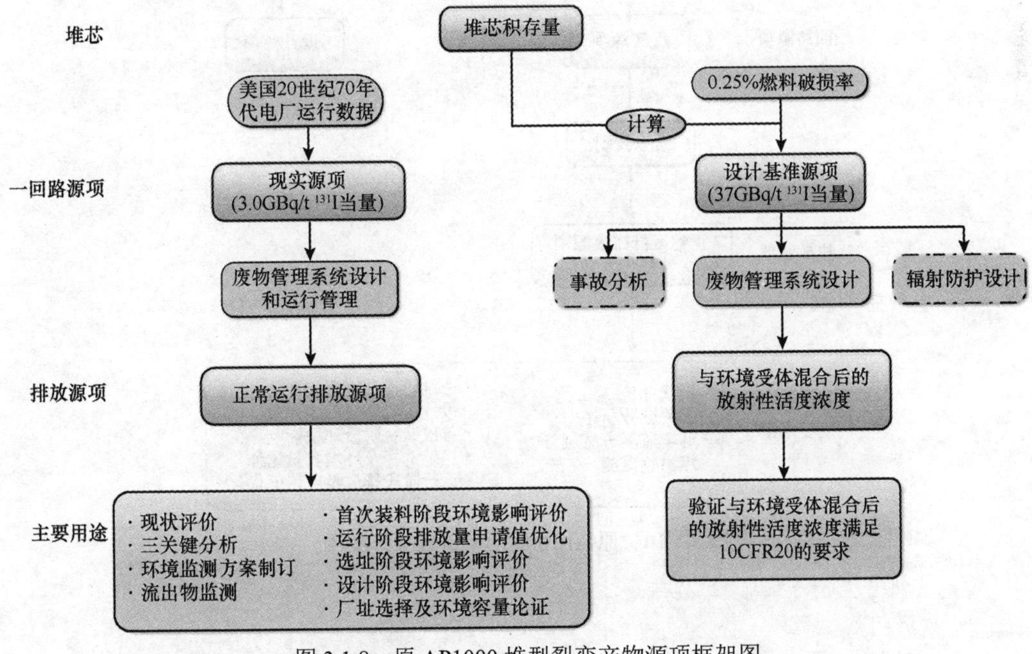

图 3.1.8　原 AP1000 堆型裂变产物源项框架图

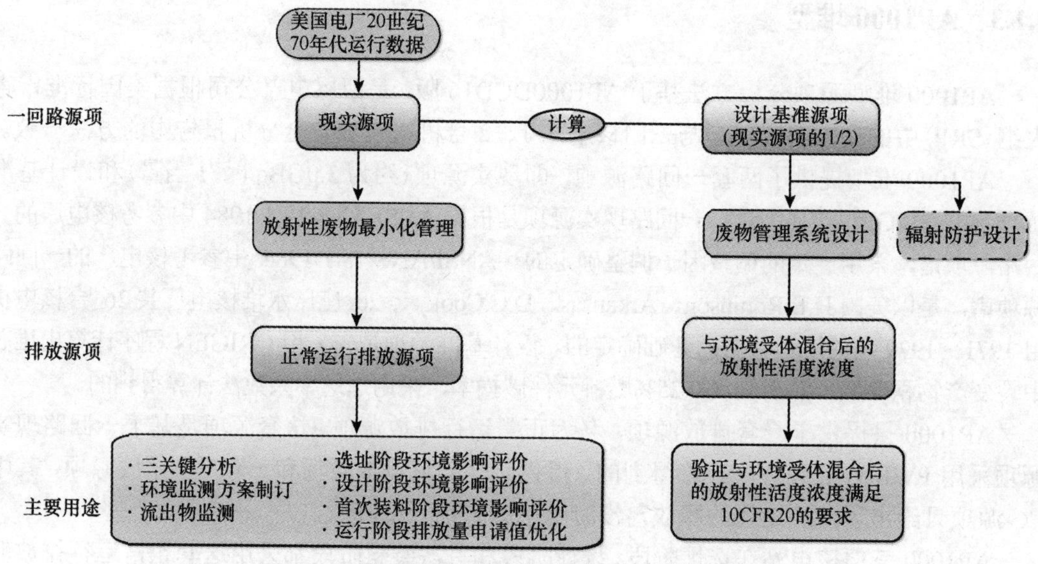

图 3.1.9　原 AP1000 堆型活化腐蚀产物源项框架图

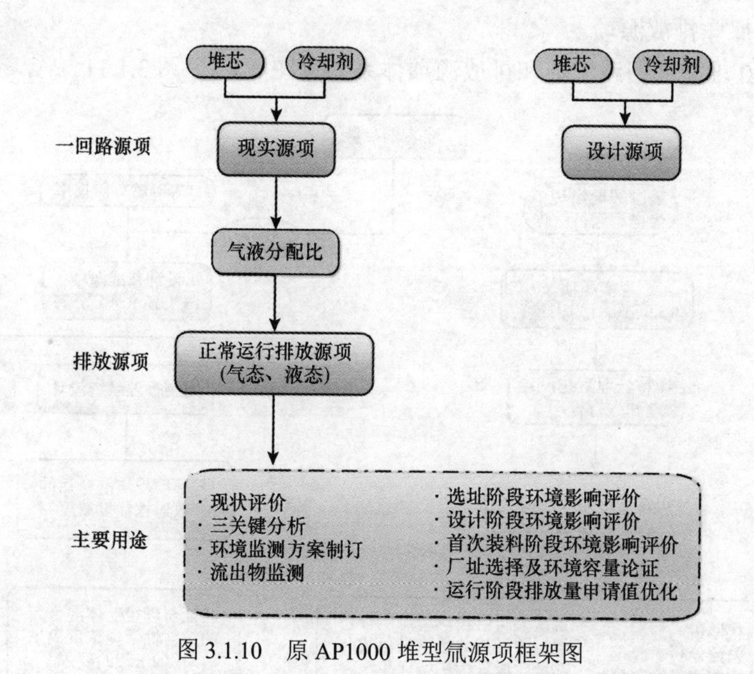

图 3.1.10　原 AP1000 堆型氚源项框架图

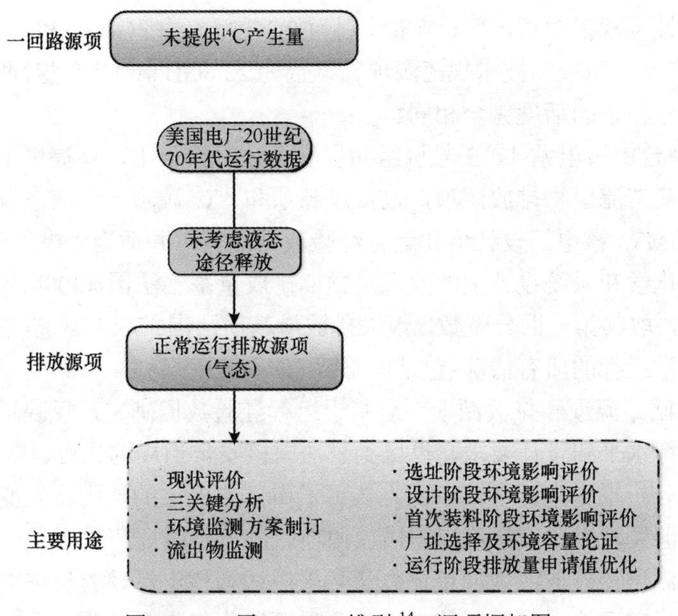

图 3.1.11　原 AP1000 堆型 ^{14}C 源项框架图

随着我国源项研究的深入和法规标准要求的提高，发现原 AP1000 源项体系在我国应用中还存在一些问题，需要进一步完善，例如：

(1)各种源项的应用目的不明确，源项设计与应用脱节。

(2)不同设计阶段对源项的设计要求不明确。

(3)只提供了一套基于运行数据计算的排放源项，这套源项作为现实排放源项，可能不够“现实”；作为设计排放源项，又可能不够“保守”。

(4)一回路现实源项是基于美国 20 世纪 70 年代的运行数据，这些数据用于现今三代堆型的设计过于陈旧，没有代表性。

(5)一回路现实源项与设计源项相互独立，源项数据明显不合理。例如，一回路 ^{106}Ru 等裂变产物现实源项比设计源项高几个量级；一回路活化腐蚀产物现实源项为设计源项的 2 倍等。

(6)根据 GB 6249—2011 的要求，应补充提供液态 ^{14}C 源项。

(7)液态流出物排放源项计算中，应考虑 GB 6249—2011 和 GB 14587—2011 中槽式排放口除氚外核素的排放浓度限值(滨海核电厂为 1000Bq/L、内陆核电厂为 100Bq/L)要求。

3.1.4　EPR 堆型

与其他堆型不同，EPR 堆型的一回路源项和排放源项完全根据运行经验数据确定，不采用模式和参数进行计算。

EPR 堆型一回路裂变产物源项基于近年法国核电厂 244 堆年的运行经验数据确定，一回路活化腐蚀产物源项基于法国 N4 核电厂行经验数据确定。EPR 堆型台山核电站 1、2 号机组初步安全分析报告中，定义了三套具有不同保守性的冷却剂裂变产物源项，即现实源项、设计源项和技术规范源项，^{131}I 当量分别为 0.2GBq/t、3.3GBq/t 和 16.5GBq/t。最终安全分析报告中，将设计源项和技术规范源项都调整为 22.8GBq/t ^{131}I 当量，两套源项除了 ^{41}Ar 活度不同外，其他核素的活度完全相同。

在 EPR 堆型台山核电站 1、2 号机组初步安全分析报告中，还提供了预期排放量和最大排放量两套气液态流出物排放源项，包括氚源项和 ^{14}C 源项。气液态流出物排放源项主要基于法国 1300MW 核电厂设计值和运行经验数据确定，并适当考虑了 EPR 堆型在材料选取、一回路水化学和系统设计上的改进。预期排放量基于法国 1300MW 核电厂 24 堆年的运行数据确定，取其第一四分位数。最大排放量基于法国 1300MW 核电厂的设计排放源项，并考虑了正常运行的所有情况(包括停堆瞬态)。

EPR 堆型一回路源项和排放源项完全基于运行经验数据确定，反映了当前法国和德国核电厂的正常运行水平和设计要求，也得到了法国核安全当局的认可。在台山核电站 1、2 号机组最终安全分析报告审评中，审评方认可了申请方提供的一回路裂变产物源项和活化腐蚀产物源项，但要求对气液态流出物排放源项做进一步论证和说明。

对于气液态流出物排放源项，审评方认为采用运行核电厂经验反馈的方法确定气液态流出物排放源项，在理论上是可行的，但需要尽可能收集更多同类电厂、更长历史的运行数据，结合电厂设计，通过科学合理的方法计算得到。由于申请方所使用的运行经验反馈数据较少，仅有 24 堆年，且与 EPR 堆型废气和废液管理系统的设计无关，同时未能说明所统计机组当时的运行情况，以及数据的统计和处理方法等。因此，审评方认为台山核电站气液态流出物排放源项的科学依据不够充分。

原 EPR 堆型一回路源项和排放源项体系图见图 3.1.12～图 3.1.15。

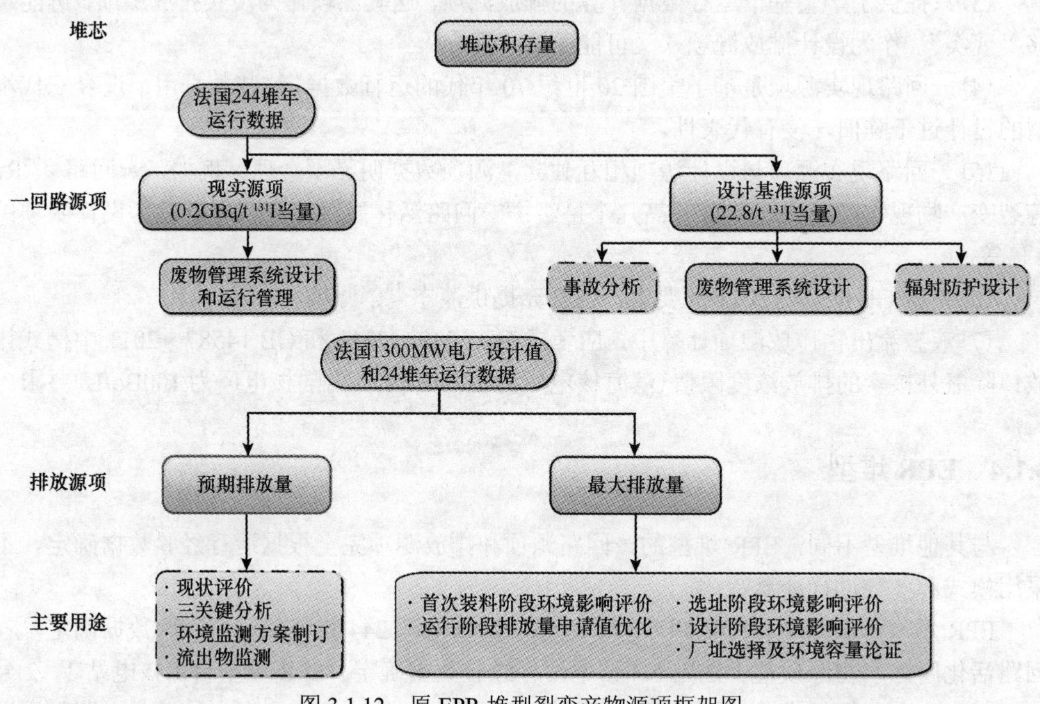

图 3.1.12　原 EPR 堆型裂变产物源项框架图

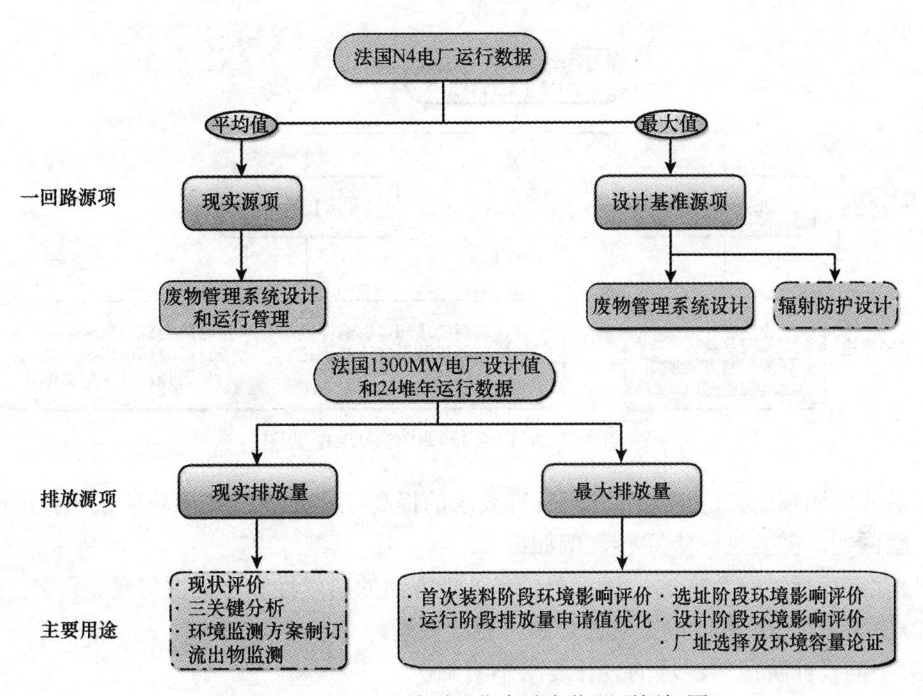

图 3.1.13　原 EPR 堆型活化腐蚀产物源项框架图

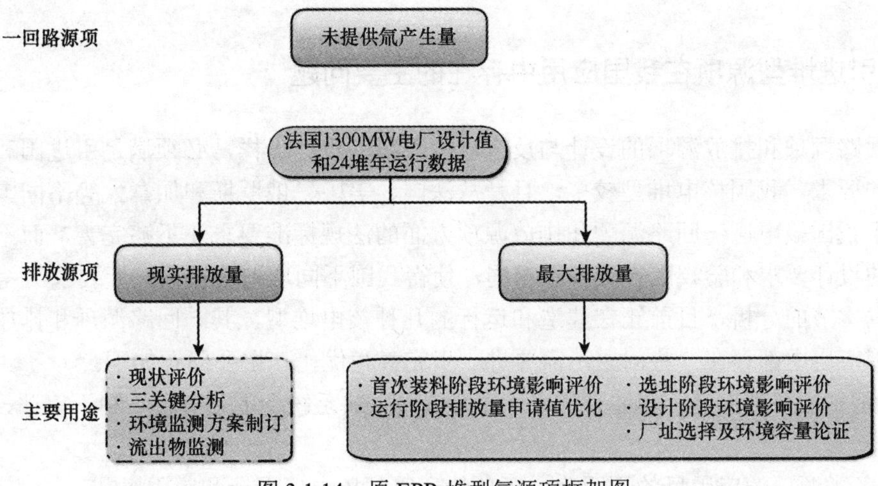

图 3.1.14　原 EPR 堆型氚源项框架图

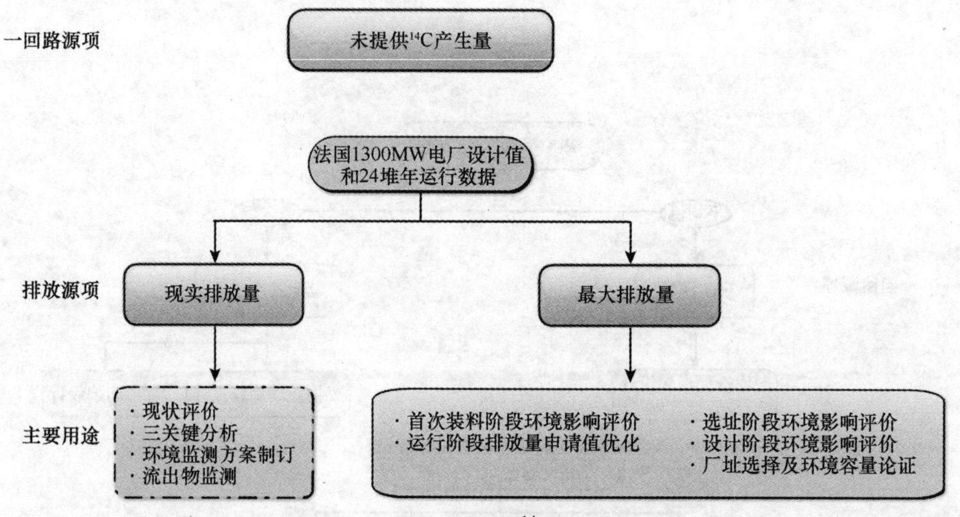

图 3.1.15 原 EPR 堆型 ^{14}C 源项框架图

随着我国源项研究的深入和法规标准要求的提高，发现原 EPR 源项体系在我国应用还存在一些问题，需要进一步完善，例如：

(1) 存在运行经验数据的统计、分析和处理方法的科学性和合理性问题。

(2) 没有提供 Ru 等环境影响评价所需要的核素。

(3) 不同设计阶段对源项的设计要求不明确。

(4) 没有提供一回路氚和 ^{14}C 的产生量，氚和 ^{14}C 的排放量基于运行经验数据确定，完全与产生量无关。

(5) 一回路源项与排放源项相互独立，没有根据核电厂设计特点进行气液态流出物排放源项的复核计算。

3.1.5 引进堆型源项在我国应用中存在的主要问题

一回路源项和排放源项的设计与反应堆等系统的设计一样，必须满足引进国和我国法规标准的要求。我国核电堆型较多，且是从法国、美国、俄罗斯和加拿大等不同国家引进的。由于我国核电厂一回路源项和排放源项方面的法规标准要求还不够完善，而不同国家对源项的设计要求和验收准则又各不相同，使得我国不同堆型的源项设计要求千差万别。

根据本节的分析，目前正在建造和运行的几种核电堆型，其一回路源项和排放源项体系在我国应用中都存在一些问题，需要进一步完善和优化。主要问题如下：

(1) 每种堆型都拥有一套源项体系，庞杂混乱，缺乏统一的基础，不利于审评、监管和技术交流。

(2) 各类源项的应用目的不明确，源项的计算与核电厂设计和应用脱节。

(3) 一回路源项设计基准与技术规格书运行限值不统一，容易引起混乱。

(4) 不能针对核电厂选址、设计建设和运行阶段，分别提供可信的气液态流出物排放源项，不满足各阶段环境影响评价的需要。

(5) 氚源项和 ^{14}C 源项的计算模式和参数需要进一步完善。

(6)液态流出物排放源项计算中,未考虑 GB 6249—2011 关于槽式排放口除氚外核素的排放浓度控制要求。

(7)CPR1000 堆型一回路现实源项基于法国 20 世纪 80 年代的运行数据确定,这些数据用于 M310 堆型的设计是可行的,但用于 CPR1000 堆型的设计则过于陈旧,没有代表性。

(8)AP1000 堆型一回路现实源项基于美国 20 世纪 70 年代的运行数据确定,这些数据过于陈旧,用于第三代堆型的设计没有代表性。

(9)AP1000 堆型只提供了一套基于运行数据计算的排放源项,这套源项作为现实排放源项,可能不够“现实”;作为设计排放源项,又可能不够“保守”。

(10)EPR 堆型氚源项、^{14}C 源项和气液态流出物排放源项的科学依据不够充分。

由于存在上述问题,我国核电厂审评、设计和研究部门对核电厂一回路源项和排放源项开展了系统的研究工作,包括对国外引进堆型源项的消化吸收、关键参数研究、源项框架体系研究、运行经验数据的收集整理和分析、源项计算参数和基本假设的完善等。在此基础上,结合我国法规标准要求和源项审评实践,构建了我国核电厂一回路源项和排放源项框架体系,制定了相关审评要求,具体详见后续章节的介绍。

AP1000 三门核电站 1、2 号机组、EPR 台山核电站 1、2 号机组和 WWER 田湾核电站 3、4 号机组最终安全分析报告审评阶段,申请者已根据我国核电厂一回路源项和排放源项研究成果和相关审评要求,对一回路源项和排放源项(包括氚和 ^{14}C 源项)进行了重新计算。CPR1000 堆型宁德核电站 1、2 号机组等工程最终安全分析报告审评阶段,申请者也对部分源项计算参数和假设进行了优化。

3.2 源项框架体系研究

3.2.1 一回路源项和排放源项框架体系的构建

3.2.1.1 目标

依据法规标准要求,总结我国核电厂源项的审评和研究成果,以及近年来国内外核电厂的运行实践,从源项应用的目的出发,研究提出一套适合我国核电厂的一回路源项和排放源项框架体系,解决目前我国压水堆核电厂一回路源项和排放源项体系存在的问题。

源项框架应:

· 以源项应用为目的对原有框架体系进行梳理,对源项进行整合和补充,统一不同堆型源项计算的基本框架。将一回路裂变产物设计源项与技术规格书运行限值统一;

· 程序计算与运行经验数据相结合,保证源项计算的科学性与计算结果的准确性;

· 统一不同堆型源项计算的基本假设,可以在统一的安全水平下进行源项应用;

· 明确提出现实源项要真正的现实、设计源项要足够保守的理念,解决了目前源项设计与应用相脱节的问题;

· 根本性改变现实源项的计算假设,为放射性废物最小化、职业辐射防护最优化、流出物监测和环境监测方案的制订及环境现状评价提供较真实的基础,有望对这些领域产生较大的改变，同时也为公众参与提供有力支持。

3.2.1.2 源项框架构建

源项框架的主要构成如下：

•由两条横向主线和两条纵向主线构成，两条横向主线分别为一回路源项和排放源项，两条纵向主线分别为现实源项和设计源项；

•一回路源项分为现实源项和设计源项两套；

•排放源项分为现实排放源项和设计排放源项两套；

•重新定义一回路现实源项，将该源项用于废物最小化管理、辐射防护最优化管理等；

•重新定义现实排放源项，将该源项用于流出物监测和环境监测方案的制订、三关键分析和环境现状评价等；

•针对核电厂选址阶段、设计阶段和首次装料阶段分别提供排放源项，满足核电厂不同阶段环境影响评价的需要。

核电厂辐射防护设计和放射性废物处理系统能力的设计，应该满足核电厂正常运行(包括预期运行事件)的要求，同时，放射性废物最小化和辐射防护最优化与核电厂实际运行情况密切相关。因此，框架体系中将一回路源项分为设计源项和现实源项两套：设计源项用于放射性废物处理系统能力的设计；现实源项用于放射性废物最小化的设计和管理。

同样，为了适应核电厂选址、设计和运行阶段环境影响评价的目的，需要准确评估核电厂正常运行的真实辐射影响，合理评估核电厂正常运行的可能辐射风险，框架体系中气液态流出物排放源项也分为设计排放源项和现实排放源项两套。

设计排放源项用于核电厂的选址环境影响评价，以判定厂址的适宜性；用于核电厂设计阶段的环境影响评价，以判定核电厂的设计是否满足环境保护要求。

现实排放源项用于真实反映核电厂的运行情况，指导流出物监测和环境监测系统的设计及监测计划的制订，以及现状环境影响评价。

为满足不同的应用目的，现实源项应该真正的现实，设计源项应该足够的保守。用于现实源项计算的基本假设和参数，应该尽可能真实地反映电厂的实际运行情况。用于设计源项计算的基本假设和参数应该是保守的，并应考虑运行技术规格书的限值和运行管理要求。

该源项框架体系的基本要求和计算流程对 M310/CPR1000、EPR、AP1000、WWER、CAP 1400 和华龙一号等堆型一回路源项和排放源项的计算都适用，但具体的计算方法、基本假设和计算参数还需要根据不同堆型的设计特点确定。该源项框架体系的基本思路也适用于重水堆、高温气冷堆等其他堆型。

一回路源项和排放源项按核素类别分为裂变产物源项、活化腐蚀产物源项、氚源项和 ^{14}C 源项。因此，构建的源项框架图包括裂变产物源项框架图、活化腐蚀产物源项框架图、氚源项框架图和 ^{14}C 源项框架图。

(1)裂变产物源项框架：构建的裂变产物源项框架图见图 3.2.1。

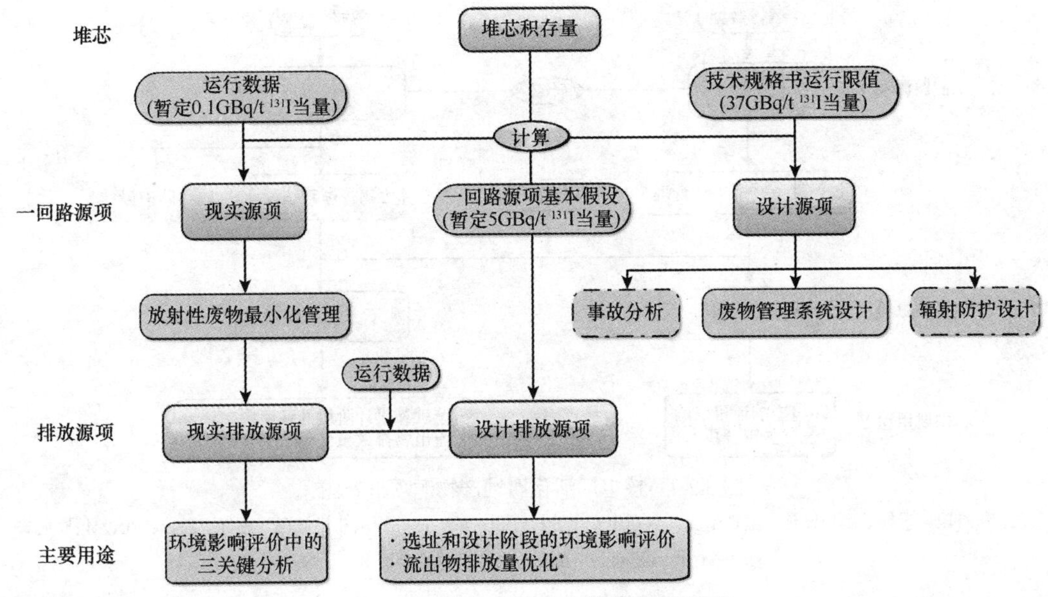

图 3.2.1　核电厂裂变产物源项框架图

*首次装料阶段应根据核电厂设计和建造情况，对初步安全分析报告中的一回路源项和排放源项进行更新，并在设计排放源项优化的基础上，提出流出物排放量申请值

一回路设计源项的计算基准为 0.25%的燃料元件破损，具体数值应小于 37GBq/t ^{131}I 当量，并与技术规格书的运行限值保持一致。

一回路现实源项的 ^{131}I 当量应基于压水堆核电厂的运行经验数据确定，一回路现实源项的活度谱可根据设计源项活度谱推算，不考虑沾污铀的贡献。也可根据不同堆型的研究成果，在计算一回路裂变产物现实源项活度谱时考虑沾污铀的贡献。根据第一章的研究，建议一回路现实源项的取值应不大于 0.1GBq/t ^{131}I 当量。

排放源项分为现实排放源项和设计排放源项两套，两套排放源项对一回路活度浓度的基本假设是不同的。对于现实排放源项，假设整个燃料循环中一回路 ^{131}I 当量约为核电厂运行经验数据的平均值。对于设计排放源项，假设发生了预期运行事件工况下的燃料破损并持续一定的时间，一回路 ^{131}I 当量应具有足够的包络性。排放源项应采用经过认可的程序进行计算，并采用运行经验数据对计算结果进行复核调整。

(2) 活化腐蚀产物源项框架：构建的活化腐蚀产物源项框架图见图 3.2.2。

一回路活化腐蚀产物源项分为现实源项和设计源项两套，两套源项均应基于核电厂运行经验数据确定，并采用经过认可的程序进行复核计算。一回路现实源项量可基于核电厂运行经验数据的平均值，一回路设计源项可基于核电厂运行经验数据的最大值，或者为核电厂运行经验数据平均值的 3 倍，并应结合程序计算结果对运行经验数据进行复核调整。

排放源项分为现实排放源项和设计排放源项两套，排放源项应采用经过认可的程序进行计算，并采用运行经验数据对计算结果进行复核调整。

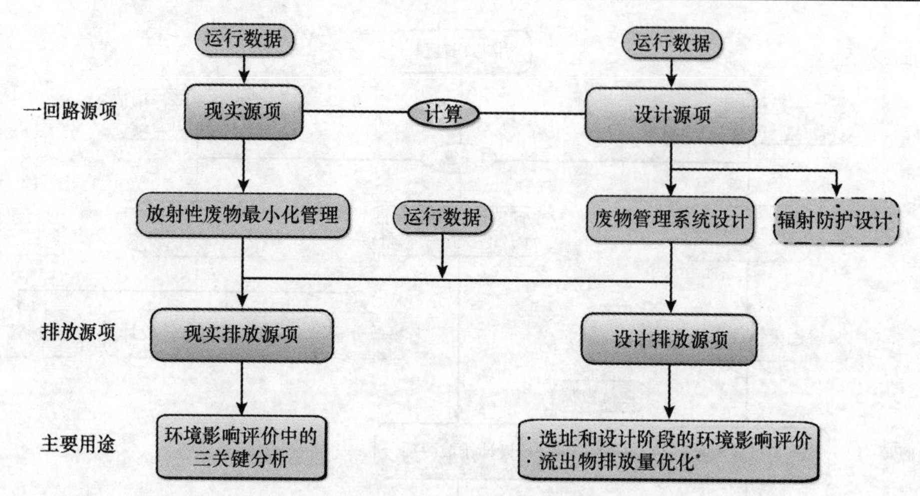

图 3.2.2 核电厂活化腐蚀产物源项框架图

*首次装料阶段应根据核电厂设计和建造情况，对初步安全分析报告中的一回路源项和排放源项进行更新，并在设计排放源项优化的基础上，提出流出物排放量申请值

(3) 氚源项框架：构建的氚源项框架图见图 3.2.3。

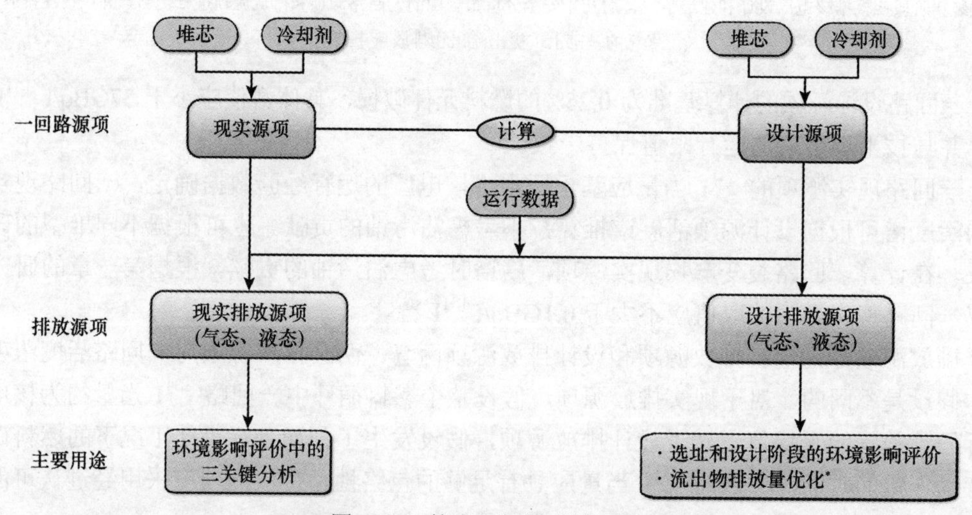

图 3.2.3 核电厂氚源项框架图

*首次装料阶段应根据核电厂设计和建造情况，对初步安全分析报告中的一回路源项和排放源项进行更新，并在设计排放源项优化的基础上，提出流出物排放量申请值

一回路氚源项(氚产生量)分为现实源项和设计源项两套，两套源项均应基于机理模型进行计算，计算假设和参数应该是经过认可的或者是业内公认的。例如，18 个月换料情况下，氚产生量为一个换料周期内产生量的 2/3；在设计源项的计算中负荷因子采用 100%；在计算的产生量上增加一个保守因子，具体数值应涵盖气液态比例的波动范围。

氚排放源项中的气液分配比应基于运行经验数据确定。

(4) ^{14}C 源项框架：构建的 ^{14}C 源项框架图见图 3.2.4。

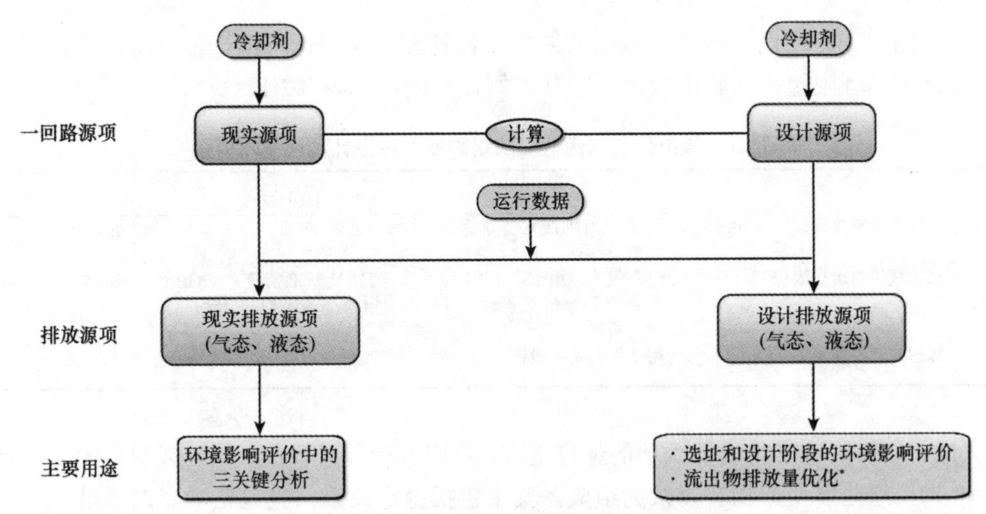

图 3.2.4 核电厂 ^{14}C 源项框架图

*首次装料阶段应根据核电厂设计和建造情况，对初步安全分析报告中的一回路源项和排放源项进行更新，并在设计排放源项优化的基础上，提出流出物排放量申请值

一回路 ^{14}C 源项(^{14}C 产生量)分为现实源项和设计源项两套，两套源项均应基于机理模型进行计算，计算假设和参数应该是经过认可的或者是业内公认的。例如，18 个月换料情况下，^{14}C 产生量为一个换料周期内产生量的 2/3；在设计源项的计算中负荷因子采用 100%；在计算的产生量上增加一个保守因子，具体数值应涵盖气液态比例的波动范围。

^{14}C 排放源项中的气液分配比应基于运行经验数据确定。

3.2.2 一回路源项和排放源项的设计基准

3.2.2.1 一回路裂变产物设计源项基准

根据机组状态，核电厂源项分为正常运行源项和事故源项两大类，划分正常运行和事故的界线是核电厂运行技术规格书中规定的相关限值。其中一回路裂变产物放射性活度浓度水平，通常以一回路冷却剂 ^{131}I 当量表示，是运行技术规格书的重要规定之一。

放射性废物管理系统设计源项，主要用于放射性废物管理系统的设计、预期运行事件工况下气液态流出物排放源项的计算等。因此，该源项应大于一回路现实源项，并具有一定的包络性，以包络核电厂正常运行的大多数情况(包括预期运行事件)，保证三废处理系统设计的保守性。

辐射防护设计源项，主要用于生物屏蔽设计、职业照射评价。出于保守考虑，该源项应大于一回路现实源项，并具有一定的包络性，以保证职业照射安全。

技术规格书运行限值，是核电厂正常运行和事故的界线，主要用于核电厂运行控制和限制蒸汽发生器传热管破裂事故(SGTR)等事故工况下的厂外公众剂量水平。技术规格书运行限值通常与事故源项保持一致，事故源项主要用于计算假想事故对环境和公众造成的放射性后果、核电厂内重要设施的居留条件及重要操作设备和场所的可达性。因此，技术规格书运行限值或事故源项均应大于一回路现实源项。

一回路裂变产物设计源项，包括放射性废物管理系统设计源项、辐射防护设计源项和技术规格书运行限值，在我国核电厂的基本假设不同，见表 3.2.1。

表 3.2.1 核电厂正常运行一回路裂变产物设计源项基本假设

序号	名称	主要用途	基本假设	安全分析报告
1	放射性废物管理系统设计源项	用于放射性废物管理系统的设计	0.25%燃料破损	第 11 章
2	技术规格书运行限值	运行限值，用于运行控制、非堆芯事故放射性后果分析等	一回路冷却剂活度：37GBq/t ^{131}I 当量或类似的规定	第 15 章、第 16 章
3	辐射防护设计源项	用于辐射防护设计	0.25%燃料破损	第 12 章

(1) 一回路裂变产物设计源项的计算基准：反应堆运行过程中，燃料裂变生成了大量的裂变产物，这些裂变产物有复杂的组成，其中包括稳定核素，也包括半衰期不足一秒的短寿命核素，其质量数分布很宽。其中部分裂变产物会通过扩散、反冲等机制逃脱到燃料芯块与包壳的间隙中，一旦燃料棒发生破损，间隙中的裂变产物则会释放到冷却剂中。因此，破损燃料棒是反应堆冷却剂中裂变产物的主要来源。国际上大多数国家都将燃料棒破损率作为一回路设计源项的计算基准。

一回路设计源项的计算基准应具有一定的包络性(即可以包络核电厂正常运行的大多数情况)，并且可随着核电厂设计水平的提高等进行调整。如早期核电厂采用 1%燃料包壳破损率作为设计源项的计算基准，后来随着核电厂设计水平的提高，燃料包壳破损率逐渐减低，设计源项的计算基准从 1%燃料包壳破损率降低到 0.5%，后又降低到目前标准审查大纲(SRP，2007 年版)中规定的 0.25%。到目前为止，0.25%的燃料棒破损水平仍然被国际上大多数国家所认可。

早期核电厂对于一回路设计源项的计算基准并没有统一的要求。例如，20 世纪 80 年代设计建造的大亚湾核电站引进时，法国方面提供的放射性废物管理系统设计源项的计算基准为 37GBq/t ^{131}I 当量，该值与核电厂运行技术规格书的限值保持一致。法国方面提供的辐射防护设计源项计算基准为 1%燃料破损。在宁德核电站 1/2 机组 18 个月换料源项研究中，我国 M310 系列核电厂首次将放射性废物管理源项和辐射防护设计源项的计算基准统一到 0.25%燃料破损。

WWER 堆型的技术规格书中，燃料元件包壳的安全限值基于燃料元件破损程度和数量确定：

- 1% 燃料元件失去气密性；
- 0.1% 燃料元件存在冷却剂与燃料芯块直接接触的情况。

超过该限值时，反应堆立即停堆，进入状态 3(热停堆)。

(2) 技术规格书运行限值的确定：核电厂运行技术规格书(OTS)(以下简称技术规格书)是核电厂运行阶段必须遵循的极其重要的文件。技术规格书的出发点是认为设计是足够安全的(“基准工况”)。其任务是维持“基准工况”的安全水平，一旦发现偏离安全基准，必须指出纠正措施。如果设计基准发生变化，技术规格书也要做相应的修改。由于技术规格书的文件质量关系到运行核电厂的安全水平，其要求是否合理得当，对核电厂可用率、经济性影响极大。因此，世界上主要核电国家均花费很大人力、财力用于技术规格书的改进和发展。

制定技术规格书运行限值的主要目的：

1)实现核电厂的安全目标，即建立并保持对辐射危害的有效防御，保护厂区人员、公众和环境的安全。

2)防止核电厂偏离正常运行，以及在偏离正常运行的情况下，防止预计运行事件升级为事故工况。

3)保证正常运行期间或中等频率事件下实体屏障(燃料芯块、燃料包壳、反应堆冷却剂系统压力边界)的完整性。

技术规格书中，规定了反应堆冷却剂中放射性活度浓度限值、监督要求、内容、频度和相应的纠正措施等。

一回路 ^{131}I 当量反映了一回路的活度浓度水平，是技术规格书的运行限值之一。制定该限值的目的是对 SGTR 等事故的厂外事故后果进行限制。目前国际上通常以 0.25%的燃料包壳破损率为计算基准，结合核电厂的设计情况，计算得到一套一回路活度浓度谱(可能会包括一定的不确定因子等)和一回路 ^{131}I 当量，并将 ^{131}I 当量取整后作为 ^{131}I 当量运行限值。根据目前国际上的普遍做法，一回路 ^{131}I 当量运行限值通常不超过 37GBq/t(1μCi/g)。

我国 M310/CPR1000 系列核电厂和 AP1000 系列核电厂技术规格书中 ^{131}I 当量的运行限值定为 37GBq/t。

WWER 的技术规格书中要求反应堆冷却剂系统活度浓度必须限于：放射性碘(131～135)的活度浓度≤3.7E+10Bq/m^3(37GBq/t)。超过 37GBq/t 时，31h 内转到状态 4(冷停堆)，72h 内由状态 4 转入状态 6(换料冷停堆)。

(3)设计源项与技术规格书运行限值的关系：综上所述，目前国际上普遍将 0.25%燃料破损作为放射性废物管理系统、辐射防护设计和技术规格书运行限值的计算基准。

对于不同堆型不同的设计，0.25%燃料破损计算得到的一回路 ^{131}I 当量是不同的。即使相同堆型，若采用不同的计算模型和参数，也会得到不同的 ^{131}I 当量计算结果。因此，虽然目前核电厂安全分析报告第 11 章、第 12 章和第 16 章中，都采用 0.25%燃料破损为计算基准，但 ^{131}I 当量的数值有可能是不同的。这就存在一回路设计源项与技术规格书运行限值的统一问题，这也是源项研究人员一直研究的工作。

西屋电气公司在 AP1000 设计时，采用 0.25%燃料破损计算得到的一回路 ^{131}I 当量约为 36.5GBq/t，取整为 37GBq/t 作为技术规格书的 ^{131}I 当量运行限值。

西屋电气公司在 AP600 设计时，采用 0.25%燃料破损计算得到的一回路 ^{131}I 当量约为 14.8GBq/t(0.4μCi/g)，AP600 技术规格书中将 14.8GBq/t(0.4μCi/g)作为 ^{131}I 当量运行限值。

EPR 堆型采用 0.25%燃料破损计算得到的一回路 ^{131}I 当量约为 22.3GBq/t，取整为 23GBq/t 作为技术规格书的 ^{131}I 当量运行限值。

目前国内 M310/CPR1000 系列核电厂的技术规格书的 ^{131}I 当量运行限值为 37GBq/t，采用 0.25%燃料破损计算得到的一回路 ^{131}I 当量约为 66.5GBq/t，将其归一到 37GBq/t 作为放射性废物管理系统的基准源项。

(4)一回路裂变产物设计源项设计基准的确定：综上所述，设计源项是核电厂设计的基础，放射性废物管理系统设计源项、辐射防护设计源项和核电厂技术规格书的运行限值，均应大于一回路现实源项，以保证核电厂设计的保守性和包络性。核电厂技术规格书规定的是运行限值，是核电厂区分正常运行和事故的界限。因此，本书建议放射性废物管理系统设计源项与技术规格书运行限值保守一致，即采用技术规格书规定的运行限值归一。同时，将0.25%燃料破损率作为计算基准。

辐射防护设计源项不属于本书研究范围，不做详细介绍。

3.2.2.2 一回路裂变产物现实源项的计算基准

放射性废物管理系统一回路源项分为设计源项和现实源项两类，上文详细分析了设计源项的确定原则，如果说设计源项应具有足够的包络性和保守性，那么出于评估和监测公众现实风险的需要，现实源项应该真正的现实。

随着核电厂堆芯设计水平、燃料设计和制造水平、一回路水化学优化和运行管理水平的提高，压水堆核电厂正常运行期间燃料元件破损水平已从 20 世纪 60 年代的万分之四(0.04%)降到了目前的十万分之一(0.001%)以下，一回路现实源项 ^{131}I 当量也从早期的5GBq/t 左右，降至 M310 系列核电厂的 0.55GBq/t。

一回路现实源项主要用于核电厂正常运行管理、放射性废物最小化管理、辐射防护最优化管理、核电厂正常运行气液态流出物排放源项的计算和正常运行环境影响评价等。因此，一回路现实源项应基于核电厂运行经验数据优化确定，所引用的运行数据应该尽量多、尽量新，尽可能真实地反映核电厂的设计水平和实际运行水平。

目前国内几种堆型核电厂一回路现实源项 ^{131}I 当量参见表 3.2.2。从表中可知，不同堆型一回路 ^{131}I 当量的取值差异很大，源项基准不统一，将导致核电厂缺乏统一的设计基准，不能在统一的基准下评价厂址的适宜性。有的堆型现实源项基准过于保守，导致流出物现实排放源项比实际排放量大几个数量级，不利于准确评估核电厂正常运行的环境影响，影响流出物监测系统的设计，以及公众对核电的信心等。

表 3.2.2 不同堆型核电厂一回路现实源项 ^{131}I 当量 (单位：GBq/t)

堆型	^{131}I 当量
M310/CPR1000	0.55
EPR	0.2
AP1000	3.0
CAP1400	0.36
WWER	49(8)

注：WWER堆型提供的是总碘活度，为便于比较括号中给出了对应的^{131}I当量计算值。

表 3.2.2 中 M310 系列一回路现实源项为 0.55GBq/t ^{131}I 当量，该值为法国 20 世纪 80 年代 900MW 核电厂，约 200 堆年(不包括布热 2 号电厂的第 2 个和第 8 个循环)每个燃料循环末所记录的 ^{131}I 当量的平均值。对于 20 世纪 80 年代设计建造的大亚湾核电站，该源项是合理的，基本反映了当时的设计水平和运行水平。但用于二代加和三代核电厂的设计是否合理需要进一步研究。

AP1000 一回路现实源项为 3.0GBq/t ^{131}I 当量，该源项是根据 ANSI/ANS-18.1-1984 参考核电厂的一回路源项谱，采用一定的调整因子调整确定的。ANSI/ANS-18.1-1984 中参考核电厂的一回路源项谱，是以美国 H.B.Robinson、Arkansas、D.C.Cook 等 20 座压水堆核电厂共 26 台核电机组 1971～1979 年的运行数据为基础确定的。该源项源自美国 20 世纪 70 年代的运行数据，40 年前的运行数据用于三代堆型的设计明显是过时的。事实上，ANSI/ANS-18.1-1999 中基于美国 20 世纪 80～90 年代运行数据，已将一回路 ^{131}I 当量降至 0.36GBq/t。ANSI/ANS-18.1-2016 中，已将一回路 ^{131}I 当量降至 0.1GBq/t。

EPR 一回路现实源项是基于近年法国 1300MW 核电厂和 N4 核电厂，共 244 堆年的运行经验数据确定的，约为 0.2GBq/t ^{131}I 当量。

综上所述，国内核电厂一回路现实源项还需要进一步优化。因为随着核电厂堆芯设计、燃料设计和制造水平的提高、一回路水化学优化和运行管理水平的提高，压水堆核电厂的燃料元件破损率水平从早期的 0.04%降到了 0.001%以下，即大约从 10 根/(堆·年)降至 1 根/(堆·2 年)的水平。随着燃料元件破损率显著下降，核电厂一回路 ^{131}I 当量也呈下降趋势。

为了优化国内核电厂一回路现实源项，本研究中开展了大量调研工作，其中最主要的工作是收集整理国内外核电厂一回路源项运行数据。一回路源项运行数据的获得是一项非常困难的工作，在秦山核电基地、大亚湾核电基地、田湾核电基地、国内源项研究审评单位的共同努力下，本书编写过程中获得了较为完整的国内核电厂一回路源项运行数据，包括一回路 ^{131}I 当量运行数据，见表 3.2.3。

从表 3.2.3 可知，根据法国和中国核电厂最近 20 多年的运行数据，一回路 ^{131}I 当量(包括破损燃料循环)平均值在 0.1GBq/t 以下，大亚湾核电基地一回路 ^{131}I 当量最大值在 1GBq/t 以下，法国 900MW 核电厂一回路 ^{131}I 当量最大值为 4.44GBq/t，该值能够包络世界压水堆核电厂 95%的运行数据。

以 M310 系列为例，根据目前的研究，将现实源项从 0.55GBq/t ^{131}I 当量优化到 0.1GBq/t ^{131}I 当量，是比较合理的。原来的假设过于保守，不利于核电厂辐射防护最优化和放射性废物最小化的实施。

由于燃料元件的破损主要与燃料设计和燃料包壳材料有关，与具体堆型的设计关系不大，三种堆型燃料包壳材料均选用 Zr-Nb 合金，燃料设计上也都做了很多改进，因此，EPR 和 AP1000 堆型也可以参考 M310 的方法，对一回路现实源项进行优化。

本研究通过调研分析国内外核电厂的一回路源项运行数据，最终将一回路现实源项统一到 0.1GBq/t ^{131}I 当量，使不同堆型可以在统一的基准下进行源项的计算和应用。

表 3.2.3 压水堆核电厂一回路 ^{131}I 当量运行数据 （单位：GBq/t）

国家	^{131}I 当量	运行年代	备注
中国	0.003	21 世纪前 10 年	大亚湾核电基地运行数据的平均值(不包括破损燃料循环)
	0.06	21 世纪前 10 年	大亚湾核电基地 23 个燃料循环运行数据的平均值(包括破损燃料循环)
	0.95	21 世纪前 10 年	大亚湾核电基地 23 个燃料循环运行数据的最大值(包括大部分破损燃料循环)
法国	0.07	20 世纪 90 年代至 21 世纪前 10 年	法国 N4 核电厂 44 堆年运行数据的平均值(包括破损燃料循环)
	0.10	20 世纪 90 年代	法国 1300MW 核电厂 200 堆年运行数据的平均值(包括破损燃料循环)
	0.55	20 世纪 80 年代	法国核电厂约 200 堆年运行数据的平均值(包括破损燃料循环)
	4.44	20 世纪 80 年代	法国 900MW 核电厂运行数据的最大值(破损燃料循环)
美国	0.1	20 世纪 90 年代至 21 世纪前 10 年	
	0.36	20 世纪 80～90 年代	美国压水堆核电厂运行数据的平均值(包括破损燃料循环)
	3.0	20 世纪 70 年代	

3.2.2.3 一回路活化腐蚀产物源项的设计基准

一回路活化腐蚀产物源项与燃料元件破损率无关，主要采用程序计算或运行经验数据确定。目前国内几种堆型核电厂一回路活化腐蚀产物源项设计值，参见表 3.2.4～表 3.2.6。为分析目前各堆型活化腐蚀产物源项的合理性，对我国运行核电厂一回路活化腐蚀产物源项实测值进行了统计和分析。

大亚湾基地 6 台 M310/CPR1000 机组 21 个循环中一回路冷却剂系统活化腐蚀产物测量数据参见表 3.2.4，表中给出了所有机组测量数据的平均值和最大值，并将其与最终安全分析报告(FSAR)中的现实源项和设计源项进行比较分析。从表 3.2.4 中可知，CPR1000 设计源项并不能包括运行经验数据的最大值，Cr/Mn/Fe 的现实源项也不够保守。

表 3.2.4 大亚湾基地活化腐蚀产物源项分析 （单位：GBq/t）

核素	实测平均值	实测最大值	现实源项	设计源项
^{51}Cr	2.4E−02	1.0E−01	5.9E−03	1.8E−02
^{54}Mn	3.3E−03	2.1E−02	6.1E−04	1.8E−03
^{59}Fe	2.0E−03	8.2E−03	1.0E−04	3.0E−04
^{58}Co	9.2E−03	9.5E−02	1.6E−02	4.8E−02
^{60}Co	9.9E−03	1.3E−01	3.9E−02	1.2E−01
^{122}Sb	2.9E−03	3.4E−02	1.2E−03	3.6E−03
^{124}Sb	1.4E−03	1.3E−02	1.0E−02	3.0E−02
^{110m}Ag	2.7E−03	4.0E−02	6.0E−03	1.8E−02

秦山二期 4 台 CNP600 机组一回路冷却剂系统活化腐蚀产物测量数据参见表 3.2.5，表中给出了所有机组测量数据的平均值和最大值，并将其与 FSAR 中的现实源项和设计源项进行比较分析。从表 3.2.5 中可知，各核素的实测最大值均大于设计源项，^{58}Co 和 ^{60}Co 实

测平均值小于现实源项，其他核素实测平均值均大于现实源项。

秦山二期与大亚湾基地的统计结果比较一致，均说明目前 M310/CPR1000 核电厂部分活化腐蚀产物源项是不够保守的。

表 3.2.5　秦山二期活化腐蚀产物源项分析　(单位：GBq/t)

核素	实测平均值	实测最大值	现实源项	设计源项
^{51}Cr	1.42E−02	3.45E−01	2.80E−04	8.40E−04
^{54}Mn	1.89E−03	4.14E−02	8.00E−05	2.40E−04
^{59}Fe	3.09E−03	3.28E−02	1.90E−04	5.70E−04
^{58}Co	1.20E−02	1.77E+00	1.40E−02	4.20E−02
^{60}Co	2.04E−03	1.14E−01	1.50E−02	4.50E−02

田湾一期 1、2 号机组一回路冷却剂系统活化腐蚀产物测量数据参见表 3.2.6，表中给出了两台机组测量数据的平均值和最大值。从表 3.2.6 中可知，目前 WWER 一回路活化腐蚀产物源项的设计值也是不够保守的。

表 3.2.6　田湾一期活化腐蚀产物源项分析　(单位：Bq/kg)

核素	实测平均值	实测最大值	FSAR 设计值
^{59}Fe	3.53E+03	1.25E+04	1.53E+02
^{58}Co	7.20E+03	2.45E+04	6.03E+02
^{51}Cr	4.94E+04	1.15E+05	2.24E+02
^{54}Mn	9.55E+03	9.81E+04	3.12E+02
^{60}Co	2.62E+04	1.27E+05	3.63E+03

大亚湾基地、秦山二期和田湾一期的运行经验数据表明，目前我国 M310/CPR000 和 WWER 堆型活化腐蚀产物源项的设计值是不够保守的，这可能与源项程序计算中参数的选取不够保守，或者早期核电厂的运行数据包络性不够有关，本书建议对我国核电厂一回路活化腐蚀产物源项进行更新，建议现实源项基于一回路活化腐蚀产物源项实测数据的平均值确定，设计源项基于一回路活化腐蚀产物源项实测数据的最大值确定，或者取现实源项的 3 倍。

3.2.2.4　气液态流出物排放源项的设计基准

源项框架体系中设计排放源项和现实排放源项与我国核电厂选址、设计和运行阶段对排放源项的需求对应关系，参见表 3.2.7。气液态流出物排放源项的设计要求参见表 3.2.8。

表 3.2.7　核电厂各阶段对排放源项的需求

阶段	需求	排放源项
选址阶段	预测核电厂运行后的环境影响，判断厂址可行性	设计排放源项
设计阶段	预测核电厂运行后的环境影响，论证核电厂的工程设计能否满足保护环境的要求	设计排放源项
	从设计上保证环境保护设施得到落实	现实排放源项
	流出物监测和环境监测系统设计	
运行阶段	预测核电厂运行后的环境影响，检验核电厂建设和环境保护措施是否符合保护环境的要求	设计排放源项
	流出物和环境监测计划	现实排放源项
	核电厂首次装料气、液态流出物年排放量申请	设计排放源项
	辐射环境影响评价的三关键分析	现实排放源项

表 3.2.8　排放源项的设计要求

源项	现实排放源项	设计排放源项
裂变产物	现实假设	保守假设
活化腐蚀产物	现实假设	保守假设
氚	现实假设	保守假设
^{14}C	现实假设	保守假设

气液态流出物排放源项应采用业内认可的程序进行计算，并结合运行经验数据对计算结果进行复核调整。排放源项计算中的主要输入包括一回路活度浓度的基本假设、工程参数、核电厂设计参数和放射性废物处理系统工艺参数等。

为满足不同的应用目的，现实排放源项应该真正现实，保守排放源项应该足够保守。因此，用于现实排放源项计算的基本假设和参数应尽可能现实，以真实地反映核电厂的实际运行情况。用于保守排放源项计算的基本假设和参数应该是保守的，并应考虑运行技术规格书的限值和运行管理要求。

在裂变产物排放源项的计算中，一回路活度浓度的基本假设是关键。对于现实排放源项，应采用现实假设，即假设整个燃料循环中一回路 ^{131}I 当量约为核电厂运行经验数据的平均值。根据本文的研究，建议取 0.1GBq/t ^{131}I 当量，见表 3.2.9。

表 3.2.9　用于排放源项计算的一回路 ^{131}I 当量基本假设　（单位：GBq/t）

堆型	引进堆型的假设		本书研究建议值	
	现实排放源项	设计排放源项	现实排放源项	设计排放源项
M310/CPR1000	0.55	11.6	0.1	5
EPR	基于运行数据确定，不采用模型计算			
AP1000	3.0			
CAP1400	0.36			
WWER	49(8)	245(40)	1(0.16)	37(6)

注：WWER堆型提供的是总碘活度，为便于比较括号中给出了对应的 ^{131}I 当量计算值。

对于设计排放源项，应采用保守假设，即假设发生了预期运行事件工况下的燃料破损并持续一定的时间，一回路 ^{131}I 当量应具有足够的包络性。根据表 3.2.3，核电厂正常运行(包括预期运行事件)一回路活度浓度最大包络值为4.44GBq/t ^{131}I 当量，本书建议统一取 5GBq/t ^{131}I 当量。

对于活化腐蚀产物排放源项的计算，应将一回路现实源项作为现实排放源项计算的一回路活度基本假设；将一回路设计源项作为设计排放源项计算的一回路活度基本假设。

对于氚和 ^{14}C 源项的计算，现实排放源项应采用现实的假设，设计排放源项应采用保守的假设。氚和 ^{14}C 排放源项中的气液分配比应基于运行经验数据确定。

3.2.3 一回路源项和排放源项核素种类的选取原则

一回路源项和排放源项按核素类别分为裂变产物源项、活化腐蚀产物源项、氚源项和 ^{14}C 源项。本部分介绍核电厂一回路源项和气液态流出物排放源项中核素谱的选取要求。

3.2.3.1 一回路裂变产物核素谱的选取

核电厂一回路裂变产物源项是基于平衡循环堆芯换料方案计算得到的，并根据放射性后果分析的需要确定核素库中的核素种类，这些核素的剂量贡献份额占全部核素贡献的99.5%以上，包括碘、铯组、碲组、铷组、惰性气体、钡和锶组、铈组、镧组核素。目前不同堆型堆芯积存量和一回路裂变产物核素的选取情况见表 3.2.10。

表 3.2.10 不同堆型裂变产物核素选取 （单位：个）

堆型	堆芯积存量	一回路设计源项	一回路现实源项
M310/CPR1000	41	41	41
EPR	41	41	20
AP1000	61	61	54

从表 3.2.10 中可知，目前不同堆型一回路裂变产物核素种类的选取是不一样的，综合考虑国内外核电站的实践、宁德核电站 18 个月换料的研究成果，以及 PROFIP 程序核素库的设计，建议一回路源项中裂变产物的核素种类，以宁德 1、2 号机组 18 个月换料项目中涵盖的核素为基础，至少应包含下表中列出的 41 个核素，见表 3.2.11。这些核素的选择是通过权衡其产生量、半衰期长短、放射性强度及对人体的影响得到的。

表 3.2.11 一回路裂变产物源项核素谱的选取

序号	放射性核素	序号	放射性核素
1	^{85m}Kr	4	^{88}Kr
2	^{85}Kr	5	^{133m}Xe
3	^{87}Kr	6	^{133}Xe

续表

序号	放射性核素	序号	放射性核素
7	^{135}Xe	25	^{95}Nb
8	^{138}Xe	26	^{99}Mo
9	^{131}I	27	^{99m}Tc
10	^{132}I	28	^{103m}Rh
11	^{133}I	29	^{106}Ru
12	^{134}I	30	^{106}Rh
13	^{135}I	31	^{131m}Te
14	^{134}Cs	32	^{131}Te
15	^{136}Cs	33	^{132}Te
16	^{137}Cs	34	^{134}Te
17	^{138}Cs	35	^{140}Ba
18	^{89}Sr	36	^{140}La
19	^{90}Sr	37	^{141}Ce
20	^{90}Y	38	^{143}Ce
21	^{91}Y	39	^{143}Pr
22	^{91}Sr	40	^{144}Ce
23	^{92}Sr	41	^{144}Pr
24	^{95}Zr		

3.2.3.2 一回路活化腐蚀产物核素谱的选取

与一回路冷却剂接触的结构材料主要有镍铁合金、锆合金和不锈钢及它们相关的焊材。因此镍、铬、铁和锰等是一回路结构材料的主要成分，也是一回路腐蚀产物的主要成分。与一回路冷却剂接触的材料还有含钴的司太立合金(Stellite)及含锑和含银的各种材料。由于材料的腐蚀迁移，以及材料/腐蚀产物中钴、镍、锑和银的活化，使 ^{58}Co、^{60}Co、^{51}Cr、^{54}Mn、^{59}Fe、^{124}Sb、^{122}Sb 和 ^{110m}Ag 等成为一回路的主要核素，它们是核电厂辐射场和集体剂量的主要贡献。

目前核电厂关心的活化腐蚀产物源项主要有 13 个核素，其中 ^{58}Co、^{60}Co、^{51}Cr、^{54}Mn 和 ^{59}Fe 这 5 个核素是所有堆型都提供的，^{110m}Ag 和 ^{124}Sb 等核素的产生与电厂控制棒设计、中子源、密封圈、垫片等材料的使用有关，不是所有运行压水堆核电机组都会含有。CPR1000 和 WWER 的运行经验数据表明表中核素的选取是合适的，AP1000 和 EPR 尚无运行数据支持，核素的选取还有待根据运行经验完善。

本书将活化腐蚀产物源项分为“必须计算的核素”和“根据堆型选择计算的核素”两类，见表 3.2.12。

表 3.2.12　一回路活化腐蚀产物源项谱的选取

序号	核素	CPR1000	AP1000	EPR	WWER	建议
1	^{51}Cr	^{51}Cr	^{51}Cr	^{51}Cr	^{51}Cr	必须计算的核素
2	^{54}Mn	^{54}Mn	^{54}Mn	^{54}Mn	^{54}Mn	
3	^{58}Co	^{58}Co	^{58}Co	^{58}Co	^{58}Co	
4	^{60}Co	^{60}Co	^{60}Co	^{60}Co	^{60}Co	
5	^{59}Fe	^{59}Fe	^{59}Fe	^{59}Fe	^{59}Fe	
6	^{110m}Ag	^{110m}Ag		^{110m}Ag		根据堆型选择计算的核素
7	^{122}Sb	^{122}Sb		^{122}Sb		
8	^{124}Sb	^{124}Sb		^{124}Sb		
9	^{125}Sb			^{125}Sb		
10	^{56}Mn		^{56}Mn			
11	^{65}Zn		^{65}Zn			
12	^{55}Fe		^{55}Fe			
13	^{63}Ni			^{63}Ni		

3.2.3.3　气液态流出物排放源项核素谱的选取

目前不同堆型气液态流出物排放源项中选取的核素见表 3.2.13 和表 3.2.14。综合考虑一回路源项核素谱、三废处理系统的设计、环境影响评价的需要、核素剂量贡献和运行经验等方面的因素，本书建议将气液态流出物排放源项中包含的核素，分为“通常应计算的核素”和“根据堆型选择计算的核素”两类，见表 3.2.13 和表 3.2.14。“通常应计算的核素”气态流出物 26 个、液态流出物 24 个；“根据堆型选择计算的核素”可根据堆型的设计特点自行考虑，主要选择原则如下：

- 目前大部分堆型气液态流出物排放源项均包含的核素；
- 《海水水质标准》(GB 3097—1997) 中要求评价的核素(包括 ^{60}Co、^{90}Sr、^{106}Ru、^{134}Cs 和 ^{137}Cs)。

表 3.2.13　气态流出物排放源项核素谱的选取

序号	核素类型	CPR1000	WWER	AP1000	EPR		建议
1	^{3}H	^{3}H	^{3}H	^{3}H	^{3}H	^{3}H	通常应计算的核素
2	^{14}C	^{14}C	^{14}C	^{14}C	^{14}C	^{14}C	通常应计算的核素
3	惰性气体	^{85}Kr	^{85}Kr	^{85}Kr	^{85}Kr	^{85}Kr	通常应计算的核素
4		^{85m}Kr	^{85m}Kr	^{85m}Kr		^{85m}Kr	
5		^{87}Kr	^{87}Kr	^{87}Kr		^{87}Kr	
6			^{131m}Xe	^{131m}Xe		^{131m}Xe	
7		^{133}Xe	^{133}Xe	^{133}Xe		^{133}Xe	
8		^{133m}Xe	^{133m}Xe	^{133m}Xe	^{133m}Xe	^{133m}Xe	
9		^{135}Xe	^{135}Xe	^{135}Xe	^{135}Xe	^{135}Xe	
10		^{138}Xe	^{138}Xe	^{138}Xe	^{138}Xe	^{138}Xe	
11				^{41}Ar	^{41}Ar	^{41}Ar	

续表

序号	核素类型	CPR1000	WWER	AP1000	EPR		建议
12		^{131}I	^{131}I	^{131}I	^{131}I	^{131}I	
13		^{132}I	^{132}I			^{132}I	
14	碘	^{133}I	^{133}I	^{133}I	^{133}I	^{133}I	通常应计算的核素
15		^{134}I	^{134}I			^{134}I	
16		^{135}I	^{135}I			^{135}I	
17		^{134}Cs	^{134}Cs	^{134}Cs	^{134}Cs	^{134}Cs	
18		^{137}Cs	^{137}Cs	^{137}Cs	^{137}Cs	^{137}Cs	
19			^{89}Sr	^{89}Sr		^{89}Sr	
20			^{90}Sr	^{90}Sr		^{90}Sr	
21						^{124}Sb	
22	其他粒子	^{60}Co	^{60}Co	^{60}Co	^{60}Co	^{60}Co	通常应计算的核素
23		^{58}Co	^{58}Co	^{58}Co		^{58}Co	
24			^{51}Cr	^{51}Cr		^{51}Cr	
25			^{54}Mn	^{54}Mn		^{54}Mn	
26			^{59}Fe	^{59}Fe		^{59}Fe	
27			^{83m}Kr			^{83m}Kr	
28	惰性气体			^{135m}Xe		^{135m}Xe	根据堆型选择计算的核素
29				^{137}Xe		^{137}Xe	
30				^{136}Cs		^{136}Cs	
31			^{106}Ru	^{106}Ru		^{106}Ru	
32				^{95}Zr		^{95}Zr	
33				^{95}Nb		^{95}Nb	
34				^{103}Ru		^{103}Ru	
35				^{140}Ba		^{140}Ba	
36	其他粒子			^{141}Ce		^{141}Ce	根据堆型选择计算的核素
37					^{63}Ni	^{63}Ni	
38						^{122}Sb	
39				^{125}Sb		^{125}Sb	
40						^{110m}Ag	
41				^{57}Co		^{57}Co	
42			^{55}Fe			^{55}Fe	

表 3.2.14 液态流出物排放源项核素谱的选取

序号	核素类型	CPP1000	WWER	AP1000	EPR		建议
1	^{3}H	^{3}H	^{3}H	^{3}H	^{3}H	^{3}H	通常应计算的核素
2	^{14}C	^{14}C	^{14}C	^{14}C	^{14}C	^{14}C	通常应计算的核素

续表

序号	核素类型	CPP1000	WWER	AP1000	EPR	建议
3		^{132}I	^{132}I	^{132}I		^{132}I
4		^{133}I	^{133}I	^{133}I		^{133}I
5		^{135}I	^{135}I	^{135}I		^{135}I
6		^{134}I	^{134}I	^{134}I		^{134}I
7		^{131}I	^{131}I	^{131}I	^{131}I	^{131}I
8		^{134}Cs	^{134}Cs	^{134}Cs	^{134}Cs	^{134}Cs
9		^{136}Cs		^{136}Cs		^{136}Cs
10		^{137}Cs	^{137}Cs	^{137}Cs	^{137}Cs	^{137}Cs
11		^{89}Sr	^{89}Sr	^{89}Sr		^{89}Sr
12		^{90}Sr	^{90}Sr			^{90}Sr
14	除氚外核素	^{95}Nb		^{95}Nb		^{95}Nb	通常应计算的核素
15		^{106}Ru	^{106}Ru	^{106}Ru		^{106}Ru
16		^{141}Ce		^{141}Ce		^{141}Ce
17		^{51}Cr	^{51}Cr	^{51}Cr	^{51}Cr	^{51}Cr
18		^{54}Mn	^{54}Mn	^{54}Mn	^{54}Mn	^{54}Mn
19		^{58}Co	^{58}Co	^{58}Co	^{58}Co	^{58}Co
20		^{60}Co	^{60}Co	^{60}Co	^{60}Co	^{60}Co
21		^{59}Fe	^{59}Fe	^{59}Fe		^{59}Fe
22				^{65}Zn		^{65}Zn
23						^{124}Sb
24		^{110m}Ag		^{110m}Ag	^{110m}Ag	^{110m}Ag
25			^{55}Fe	^{55}Fe		^{55}Fe
26					^{63}Ni	^{63}Ni
27						^{58}Mn
28		^{122}Sb				^{122}Sb
29					^{125}Sb	^{125}Sb
30		^{103}Ru		^{103}Ru		^{103}Ru
31		^{143}Ce		^{143}Ce		^{143}Ce
32	除氚外核素	^{143}Pr		^{143}Pr		^{143}Pr	根据堆型选择计算的核素
33		^{144}Ce		^{144}Ce		^{144}Ce
34		^{144}Pr		^{144}Pr		^{144}Pr
35		^{99}Mo		^{99}Mo		^{99}Mo
36		^{99m}Tc		^{99m}Tc		^{99m}Tc
37		^{95}Zr		^{95}Zr		^{95}Zr
38		^{140}Ba		^{140}Ba		^{140}Ba
39		^{140}La		^{140}La		^{140}La

续表

序号	核素类型	CPP1000	WWER	AP1000	EPR	建议
40		^{131m}Te		^{131m}Te	^{131m}Te	
41		^{131}Te		^{131}Te	^{131}Te	
42		^{132}Te		^{132}Te	^{132}Te	
43		^{134}Te			^{134}Te	
44		^{91}Sr			^{91}Sr	
45		^{92}Sr			^{92}Sr	
46		^{138}Cs			^{138}Cs	
47		^{90}Y			^{90}Y	
48		^{91}Y			^{91}Y	
49				^{129m}Te	^{129m}Te	
50				^{129}Te	^{129}Te	
51				^{91m}Y	^{91m}Y	根据堆型选择计算的核素
52				^{93}Y	^{93}Y	
53				^{24}Na	^{24}Na	
54				^{84}Br	^{84}Br	
55				^{88}Rb	^{88}Rb	
56				^{103m}Rh	^{103m}Rh	
57				^{106}Rh	^{106}Rh	
58				^{110}Ag	^{110}Ag	
59				^{137m}Ba	^{137m}Ba	
60				^{187}W	^{187}W	
61				^{239}Np	^{239}Np	
62				^{91}Sr	^{91}Sr	

第四章　一回路源项计算模式和参数研究

4.1　裂变产物堆芯积存量

裂变产物堆芯积存量是压水堆核电厂一回路源项和排放源项的基础，本部分将对裂变产物堆芯积存量的分析模式(包括不同分析模式的计算程序及其版本，数据库差异的对比分析)进行说明，同时，对新框架体系下裂变产物堆芯积存量核素选择的要求给予明确。

4.1.1　裂变产物堆芯积存量计算模式

反应堆运行过程中，核燃料中的易裂变核素经中子辐照后发生裂变反应，生成中等质量的裂变产物，并伴随着大量的能量释放。^{235}U、^{239}Pu、^{233}U 和铀钚混合燃料热中子激发裂变反应的产物质量数分布如图 4.1.1 所示。

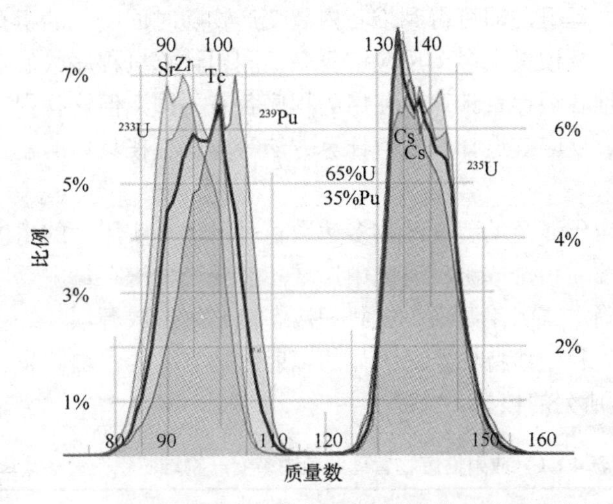

图 4.1.1　易裂变核素热中子激发裂变反应裂变产物质量数分布

资料来源：Maria Arάnzazu Tigeras Menéndez，2009. Fuel Failure Detection，Characterization and Modelling-Effec on Radionuclide Benhaviour in PWR Primary Coolant(D). Paris：Polytechnic University of Madrid and Paris Ⅺ University。

一般来说，对于稳定核素区的核素，质量数越小，其中子-质子比也越小，且逐渐趋近于 1。由于易裂变核素均为丰中子重核，裂变产物的中子-质子比必然更加远离稳定核素区，因此裂变产物绝大多数是不稳定的，要经过一系列 β 衰变和 γ 衰变最终变为稳定核素。其中，半衰期短的核素很快衰变成其他核素，在燃料芯块中积累的放射性核素主要是半衰期较长的核素，如 ^{3}H(T)、Kr、Xe、Cs、Sr、Zr、Nb、Tc、Ru、Ag、Ba 和 Cr 等。

正常运行中，大部分裂变产物被束缚在燃料芯块内，但有少量的惰性气体和易挥发核素会进入燃料芯块和包壳之间的气隙中。芯块内的裂变产物和气隙内的裂变产物两部分共同构成了堆芯裂变产物积存量。

在整个燃料循环周期内，各放射性核素的堆芯积存量随时间的变化关系可由以下微分方程定量描述：

$$\frac{\mathrm{d}X_i}{\mathrm{d}t}=\sum_{j=1}^{N}l_{ij}\lambda_j X_j+\phi\sum_{k=1}^{N}f_{ik}\sigma_k X_k-(\lambda_i+\phi\sigma_i+r_i)X_i \tag{4.1.1}$$

式中，X_i、X_j、X_k分别为核素 i、j、k 的积存量；N 为核素的数量；l_{ij}为核素 j 发生衰变生成核素 i 的分支比；λ_i为核素 i 的衰变常数，单位为 s^{-1}；λ_j为核素 j 的衰变常数，单位为 s^{-1}；ϕ为空间、能量平均的中子注量率，单位为 $n/(cm^2 \cdot s)$；f_{ik}为母核 k 发生中子核反应生成子核 i 的分支比；σ_i为核素 i 的谱平均中子吸收截面，单位为 cm^2；σ_k为核素 k 的谱平均中子吸收截面，单位为 cm^2；r_i为包壳破损时核素 i 的泄漏损失率。

方程右侧第一项为母核衰变生成子核 i 的增加项，第二项为发生中子核反应生成子核 i 的增加项，第三项为核素 i 发生衰变、中子核反应和包壳破损而泄漏导致的减少项。对于每一个核素，均可写出如式(4.1.1)的微分方程，所有核素的微分方程合在一起构成一个微分方程组。

求解上述微分方程组，即可得到堆芯内裂变产物随时间变化的积存量。但是，由于裂变产物堆芯积存量涉及核素众多，反应链复杂，利用计算机程序数值求解是唯一可行的选择。目前不同堆型堆芯积存量计算中使用的程序各有不同，但这些程序之间无非是在截面数据库、中子能群、反应链选择和数值计算方法等方面存在具体的差别，所采用的基本模型无外乎此。

虽然堆芯核反应所涉及的裂变产物多达数百种，但从实用性的角度出发，无须涵盖全部核素。在一回路源项和排放源项研究中，堆芯裂变产物积存量主要用于一回路裂变产物源项的确定，进而确定二回路源项、气载和液态流出物排放源项。综合考虑这些核素的产生量、半衰期、释放和迁移特性及对人体的辐射影响等因素，堆芯裂变产物积存量核素库至少应包括表 4.1.1 所列的核素。

表 4.1.1　放射性废物管理源项中裂变产物堆芯积存量核素库

序号	放射性核素	序号	放射性核素
1	^{85m}Kr	8	^{138}Xe
2	^{85}Kr	9	^{131}I
3	^{87}Kr	10	^{132}I
4	^{88}Kr	11	^{133}I
5	^{133m}Xe	12	^{134}I
6	^{133}Xe	13	^{135}I
7	^{135}Xe	14	^{134}Cs

续表

序号	放射性核素	序号	放射性核素
15	^{136}Cs	29	^{106}Ru
16	^{137}Cs	30	^{106}Rh
17	^{138}Cs	31	^{131m}Te
18	^{89}Sr	32	^{131}Te
19	^{90}Sr	33	^{132}Te
20	^{90}Y	34	^{134}Te
21	^{91}Y	35	^{140}Ba
22	^{91}Sr	36	^{140}La
23	^{92}Sr	37	^{141}Ce
24	^{95}Zr	38	^{143}Ce
25	^{95}Nb	39	^{143}Pr
26	^{99}Mo	40	^{144}Ce
27	^{99m}Tc	41	^{144}Pr
28	^{103m}Rh		

4.1.2 堆芯积存量的计算程序

4.1.2.1 计算程序简介

当前，我国运行、在建和拟建的 4 种压水堆型堆芯积存量计算程序各有不同，CPR1000/CNP1000 机组采用法国自主开发的 PROFIP，AP1000 和 EPR 均采用美国橡树岭国家实验室开发的ORIGEN-S，而WWER则采用俄罗斯自主开发的TVS-RAD。尽管WWER堆型堆芯积存量的计算采用TVS-RAD程序包，但该程序包中的燃耗计算模块采用ORIGEN程序作为主要的计算单元。此外，我国各类压水堆核电堆型在设计和审评过程中，也都使用 ORIGEN 程序进行过验算。因此，在新框架体系下，裂变产物堆芯积存量的分析将以ORIGEN 程序的分析模式进行阐述，对于部分堆型源项计算中出于除堆芯积存量分析以外的其他源项分析目的而采用其他分析程序计算的裂变产物堆芯积存量，本书也将给予对比分析说明。

ORIGEN 程序由橡树岭国家实验室(ORNL)开发，20 世纪 70 年代初期开始在全世界范围内应用。该程序是用途非常广泛的点燃耗及放射性衰变计算程序，可以计算模拟核燃料循环过程中放射性物质的积累、衰变等过程，给出核素的组成、放射性活度、衰变热、中子和光子源项等参数。ORIGEN 程序将核素区分为锕系核素、裂变产物核素与活化产物核素。锕系核素主要通过其他锕系核素的中子反应和衰变产生，由于 ^{4}He 主要来自于锕系核素的 α 衰变，ORIGEN 程序为了处理方便，也将其划入锕系核素组。裂变产物考虑锕系核素中可裂变核素的裂变，同时需要考虑其他裂变核素的中子反应和衰变产生。对于每一种核素，至少包括若干种可能的产生途径，其中中子反应包括(n，γ)、(n，2n)、(n，3n)、(n，α)、(n，p)、(n，f)，衰变反应包括 γ 衰变、α 衰变、β 衰变等。通过这些反应，所有核素形成了燃耗网。然而，对于绝大多数核素来说，其产生途径可能会比上述途径少得多，因此，ORIGEN 程序实际产生的燃耗网是非常稀疏的。对于绝大多数核素来说，如果不考虑裂变，其产生途径可能只有 1～2 种。

ORIGEN 程序采用矩阵指数方法求解描述堆芯核素随时间变化的耦合微分方程组。

同其他大型商用计算机程序一样，ORIGEN 程序也经历了历次程序升级，在我国核电厂设计中，ORIGEN2 和 ORIGEN-S 均被使用到。目前，ORIGEN-S 程序的可信计算范围为 ^{235}U 富集度 1.5%～5%，最大燃耗不超过 70 000MW·d/t U。

4.1.2.2 不同版本 ORIGEN 程序的差异

最初的 ORIGEN 程序版本于 1973 年发布，由于该程序输出结果详尽且方便易用，很快得到了广泛使用。在用户使用的过程中，遇到了计算精度和程序最初的数据库不能涵盖要分析的特定燃耗的问题，针对此，橡树岭国家实验室化学技术部门对 ORIGEN 程序和相关的数据库进行了版本升级，并于 1980 年发布了升级版本 ORIGEN2。ORIGEN2 设计为独立的计算分析程序，针对多种反应堆模型提供了固定的截面数据库。另外，橡树岭国家实验室的核工程应用部门开展了一项研究计划，该计划的一部分是对 ORIGEN 进行升级，使其能够在 SCALE 程序系统中执行燃耗及衰变模块分析功能，作为该计划的研究成果，ORIGEN-S 作为 SCALE 程序系统的一个模块于 1982 年发布。

ORIGEN2 和 ORIGEN-S 作为 ORIGEN 程序的升级版本，主要的分析计算功能是一致的，两者提供的核素库也基本一致(ORIGEN2 略多于 ORIGEN-S)，其不同主要体现在如下两个方面：

(1)为计算程序提供中子学数据的方法不同：对于点燃耗程序，得到恰当的截面及能谱参数等中子学数据是非常重要的。ORIGEN2 程序使用了针对大量特定反应堆模型开发的截面和裂变产物产额库，对于压水堆，ORIGEN2 提供标准燃耗数据和扩展燃耗数据。对于特定的截面，ORIGEN2 是按照全堆芯的反应率将多群截面并为一群截面。ORIGEN-S 开发的初衷是计算分析能够利用任意能群结构的多群中子注量率和截面，因此，ORIGEN-S 可以利用 SCALE 程序系统的另外两个模块 COUPLE 和 SAS2 产生的燃耗相关的截面数据。ORIGEN-S 的热中子反应堆核数据库包含 3 个能群的中子反应截面：0.625eV 以下的热中子能群，1MeV 以下的共振中子能群，1MeV 以上的快中子能群。热中子反应截面按 2200m/s(0.0253eV)的有效截面存储，共振和快群截面是相关能群的注量率权重值。当程序进行计算时，用户需要输入截面权重因子：THERM、RES 和 FAST。THERM、RES 和 FAST 用来将 2200m/s 的热中子截面、共振能群截面和快群截面加权形成单群截面。ORIGEN-S 程序所使用的数据库来自于 ENDF/B-Ⅵ库，SCALE 程序包中也提供了一些小程序计算不同反应堆、不同燃料组件形式的各种燃耗深度下的能谱，以产生更为精确的截面数据。

(2)ORIGEN2 是一个独立的计算程序，而 ORIGEN-S 是 SCALE 程序系统的一部分。

ORIGEN2 和 ORIGEN-S 对 AP1000 堆芯积存量的计算结果的比较见表 4.1.2，表中 AP1000DCD 的计算结果是采用 ORIGEN2.1 计算的。

比较 ORIGEN-S 程序与 ORIGEN2.1 程序计算结果可以看出，大部分核素的一致性较好，但部分核素的偏差较大；相比 ORIGEN2.1 程序，ORIGEN-S 程序的计算结果并不是简单的比 ORIGEN2.1 程序的结果大或小。总体来说，除了个别核素外，两个程序对于堆芯积存量的计算误差在可接受范围内。

表 4.1.2　AP1000 堆芯放射性总量比较　　　(单位：Bq)

核素	AP1000 DCD	ORIGEN-S	DCD/ORIGEN-S	核素	AP1000 DCD	ORIGEN-S	DCD/ORIGEN-S
^{130}I	1.35E+17	7.40E+16	1.83	^{135m}Xe	1.43E+18	1.52E+18	0.94
^{131}I	3.56E+18	3.55E+18	1.00	^{135}Xe	1.79E+18	1.44E+18	1.24
^{132}I	5.18E+18	5.18E+18	1.00	^{138}Xe	6.11E+18	6.25E+18	0.98
^{133}I	7.36E+18	7.33E+18	1.01	^{89}Sr	3.57E+18	3.56E+18	1.01
^{134}I	8.07E+18	8.21E+18	0.98	^{90}Sr	3.07E+17	3.28E+17	0.94
^{135}I	6.88E+18	6.96E+18	0.99	^{91}Sr	4.44E+18	4.37E+18	1.02
^{134}Cs	7.18E+17	6.66E+17	1.08	^{92}Sr	4.77E+18	4.66E+18	1.02
^{136}Cs	2.05E+17	1.49E+17	1.38	^{139}Ba	6.59E+18	6.51E+18	1.01
^{137}Cs	4.18E+17	4.29E+17	0.97	^{140}Ba	6.33E+18	6.33E+18	1.00
^{138}Cs	6.73E+18	6.85E+18	0.98	^{141}Ce	6.03E+18	5.99E+18	1.01
^{86}Rb	8.47E+15	7.14E+15	1.19	^{143}Ce	5.62E+18	5.55E+18	1.01
^{127m}Te	4.88E+16	5.22E+16	0.94	^{144}Ce	4.55E+18	4.70E+18	0.97
^{127}Te	3.77E+17	3.13E+17	1.21	^{238}Pu	1.42E+16	9.32E+15	1.52
^{129m}Te	1.67E+17	1.76E+17	0.94	^{239}Pu	1.25E+15	9.44E+14	1.32
^{129}Te	1.12E+18	9.21E+17	1.22	^{240}Pu	1.83E+15	1.48E+15	1.23
^{131m}Te	5.18E+17	6.85E+17	0.76	^{241}Pu	4.11E+17	3.81E+17	1.08
^{132}Te	5.11E+18	5.07E+18	1.01	^{239}Np	7.14E+19	6.62E+19	1.08
^{127}Sb	3.81E+17	3.20E+17	1.19	^{90}Y	3.20E+17	3.43E+17	0.93
^{129}Sb	1.15E+18	9.81E+17	1.17	^{91}Y	4.59E+18	4.63E+18	0.99
^{103}Ru	5.37E+18	5.48E+18	0.98	^{92}Y	4.81E+18	4.74E+18	1.02
^{105}Ru	3.64E+18	3.74E+18	0.97	^{93}Y	5.51E+18	5.33E+18	1.03
^{106}Ru	1.76E+18	1.74E+18	1.01	^{95}Nb	6.18E+18	6.25E+18	0.99
^{105}Rh	3.33E+18	3.49E+18	0.96	^{95}Zr	6.14E+18	6.18E+18	0.99
^{99}Mo	6.81E+18	6.66E+18	1.02	^{99}Zr	6.07E+18	6.11E+18	0.99
^{99m}Tc	5.96E+18	5.85E+18	1.02	^{140}La	6.73E+18	6.62E+18	1.02
^{85m}Kr	9.73E+17	9.44E+17	1.03	^{141}La	5.99E+18	5.88E+18	1.02
^{85}Kr	3.92E+16	4.22E+16	0.93	^{142}La	5.81E+18	5.70E+18	1.02
^{87}Kr	1.88E+18	1.86E+18	1.01	^{143}Pr	5.40E+18	5.44E+18	0.99
^{88}Kr	2.64E+18	2.50E+18	1.06	^{147}Nd	2.40E+18	2.33E+18	1.03
^{131m}Xe	3.92E+16	3.92E+16	1.00	^{241}Am	4.63E+14	3.89E+14	1.19
^{133m}Xe	2.16E+17	2.27E+17	0.95	^{242}Cm	1.09E+17	1.14E+17	0.96
^{133}Xe	7.03E+18	7.18E+18	0.98	^{244}Cm	1.34E+16	1.16E+16	1.15

4.1.2.3 ORIGEN 与 PROFIP 程序计算结果比较

CPR1000/CNP1000 机组一直是采用 PROFIP 程序计算一回路冷却剂裂变产物源项。PROFIP 程序由法国 CEA 开发并验证。该程序可求解不同燃耗下重核和裂变产物的产生及变化过程，并同步求解这些核素在燃料芯块、包壳间隙和一回路冷却剂系统中的分布。在利用 PROFIP 程序计算一回路裂变产物源项的过程中，同时也计算得到了堆芯裂变产物积存量。

为比较两种程序堆芯积存量计算结果的差异，以下针对国内某个采用 18 个月燃料循环管理策略的 CPR1000/CNP1000 核电厂为例，分别采用 PROFIP5.1 和 ORIGEN-S 程序计算寿期内裂变产物核素的最大堆芯积存量，计算结果见表 4.1.3。根据表中的分析，对大部分裂变产物，PROFIP5.1 程序和 ORIGEN-S 程序计算的堆芯积存量差异较小。除少数核素外，其余大部分核素的差别小于 15%。

进一步的分析表明，PROFIP 和 ORIGEN 程序计算结果存在差异的主要原因如下：

(1) PROFIP 程序计算堆芯积存量的最终目的是用于一回路裂变产物源项计算，需要在计算过程中考虑裂变产物从燃料组件的泄漏(该泄漏随时间有变化)，尽管裂变产物逃逸率很小，对大多数核素来说不是主要的消减项，但对某些长半衰期核素(如 ^{85}Kr、^{137}Cs)的计算结果会产生影响。ORIGEN 程序则没有考虑这一点。

(2) 需要强调，PROFIP 程序计算堆芯积存量的最终目的是用于一回路裂变产物源项计算，需要考虑锕系核素、裂变产物在燃料芯块、包壳气隙与一回路冷却剂中的燃耗现象。事实上，由于一回路源项所需要考虑的核素比较有限，因此 PROFIP 采用了燃耗链的计算方法，基于保守的原则将许多燃耗链都进行了简化、归并处理。以 ^{131}I 为例，图 4.1.2 给出了 PROFIP5.1 程序中所考虑的经过简化后涉及 ^{131}I 核素的燃耗链。在 ORIGEN 程序中则没有这种简化归并。

表 4.1.3 PROFIP5.1 与 ORIGEN-S 计算的堆芯积存量

(单位：GBq，$\times 10^8$)

核素	PROFIP5.1	ORIGEN-S	PRPFIP5.1/ORIGEN-S
^{85m}Kr	1.07E+09	1.08E+09	0.99
^{85}Kr	3.30E+07	3.66E+07	0.90
^{87}Kr	2.02E+09	2.24E+09	0.90
^{88}Kr	2.92E+09	3.16E+09	0.92
^{133m}Xe	1.81E+08	1.86E+08	0.98
^{133}Xe	5.82E+09	6.04E+09	0.96
^{135}Xe	1.58E+09	1.93E+09	0.82
^{138}Xe	5.50E+09	5.76E+09	0.96
^{131}I	2.90E+09	2.87E+09	1.01
^{132}I	4.26E+09	4.18E+09	1.02

续表

核素	PROFIP5.1	ORIGEN-S	PRPFIP5.1/ORIGEN-S
^{133}I	5.89E+09	6.09E+09	0.97
^{134}I	6.36E+09	7.05E+09	0.90
^{135}I	5.62E+09	5.76E+09	0.98
^{134}Cs	7.92E+08	9.52E+08	0.83
^{137}Cs	4.06E+08	5.10E+08	0.80
^{138}Cs	5.33E+09	6.02E+09	0.89
^{89}Sr	3.59E+09	3.70E+09	0.97
^{90}Sr	3.31E+08	3.41E+08	0.97
^{90}Y	3.31E+08	3.58E+08	0.92
^{91}Y	4.42E+09	4.55E+09	0.97
^{140}La	5.38E+09	5.07E+09	1.06
^{141}Ce	4.93E+09	5.17E+09	0.95
^{143}Ce	5.04E+09	5.05E+09	1.00
^{144}Ce	3.83E+09	3.88E+09	0.99
^{144}Pr	3.88E+09	3.70E+09	1.05

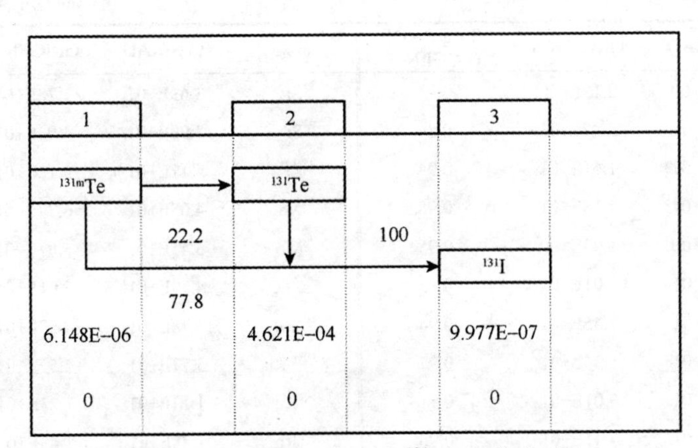

图 4.1.2　PROFIP5 程序中 ^{131}I 相关的燃耗链

(3) 两个程序使用的核反应截面库有所差异。

对于 CPR1000/CNP1000 机组，堆芯积存量由 ORIGEN 程序计算，一回路裂变产物源项则由 PROFIP 程序计算得到。尽管 ORIGEN 程序与 PROFIP 程序之间不存在直接的数据接口，看似在从堆芯积存量到一回路裂变产物源项的计算理念没有按照第三章 3.2 所建立的源项框架体系原则进行。但实际上，PROFIP 程序在计算一回路裂变产物源项时实际遵从了这一理念，且从本部分的分析结果可以看出，由 ORIGEN 程序和由 PROFIP 程序计算得到的堆芯积存量之间的差异在工程设计中是可以接受的。

4.1.2.4 ORIGEN 与 TVS-RAD 程序计算结果比较

WWER 机组堆芯裂变产物积存量计算分析采用 TVS-RAD 程序包，该程序包由莫斯科国家研究中心库尔恰托夫研究所(National Research Center Kurchatov Institute，NRCKI)开发，是一个模块化结构的程序系统，包括 TVS-M 程序、ORIMCU 模块、ORI4F 模块及接口模块，其中 TVS-M 程序的主要功能是求解 WWER 堆芯 2D 模型下的输运方程，进行功率及中子注量率分布、微观截面的计算处理。ORIMCU 模块和 ORI4F 模块均使用 ORIGEN-S 程序作为主要的单元，ORIMCU 模块用于计算堆内材料核素成分随燃耗的变化，ORI4F 模块则用于燃料放射性特性的计算，可以给出核素浓度、活度、衰变热等计算结果。

由于 ORIMCU 模块基于 ORIGEN-S 程序，因此其计算系统内核素浓度数值计算方法与 ORIGEN-S 一致。ORIGEN-S 是 SCALE 程序包的一个可执行模块，既可以通过 SCALE 的控制模块调用，也可以单独作为模块程序运行。尽管基于 ORIGEN-S 程序的 ORIMCU 模块的数值计算方法与 ORIGEN-S 程序一致，但在针对具体问题的分析中，由于计算采用截面库的差异或部分设计输入参数的差异，使得计算结果存在一定差异。TVS-RAD 程序包与 SCLAE 程序包中的 ORIGEN-S 程序计算 WWER1000 机组的裂变产物堆芯积存量计算结果对比见表 4.1.4。

表 4.1.4 WWER 年换料方案下 TVS-RAD 与 ORIGEN-S 计算的堆芯积存量对比

（单位：GBq，$\times 10^8$）

核素	TVS-RAD	ORIGEN-S	TVS-RAD/ORIGEN-S	核素	TVS-RAD	ORIGEN-S	TVS-RAD/ORIGEN-S
^{85m}Kr	7.58E+00	8.13E+00	0.93	^{91}Sr	3.69E+01	3.78E+01	0.98
^{85}Kr	2.12E−01	2.47E−01	0.86	^{92}Sr	3.90E+01	4.03E+01	0.97
^{87}Kr	1.52E+01	1.61E+01	0.94	^{95}Zr	4.17E+01	5.12E+01	0.81
^{88}Kr	2.11E+01	2.16E+01	0.98	^{95}Nb	4.05E+01	6.79E+01	0.60
^{133m}Xe	1.84E+00	1.93E+00	0.95	^{99}Mo	5.45E+01	5.67E+01	0.96
^{133}Xe	5.72E+01	6.01E+01	0.95	^{99m}Tc	4.79E+01	5.01E+01	0.96
^{135}Xe	1.37E+01	1.45E+01	0.94	^{103}Ru	3.78E+01	4.57E+01	0.83
^{138}Xe	5.16E+01	5.34E+01	0.97	^{103m}Rh	3.77E+01	4.57E+01	0.82
^{131}I	2.75E+01	3.01E+01	0.91	^{106}Ru	1.13E+01	1.23E+01	0.92
^{132}I	4.22E+01	4.41E+01	0.96	^{106}Rh	1.88E+01	1.43E+01	1.31
^{133}I	6.02E+01	6.24E+01	0.96	^{131m}Te	5.64E+00	5.79E+00	0.97
^{134}I	6.70E+01	7.02E+01	0.95	^{131}Te	2.46E+01	2.57E+01	0.96
^{135}I	5.74E+01	5.94E+01	0.97	^{132}Te	4.14E+01	4.31E+01	0.96
^{134}Cs	4.32E+00	3.19E+00	1.35	^{134}Te	5.36E+01	5.61E+01	0.96
^{136}Cs	—	1.13E+00	—	^{140}Ba	4.93E+01	5.39E+01	0.91
^{137}Cs	2.45E+00	2.55E+00	0.96	^{140}La	5.05E+01	5.67E+01	0.89
^{138}Cs	5.59E+01	5.83E+01	0.96	^{141}Ce	4.19E+01	5.08E+01	0.82
^{89}Sr	2.47E+01	3.02E+01	0.82	^{143}Ce	4.58E+01	4.74E+01	0.97
^{90}Sr	1.84E+00	1.90E+00	0.97	^{143}Pr	4.07E+01	4.60E+01	0.88
^{90}Y	1.91E+00	1.99E+00	0.96	^{144}Ce	2.96E+01	3.29E+01	0.90
^{91}Y	3.16E+01	3.89E+01	0.81	^{144}Pr	2.99E+01	3.33E+01	0.90

由 TVS-RAD 程序包与 ORIGEN-S 程序的计算结果可以看出，大部分核素的计算结果差异是较小的，但也有部分核素的计算结果差异较大；整体来看，相对于 TVS-RAD 程序包，ORIGEN-S 程序的计算结果除了个别核素，如 ^{134}Cs 和 ^{106}Rh 外，整体要大于 TVS-RAD 程序包的计算结果。但总体来看，两套程序计算结果具有较好的一致性。

从以上分析可以看出，尽管在不同堆型的裂变产物堆芯积存量分析中用到的计算程序有所不同，或对于同一堆型出于不同的源项分析目的采用了不同的裂变产物堆芯积存量分析程序，但对于不同的裂变产物堆芯积存量分析程序分析结果的对比情况来看，各种分析程序源项分析结果差异较小。在新源项分析框架体系下，上文提及的分析程序均适用，但推荐应用相对广泛的 ORIGEN-S 程序开展计算工作。

4.1.3　裂变产物堆芯积存量计算参数

裂变产物堆芯积存量的计算分析采用 ORIGEN 程序来实现，并且上文也将另外两种堆芯积存量分析计算程序 PROFIP 和 TVS-RAD 与 ORIGEN 程序进行了对比分析。在 ORIGEN 程序的使用过程中，部分计算条件和方法对计算结果尤为重要，本部分针对 ORIGEN-S 程序计算中燃耗点、燃料管理方案和截面库的选择对计算结果的影响进行分析研究。

4.1.3.1　燃耗点的选择

裂变产物堆芯积存量是基于燃料的装量、富集度、功率水平和燃耗深度进行计算的，压水堆核电厂出于燃料经济性的考虑，通常使用部分换料燃料管理策略。根据燃料管理的计算结果，堆芯按经历循环不同划分为不同区域，由于不同核素的产生-消失特征不同，不同核素随燃耗的变化趋势不一致，比如，对于一定富集度的燃料，不同核素积存量最大值对应的燃耗点差异很大，因此，还应该计算不同燃耗深度的积存量，以获取包络值。理论上应该考虑计算出尽可能多的燃耗点(燃耗点的间距尽可能小)的积存量，以便获得包络值。但这样的计算策略耗费大量的计算时间，不具备可操作性。这就给堆芯积存量计算提出了一个具体的问题：能否在考虑不同核素随燃耗变化规律的基础上，选择出若干计算时应考虑的燃耗点，使得按照这样的燃耗点计算出的堆芯裂变产物积存量包络值在可接受的误差范围内？

为回答上述问题，针对国内 CPR1000/CNP1000 机组，研究了裂变产物积存量随燃耗的变化曲线关系图。分析选取了 ^{85}Br、^{95}Nb、^{131}I、^{133}I、^{134}Cs 和 ^{137}Cs 6 种代表性核素，计算时的基本考虑列于表 4.1.5，计算结果列于图 4.1.3。

表 4.1.5　分析裂变产物堆芯积存量随燃耗的变化曲线时的计算考虑(算例 1)

项目	假设
堆芯核功率	2 895MW
堆芯燃料组件数量	157 盒
新燃料中 ^{235}U 富集度	4.45%
燃料组件的辐照比功率	40MW/t U

续表

项目	假设
燃料管理方案	三区换料，考虑 18 个月换料
计算不确定性	不考虑
大修时间	不考虑
衰变数据、核反应截面、裂变份额	程序默认值

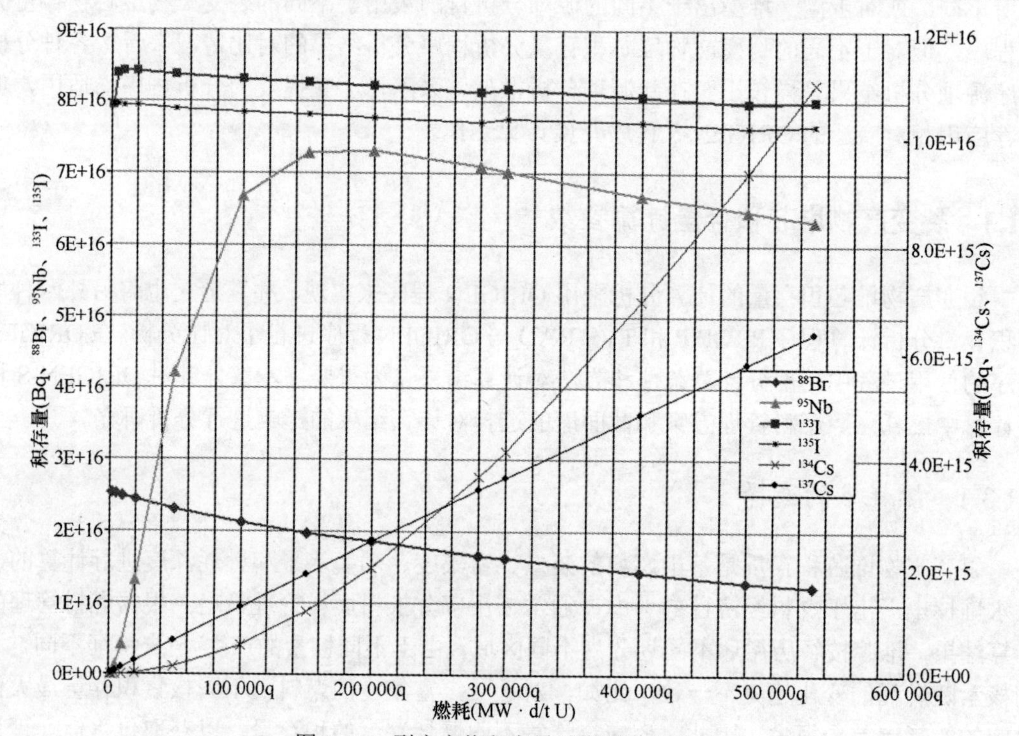

图 4.1.3 裂变产物积存量随燃耗变化曲线

由图 4.1.3 可知，对于半衰期较短的核素，如 ^{133}I(半衰期为 20.8h)和 ^{135}I(半衰期为 6.57h)，其积存量的最大值出现在燃耗较小处。对于半衰期长的核素，如 ^{134}Cs(半衰期为 2.07 年)和 ^{137}Cs(半衰期为 30.03 年)，其积存量随着燃耗的加深持续增加。也有一部分裂变产物积存量的最大值出现在中等燃耗深度，如 ^{85}Br。

进一步分析表明：①某些核素积存量最大值随着燃耗的增加而增加，故分析时所考虑的最大燃耗应作为一个燃耗计算点；②某些核素堆芯积存量反而会随着燃耗的增加而减少。但这种减少的趋势较为缓慢，最小燃耗点可以为一个燃耗计算点；③核素堆芯积存量随燃耗的变化浮动不大，燃耗计算点可以适当放宽计算间隔(如考虑 5GW · d/t U 为间隔)。需要指出的是，当初始计算条件不同时，图 4.1.3 所示的曲线也将发生变化，但该图揭示的规律带有一般性。

4.1.3.2 截面库的影响

美国 BNL 的核评价数据库(Evaluated Nuclear Data File，ENDF)被认为是核反应堆设计

的标准截面库及核数据的重要来源之一。2006 年发布的ENDF/B-Ⅶ评价库较之前发布的评价库有较多的调整。因此，对比不同版本的ENDF/B 数据库对计算结果的影响，对于认识不同阶段计算结果的差异是非常必要的。本文采用建立的燃料组件放射性源项计算模型，通过 ENDF/B-Ⅴ与 ENDF/B-Ⅶ评价数据库，研究不同版本的数据库对计算值的影响，表4.1.6 列出了采用不同版本的ENDF数据计算的燃料组件放射性源项的比值。

表 4.1.6　不同版本的 ENDF 数据库计算的燃料组件内放射性源项比值

核素	比值(BⅤ/BⅦ)	核素	比值(BⅤ/BⅦ)	核素	比值(BⅤ/BⅦ)
^{130}I	1.05	^{106}Ru	1.07	^{143}Ce	0.99
^{131}I	1.00	^{85}Kr	0.88	^{144}Ce	0.98
^{132}I	1.00	^{85m}Kr	0.94	^{238}Pu	1.37
^{133}I	1.00	^{87}Kr	0.97	^{239}Pu	1.27
^{134}I	0.98	^{88}Kr	0.99	^{240}Pu	1.09
^{135}I	1.00	^{131m}Xe	1.22	^{241}Pu	1.30
^{134}Cs	0.94	^{133}Xe	1.00	^{239}Np	1.05
^{136}Cs	1.23	^{133m}Xe	1.02	^{90}Y	0.97
^{137}Cs	1.01	^{135}Xe	1.36	^{91}Y	0.99
^{138}Cs	0.99	^{135m}Xe	1.00	^{92}Y	0.99
^{127}Te	0.94	^{138}Xe	1.00	^{93}Y	0.67
^{127m}Te	0.93	^{89}Sr	0.99	^{140}La	1.02
^{129}Te	1.16	^{90}Sr	0.98	^{142}La	1.01
^{129m}Te	1.23	^{91}Sr	0.99	^{143}Pr	0.99
^{131m}Te	1.01	^{92}Sr	0.99	^{147}Nd	1.03
^{132}Te	1.01	^{139}Ba	0.99	^{241}Am	1.38
^{103}Ru	1.01	^{140}Ba	1.02	^{242}Cm	1.24
^{105}Ru	1.01	^{141}Ce	1.00	^{244}Cm	0.94

资料来源：陈海英，乔亚华，王韶伟，等，2014. 压水堆燃料组件内放射性源项计算与分析[J]. 核技术，37(4)：64-68。

使用不同版本的 ENDF 评价数据库计算出来的燃料组件内各核素放射性活度是有差异的。在可能对环境构成危害的气态放射性核素中，^{136}Cs、^{131m}Xe、^{135}Xe 等核素受评价数据库的影响较大，两种数据库下计算结果相对差值大于 20%。

4.2　一回路裂变产物源项

一回路裂变产物由两种产生途径：一是燃料中易裂变核素裂变反应产生的裂变产物，通过各种释放机理和途径释放到主冷却剂中；二是燃料棒生产过程中燃料包壳的表面沾污铀发生裂变产生的裂变产物进入主冷却剂中。对于主冷却剂中裂变产物源项分析方法，新源项框架体系规定了用于不同目的的一回路裂变产物的设计基准及确定依据，但对于具体的堆型，考虑堆型自身的设计特点，并未规定具体的分析模式。本节对我国目前各种类型的压水堆核电厂在新框架体系下一回路裂变产物源项分析模式分别进行了介绍。

4.2.1 一回路裂变产物的产生与释放

4.2.1.1 一回路裂变产物来源

燃料芯块中的易裂变核素发生中子反应时，释放的大部分结合能以动能的形式赋予了裂变碎片，使其能够在燃料基体中沿相反的方向穿过1～10μm的距离，之后一般都静止在晶粒中。如果裂变反应发生在燃料晶粒表面几微米的深度，则裂变碎片有可能借助本身的反冲能量脱离燃料基体，称为反冲释放。

同时，反冲核还会破坏燃料晶体，将途中遇到的UO_2分子击出。许多裂变产物，特别是气体和挥发性裂变产物不溶于UO_2，而是在UO_2中处于一种饱和状态。这样，原来积累在晶格中的挥发性裂变产物也被夹带出来，称为击穿释放。

显然，无论是反冲核自身的释放还是击穿释放都发生在燃料晶粒的近表层内，其释放速率与燃料温度无关，仅与单位体积裂变反应率和燃料晶粒的表面积成正比。

大部分的裂变碎片累积在燃料晶粒的深部，裂变碎片从反冲状态静止后，其运动受扩散规律的支配。扩散是热运动过程，扩散系数随温度升高呈指数规律增加。裂变核素的扩散逃逸过程较缓慢，只有稳定和较长寿命的裂变产物才能通过扩散释放，短寿命核素的逸出率与其半衰期有关，半衰期越短，逸出率越低。对易挥发核素而言，扩散是燃料晶粒向间隙释放的主要途径。

反应堆正常运行时，进入破损燃料棒的冷却剂由于间隙中的温度比冷却剂高而转化为蒸汽，间隙内的裂变产物通过包壳破口被带入一回路中。

除此之外，即使堆芯内没有破损的燃料棒，燃料包壳可能的沾污铀也会成为裂变产物的来源。裂变产物的反冲范围约在10μm以内，因此只有在锆合金外表面10μm以内发生的裂变才有可能进入冷却剂中。

4.2.1.2 瞬态期间的释放

在反应堆稳定运行期间，破损的燃料间隙被蒸汽和与冷却剂压力平衡的水填充，裂变产物释放率取决于包壳破口的大小，从破损燃料棒逃逸出来的裂变产物中惰性气体和碘的量基本也是稳定的。在功率降低和停堆期间，裂变产物释放机制完全不同，大多数情况下都能观测到活度上涨达到一个峰值的过程，称为尖峰释放。

反应堆降功率时，部分燃料区降温迫使液态水进入破损燃料的间隙，此时衰变热仍然相当高，足以将水蒸发成水蒸气，有些裂变产物则随蒸汽泄漏出来。当反应堆进入热备用阶段时，释放过程达到一个峰值。随后反应堆继续降温降压，开始阶段压力容器内维持在高压，裂变产物释放速率缓慢，水中裂变产物浓度随净化系统去除而减少；压力下降幅度增大时，燃料包壳内压力较高，开始推动水和蒸汽夹带裂变产物通过破损口进入一回路；

当压力与水温降低到接近环境条件过程，裂变产物释放再次达到峰值。因燃料间隙空间和燃料棒内腔室可能不会全部连通，在两个大的峰值之间可能观测到一些较小的尖峰释放。

裂变产物的尖峰释放具有以下几个重要特点：

(1) 反应堆停堆时，一般至少能观测到两个释放尖峰，一个峰出现在进入热停堆阶段时，另一个在完全卸压后立即出现。

(2) 在两个主峰之间常伴有一些较小的释放峰。

(3) 如果反应堆功率降至热备用状态(未卸压)，则只出现一个小的释放峰。

(4) 在尖峰释放期间，到达峰值后从燃料中释放出的放射性活度很小，水中的活度浓度降低与下泄流量和系统去污率有关。

(5) 除裂变产物碘的尖峰释放外，Cs、Sr 与其他可溶项裂变产物也有类似的释放行为。

(6) 堆启动期间也发生碘的尖峰释放，但峰值大小比停堆尖峰释放小得多。

(7) 如果运行期间包壳无破损，则不会发生裂变产物尖峰释放。

在核电厂设计中，瞬态的持续时间短，因此一般不对裂变产物瞬态释放做特殊考虑。

4.2.2 ^{131}I 剂量当量

在核电厂设计和运行中，燃料包壳的缺陷和沾污铀释放的特征主要与三类放射性核素密切相关：惰性气体，^{133}Xe、^{133m}Xe、^{135}Xe、^{138}Xe、^{85m}Kr、^{87}Kr、^{88}Kr；碘，^{131}I、^{132}I、^{133}I、^{134}I、^{135}I；铯，^{134}Cs、^{137}Cs。这些核素不会大量沉积在回路壁面，可以很容易地建立起破损燃料棒释放和放射性活度的关系；并且很容易用 γ 谱仪测量。由于惰性气体化学性质不活泼，其逃逸速率只与一些物理因素有关，如扩散因子和破损尺寸。相对而言，其余裂变产物的逃逸速率则与其化学和物理特性都有关系，如溶解性、挥发性、化学亲和力等。挥发性较强的碘很容易进入燃料和包壳之间的间隙，如果水或水蒸气进入气隙，碘就会进入一回路冷却剂中。燃料中产生大量的其他裂变产物如碱土金属(如钡、锶)和镧系金属(如镧、铈)等，它们不具有挥发性且在铀氧化物中扩散能力非常低，在正常运行条件下它们不会大量释入一回路冷却剂中。因此，在源项设计和分析中，最为关注的放射性核素为碘和惰性气体。

由于碘具有挥发性，相对容易从堆芯逸出，半衰期较长，且被人体吸收后能够长期停留，在反应堆发生事故后其所导致工作人员和公众的辐射剂量最大，因而需要特别关注碘的同位素。

考虑到碘各个同位素对总剂量的贡献，反应堆技术规格书中一般以 ^{131}I 剂量当量作为指标。^{131}I 剂量当量是指碘的同位素 ^{131}I、^{132}I、^{133}I、^{134}I 和 ^{135}I 共同照射对人体甲状腺产生的剂量与 ^{131}I 单独照射产生的剂量相等时 ^{131}I 的活度浓度。计算公式如下：

$$A_{\mathrm{DEI}}=\sum_i A_{\mathrm{I}i}\cdot\frac{\mathrm{DCF}_i}{\mathrm{DCF}_{^{131}\mathrm{I}}}=\sum_i\frac{A_{\mathrm{I}i}}{\mathrm{DF}_i} \tag{4.2.1}$$

式中，A_{DEI} 为 ^{131}I 剂量当量；$A_{\mathrm{I}i}$ 为主冷却剂中碘同位素的活度浓度；DCF_i 为各碘同位素待积有效剂量当量的甲状腺剂量转换因子；$\mathrm{DCF}_{^{131}\mathrm{I}}$ 为 ^{131}I 待积有效剂量当量的甲状腺剂量转换因子；DF_i 为各碘同位素 ^{131}I 剂量当量转换系数。

由于剂量转换因子并非物理量，不同的机构或标准给出的取值自然也不一定相同。美国核管理委员会(USNRC)、环境保护署(EPA)、国际放射防护委员会(ICRP)等机构、法国电力公司(EDF)和我国国家标准给出过不同的剂量转换因子，由此计算出的 ^{131}I 剂量当量转换系数 DF_i 见表 4.2.1。

表中还以 AP1000 设计控制文件中的一回路裂变产物活度数据为例，依据不同的转换系数计算了对应的 ^{131}I 剂量当量。可以看出不同版本的计算结果存在差异，最大值和最小值之间相差约 1.6 倍。NRC 对剂量转换因子选择问题的解释是，剂量转换因子的选择应以技术规格书中所参考的值为准，如果技术规格书中对此未作说明，则可以采用 RG1.109 中的推荐值。

表 4.2.1 根据不同剂量转换因子计算出的转换系数

来源	^{131}I	^{132}I	^{133}I	^{134}I	^{135}I	^{131}I 剂量当量(GBq/t)
EDF-Factor	1	3.00E+01	4.00E+00	5.00E+01	1.00E+01	4.43
USNRC，1963	1	2.77E+01	3.70E+00	5.92E+01	1.19E+01	4.34
USNRC，1977	1	1.04E+02	5.52E+00	4.00E+02	2.66E+01	2.95
ICRP-30，1980	1	1.71E+02	5.92E+00	1.00E+03	3.41E+01	2.74
EPA-11，1988	1	8.62E+01	5.62E+00	2.51E+02	2.68E+01	2.97
GB 18871—2002	1	7.94E+01	5.08E+00	1.58E+02	2.30E+01	3.18
一回路碘活度浓度*	1.50	9.20	5.20	16.00	10.00	

*数据为AP1000DCD文件提供的一回路裂变产物现实源项，单位为GBq/t。

资料来源：Maria Arάnzazu Tigeras Menéndez，2009. Fuel Failure Detection，Characterization and Modelling-Effiect on Radionuclide Behaviour in PWR Primary Coolant(D)。

4.2.3 CPR1000/CNP1000

4.2.3.1 计算方法

CPR1000/CNP1000 机组一回路裂变产物源项的稳态值采用 PROFIP 程序计算，瞬态值则根据运行经验反馈通过峰值因子对稳态值加以调整得到。

PROFIP 程序是 CEA/DEN/SEN 在法国压水堆核电厂燃料组件试验和运行经验反馈的基础上进行研制，并经过验证的裂变产物和锕系元素源项计算程序。该程序可以模拟裂变产物在燃料内的产生、逃脱、通过燃料元件破损包壳向一回路冷却剂迁移的过程及在反应堆冷却剂系统中的行为。

(1)裂变产物由芯块到气隙的释放。这部分释放主要考虑 3 种机理：反冲释放、击出释放、扩散。PROFIP 程序假定扩散不能直接导致裂变碎片移出芯块，但能通过扩散机理迁移到击出区，在击出区通过击出机理释放。反冲释放、扩散加击出释放模型示意图见图 4.2.1。

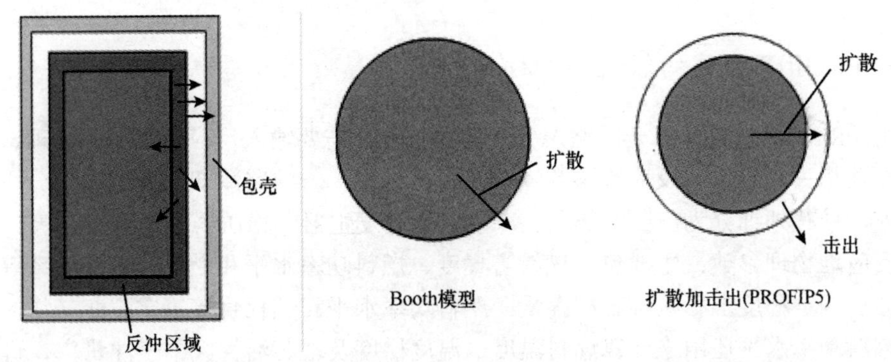

图 4.2.1　PROFIP 程序中所考虑的反冲释放、扩散加击出释放模型示意图

(2)裂变产物由气隙到一回路的释放。在燃料棒包壳出现破损后，燃料棒气隙中的裂变产物就有可能释放到一回路冷却剂中。PROFIP 程序中，在计算裂变产物的释放率时考虑了以下两个因素：①裂变产物由燃料芯块进入气隙后，碘、铯等核素会被燃料棒内部低温表面所吸附，仅存在于气隙中的裂变产物会通过破口释放到一回路；②燃料棒破口尺寸的大小会影响气隙中的裂变产物进入一回路的速率。

(3)裂变产物在一回路系统中的平衡过程。一回路系统划分为 8 个区域，具体包含：一回路冷却剂、稳压器(气相/液相)、化容系统过滤器、化容系统混床、化容系统阳床、化容系统容控箱、堆芯区域材料外表面和堆芯外区域材料表面。裂变产物在一回路系统中的平衡是通过考虑具体的来源项和消失项来建立的，来源项和消失项主要与裂变产物在一回路系统中的迁移和裂变产物的中子反应及衰变链有关。

CPR1000/CNP1000 堆型一回路冷却剂中裂变产物计算中考虑的来源项包括：

- 燃料包壳外表面的可裂变核素裂变；
- 包壳破损引起的裂变产物释放；
- 一回路冷却剂中其他裂变产物衰变和辐射俘获；
- 沉积在燃料棒外表面的裂变产物由于冷却剂的侵蚀进入一回路；
- 沉积在外回路管道或设备表面的裂变产物由于冷却剂的侵蚀进入一回路；
- 沉积在燃料棒外表面的裂变产物衰变或辐射俘获后由于溶解进入一回路；
- 沉积在外回路管道或设备表面的裂变产物衰变后由于溶解进入一回路；
- 冷却剂由稳压器返回一回路带入的裂变产物；
- 冷却剂由化容系统返回一回路带入的裂变产物。

计算中考虑的消失项包括：

- 一回路冷却剂中裂变产物核素由于衰变和俘获中子而消失；
- 由一回路随冷却剂流入化容系统(含硼浓度下降导致的冷却剂稀释)；
- 一回路冷却剂中颗粒态裂变产物核素沉积到燃料棒外表面；
- 一回路冷却剂中颗粒态裂变产物核素沉积到外回路管道或设备表面；
- 由一回路随冷却剂流入稳压器。

4.2.3.2 PROFIP 程序的假设和参数

使用 PROFIP 程序计算一回路裂变产物源项时，需要输入反应堆燃料、物理、结构、系统等专业相关的一系列反应堆参数。在建模过程中，一回路冷却剂系统被划分成堆芯内和堆芯外，堆芯外细分为一回路热段、冷段、蒸汽发生器、稳压器、化容系统等。

• 反应堆物理参数：主要包括燃料富集度、燃料功率水平和燃耗、硼降速率等。燃料富集度会在一定程度上影响堆芯积存量；燃料功率水平和燃耗直接决定裂变产物的产量，另外，燃料功率水平还用来计算燃料温度、温度梯度及堆芯活性区中子注量率，进而影响核素在燃料芯块中的扩散。燃料功率水平和燃耗越高，燃料主要裂变产物的积存量越大，燃料芯块中的裂变产物进入包壳气隙的概率越大；堆芯中子注量率水平用于堆芯积存量计算，同时影响一回路水携带的裂变产物经过堆芯所受到的辐照。一回路冷却剂中硼浓度的下降会导致一回路冷却剂在运行过程中不断被稀释，对一回路冷却剂中的裂变产物计算，这种稀释被视为一个消失项。

• 反应堆燃料结构参数：主要包括燃料芯块外径、燃料包壳的内外径、燃料棒气隙体积等参数，这些参数会影响裂变产物从燃料释放到气隙的概率，以及在气隙中的平衡。

• 反应堆结构参数：主要指一回路热段、冷段、蒸汽发生器的浸润面积，这些参数影响一回路核素微粒的沉积与沉积层核素的再溶。

• 反应堆系统参数：指反应堆一回路系统水装量，化容系统流量，过滤器、混床、阳床的净化流量和净化效率，稳压器喷雾流量。在 CPR1000/CNP1000 反应堆中，化容系统中过滤器、混床、阳床等设备对一回路系统水进行净化，对一回路裂变产物是一个去除效应；同时，稳压器也被视为一回路除化容系统外的另一个支路，进入稳压器中的惰性气体会在稳压器气相中积聚，不会返回一回路，固体裂变产物会在稳压器液相中积聚，再返回一回路。

• 燃料破损、沾污铀。压水堆核电厂一回路冷却剂中裂变产物有两种来源：一是燃料包壳的缺陷；二是存在于冷却剂中和沉积在堆芯表面的燃料(来源于燃料组件结构材料或当前循环、前面循环的大的燃料棒缺陷释放出的锕系核素)，即通常所说的沾污铀。在一回路裂变产物计算过程中，燃料破损根数与沾污铀的量是非常重要的参数，然而，在 CPR1000/CNP1000 反应堆运行过程中，燃料破损根数与沾污铀的量是不定的，在设计时只能作为假设条件进行输入。

(1) 初始表面铀沾污总量分析：为了分析初始沾污铀总量的计算敏感性，选取的假设条件为在不存在燃料元件包壳破损的情况下，分别假设全堆 1g、2g、3g 沾污铀，共 3 种计算假设(依次简记为假设 a.1～假设 a.3)。表 4.2.2 给出了对初始沾污铀总量进行敏感性分析的计算结果(仅选取了惰性气体、碘和碱金属，且未进行归一化处理)；从表中可以看出，不同初始沾污铀总量下 PROFIP5 计算得到的裂变产物活度谱的谱型是一致的，裂变产物活度浓度同初始沾污铀总量成正比。

表 4.2.2 对初始沾污铀总量进行敏感性分析的计算结果 （单位：GBq/t）

核素	假设 a.1	假设 a.2	假设 a.3
^{85m}Kr	1.470E−02	2.930E−02	4.400E−02
^{85}Kr	1.091E−05	2.180E−05	3.280E−05
^{87}Kr	3.180E−02	6.360E−02	9.550E−02
^{88}Kr	3.920E−02	7.840E−02	1.180E−01
^{133m}Xe	2.160E−03	4.330E−03	6.500E−03
^{133}Xe	4.400E−02	8.810E−02	1.320E−01
^{135}Xe	1.050E−01	2.110E−01	3.170E−01
^{138}Xe	1.770E−01	3.550E−01	5.330E−01
总惰性气体	4.139E−01	8.298E−01	1.246E+00
^{131}I	4.882E−03	9.764E−03	1.471E−02
^{132}I	1.220E−01	2.440E−01	3.671E−01
^{133}I	6.503E−02	1.303E−01	1.954E−01
^{134}I	1.829E−01	3.648E−01	5.486E−01
^{135}I	1.174E−01	2.347E−01	3.521E−01
总碘	4.922E−01	9.835E−01	1.478E+00
^{131}I 当量	4.060E−02	8.123E−02	1.220E−01
^{134}Cs	1.310E−08	2.610E−08	3.920E−08
^{136}Cs	2.040E−04	4.090E−04	6.130E−04
^{137}Cs	2.800E−05	5.600E−05	8.420E−05
^{138}Cs	1.870E−01	3.740E−01	5.610E−01

(2) 燃料元件包壳破损尺寸分析：用于分析燃料元件包壳破损尺寸的假设条件为在全堆3g 沾污铀、0.25%燃料元件包壳破损率的情况下，分别假设燃料元件包壳破损当量直径为10μm、20μm、34μm、51μm 及燃料元件包壳破损当量直径随燃耗变化的情况(新料的破损直径为 10μm，经历一次循环燃料元件包壳破损当量直径为 20μm，经历两次循环燃料元件包壳破损当量直径为 34μm)，共计 5 种计算假设(依次简记为假设 b.1～假设 b.5)。

表 4.2.3 中给出了对燃料元件包壳破损尺寸进行敏感性分析的计算结果，为方便各方案之间的比较，同样仅选取了惰性气体、碘和碱金属，且未进行归一化处理；从表中可以看出，燃料元件包壳破损尺寸越小，则计算得到的裂变产物活度谱中碘所占的比重越小，且破损尺寸随燃耗变化的情况下，计算结果可以被某些破损尺寸不随燃耗变化情况下的计算结果包络。

表 4.2.3 对燃料元件包壳破损尺寸进行敏感性分析的计算结果

(单位：GBq/t)

核素	假设 b.1	假设 b.2	假设 b.3	假设 b.4	假设 b.5
^{85m}Kr	5.150E+01	6.050E+01	6.520E+01	6.760E+01	5.940E+01
^{85}Kr	1.520E+00	1.520E+00	1.520E+00	1.520E+00	1.520E+00
^{87}Kr	4.620E+01	6.850E+01	8.540E+01	9.670E+01	6.640E+01
^{88}Kr	1.080E+02	1.360E+02	1.530E+02	1.620E+02	1.330E+02
^{133m}Xe	2.640E+01	2.670E+01	2.660E+01	2.550E+01	2.660E+01
^{133}Xe	7.740E+02	7.780E+02	7.760E+02	7.540E+02	7.770E+02
^{135}Xe	3.090E+02	4.130E+02	4.770E+02	4.890E+02	4.100E+02
^{138}Xe	3.110E+01	6.520E+01	1.200E+02	1.990E+02	7.170E+01
总惰性气体	1.348E+03	1.549E+03	1.705E+03	1.795E+03	1.546E+03
^{131}I	1.422E+01	2.844E+01	4.837E+01	7.250E+01	3.064E+01
^{132}I	3.848E+00	9.331E+00	2.556E+01	1.794E+02	1.223E+01
^{133}I	9.308E+00	2.304E+01	5.962E+01	2.485E+02	2.896E+01
^{134}I	9.463E-01	1.585E+00	3.518E+00	2.843E+01	1.949E+00
^{135}I	3.561E+00	8.587E+00	2.337E+01	1.545E+02	1.114E+01
总碘	3.188E+01	7.099E+01	1.604E+02	6.833E+02	8.491E+01
^{131}I 当量	1.705E+01	3.540E+01	6.653E+01	1.566E+02	3.944E+01
^{134}Cs	5.760E-01	1.130E+00	1.610E+00	1.340E+00	1.280E+00
^{136}Cs	2.410E-01	5.070E-01	9.150E-01	2.060E+00	5.970E-01
^{137}Cs	6.420E-01	1.310E+00	2.090E+00	2.330E+00	1.460E+00
^{138}Cs	3.050E+01	6.410E+01	1.180E+02	1.960E+02	7.050E+01

通过分析比较 PROFIP 计算结果和法国运行经验反馈数据，法国原子能和替代能源委员会(CEA)认为采用 34μm 的破口尺寸得到的放射性活度的谱型最接近运行机组的经验反馈数据。大亚湾和岭澳核电站共 60 堆年的运行反馈表明，34μm 破口尺寸能够包络所有发生破损的燃料组件。目前 CPR1000/CNP1000 机组的工程设计中均使用了 34μm 的破口尺寸假设。

4.2.3.3 ORIGEN +逃逸率系数法和 PROFIP 法计算结果比较

此处以国内某 CPR1000/CNP1000 机组作为算例，采用 3 种方案对 ORIGEN +逃逸率系数法、PROFIP 法的计算结果进行比较分析。计算策略 1：用 PROFIP5 程序进行计算，假定全堆 3g 包壳表面沾污铀，再考虑有 104 根燃料棒包壳破损(相当于 0.25%包壳破损率)。将包壳破损的计算结果进行归一化处理，使得叠加沾污铀贡献后 ^{131}I 当量活度浓度为 37GBq/t。计算策略 2：用 PROFIP5 程序进行计算，考虑有 104 根燃料棒包壳破损(相当于 0.25%包壳破损率)，不考虑沾污铀，不考虑归一化。计算策略 3：ORIGEN +逃逸率系数法

(AP1000反应堆使用的计算方法)，使用ORIGEN-S程序及FIPCO程序进行计算，考虑0.25%包壳破损率，不考虑归一化。

在稳态运行工况下，3种计算策略一回路冷却剂裂变产物活度浓度计算结果详见表4.2.4。

表 4.2.4　冷却剂设计基准裂变产物活度浓度　　(单位：GBq/t)

同位素	计算策略 1	计算策略 2	计算策略 3	同位素	计算策略 1	计算策略 2	计算策略 3
^{85m}Kr	3.54E+01	8.13E+01	1.99E+01	^{90}Y	3.48E−05	5.97E−05	2.77E−04
^{85}Kr	9.96E−01	2.19E+00	1.08E+02	^{91}Y	1.13E−03	2.32E−03	4.51E−03
^{87}Kr	4.48E+01	9.45E+01	1.15E+01	^{91}Sr	5.80E−02	7.94E−02	8.88E−02
^{88}Kr	8.19E+01	1.82E+02	3.59E+01	^{92}Sr	6.88E−02	4.35E−02	1.33E−02
^{133m}Xe	1.63E+01	3.67E+01	4.70E+01	^{95}Zr	1.51E−03	2.96E−03	5.73E−03
^{133}Xe	4.91E+02	1.12E+03	3.62E+03	^{95}Nb	1.36E−03	2.81E−03	5.58E−03
^{135}Xe	2.65E+02	5.84E+02	8.68E+01	^{99}Mo	1.25E−01	1.11E−01	6.96E+00
^{138}Xe	6.12E+01	1.23E+02	6.28E+00	^{99m}Tc	6.27E−03	6.55E−03	6.46E+00
总惰性气体	9.97E+02	2.22E+03	3.94E+03	^{103}Ru	1.42E−03	2.62E−03	4.90E−03
^{131}I	2.69E+01	4.77E+01	2.56E+01	^{106}Ru	2.95E−04	5.87E−04	1.20E−03
^{132}I	1.43E+01	2.49E+01	2.74E+01	^{131m}Te	4.11E−03	6.23E−03	3.06E−01
^{133}I	3.30E+01	5.90E+01	3.91E+01	^{131}Te	1.04E−01	9.38E−03	3.48E−01
^{134}I	2.12E+00	3.00E+00	5.46E+00	^{132}Te	3.70E−02	6.34E−02	2.67E+00
^{135}I	1.29E+01	2.29E+01	2.20E+01	^{134}Te	1.48E−01	2.36E−02	2.84E−01
总碘	8.93E+01	1.57E+02	1.20E+02	^{140}Ba	7.91E−02	1.51E−01	2.97E−01
^{131}I 当量	3.70E+01	6.56E+01	3.87E+01	^{140}La	2.72E−03	4.26E−03	1.27E−02
^{134}Cs	9.67E−01	1.89E+00	1.59E+01	^{141}Ce	1.61E−03	3.02E−03	5.64E−03
^{136}Cs	5.59E−01	1.01E+00	1.98E+01	^{143}Ce	4.74E−03	2.86E−03	4.39E−03
^{137}Cs	1.26E+00	2.44E+00	1.48E+01	^{143}Pr	1.37E−03	2.84E−03	5.31E−03
^{138}Cs	6.07E+01	1.21E+02	9.34E+00	^{144}Ce	8.10E−04	1.65E−03	3.43E−03
^{89}Sr	3.67E−02	7.16E−02	2.61E−01	^{144}Pr	8.12E−04	1.67E−03	3.43E−03
^{90}Sr	5.08E−04	9.52E−04	8.41E−03				

从计算结果可以看出，3种计算策略计算结果具有一定差异，主要表现在以下方面。

(1)惰性气体计算结果比较：半衰期较长的核素(如^{85}Kr和^{133}Xe)，计算策略2小于计算策略3，这是因为二者在结果处理时选取的时间点不一致，计算策略1和计算策略2(本项目所使用方法)选取平衡循环末时刻计算结果，计算策略3选取循环内最大值。由于硼稀释的影响，对于长寿命核素，循环末时刻一回路活度浓度会降低。其他核素(^{85}Kr和^{133}Xe

除外)计算策略 2 大于计算策略 3，由于二者计算方法不同，通常由于各分区燃料组件功率差异带来的高的燃料温度和大的扩散系数，PROFIP5 程序计算得到的逃逸率大于 FIPCO 程序计算所使用的逃逸率。

(2)碘、铯计算结果比较：PROFIP5 程序在计算逃逸率时考虑核素半衰期的影响，对于相同的同位素，半衰期长的核素有更大的概率从燃料芯块中逃逸。

总体来说，计算策略 2 和计算策略 3 中，碘核素的计算结果是相近的。^{131}I 和 ^{133}I 的活度浓度计算结果偏大与这两个核素计算得到的逃逸率更大有关。计算策略 2 的 ^{131}I 当量大于计算策略 3，主要由于计算策略 2 的 ^{131}I 活度浓度大于计算策略 3。^{134}Cs、^{136}Cs、^{137}Cs 计算策略 2 均小于计算策略 3，一方面的原因是 PROFIP5 程序所计算得到的逃逸率小于 FIPCO 程序计算所使用的逃逸率(在 FIPCO 程序中，Cs 的逃逸率与 I 一致)，另外上述核素也是半衰期较长的核素，与 ^{85}Kr 和 ^{133}Xe 的情况一致，也造成了这些核素计算结果偏小。^{138}Cs 计算策略 2 大于计算策略 3，由于冷却剂中 ^{138}Cs 主要来自于母核 ^{138}Xe，计算策略 2 所计算的 ^{138}Xe 活度浓度大于计算策略 3。

(3)其他裂变产物：其他裂变产物的计算结果，大部分核素计算策略 2 小于计算策略 3，主要原因是 FIPCO 程序不能分析冷却剂中核素和一回路系统表面沉积之间的交换作用，这些核素存在沉积去除效应，因此计算结果均偏低，偏低的程度与核素在冷却剂中的溶解度相关。

4.2.3.4 设计源项和现实源项

CPR1000/CNP1000 机组的一回路设计源项和现实源项的计算模式和使用的程序完全相同，二者的区别在假设条件的保守程度不同，下面分别讨论。

CPR1000/CNP1000 机组的一回路设计基准规定了燃料包壳的最大允许破损率为 0.25%，对应 104 根燃料棒的包壳破损。在燃料元件制造的过程中，燃料元件表面不可避免会沾污一定质量的铀。根据我国有关燃料元件表面沾污铀的限值要求(表面 α 活度不超过 0.4Bq/cm^2)，以及单根燃料棒表面积、全堆燃料棒总数可以推算出全堆的初始沾污铀总量约为 15g。根据经验反馈情况，燃料元件的实际铀沾污水平约为限值的 1/10，即 1.5g。目前，业内基本达成共识，在确定一回路裂变产物源项设计基准时，考虑 3g 沾污铀总量。

一般情况下，由程序计算得到的一回路裂变产物源项往往会和技术规格书所规定的运行限值存在差异。核电厂设计时就已经以一定方式确定了与一回路冷却剂中裂变产物活度有关的运行限值，很显然，实际电厂运行时一回路裂变产物源项不会超过技术规格书规定的限值，更进一步的理解可以认为技术规格书中的限值要求才是一回路冷却剂裂变产物源项的设计基准。在一回路裂变产物源项计算中，采用归一化的方法解决程序计算结果与运行限值偏离的问题，即利用程序计算得到的裂变产物源项谱型，将 ^{131}I 当量活度浓度归一化至技术规格书所规定的限值要求。

在 CPR1000/CNP1000 机组的技术规格书中对 ^{131}I 剂量当量的运行限值规定详见表 4.2.5，这些运行限值应作为一回路裂变产物源项设计的基础。

表 4.2.5　一回路活度浓度瞬时测量值与限值的比较

限值	OTS 运行指令	用途	备注
4.44GBq/t	停负荷跟踪检查碘峰	SGTR 事故分析，环境影响评价（异常运行工况）	是国际运行 PWR 95%置信度的包络值，是运行技术规格书规定的稳态运行的最高值
18.5GBq/t	48h 停堆允许值		
37GBq/t	6h 停堆允许值	屏蔽设计，设计基准事故分析等	设计基准源项
148GBq/t	禁止重新启动机组		瞬态

CPR1000/CNP1000 机组一回路裂变产物现实源项仍然使用 PROFIP 程序计算，只是将破损燃料棒的数目和表面沾污铀等参数做了调整。同一回路裂变产物设计基准源项类似，现实源项也有稳态值和瞬态值，瞬态值的确定方法与设计源项瞬态值的确定方法是相同的。

早期 CPR1000/CNP1000 机组一回路现实源项的计算基准定为 0.55GBq/t ^{131}I 当量，该值是法国全部运行压水堆核电厂(不包括布热核电站 2 号机组的第 2 个和第 8 个循环)在每个循环寿期末记录的碘当量平均值。大亚湾与岭澳核电站 20 堆年的测量数据表明，一回路裂变产物的 ^{131}I 当量活度浓度平均值约为 0.11GBq/t，远小于 0.55GBq/t。由于一回路裂变产物现实源项与放射性气载和液态流出物源项，以及核电厂运行状态下的环境影响评价有关，因此，采用 0.55GBq/t ^{131}I 当量活度浓度作为正常运行工况的源项可能过于保守，会使得核电厂的环境影响被高估。结合我国核电厂的运行经验和国外同类核电厂最近十几年的运行数据，再考虑一定的保守裕度，新框架下一回路裂变产物现实源项归一化值建议取为 0.1GBq/t^{131}I 当量。

4.2.4 WWER

4.2.4.1 计算方法

WWER 机组的一回路裂变产物设计源项采用 RELWWER 计算机程序计算。RELWWER 程序是由俄罗斯库尔恰托夫研究所编制、验证，主要用于计算反应堆燃料棒间隙中的裂变产物活度，裂变产物在不同净化回路模型下一回路的冷却剂活度，以及回路中的过滤器、除气器等净化设备的活度。

在 RELWWER 2.1 程序的模型中，一回路裂变产物有三类来源：①燃料包壳表面的沾污铀裂变，产物释放到冷却剂；②包壳材料中的杂质铀裂变，产物释放到冷却剂；③因燃料失密导致包壳内的裂变产物释放。其中失密又分为两种情况：气密性丧失和破损，分别代表出现微小裂纹和较大破口的情况。一般来说，前两项来源对一回路裂变产物活度的贡献是稳定的，不过量较小；而燃料棒失密虽然是小概率事件，但释放的裂变产物量非常大。燃料组件不失密时，一回路裂变产物来源是包壳表面的沾污铀和包壳材料中的杂质铀。RELWWER 2.1 程序中默认的沾污铀为 1E−08kg/m^2，杂质含量 5mg/kg。在 RELWWER 程序中，裂变碎片产生之后的迁移过程见图 4.2.2。

计算中，需要考虑以下关键参数和计算条件：

- 裂变产物直接从燃料芯块释放到主冷却剂；

- 裂变产物从气隙释放到主冷却剂；
- 容积和硼控系统对主冷却剂的去污流量；
- 一回路净化系统离子交换过滤器对主冷却剂的连续排污流量；
- 硼控模式下，通过一回路净化系统离子交换过滤器过滤主冷却剂的总量。

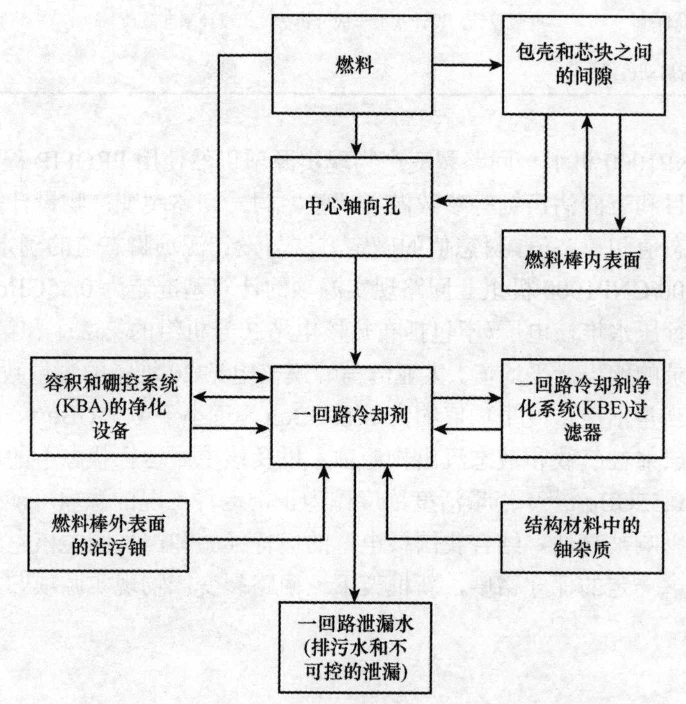

图 4.2.2 RELWWER 程序裂变碎片迁移过程示意图

4.2.4.2 RELWWER 程序计算一回路裂变产物源项时的计算假设参数研究

RELWWER 程序与 PROFIP 程序类似，可以通过程序内置参数来假定燃料棒存在破口或铀沾污，另外，RELWWER 程序还可以模拟燃料棒包壳的气密性丧失。燃料破损与铀沾污对主回路裂变产物的影响已在上文做过分析，此处将说明燃料棒气密性丧失对主回路裂变产物的影响。

在 WWER 机组的设计中，燃料棒包壳的缺陷分为两类：气密性丧失(可理解为微小裂纹)；燃料与冷却剂直接接触(可理解为包壳出现较大的破口)。在气密性丧失的情况下，惰性气体容易通过破口逸出，其他核素泄漏到主冷却剂的概率相对较低；在燃料与冷却剂直接接触的情况下，各种核素都以较大的比例释放到主冷却剂。

在燃料气密性丧失的情况下，包容在包壳内的惰性气体会进入到主冷却剂中，使得主冷却剂中惰性气体的活度增加。表 4.2.6 给出了破损棒数分别为 1 和 2 时一回路中主要惰性气体核素的活度。

表 4.2.6　失密燃料棒泄漏到一回路的惰性气体活度浓度理论计算值

（单位：Bq/L）

核素	1 根棒气密性丧失的计算值	2 根棒气密性丧失的计算值
^{85m}Kr	7.79E+04	1.56E+05
^{87}Kr	8.22E+04	1.64E+05
^{88}Kr	1.89E+05	3.78E+05
^{133}Xe	5.93E+05	1.19E+06
^{135}Xe	4.18E+05	8.36E+05

4.2.4.3　设计源项和现实源项

一回路裂变产物设计源项的计算中假设全堆有 0.02%的燃料棒发生明显破损(约 10 根)，另外有 0.2%的燃料棒丧失气密性(约 100 根)。现实运行中燃料棒的损坏情况比假设条件要好得多。在俄罗斯的经验反馈数据中，WWER 核电厂运行时存在少量气密性丧失的燃料棒(1～5 根燃料棒)；田湾核电站 1、2 号机组至今已经历 14 个完整的运行周期，其中共有两次出现燃料棒气密性丧失的情况，保守估计每次失密燃料棒数不超过 2 根。因此，WWER 核电厂运行中出现的燃料棒破损情况远远好于运行限值对应的工况。

田湾核电站 1、2 号机组投入运行以来，对一回路中裂变产物活度实测数据做了比较完整的记录，统计结果见表 4.2.7 和表 4.2.8。其中除 1 号机组第 8 个循环外，数据都覆盖了完整的燃料循环。

对于实测数据，采用 RELWWER 程序计算燃料棒无破损时一回路的裂变产物源项，与田湾核电站 1 号机组(未发现燃料组件失密)一回路裂变产物活度浓度实测值相比，结果见表 4.2.9。

表 4.2.7　田湾核电站 1 号机组主回路主要裂变产物核素活度浓度实测值

（单位：Bq/kg）

燃料循环	数据类型	^{131}I	^{132}I	^{133}I	^{134}I	^{135}I	总碘	^{134}Cs	^{137}Cs	^{138}Cs	^{133}Xe	^{135}Xe	^{88}Kr
1*	平均值	3.19E+04	5.98E+04	8.94E+04	9.39E+04	9.40E+04	3.44E+05	8.46E+03	5.84E+03	2.64E+05	1.74E+06	2.90E+05	1.43E+05
	最大值	1.87E+05	8.64E+05	2.97E+05	2.45E+05	7.30E+05	1.02E+06	9.91E+04	1.48E+04	6.82E+05	8.20E+06	7.99E+05	1.06E+06
2	平均值	1.87E+03	5.81E+04	2.66E+04	1.17E+05	5.76E+04	2.50E+05		9.26E+02	1.43E+05	1.26E+04	4.26E+04	1.16E+04
	最大值	5.00E+03	9.38E+04	4.01E+04	2.56E+05	8.19E+04	4.41E+05		2.70E+03	3.74E+05	6.62E+04	8.71E+04	2.15E+04
3	平均值	1.26E+03	2.99E+04	1.74E+04	7.38E+04	3.93E+04	1.49E+05		9.15E+02	8.86E+04	5.71E+03	2.31E+04	3.95E+03
	最大值	7.70E+03	8.86E+04	6.09E+04	2.11E+05	9.67E+04	4.54E+05		7.22E+03	3.49E+05	2.46E+04	5.68E+04	2.14E+04

续表

燃料循环	数据类型	^{131}I	^{132}I	^{133}I	^{134}I	^{135}I	总碘	^{134}Cs	^{137}Cs	^{138}Cs	^{133}Xe	^{135}Xe	^{88}Kr
4	平均值	2.75E+03	3.03E+04	1.97E+04	5.32E+04	3.37E+04	1.36E+05			6.12E+04	6.35E+03	2.02E+04	5.39E+03
	最大值	4.53E+03	4.27E+04	3.75E+04	8.69E+04	4.97E+04	2.11E+05			1.03E+05	1.08E+04	4.79E+04	1.07E+04
5	平均值	4.17E+03	2.11E+04	1.56E+04	3.84E+04	2.65E+04	9.64E+04		3.31E+02	6.75E+04	8.18E+04	4.34E+04	2.31E+04
	最大值	1.69E+04	4.68E+04	6.02E+04	9.83E+04	8.62E+04	2.54E+05		3.31E+02	9.54E+05	2.22E+05	8.09E+05	6.15E+04
6	平均值	6.54E+02	1.71E+04	7.46E+03	3.27E+04	1.82E+04	6.53E+04	1.94E+04	2.01E+02	3.89E+04	2.68E+03	1.17E+04	3.01E+03
	最大值	1.09E+03	4.28E+04	1.10E+04	1.77E+05	2.90E+04	2.28E+05	2.51E+04	2.04E+02	3.34E+05	1.22E+04	3.77E+04	8.96E+03
7	平均值	5.43E+02	2.02E+04	8.81E+03	3.79E+04	2.16E+04	8.22E+04			4.17E+04	3.15E+03	1.30E+04	3.59E+03
	最大值	8.97E+02	2.61E+04	1.29E+04	6.91E+04	3.72E+04	1.17E+05			6.98E+04	1.60E+04	2.22E+04	9.09E+03
8*/**	平均值	6.19E+04	3.33E+04	9.89E+04	3.55E+04	4.83E+04	2.71E+05	1.37E+04		2.21E+05	9.56E+05	5.30E+05	1.23E+05
	最大值	2.05E+05	8.48E+04	3.58E+05	6.16E+04	1.55E+05	8.41E+05	1.37E+04		4.85E+05	2.64E+06	1.27E+06	3.23E+05
平均值的平均值		1.31E+04	3.37E+04	3.55E+04	6.04E+04	4.24E+04	1.74E+05	1.39E+04	1.64E+03	1.16E+05	3.51E+05	1.22E+05	3.95E+04
平均值的最大值		6.19E+04	5.98E+04	9.89E+04	1.17E+05	9.40E+04	3.44E+05	1.94E+04	5.84E+02	2.64E+05	1.74E+05	5.30E+05	3.44E+05
最大值的平均值		5.35E+04	1.59E+05	1.10E+05	1.51E+05	1.58E+05	4.46E+05	4.60E+04	5.05E+03	4.19E+05	1.40E+06	3.91E+05	1.90E+05
最大值的最大值		2.05E+05	8.64E+05	3.58E+05	2.56E+05	7.30E+05	1.02E+06	9.91E+04	1.48E+04	9.54E+05	8.20E+06	1.27E+06	1.06E+06

*第 1 个循环和第 8 个循环都出现了燃料棒气密性丧失。

**第 8 个循环从 2014 年 2 月起，数据截止时间为 2014 年 6 月 12 日。

表 4.2.8　田湾核电站 2 号机组主回路主要裂变产物核素活度浓度实测值

（单位：Bq/kg）

燃料循环	数据类型	^{131}I	^{132}I	^{133}I	^{134}I	^{135}I	总碘	^{134}Cs	^{137}Cs	^{138}Cs	^{133}Xe	^{135}Xe	^{88}Kr
1	平均值	2.05E+03	1.29E+04	7.53E+03	2.10E+04	1.96E+04	3.73E+04		1.83E+04	3.63E+04	4.27E+03	7.60E+03	6.56E+03
	最大值	3.39E+03	2.61E+04	2.15E+04	4.10E+04	3.65E+04	1.10E+05		2.00E+04	8.10E+04	7.42E+03	1.56E+04	9.17E+03
2	平均值	2.69E+02	1.15E+04	4.73E+03	1.93E+04	1.20E+04	3.33E+04	1.20E+03	1.13E+04	2.47E+04	4.47E+03	1.03E+04	8.14E+04
	最大值	5.22E+02	1.65E+04	9.98E+03	3.28E+04	2.07E+04	6.81E+04	1.20E+03	2.23E+04	9.94E+04	1.30E+04	9.89E+04	2.35E+05
3	平均值	2.85E+03	7.16E+03	6.48E+03	1.33E+04	1.21E+04	2.49E+04	6.67E+03		1.94E+04	2.71E+03	5.78E+03	5.13E+04
	最大值	1.03E+04	1.44E+04	7.94E+04	3.64E+04	2.05E+04	9.60E+04	6.67E+03		4.77E+04	9.90E+03	5.37E+04	2.01E+05
4	平均值	3.83E+02	5.27E+03	2.89E+03	8.18E+03	8.68E+03	1.50E+04			1.07E+04	2.86E+03	8.04E+03	
	最大值	5.50E+02	7.86E+03	5.66E+03	1.59E+04	1.01E+04	2.95E+04			1.75E+04	5.01E+03	5.37E+04	
5	平均值	3.22E+02	6.19E+03	2.74E+03	1.10E+04	7.70E+03	2.01E+04		2.28E+03	1.69E+04	2.48E+03	6.53E+03	2.15E+03
	最大值	5.06E+02	1.08E+04	4.83E+03	4.51E+04	1.14E+04	7.08E+04		4.55E+03	3.20E+04	5.09E+03	7.11E+04	5.61E+03

续表

燃料循环	数据类型	^{131}I	^{132}I	^{133}I	^{134}I	^{135}I	总碘	^{134}Cs	^{137}Cs	^{138}Cs	^{133}Xe	^{135}Xe	^{88}Kr
6	平均值	3.13E+02	7.69E+03	3.21E+03	1.45E+04	7.34E+03	2.76E+04			2.25E+04	2.34E+03	7.07E+03	2.49E+03
	最大值	5.45E+02	1.18E+04	5.34E+03	2.50E+04	1.25E+04	4.78E+04			4.52E+04	4.26E+03	3.71E+04	3.58E+03
7*	平均值	1.82E+05	1.48E+05	2.86E+05	5.60E+04	1.86E+05	8.45E+05	2.99E+04	3.47E+04	5.94E+05	2.11E+06	1.19E+06	3.01E+05
	最大值	4.88E+05	5.43E+05	9.46E+05	2.80E+05	6.20E+05	2.74E+06	2.05E+05	2.30E+05	1.95E+06	6.47E+06	4.17E+06	9.39E+05
平均值的平均值		2.68E+04	2.84E+04	4.48E+04	2.05E+04	3.62E+04	1.43E+05	1.26E+04	1.66E+04	1.03E+05	3.04E+05	1.77E+05	7.42E+04
平均值的最大值		1.82E+05	1.48E+05	2.86E+05	5.60E+04	1.86E+05	8.45E+05	2.99E+04	3.47E+04	5.94E+05	2.11E+06	1.19E+06	3.01E+05
最大值的平均值		7.20E+04	9.01E+04	1.53E+05	6.80E+04	1.05E+05	4.52E+05	7.10E+04	6.92E+04	3.25E+05	9.31E+05	6.43E+05	2.32E+05
最大值的最大值		4.88E+05	5.43E+05	9.46E+05	2.80E+05	6.20E+05	2.74E+06	2.05E+05	2.30E+05	1.95E+06	6.47E+06	4.17E+06	9.39E+05

*第 7 个循环出现了燃料气密性丧失。

表 4.2.9 燃料未失密时一回路裂变产物活度浓度的实测值与计算值

（单位：Bq/kg）

核素	1 号机组实测值	计算值	按实测 ^{131}I 归一的计算值	计算值/实测值	归一计算值/实测值
^{131}I	5.38E+02	1.04E+03	5.39E+02	1.93	1.00
^{132}I	1.86E+04	3.77E+04	1.95E+04	2.03	1.05
^{133}I	7.83E+03	1.91E+04	9.90E+03	2.44	1.26
^{134}I	3.55E+04	8.58E+04	4.45E+04	2.42	1.25
^{135}I	2.06E+04	3.53E+04	1.83E+04	1.71	0.89
^{87}Kr	2.78E+03	2.24E+04	1.16E+04	8.06	4.17
^{135}Xe	1.16E+04	1.86E+04	9.64E+03	1.60	0.83
^{138}Cs	3.46E+04	7.48E+04	3.88E+04	2.16	1.12

从上述的比较可以看出，实测值与计算值基本在同一数量级。如果对沾污铀和杂质铀的量进行调整，在保证核素谱一定的情况下，对实测值和计算值进行比较。通过将计算值按实测 ^{131}I 进行归一，可以看出归一后的核素谱与实测核素谱除 ^{87}Kr 外，其他核素均较为一致。也就是说，RELWWER 程序可以较好地拟合电厂实测运行经验数据。因此，对于 WWER 的主回路裂变产物源项（设计源项与现实源项）分析模式，可以结合源项电厂的经验反馈，采用 RELWWER 计算得到的能谱来对相应的总碘量进行归一。

4.2.5 AP1000

4.2.5.1 计算方法

AP1000 核电厂设计基准反应堆冷却剂裂变产物活度浓度是根据假设条件（假定的燃料包壳破损率和不同核素的逃脱率系数）通过机理模型计算得到的。核素的选取在堆芯积存量的基础上，通过权衡核素的产生量、半衰期长短、放射性强度及对人体的影响而得到。该源项可用于辐射防护设计、废物管理系统设计能力评估和事故分析。

同时，因为裂变产物从燃料芯块释放到燃料包壳间隙，并从破损包壳释放入主冷却剂的机理非常复杂，设计上采用逃脱率系数和燃料包壳破损率来模拟整个过程。

在分析时，假定燃料棒在装入堆芯开始运行时，就存在一定份额的破损，这些破损燃料棒均匀分布在堆芯中，假设破损份额为 0.25%。在压水堆电厂设计中，该数据在国际上得到了普遍认可。美国核管理委员会标准审查大纲(SRP)中对该值进行了规定，使用该破损率对于屏蔽设计是可以接受的。

逃脱率系数则是 20 世纪 60 年代通过燃料破损试验和理论分析相结合的方法得到的。西屋电气公司首先在 Saxton 堆内进行了破损燃料棒辐照实验，之后在加拿大进行后续实验，测量得到惰性气体和卤素等核素的逃脱率系数与线功率密度的关系曲线，见图 4.2.3。可以看出，分析时采用 18kW/ft 对应的逃脱率系数对于 AP1000 核电厂的计算来说是较为保守的。

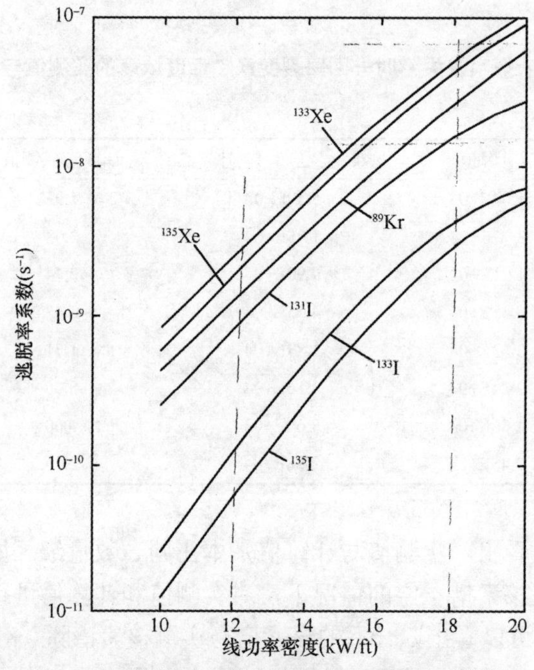

图 4.2.3　逃脱率系数与线功率密度的关系曲线

计算设计基准反应堆冷却剂裂变产物活度浓度的模式如下。

(1)用 ORIGEN 程序计算堆芯燃料中产生的与时间相关的裂变产物放射性总量，计算过程中考虑了不同核素的逃脱率系数造成的影响。

(2)使用接口程序 POST 处理 ORIGEN 程序的输出文件，得到所选择的核素随时间变化的活度，并用于后续 FIPCO 计算。

(3)使用 FIPCO 程序计算设计基准反应堆冷却剂裂变产物活度浓度，FIPCO 程序建立了描述反应堆冷却剂中裂变产物行为的微分方程，全面考虑了它们在反应堆冷却剂中产生和消失的途径，计算得到电厂运行期间工程上所需的反应堆冷却剂中裂变产物的最大活度浓度。计算流程见图 4.2.4。

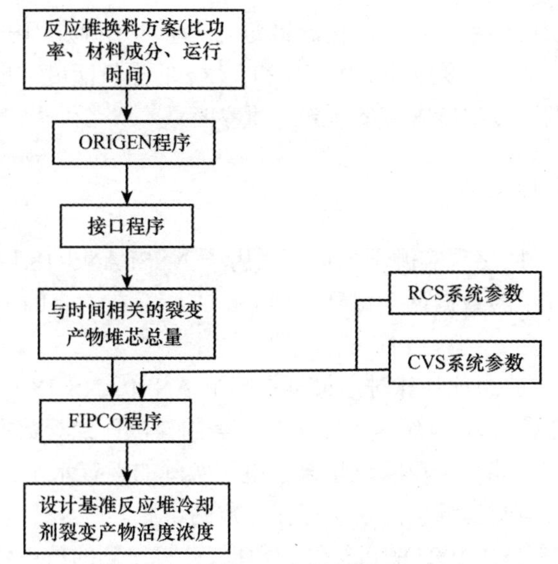

图 4.2.4　设计基准反应堆冷却剂裂变产物活度浓度计算流程

FIPCO 程序在计算源于燃料包壳破损的反应堆冷却剂裂变产物活度浓度时，采用的微分方程如下：

$$\frac{\mathrm{d}N_i^{\mathrm{w}}}{\mathrm{d}t}=\frac{\nu_i\times N_i^{\mathrm{c}}}{M^{\mathrm{w}}}-(\lambda_i+D_i+\frac{\tau+\delta}{M^{\mathrm{w}}})\times N_i^{\mathrm{w}}-\frac{Q^{\mathrm{L}}}{M^{\mathrm{w}}}\times(N_i^{\mathrm{w}}-N_i^{\mathrm{VL}})-\frac{Q^{\mathrm{P}}}{M^{\mathrm{w}}}\times(N_i^{\mathrm{w}}-N_i^{\mathrm{PL}})$$

$$\frac{\mathrm{d}N_j^{\mathrm{w}}}{\mathrm{d}t}=\frac{\nu_j\times N_j^{\mathrm{c}}}{M^{\mathrm{w}}}+\lambda_i\times N_i^{\mathrm{w}}-(\lambda_j+D_j+\frac{\tau+\delta}{M^{\mathrm{w}}})\times N_j^{\mathrm{w}}-\frac{Q^{\mathrm{L}}}{M^{\mathrm{w}}}\times(N_j^{\mathrm{w}}-N_j^{\mathrm{VL}})-\frac{Q^{\mathrm{P}}}{M^{\mathrm{w}}}\times(N_j^{\mathrm{w}}-N_j^{\mathrm{PL}}) \tag{4.2.2}$$

式中，N_i^{w} 和 N_j^{w} 分别为衰变链上母核 i 和子核 j 在反应堆冷却剂中的核子浓度，单位为核子数/g；N^{c} 为堆芯破损燃料棒中的核素总量；ν 为核素的逃脱率系数，单位为 s^{-1}；M^{w} 为反应堆冷却剂质量，单位为 g；λ 为核素的衰变常数，单位为 s^{-1}；D 为调硼排水对冷却剂的稀释率，单位为 s^{-1}；$D=\frac{B'}{B_0-t\times B'}\times\frac{1}{\mathrm{DF}}$ B' 为硼浓度减少率，单位为 mg/(kg·s)；B_0 为初始硼浓度，单位为 mg/kg；DF 为净化系统除盐床对核素的去污因子；τ 为反应堆冷却剂向安全壳的泄漏率，单位为 g/s；δ 为反应堆冷却剂经蒸汽发生器一次侧向二次侧的泄漏率，单位为 g/s；Q^{L} 为净化或下泄质量流量，单位为 g/s；N^{VL} 为容积控制箱液相中核素的核子浓度，单位为核子数/g；Q^{P} 为稳压器喷淋管线中冷却剂的质量流量，单位为 g/s；N^{PL} 为稳压器液相中核素的核子浓度，单位为核子数/g；t 为堆芯运行时间，单位为 s；i 表示母核，j 表示子核。

考虑到在设计过程中，由于堆芯热功率、换料方案的变化，以及反应堆冷却剂水装量或化学和容积控制系统正常净化流量的减少，都会引起反应堆冷却剂裂变产物实际活度浓度的增加。因此，在最终计算结果的基础上乘以一个保守因子以包络这些变化，此保守因子暂取 1.212，其中，包括功率不确定因子 1.01，燃料管理因子 1.04，以及由于反应堆冷却剂水装量或化学和容积控制系统正常净化流量变化产生的不确定因子 1.15。

同时，需对设计基准反应度冷却剂中 ^{131}I 和 ^{133}Xe 的当量活度浓度进行计算，以为技术规格书中反应堆冷却剂活度浓度限值的制定提供参考。

4.2.5.2 设计源项和现实源项

AP1000 引进时，一回路现实源项的计算采用了 ANSI/ANS-18.1-1984 中的计算方法，即由参考核电厂的运行经验数据调整得到。其分析方法存在一定的不合理性，主要体现在以下几个方面：

(1) 在正常运行及排放源项计算时，最早是基于 ANSI/ANS-18.1-1984 中的运行经验数据，该版本的数据主要基于 20 世纪六七十年代的美国核电厂经验数据得到，大部分主要核素的数据已过于保守，不能真正反映近年来核电厂实际的运行水平。部分核素的现实源项大于设计基准源项，这与两套源项的定义存在一定的矛盾。

(2) 根据 ANSI/ANS-18.1-1984 的运行经验数据，计算得到的放射性废液中 ^{106}Ru 和 ^{106}Rh 两个核素在核电厂液态放射性流出物中的排放量占总排放量较大的份额(30%～40%)，但实际核电厂的液态流出物中几乎没有测到这两个核素。

(3) ANSI/ANS-18.1 在 1999 年进行了版本升级，对部分参考核电厂核素活度浓度进行了更新，但仍没有解决以上问题。

因此，需要对现实源项的确定方法及核素谱的选取等进行优化和改进。

在新的一回路源项和排放源项框架体系中，计算得到设计基准反应堆冷却剂 ^{131}I 当量活度浓度后，分别按 ^{131}I 当量活度浓度的比例进行调整，即得到对应的设计源项和现实源项。

4.2.6 EPR

EPR 堆型设计源项基于 0.25%燃料元件破损率，先采用 ORIGEN-S 程序计算堆芯积存量，然后根据核素的逃逸率系数，一回路系统的下泄、净化和衰变等过程计算一回路中各核素的活度浓度，作为设计源项。设计源项中 ^{131}I 当量活度浓度约为 23GBq/t，与核电厂技术规格书源项、屏蔽设计源项是一致的。一回路现实源项是基于近年法国 1300MW 核电厂和 N4 核电厂共 244 堆年的运行经验数据确定的，^{131}I 当量活度浓度约为 0.2GBq/t。

4.2.6.1 设计源项

ORIGEN-S 程序的介绍见 4.1.2，本部分不再赘述。作为对比，以下采用三种计算策略计算一回路裂变产物的设计源项。

(1) 参考核电厂源项乘以因子 7.5，因为主冷却剂源项等同于约 20 根破损燃料棒，0.25%的燃料棒破损大致对应于 150 根燃料棒。

(2) 利用 PROFIP 程序的上限值 99 根破损燃料棒乘以因子(大约 1.5)，从而达到 150 根破损燃料棒。

(3)采用 ORIGEN-S 和逃逸率系数方法计算 0.25%燃料包壳破损源项。

三种策略计算的裂变产物活度谱归一化到 37GBq/t ^{131}I 当量活度浓度后的结果见表 4.2.10。经对比可见，对于 150 根燃料棒破损的情况，基于经验反馈数据和通过 PROFIP 程序及逃逸系数法计算的裂变产物活度谱存在差异，EPR 堆型通过逃逸系数法计算的 0.25%燃料包壳破损率下的一回路冷却剂中总惰性气体(530GBq/t)远小于通过经验反馈推算的值(约 1500GBq/t)和 PROFIP 计算结果(1950GBq/t)，同时也小于国内 CPR1000 机组年度换料设计(约 900GBq/t)和 18 个月换料的设计(1236GBq/t)。但考虑到计算的不确定性，总体而言三种方法之间存在着良好的一致性。

表 4.2.10　37GB/t ^{131}I 剂量当量(^{131}Ieq)的归一化裂变产物源项

(单位：Bq/t)

核素	根据 20 根燃料棒破损计算	PROFIP 计算	逃逸系数法
^{85m}Kr	6.20E+10	7.80E+10	2.11E+10
^{85}Kr	6.98E+09	2.08E+09	3.09E+09
^{87}Kr	1.13E+11	1.29E+11	1.59E+10
^{88}Kr	1.24E+11	2.02E+11	4.38E+10
^{133m}Xe	1.92E+10	2.52E+10	9.90E+09
^{133}Xe	9.01E+11	8.40E+11	3.57E+11
^{135}Xe	2.03E+11	4.79E+11	6.98E+10
^{138}Xe	1.58E+11	1.97E+11	8.77E+09
总惰性气体	1.59E+12	1.95E+12	5.30E+11
^{131}I	1.80E+10	2.46E+10	2.44E+10
^{132}I	3.15E+10	2.22E+10	9.58E+09
^{133}I	5.52E+10	3.86E+10	3.90E+10
^{134}I	2.03E+10	4.06E+09	7.31E+09
^{135}I	3.72E+10	1.89E+10	2.44E+10
总碘	1.62E+11	1.08E+11	1.05E+11
^{131}当量	3.70E+10	3.70E+10	3.70E+10
^{134}Cs	3.60E+09	9.88E+09	6.01E+10
^{136}Cs	3.72E+08	2.30E+09	1.49E+10
^{137}Cs	3.60E+09	7.49E+09	3.25E+10
^{138}Cs	1.58E+11	1.97E+11	4.38E+09
^{89}Sr	5.52E+07	6.79E+07	2.60E+07
^{90}Sr	3.38E+05	8.70E+05	2.92E+06

4.2.6.2　现实源项

在 EPR 的现实源项中，裂变产物活度浓度值为最佳估计条件下的预期平均值，这能够包络 95%的运行时间(设计数据)。

主要核素(如 ^{85}Kr、^{88}Kr、^{133}Xe、^{135}Xe、^{131}I、^{137}I 和 ^{137}Cs)的活度浓度值根据运行经验反馈确定。其余裂变产物的活度浓度则用归一化设计值从可用的活度谱中推算得到。实际上，在没有燃料棒破损的机组中大部分裂变产物的放射性水平都低于现实源项值。新框架下一回路裂变产物现实源项继续使用裂变产物活度浓度值最佳估计条件下的预期平均值。

本部分结合新源项框架体系下的裂变产物设计基准源项和现实源项的要求，分析了各种堆型的裂变产物源项分析模式，对于各种堆型，在新源项框架体系下均有相应的源项分析模式，尽管不同堆型的分析程序和分析模式有部分差异，但均能涵盖在新的裂变产物源项分析框架体系下。

4.3 一回路活化腐蚀产物源项

活化腐蚀产物是一回路冷却剂中放射性核素的主要来源之一，是放射性废物管理、环境影响分析及职业照射分析关注的主要源项。本部分首先对活化腐蚀产物的产生机理及各类型压水堆核电厂中活化腐蚀产物核素的种类进行说明，并在新源项框架体系下，对各类堆型的活化腐蚀产物源项分析模式进行阐述。

4.3.1 活化腐蚀产物源项的来源与控制

4.3.1.1 活化腐蚀产物源项的来源

反应堆在运行过程中，一回路设备材料表面受到冷却剂的不断腐蚀。虽然随着材料科学的快速发展，结构材料的耐腐蚀性能与早期的核电厂相比大为改进，但由于一回路材料的浸润面积非常大，即使随着技术的进步腐蚀速率大幅度降低，腐蚀产物的产量仍然相当大。这些腐蚀产物以可溶、胶质或不溶解颗粒形式在主冷却剂中输运，在堆芯中被中子活化而变为放射性核素，继而在一回路中迁移和沉积。活化腐蚀产物在堆芯和堆芯以外一回路冷却剂系统表面上的沉积，是核电厂中导致工作人员受照剂量的主要源项。

活化腐蚀产物的产生量主要受以下两个方面影响。

(1) 结构材料的耐腐蚀性能和元素组成：与一回路冷却剂接触的结构材料主要有锆合金、镍基合金和不锈钢及它们相关的焊材等，这些材料的常见型号和元素成分见表 4.3.1。Zr、Ni、Cr、Fe 和 Nb 等是一回路结构材料的主要成分，而 Mo、Mn、Ti、Sn 等元素的添加用于改进材料性能，Co 是 Ni、Fe 等基体中的一种杂质。此外，还有控制棒和密封线圈中可能使用的含银材料、用于轴承润滑的浸锑石墨和二次中子源的含锑材料。

表 4.3.1 压水堆一回路常见材料及其成分

材料	型号	成分元素
锆合金(包壳材料)	M4 合金	Sn 0.5%，Fe 0.6%，V 0.4%
	M5 合金	Nb 1%，O 0.125%，S 0.002%
	ZIRLO 合金	Nb 1%，Sn 1%，Fe 0.12%
	Zr-4 合金	Fe 0.18%，Ni 0.007%
	E635 合金	Nb 1%，Sn 1.3%，Fe 0.35%

续表

材料	型号	成分元素
奥氏体不锈钢（一回路管道、堆芯吊篮、导套管、泵体、阀门、压力容器堆焊层等）	304/304L	Cr 18.0%～20.0%，Ni 8.0%～11.0%
	309SNb	Cr 22.0%～26.0%，Ni 12.0%～15.0%，Nb（最小 8 倍 C 含量）
	316	Cr 16.0%～18.0%，Ni 10.0%～14.0%，Mo 2.0%～3.0%
	316Ti	Cr 16.0%，Ni 14.0%，Mn 1.7%，Mo 2.5%，Ti 0.4%
	317	Cr 17.0%～19.0%，Ni 9.0%～12.0%，Nb（最小 10 倍 C 含量）
	321	Cr 17.0%～19.0%，Ni 9.0%～13.0%，Nb（最小 5 倍 C 含量）
	15-15Ti	Cr 15.0%，Ni 15.0%，Mn 1.5%，Mo 1.2%，Ti 0.4%
镍基合金（蒸汽发生器传热管、弹簧、螺栓等）	因科镍 X750	Ni≤70%，Cr 14%～17%，Fe 5%～9%，Co 1.0%，Ti 2.25%～2.75%，Nb 0.70%～1.2%
	因科镍 600	Ni≤72%，Cr 14%～17%，Fe 6%～10%，Co≤0.10%，Ti≤0.50%，Al≤0.50%
	因科镍 690	Ni 32%～35%，Cr 20%～23%，Fe≤39.5%，Co≤0.10%，Ti 0.15%～0.60%，Al 0.15%～0.45%
	因科镍 800	Ni 50%～55%，Cr 17%～21%，Fe 18.5%，Co 1.0%，Ti 0.15%～0.60%，Al 0.15%～0.45%
	因科镍 718	Ni 32%～35%，Cr 20%～23%，Fe≤39.5%，Mo 2.8%～3.3%，Co≤0.10%，Ti 0.65%～1.15%
	因科镍 625	Ni≤61%，Cr 21.5%，Fe 2.5%，Mo≤9.0%，Nb 3.7%，Ti 0.2%，Al 0.2%
含银材料	控制棒	Ag-In-Gd 材料（芯体外一般有不锈钢包壳）
	密封垫圈	含银材料
含锑材料	浸锑石墨	Sb 10%
	二次中子源	Sb-Be 源（芯块外一般有不锈钢包壳）

资料来源：阮於珍，2010. 核电厂材料基础[M]. 北京：中国原子能出版社。

(2) 中子活化反应截面：腐蚀活化产物由一回路结构材料中的核素在堆芯被中子活化而产生，因此，其源项除了与材料中的元素组成有关，还与核素的自然丰度和中子反应截面大小、半衰期有关。结构材料中主要核素的中子活化反应截面数据见表 4.3.2。

表 4.3.2　反应堆材料中常见核素的中子活化数据

靶核	丰度(%)	生成核	半衰期	截面(b)	反应	主要反应能区	照射一年后生成核活度(Bq)*
^{50}Cr	4.35	^{51}Cr	27.7d	15.9	n，γ	热	8.33E+01
^{55}Mn	100	^{54}Mn	312.12d	3.00E−04	n，2n	快	1.57E−02
^{54}Fe	5.8	^{55}Fe	2.737a	2.25	n，γ	热	3.26E+00
^{54}Fe	5.8	^{54}Mn	312.12d	0.082	n，p	快	2.94E−01
^{54}Fe	5.8	^{51}Cr	27.7d	6.00E−04	n，α	快	3.89E−03
^{58}Fe	0.31	^{59}Fe	44.5d	1.28	n，γ	热	4.12E−01
^{59}Co	100	^{60}Co	5.27a	37.45	n，γ	热	4.70E+02
^{59}Co	100	^{59}Fe	44.5d	0.001	n，p	快	3.96E−02
^{58}Ni	67.76	^{55}Fe	2.737a	0.003	n，α	快	4.71E−02
^{58}Ni	67.76	^{58}Co	70.86d	0.111	n，p	快	7.58E+00
^{60}Ni	26.1	^{60}Co	5.27a	0.002	n，p	快	7.44E−03
^{62}Ni	3.71	^{63}Ni	100.1a	14.5	n，γ	热	3.61E−01

续表

靶核	丰度(%)	生成核	半衰期	截面(b)	反应	主要反应能区	照射一年后生成核活度(Bq)*
^{63}Cu	69.1	^{60}Co	5.27a	6.00E−04	n，α	快	4.88E−03
^{64}Zn	48.6	^{65}Zn	245.8d	1.06E−01	n，γ	热	2.33E+01
^{90}Zr	51.45	^{90}Y	64.1h	2.00E−04	n，p	快	6.22E−03
^{94}Zr	17.5	^{95}Zr	64.03d	0.05	n，γ	热	5.48E−01
^{95}Mo	15.92	^{95}Nb	34.99d	1.00E−04	n，p	快	1.41E−03
^{109}Ag	48.17	^{110m}Ag	249.76d	4.7	n，γ	热	7.96E+01
^{121}Sb	57.3	^{122}Sb	3.722d	5.9	n，γ	热	1.66E+02
^{123}Sb	42.7	^{124}Sb	60.2d	4.145	n，γ	热	8.56E+01
^{124}Sn**	5.8	^{125}Sb	2.759a				8.40E−02

*计算条件为1g天然丰度的样品，等效热中子注量率10^7n/(cm^2 · s)，未考虑中子照射过程中靶核数目减少引起的修正；

** 为^{124}Sn活化产物^{125}Sn的衰变子体反应。

资料来源：潘自强，2011. 辐射安全手册[M]. 北京：科学出版社。

综合考虑上述核素的生成率、半衰期和辐照特性，并考虑国内外压水堆核电厂一回路活化腐蚀产物的实测数据，建议一回路源项计算时主要考虑的核素见表 4.3.3。

表 4.3.3　一回路活化腐蚀产物源项中考虑的核素种类

序号	核素	序号	核素
1	^{51}Cr	6	^{60}Co
2	^{54}Mn	7	^{65}Zn
3	^{55}Fe	8	^{124}Sb
4	^{59}Fe	9	^{110m}Ag
5	^{58}Co	10	^{63}Ni

上述核素的大部分都包含在4种压水堆型现有的一回路活化腐蚀产物源项中，唯独^{63}Ni没有得到应有的重视，这里做进一步介绍。

^{63}Ni为纯β核素，半衰期约为100年，发射电子的最大能量为67keV，平均能量为17keV，介于 ^{3}H(E_{max}=18.6keV，E_{ave}=5.69keV)和 ^{14}C(E_{max}=156.5keV，E_{ave}=49.5keV)之间，子体为稳定核素 ^{63}Cu。由于其低能β衰变的特性，使得^{63}Ni的测量极其困难，早期测量技术落后时甚至连半衰期都难以测定。如此低的电子能量无法穿透人体皮肤，因此在屏蔽设计中几乎无须考虑，其危害仅限于内照射和对眼睛晶体的照射，属于中等放射毒性的核素。

另一方面，由于其相对较长的半衰期，在反应堆的整个寿期内反应堆结构材料中的^{63}Ni总量呈现线性增加，如图 4.3.1 所示。一台百万千瓦的机组运行 40 年后，^{63}Ni 的产生总量将达到 10^6Ci(1Ci=3.7×10^{10}Bq)，这也使得 ^{63}Ni 成为核电厂退役过程中导致职业照射的主要核素之一。因此，^{63}Ni 是一回路腐蚀活化产物中的重要核素之一，在源项计算中应予以重视。

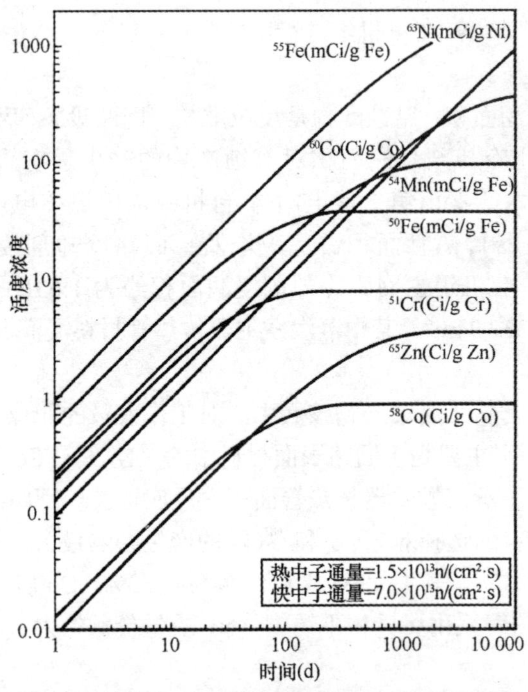

图 4.3.1　反应堆寿期内活化腐蚀产物的累积量变化

表 4.3.4 列出了美国商运压水堆 20 世纪 70 年代一回路中部分活化腐蚀产物核素和 ^{3}H、^{14}C 活度浓度的实测数据，包括西屋电气公司的 Zion 1、2 号机组、Turkey Point 3、4 号机组和 Prairie Island 1、2 号机组，Combustion Engineering 公司的 Fort Calhoun 核电站，以及 Babcock & Wilcox reactor 公司的 Rancho Seco 核电站，共 8 台机组的运行数据。

表 4.3.4　美国 20 世纪 70 年代一回路 ^{3}H、^{14}C 和活化腐蚀产物核素活度浓度测量值(单位：μCi/g)

核素	8 台机组平均值	核素	8 台机组平均值
^{3}H	2.0E−01	^{63}Ni	8.2E−05
^{14}C	4.1E−05	^{65}Zn	1.7E−04
^{54}Mn	5.4E−04	^{95}Zr	2.1E−04
^{55}Fe	1.5E−03	^{110m}Ag	4.2E−05
^{57}Co	3.5E−04	^{124}Sb	4.4E−05
^{58}Co	4.9E−03	^{125}Sb	6.9E−06
^{60}Co	3.8E−04		

4.3.1.2　活化腐蚀产物源项的控制

由于一回路活化腐蚀产物源项是产生集体剂量的最重要因素，压水堆核电厂的设计者和运行者们均在为降低一回路活化腐蚀产物源项而持续努力。影响主回路活化腐蚀产物活度的主要因素包括材料选择、一回路水化学控制、材料表面处理和净化系统优化等。本部分选取材料选择、水化学控制两个方面对一回路活化腐蚀产物源项的影响进行简要介绍。

(1) 材料选择：对于材料选择，针对反应堆和主回路冷却剂浸润表面材料，下文将以

CPR1000/CNP1000 机组和 WWER 机组进行比较分析；针对材料替代，下文简述了其他压水堆堆型所做的一些工作。

1) 一回路冷却剂浸润面积：腐蚀产物是反应堆及一回路设备/管道内表面的材料受主冷却剂腐蚀产生的，因此冷却剂浸润面积对腐蚀产物的产生量有直接影响。例如，沿用 CPR1000/CNP1000 技术的秦山第二核电站 4 台机组，田湾核电站 1、2 号机组采用的 WWER 机组蒸汽发生器传热管面积占反应堆及一回路冷却剂浸润面积的份额均为最大。秦山第二核电站单台机组主回路冷却剂浸润面积约为 1.63E+04m^2，WWER 机组主回路的表面积约为 3.43E+04m^2，其中蒸汽发生器传热管材料浸润面积分别为 1.01E+04m^2 和 2.05E+04m^2。

2) 冷却剂浸润表面材料：腐蚀产物核素中，对工作人员的职业受照剂量贡献最大的是 ^{58}Co 和 ^{60}Co。这两种核素主要是主回路表面材料中的 ^{58}Ni 和 ^{59}Co 被腐蚀、活化产生的。由前面的数据可以看出，蒸汽发生器传热管面积占反应堆及一回路冷却剂浸润总面积的一半以上，因此传热管材料的选择对 ^{58}Co 和 ^{60}Co 的产生影响最大。秦山第二核电站蒸汽发生器传热管使用因科镍材料，其中的 Ni 质量份额为近 60%，Co 质量份额约为 0.015%；而 WWER 蒸汽发生器传热管采用奥氏体不锈钢，Ni 质量份额约为 10%，Co 质量份额约为 0.05%。

秦山第二核电站 4 台机组和田湾核电站 1、2 号机组主回路活化腐蚀产物活度的实测值见表 4.3.5，从表中数据可知，田湾核电站 1、2 号机组主中的主要活化腐蚀产物总活度实测值比秦山第二核电站的实测值大。WWER 反应堆及一回路冷却剂浸润面积大，多数母核核素输入量大，另外还有水化学控制等其他条件的影响。不过其他条件对不同腐蚀产物核素的影响应该是近似的，因此对于表 4.3.5 中反映出的不同腐蚀产物核素活度浓度的差别，材料影响是主要原因；表中 WWER 机组实测值唯一偏小的是 ^{58}Co，因为 WWER 机组的蒸汽发生器为卧式，传热管选用了不锈钢材料而不是 Ni 含量高的镍基材料因科镍合金，这使得通过腐蚀进入主回路的 Ni 含量降低，进而冷却剂中中子活化产生的 ^{58}Co 活度也降低。AP1000 机组的设计强调降低冷却剂浸润表面材料中的钴含量，希望由此降低一回路系统中的 ^{60}Co 活度。可以看出，材料的选择，尤其是影响重要母核输入量的材料选择可以对活化腐蚀产物活度产生很大的影响。

表 4.3.5　秦山第二核电站与田湾核电站主回路腐蚀产物实测数据

（单位：Bq/kg）

核素	秦山第二核电站 4 台机组实测平均值	田湾核电站 1、2 号机组实测平均值
^{59}Fe	3.09E+03	3.53E+03
^{58}Co	1.20E+04	7.20E+03
^{51}Cr	1.42E+04	4.94E+04
^{54}Mn	1.89E+03	9.55E+03
^{60}Co	2.04E+03	2.62E+04

3) 材料替代：所有堆型的核电厂都在尽最大可能限制钴、锑和银等材料在一回路冷却

剂系统中的使用，以降低一回路活化腐蚀产物源项。例如，AP1000 和 EPR 在材料替代上，一个重要的措施是尽可能地采用无钴合金材料替代 Stellite(司太立合金，为钨铬钴合金)。其他措施还包括最大限度地减少蒸发器传热管因科镍 690TT 合金中钴杂质的含量；限制用于堆芯区域的不锈钢材料中钴杂质的含量；燃料组件格架用锆合金替代因科镍合金；限制泵轴承、二次中子源中锑的含量；限制垫片、密封圈和控制棒吸收材料中银的含量等。CPR1000/CNP1000 机组将核岛 16 英寸(in，1in=2.54cm)以下的管道法兰密封含银垫片(Helicoflex)替换为石墨垫片(Lattygraf Reflex)，以降低 ^{110m}Ag 源项；在新建成的 CPR1000/CNP1000 机组，也在逐步降低蒸发器传热管材料中钴的含量，同时尽量避免采用司太立合金，以降低 ^{60}Co 源项。

法国电力公司(EDF)的研究表明，其尝试在蒸汽发生器(SG)材料的选择上，用因科镍 800(或因科镍 900)来代替以往 SG 设备的材料。CPR1000/CNP1000 机组的蒸汽发生器传热管材料普遍使用因科镍 690 合金，因科镍 800 相对于因科镍 690 的主要差别是增加了 Fe 的含量，从 11%增加到 45%，同时减少 Ni 的含量，从 58%降低到 33%(对应因科镍 800)。这里针对两种蒸汽发生器传热管材料，选择相同的水化学条件，计算主冷却中活化腐蚀产物的活度。图 4.3.2 给出了不同蒸汽发生器材料对 ^{58}Co 活度的影响。

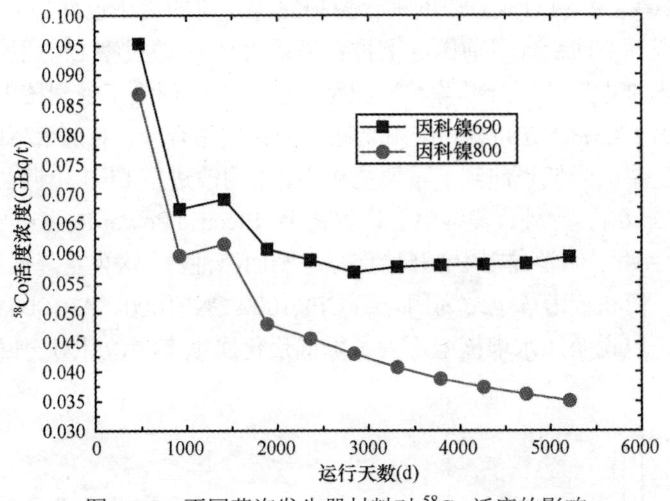

图 4.3.2 不同蒸汽发生器材料对 ^{58}Co 活度的影响

由于蒸汽发生器传热管与主冷却剂的接触面积非常大，所以传热管材料的变化对主冷却剂中活化腐蚀产物的活度有比较大的影响；由图 4.3.2 中可见，因科镍 690 对应的 ^{58}Co 的活度要大于因科镍 800 对应的活度，由于 ^{58}Ni 的(n，p)反应产生 ^{58}Co，所以材料中 Ni 的减少导致主冷却剂中 ^{58}Co 活度的降低。

(2)水化学控制：CPR1000/CNP1000、AP1000 和 EPR 蒸发器传热管材料均为因科镍 690TT，由于因科镍 690TT 中镍含量高达 58%，而且 690TT 冷却剂浸润面积占反应堆及一回路冷却剂接浸润总面积的份额超过 60%(锆合金约为 25%、不锈钢约为 10%)，因此传热管材料中 ^{58}Ni 进入冷却剂后活化产生的 ^{58}Co 一直是核电厂导致集体剂量的关键核素。690TT 是压水堆核电厂的主要传热管材料，目前还无法替代，但一回路水化学优化能显著

降低 ^{58}Co 源项，同时还能降低 ^{60}Co、^{59}Fe 和 ^{54}Mn 等源项，良好的水化学控制甚至能够与材料替代达到的效果相当。

一回路水化学控制的目的是减少结构材料的腐蚀、迁移和沉积，确保燃料包壳的完整性；确保反应堆冷却剂压力边界的完整性；降低辐射场。一回路化学控制包括功率运行化学控制和冷停堆氧化运行控制，对活化腐蚀产物的冷停堆源项和功率运行源项影响很大。以下简要介绍功率运行期间的化学控制。

pH值是功率运行期间一回路最重要的化学参数之一，冷却剂稍偏碱性，有利于结构材料的耐腐蚀性，还可以促进致密氧化物保护膜 Me_3O_4 的生成。适当的 pH 值，不仅能降低系统的腐蚀速率，防止核素向一回路冷却剂迁移，而且还能将堆芯沉积的腐蚀产物迁移出去。但 pH 值太高则会引起不锈钢、镍基合金特别是燃料包壳的苛性腐蚀。目前压水堆采用的 $pH_{300℃}$在 6.9～7.4(稍偏碱性)，最佳 $pH_{300℃}$为 7.2～7.4，达到 7.4 后腐蚀产物随 pH 值的变化很小。国际上推荐的最小 $pH_{300℃}$是 6.9，低于该 pH 值，随着运行时间的增加，燃料表面沉积和发生轴向不规则偏移(axial offset anomaly，AOA)的风险也会增加。由于冷却剂系统材料的腐蚀及腐蚀产物的释放、迁移、沉积和活化均在高温下进行，因此通常采用 300℃时的 pH 值($pH_{300℃}$)进行控制和评价，本文的 pH 值均指 $pH_{300℃}$。

pH 值是通过调节锂-硼(Li-B)浓度进行控制的，pH 值的优化也就是 Li-B 协调曲线的优化。经过几个阶段的实践后，目前国际上推荐采用“高 Li 改进型 Li-B 协调曲线”。

根据德国压水堆电厂的运行经验，一回路主管道表面剂量率受到核电厂材料替代和水化学的影响，见图 4.3.3；由图可知，采用无钴合金替代钴合金，对剂量率的降低最为明显，水化学控制对剂量率的降低也起到了重要的作用，采用改进型 Li-B 协调曲线(mod.)要优于 Li-B 协调曲线(Coord.)。此外，美国电力研究协会(Electric Power Research Institute，EPRI) 2003 年第 5 版一回路水化学导则中，开始推荐向一回路注锌，这也是降低源项的有效措施。下面以大亚湾、三门和台山核电站为例介绍 CPR1000/CNP1000、AP1000 和 EPR 核电厂的水化学优化情况，以说明压水堆核电厂为了降低活化腐蚀产物，针对一回路水化学优化所开展的工作。

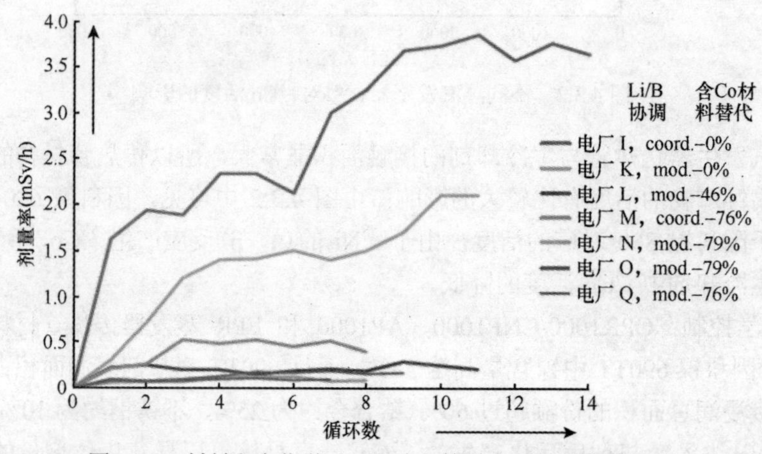

图 4.3.3 材料和水化学对一回路主管道表面剂量率的影响

1) 大亚湾核电站一回路水化学优化：大亚湾核电站的 Li-B 协调曲线经历了两次优化，

从原设计的“改进型 Li-B 协调曲线”优化到了“高 Li 改进型 Li-B 协调曲线”，目前的 Li-B 协调曲线见图 4.3.4。优化的目的是为了适应混合堆芯及长燃料循环的需要，随长燃料循环硼浓度的提高，锂浓度也相应提高，但燃料循环初期 $pH_{300℃}$ 仍稍低于 6.9，直到中后期 $pH_{300℃}$ 才达到最佳值。虽然优化取得了一定效果，但从图 4.3.5 可看出，燃料循环初期由于受到 pH 值偏低等因素的影响，系统水质较差，腐蚀速率较高，冷却剂中 ^{60}Co 和 ^{58}Co 活度高于燃料循环中后期，也高于设计值。因此，提高燃料循环初期及前几个月的 pH 值，是大亚湾核电站及采用相似 Li-B 协调曲线电站的一个优化方向。

大亚湾核电站另一个重要核素是 ^{110m}Ag，根据法国压水堆电厂的运行经验，^{110m}Ag 对大修集体剂量的贡献通常为 5%～15%，大亚湾核电站在 ^{110m}Ag 污染严重时，^{110m}Ag 对电站员工的剂量贡献可达到总剂量的 40%～50%。由于 ^{110m}Ag 主要来自控制棒吸收材料和密封垫片，不是来自一回路系统结构材料，所以 Li-B 协调曲线的优化对 ^{110m}Ag 的降低不明显。材料替代、冷停堆氧化运行控制和提高净化效率是降低 ^{110m}Ag 的主要措施。

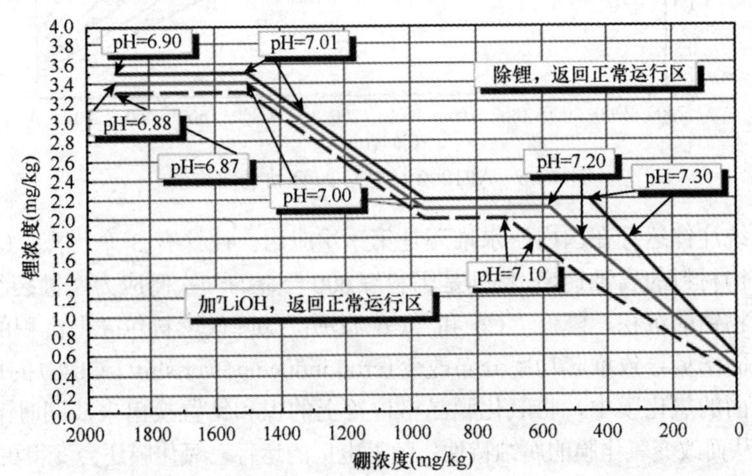

图 4.3.4　大亚湾核电站 18 个月燃料循环 Li-B 协调曲线

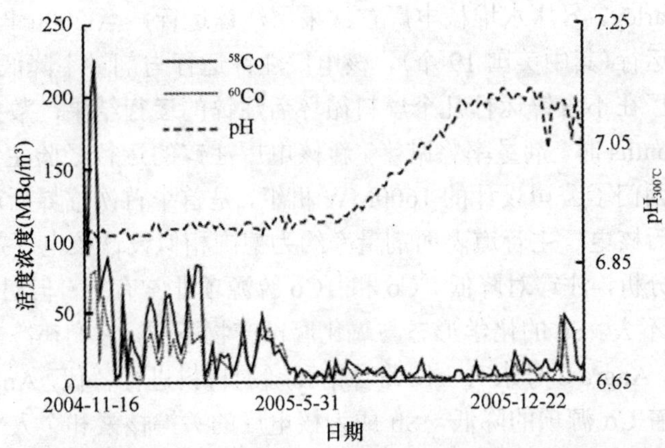

图 4.3.5　大亚湾 1 号机组主系统第 11 个循环活化腐蚀产物 Co 与 pH 值关系图

2) 三门核电站一回路水化学优化：三门核电站(AP1000)水化学优化包括 Li-B 协调曲线的优化和主系统注锌。与大亚湾核电站相似，三门核电站也采用“高 Li 改进型 Li-B 协调曲线”，见图 4.3.6，不同的是燃料循环中期 pH 值比大亚湾核电站高。但由于三门核电站锂浓度限值仍为 3.5mg/kg，因此无论采用图中的哪条曲线运行，燃料循环初期的 $pH_{300℃}$与大亚湾核电站一样仍稍低于国际上推荐的最小 $pH_{300℃}$(6.9)。因此三门核电站采用了另一项重要的水化学优化措施，即向一回路注锌以降低系统的腐蚀。

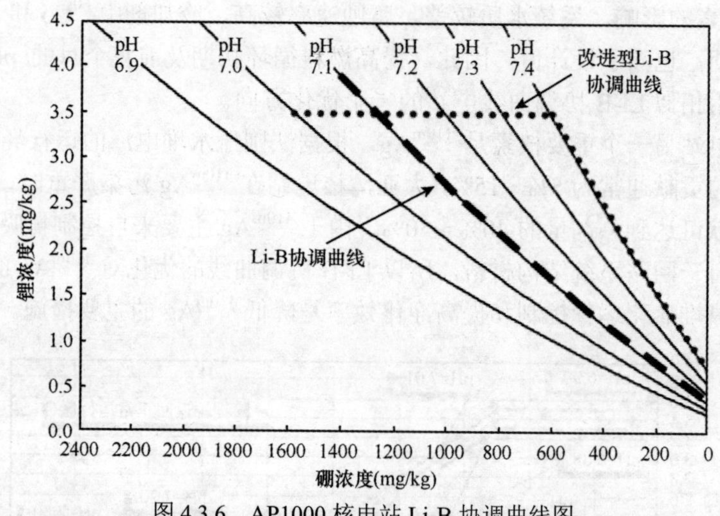

图 4.3.6 AP1000 核电站 Li-B 协调曲线图

冷却剂系统注锌运行在国内压水堆还是第一次应用。注锌有 3 个优点：①减少反应堆冷却剂系统结构材料的腐蚀速率，特别是因科镍600合金的一次侧应力腐蚀裂纹(PWSCC)；②减少腐蚀产物钴的沉积，降低 ^{58}Co 和 ^{60}Co 源项；③降低燃料包壳上沉积的杂质，从而降低因包壳表面结垢导致堆芯功率分布改变(crud induce power shift，CIPS)的风险。因为锌能进入材料表面的氧化膜中，将氧化膜晶格位置上的镍和钴置换出来，同时改变氧化膜的形态和组成，从而改变氧化膜的腐蚀特性；随着电厂的运行，氧化膜还会变得更薄、更稳定、更耐腐蚀。注锌可能引起的新问题是 ^{65}Zn 源项，因此注锌运行的电厂大部分采用贫化锌。

1993 年美国 Farley2 号压水堆核电厂首次采用注锌运行，至 2006 年全球共有 37 个压水堆机组采用注锌运行(其中美国 19 个)，核电厂注锌运行与剂量率降低的关系见图 4.3.7，图中数据基于核电厂在不含锌运行几个燃料循环后注锌的运行结果，数据表明注锌累积运行达到 1000ppb-months 时，剂量率将减半。新核电厂注锌的运行经验主要来自巴西 Angra 2 号，Angra 2 号是西门子公司设计的 1600MW 机组，是首个首次临界后就开始注锌运行的核电厂，注锌运行后核电厂主管道表面剂量率约为德国相似设计核电厂剂量率的 1/5。

根据注锌机理分析，注锌对降低 ^{58}Co 和 ^{60}Co 等源项非常有效，但对降低 ^{124}Sb、^{122}Sb 和 ^{110m}Ag 源项效果不大。Sb 的化学形态与氧化腐蚀产物不同，它们在冷却剂中主要以阴离子和胶体形态存在。Angra 2 号未对一回路含钴和锑的材料进行替代，Angra 2 号的 Sb 主要来自主泵轴承，随着 Co 源项的降低，Sb 成为核电厂的关键核素和个人剂量的主要贡献。降低 Sb 和 Ag 等源项的主要措施是材料替代、冷停堆氧化运行控制和提高净化效率。

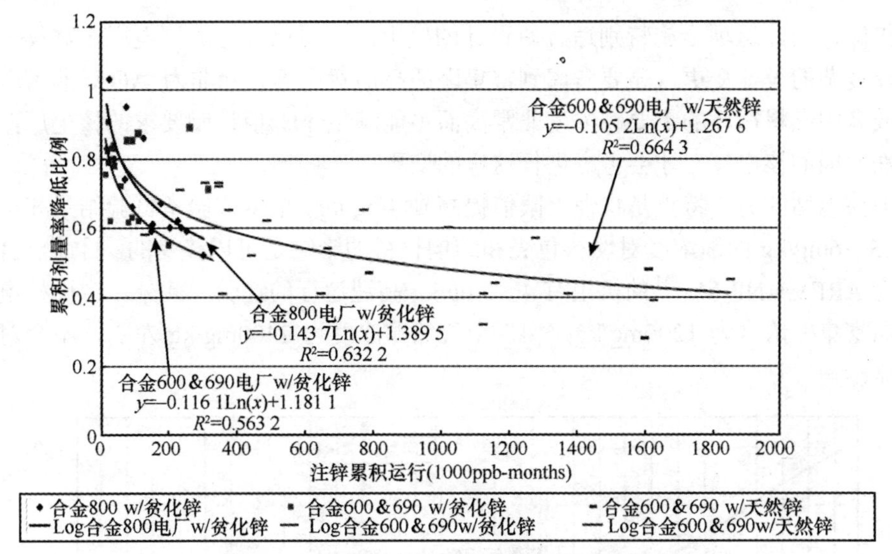

图 4.3.7 注锌运行对累积剂量率降低的影响

目前美国所有注锌运行的核电厂均为 HDCI[High Duty Core Index，单位为 BTU/(ft^2·gal·°F)]小于 170 的反应堆，HDCI 与堆芯出口温度、堆芯功率密度和组件流量等参数有关，是用于评估燃料包壳沉积风险的工具。实验室试验和运行经验表明，对 HDCI 小于 170 的电站，注锌运行不会影响燃料包壳和其他结构材料的完整性。对 HDCI 高于 170 的核电厂，特别是有过冷泡核沸腾(sub-cooled nucleate boiling，SNB)的高 HDCI 核电厂，注锌运行可能会增加燃料包壳表面沉积、燃料包壳缺陷和 AOA 等风险。老核电厂注锌运行，短期内可能会观察到铁和镍的返出和沉积，也会增加 AOA 的风险。三门核核电站为 HDCI 小于 170 的新电厂。

3) 台山核电站一回路水化学优化：台山核电站(EPR)采用了“高 Li 稳定 pHTLi-B 协调曲线”，在整个燃料循环周期内均以稳定的最佳 $pH_{300℃}$(7.2)运行，这是非常理想的化学控制模式。台山核电站 Li-B 协调曲线与典型压水堆的 Li-B 协调曲线不同，其协调曲线参见图 4.3.8。这是 Li-B 协调控制上的一个突破，也是 EPR 设计上的一个亮点。

台山 Li-B 协调曲线的优点是从燃料循环初期就能以高 pH 值运行，而且在整个燃料循环周期内均能以高的稳定的 pH 值运行。避免了典型 Li-B 协调曲线存在的循环初期 pH 值低，甚至低于国际上推荐的最小 $pH_{300℃}$(6.9)的运行工况，将燃料包壳表面沉积和发生 AOA 的风险降至最低。根据美国核电厂的运行经验，整个燃料循环周期内以稳定的 $pH_{300℃}$(7.1)运行，比 $pH_{300℃}$从初期的 6.9 运行到末期的 7.4，能够将一回路核素活度和导致的剂量率降低 30%左右。

“高 Li 稳定 pHTLi-B 协调曲线”的前提是采用富集硼(德国西门子 9 台机组有富集硼运行经验)。天然硼中作为中子吸收剂的 ^{10}B 的丰度为 18%～20%，台山核电站采用 ^{10}B 丰度为 37%的富集硼，由于硼的化学浓度降低，在相同锂浓度下能提高 pH 值。压水堆通常以 3.5mg/kg 的锂浓度作为控制上限，台山核电站将锂上限值提高到 4mg/kg，锂浓度的提高和富集硼的采用，使燃料循环初期高 pH 值运行成为可能。

虽然台山核电站的 Li-B 协调曲线对系统的腐蚀控制和源项控制非常有利，但由于必须采用富集硼，因此这项措施特别适合新设计的核电厂。对已运行的核电厂，富集硼替代天然硼涉及复杂的设计变更，还要考虑到富集硼的高昂费用等。除非为 AOA 非常严重的核电厂，或者因燃料循环的需要硼浓度非常高而不能满足 pH 值控制要求的核电厂，以及其他有特殊原因的核电厂，才会考虑进行这样的变更。

台山核电站的另一特点是将锂上限值提高到 4mg/kg，根据实验室试验结果和电站运行经验，3.5～6mg/kg 的锂浓度对燃料包壳和结构材料的影响是可以接受的。目前已有 6 台燃料包壳为 AREVA-NP M5^{TM} 的机组有 4～5mg/kg 高锂运行的经验。此外，台山核电站燃料循环初期富集硼浓度为 1200mg/kg，相当于天然硼浓度为 2400mg/kg 左右，不会对氚源项产生明显影响。

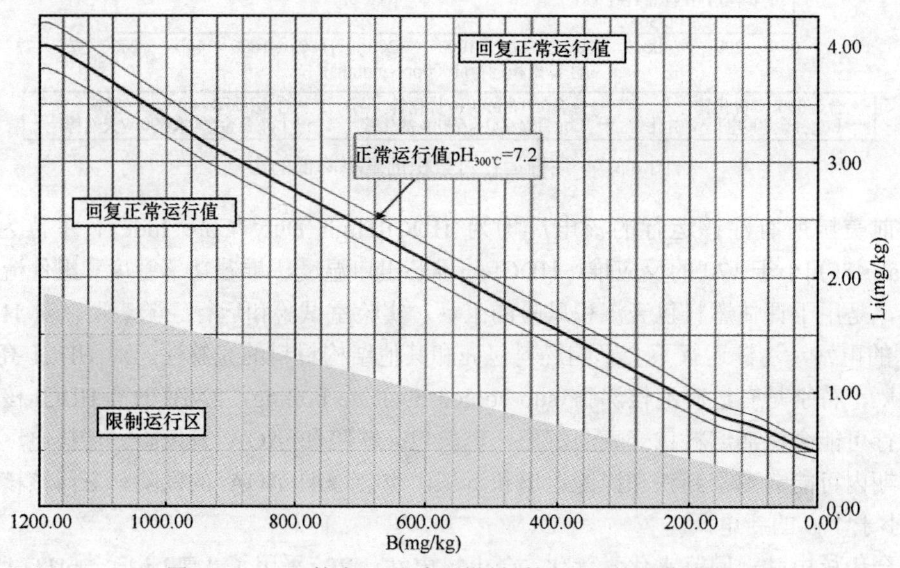

图 4.3.8　EPR 核电厂 18 个月燃料循环 Li-B 协调曲线图

4.3.1.3　国内活化腐蚀产物源项运行数据分析

运行经验反馈数据是确定一回路活化腐蚀产物源项的重要基础性数据。本部分对大亚湾核电基地和秦山二期的实际运行经验数据进行分析，这几个核电厂运行时间最长的机组均运行超过 15 年，可以反映腐蚀活化产物随运行时间延长导致的变化。

(1) 大亚湾核电基地：本部分对大亚湾基地 6 台 CPR1000 机组 21 个循环中一回路冷却剂系统的活化腐蚀产物测量数据进行整理和分析。大亚湾核电基地稳态、瞬态和冷停堆的源项数据列于表 4.3.6 和表 4.3.7 中。在制表时，对放射性监测数据的选取原则包括：①满功率稳态运行时主回路中的腐蚀产物含量处于较稳定水平；②远大于 CPR1000/CNP1000 及其他压水堆核电厂设计值的运行数据为“不可信数据”，予以剔除；③超出核素含量平均值 3 倍的数据可设定为瞬态值；④燃料包壳破损发生破损后的数据剔除。

表 4.3.6 稳态运行的腐蚀产物监测数据分析结果 (单位：GBq/t)

核素	A	B	C	D	CPR1000 设计值
	最大值的最大值	最大值的平均值	平均值的最大值	平均值的平均值	现实源项
^{51}Cr	1.0E−01	5.2E−02	4.8E−02	2.4E−02	5.9E−03
^{54}Mn	2.1E−02	8.3E−03	7.8E−03	3.3E−03	6.1E−04
^{59}Fe	8.2E−03	3.3E−03	3.2E−03	2.0E−03	1.0E−04
^{58}Co	9.5E−02	3.7E−02	2.5E−02	9.2E−03	1.6E−02
^{60}Co	1.3E−01	4.0E−02	3.2E−02	9.9E−03	3.9E−02
^{122}Sb	3.4E−02	7.7E−03	5.4E−03	2.9E−03	1.2E−03
^{124}Sb	1.3E−02	3.8E−03	3.3E−03	1.4E−03	1.0E−02
^{110m}Ag	4.0E−02	9.0E−03	7.3E−03	2.7E−03	6.0E−03

显然，对于稳态源项，各循环平均值的平均值更能真实反映大亚湾核电基地 6 台机组运行期间主回路腐蚀产物的平均放射性水平。经过比较不难发现，对于 ^{51}Cr、^{54}Mn、^{59}Fe 这三个核素，现有现实源项比实际测得的平均水平要小很多，即目前采用 PACTOLE 程序计算得到的这 3 个核素不够保守。而 ^{58}Co、^{60}Co、^{124}Sb、^{110m}Ag 的实测最大值均比现实源项要小。对于瞬态源项，可以考虑取 A 列数据。

表 4.3.7 冷停堆期间的腐蚀产物源项数据分析 (单位：GBq/t)

核素	最大值	平均值	最小值	目前设计值*
^{51}Cr	10.3	5.2	0.9	3.7
^{54}Mn	1.9	0.7	0.1	3.7
^{59}Fe	0.7	0.3	0.01	1.9
^{58}Co	183	66	3.0	230(400)
^{60}Co	1.6	1.0	0.3	11(25)
^{110m}Ag	9.7	3.0	0.5	0.2(0.8)
^{124}Sb	8.2	2.6	0.2	37(55)

*A(B)，A 为现实源项，B 为保守源项。

表 4.3.7 中对冷停堆期间测的腐蚀产物源项数据进行了统计。其中，最大值表示所有监测数据的最大值，平均值表示所有监测数据的平均值，最小值表示所有监测数据的最小值。监测结果和目前的设计值存在一定差异，但除了 ^{60}Co 之外，总体来说监测数据的最大值和设计值在同一数量级水平。

(2)秦山二期：对秦山二期的 4 台机组正常功率运行条件下主冷却剂中活化腐蚀产物的实测数据进行分析整理。针对不同核素活度浓度的平均值和最大值的统计数据，将实测值和计算值进行了分析，结果见表 4.3.8。表中 ^{51}Cr、^{54}Mn、^{59}Fe、^{58}Co、^{60}Co 5 个核素的活度是由 PACTOLE 程序计算得到的，^{124}Sb 和 ^{110m}Ag 的活度是参考法国核电厂经验反馈数据确定的。

从表 4.3.8 中可知，^{58}Co、^{60}Co、^{124}Sb、^{110m}Ag 的现实源项大于实测平均值，具有一定的保守性。^{51}Cr、^{54}Mn、^{59}Fe 的现实源项小于实测平均值，即目前采用 PACTOLE 程序计算得到的这 3 个核素的活度可能不够保守。对于瞬态源项，可以考虑取 A 列数据。

表 4.3.8 秦山二期活化腐蚀产物的测量值分析 (单位：GBq/t)

核素	A	B	C	D	A/D	CNP600 设计值现实源项
	最大值的最大值	最大值的平均值	平均值的最大值	平均值的平均值		
^{51}Cr	3.45E-01	1.66E-01	2.53E-02	1.42E-02	2.43E+01	1.30E-02
^{54}Mn	4.14E-02	2.69E-02	2.34E-03	1.89E-03	2.19E+01	3.40E-04
^{59}Fe	3.28E-02	1.33E-02	7.25E-03	3.09E-03	1.06E+01	7.20E-04
^{58}Co	1.77E+00	5.20E-01	2.37E-02	1.20E-02	1.48E+02	3.70E-02
^{60}Co	1.14E-01	3.95E-02	2.96E-03	2.04E-03	5.59E+01	2.90E-02
^{124}Sb	4.83E-03	4.03E-03	1.54E-03	1.17E-03	4.13E+00	4.80E-02
^{110m}Ag	2.62E-01	8.53E-02	3.30E-03	2.01E-03	1.30E+02	1.40E-02

一回路活化腐蚀产物的产生、迁移机理较为复杂。大亚湾和秦山核电站的运行经验均表明，对于某些核素，采用 PACTOL 程序计算出的结果与实测值相比要小一些。因此，有必要结合国内已获得的监测数据对 CPR1000/CNP600 机组的活化腐蚀产物源项(包括瞬态和稳态源项)进行修正，使其对所有核素均具有一定的保守性。

4.3.2 CPR1000/CNP1000

CPR1000/CNP1000 机组的一回路活化腐蚀产物稳态时现实源项的确定则采用 PACTOLE 程序和运行经验数据相结合的方法。其中 ^{58}Co 和 ^{60}Co 等源项由 PACTOLE 程序计算、^{110m}Ag 和 ^{124}Sb 等源项基于法国 20 世纪 80 年代核电厂的运行经验数据确定。稳态时的保守源项取为现实源项的 3 倍。

瞬态工况下发生的现象是很复杂的，很难用程序科学合理地计算，瞬态和冷停堆工况下溶液中的核素活度采用法国核电厂运行经验的反馈值，且现实源项与保守源项一致。

PACTOLE 程序由 CEA、EDF 和 FRAMATOME 联合开发，用于计算压水堆一回路中腐蚀产物的分布及源强，同时在基础研究的基础上结合运行中的测量和堆外试验回路实验加以验证。该程序能够计算 ^{51}Cr、^{54}Mn、^{59}Fe、^{58}Co 和 ^{60}Co 等核素。PACTOLE 程序采用 20 个基本物理化学模型来模拟腐蚀产物的产生、活化及迁移。这些模型描述了一回路系统中基底金属、基底金属表面氧化物薄层、管壁表面沉积物、冷却剂中的悬浮微粒和溶解物之间的物质交换现象。该程序通过模拟冷却剂与沉积物之间的物质交换过程、冷却剂对溶解物和悬浮物的迁移作用及中子的活化作用，对一回路冷却剂系统中主要腐蚀产物的产生、输送、活化和沉积现象进行定量计算，最终得到主要腐蚀产物及其活度浓度在一回路冷却剂系统中的分布情况。

在 PACTOLE 程序模型中，用于描述冷却剂与沉积物之间的物质交换过程的原理是最为复杂的部分。既要考虑溶解等化学反应的动力学特性，又要考虑到不同运行条件下的系统状态对物质转化迁移规律的影响。其间涉及的物质形态有 5 种：溶解于冷却剂中的溶解态物质、悬浮于冷却剂中的悬浮微粒、沉积于管壁表面的沉积物、紧贴管壁表面形成的氧化物薄层和结构材料金属本身。各个物质形态的交换机理详见图 4.3.9。

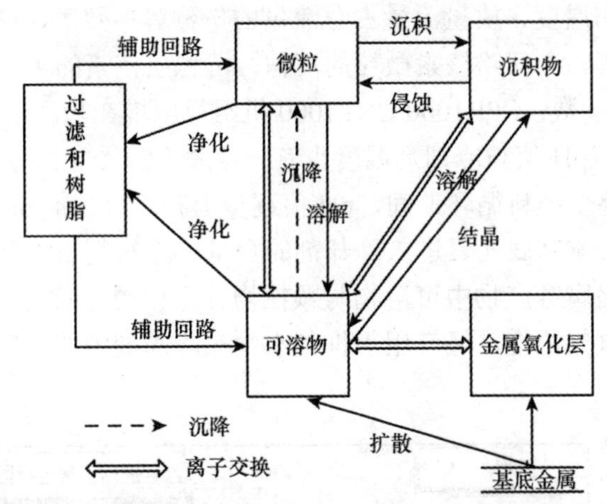

图 4.3.9　PACTOLE 程序中描述的物理图像

在 PACTOLE 程序中，一回路冷却剂系统被划分成一系列分区，每一个分区对应某个重要部件或其中一部分。每个区域均可采用冷却剂和管壁的温度、冷却剂流速和水力当量直径、所用材料的表面粗糙度和化学成分、中子注量率等来表征。每种腐蚀产物在冷却剂中的存在形式都分溶解态和非溶解态两种。使用这个程序也需要了解功率输出记录和水化学状态随时间的演变。

(1) 一回路冷却剂系统分区：一回路冷却剂系统被划分为一系列的分区，各区域冷却剂和管壁的温度、冷却剂流速和水力当量直径、所用材料的表面粗糙度和化学成分、中子注量率等特征存在差异，分区还将反映系统的连通性。一般来说，反应堆的堆芯、堆芯出口至压力容器出口，一回路管道热段、蒸汽发生器、一回路管道过渡段及冷段、压力容器入口至堆芯入口，净化回路管道等设备将被划分为不同区域，各设备内部还可以进一步细分。

(2) 堆芯中子注量率及相关反应率：堆芯中子注量率被用来计算堆芯结构材料及堆芯冷却剂水中腐蚀产物的活化反应率及其他反应率。活化反应率直接决定了腐蚀活化产物的中子活化产生量，其他反应率还包括腐蚀产物核素的中子弹性碰撞击出率和中子俘获吸收率(目前俘获反应只考虑 ^{58}Co)。很显然，堆芯中子注量率越大，一回路中腐蚀产物的产生量越大。

(3) 反应堆结构参数：指反应堆一回路系统不同区域中冷却剂浸润的材料，以及这些材料的参数，如材料成分、当量直径、材料表面粗糙程度等，这些参数主要用于计算基底材料的氧化和溶解、一回路核素微粒的沉积、沉积层核素的再溶等。在 CPR1000/CNP1000

反应堆中，影响较大的材料有用于结构件和压力容器及管道堆焊层的不锈钢、用于燃料包壳的锆合金、用于蒸汽发生器换热管的因科镍合金材料，这些材料的浸润面积较大。总体来说，材料浸润面积越大，成分中 Co 元素的含量越大，一回路中腐蚀活化产物的数量越大。

(4) 反应堆热工水力参数：指反应堆一回路系统不同区域中冷却剂流速、冷却剂平均温度、结构材料表面平均温度、质量流量占总流量的份额等参数等，这些参数主要用于计算基底材料的氧化和溶解、一回路核素微粒的沉积、沉积层核素的再溶等。

(5) 反应堆水化学参数：CPR1000/CNP1000 机组反应堆在功率运行期间使用 Li-B 协调控制冷却剂中的 pH 值(pH 值与冷却剂温度也有一定关系)，图 4.3.10 是个典型的 Li-B 协调曲线，可以看到，在整个燃料循环期间，pH 值逐步上升。冷却剂 pH 值能够影响基底金属的氧化反应率，从而影响基底元素进入冷却剂的数量；冷却剂 pH 值还会影响冷却剂中的溶解度，从而对一回路腐蚀产物中可溶物与颗粒物、沉积物之间的转换产生影响。此外，还需要考虑冷却剂中氢气浓度，氢气用于抑制水中在冷却剂中的辐射分解，减少水中的游离氧。

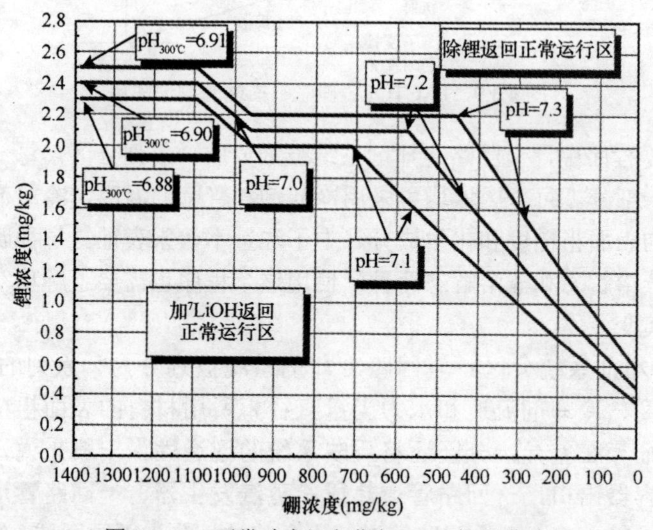

图 4.3.10 正常功率运行期间 Li-B 协调曲线

冷却剂水化学的管理需要保证适当的化学条件，一回路冷却剂最好处于中性到弱碱性范围内，保证一回路冷却剂不会危害一回路系统结构材料的长期完整性。在酸性环境下，冷却剂中存在过量的 H^+ 粒子形成的酸性条件，首先通过材料表面保护膜的品质降低或脱落而加快腐蚀；其次腐蚀产物组成的主体 (Fe_3O_4) 在酸性溶液中的溶解度又很高。在强碱性条件下，本文分别计算了 pH=7.2、pH=8.4 条件下冷却剂中活化腐蚀产物的源项结果，如图 4.3.11 所示。可以看到，尽管都处于碱性条件，pH=8.4 的水化学更加具有腐蚀性，导致腐蚀产物大量释放到冷却剂中，使腐蚀活化产物浓度增加。可见，酸性和强碱性的主冷却剂环境均能增加金属离子的释放。

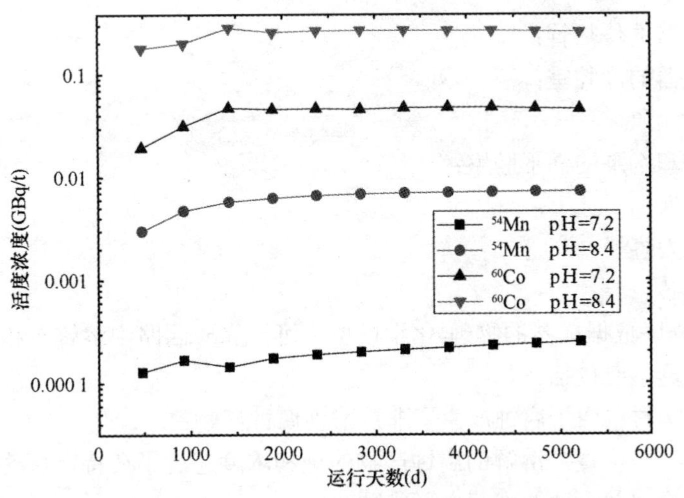

图 4.3.11　不同 pH 值对活化腐蚀产物活度浓度的影响

(6) 换料：由于 PACTOLE 程序计算的一回路腐蚀活化产物核素半衰期较长，这些核素一般不能在一个循环内达到平衡，因此，计算多个循环(CPR1000/CNP1000 反应堆所需计算的运行时间一般应超过 20 年)，才能保证像 ^{60}Co 这样的长半衰期核素达到平衡。换料过程对腐蚀产物也会产生影响，一方面换料期间的长时间净化，实际上将冷却剂中的腐蚀活化产物降到一个比较低的水平，同时，换料期间一部分燃料被移出堆芯，这些燃料表面沉积物相应移出一回路系统。另外，CPR1000/CNP1000 反应堆在换料期间会通过氧化运行以减少一回路腐蚀产物沉积，导致一回路表面腐蚀活化产物降低，但这一因素在目前的 PACTOLE 程序计算过程中没有考虑，这样的做法对于源项计算来说是保守的。

从国际上同类机组的设计经验来看，由于活化腐蚀产物形成、迁移机理较为复杂，采用运行经验反馈数据确定其源项是较为通用的做法。CPR1000/CNP1000 机组采用机理性程序和运行经验反馈值共同确定活化腐蚀产物源项也是可取的，但需要结合实际机组的运行经验数据对程序计算结果的保守性和合理性进行验证，必要时进行修正。按照新框架要求，可以将上述方法得到的计算结果作为现实源项，而在其基础上乘以一个适当的倍数作为保守源项。

4.3.3　WWER

WWER 堆型采用 COTRAN 程序计算一回路设备部件内的腐蚀产物源项。此程序能够提供在机组稳定运行时冷却剂中腐蚀产物的活度浓度。在 WWER 原先的安全分析报告中，只给出了一套一回路活化腐蚀产物，按照新框架要求，可以将 COTRAN 计算结果作为现实源项，而在其基础上乘以一个适当的倍数作为保守源项。

COTRAN 程序能提供一回路冷却剂净化系统过滤器上的活度及一回路设备不同区域的表面沉积活度，沉积位置包括：

- 热管段；
- 蒸汽发生器的热腔室；

• 蒸汽发生器的传热管；
• 蒸汽发生器的冷腔室；
• 冷管段；
• 反应堆冷却剂泵的涡形腔室；
• 保护管组件；
• 反应堆压力容器；
• 反应堆堆芯。

COTRAN 程序依据成熟的物理-化学模型，可计算一回路中溶解态和胶体态的腐蚀产物源项。模型机理主要包括：

• 一回路结构材料由于腐蚀产生了非放射性腐蚀产物；

• 在回路的一些位置，溶解的腐蚀产物的饱和浓度超过了在特定热动力学工况下的溶解度，这样会在冷却剂流动的堆芯内形成颗粒；

• 随着溶解物结晶、颗粒沉积和沉积层的溶解与侵蚀，腐蚀产物的外部形成氧化层；

• 冷却剂、颗粒及沉积层之间存在离子交换。

图 4.3.12 给出了 COTRAN 程序所实现的腐蚀产物的质量迁移过程图。

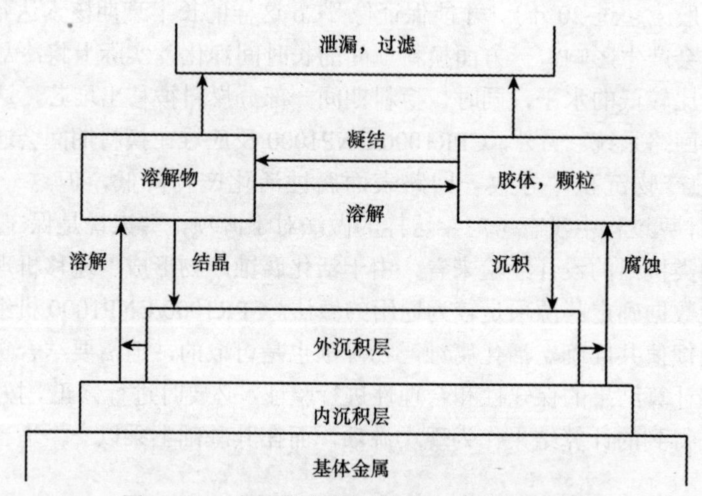

图 4.3.12　腐蚀产物的物理-化学质量传递过程

COTRAN 程序不能模拟冷停堆工况下腐蚀产物源项的变化。停堆工况下主冷却剂中的活化腐蚀产物活度来源于俄罗斯国内 WWER 核电厂的运行数据，不过反应堆冷停堆造成的一回路冷却剂腐蚀产物的含量改变不作为核电厂系统设计(包括辐射保护、放射性废物处理)的依据。

4.3.4　AP1000

AP1000 堆型的反应堆冷却剂中腐蚀产物活度浓度的确定以运行电厂的测量数据为基础，与燃料破损率无关。

设计基准反应堆冷却剂腐蚀产物是以运行电厂的测量数据为基础，根据 NUREG-0017

中描述的方法，通过 PWR-GALE 程序计算得到的。只要所考虑的核电厂的系统流程和系统内核素的去除途径与参考核电厂相同或相似，就可以将参考核电厂各主要流体内核素的活度浓度调整为所考虑的核电厂的相应数值。

对参考电厂核素活度浓度的调整是通过调整因子实现的，即将参考电厂的已有数值，乘以调整因子得出待算电厂的相应数值。调整因子为平衡状态时待算电厂和参考电厂核素活度浓度的比值。

对于反应堆冷却剂中的腐蚀活化产物，其调整因子的计算公式为

$$f=\frac{74\times P}{\mathrm{WP}}\times\frac{0.066+\lambda}{R+\lambda} \tag{4.3.1}$$

式中，f 为调整因子；P 为核电厂热功率，单位为 MW；WP 为反应堆冷却剂水装量，单位为 kg；λ 为核素的衰变常数，单位为 h^{-1}；R 为反应堆冷却剂系统对腐蚀产物的去除率，单位为 h^{-1}。

R 由下式给出：

$$R=\frac{(\mathrm{FD})\times(\mathrm{NB})+(1-\mathrm{NB})\times(\mathrm{FB}+\mathrm{FA}\times\mathrm{NA})}{\mathrm{WP}} \tag{4.3.2}$$

式中，FD 为反应堆冷却剂下泄流量，单位为 kg/h；NB 为化学和容积控制系统混床对腐蚀产物的去除系数；FB 为年平均调硼排水流量，单位为 kg/h；FA 为通过化学和容积控制系统阳床的等效流量，单位为 kg/h；NA 为化学和容积控制系统阳床对腐蚀产物的去除系数。

目前，对于腐蚀活化产物的分析，并非所有核电厂均对 ^{110m}Ag 和 ^{124}Sb 这两个核素进行了分析。同时国外的有关分析认为反应堆冷却剂中这两个核素的活度浓度来自裂变产物而不是腐蚀产物。但根据国际核电厂运行经验，液态流出物中有监测到这两个核素的排放。AP1000 核电厂在分析时，将这两个核素作为腐蚀产物来考虑，根据运行电厂经验数据，反应堆冷却剂中 ^{110m}Ag 的活度浓度一般在 7.4Bq/g，^{124}Sb 的活度浓度一般在 7.4～11.1Bq/g。基于以上的运行数据，并考虑一定的包络性，同时参考 ANSI/ANS-18.1 中的数据，保守地认为反应堆冷却剂中 ^{110m}Ag 和 ^{124}Sb 的活度浓度分别为 4.81E+01Bq/g 和 1.11E+01Bq/g。

对于腐蚀活化产物，AP1000 核电厂采取了一系列降低腐蚀产物的措施：①从核电厂开堆时起，即向反应堆冷却剂中注入贫化锌；②减少钴含量；③控制主冷却剂的 pH 值；④进行材料表面处理及减少设备数量等。

根据国际上压水堆的运行经验，预期采取以上措施会降低反应堆冷却剂中腐蚀活化产物的活度浓度。

上述措施中，冷却剂注锌是控制腐蚀产物最经济的方法，可以减少材料腐蚀，控制一回路应力腐蚀裂纹(PWSCC)，降低剂量率。运行经验表明，注锌运行几个循环后，剂量率可以降低到 50%。注锌对腐蚀活化产物沉积物活度浓度的影响结果见表 4.3.9。可以看出，通过注锌，腐蚀产物的活度浓度大约降低为不加锌计算结果的一半。

表 4.3.9　向反应堆冷却剂中注锌对腐蚀产物的影响

核素	注锌 ($\mathrm{Bq/cm^2}$)	未注锌 ($\mathrm{Bq/cm^2}$)	比值*
^{51}Cr	2.56E+03	7.41E+03	2.90

续表

核素	注锌 (Bq/cm^2)	未注锌 (Bq/cm^2)	比值*
^{54}Mn	5.23E+00	1.26E+01	2.40
^{58}Co	7.89E+01	1.69E+02	2.14
^{59}Fe	2.52E+00	5.97E+00	2.37
^{60}Co	6.11E+01	1.23E+02	2.01

*未注锌与注锌时反应堆冷却剂中腐蚀产物活度浓度的比值。

因此，与新框架要求相适应，AP1000 核电厂的腐蚀产物源项分析，保守考虑腐蚀产物的现实源项为设计基准腐蚀产物源项的 1/2，设计源项和运行源项与设计基准腐蚀产物源项相同。

4.3.5 EPR

EPR 机组活化腐蚀产物源项基于法国 1300MW 核电厂和德国 Konvoi 核电站的测量值，现实源项取运行数据的平均值，设计源项取运行数据的最大值，可作为新框架要求下相应的源项。数据方法说明如下。

4.3.5.1 现实源项

(1) 运行期间：对每个核电厂的每种核素，平均活度浓度是根据所有数据计算的。核素 i 的平均活度用 $\overline{A_i}$ 表示。该值为所有测量数据的平均值（这些测量数据收集在 MERLIN 数据库中）。所有 $\overline{A_i}$ 的平均值 $AV(av)_i$ 通过下式计算：

$$AV(av)_i = \frac{\sum_j^{nk} \overline{A_{ij}}}{nk} \tag{4.3.3}$$

式中，nk 为运行核电厂的数目（对于 N4 核电厂，nk=4）。

(2) 瞬态：对每台 N4 核电厂的核素 i，$A(max)_i$ 表示 N4 核电厂在 1996～2004 年运行数据的最大值。对于 4 台 N4 机组，通过下式计算平均值 $AV(max)_i$：

$$AV(max)_i = \frac{\sum_j^{nk} A(max)_{ij}}{nk} \tag{4.3.4}$$

式中，nk 为运行核电厂的数目（对于 N4 核电厂，nk=4）。

4.3.5.2 设计基准源项

设计基准源项与所选电厂测量数据的最大值相对应。

(1)运行期间：在机组功率运行期间，每个核电厂中每种核素测量值的最大值与其他核电厂的最大测量值比较，并选择其中的最大值作为结果，这种方法得到的结果是保守的。

$$\mathrm{Max(max)}_i = \mathrm{MAX}_j^{\mathrm{nk}}(\mathrm{A}_j\mathrm{max}_i) \tag{4.3.5}$$

式中，nk 为运行核电厂的数目(对于 N4 核电厂，nk=4)。

(2)瞬态(这里指冷停堆)：选择每台机组氧化峰活度并选取所有核电厂氧化峰的最大值作为统计结果。

$$\mathrm{Max(max)}_i = \mathrm{MAX}_j^{\mathrm{nk}}(\mathrm{A}_j\mathrm{max}_i) \tag{4.3.6}$$

式中，nk 为运行核电厂的数目(对于 N4 核电厂，nk=4)。由于活化腐蚀产物源项并不会影响废物处理系统和放射性后果评价，因此技术规范源项中活化腐蚀产物活度浓度与设计源项相同，即稳态值和瞬态值分别为所有 N4 核电厂在功率运行期间的核素反馈数据的最大值和氧化峰的最大值。

以 ^{58}Co 和 ^{60}Co 为例，说明活化腐蚀产物源项的计算方法。

通过 N4 核电厂功率运行期间 ^{58}Co 和 ^{60}Co 反馈数据计算活化腐蚀产物的现实源项和设计源项(机组满功率运行)。具体计算过程如下：

核素	N4 核电厂 1 号机组(Bq/t)		N4 核电厂 2 号机组(Bq/t)		N4 核电厂 3 号机组(Bq/t)		N4 核电厂 4 号机组(Bq/t)	
	平均值	最大值	平均值	最大值	平均值	最大值	平均值	最大值
^{58}Co	3.27E+07	3.90E+08	2.59E+07	3.77E+08	1.29E+07	1.50E+08	1.30E+07	1.94E+08
^{60}Co	3.48E+06	3.93E+07	2.48E+06	8.46E+07	7.95E+05	2.66E+07	2.37E+06	1.73E+08

核素	平均值的平均值(Bq/t)	最大值的最大值(Bq/t)	最大值的平均值(Bq/t)	平均值的最大值(Bq/t)
^{58}Co	2.11E+07	3.90E+08	2.78E+08	3.27E+07
^{60}Co	2.28E+06	1.73E+08	8.09E+07	3.48E+06

核素	典型值(Bq/t)	设计值(Bq/t)
^{58}Co	2.1E+07	3.9E+08
^{60}Co	2.3E+06	1.7E+08

通过 N4 核电厂瞬态(冷停堆)运行期间 ^{58}Co 和 ^{60}Co 反馈数据计算活化腐蚀产物的现实源项和设计源项(机组满功率运行)。具体计算过程如下：

核素	N4 核电厂 1 号机组(Bq/t)		N4 核电厂 2 号机组(Bq/t)		N4 核电厂 3 号机组(Bq/t)		N4 核电厂 4 号机组(Bq/t)	
	平均值	最大值	平均值	最大值	平均值	最大值	平均值	最大值
^{58}Co	1.46E+11	2.47E+11	8.69E+10	1.82E+11	9.77E+10	1.55E+11	2.94E+10	6.95E+10
^{60}Co	4.99E+08	6.51E+08	5.85E+08	8.75E+08	2.31E+09	5.86E+09	1.79E+09	5.86E+09

核素	平均值的平均值(Bq/t)	最大值的最大值(Bq/t)	最大值的平均值(Bq/t)	平均值的最大值(Bq/t)
^{58}Co	9.01E+10	2.47E+11	1.63E+11	1.46E+11
^{60}Co	1.30E+09	5.86E+09	3.31E+09	2.31E+09

核素	典型值(Bq/t)	设计值(Bq/t)
^{58}Co	1.6E+11	2.5E+11
^{60}Co	3.3E+09	5.9E+09

本部分分析了各种堆型的主回路活化腐蚀产物源项分析模式，对于各种堆型，在新源项框架体系下均有相应的源项分析模式，不同堆型的分析程序和分析模式有部分差异，考虑到活化腐蚀产物源项分析过程中较大的不确定性，因此，对于活化腐蚀产物源项分析模式，必须在新的活化腐蚀产物源项分析框架体系的要求下，结合电厂的运行经验反馈来确定活化腐蚀产物的设计基准源项和现实源项。设计基准源项和现实源项可以基于机理性的分析来确定，也可以基于运行经验反馈数据的统计分析结果来确定，但相应的源项必须与新框架要求的运行经验反馈数据的平均值和最大值相匹配。

第五章　流出物排放源项计算模式和参数研究

本章将基于第三章构建的一回路源项和排放源项框架体系，针对 CPR1000/CNP1000、WWER、AP1000 和 EPR 4 种堆型介绍二回路源项、氚和 ^{14}C 源项，以及气液态流出物排放源项计算的模式和参数，同时还将对影响各堆型排放源项计算的关键参数进行分析和研究。

5.1　二回路源项

在核电厂的设计中，通常会保守地考虑二回路系统受到一定程度的放射性污染，而这种污染是蒸汽发生器传热管束处一回路冷却剂向二回路的泄漏所致。对于各种类型的压水堆核电厂，二回路源项由于蒸汽发生器类型或源项分析程序的差异而有较大不同，本部分在新源项框架体系下，阐述各堆型的二回路源项计算模式。

5.1.1　CPR1000/CNP1000

在 CPR1000/CNP1000 机组的设计中，二回路中发生泄漏的蒸汽发生器中含有放射性物质的蒸汽和惰性气体与另外两台蒸汽发生器均匀混合，经汽轮机膨胀做功后进入冷凝器。在冷凝器中，蒸汽中所含的惰性气体和小部分的碘(碘的份额与汽水分配因子有关)从冷凝器真空系统抽出向环境排放。其他含有放射性物质的蒸汽冷凝后经凝结水净化器后回到给水系统，给水系统的泄漏导致放射性物质向环境释放。二回路系统源项计算模型简图见图 5.1.1。

正常运行工况下(除了启、停堆)，3 台蒸汽发生器的排污水经过前过滤器、除盐器和后过滤器处理后进入二回路补给水系统重复使用。设计中采用了一种保守假设：在出现泄漏后的 1 个月和 2 个月末蒸汽发生器有 2 次不回收的排污，每次排污蒸汽发生器中所有的活度未经处理即通过蒸汽发生器排污系统(APG)向废液排放系统排放。

二回路源项分析最主要目的是确定二回路系统中的冷却剂活度浓度，进而为气载流出物和液态流出物排放源项的确定提供输入条件。其主要计算模型如下。

考虑二回路系统中放射性的迁移和扩散，蒸汽发生器液相中非惰性气体核素的放射性浓度计算公式如下：

$$\frac{\mathrm{d}C_{\mathrm{CON}_i}(t)}{\mathrm{d}t}=\frac{Q_{\mathrm{leak}}(t)\cdot C_{\mathrm{RCP}i}}{M_{\mathrm{SG}}}-\mu\cdot C_{\mathrm{CON}_i}(t) \tag{5.1.1}$$

$$C_{\mathrm{CON}_i}(t_{\mathrm{cycle}})=\mathrm{e}^{-\mu\cdot t_{\mathrm{cycle}}}\cdot[C_{\mathrm{CON}_i}(0)+\int_0^{t_{\mathrm{cycle}}}\mathrm{e}^{\mu\cdot t}\frac{Q_{\mathrm{leak}}(t)\cdot C_{\mathrm{RCP}i}}{M_{\mathrm{SG}}}\cdot\mathrm{d}t] \tag{5.1.2}$$

$$C_{\mathrm{VVP}_i}(t_{\mathrm{cycle}})=\mathrm{FH}\cdot C_{\mathrm{CON}_i}(t_{\mathrm{cycle}}) \tag{5.1.3}$$

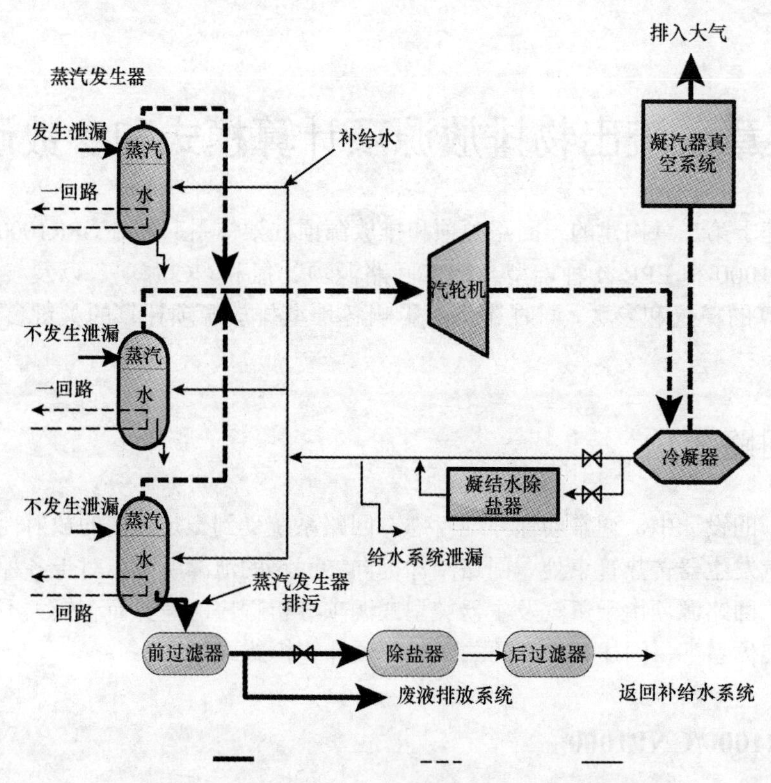

图 5.1.1 二回路源项计算模型简图

对于惰性气体，计算公式如下：

$$C_{\mathrm{VVP}_i}(t_{\mathrm{cycle}}) = \frac{Q_{\mathrm{leak}}(t_{\mathrm{cycle}}) \cdot C_{\mathrm{RCP}i}}{Q_{\mathrm{COND}}} \tag{5.1.4}$$

$$\mu = \lambda_i + \frac{Q_{\mathrm{APG}}}{M_{\mathrm{SG}}} \cdot \frac{\mathrm{DF}_{\mathrm{APG}} - 1}{\mathrm{DF}_{\mathrm{APG}}} + \frac{\mathrm{FH} \cdot \mathrm{QL}_{\mathrm{VVP}} \cdot (1 - \mathrm{PF}_{\mathrm{VVP}})}{M_{\mathrm{SG}}} + \frac{\mathrm{FH} \cdot Q_{\mathrm{COND}} \cdot \mathrm{PF}_{\mathrm{VVP}}}{M_{\mathrm{SG}}} \tag{5.1.5}$$

上述公式中，λ_i 为核素半衰期，单位为 h；$\mathrm{DF}_{\mathrm{APG}}$ 为 APG 树脂去污因子，无量纲；$\mathrm{Q}_{\mathrm{APG}}$ 为 APG 下泄流量，单位为 t/h；$C_{\mathrm{CON}_i}(t)$ 为蒸汽发生器水相放射性浓度，单位为 GBq/t；$C_{\mathrm{VVP}_i}(t)$ 为二回路蒸汽的放射性浓度，单位为 GBq/t；$C_{\mathrm{RCP}i}$ 为一回路冷却剂中的核素 i 的放射性浓度，单位为 GBq/t；FH 为蒸汽携带因子，无量纲；$Q_{\mathrm{leak}}(t)$ 为蒸汽发生器处一回路冷却剂向二回路的泄漏率，单位为 t/h；$\mathrm{PF}_{\mathrm{VVP}}$ 为冷凝器中核素的汽水分配因子，无量纲；Q_{COND} 为主蒸汽流量，单位为 t/h；$\mathrm{QL}_{\mathrm{VVP}}$ 为二回路系统给水泄漏流量，单位为 t/h；t_{cycle} 为循环长度，单位为 h；M_{SG} 为所有蒸汽发生器液相总质量，单位为 t。

对于蒸汽发生器传热管处泄漏率考虑为随时间的变化，可定义蒸汽发生器传热管处泄漏率随时间变化的方程如下：

$$Q_{\mathrm{leak}}(t) = Q_0, \quad t < t_0 \tag{5.1.6}$$

$$Q_{\text{leak}}(t) = Q_0 + k \times (t - t_0)\text{，}\quad t \geqslant t_0 \tag{5.1.7}$$

式中，Q_0 为蒸汽发生器处一回路冷却剂向二回路的初始泄漏率，单位为 t/h；k 为蒸汽发生器处一回路冷却剂向二回路的泄漏率变化系数，单位为 t/h^2；t_0 为循环开始至泄漏率开始线性变化时间，单位为 h。

上式中求积分时需采取分段求和的方式，则：

$$C_{\text{CON}_i}(t_{\text{cycle}}) = \mathrm{e}^{-\mu \cdot t_{\text{cycle}}} \cdot \left[C_{\text{CON}_i}(0) + \int_0^{t_0} \mathrm{e}^{\mu \cdot t} \frac{Q_0 \cdot C_{\text{RCP}i}}{M_{\text{SG}}} \cdot \mathrm{d}t + \int_{t_0}^{t_{\text{cycle}}} \mathrm{e}^{\mu \cdot t} \frac{(Q_0 + kt - kt_0) \cdot C_{\text{RCP}i}}{M_{\text{SG}}} \cdot \mathrm{d}t \right] \tag{5.1.8}$$

$$C_{\text{VVP}_i}(t_{\text{cycle}}) = \text{FH} \cdot C_{\text{CON}_i}(t_{\text{cycle}}) \tag{5.1.9}$$

上式进一步变换后，可得如下公式：

$$C_{\text{CON}_i}(t_{\text{cycle}}) = \mathrm{e}^{-\mu \cdot t_{\text{cycle}}} \cdot \left[C_{\text{CON}_i}(0) + \int_0^{t_0} \mathrm{e}^{\mu \cdot t} \frac{Q_0 \cdot C_{\text{RCP}i}}{M_{\text{SG}}} \cdot \mathrm{d}t + \int_{t_0}^{t_{\text{cycle}}} \mathrm{e}^{\mu \cdot t} \frac{(Q_0 - kt_0) \cdot C_{\text{RCP}i}}{M_{\text{SG}}} \cdot \mathrm{d}t + \int_{t_0}^{t_{\text{cycle}}} \mathrm{e}^{\mu \cdot t} \frac{kt \cdot C_{\text{RCP}i}}{M_{\text{SG}}} \cdot \mathrm{d}t \right]$$

$$C_{\text{CON}_i}(t_{\text{cycle}}) = \mathrm{e}^{-\mu \cdot t_{\text{cycle}}} \cdot \left\{ \frac{Q_0 \cdot C_{\text{RCP}i}}{M_{\text{SG}} \cdot \mu} (\mathrm{e}^{\mu \cdot t_0} - 1) + \frac{(Q_0 - kt_0) \cdot C_{\text{RCP}i}}{M_{\text{SG}} \cdot \mu} (\mathrm{e}^{\mu \cdot t_{\text{cycle}}} - \mathrm{e}^{\mu \cdot t_0}) \right. \tag{5.1.10}$$

$$\left. + \frac{k \cdot C_{\text{RCP}i}}{M_{\text{SG}} \cdot \mu^2} \left[(\mu t_{\text{cycle}} - 1) \mathrm{e}^{\mu \cdot t_{\text{cycle}}} - (\mu t_0 - 1) \mathrm{e}^{\mu \cdot t_0} \right] \right\} \tag{5.1.11}$$

惰性气体计算方法类似。

对于 CPR1000/CNP1000 机组，蒸汽发生器泄漏率假设是二回路系统源项及流出物源项计算的重要依据，并且该泄漏率假设对于二回路系统放射性监测及环境排放放射性浓度影响重大。以下进行简要分析。

5.1.1.1　二回路系统放射性水平控制要求

控制蒸汽发生器传热管处一回路向二回路的冷却剂泄漏率的目的在于控制二回路系统的水质及向环境的气液态放射性释放。国内相关标准和导则中并未具体给出二回路水的放射性浓度限值，仅给出核电厂向环境的气液态放射性释放总量和液态流出物排放浓度的要求。对于电厂运行而言，过高的水质要求将降低电厂运行的裕度，而过低的水质要求使得二回路系统放射性浓度过高，不利于公众和工作人员的辐射安全。因此，需综合考虑各方面的影响，给出二回路系统水质的控制要求。

根据压水堆核电厂的系统设计，蒸汽发生器传热管处存在一回路向二回路的冷却剂泄漏时，二回路系统中放射性将逐渐累积。在循环末期需要将蒸汽发生器中含放射性的水通过蒸汽发生器排污系统向废液排放系统排放，从而降低二回路系统中放射性总量。根据我国国家标准《核动力厂环境辐射防护规定》(GB 6249—2011)的要求，废液排放系统接收废液的放射性浓度需低于 1000Bq/L。在设计中将根据该限值设置废液接收系统接收废液的放射性浓度控制值。因此，二回路水质的一个控制要求为经过蒸汽发生器排污系统处理后排放的水的放射性浓度低于废液排放系统所接收的废液放射性浓度控制值。

根据我国国家标准《核动力厂环境辐射防护规定》(GB 6249—2011)，核电厂向环境释放的气液态放射性流出物总量需低于限值。通过二回路系统向环境的气液态放射性流出物释放是主要的释放途径之一。因此，二回路水质的另一个控制要求为保证通过二回路系统及电厂其他系统向环境排放的气液态放射性流出物释放量低于 GB 6249—2011 中给出的排放控制值。

5.1.1.2 蒸汽发生器一、二次侧泄漏检测系统报警阈值设置

为了保证二回路系统的水质，需设置蒸汽发生器传热管处泄漏率监测系统，以实时监测蒸汽发生器传热管处一回路向二回路的冷却剂泄漏率。在泄漏率超过一定限值时发出报警信号并引发后续的处理动作。由于蒸汽发生器传热管处泄漏存在两种情况，即正常工况下泄漏和蒸汽发生器传热管破裂事故下泄漏，泄漏率监测系统需至少设置三级报警以区别这两种工况：达到一级报警时认为已出现蒸汽发生器传热管处泄漏，需持续关注泄漏率的变化；达到二级报警时认为蒸汽发生器传热管处泄漏率已超过运行状态下允许值，机组需停堆后撤；达到三级报警时认为已发生蒸汽发生器传热管破裂事故，机组需启动事故规程。泄漏率监测系统二级报警值设置需根据蒸汽发生器传热管处泄漏率设计基准得出，而三级报警值则根据蒸汽发生器传热管破裂事故分析的结果得出。

泄漏率监测系统通过测量二回路系统各工质的放射性浓度得出蒸汽发生器传热管处泄漏率。由于预期工况和设计工况下一回路冷却剂浓度有较大差别，在同一泄漏率条件下，预期工况和设计工况时二回路系统各工质的放射性浓度差别很大。因此，在泄漏率监测系统设计中应依据设计工况下分析计算得出的泄漏率控制值，在预期工况下计算该泄漏率控制值条件下二回路系统各工质的放射性浓度，以设置泄漏率监测系统报警阈值。

5.1.1.3 蒸汽发生器排污流量设计

蒸汽发生器排污系统功能为净化二回路系统。蒸汽发生器排污系统的设计流量越大，对二回路水质的控制越好，但也将带来成本的大幅增加。加大排污流量和控制泄漏率均为二回路系统放射性污染控制的有效手段。在设计时可先设定排污流量，然后得出泄漏率控制值。根据先进轻水堆用户要求文件(URD)，蒸汽发生器排污系统的净化流量可考虑为总蒸汽流量的1%。

5.1.1.4 蒸汽发生器泄漏率影响分析

CPR1000/CNP1000 机组采用倒 U 形管式蒸汽发生器，其设计的蒸汽发生器排污流量为50t/h。在循环寿期末蒸汽发生器排污水通过常规岛废液排放系统向环境排放。常规岛废液排放系统接收的废液放射性浓度控制值为 400Bq/L。根据前文给出的计算模型，可计算得出在设计工况下满足排放的蒸汽发生器排污水放射性浓度低于 400Bq/L 的控制值要求时，蒸汽发生器传热管处一回路向二回路的冷却剂泄漏率控制值为 2.1kg/h。根据该泄漏率校核计算得到经由二回路系统向环境释放的液态流出物总活度为 5.43GBq/a，气态途径总惰性气体为 22.7TBq/a，气态途径总碘为 1.78E-05GBq/a，分别占 GB 6249—2011 限值的 3.78%和0.0009‰，符合法规的要求。

不同的二回路水质控制要求下计算得出的蒸汽发生器传热管处一回路向二回路的冷却

剂泄漏率控制值见表 5.1.1，表中还给出了不同二回路水质控制值条件下二回路气液态放射性年释放总量及占 GB 6249—2011 中限值比例。由表 5.1.1 可知，泄漏率控制值和二回路系统气液态放射性流出物释放量基本随着二回路水质控制值线性上升。

表 5.1.1　二回路水质控制敏感性分析

二回路水质控制值（Bq/L）	泄漏率控制值（kg/h）	惰性气体释放（TBq/a）	占国标限值比例（%）	气态碘释放（GBq/a）	占国标限值比例（‰）	液态非氚核素释放（GBq/a）	占国标限值比例（%）
400	2.1	22.7	3.78	1.78E−05	0.000 9	5.43	10.86
600	3.1	33.5	5.58	2.64E−05	0.001 3	8.01	16.02
800	4.2	45.4	7.57	3.57E−05	0.001 8	10.86	21.72
1000	5.2	56.3	9.38	4.42E−05	0.002 2	13.45	26.90

5.1.1.5　CPR1000/CNP1000 机组蒸汽发生器泄漏率取值的讨论

针对 CPR1000/CNP1000 机组二回路泄漏率的假设，目前国内大多数设计单位继续维持了原 M310 机组有关二回路源项的假设，并参考 GB/T 13976—2008 中的相关假设，考虑 3 台蒸汽发生器传热管处在寿期初期维持 1.5kg/h 的恒定泄漏率，在燃料循环末期的最后 2 个月该泄漏率从 1.5kg/h 到 72kg/h 线性变化，且认为在循环末和循环最后 1 个月末分别存在 1 次不回收的蒸汽发生器排污，使得蒸汽发生器水相中放射性核素清空。

这种假设条件极其保守。结合分析结果和电厂实际运行经验，建议二回路源项可以不再考虑 72kg/h 的线性泄漏增加，仅考虑 1.5kg/h 的全年定常泄漏率。

因此，二回路源项计算时，建议统一采用常数泄漏率，不再考虑附加泄漏。

5.1.2　WWER

对于 WWER 机组，在正常运行工况下，二回路冷却剂中放射性核素的含量控制在敞开式蓄水池的允许极限浓度水平以下：碘为 400Bq/kg；其他裂变产物为 60Bq/kg；腐蚀产物为 0.1Bq/kg。

二回路冷却剂中的放射性裂变产物和腐蚀产物的活度浓度水平受到以下因素影响：

- 通过蒸汽发生器排污系统离子交换器、过滤器实现的蒸汽发生器排污；
- 通过二回路冷凝水净化系统的离子交换器过滤器实现的汽机冷凝水的净化；
- 二回路冷却剂的丧失伴随蒸汽和补给水的无组织泄漏。

WWER 机型二回路源项的计算采用 β-γ 程序，该程序可以计算放射性物质在二回路系统内的分布。程序考虑的二回路简化系统包括蒸汽发生器-装有离子交换过滤器的排污水回路-供水除氧器和蒸汽发生器-蒸汽输运系统-汽轮机-装有冷凝净化过滤器的冷凝回路-供水除氧器的回路。其简化的设计流程见图 5.1.2。

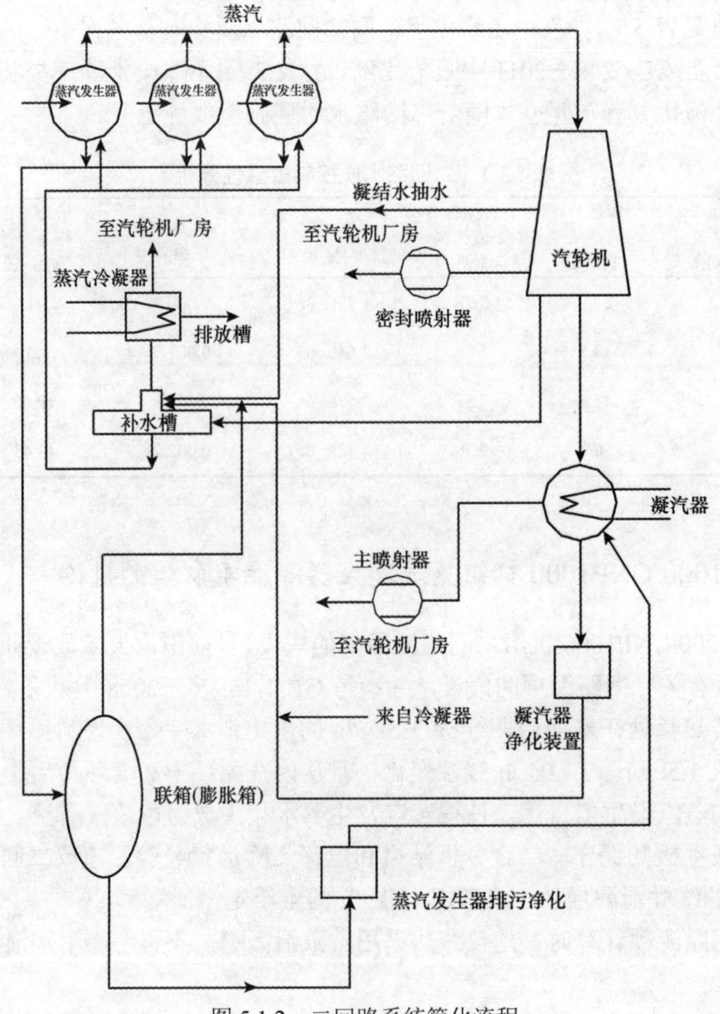

图 5.1.2　二回路系统简化流程

考虑的平衡方程及相关假设如下：

· 一回路向二回路的泄漏在整个反应堆以功率运行期间都保持常量；

· 冷却剂泄漏存在于水空间，并且与蒸汽发生器的二次侧水均匀混合；

· 蒸汽发生器和冷凝器排污水到过滤器的流量在反应堆功率运行期间保持常量；

· 蒸汽发生器的产气量为常数。

在平衡条件下，对二回路介质，平衡方程为

$$-K(G-g)X_{\rm L}-\lambda X_{\rm L}M_{\rm L}+q+GX_{\rm r}-gX_{\rm L}=0 \tag{5.1.12}$$

其中，$q=C_{\rm V}L_{\rm h}$

冷凝器回路中水的放射性活度浓度平衡方程为

$$\begin{aligned}K_2g_{\rm h}X_{\rm r}+(1-K_2)-GX_{\rm r}&={\rm e}^{-\lambda\tau_1}\varepsilon(G-g)KX_{\rm L}\\&+{\rm e}^{-\lambda\tau_2}(1-\varepsilon)(G-g)KX_{\rm L}(1-{\rm fe})d_{\rm m}\\&+{\rm e}^{-\lambda\tau_3}\chi gK_3X_{\rm L}+{\rm e}^{-\lambda\tau_4}(1-\chi)gX_{\rm L}d_{\rm b}d_{\rm m}\end{aligned} \tag{5.1.13}$$

对方程求解 X_L：

$$X_L = \frac{C_V L_h}{K(G-g)\left\{1-e^{-\lambda\tau}\left[\varepsilon+(1+\varepsilon)(1-fe)d_m\right]\right\}+\lambda M_L+g(1-e^{-\lambda\tau_4}d_b)} \tag{5.1.14}$$

碘和其他裂变产物在蒸汽中的活度浓度 X_S 为

$$X_S = K \cdot X_L \tag{5.1.15}$$

蒸汽中惰性气体的含量取决于一回路冷却剂向二回路的泄漏量，其活度浓度为

$$X_S = C_V L_h/G \tag{5.1.16}$$

由于蒸汽发生器排污的流量只占汽轮机流量的 1%～1.5%，各核素再循环有效时间不大于 10min，对半衰期大于 10min 的放射性核素可以简化为

$$X_L = \frac{C_V L_h}{KG(1+\varepsilon)(1-d_m)+\lambda M_L+g(1-d_b)} \tag{5.1.17}$$

式中，C_V 为一回路冷却剂的活度浓度，单位为 GBq/t；X_S 为直接蒸汽的活度浓度，单位为 GBq/t；X_L 为蒸汽发生器中水的活度浓度，单位为 GBq/t；X_r 为蒸发发生器供给水的活度浓度，单位为 GBq/t；L_h 为一个蒸汽发生器中一回路向二回路的泄漏，单位为 t/h；M_L 为一台蒸汽发生器中水的质量，单位为 t；G 为从一台蒸汽发生器向汽轮机的总流量，单位为 t/h；g 为一台蒸汽发生器的排污速度，单位为 t/h；g_h 为补给水除氧器的蒸汽输出流量，单位为 t/h；d_m 为从冷凝过滤器的泄漏；d_b 为经排污水净化过滤器的泄漏；K 为放射性核素(各组)在蒸汽发生器的分配系数，蒸汽和水的活度浓度之比；ε 为汽轮机器流量中不经过冷凝净化过滤器的份额；fe 为去往主射抽汽器的份额；χ 为总流量中不经过排污水净化系统过滤的份额；K_2 为在除氧器中(各组)核素的分配系数；K_3 为在膨胀容器中(各组)核素的分配系数；τ_1 为不经过冷凝净化系统过滤器的蒸汽流(部分流量 ε)的再循环有效时间，单位为 h；τ_2 为经过冷凝净化系统过滤器的蒸汽流(部分流量 $1-\varepsilon$)的再循环有效时间，单位为 h；τ_3 为不经过排污净化系统过滤器的蒸汽流(部分流量 χ)的再循环有效时间，单位为 h；τ_4 为经过排污净化系统过滤器的蒸汽流(部分流量 $1-\chi$)的再循环有效时间，单位为 h；λ 为衰变常数，单位为 h^{-1}。

上述公式是计算二回路(水相和蒸汽)冷却剂中放射性核素含量的基础。当一回路泄漏为常量时，二回路中活度的平均含量完全由最后一个公式决定。

5.1.3　AP1000

在计算 AP1000 二回路冷却剂源项时，以反应堆冷却剂源项为基础，并考虑一定的一、二回路冷却剂泄漏率及相关净化系统的去除后得到二回路对应的源项。与一回路源项对应，二回路源项也包括设计基准源项和设计源项。

计算二回路核素活度浓度的主要原理，可见下式：

$$\frac{d}{dt}(M_S \times C_S + M_L \times C_B) = \text{核素生成项} - \text{核素去除项} \tag{5.1.18}$$

核素生成项定义为 $m_p \times C_p$，去除项由以下几项构成：

(1)衰变　$\lambda \times (M_S \times C_S + M_L \times C_B)$

(2) 蒸汽发生器排污系统 EDI 净化　$m_B \times C_B \times (1-\frac{1}{DF_W})$

(3) 蒸汽侧的净化　$(m_s - m_f) \times [C_S \times (1-X) + X \times C_B] \times \left(1-\frac{1}{DF_S}\right)$

(4) 系统补水去除　$m_f \times [C_S \times (1-X) + X \times C_B]$

式中，M_S 为二次侧蒸汽总质量，单位为 g；C_S 为二次侧蒸汽中核素的活度浓度，单位为 Bq/g；M_L 为二次侧水总质量，单位为 g；C_B 为二次侧水中核素的活度浓度，单位为 Bq/g；m_P 为设计基准一次侧向二次侧的泄漏率，单位为 g/s；C_P 为反应堆冷却剂中核素的活度浓度，单位为 Bq/g；λ 为核素的衰变常数，单位为 1/s；m_B 为蒸汽发生器的排污流量，单位为 g/s；DF_W 为电离除盐装置(EDI)对核素的去污因子；m_s 为二次侧蒸汽流量，单位为 g/s；m_f 为给水补水流量，单位为 g/s；X 为蒸汽中水夹带率；DF_S 为冷凝液除盐床对核素的去污因子。

在计算用于设计排放源项分析的二回路源项时，假定二回路总的活度浓度水平为蒸汽发生器排污系统放射性活度浓度的报警整定值。用于设计排放源项分析的二回路源项的核素谱与设计基准二回路源项的核素谱保持一致。

5.1.4 EPR

EPR 二回路源项计算模式与 CPR1000/CNP1000 机组完全一致，见 5.1.1。不同之处在于 CPR1000/CNP1000 机组除常数泄漏外，还考虑循环末期线性增加的附加泄漏，而 EPR 只考虑整个周期内的常数泄漏。

5.2 氚和 ^{14}C 源项

氚和 ^{14}C 源项是放射性废物管理和环境排放需要重点关注的核素，在压水堆核电厂中，氚和 ^{14}C 的产生机理较为一致，不同压水堆堆型的氚分析方法也有一定的相似性。本节对氚和 ^{14}C 源项的来源、计算方法，以及在新源项框架体系下现实源项和设计源项分析中的考虑因素进行说明，并对运行电厂的氚和 ^{14}C 排放源项经验反馈数据进行了分析，还对乏燃料水池中的氚释放、气态 ^{14}C 中 C 的化学形态等设计和审查中关注的问题给予了说明。

5.2.1 氚源项计算模式和参数研究

氚是氢元素的一种放射性同位素，半衰期 12.33 年，发生 β 衰变产生稳定的 ^{3}He，β 射线最大能量为 18.6keV，平均能量为 5.7keV。在环境中氚可以通过与周围物质的相互作用而使其分子激发或化学键受到破坏，并形成电子、离子对和自由基，进一步对物质产生辐射效应。氚几乎能溶于所有的固体材料中，加之氚原子核半径比其他元素小得多，容易在所溶物质中发生迁移流动，表现为在固体材料中的扩散渗透。氚在固体材料中由于浓度分布不同造成氚从高浓度向低浓度迁移流动的现象被称为扩散；而氚在固体材料中的渗透是一个复杂的物理、化学过程，与氚在材料中的溶解和扩散过程密切相关。

根据氚的产生机理和各堆型反应堆的设计特点，一回路冷却剂中氚的来源主要包括燃料中的三元裂变，一回路冷却剂中的硼、锂、氘，可燃毒物棒中的硼，以及二次源中的铍与中子的反应。目前国内各压水堆核电厂中，除 EPR 堆型外，CPR1000/CNP1000、AP1000、WWER 等堆型都考虑了氚的上述产生途径，在总体计算思路上基本一致。

本部分将首先描述一回路冷却剂中氚的来源，随后针对每一来源提出计算思路和方法，并就一些重点技术问题进行分析探讨。随后给出我国国内在运电厂有关氚的运行经验测量数据，以此来论证氚源项计算方法和计算结果的合理性。同时，注意到对于一般的压水堆核电厂而言，氚难以通过有效的手段加以处理，本部分还同时穿插介绍了氚排放源项的确定方法及有关问题。

5.2.1.1　氚的来源

对于压水堆核电厂，氚主要是由反应堆运行时燃料的三元裂变和冷却剂中的硼、锂、氘及二次中子源中铍受到中子活化产生的，其中，三元裂变产生的氚比其他途径要大得多。下面详细分析一回路冷却剂中氚的各种产生途径。

(1) 重核三元裂变

$$\text{重核} + {}_0^1\text{n} \longrightarrow \text{重裂变产物} + \text{轻裂变产物} + {}_1^3\text{H}$$

这部分氚绝大部分积存在燃料棒中，少部分扩散到包壳后再渗透进入一回路冷却剂中。

在设计中从燃料和包壳进入主冷却剂中的释放量是通过引入渗透率这一参数来描述的，对于三元裂变产生的氚，假设氚以一定的扩散率进入到主冷却剂中，这部分氚可由氚的年度产生量乘以氚的年扩散率得到。

(2) 压水堆运行过程中，为了控制反应性，会在一回路冷却剂中加入硼酸。冷却剂流经反应堆时，硼酸中的硼元素受到堆内中子活化后会产生氚，其产氚反应链包括：

$${}_5^{10}\text{B} + {}_0^1\text{n} \xrightarrow{(\text{n},2\alpha)} 2\,{}_2^4\text{He} + {}_1^3\text{H}$$

$${}_5^{10}\text{B} + {}_0^1\text{n} \xrightarrow{(\text{n},\text{n}\alpha)} {}_3^6\text{Li} + {}_0^1\text{n} + {}_2^4\text{He} \;\Rightarrow\; {}_3^6\text{Li} + {}_0^1\text{n} \xrightarrow{(\text{n},\alpha)} {}_2^4\text{He} + {}_1^3\text{H}$$

$${}_5^{10}\text{B} + {}_0^1\text{n} \xrightarrow{(\text{n},\alpha)} {}_3^7\text{Li} + {}_2^4\text{He} \;\Rightarrow\; {}_3^7\text{Li} + {}_0^1\text{n} \xrightarrow{(\text{n},\text{n}\alpha)} {}_2^4\text{He} + {}_0^1\text{n} + {}_1^3\text{H}$$

$${}_5^{11}\text{B} + {}_0^1\text{n} \xrightarrow{(\text{n},\text{T})} {}_4^9\text{Be} + {}_1^3\text{H}$$

$${}_4^9\text{Be} + {}_0^1\text{n} \xrightarrow{(\text{n},\alpha)} {}_2^4\text{He} + {}_2^6\text{He} \;\Rightarrow\; {}_2^6\text{He} \xrightarrow{\beta} {}_3^6\text{Li} + {}_{-1}^0\text{e}$$

$$\Rightarrow\; {}_3^6\text{Li} + {}_0^1\text{n} \xrightarrow{(\text{n},\alpha)} {}_2^4\text{He} + {}_1^3\text{H}$$

$${}_4^9\text{Be} + {}_0^1\text{n} \xrightarrow{(\text{n},\text{T})} {}_3^7\text{Li} + {}_1^3\text{H} \;\Rightarrow\; {}_3^7\text{Li} + {}_0^1\text{n} \xrightarrow{(\text{n},\text{n}\alpha)} {}_2^4\text{He} + {}_0^1\text{n} + {}_1^3\text{H}$$

(3) 为了调节一回路冷却剂水的 pH 值，需要依据化学与放射化学技术规范中的 Li-B 协调曲线加入 LiOH，其中的锂元素受到堆内中子活化后会产生氚，其产氚反应链包括：

$${}_3^6\text{Li} + {}_0^1\text{n} \xrightarrow{(\text{n},\alpha)} {}_2^4\text{He} + {}_1^3\text{H}$$

$${}_3^7\text{Li} + {}_0^1\text{n} \xrightarrow{(\text{n},\text{n}\alpha)} {}_2^4\text{He} + {}_0^1\text{n} + {}_1^3\text{H}$$

(4) 在压水堆堆芯内放置二次中子源（^{123}Sb-^{9}Be 中子源），其中的 ^{9}Be 受到中子活化后产生氚，其产氚反应链包括：

$$ {}_{4}^{9}\mathrm{Be}+{}_{0}^{1}\mathrm{n}\xrightarrow{(\mathrm{n},\alpha)}{}_{2}^{4}\mathrm{He}+{}_{2}^{6}\mathrm{He}\ \Rightarrow\ {}_{2}^{6}\mathrm{He}\xrightarrow{\beta}{}_{3}^{6}\mathrm{Li}+{}_{-1}^{0}\mathrm{e}\ \Rightarrow\ {}_{3}^{6}\mathrm{Li}+{}_{0}^{1}\mathrm{n}\xrightarrow{(\mathrm{n},\alpha)}{}_{2}^{4}\mathrm{He}+{}_{1}^{3}\mathrm{H} $$

$$ {}_{4}^{9}\mathrm{Be}+{}_{0}^{1}\mathrm{n}\xrightarrow{(\mathrm{n},\mathrm{T})}{}_{3}^{7}\mathrm{Li}+{}_{1}^{3}\mathrm{H}\ \Rightarrow\ {}_{3}^{7}\mathrm{Li}+{}_{0}^{1}\mathrm{n}\xrightarrow{(\mathrm{n},\mathrm{n}\alpha)}{}_{2}^{4}\mathrm{He}+{}_{0}^{1}\mathrm{n}+{}_{1}^{3}\mathrm{H} $$

这部分氚在二次源组件中积存，其中一部分通过包壳(表面氧化处理后的不锈钢)渗透到一回路冷却剂中。

(5)可燃的中子吸收体中产生的氚，主要反应方式同(2)。

(6)冷却剂中天然存在的氘俘获中子产生氚，其产氚反应链为

$$ {}_{1}^{2}\mathrm{H}+{}_{0}^{1}\mathrm{n}\xrightarrow{(\mathrm{n},\gamma)}{}_{1}^{3}\mathrm{H} $$

由于水中天然存在的氘的量小于 0.015%，因此由这部分氘反应产生的氚可以忽略不计。

5.2.1.2 氚产生量的计算方法

全面考虑氚的产生途径是确保氚源项计算结果科学性和可靠性的重要基础。针对前文所述的一回路冷却剂中氚源项的产生途径，可以采用理论计算氚的积存量。

此外，考虑到在源项计算时，由于计算参数的选取不可能完全真实地反映实际情况，最终计算结果可能会与实际情况产生一定的差异。为此，一方面，对于重要的计算参数应做进一步的研究确定，另一方面，其计算结果还应与国内外有关氚源项的实际统计数据进行比对分析，在必要时进行适当的调整。

(1)燃料中的重核经三元裂变产生氚的量计算：这部分氚的产生量可以采用如下步骤计算。首先，计算得到堆芯燃料中的氚积存量，事实上，氚积存量同样也可以由 ORIGEN 程序计算得到。随后，假设积存在燃料棒中的氚以一定的渗透率进入到主冷却剂中，则扩散到主冷却剂中的氚量由氚的年度平均堆芯积存量乘以氚的渗透率得到，即如下式所示：

$$ A_{三元裂变}=A_{堆芯}\cdot F \tag{5.2.1} $$

式中，$A_{三元裂变}$ 为三元裂变对一回路源项的贡献值；$A_{堆芯}$ 为堆芯中的氚积存量；F 为氚的渗透率。

需要指出的是，由于氚通过包壳向主冷却剂的扩散和渗透是一个持续的过程，因此计算中所采用的渗透率应该是一个宏观的平均参数；且氚的年度平均堆芯积存量应取年度各个时刻的堆芯积存量平均值。

(2)冷却剂中硼和锂的同位素及氘活化产生的氚的量计算：该部分氚产生量可以采用如下步骤计算。首先，利用 MCNP 软件计算出反应堆活性区、径向反射层、顶部反射层、底部反射层和下降区共 5 个区域冷却剂中的多群中子注量率，并从截面库里提取准确的产氚反应截面；然后在准确模拟反应堆稳态运行工况的前提下，求解硼和锂的同位素及氘的活化和级联反应方程，得到这些核素在各区所产生的氚的活度(能群数可根据具体计算情况确定，本处以 30 为例)，即如下式所示：

$$ A_{氘活化}=f_{负}\cdot\lambda\cdot\sum_{k}\left\{\sum_{j=1}^{5}\left[V_j\cdot\sum_{i=1}^{30}(N_{jk}\cdot\sigma_{ik}\cdot\phi_{ij})\right]\right\} \tag{5.2.2} $$

式中，$A_{氘活化}$ 为冷却剂中硼、锂氘活化对一回路源项的贡献值；$f_{负}$ 为核电厂年平均负荷因

子；λ为氚的衰变常数，单位为h^{-1}；V_j为堆芯各区受到活化的冷却剂体积，单位为m^3；N_{jk}为堆芯j区冷却剂中核素k的核子数密度，以及核素k与中子级联反应产生的核素的核子数密度，单位为m^{-3}；σ_{ik}为各活化反应的i群微观截面，单位为b；ϕ_{ij}为堆芯j区冷却剂里的i群中子注量率，单位为$n \cdot m^{-2} \cdot s^{-1}$；$i$为能群号；$j$为堆芯分区号；$k$为核素号。

虽然氚会发生衰变，但其半衰期比较长(12.33年)，而且核电厂一回路里的氚每年都会定期排放，因此可以保守认为氚在一回路里通过衰变减少的量可忽略不计。计算^{10}B、^{11}B、^{6}Li和^{7}Li核素的核子数密度时需要用到硼的浓度。由SCIENCE通量图处理程序结合堆芯跟踪数据月报得到硼浓度跟踪数据，进而可以得到堆芯的年平均硼浓度；堆芯的年平均锂浓度则根据堆芯年平均硼浓度结合Li-B协调曲线得到(典型Li-B协调曲线在前文已有描述)。

(3)二次中子源的氚年排放量计算：二次中子源棒中，^{9}Be受到中子活化后产生氚，同时不断累积^{6}Li和^{7}Li，其中不断累积的^{6}Li是产氚的主要贡献(经计算，不断累积的^{7}Li比^{6}Li的产氚量低8个量级)。另外，计算需要考虑^{9}Be随着时间消耗对产氚的影响。假设二次源包壳里生成的氚以一定的渗透率进入到主冷却剂中，则扩散到主冷却剂中的氚总量由二次源包壳里生成的氚总活度乘以氚通过二次源包壳的渗透率得到，如下式所示：

$$A_{二次源} = g \cdot f_{负} \cdot \lambda \cdot \sum_k \left[V \cdot \sum_{i=1}^{30} (N \cdot \sigma_{ik} \cdot \phi_i) \right] \tag{5.2.3}$$

式中，$A_{二次源}$为二次源对一回路源项的贡献值；g为氚通过二次中子源包壳的渗透率；$f_{负}$为核电厂年平均负荷因子；λ为衰变常数；V为二次源芯块的体积；N为二次源中^{9}Be及不断累积的^{6}Li的核子数密度；σ_{ik}为各活化反应的i群微观反应截面；ϕ_i为二次中子源芯块中的i群中子注量率；i为群号(这里按照30群考虑，可调整)，i=1～30；k为核素号。

上式中，中子注量率和截面计算方法与冷却剂中硼、锂的注量率和截面的计算方法类似。而^{6}Li的累积量则根据核电厂各年的负荷因子和运行时间得到二次源累积的辐照时间(由^{9}Be生成^{6}Li)，再根据中子注量率和截面计算得到。

氚源项计算过程中，可以按照上述产氚途径逐项计算氚的产生量，也可以采用基于机理分析的程序进行计算，如西屋电气公司开发的TRICAL程序，其根据氚的产生和排放途径，通过理论模型计算氚在主冷却剂中的产生量。

对主冷却剂中氚的主要产生途径的计算原理，分别介绍如下。

(1)三元裂变产氚：若不考虑排放和泄漏，主冷却剂中由三元裂变产生的氚总量为

$$\frac{dN_1}{dt} = 3.12 \times 10^{16} \times P \times Y \times L - \lambda \times N_1 \tag{5.2.4}$$

式中，N_1为主冷却剂中三元裂变产生的氚原子个数；3.12×10^{16}为单位时间和单位热功率时平均发生裂变的次数，单位为裂变/(MW·s)；λ为氚的衰变常数，单位为s^{-1}；P为堆芯热功率，单位为MW；L为氚从燃料释放到主冷却剂的份额；Y为氚的裂变产额，单位为原子个数/裂变。

(2)可燃毒物棒内硼的贡献：可燃毒物棒内$^{10}B(n, 2\alpha)T$反应为

$$\frac{dN_2}{dt} = {}^{bp}N_B^o \times \left[\sum_E \sigma_{n,2\alpha}^{^{10}B}(E) \times \phi(E) \right] \times e^{-\sum_E \sigma_{n,\alpha}^{^{10}B}(E) \times \phi(E) \times t} \times L - \lambda \times N_2 \tag{5.2.5}$$

式中，N_2为主冷却剂中由可燃毒物棒内 ^{10}B(n，2α)T 反应产生的氚原子个数；$^{bp}N_B^o$为可燃毒物棒中的初始 ^{10}B 原子个数；L 为氚从可燃毒物棒中释放到主冷却剂中的份额；$\sigma_{n,2\alpha}^{^{10}B}(E)$为平均能量为 E 的中子能群的 ^{10}B(n，2α)T 反应截面；$\sigma_{n,\alpha}^{^{10}B}(E)$ 为平均能量为 E 的中子能群的 ^{10}B(n，α)^{7}Li 反应截面；$\phi(E)$为平均能量为 E 的中子能群的中子注量率；其他参数的说明同上。

可燃毒物棒内 ^{10}B(n，α)^{7}Li(n，nα)T 反应为

$$\frac{dN_3}{dt}={}^{bp}N_B^o\times\left[\sum_E\sigma_{n,n\alpha}^{^7Li}(E)\times\phi(E)\right]\times\left[1-e^{-\sum_E\sigma_{n,\alpha}^{^{10}B}(E)\times\phi(E)\times t}\right]\times L-\lambda\times N_3 \tag{5.2.6}$$

式中，N_3 为主冷却剂中由可燃毒物棒内 ^{10}B(n，α)^{7}Li(n，nα)T 反应产生的氚原子个数；$\sigma_{n,n\alpha}^{^7Li}(E)$ 为平均能量为 E 的中子能群的 ^{7}Li(n，nα)T 反应截面，单位为 b；其他参数的说明同上。

(3) 主冷却剂中可溶硼的贡献：压水堆核电厂堆芯设计中，通常采用可溶硼作为控制堆芯反应性的手段之一。反应堆主冷却剂中可溶硼与中子产生氚的反应包括：

^{10}B(n，2α)T

^{10}B(n，α)^{7}Li(n，nα)T

^{11}B(n，T)^{9}Be

上述反应中，只有前两个反应对氚有显著贡献。^{11}B(n，T)^{9}Be 反应的阈能较高，堆内能量高于 14MeV 的中子注量率一般低于 1.0E+10n/(cm^2·s)，相应的截面也很小(约 5mb)，因此，这一反应的产氚量可忽略不计。故只需计算前两个反应的贡献。

主冷却剂中 ^{10}B(n，2α)T 反应：

$$\frac{dN_4}{dt}={}^{c}N_B^o\times(1-\beta\times t)\times\left[\sum_E\sigma_{n,2\alpha}^{^{10}B}(E)\times\phi(E)\right]-\lambda\times N_4 \tag{5.2.7}$$

式中，N_4 为主冷却剂中可溶硼 ^{10}B(n，2α)T 反应产生的氚原子个数；$^{c}N_B^o$为主冷却剂中初始 ^{10}B 原子个数；β 为硼去除系数，单位为 s^{-1}；$\beta=\frac{B_R}{B_o}$ B_R 为硼去除系数，单位为 mg/(kg·s)；B_o为初始硼浓度，单位为 mg/kg；其他参数的说明同上。

(4) 主冷却剂中可溶锂的贡献：在很多压水堆核电厂中，氢氧化锂用于主冷却剂的 pH 值控制。由可溶锂中子反应产生的氚取决于主冷却剂中锂的浓度，反应主要包括：①^{7}Li (n，nα) T；②^{6}Li (n，α) T。

尽管压水堆核电厂中采用的氢氧化锂主要是 ^{7}Li，丰度为一般在 98%以上，但是由于 ^{7}Li 的反应阈值很高且反应截面小，而 ^{6}Li 的反应没有阈值并且低能中子的反应截面非常大，因此 ^{6}Li (n，α) T 产生的氚相对 ^{7}Li (n，nα) T 要大得多。

主冷却剂中 ^{7}Li(n，nα)T 反应：

$$\frac{dN_5}{dt}=N_{^7Li}\times\left[\sum_E\sigma_{n,n\alpha}^{^7Li}(E)\times\phi(E)\right]-\lambda\times N_5 \tag{5.2.8}$$

式中，N_5 为主冷却剂中 ^{7}Li(n，nα)T 反应产生的氚原子个数；$N_{^7Li}$ 为主冷却剂中 ^{7}Li 原子

个数；其他参数的说明同上。

主冷却剂中 ^{6}Li(n，α)T 反应：

$$\frac{\mathrm{d}N_6}{\mathrm{d}t} = N_{^6\mathrm{Li}} \times \left[\sum_E \sigma_{\mathrm{n},\alpha}^{^6\mathrm{Li}}(E) \times \phi(E)\right] - \lambda \times N_6 \tag{5.2.9}$$

式中，N_6 为主冷却剂中可溶锂 ^{6}Li(n，α)T 反应产生的氚原子个数；$N_{^6\mathrm{Li}}$ 为主冷却剂中 ^{6}Li 原子个数；$\sigma_{\mathrm{n},\alpha}^{^6\mathrm{Li}}(E)$ 为平均能量为 E 的中子能群的 ^{6}Li(n，α)T 反应截面，单位为 b；其他参数的说明同上。

(5)主冷却剂中氘的贡献：主冷却剂中的氘通过 ^{2}H(n，γ)T 反应产生氚。压水堆的慢化剂和冷却剂均采用轻水，根据压水堆的运行经验，主冷却剂中氘的天然丰度小于 0.015%。

主冷却剂中 ^{2}H(n，γ)T 反应：

$$\frac{\mathrm{d}N_7}{\mathrm{d}t} = N_\mathrm{D} \times \left[\sum_E \sigma_{\mathrm{n},\gamma}^{\mathrm{D}}(E) \times \phi(E)\right] - \lambda \times N_7 \tag{5.2.10}$$

式中，N_7 为主冷却剂中氘 ^{2}H(n，γ)T 反应产生的氚原子个数；N_D 为主冷却剂中氘原子个数；$\sigma_{\mathrm{n},\gamma}^{\mathrm{D}}(E)$ 为平均能量为 E 的中子能群的 ^{2}H(n，γ)T 反应截面，单位为 b；其他参数的说明同上。

(6)次级源棒的贡献：次级源棒产氚的贡献应根据次级源棒的布置(位置、数目等)等确定，并假设氚通过次级源棒包壳的释放份额为 10%。

5.2.1.3　氚排放源项分析

压水堆核电厂中的氚均来自主回路系统，废液中的氚主要通过下泄主冷却剂经过液体废物处理系统净化处理，一部分作为主回路补给水，其余部分经核电厂循环冷却水稀释后向环境排放。在实际计算分析中，假定经过液体废物处理系统净化后的水全部排放。

从主回路系统下泄的主冷却剂绝大多数直接经过废液处理系统后，经废液监测箱检测合格后排入环境。在系统和设备运行过程中，由于阀门和泵等设备存在着一定的泄漏，与 RCS 设备疏水形成的放射性液体废物由安全壳内、外疏排水系统收集，再送往液体废物处理系统。高温高压的主冷却剂在设备泄漏过程中存在闪蒸，部分液体被闪蒸形成蒸汽进入厂房大气，蒸汽中携带的氚作为气态途径通过厂房通风系统排入环境。

蒸汽发生器排污处理系统中的氚主要取决于一回路向二回路的泄漏率，进入到二回路的冷却剂经过蒸汽发生器排污系统处理后，排入汽轮机厂房内的废液监测箱，监测合格后排放。

与核岛厂房的运行环境相比，蒸汽发生器排污系统的温度、压力及放射性等的影响相对较小，因此，其泵和阀门的泄漏率比较小。分析时可保守假定，进入到二回路的氚均通过液态途径排放，通过气态途径的排放为零。

由于氚很难从水中分离，且目前缺少有效的处理方法，一回路冷却剂中的氚除少量衰变外，大部分将以液态和气态形式释放到环境中。因此，在反应堆运行稳定的前提下，如果堆内一回路冷却剂中的氚浓度基本保持不变的情况下，可以认为一回路产生的氚总量将全部向环境排放。

对于氚排放源项，需要重点考虑两方面的问题：①一回路氚源项计算值与实际运行经验值之间的关系，即计算出的一回路现实源项应尽可能接近实测值的平均值，而一回路保守源项则应包络同类机组所有实测值。如果不能实现较好的匹配，还有必要对一回路氚源项计算值做适当的调整。②氚排放源项在气相和液相中的比例问题。气相和液相分配比例仍缺乏充分的科学依据和共识，目前，只能根据实测数据进行统计分析，给出一个合理的气、液态源项之间的比例关系。

本部分将对国外(主要是法国和美国机组)和国内(大亚湾核电基地和秦山核电基地)氚排放量的实测情况进行描述，并据此对上述问题进行研究探讨。最后还将对液态氚在液态流出物中的实测浓度进行分析探讨。

(1)一回路氚源项计算值与实际运行经验值之间的匹配：对法国 Bugey、Belleville、Chooz 等 19 个压水堆核电厂(2002～2011 年)氚排放数据进行了分析，气态氚和液态氚统计数据分别列于表 5.2.1 和表 5.2.2 中，表中还根据电功率将法国 900MW、1300MW 和 1450MW 机组的排放量分别折算到 1000MW 级。统计结果表明：折算为单台 1000MW 后，法国 900MW 机组气态氚的排放量为 0.022 2～0.853TBq/a，年排放量平均值为 0.268TBq；1300MW 机组气态氚的排放量为 0.196～1.90TBq/a，年排放量平均值为 0.839 TBq；1450MW 机组气态氚的排放量为 0.096 6～0.590TBq/a，年排放量平均值为 0.261TBq。法国 900MW 机组液态氚的排放量为 4.83～17.2TBq/a，年排放量平均值为 11.5TBq；1300MW 机组液态氚的排放量为 10.12～27.77TBq/a，年排放量平均值为 20.7TBq；1450MW 机组液态氚的排放量为 6.14～21.93TBq/a，年排放量平均值为 14.4TBq。

由统计结果可知，无论是气态氚还是液态氚，法国核电厂按功率归一化的年排放量与核电厂功率之间没有明显的趋势关系，且同样功率级别的核电厂之间的差异也较大。

表 5.2.1 法国若干核电厂的气态氚年排放量 (单位：TBq)

机组功率	核电厂	实测值			归一化 1 000MW 后数值		
		最小值	最大值	平均值	最小值	最大值	平均值
900MW	Bugey	8.50E-02	1.73E-01	1.35E-01	9.44E-02	1.92E-01	1.49E-01
	Chinon	2.58E-01	5.28E-01	3.39E-01	2.86E-01	5.86E-01	3.76E-01
	Cruas-Meysse	6.50E-02	2.83E-01	1.29E-01	7.22E-02	3.14E-01	1.43E-01
	Dampierre	1.68E-01	4.53E-01	2.73E-01	1.86E-01	5.03E-01	3.04E-01
	Fessenheim	1.40E-01	4.90E-01	3.15E-01	1.56E-01	5.44E-01	3.50E-01
	Saint-Laurent	2.00E-02	1.70E-01	8.38E-02	2.22E-02	1.89E-01	9.31E-02
	Tricastin	1.65E-01	7.68E-01	3.75E-01	1.83E-01	8.53E-01	4.17E-01
	Blayais	9.00E-02	2.88E-01	1.53E-01	1.00E-01	3.19E-01	1.70E-01
	Gravelines	2.15E-01	6.10E-01	3.72E-01	2.39E-01	6.78E-01	4.13E-01
1 300MW 机组	Belleville	9.20E-01	2.09E+00	1.26E+00	7.08E-01	1.61E+00	9.68E-01
	Cattenom	7.23E-01	2.47E+00	1.37E+00	5.56E-01	1.90E+00	1.06E+00
	Golfech	5.85E-01	1.13E+00	7.73E-01	4.50E-01	8.69E-01	5.95E-01
	Nogent	6.90E-01	1.29E+00	9.87E-01	5.31E-01	9.92E-01	7.59E-01
	Saint-Alban	6.65E-01	1.87E+00	1.28E+00	5.12E-01	1.44E+00	9.81E-01
	Flamanville	2.55E-01	1.25E+00	7.75E-01	1.96E-01	9.58E-01	5.96E-01

续表

机组功率	核电厂	实测值			归一化 1 000MW 后数值		
		最小值	最大值	平均值	最小值	最大值	平均值
1 450MW 机组	Penly	9.75E-01	2.22E+00	1.39E+00	7.50E-01	1.71E+00	1.07E+00
	Paluel	4.88E-01	1.70E+00	8.96E-01	3.75E-01	1.31E+00	6.89E-01
	Chooz	1.40E-01	4.55E-01	3.00E-01	9.66E-02	3.14E-01	2.07E-01
	Civaux	1.55E-01	8.55E-01	4.56E-01	1.07E-01	5.90E-01	3.14E-01

表 5.2.2　法国若干核电厂的液态氚年排放量　　（单位：TBq）

机组功率	核电厂	实测值			归一化 1 000MW 后数值		
		最小值	最大值	平均值	最小值	最大值	平均值
900MW	Bugey	9.43E+00	1.37E+01	1.16E+01	1.05E+01	1.53E+01	1.29E+01
	Chinon	7.93E+00	1.36E+01	1.05E+01	8.81E+00	1.51E+01	1.17E+01
	Cruas-Meysse	8.88E+00	1.42E+01	1.22E+01	9.86E+00	1.58E+01	1.36E+01
	Dampierre	7.85E+00	1.25E+01	1.04E+01	8.72E+00	1.39E+01	1.15E+01
	Fessenheim	6.10E+00	1.55E+01	1.08E+01	6.78E+00	1.72E+01	1.20E+01
	Saint-Laurent	4.35E+00	7.10E+00	5.56E+00	4.83E+00	7.89E+00	6.18E+00
	Tricastin	8.58E+00	1.43E+01	1.06E+01	9.53E+00	1.59E+01	1.18E+01
	Blayais	9.03E+00	1.36E+01	1.14E+01	1.00E+01	1.51E+01	1.27E+01
	Gravelines	7.02E+00	1.26E+01	9.99E+00	7.80E+00	1.40E+01	1.11E+01
1 300MW	Belleville	2.05E+01	2.98E+01	2.70E+01	1.57E+01	2.29E+01	2.08E+01
	Cattenom	1.83E+01	3.28E+01	2.48E+01	1.41E+01	2.52E+01	1.91E+01
	Golfech	2.46E+01	3.51E+01	3.03E+01	1.89E+01	2.70E+01	2.33E+01
	Nogent	2.27E+01	3.58E+01	2.86E+01	1.74E+01	2.75E+01	2.20E+01
	Saint-Alban	1.97E+01	3.24E+01	2.67E+01	1.52E+01	2.49E+01	2.06E+01
	Flamanville	1.58E+01	3.18E+01	2.71E+01	1.22E+01	2.44E+01	2.08E+01
	Penly	1.32E+01	3.61E+01	2.59E+01	1.01E+01	2.78E+01	1.99E+01
	Paluel	1.95E+01	2.95E+01	2.52E+01	1.50E+01	2.27E+01	1.94E+01
1 450MW	Chooz	1.39E+01	3.18E+01	2.27E+01	9.55E+00	2.19E+01	1.57E+01
	Civaux	8.90E+00	3.12E+01	1.91E+01	6.14E+00	2.15E+01	1.31E+01

本研究对大亚湾核电站和岭澳一期的氚排放情况也进行了统计，数据来源为大亚湾核电基地各年运行年鉴。其中，大亚湾核电站自 2002 年开始进入长周期换料循环运行方式，岭澳一期两台机组分别于 2002 年 5 月和 2003 年 1 月投入商业运行。为便于分析和比较，本部分中各核电厂的年排放量均折算为单台 1000MW 机组对应的年排放量。

大亚湾核电站和岭澳一期气态氚和液态氚逐年实测排放量统计值见表 5.2.3。统计结果表明：考虑功率折算后，大亚湾核电站在年度换料方式下运行时，单台机组气态氚的排放量为 0.366～0.852TBq/a，年排放量平均值为 0.572TBq；在长周期换料方式下运行时，单台机组气态氚的排放量为 0.391～1.01TBq/a，年排放量平均值为 0.590TBq。长周期换料方式气态氚的排放量略大于年度换料方式下的排放量。折算为单台1000MW后，岭澳一期核电站单台机组气态氚的排放量为0.071～0.684TBq/a，年排放量平均值为0.443TBq。综合考虑大亚湾和岭澳一期核电站，折算为单台1000MW后，单台机组气态氚的排放量为0.071～1.01TBq/a，年排放量平均值为0.506TBq。

考虑功率折算后，大亚湾核电站在年度换料方式下运行时，单台机组液态氚的排放量为5.13～24.2TBq/a，年排放量平均值为14.6TBq；在长周期换料方式下运行时，折算为单台1000MW后，单台机组液态氚的排放量为23.3～36.1TBq/a，年排放量平均值为29.5TBq。长周期换料方式液态氚的排放量远大于年度换料方式下的排放量。折算为单台1000MW后，岭澳一期液态氚的排放量为16.7～28.2TBq/a，年排放量平均值为24.1TBq。综合考虑大亚湾核电站和岭澳一期，液态氚的排放量介于5.13～36.1TBq/a，年排放量平均值为22.5TBq。

表5.2.3 大亚湾核电站和岭澳一期氚排放量统计 [单位：TBq/(a·堆)]

项目		实测值			归一化1 000MW后数值		
		最小值	最大值	平均值	最小值	最大值	平均值
气态氚	大亚湾(1999～2002)年度换料方式	0.36	0.838	0.563	0.366	0.852	0.572
	大亚湾(2003～2012)长周期换料方式	0.385	0.99	0.58	0.391	1.01	0.590
	岭澳一期(2003～2012)年度换料方式	0.07	0.675	0.439	0.071	0.684	0.443
	大亚湾及岭澳一期合计	—	—	—	0.071	1.01	0.506
液态氚	大亚湾(1999～2002)年度换料方式	5.05	23.8	14.4	5.13	24.2	14.6
	大亚湾(2003～2012)长周期换料方式	22.9	35.6	29.1	23.3	36.1	29.5
	岭澳一期(2003～2012)年度换料方式	16.5	28	23.9	16.7	28.2	24.1
	大亚湾及岭澳一期合计	—	—	—	5.13	36.1	22.5

岭澳一期液态氚的年排放量大于大亚湾核电站在年度换料方式下运行时液态氚的排放量，但小于大亚湾核电站在长周期换料方式下运行时液态氚的排放量。尤其是大亚湾核电站的最大年排放量较高，除了其采用长周期换料方式使得年有效运行天数更大外，最大年排放量发生的年份还受到了上一年度主泵故障使氚累积到这一年排放的影响(根据大亚湾2006～2007年年鉴)。

将法国各功率压水堆核电厂与大亚湾核电站及岭澳一期气态氚、液态氚排放统计结果对比列于表5.2.4。表中各数据已经按照单台1000MW进行了折算。由表5.2.4可知：法国各功率电厂的气态氚年排放量波动很大，平均排放量在0.093～1.07TBq/a变动，平均值为0.508TBq/a。大亚湾核电站及岭澳一期单台机组的年平均排放量为0.506TBq，与法国所有核电厂排放量的平均值较为接近。法国900MW、1300MW、1450MW核电厂的最大排放量分别为0.853TBq/a、1.90TBq/a、0.590TBq/a，大亚湾核电站和岭澳一期单台机组的最大排放量为1.01TBq/a。不同功率的核电厂，其归一化最大年排放量差别很大。

法国各功率核电厂的液态氚年排放量波动也很大，平均排放量在6.18～23.3TBq/a变动，平均值为15.7TBq/a。大亚湾核电站及岭澳一期单台机组的平均排放量则为22.5TBq/a，要高于法国各功率核电厂的年平均排放量。法国 900MW、1300MW、1450MW 核电厂的最大排放量分别为 17.2TBq/a、27.8TBq/a、21.9TBq/a，大亚湾核电站及岭澳一期单台机组的最大排放量为 36.1TBq/a。不同功率的核电厂，其归一化最大年排放量差别很大。

表 5.2.4　法国核电厂与大亚湾核电站及岭澳一期氚排放量统计　[单位：TBq/(a • 堆)]

项目			法国核电厂			大亚湾核电站及岭澳一期
			900MW	1 300MW	1 450MW	
气态氚	最小值	各核电厂分布	0.022～0.286	0.196～0.750	0.097～0.107	0.071～0.366
		所有核电厂平均值	0.149	0.510	0.102	0.219
	最大值	各核电厂分布	0.189～0.853	0.869～1.90	0.314～0.590	0.684～1.01
		所有核电厂平均值	0.464	1.35	0.452	0.845
	平均值	各核电厂分布	0.093～0.417	0.595～1.07	0.207～0.314	0.443～0.585
		所有核电厂平均值	0.268	0.839	0.261	0.506
液态氚	最小值	各核电厂分布	4.83～1.05	10.1～18.9	6.14～9.55	5.13～23.3
		所有核电厂平均值	8.54	14.8	7.84	10.92
	最大值	各核电厂分布	7.89～17.2	22.7～27.8	21.5～21.9	28.2～36.1
		所有核电厂平均值	14.4	25.3	21.7	32.2
	平均值	各核电厂分布	6.18～13.6	19.1～23.3	13.1～15.7	22.5～24.1
		所有核电厂平均值	11.5	20.7	14.4	22.5

由程序计算出的氚源项中，现实源项应能够尽可能与实际情况相接近，而设计基准源项则对同类机组的运行数据形成包络。为此，可以认为 CPR1000/CNP1000 机组的现实源项应在考虑电厂燃料管理特点、运行管理特点的基础上，与同类机组的实测运行平均值相接近或略高，而设计基准源项则应包络同类机组所有运行数据的最大值。

法国机组和大亚湾核电基地的运行经验表明，无论是不同功率类别核电厂之间，还是同样功率水平的不同核电厂之间，抑或同一核电厂不同年份之间，气态氚和液态氚的实测值均存在一定差异。对于气态氚，大亚湾核电基地和法国所有机组各年实测的平均值较为接近，约为 0.5TBq；而各核电厂曾经测到的年度最大值为 1.90TBq；对于液态氚，亚湾核电基地和法国所有机组各年实测的平均值差异较大，大亚湾核电基地的平均值为 22.5TBq，法国机组平均值则约为 15.7TBq，而各核电厂曾经测到的年度最大值为 27.8TBq。这些数据可以作为现阶段确定氚排放源项的参考指标。

(2) 氚排放源项在气相和液相中的比例：对前文给出的法国机组和大亚湾核电基地的运行经验数据进行进一步分析，可以统计得到气态氚占总排放量的比例，列于表 5.2.5 中。由表 5.2.5 可见，法国各功率核电厂和大亚湾核电站及岭澳一期的气态氚占总氚排放量的比例在 0.4%～12.5%，各功率核电厂的气态氚所占比例的平均值在 1.9%～4.0%。

表 5.2.5 法国核电厂与大亚湾核电站及岭澳一期气态氚所占总排放量比例统计

项目	法国核电厂			大亚湾核电站及岭澳一期
	900MW	1 300MW	1 450MW	
最小值	0.004	0.009	0.007	0.004
最大值	0.078	0.125	0.054	0.046
平均值	0.023	0.040	0.019	0.021

事实上，有关氚排放源项的统计数据，国外也有很多统计数据，如国际原子能机构(IAEA)出版的刊物 *Management of Waste Containing Tritium and Carbon-14* 中经统计认为，世界范围内压水堆核电厂典型的气态氚排放量为 3.7E+03GBq/(MW·a)，液态氚排放量为 2.59E+04GBq/(MW·a)。折算出气相和液相氚占氚总量的比例分别为 12.5%与 87.5%；而美国核管理委员会文件 *Radiation Exposure Information and Reporting System* 中则认为，美国压水堆核电厂的气态氚排放量为 9.62E+02GBq/(MW·a)，液态氚排放量为 1.96E+04GBq/(MW·a)。折算出气相和液相氚占氚总量的比例分别为 5%与 95%。造成不同文献中归一化氚排放量差异较大，且气相和液相之间的比例也有一定差异的最主要原因是统计的样本存在差异，包括各核电厂的运行年代、换料方式、运行控制、年功率负荷因子、氚测量方法、数据处理方法等。

为了能够尽可能利用新近的经验反馈数据，以下还统计分析了美国 9 座核电厂共 11 台压水堆机组 2001～2007 年的气态和液态氚排放数据，见表 5.2.6。由于各核电厂的功率不同，表 5.2.6 中气态和液态源项的绝对数值在没有按照核电厂功率归一化之后意义不大，但气相和液相比例具有一定的统计意义。对这些数据中的气、液态氚比例进行统计可知，各核电厂统计中的气、液态比例相差较大，气态比例最低的为 0.49%，最高的达 12.21%；且即使是同一核电厂排放的氚量年际变化也较为明显。

表 5.2.6 美国若干核电厂排放的气态、液态氚比例 (单位：Ci/a)

机组		2001 年	2002 年	2003 年	2004 年	2005 年	2006 年	2007 年	平均值	气液比例
Byron-1	气态	2.20E+00	2.10E+00	2.00E+00	1.20E+00	5.00E-01	8.20E+00	2.26E+01	5.50E+00	0.49%
	液态	1.21E+03	9.49E+02	8.22E+02	1.21E+03	1.26E+03	1.13E+03	1.37E+03	1.14E+03	99.51%
Callaway-1	气态	6.32E+01	6.35E+01	5.06E+01	3.85E+01	4.08E+01	3.17E+01	4.12E+01	4.71E+01	4.84%
	液态	9.86E+02	1.15E+03	9.36E+02	6.16E+02	1.29E+03	7.25E+02	7.71E+02	9.25E+02	95.16%
Millstone-3	气态	5.29E+01	2.25E+01	5.96E+01	7.83E+01	6.53E+01	5.29E+01	5.52E+01	5.52E+01	5.34%
	液态	5.18E+02	1.33E+03	6.54E+02	1.28E+03	1.72E+03	3.27E+02	1.04E+03	9.80E+02	94.66%
Seabrook-1	气态	8.06E+01	2.46E+01	2.88E+01	1.70E+02	1.23E+02	4.80E+01	3.61E+01	7.30E+01	10.23%
	液态	9.16E+02	2.11E+03	4.16E+02	1.13E+03	1.52E+03	8.68E+02	7.19E+02	1.10E+03	89.77%
South Texas-2	气态	8.06E+01	2.46E+01	2.88E+01	1.70E+02	1.23E+02	4.80E+01	3.61E+01	7.30E+01	6.24%
	液态	9.16E+02	2.11E+03	4.16E+02	1.13E+03	1.52E+03	8.68E+02	7.19E+02	1.10E+03	93.76%
Vogtle-1	气态	1.56E+02	4.52E+01	3.91E+01	6.08E+01	5.14E+01	5.98E+01	6.11E+01	6.77E+01	7.23%
	液态	5.61E+02	1.28E+03	1.04E+03	5.40E+02	1.18E+03	9.98E+02	4.87E+02	8.68E+02	92.77%

续表

机组		2001年	2002年	2003年	2004年	2005年	2006年	2007年	平均值	气液比例
Watts Bar-1	气态	6.16E+01	5.02E+01	1.03E+02	1.39E+01	2.48E+01	2.21E+01	3.64E+01	4.46E+01	4.11%
	液态	9.33E+02	6.01E+02	1.25E+03	7.31E+02	1.34E+03	1.82E+03	6.05E+02	1.04E+03	95.89%
Comanche Peak-1&2	气态	3.78E+01	5.71E+01	4.91E+01	4.05E+01	3.83E+01	4.73E+01	5.60E+01	4.66E+01	3.76%
	液态	9.31E+02	1.39E+03	1.43E+03	1.08E+03	1.48E+03	1.52E+03	5.32E+02	1.19E+03	96.24%
Diablo Canyon-1&2	气态	2.20E+02	3.07E+02	2.46E+02	3.03E+02	2.46E+02	2.36E+02	2.04E+02	2.52E+02	12.21%
	液态	1.10E+03	1.37E+03	9.13E+02	1.63E+03	2.95E+03	1.50E+03	3.20E+03	1.81E+03	87.79%

注：1Ci= 3.7×10^{10}Bq。

由前文分析可以看出，采用不同样本给出的统计数据差异较大。很难根据现有的运行经验数据确定出合理的气态氚占氚排放总量的比例。在我国国家标准《压水堆核电厂运行状态下的放射性源项》(GB/T 13976—2008)中，提出了液态氚最大按照总氚量的90%予以考虑，其余部分为气相排放。尽管现有运行经验已有个别数据超出了这一数值，但从多个核电厂的平均值来看，气态氚占总氚的比例远远不足10%。为此，国内有设计单位对于这一比例按照10%取值，从目前来看这种方法是可行的。

(3)液态氚排放浓度分布分析：为分析各核电厂液态氚排放浓度，本部分还对我国部分压水堆核电厂及法国压水堆核电厂各年的平均排放浓度进行了统计分析，同时为了分析核电厂在间歇排放时每次排放的氚浓度，根据目前掌握的资料，还对秦山二期1、2号机组在2004～2012年各次废液排放系统(TER)排放的氚浓度进行了统计分析。

大亚湾核电站、岭澳一期和秦山二期 TER 的液态氚年平均排放浓度统计结果见表5.2.7。由表5.2.7可知，大亚湾核电站液态氚的年平均排放浓度为1.66～2.79GBq/m^3，排放浓度平均值为2.34GBq/m^3；岭澳一期液态氚的年平均排放浓度为2.66～5.01GBq/m^3，排放浓度平均值为4.27GBq/m^3；秦山二期1、2号机组液态氚的排放浓度为0.59～3.23GBq/m^3，排放浓度平均值为1.94GBq/m^3。对比大亚湾核电站及岭澳一期的年平均排氚浓度可知，秦山二期1、2号机组与大亚湾核电站及岭澳一期的年平均排氚浓度较为接近。

表5.2.7 大亚湾核电站、岭澳一期和秦山二期液态氚年平均排放浓度统计

(单位：GBq/m^3)

项目	大亚湾(984MW×2)	岭澳一期(990MW×2)	秦山二期1、2号机组(650MW×2)
最小值	1.66	2.66	0.59
最大值	2.79	5.01	3.23
平均值	2.34	4.27	1.94

特别对2004～2012年秦山二期1、2号机组TER储罐的各次排氚浓度分布进行了详细统计，统计结果见图5.2.1。由图可知，废液储罐历次的排氚浓度为0.004～18.3GBq/m^3，波动幅度较大。在2004～2012年废液储罐的325次排放中，氚浓度低于2GBq/m^{3}的次数

占总排放次数的 63.4%。

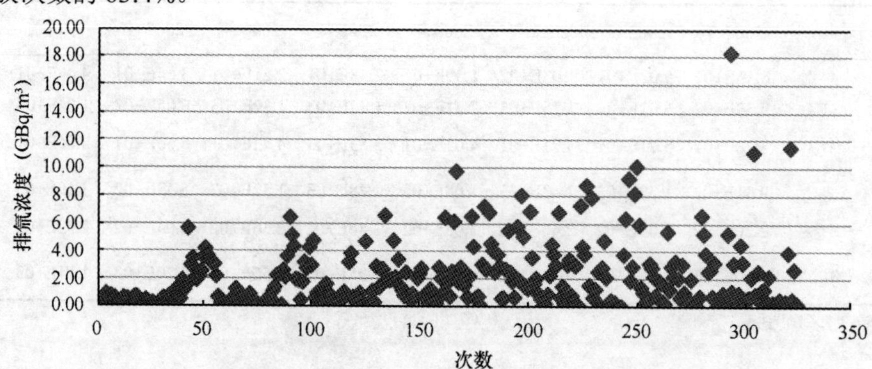

图 5.2.1　2004～2012 年秦山二期 1、2 号机组 TER 储罐的历次排氚浓度分布

法国各功率核电厂液态氚年平均排放浓度的统计见表 5.2.8。由表可知，法国 900MW 机组液态氚的年平均排放浓度为 0.52～1.57GBq/m^3，排放浓度平均值为 0.989GBq/m^3；1300MW 机组液态氚的年平均排放浓度为 1.08～4.63GBq/m^3，排放浓度平均值为 2.76GBq/m^3；1450MW 机组液态氚的年平均排放浓度为 1.03～3.92GBq/m^3，排放浓度平均值为 2.15GBq/m^3。

表 **5.2.8**　法国核电厂液态氚年平均排放浓度统计表　（单位：GBq/m^3）

机组功率	核电厂	最小值	最大值	平均值
900MW	Bugey	0.62	1.22	0.85
	Chinon	0.77	1.56	1.06
	Cruas-Meysse	0.72	1.16	0.92
	Dampierre	0.88	1.46	1.19
	Fessenheim	0.52	1.57	0.99
	Saint-Laurent	0.61	1.27	0.95
	Tricastin	0.62	1.36	1.05
	Blayais	0.56	1.17	0.91
	Gravelines	0.74	1.3	0.98
1 300MW	Belleville	1.82	4.05	3.05
	Cattenom	1.88	4.02	2.95
	Golfech	2.14	4.36	3.09
	Nogent	2.3	4.04	3.16
	Saint-Alban	1.23	2.49	2.14
	Flamanville	1.23	3.27	2.66
	Penly	2.27	4.63	3.39
	Paluel	1.08	2.1	1.67
1 450MW	Chooz	1.2	3.92	2.28
	Civaux	1.03	2.55	2.01

对比国内核电厂的年平均排氚浓度可知，法国核电厂 1300MW 机组和 1450MW 机组与国内核电厂的年平均排氚浓度较为接近，而法国 900MW 机组的年平均排氚浓度则明显偏小。总体来看，氚平均排放浓度不超过 5GBq/m^3。

5.2.1.4　乏燃料水池中的氚释放

正如前文所述，燃料中的三元裂变是氚产生的重要途径，对氚积存量的贡献占比较大。反应堆正常运行期间，燃料棒内积存的氚通过燃料包壳释放到一回路冷却剂中，但渗透率很低，大量的氚依然积存在燃料棒内。随着燃耗的不断加深，燃料棒将按照批次从堆芯内被卸出，并释放入乏燃料水池中。在乏燃料存放期间，乏燃料中的氚是否会通过包壳释放出来？如果会释放，释放量会有多少？这是一个较新的课题。

目前国内所有堆型都未考虑核电厂内乏燃料水池中氚释放对氚源项的贡献，虽然从工程实用的角度来说，只要在已经考虑的产生途径中增加足够的保守因子，使得计算结果与实测数据相比具有足够的保守性，该计算方法用于工程设计就是可以接受的；但是，从科学研究的角度讲，建立恰当的模型，测定氚的释放率等关键参数，更加合理地计算氚源项无疑是极其重要的。

目前国内已有研究单位从乏燃料水池氚活度浓度运行数据分析和乏燃料中氚累积量计算两方面开展研究，以试图回答乏燃料中氚释放问题。这将是氚源项后续研究的一个方向。

5.2.1.5　氚源项分析中的重要参数讨论

(1)机组负荷因子：从前面各节给出的公式可以看出，在程序计算中，氚负荷因子取值的大小对于计算结果的影响很大。在早期 M310 机组的设计中，对氚负荷因子的估计值过低(如考虑 70%)，实际上与国内各核电厂的运行经验有较大差异。以大亚湾核电基地为例，大亚湾核电基地各电厂近 10 年来的年度平均负荷因子统计结果已经达到了 90%以上；特别是当实施 18 个月长周期燃料管理策略后，单台机组的负荷因子最高可能接近 100%[根据公开出版的《广东大亚湾电站岭澳核电站生产运行年鉴(2003～2009)》中的数据，2006 年大亚湾核电站 2 号机组负荷因子为 99.68%，2008 年大亚湾核电站 1 号机组的负荷因子为 99.61%]。显然，程序计算中所考虑的负荷因子应该考虑到实际运行情况。在现实源项的计算中，负荷因子考虑为 100%已经基本成为共识。保守源项计算时负荷因子也宜考虑为 100%。

(2)氚通过燃料包壳和二次源进入主冷却剂中的渗透率：氚通过燃料包壳和二次源进入主冷却剂的渗透率是源项计算中非常重要的参数。FAMATOME 在大亚湾核电站设计时提出了如下设计假设：计算现实源项和设计基准源项时，氚通过燃料包壳的渗透率分别为 1%和 2%。此外，对于氚通过二次源进入主冷却剂这一现象，早期设计中没有考虑这一机理，当然也没有氚通过二次源进入主冷却剂的渗透率的参数取值。到目前为止，支撑这些参数选择的理论依据和实验数据尚不完备。为了使计算时所用参数更接近实际情况，国内有研究单位根据大亚湾核电站和岭澳一期 2003～2009 年实测的氚排放值，反过来拟合氚通过燃料包壳和二次源包壳进入主冷却剂中的渗透率，得到氚通过燃料包壳的渗透率为 1.25%，通过二次源包壳的渗透率为 15%。在没有更多数据支撑的情况下，上述数据可暂用作现实源项计算的输入。

在台山核电站项目的设计中，根据法国 1300MW 核电厂中燃料每年产生氚为 900TBq 和 1400MW 核电厂中燃料每年产生氚为 1000TBq 进行估算，台山一期工程中单机组年产生的氚将高达 1140TBq/a(根据宁德一期 18 个月换料工程，在氚对燃料包壳扩散率为 1.25%假设下得到燃料部分对一回路冷却剂中氚的贡献为 11.5TBq/a，则台山核电站项目单机组的燃料预计每年产生氚约为 1400TBq)。台山一期工程设计方认为氚通过燃料包壳的扩散率小于 0.01%，因此忽略燃料中氚对一回路冷却剂的贡献。目前国际上普遍认为氚对压水堆燃料包壳的扩散率在 1%～2%，国内根据大亚湾核电站和岭澳一期氚排放量实测数据反推的氚对 M5 合金的扩散率为 1.25%(该值为全堆不同批次组件和不同温度下的宏观平均值)。若假设氚通过 M5 合金的扩散率为 1.25%，则台山一期工程中燃料对一回路冷却剂氚的贡献增加到 14～17TBq/a。

二次中子源由封装在不锈钢包壳内叠放的含有锑铍混合物的芯块组成，在中子辐照下可以产生氚。氚极易穿过这些不锈钢包壳进入冷却剂。在机组正常运行时，氚的扩散率可以高达 99%。在 1300MW 机组中，堆芯内有 4 组二次中子源，这些二次中子源对一回路氚的贡献为 3～10TBq/a。在目前法国 1300MW 核电厂和 N4 核电厂的燃料管理方案中，这部分氚占每年氚总产生量的 25%～30%。台山核电站一期工程报告中认为 4 组二次中子源对一回路冷却剂中氚的贡献为 9TBq/a。根据国内压水堆中氚产生量模型的计算，4 组二次中子源对一回路冷却剂中氚的贡献约为 17.2TBq/a。

对于设计基准源项，业内目前多半保留原有设计中有关氚通过燃料包壳渗透率为 2%的假设。对于氚通过二次源包壳渗透率，也可参照现实源项计算取值。

(3)反应截面参数数据库：各主要产氚核反应的微观核反应截面见图 5.2.2。由图 5.2.2 可知，一回路冷却剂中的氚大部分是通过 $^{10}B(n,2\alpha)^3H$ 核反应产生的，有文献指出，通过 ^{10}B 产生的氚占一回路总氚约 80%。因此，$^{10}B(n,2\alpha)^3H$ 的核反应微观截面取值情况会对氚源项的计算结果产生较大的影响。

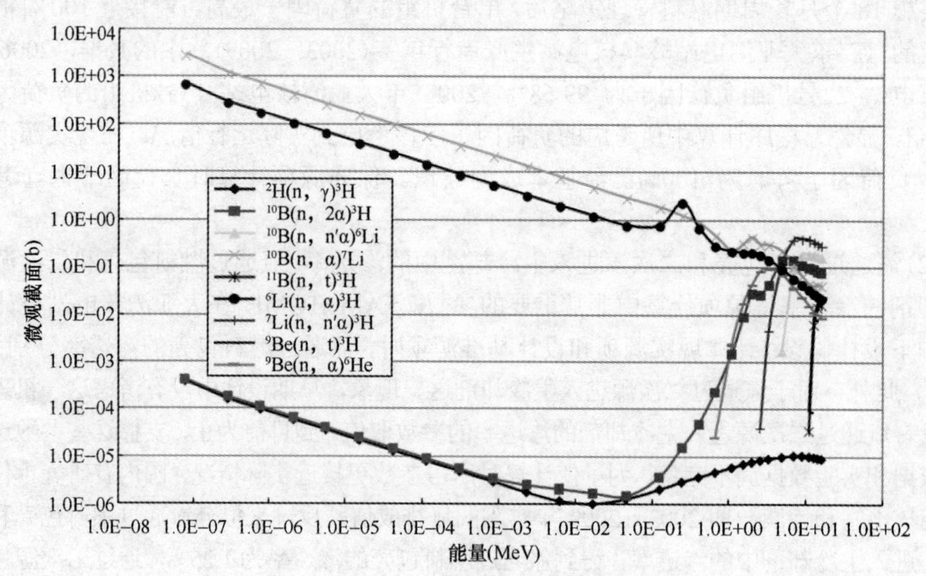

图 5.2.2 压水堆中主要的产氚反应截面

国际上常见评价软件中核数据库的 $^{10}B(n,2\alpha)^3H$ 核反应微观截面见图 5.2.3。从图 5.2.3 可见，不同核评价数据库中 $^{10}B(n,2\alpha)^3H$ 的核反应微观截面相差较大。从保守的角度出发，目前国内不少设计院采用了 ENDF 评价数据库中给出的反应截面。

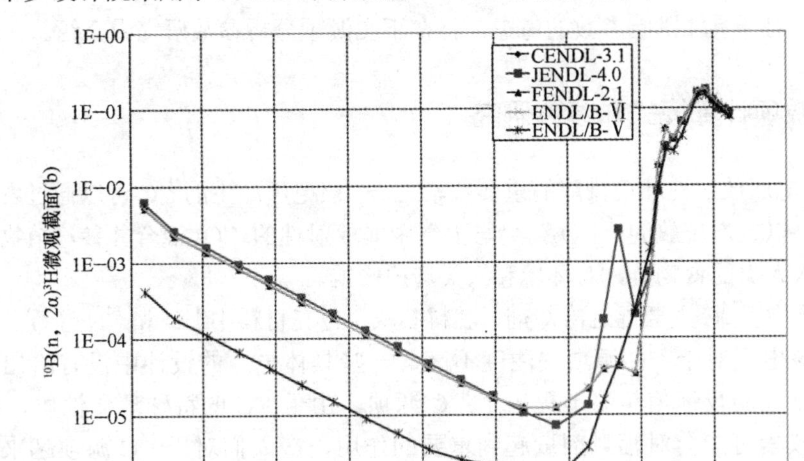

图 5.2.3　不同评价数据库中 ^{10}B 产氚的微观核反应截面

(4) 其他需注意的问题：反应堆冷却剂采用 LiOH 作为 pH 值控制剂，在计算现实源项和设计源项时，可对 ^{7}Li 的浓度进行偏保守和偏现实的考虑。

对于不同的排放源项，通过燃料棒包壳和可燃毒物棒包壳的氚释放份额应根据具体情况进行偏保守和偏现实的考虑。分析时同时需考虑次级源棒对氚产生量的贡献，压水堆核电厂的次级源棒一般采用不锈钢作为包壳材料，分析时可对次级源棒氚的释放份额进行保守考虑。

在计算氚的气、液态排放量时，应在氚产生总量的基础上考虑一定的保守因子，以涵盖气液态比例的波动范围。

根据不同的目的考虑核电厂可利用因子对排放源项的影响，比如对于设计排放源项，可保守认为核电厂全部满功率运行；对于现实排放源项，可以考虑根据核电厂可利用因子对排放源项的修正。

5.2.1.6　现实源项和设计源项

按照新的源项框架体系，与一回路其他核素源项相类似，氚源项同样也考虑设计源项和现实源项。这两套源项的计算方法本质上是相同的，计算结果的差异是输入参数不同所致(现实源项更接近现实，设计源项相对更为保守)。这些参数主要包括：

- 负荷因子的选取；
- 燃料元件、二次源中氚向一回路中的渗透率；
- 冷却剂中硼/锂的浓度；
- 一回路冷却剂中的硼浓度。

按照新源项框架体系的思想，现实源项应能反映大多数核电厂正常运行期间的平均水平，而设计源项应能较为合理地包络各类核电厂最大的氚源项产生和排放量，因此，针对具体堆型在进行氚源项计算分析的时候，计算假设参数的选择就需要结合运行核电厂的经验反馈情况。对于具体影响参数的考虑，将在下文源项分析参数研究中介绍。

5.2.2 ^{14}C 源项计算模式和参数研究

^{14}C 是核电厂放射性环境排放的重要核素之一。核电厂产生的 ^{14}C 可以通过各种途径排放到环境中。以气态排放的 $^{14}CO_2$，会与大气中非放射性的 CO_2 混合并参与植物的光合作用，从而进入人类的食物链，对环境和人类造成影响。

在压水堆中，^{14}C 主要通过冷却剂、燃料芯块、包壳材料中 ^{17}O 和 ^{14}N 经堆芯中子辐照产生。早期核电厂对于 ^{14}C 源项关注度不高，一些具体电厂的设计中没有给出 ^{14}C 源项或者按照运行经验反馈值粗略地提出了 ^{14}C 源项。由于 ^{14}C 的特殊理化性质，在食物链转移中，该核素可能会对辐射剂量起到重要的作用，故人们对于 ^{14}C 源项越来越重视。为此，国内设计单位已经考虑结合机理性程序计算和运行经验反馈两方面来合理确定 ^{14}C 源项。

5.2.2.1 ^{14}C 的来源

反应堆中存在多种核素可以产生 ^{14}C 的核反应，主要核反应的反应类型和数据参见表5.2.9。另外，^{14}C 也可以通过三元裂变产生，但燃料芯块中 ^{14}C 极难逸出，其对冷却剂中 ^{14}C 的贡献也可忽略不计，堆芯结构材料中产生的 ^{14}C 也是如此。

表 5.2.9 产生 ^{14}C 的主要核反应类型

母核	反应类型	反应截面(b)	母核丰度(%)	1kg 冷却剂中原子数
^{14}N	^{14}N (n，p) ^{14}C	1.81	99.634 9	3.33E+19/mg · kg^{-1} N*
^{15}N	^{15}N (n，d) ^{14}C	2.5E−07	0.365	1.22E+17/mg · kg^{-1} N
^{13}C	^{13}C (n，γ) ^{14}C	9.0E−04	1.103	3.68E+17/mg · kg^{-1}C
^{16}O	^{16}O (n，^{3}He) ^{14}C	5.0E−08	99.756	3.34E+25
^{17}O	^{17}O (n，α) ^{14}C	0.24	0.038 3	1.28E+22

*为每 1mg/kg N 对应的冷却剂中的 ^{14}N 原子数，下同。

从表 5.2.9 可以看出，核电厂中 ^{14}C 主要由燃料、堆芯结构材料和冷却剂中的 ^{14}N、^{17}O 和 ^{13}C 与中子发生核反应产生，参考 EPRI 在 *Estimation of Carbon-14 in Nuclear Power Plant Gaseous Effluents* 给出的中子活化截面见图 5.2.4。上述三种核素可能是相应部分的主要成分，也可能是杂质。冷却剂在流过堆芯及其附近区域时，冷却剂中的 ^{14}N、^{17}O 和 ^{13}C 与中子反应也会产生 ^{14}C。冷却剂中氧的含量相当丰富，也存在一定浓度的氮。在压水堆的运行过程中，需要向一回路添加氮和氢。在这样的条件下，同时考虑补给水的影响，一回路系统中会存在溶解的氮，其溶解量取决于系统压力的大小。例如，暴露在大气中的水，其中的平衡溶解氮浓度为 13mg/kg；如果容控箱的压力是 140kPa，则容控箱的水中平衡溶解氮浓度会达到 40mg/kg。由于冷却剂中 ^{13}C 的浓度比较低，而且对应的反应截面较小，因而由这种反应途径生成的 ^{14}C 总量较低，比前两种反应的生成量小几个量级。对生成量的估计结果表明，在一回路冷却剂中 ^{17}O 对应的生成反应是最重要的，^{14}N 对应的生成反应的重要性相对较小，取决于系统的运行状况。

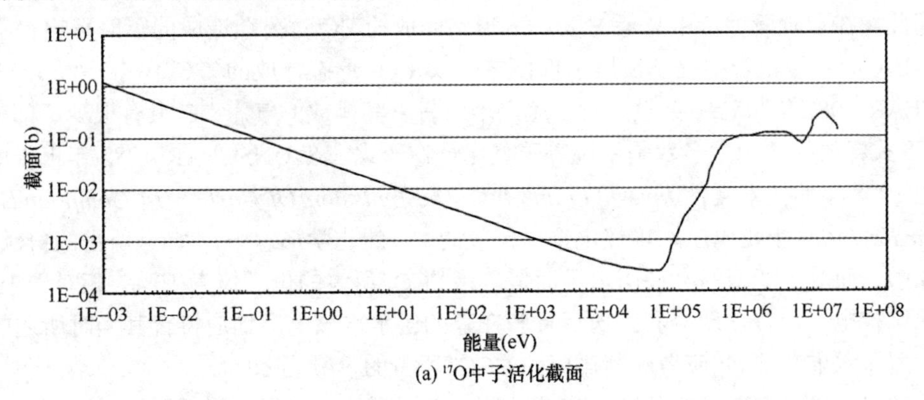

(a) ^{17}O中子活化截面

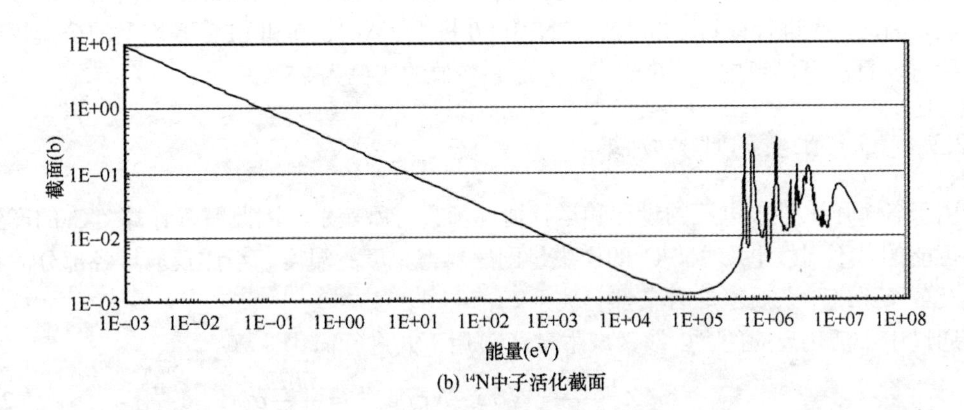

(b) ^{14}N中子活化截面

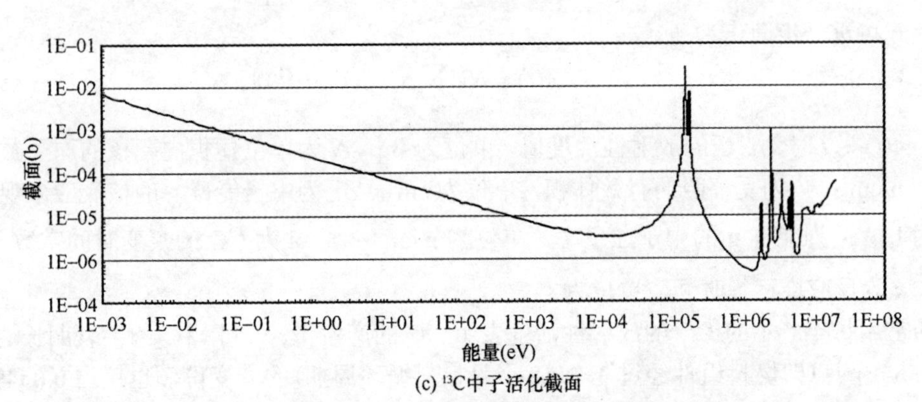

(c) ^{13}C中子活化截面

图 5.2.4　一回路 ^{14}C 三种主要来源的中子活化截面

一回路冷却剂系统中产生的 ^{14}C 能够留存在反应堆冷却剂中，或是在冷却剂处理过程中留存到固体或液体废弃物中。对于冷却剂系统中的 ^{14}C，其中的大部分都被认为可以通过气态途径向外释放，其余部分被容纳在低放射性废物里。

核电厂运行状态下，大部分 ^{14}C 包含在气载放射性流出物中，仅有一小部分是以液态流出物的形式排放。而在气载放射性流出物中，^{14}C 主要以碳氢化合物和 CO_2 两种形态释放。以碳氢化合物形态释放的 ^{14}C，是造成 ^{14}C 全球影响的主要因素，要计算它的全球效应是一个较为复杂的过程，目前没有适宜的计算模型和参数，无法得到真正有现实意义的结果。因此，在现阶段评价中只考虑以 CO_2 形态释放的 ^{14}C 对公众造成的辐射影响。

IAEA 421 号报告中提出，压水堆核电厂以 CO_2 形态释放的 ^{14}C 仅占 5%～25%。在 UNSCEAR 1982 年报告中指出，对于压水堆而言，其排放的气态 ^{14}C 只有很少一部分是以 $^{14}CO_2$ 形式释放的，绝大多数是甲烷等碳氢化合物形式。在 UNSCEAR 1982 年报告所依据的欧盟 1978 年的技术文件 *Investigations Into The Emission Of Carbon-14 Compounds From Nuclear Facilities* 中指出压水堆核电厂所排放的 ^{14}C 的化学形态中，$^{14}CO_2$ 所占的份额很低，约为 30%，而对于新型的大型压水堆而言，其 $^{14}CO_2$ 所占的份额仅为 10%。相对于 1978 年的压水堆核电厂而言，现今我国所运行和在建的压水堆核电厂均应符合其当时所述的“新型的大型压水堆”，因此应考虑其排放的 $^{14}CO_2$ 所占的份额为 10%。

从辐射环境影响评价的角度而言，以 $^{14}CO_2$ 释放的 ^{14}C 对厂址附近居民所造成的辐射影响更大，因此，在进行针对 CPR1000/CNP1000 机组、AP1000 和 EPR 等堆型的公众辐射影响评价时，目前可以考虑取 ^{14}C 以 $^{14}CO_2$ 形态释放的比例为 25%。

5.2.2.2 ^{14}C 产生量的计算方法

由于各个压水堆核电厂的设计和运行情况都会有所差别，因此精确计算 ^{14}C 的产生量是不可能的。不同核电厂中 ^{14}C 的产生量同燃料富集度、温度、组成反应堆各部分的相对质量及各个系统中杂质氮的含量都有关系。

通过中子活化反应的 ^{14}C 核素产生量 $A(t)$ 用下式进行简化计算：

$$A = \frac{\mathrm{d}N}{\mathrm{d}t} = N\sigma\phi - N\sigma\phi \mathrm{e}^{-\lambda t_i} = \frac{fmL}{M}\sigma\phi(1-\mathrm{e}^{-\lambda t_i}) \tag{5.2.11}$$

上式可进一步简化为

$$A(t) = NV\sum_g \sigma_g \phi_g (1-\mathrm{e}^{-\lambda t}) \tag{5.2.12}$$

式中，$A(t)$ 为 t 时刻 ^{14}C 的放射性活度值，单位为 Bq；N 为单位体积内靶核的原子数密度，单位为 n/cm^3；V 为受辐照的有效体积，单位为 cm^3；σ_g 为中子能群 g 的核反应微观截面，单位为 b；ϕ_g 为能群 g 的中子注量率，单位为 $n\cdot cm^{-2}\cdot s^{-1}$；$\lambda$ 为 ^{14}C 的衰变时间常数，单位为 s^{-1}；t 为反应堆运行时间，单位为 s。

通常用每年产生的 ^{14}C 的放射性活度表示 ^{14}C 的产生量。由于 ^{14}C 的半衰期长达 5730 年，在 54 个月(即燃料组件经过 3 个 18 个月换料循环周期)的衰变份额也仅占 0.054%，因此可以认为 ^{14}C 产生率 A 与反应堆运行时间无关，即

$$A = \lambda NV\sum_g \sigma_g \phi_g \tag{5.2.13}$$

则单机组单个自然年产生的 ^{14}C 总活度为

$$A = (\dot{A}_{\mathrm{O}} + \dot{A}_{\mathrm{N}}) \times \eta \times T \tag{5.2.14}$$

式中，A 为单机组单个自然年产生的 ^{14}C 总活度，单位为 Bq；$\mathring{A}_O$ 为单机组满功率运行每秒 ^{17}O（n，α）^{14}C 反应产生的 ^{14}C 活度，单位为 Bq/s；$\mathring{A}_N$ 为单机组满功率运行每秒 ^{14}N（n，p）^{14}C 反应产生的 ^{14}C 活度，单位为 Bq/s；η 为核电厂可利用因子；T 为单个自然年(365.25d)对应的秒数，单位为 $3.155\,76\times10^7$s。

虽然在核电厂中产生 ^{14}C 的核反应机理相对容易了解，但这种核素在反应堆内部的分布、积累和释放方式比较复杂，目前尚未发现有较好的机理性模型能够对 ^{14}C 的产生和排放进行计算。现有 ^{14}C 源项计算方法仍然依赖于对已有核电厂的运行数据进行统计。实际运行经验数据仍然是目前确定源项的主要手段，程序计算结果只作为一种校核和理论验证数据。

5.2.2.3 ^{14}C 排放源项分析

由于 ^{14}C 目前缺少有效的处理方法，一回路冷却剂中产生的 ^{14}C 除少量衰变外，大部分也将以液态和气态形式释放到环境中。因此，在反应堆运行稳定的前提下，如果堆内一回路冷却剂中 ^{14}C 浓度基本保持不变的情况下，可以认为一回路产生的 ^{14}C 总量将全部向环境排放，即可以认为一回路 ^{14}C 产生量和排放源项是相同的，这也是目前业内的通用做法。这一点与氚源项非常类似。

相应的，^{14}C 排放源项也需要确定在气相和液相中的比例问题。由于国内外对核电厂 ^{14}C 释放量的相关报道比较少，因此还没有非常详细的排放数据。IAEA 根据其统计结果，认为液态 ^{14}C 在核电厂 ^{14}C 排放总量中占据的比例不超过 1%；而 EPRI 则根据其统计结果认为，^{14}C 排放总量中，90%～98%为气态；2%～10%为固态，液态 ^{14}C 比例低于 1%。ANSI-18.1-1999 中则认为核电厂中的 ^{14}C 主要以气态形式向环境释放，占总释放量的 99%。其中碳氢化合物形式占 75%～95%，CO_2 形式占 5%～25%。小部分以液态形式向环境释放，占总释放量的 1%。

法国较早开展了 ^{14}C 的监测工作，积累了一定量的数据。对法国 Bugey、Belleville、Chooz 等 19 个压水堆核电厂(2002～2011 年)的 ^{14}C 排放数据进行了统计分析，列于表 5.2.10 和表 5.2.11 中。其中，各核电厂的年排放量均折算为单台 1000MW 机组对应的年排放量。

由表 5.2.10 可知，折算为单台 1000MW 后，法国 900MW 机组气态 ^{14}C 的排放量为 0.075～0.183TBq/a，排放量平均值为 0.148TBq/a；1300MW 机组气态 ^{14}C 的排放量为 0.104～0.188TBq/a，排放量平均值为 0.161TBq/a；1450MW 机组气态 ^{14}C 的排放量为 0.134～0.190TBq/a，排放量平均值为 0.166TBq/a。由统计值可见，法国各功率核电厂气态 ^{14}C 的年排放量随功率呈递增的趋势(已经做了归一化处理)。

由表 5.2.11 可知，折算为单台 1000MW 后，法国 900MW 机组液态 ^{14}C 的排放量为 5.56～13.83GBq/a，排放量平均值为 11.2GBq/a；1300MW 机组液态 ^{14}C 的排放量为 7.65～14.2GBq/a，排放量平均值为 12.0GBq/a；1450MW 机组液态 ^{14}C 的排放量为 10.1～14.3GBq/a，排放量平均值为 12.4GBq/a。可见，对于法国 900MW、1300MW 和 1450MW 各电功率压水堆核电厂，液态 ^{14}C 的最大年排放量差异较小。

表 5.2.10 法国核电厂 ^{14}C 排放量统计数据(气态) (单位：GBq/a)

机组功率	核电厂	实测值			归一化值 1 000MW 后的数据		
		最小值	最大值	平均值	最小值	最大值	平均值
900MW	Bugey	9.25E-02	1.55E-01	1.37E-01	1.03E-01	1.72E-01	1.52E-01
	Chinon	1.15E-01	1.55E-01	1.41E-01	1.28E-01	1.72E-01	1.57E-01
	Cruas-Meysse	1.18E-01	1.53E-01	1.41E-01	1.31E-01	1.69E-01	1.57E-01
	Dampierre	1.38E-01	1.50E-01	1.44E-01	1.53E-01	1.67E-01	1.60E-01
	Fessenheim	8.50E-02	1.40E-01	1.22E-01	9.44E-02	1.56E-01	1.36E-01
	Saint-Laurent	6.75E-02	8.00E-02	7.45E-02	7.50E-02	8.89E-02	8.28E-02
	Tricastin	1.35E-01	1.60E-01	1.46E-01	1.50E-01	1.78E-01	1.62E-01
	Blayais	1.25E-01	1.65E-01	1.48E-01	1.39E-01	1.83E-01	1.64E-01
	Gravelines	1.37E-01	1.55E-01	1.49E-01	1.52E-01	1.72E-01	1.65E-01
1 300MW	Belleville	1.70E-01	2.30E-01	2.08E-01	1.31E-01	1.77E-01	1.60E-01
	Cattenom	2.03E-01	2.30E-01	2.15E-01	1.56E-01	1.77E-01	1.65E-01
	Golfech	2.05E-01	2.35E-01	2.21E-01	1.58E-01	1.81E-01	1.70E-01
	Nogent	1.70E-01	2.45E-01	2.11E-01	1.31E-01	1.88E-01	1.62E-01
	Saint-Alban	1.40E-01	2.45E-01	2.03E-01	1.08E-01	1.88E-01	1.56E-01
	Flamanville	1.35E-01	2.25E-01	2.01E-01	1.04E-01	1.73E-01	1.55E-01
	Penly	1.85E-01	2.40E-01	2.14E-01	1.42E-01	1.85E-01	1.65E-01
	Paluel	1.68E-01	2.25E-01	2.00E-01	1.29E-01	1.73E-01	1.54E-01
1 450MW	Chooz	1.95E-01	2.75E-01	2.38E-01	1.34E-01	1.90E-01	1.64E-01
	Civaux	2.25E-01	2.75E-01	2.44E-01	1.55E-01	1.90E-01	1.68E-01

表 5.2.11 法国核电厂 ^{14}C 排放量统计数据(液态) (单位：GBq/a)

机组功率	核电厂	实测值			归一化值 1 000MW 后的数据		
		最小值	最大值	平均值	最小值	最大值	平均值
900MW	Bugey	6.95E+00	1.16E+01	1.03E+01	7.72E+00	1.28E+01	1.14E+01
	Chinon	8.68E+00	1.15E+01	1.06E+01	9.64E+00	1.28E+01	1.18E+01
	Cruas-Meysse	8.75E+00	1.14E+01	1.06E+01	9.72E+00	1.26E+01	1.17E+01
	Dampierre	1.02E+01	1.12E+01	1.08E+01	1.14E+01	1.24E+01	1.20E+01
	Fessenheim	6.35E+00	1.05E+01	9.14E+00	7.06E+00	1.17E+01	1.02E+01
	Saint-Laurent	5.00E+00	6.08E+00	5.58E+00	5.56E+00	6.75E+00	6.20E+00
	Tricastin	1.01E+01	1.21E+01	1.10E+01	1.12E+01	1.34E+01	1.22E+01
	Blayais	9.40E+00	1.25E+01	1.13E+01	1.04E+01	1.38E+01	1.26E+01
	Gravelines	1.03E+01	1.16E+01	1.12E+01	1.14E+01	1.29E+01	1.24E+01
1 300MW	Belleville	1.30E+01	1.74E+01	1.56E+01	9.96E+00	1.33E+01	1.20E+01
	Cattenom	1.52E+01	1.72E+01	1.61E+01	1.17E+01	1.32E+01	1.24E+01
	Golfech	1.45E+01	1.75E+01	1.63E+01	1.12E+01	1.35E+01	1.25E+01

续表

机组功率	核电厂	实测值			归一化值 1 000MW 后的数据		
		最小值	最大值	平均值	最小值	最大值	平均值
1 300MW	Nogent	1.30E+01	1.85E+01	1.58E+01	9.96E+00	1.42E+01	1.22E+01
	Saint-Alban	1.07E+01	1.84E+01	1.54E+01	8.19E+00	1.41E+01	1.18E+01
	Flamanville	9.95E+00	1.69E+01	1.51E+01	7.65E+00	1.30E+01	1.16E+01
	Penly	1.40E+01	1.80E+01	1.61E+01	1.07E+01	1.38E+01	1.24E+01
	Paluel	1.26E+01	1.70E+01	1.50E+01	9.65E+00	1.31E+01	1.15E+01
1 450MW	Chooz	1.47E+01	2.08E+01	1.78E+01	1.01E+01	1.43E+01	1.23E+01
	Civaux	1.71E+01	2.06E+01	1.82E+01	1.18E+01	1.42E+01	1.26E+01

针对上述所统计的各核电厂的 ^{14}C 排放量，进一步统计了每个核电厂每年的气态 ^{14}C 占总排放量的比例，结果见表 5.2.12。由表可见，法国各功率核电厂的气态 ^{14}C 占总 ^{14}C 排放量的比例在 91%～94%，各功率核电厂的气态 ^{14}C 所占比例的平均值约 93%。

表 5.2.12　法国各功率压水堆核电厂气态 ^{14}C 所占总排放量比例统计

项目	900MW	1 300MW	1 450MW
最小值	0.91	0.92	0.93
最大值	0.93	0.94	0.93
平均值	0.93	0.93	0.93

相比较而言，我国 ^{14}C 的测量工作起步较晚，特别是液态 ^{14}C，在 2012 年之前各核电厂未开展相关方面的统计工作。对秦山二期 1、2 号机组(根据 2006～2012 年年报) ^{14}C 排放数据进行统计分析，统计结果列于表 5.2.13 中。其中各核电厂的年排放量均折算为单台 1000MW 机组对应的年排放量。折算为单台 1000MW 后，秦山二期 1、2 号机组单台机组运行状态下气态 ^{14}C 的排放量为 0.020 5～0.198TBq/a，排放量平均值为 0.079 6TBq/a。

表 5.2.13　秦山二期 1、2 号机组气态 ^{14}C 逐年实测排放量统计

[单位：TBq/(a·堆)]

年度	秦山二期 1、2 号机组
最小值	1.33E−02
最大值	1.29E−01
平均值	5.15E−02
最小值(折算为单台 1 000MW)	2.05E−02
最大值(折算为单台 1 000MW)	1.98E−01
平均值(折算为单台 1 000MW)	7.96E−02

结合秦山核电站和法国不同功率等级的核电厂气态 ^{14}C 年排放量数据可以看出，气态 ^{14}C 较为稳定，法国所有核电厂折算为单台 1000MW 机组的平均排放量在 0.083～

0.170TBq/a，排放量平均值为 0.155TBq/a，秦山二期 1、2 机组单台机组的平均排放量为 0.0796TBq/a，和前文统计出的气态 ^{14}C 排放随功率等级增加而增加的规律相一致；法国 900MW、1300MW、1450MW 核电厂折算为单台 1000MW 机组的最大排放量分别为 0.183TBq/a、0.188TBq/a、0.190TBq/a，秦山二期 1、2 机组单台机组的最大排放量为 0.198TBq/a。不同功率等级核电厂的气态 ^{14}C 的最大年排放量差异较小。

由前文分析可知，由于在 ^{14}C 源项的机理计算中，释放机制不确定性较大，因此，在经验反馈数据可靠的前提下，宜采用经验反馈数据作为确定 ^{14}C 现实排放源项的基础，以国内外核电厂运行经验数据的平均值为基准确定；设计排放源项以国内外核电厂运行经验数据的最大值为基准确定。相应的计算参数根据运行经验数据进行适当调整。

事实上，除了气态 ^{14}C 和液态 ^{14}C 外，国际上有关设计单位还关注了固体废物中的 ^{14}C（即 ^{14}C 的固态占比问题）。这将是 ^{14}C 源项继续研究的另一方面。

^{14}C 的气液态排放源项基于主回路 ^{14}C 的产生量，分析时可保守地认为主回路产生的 ^{14}C 不经任何处理，按照一定的气液分配比例以气态或液态的形式直接释放进入环境中。

在计算主回路 ^{14}C 的产生量时，可根据运行经验及核电厂运行情况对 ^{14}N 的浓度水平进行评估，在计算设计源项和现实源项时，可对 ^{14}N 的浓度进行偏保守和偏现实的考虑。

在计算 ^{14}C 的气液态排放量时，在 ^{14}C 产生总量的基础上考虑一定的保守因子，以涵盖气液态比例的波动范围。

分析时需考虑核电厂可利用因子的影响，可根据不同的目的考虑核电厂可利用因子对排放源项的影响，比如对于设计排放源项，可保守认为核电厂全部满功率运行；对于现实排放源项，可以考虑根据核电厂可利用因子对排放源项的修正。

5.2.2.4 现实源项和设计源项

按照新的源项框架体系，与一回路其他类别的核素源项相类似，^{14}C 源项同样也考虑设计基准源项和现实源项。在 ^{14}C 的计算中，不确定性较大的假设参数为反应堆主冷却剂中的 ^{14}N 浓度，相对于其他源项而言，^{14}C 源项分析中的假设参数可调节的余地较小。

按照新源项框架体系的思想，现实源项应能反映大多数核电厂正常运行期间 ^{14}C 源项的产生和排放平均水平，而设计源项应能较为合理地包络各类核电厂最大的 ^{14}C 源项产生和排放量，因此，针对具体堆型在进行 ^{14}C 源项计算分析时，计算假设参数的选择需要结合运行核电厂的经验反馈情况。由于 ^{14}C 源项测量中也有较大的不确定性，因此，现实源项和设计源项的具体考虑要结合具体堆型及运行核电厂的经验反馈来确定。

5.2.3 氚和 ^{14}C 源项分析中 PWR-GALE 程序使用的问题

PWR-GALE 根据早期的压水堆核电厂设计和运行经验，可以给出氚和 ^{14}C 源项。但从国内外核电厂的运行经验数据看，PWR-GALE 程序对氚的排放总量计算过于保守，气态和液态氚的排放比例与国际上的运行经验相比偏差较大，以 AP1000 机组为例，具体比较结果可见表 5.2.14。PWR-GALE 程序中给出的氚的总产生量仅与热功率相关，无法全面体现不同核电厂设计差异对氚产生量的影响。

表 5.2.14　氚运行经验数据与 PWR-GALE 计算值的比较

AP1000 核电厂	IAEA 统计典型值	NRC 2001～2006 年统计均值	PWR-GALE 计算值
排放量[Bq/(MW·a)]	2.96E+10	2.78E+10	4.03E+10

对于 ^{14}C，PWR-GALE 给出的源项是一个定值，无法体现不同堆型、不同功率及核电厂其他具体特征的影响，并且无法分别给出气态和液态所占排放量的份额及排放量。

考虑到上述原因，在新源项框架体系下，氚和 ^{14}C 的源项分析中不再采用 PWR-GALE 程序。

本部分分析了氚和 ^{14}C 源项的分析模式，对于各种堆型的氚和 ^{14}C 源项，新源项框架体系下的分析模式均是适用的，因此，对于新源项框架体系下的氚和 ^{14}C 源项均应基于本部分所述的模式来进行分析，对于部分堆型的 ^{14}C 现实源项，当分析模式的参数无法拟合经验反馈数据时，可以采用经验反馈数据作为现实源项，但给出的源项应与新框架体系确定的设计基准源项和现实源项基于经验反馈的最大值及平均值的要求相一致。

5.3　气液态流出物排放源项

对核电厂的排放源项而言，由于每一种堆型的运行模式、工艺参数、三废系统设计等方面均有各自的特点，而气液态流出物的产生、处理和排放与这些特点密切相关，因此对于各不同堆型，均有与之相对应、反映具体设计和工艺流程特点的排放源项计算模式。本部分对各堆型目前的气载和液态流出物排放源项计算模式进行了描述与分析，并对不同堆型排放源项计算模式间的差异及其特点进行了分析与研究。

核电厂在运行状态下放射性核素以气载或气态方式向环境释放的放射性核素构成了气载放射性流出物排放源项。各堆型气载流出物的释放途径根据不同的特点有一定差异，但总体上包括核岛厂房通风系统、废气处理系统、辅助厂房通风系统、二回路相关系统等途径，由于设计与工艺流程的不同，各堆型在模型建立与计算时所采用的模式也会出现一定的不同，以反映各堆型的设计特点。

我国国家环境保护标准《环境影响评价技术导则 核电厂环境影响报告书的格式和内容》(HJ 808—2016)规定，在核电厂选址阶段和建造阶段应采用流出物排放源项设计值评价公众最大个人剂量和非人类生物的辐射影响，各阶段采用排放源项预期值进行三关键评价；我国国家标准《核动力厂环境辐射防护规定》(GB 6249—2011)规定营运单位向审管部门定期申请或复核的放射性流出物排放量不得高于放射性排放量设计目标值。因此，本书的源项框架体系中，将气液态流出物排放源项分为现实排放源项和设计排放源项。

根据上述要求，现实排放源项主要用于选址、设计和运行阶段环境影响评价中的三关键评价和预测，以及运行辐射环境现状评价、环境监测方案和流出物监测方案制订等。设计排放源项主要用于选址阶段和设计阶段的环境影响评价，以及流出物排放量优化等。出于评估和监测公众的现实风险和最大风险的需要，现实排放源项不能过于保守，设计排放源项应该适度的保守。

根据前文的分析，将 0.1GBq/t ^{131}I 对应的活度谱作为一回路现实源项。本书中将以其为输入计算的排放源项作为现实排放源项。

用于设计排放源项计算的基本假设和计算参数应该是保守的，并应考虑技术规格书的运行限值和管理要求。根据核电厂的运行数据和运行技术规格书的要求，业内已达成一致，可以考虑将 5GBq/t ^{131}I 作为设计排放源项计算中一回路碘当量的基本假设，将其对应的核素谱作为设计排放源项计算中一回路活度浓度的基本假设是合理可行的。

5.3.1 CPR1000/CNP1000

5.3.1.1 气态流出物计算模式

CPR1000/CNP1000 机组源项计算的理念和方法基本沿袭了法国电力公司(EDF)开发的 REJGAZ 程序，此程序考虑了放射性核素的产生、去除和排放原理，目前仍然适用。对于运行状态下放射性核素通过气载途径向环境的释放，考虑了反应堆厂房通风系统、废气处理系统、核辅助厂房通风系统和二回路系统。

(1)辅助厂房通风系统释放：对于核辅助厂房，其通风系统的设计基本可保证放射性核素不在厂房空气中累积。由此，在已知厂房内冷却剂泄漏率和开放水面蒸发率的情况下，可建立通过核辅助厂房通风系统的气态流出物释放计算公式如下：

$$\mathrm{GR}_{\mathrm{NX}i}(t_{\mathrm{yr}}) = \int_0^{t_{\mathrm{yr}}} [\mathrm{LR}_{\mathrm{leak}}(t) \cdot C_{\mathrm{RCP}i} \cdot \mathrm{PF}_{\mathrm{NI}i} + \mathrm{LR}_{\mathrm{evap}}(t) \cdot B_i \cdot \mathrm{FH}_i] \cdot \frac{1}{\mathrm{DF}_i} \cdot \mathrm{d}t \quad (5.3.1)$$

一般情况下，一回路冷却剂在厂房内的泄漏率和厂房内开放水面的蒸发率为恒定值，则上式可更改为如下形式：

$$\mathrm{GR}_{\mathrm{NX}i} = (\mathrm{LR}_{\mathrm{leak}} \cdot C_{\mathrm{RCP}i} \cdot \mathrm{PF}_{\mathrm{NI}i} + \mathrm{LR}_{\mathrm{evap}} \cdot B_i \cdot \mathrm{FH}_i) / \mathrm{DF}_i \cdot t_{\mathrm{yr}} \quad (5.3.2)$$

式中，$\mathrm{LR}_{\mathrm{leak}}$ 为一回路冷却剂在厂房内的泄漏率，单位为 t/h；$\mathrm{LR}_{\mathrm{evap}}$ 为厂房内开放水面的蒸发率，单位为 t/h；$C_{\mathrm{RCP}i}$ 为一回路冷却剂中的核素 i 的活度浓度，单位为 GBq/t；B_i 为开放水面的水中第 i 种核素的活度浓度，单位为 GBq/t；$\mathrm{PF}_{\mathrm{NI}i}$ 为核岛厂房内冷却剂中核素的汽水分配因子，无量纲；FH_i 为蒸汽携带因子，无量纲；t_{yr} 为全年满功率运行时间，单位为 h；DF_i 为各厂房通风系统对放射性核素的去污因子，无量纲。

(2)反应堆厂房通风系统释放：反应堆厂房通风系的统释放考虑功率运行期间的安全壳小流量通风释放及停堆期间的大流量通风释放。

1)停堆期间大流量通风释放：停堆期间大流量清扫清除了安全壳内残余的总活度，清扫前安全壳内残余的总活度计算原理与衰变箱的填充过程类似，安全壳残余总活度的计算公式如下：

$$A_{\mathrm{RB}i} = \mathrm{PF}_{\mathrm{NI}i} \times t_{\mathrm{yr}} \times \frac{Q_{\mathrm{LRB}} \times C_{\mathrm{RCP}i} \times (1 - \mathrm{e}^{-\lambda_{\mathrm{T}} \times T_{\mathrm{IRB}}})}{\lambda_T \times T_{\mathrm{IRB}}} \quad (5.3.3)$$

停堆期间大流量清扫引起的释放计算公式：

$$\mathrm{GR}_{\mathrm{RB1}} = \mathrm{PF}_{\mathrm{NI}i} \times t_{\mathrm{yr}} \times \frac{Q_{\mathrm{LRB}} \times C_{\mathrm{RCP}i} \times (1 - \mathrm{e}^{-\lambda_{\mathrm{T}} \times T_{\mathrm{IRB}}})}{\lambda_T \times T_{\mathrm{IRB}}} \times \frac{1}{\mathrm{DF}_{\mathrm{NAB}}} \quad (5.3.4)$$

$$\lambda_T = \lambda + \lambda_\beta ,\quad \lambda_\beta = \frac{Q_{\text{ety}}}{V_{\text{RX}}} \tag{5.3.5}$$

式中，PF_{NIi}为核岛厂房内冷却剂中核素的汽水分配因子，无量纲；DF_{NAB}为核辅助厂房通风系统对碘或惰性气体核素的去污因子，无量纲；t_{yr}为机组满功率运行时间，单位为h；Q_{LRB}为反应堆厂房内一回路冷却剂泄漏率，单位为t/h；C_{RCPi}为稳态运行工况一回路冷却剂中碘或惰性气体核素的放射性浓度，单位为GBq/t；λ为核素衰变常数，单位为h^{-1}；λ_β为安全壳内大气监测系统的时间常数(系统带有碘吸附器)，单位为h^{-1}；T_{IRB}为进行反应堆厂房清扫的时间间隔，单位为h；Q_{ety}为功率运行期间反应堆厂房净化通风流量，单位为m^3/h；V_{RX}为反应堆厂房自由空间体积，单位为m^3。

2)运行期间小流量清扫释放：机组运行时小流量清扫引起的释放=(泄漏到安全壳大气中的核素总活度-停堆期间大流量清扫去除的活度)×小流量清扫引起的释放所占的比例÷核燃料厂房通风系统去污因子÷反应堆厂房通风系统去污因子

泄漏到安全壳大气中的核素总活度计算公式如下：

$$S_{RBi} = PF_{NIi} \times t_{\text{cycle}} \times Q_{LRB} \times C_{RCPi} \tag{5.3.6}$$

停堆期间大流量清扫去除的活度计算公式如下：

$$P_{RBi} = DF_{NAB} \times GR_{RB1} \tag{5.3.7}$$

机组运行时小流量清扫引起的释放计算公式如下：

$$GR_{RB2} = \lambda_\beta / (\lambda_i + \lambda_\beta) \cdot (PF_{NIi} \cdot t_{yr} \cdot Q_{LRB} \cdot C_{RCPi} - DF_{NAB} \cdot GR_{RB1}) / DF_{RB} \tag{5.3.8}$$

式中，λ_β为安全壳内大气监测系统的时间常数(系统带有碘吸附器)，单位为h^{-1}；DF_{RB}为反应堆厂房通风系统对碘或惰性气体的去污因子，无量纲；PF_{NIi}为核岛厂房内冷却剂中核素的汽水分配因子，无量纲；DF_{NAB}为核辅助厂房通风系统对碘或惰性气体核素的去污因子，无量纲；Q_{LRB}为反应堆厂房内一回路冷却剂泄漏率，单位为t/h；C_{RCPi}为稳态运行工况一回路冷却剂中碘或惰性气体核素的放射性浓度，单位为GBq/t；t_{yr}为机组满功率运行时间，单位为h；t_{cycle}为循环长度，单位为h。

3)反应堆厂房通风系统总释放：最终通过反应堆厂房通风系统向环境的年释放量计算公式为

$$GR_{RXi} = GR_{RB1} + GR_{RB2} \tag{5.3.9}$$

其中G_{RB1}为停堆期间大流量清扫的释放量，单位为GBq；G_{RB2}为机组运行时小流量清扫的释放量，单位为GBq。

(3)废气处理系统释放：废气处理系统的放射性废气来自于一回路冷却剂系统和其他含放射性液体的罐体的吹扫及对于放射性冷却剂的除气。根据吹扫或者除气的冷却剂中放射性浓度，考虑适当的汽水分配因子即可得产生废气中的放射性浓度。吹扫出来的含氢气体通过缓冲槽和压缩机后排往滞留单元滞留衰变，贮存期满后进行取样分析，如符合要求即将废气排至核辅助厂房通风系统，经除碘稀释后通过烟囱排入大气。另外还考虑了压缩机泄漏及滞留单元泄漏导致的放射性释放。

1)压缩机泄漏释放：含氢废气经过两个压缩机时存在一定的泄漏率，泄漏的气体将通过核辅助厂房通风系统(DVN)释放到环境中，这部分释放放射性气体活度计算公式如下：

$$\text{压缩机年泄漏释放活度}=\frac{\text{一年中经过压缩机的气体总活度}\times\text{压缩机泄漏率}}{\text{DVN系统去污因子}} \tag{5.3.10}$$

式中，一年中经过压缩机的气体总活度=稳态时硼回收系统处理的冷却剂脱气活度＋冷停堆冷却剂脱气活度；稳态时硼回收系统处理的冷却剂脱气活度的计算公式如下[①]：

$$S_1 = Q_{\text{TEP}} \times C_{\text{RCP}i} \times \text{PF}_{\text{TEP}i} / (\text{DF}_{\text{CVC}} \times \text{DF}_{\text{CVC}}) \tag{5.3.11}$$

认为每次冷停堆时冷却剂脱气去除了反应堆冷却剂中所有的气体，其计算公式如下：

$$S_2 = M_{\text{RCP}} \times \text{PCAT2}_i \times \text{PF}_{\text{TEP}i} \times N_{\text{Shut}} \tag{5.3.12}$$

综合以上分析，压缩机年泄漏释放活度可通过下式计算：

$$\text{GR}_{\text{TEG1}} = \frac{\left(\dfrac{Q_{\text{TEP}} \times C_{\text{RCP}i} \times \text{PF}_{\text{TEP}i}}{\text{DF}_{\text{CVC}} \times \text{DF}_{\text{CVC}}} + \text{PF}_{\text{TEP}i} \times M_{\text{RCP}} \times N_{\text{Shut}} \times \text{PCAT2}_i\right) \times \text{TFC}}{\text{DF}_{\text{NAB}}} \tag{5.3.13}$$

式中，$C_{\text{RCP}i}$ 为稳态运行工况一回路冷却剂中碘或惰性气体核素的活度浓度，单位为 GBq/t；PCAT2_i 为冷停堆时一回路冷却剂中碘或惰性气体核素的活度浓度，单位为 GBq/t；TFC 为压缩机的泄漏率，用总流量的百分比表示，无量纲；$\text{PF}_{\text{TEP}i}$ 为硼回收系统除气塔中碘或惰性气体核素的汽水分配因子，无量纲；DF_{CVC} 为化容控制系统或硼回收系统除盐器对碘或惰性气体核素的去污因子，无量纲；M_{RCP} 为一回路冷却剂的质量，单位为 t；N_{Shut} 为一回路脱气的冷停堆次数，单位为 a^{-1}；DF_{NAB} 为核辅助通风系统对碘或惰性气体核素的去污因子，无量纲；Q_{TEP} 为稳态运行时硼回收系统年处理量，单位为 t。

2）贮存衰变后释放：衰变箱贮存期满后进行取样分析，如符合要求即将废气排至 DVN 系统，经过滤除碘后向大气排放。假设衰变箱贮存衰变后排放清除了残余的所有放射性活度：

$$\text{衰变箱贮存衰变的年释放量}=\frac{\text{衰变箱每次贮存衰变后排放总活度}\times\text{年排放次数}}{\text{DVN系统去污因子}}$$

下面分析计算衰变箱每次贮存衰变后排放的总活度，衰变箱中放射性活度变化大致可以分为两个阶段：第一阶段是衰变箱的填充阶段，随着放射性气体的充入，衰变箱中的放射性活度不断增加，同时要考虑放射性核素的衰变及衰变箱的泄漏等因素导致的放射性活度降低，在负荷跟踪情况下衰变箱充满时间大概为 10d；第二阶段是衰变箱充满之后的贮存衰变，在基本负荷运行工况下贮存时间为 60d，负荷跟踪时废气量较大，故将该时间保守取为 45d。对于现实工况（工况 A）和设计工况（工况 B）分别假设 60d 和 45d 的贮存时间。

填充过程中衰变箱废气总活度 $y(t)$ 是一个时间的函数，其求解过程如下：

单位时间 dt 内衰变箱中废气总活度改变量=单位时间 dt 内因废气充入而增加的活度−单位时间 dt 内因衰变箱泄漏及放射性核素衰变而减少的活度

式中，单位时间 dt 内因废气充入而增加的活度 $=\dfrac{\text{一年中经过压缩机的气体总活度}\times(1-\text{压缩机泄漏率})}{365\times24}$

单位时间 dt 内由于核素衰变和衰变箱泄漏而减少的活度= $y(t)\times(1-e^{-\lambda_2 \text{d}t})$

①稳态时硼回收系统处理的冷却剂分别经过了化容控制系统除盐器和硼回收系统除盐器，而二者对于同一种核素的去污因子相同，所以其去污因子统一表示。

式中，$\lambda_2=\lambda+\dfrac{\mathrm{XFUITR}}{24}$，综合考虑了核素衰变及泄漏等因素。

令$Q=\dfrac{Q_{\mathrm{TEP1}}\times C_{\mathrm{RCP}i}}{\mathrm{DF_{CVC}}\times\mathrm{DF_{CVC}}}+M_{\mathrm{RCP}}\times N_{\mathrm{shut}}\times\mathrm{PCAT}$，建立微分方程如下：

$$\mathrm{d}y(t)=(1-\mathrm{TFC})\times\mathrm{PF_{IBRS}}\times\frac{Q}{365\times24}\times\mathrm{d}t-y(t)\times(1-\mathrm{e}^{-\lambda_2\mathrm{d}t})\tag{5.3.14}$$

求解该式，

$$y(T_{\mathrm{fill}})=\frac{(1-\mathrm{TFC})\times\mathrm{PF_{IBRS}}\times\dfrac{Q}{365\times24}(1-\mathrm{e}^{-\lambda_2\cdot T_{\mathrm{fill}}})}{\lambda_2}\tag{5.3.15}$$

第二阶段是经过T_{storge}时间的贮存衰变，每次排放至环境中的放射性活度为$y(T_{\mathrm{fill}})\times\mathrm{e}^{-\lambda_2\times T_{\mathrm{storge}}}$，保守计算每年衰变箱充满次数=$\dfrac{365\times24}{T_{\mathrm{fill}}}$，充满贮存一段时间后向核辅助厂房通风排放，考虑核辅助厂房通风的去污，一年内由废气处理系统衰变箱贮存衰变后最终排入环境的总活度为

$$\mathrm{GR_{TEG2}}=y(T_{\mathrm{fill}})\cdot\mathrm{e}^{(-\lambda_2\cdot T_{\mathrm{storge}})}\cdot\frac{8760}{T_{\mathrm{fill}}}\cdot\frac{1}{\mathrm{DF_{NAB}}}=\frac{(1-\mathrm{TFC})\cdot\mathrm{PF_{IBRS}}\cdot Q\cdot[1-\mathrm{e}^{(-\lambda_2\cdot T_{\mathrm{fill}})}]\times\mathrm{e}^{(-\lambda_2\cdot T_{\mathrm{storge}})}}{T_{\mathrm{fill}}\cdot\lambda_2\cdot\mathrm{DF_{NAB}}}\tag{5.3.16}$$

上述各式中，λ为核素衰变常数，单位为$\mathrm{h^{-1}}$；TFC为压缩机的泄漏率，用总流量的百分比表示，无量纲；$\mathrm{PF_{IBRS}}$为硼回收系统除气塔中碘或惰性气体核素的汽水分配因子，无量纲；T_{fill}为衰变箱的充满时间，单位为 h；T_{storge}为气态放射性流出物排放前在衰变箱中的贮存时间，单位为h；XFUITR为衰变箱的泄漏率，与日贮量成正比，单位为$\mathrm{d^{-1}}$；$\mathrm{GR_{TEG2}}$由废气处理系统衰变箱贮存衰变后最终排入环境的总活度，单位为GBq。

3) 衰变箱泄漏释放：衰变箱泄漏部分通过下式计算，且衰变箱泄漏的气体也是经过核辅助厂房通风排放到环境中。

衰变箱泄漏释放活度＝(进入衰变箱气体总活度－贮存衰变后排出衰变箱的活度)×衰变箱泄漏释放占的比例÷核辅助厂房通风去污因子

衰变箱泄漏释放占的比例=$\dfrac{\mathrm{XFUITR}/24}{\lambda_2}$

进入衰变箱气体总活度计算公式如下：

$$S_1=\frac{Q_{\mathrm{TEP1}}\times C_{\mathrm{RCP}i}\times\mathrm{PF_{IBRS}}}{\mathrm{DF_{ICVC}}\times\mathrm{DF_{ICVC}}}+\mathrm{PF_{IBRS}}\times M_{\mathrm{RCP}}\times N_{\mathrm{Shut}}\times\mathrm{PCAT}\times(1-\mathrm{TFC})\tag{5.3.17}$$

$$S_1=\mathrm{GR_{TEG1}}\times\mathrm{DF_{NAB}}\times\frac{(1-\mathrm{TFC})}{\mathrm{TFC}}\tag{5.3.18}$$

贮存衰变后排出衰变箱的活度计算公式如下：

$$P_1=y(T_{\mathrm{fill}})\times\mathrm{e}^{-\lambda_2\times T_{\mathrm{storge}}}\times\frac{365\times24}{T_{\mathrm{fill}}}=\mathrm{GR_{TEG2}}\times\mathrm{DF_{NAB}}\tag{5.3.19}$$

故综上知衰变箱的泄漏释放活度为

$$\mathrm{GR_{TEG3}}=\frac{\mathrm{XFUITR}}{24\times\lambda_2}\times\left[\frac{(1-\mathrm{TFC})}{\mathrm{TFC}}\times\mathrm{GR_{TEG1}}-\mathrm{GR_{TEG2}}\right]\tag{5.3.20}$$

以上各参数含义同前所述。

(4)二回路系统气态释放

1)惰性气体：二回路蒸汽经过冷凝器真空系统时，其中所有的惰性气体都被去除，可保守考虑一回路泄漏到二回路的冷却剂中所有的惰性气体都经过冷凝器真空系统排放到外界。

计算公式如下：

$$\mathrm{GR1}_{\mathrm{SEC}_i}=\int_{t_{\mathrm{cycle}}-t_{\mathrm{yr}}}^{t_{\mathrm{cycle}}}\frac{C_{ik}\times Q_{\mathrm{leak}}(t)\times \mathrm{e}^{-\lambda_i\times t_k}}{\mathrm{DF}_{ik}}\mathrm{d}t \tag{5.3.21}$$

此处，蒸汽发生器传热管处泄漏率可随时间变化，也可恒定不变。蒸汽发生器传热管处泄漏率随时间变化的方程如下：

$$Q_{\mathrm{leak}}(t)=Q_0,\quad t<t_0 \tag{5.3.22}$$

$$Q_{\mathrm{leak}}(t)=Q_0+k\times(t-t_0),\quad t\geqslant t_0 \tag{5.3.23}$$

式中，Q_0为蒸汽发生器处一回路冷却剂向二回路的初始泄漏率，单位为t/h；k为蒸汽发生器处一回路冷却剂向二回路的泄漏率变化系数，单位为t/h^2；t_0为循环开始至泄漏率开始线性变化时间，单位为h。

考虑蒸汽发生器传热管处泄漏率随时间变化，则$\mathrm{GR1}_{\mathrm{SEC}i}$计算公式可写为如下形式：

$$\mathrm{GR1}_{\mathrm{SEC}_i}=\int_{t_{\mathrm{cycle}}-t_{\mathrm{yr}}}^{t_0}\frac{C_{ik}\cdot Q_0\mathrm{e}^{(-\lambda_i\cdot t_k)}}{\mathrm{DF}_{ik}}\mathrm{d}t+\int_{t_0}^{t_{\mathrm{cycle}}}\frac{C_{ik}\cdot[Q_0+k\cdot(t-t_0)]\mathrm{e}^{(-\lambda_i\cdot t_k)}}{\mathrm{DF}_{ik}}\mathrm{d}t,$$

$$t_{\mathrm{cycle}}-t_{\mathrm{yr}}<t_0\leqslant t_{\mathrm{cycle}} \tag{5.3.24}$$

式中，$\mathrm{GR1}_{\mathrm{SEC}_i}$为惰性气体核素$i$经由二回路系统向环境的气态流出物年释放量，GBq；C_{ik}为一回路冷却剂中惰性气体核素 i 的稳态活度浓度，单位为GBq/t；$Q_{\mathrm{leak}}(t)$为蒸汽发生器处一回路冷却剂向二回路的泄漏率，单位为t/h；λ_i为核素i的衰变常数，单位为h^{-1}；DF_{ik}为惰性气体从二回路系统至环境过程中的总去污因子；t_k为核素从二回路系统至排放口所需的处理和贮存时间，单位为h；其余参数含义同前所述。

2)碘：二回路蒸汽经过主冷凝器真空系统时，其中部分放射性碘核素被去除，且二回路蒸汽中碘核素的浓度与蒸汽发生器水相中放射性碘核素浓度呈比例关系。根据二回路系统源项计算公式，真空泵抽气引起的碘核素年释放量计算公式如下：

$$\mathrm{GR1}_{\mathrm{SEC}_i}=\int_{t_{\mathrm{cycle}}-t_{\mathrm{yr}}}^{t_{\mathrm{cycle}}}C_{\mathrm{VVP_i}}(t)\times Q_{\mathrm{COND}}\times \mathrm{PF}_{\mathrm{VVP}i}\times\mathrm{d}t \tag{5.3.25}$$

此处，蒸汽发生器传热管处泄漏率可随时间变化也可恒定不变，如蒸汽发生器传热管处泄漏率随时间变化的方程如下：

$$Q_{\mathrm{leak}}(t)=Q_0,\quad t<t_0$$

$$Q_{\mathrm{leak}}(t)=Q_0+k\times(t-t_0),\quad t\geqslant t_0$$

式中各参数含义同前所述。

考虑蒸汽发生器传热管处泄漏率随时间变化，则$\mathrm{GR1}_{\mathrm{SEC}i}$计算公式可写为如下形式：

$$\begin{aligned}
\mathrm{GR1}_{\mathrm{SEC}_i} = & \int_{t_{\mathrm{cycle}}-t_{\mathrm{yr}}}^{t_0} \mathrm{e}^{-\mu \cdot t} \cdot \left[C_{\mathrm{CON}_i}(0) + \frac{Q_0 \cdot C_{\mathrm{RCP}i}}{M_{\mathrm{SG}} \cdot \mu}(\mathrm{e}^{\mu \cdot t} - 1) \right] \cdot Q_{\mathrm{COND}} \cdot \mathrm{PF}_{\mathrm{VVP}i} \cdot \mathrm{d}t \\
& + \int_{t_0}^{t_{\mathrm{cycle}}} \mathrm{e}^{-\mu \cdot t} \cdot \left\{ \frac{Q_0 \cdot C_{\mathrm{RCP}i}}{M_{\mathrm{SG}} \cdot \mu}(\mathrm{e}^{\mu \cdot t_0} - 1) + \frac{(Q_0 - kt_0) \cdot C_{\mathrm{RCP}i}}{M_{\mathrm{SG}} \cdot \mu}(\mathrm{e}^{\mu \cdot t} - \mathrm{e}^{\mu \cdot t_0}) \right. \\
& \left. + \frac{k \cdot C_{\mathrm{RCP}i}}{M_{\mathrm{SG}} \cdot \mu^2}\left[(\mu t - 1)\mathrm{e}^{\mu \cdot t} - (\mu t_0 - 1)\mathrm{e}^{\mu \cdot t_0} \right] \right\} \cdot Q_{\mathrm{COND}} \cdot \mathrm{PF}_{\mathrm{VVP}i} \cdot \mathrm{d}t
\end{aligned} \tag{5.3.26}$$

式中，$\mathrm{GR1}_{\mathrm{SEC}_i}$ 为经由二回路系统向环境的气态流出物年释放量，单位为 GBq；$C_{\mathrm{VVP}_i}(t)$ 为蒸汽发生器气相中放射性核素 i 的活度浓度，单位为 GBq/t；$\mathrm{PF}_{\mathrm{VVP}i}$ 为冷凝器中碘的汽水分配因子；Q_{COND} 为主蒸汽流量，单位为 t/h；其他参数含义同前所述。

5.3.1.2　液态流出物计算模式

CPR1000/CNP1000 机组源项计算的理念和方法基本沿袭了法国电力公司(EDF)开发的 REJLIQ 程序，用于计算液态流出物排放源项(一些特殊核素除外)。该方法紧密结合了 CPR1000/CNP1000 机组的设计特点，考虑了 3 条途径的释放：硼回收系统(TEP)、废液处理系统(TEU)及二回路的释放。

(1) 硼回收系统排氚废液释放：在反应堆运行过程中，为了控制一回路冷却剂中氚浓度不超过限值，必须向环境排放含氚废液以降低一回路冷却剂中氚浓度。含氚废液来自于一回路冷却剂系统，一般需经过多级过滤、除盐再蒸发后方可排往环境。

一般而言，存在多股废液，可建立如下的计算公式：

$$\mathrm{LR}_{\mathrm{TEP}i}(t) = \int_0^t Q(t) \cdot C_{\mathrm{RCP}i}(t) \cdot \frac{\mathrm{e}^{-\lambda_i \cdot t'}}{\mathrm{DF}} \cdot \varepsilon \cdot \mathrm{d}t \tag{5.3.27}$$

一般情况下，由于排氚向环境释放的废液量按年给出，则上式可写为如下形式：

$$\mathrm{LR}_{\mathrm{TEP}i} = Q_{\mathrm{tep}} \cdot C_{\mathrm{RCP}i} \cdot \frac{\mathrm{e}^{-\lambda_i \cdot t'}}{\mathrm{DF}_{\mathrm{cvc}} \cdot \mathrm{DF}_{\mathrm{tep}}} \cdot \varepsilon_{\mathrm{tep}} \tag{5.3.28}$$

如在计算中考虑从一回路系统中排氚时一回路运行工况的差别，则上式可写为如下形式：

$$\mathrm{LR1}_{\mathrm{TEP}i} = Q_{\mathrm{tep1}} \cdot C_{\mathrm{RCP}i} \cdot \frac{\mathrm{e}^{-\lambda_i \cdot \mathrm{tt}_{\mathrm{tep1}}} \cdot \mathrm{e}^{-\lambda_i \cdot \mathrm{ts}_{\mathrm{tep1}}}}{\mathrm{DF}_{\mathrm{cvc}} \cdot \mathrm{DF}_{\mathrm{tep}}} \cdot \varepsilon_{\mathrm{tep1}} \tag{5.3.29}$$

$$\mathrm{LR2}_{\mathrm{TEP}i} = Q_{\mathrm{tep2}} \cdot \mathrm{PCAT1}_i \cdot \frac{\mathrm{e}^{-\lambda_i \cdot \mathrm{tt}_{\mathrm{tep2}}} \cdot \mathrm{e}^{-\lambda_i \cdot \mathrm{ts}_{\mathrm{tep2}}}}{\mathrm{DF}_{\mathrm{cvc}} \cdot \mathrm{DF}_{\mathrm{tep}}} \cdot \varepsilon_{\mathrm{tep2}} \tag{5.3.30}$$

$$\mathrm{LR3}_{\mathrm{TEP}i} = Q_{\mathrm{tep3}} \cdot \mathrm{PCAT1}_i \cdot \frac{\mathrm{e}^{-\lambda_i \cdot \mathrm{tt}_{\mathrm{tep3}}} \cdot \mathrm{e}^{-\lambda_i \cdot \mathrm{ts}_{\mathrm{tep3}}}}{\mathrm{DF}_{\mathrm{cvc}} \cdot \mathrm{DF}_{\mathrm{tep}}} \cdot \varepsilon_{\mathrm{tep3}} \tag{5.3.31}$$

$$\mathrm{LR4}_{\mathrm{TEP}i} = Q_{\mathrm{tep4}} \cdot \mathrm{PCAT2}_i \cdot \frac{\mathrm{e}^{-\lambda_i \cdot \mathrm{tt}_{\mathrm{tep4}}} \cdot \mathrm{e}^{-\lambda_i \cdot \mathrm{ts}_{\mathrm{tep4}}}}{\mathrm{DF}_{\mathrm{cvc}} \cdot \mathrm{DF}_{\mathrm{tep}}} \cdot \varepsilon_{\mathrm{tep4}} \tag{5.3.32}$$

$$\mathrm{LR}_{\mathrm{TEP}i} = \mathrm{LR1}_{\mathrm{TEP}i} + \mathrm{LR2}_{\mathrm{TEP}i} + \mathrm{LR3}_{\mathrm{TEP}i} + \mathrm{LR4}_{\mathrm{TEP}i} \tag{5.3.33}$$

上述公式群中，LR_{TEPi} 为通过排氚废液向环境的放射性释放量，单位为 GBq/a；$Q(t)$ 为向环境的液态释放流量，单位为 t/h；Q_{tep} 为向环境的排氚废液释放量，单位为 t/a；Q_{tep1} 为稳态工况下硼回收系统处理后排放量，单位为 t/a；Q_{tep2} 为 8h 热停堆工况下硼回收系统处理后排放量，单位为 t/a；Q_{tep3} 为 90h 热停堆工况下硼回收系统处理后排放量，单位为 t/a；Q_{tep4} 为冷停堆工况下硼回收系统处理后排放量，单位为 t/a；C_{RCPi} 为稳态工况下一回路冷却剂中的放射性浓度，单位为 GBq/t；$PCAT1_i$ 为瞬态工况下一回路冷却剂中的放射性浓度，单位为 GBq/t；$PCAT2_i$ 为冷停堆工况下一回路冷却剂中的放射性浓度，单位为 GBq/t；tt_{tep1} 为稳态工况下排氚废液的输送和处理时间，单位为 h；tt_{tep2} 为 8h 热停堆工况下排氚废液的输送和处理时间，单位为 h；tt_{tep3} 为 90h 热停堆工况下排氚废液的输送和处理时间，单位为 h；tt_{tep4} 为冷停堆工况下排氚废液的输送和处理时间，单位为 h；ts_{tep1} 为稳态工况下排氚废液排放前贮存时间，单位为 h；ts_{tep2} 为 8h 热停堆工况下排氚废液排放前贮存时间，单位为 h；ts_{tep3} 为 90h 热停堆工况下排氚废液排放前贮存时间，单位为 h；ts_{tep4} 为冷停堆工况下排氚废液排放前贮存时间，单位为 h；DF_{cvc} 为化容控制系统除盐器的去污因子，无量纲；DF_{tep} 为硼回收系统对于排氚废液的总去污因子，无量纲；ε 为排放份额，无量纲。

(2) 废液处理系统的释放：在废液处理系统设计中，根据实测经验反馈或者理论推导可得出需处理的放射性废液类型、流量和放射性水平，经处理后的各类废水放射性释放量通过以下公式计算：

$$LR1_{TEUi} = Q_{teu1} \cdot PCA1 \cdot C_{RCPi} \cdot \frac{e^{-\lambda_i \cdot tt_{teu1}} \cdot e^{-\lambda_i \cdot ts_{teu1}}}{DF_{teu1}} \cdot \varepsilon_{teu1} \tag{5.3.34}$$

$$LR2_{TEUi} = Q_{teu2} \cdot PCA2 \cdot C_{RCPi} \cdot \frac{e^{-\lambda_i \cdot tt_{teu2}} \cdot e^{-\lambda_i \cdot ts_{teu2}}}{DF_{teu2}} \cdot \varepsilon_{teu2} \tag{5.3.35}$$

$$LR3_{TEUi} = Q_{teu3} \cdot PCA3 \cdot C_{RCPi} \cdot \frac{e^{-\lambda_i \cdot tt_{teu3}} \cdot e^{-\lambda_i \cdot ts_{teu3}}}{DF_{teu3}} \cdot \varepsilon_{teu3} \tag{5.3.36}$$

$$LR_{TEUi} = LR1_{TEUi} + LR2_{TEUi} + LR3_{TEUi} \tag{5.3.37}$$

由于废液处理系统所处理的废液中不含惰性气体核素，计算中不包括惰性气体核素。

上述公式群中，LR_{TEUi} 为通过废液处理系统向环境的放射性释放量，单位为 GBq/a；C_{RCPi} 为稳态工况下一回路冷却剂中的放射性浓度，单位为 GBq/t；DF_{teu} 为废液处理系统对于各类废液的总去污因子，无量纲；ε 为各类废液的排放份额，无量纲；tt_{teu} 为各类废液在废液处理系统中的处理时间，单位为 h；ts_{teu} 为各类废液在排放前的贮存时间，单位为 h；PCA 为各类放射性废液的等效除气一回路冷却剂浓度比，无量纲。

(3) 二回路系统液态释放：通过二回路系统的释放主要包括两部分——不回收的蒸汽发生器排污产生的释放和二回路系统给水泄漏产生的释放。

根据蒸汽发生器水相和气相中核素的计算公式，可建立不可回收的蒸汽发生器排污水排放和二回路系统给水泄漏产生的液态放射性释放计算公式如下：

$$LR_{APG} = \frac{C_{CON_i}(t_{cycle}) \times M_{SG} \times e^{-\lambda_i \times t_{APG}}}{DF_{iAPG}} \tag{5.3.38}$$

$$LR_{VVP}=\int_{t_{cycle}-t_{yr}}^{t_{yr}}\frac{C_{VVP_i}(t)\times QL_{VVP}\times e^{-\lambda_i\times t_{VVP}}}{DF_{iVVP}}dt \tag{5.3.39}$$

计算中由于蒸汽发生器一次侧至二次侧的冷却剂泄漏率随时间线性变化，以下公式求积分时需分段求解，上式可写为如下形式：

$$\begin{aligned}LR_{VVP}=&\int_{t_{cycle}-t_{yr}}^{t_0}FH\cdot e^{-\mu\cdot t}\cdot\left[C_{CON_i}(0)+\frac{Q_0\cdot C_{RCPi}}{M_{SG}\cdot\mu}(e^{\mu\cdot t}-1)\right]\cdot\frac{QL_{VVP}\cdot e^{-\lambda_i\cdot t_{VVP}}}{DF_{iVVP}}\cdot dt\\&+\int_{t_0}^{t_{cycle}}FH\cdot e^{-\mu\cdot t}\cdot\left\{C_{CON_i}(0)+\frac{Q_0\cdot C_{RCPi}}{M_{SG}\cdot\mu}(e^{\mu\cdot t_0}-1)+\frac{(Q_0-kt_0)\cdot C_{RCPi}}{M_{SG}\cdot\mu}(e^{\mu\cdot t}-e^{\mu\cdot t_0})\right.\\&\left.+\frac{k\cdot C_{RCPi}}{M_{SG}\cdot\mu^2}\left[(\mu t-1)e^{\mu\cdot t}-(\mu t_0-1)e^{\mu\cdot t_0}\right]\right\}\cdot\frac{QL_{VVP}\cdot e^{-\lambda_i\cdot t_{VVP}}}{DF_{iVVP}}\cdot dt\end{aligned} \tag{5.3.40}$$

由此可得通过二回路系统的总释放计算公式如下：

$$LR_{SEC}=LR_{APG}+LR_{VVP} \tag{5.3.41}$$

式中，LR_{APG} 为不可回收的蒸汽发生器排污水排放量，单位为 GBq/a；LR_{VVP} 为二回路系统给水泄漏产生的液态放射性释放量，单位为 GBq/a；$C_{CON_i}(t)$ 为蒸汽发生器液相中放射性核素 i 的活度浓度，单位为 GBq/t；$C_{VVP_i}(t)$ 为蒸汽发生器气相中放射性核素 i 的浓度，单位为 GBq/t；QL_{VVP} 为二回路系统给水泄漏流量，单位为 t/h；M_{SG} 为所有蒸汽发生器水相总质量，单位为 t；λ_i 为衰变常数，单位为 h^{-1}；t_{yr} 为机组满功率运行时间，单位为 h；t_{cycle} 为循环长度，单位为 h；t_{APG} 为废液从蒸汽发生器通过排污系统排往环境所需时间，单位为 h；t_{VVP} 为泄漏的给水从二回路系统泄漏后排往环境所需时间，单位为 h；DF_{iAPG} 为蒸汽发生器排污系统的去污因子，无量纲；DF_{iVVP} 为泄漏的给水在排往环境的过程中的总去污因子，无量纲；FH 为蒸汽携带因子，无量纲；C_{RCPi} 为一回路冷却剂中核素 i 的放射性浓度，单位为 GBq/t。

(4) 计算模型中衰变链的考虑：母核子核衰变会影响子核的放射性活度及活度浓度，设计中应该考虑。在 CPR1000/CNP1000 机组气液态流出物源项计算中均未考虑母核子核衰变对结果的影响，导致最终的废液中子核核素放射性活度及活度浓度偏小。为此，可以考虑增设一个衰变链模块嵌入相应的计算模式中。

考虑到处理和储存过程中的衰变过程中衰变母核对子核的贡献，在计算硼回收系统和废液处理系统放射性废液释放时应做适当的修正。以下衰变链应该予以考虑：

$$^{90}Sr(28.1a)\rightarrow{}^{90}Y(64.0h)\rightarrow{}^{90}Zr(稳)$$

$$^{91}Sr(9.75h)\xrightarrow{27\%}{}^{91}Y(58.51d)\rightarrow{}^{91}Zr(稳)$$

$$^{91}Sr(9.75h)\xrightarrow{27\%}{}^{91}Y(58.51d)\rightarrow{}^{91}Zr(稳)$$

$$^{95}Zr(63.98d)\rightarrow{}^{95}Nb(35.15d)\rightarrow{}^{95}Mo(稳)$$

$$^{99}Mo(66.02h)\xrightarrow{91\%}{}^{99m}Tc(6.02h)\xrightarrow{约100\%}{}^{99}Tc(2.13\times5a)\rightarrow{}^{99}Ru(稳)$$

$$^{131m}Te(30h)\xrightarrow{18\%}{}^{131}Te(25min)\rightarrow{}^{131}I(8.04d)\xrightarrow{97.3\%}{}^{131}Xe(稳)$$

$$^{140}\mathrm{Ba}(18.03\,\mathrm{min}) \to {}^{140}\mathrm{La}(3.93\,\mathrm{min}) \to {}^{140}\mathrm{Ce}(稳)$$

$$^{143}\mathrm{Ce}(33\mathrm{h}) \to {}^{143}\mathrm{Pr}(13.58\mathrm{d}) \to {}^{143}\mathrm{Nb}(稳)$$

$$^{144}\mathrm{Ce}(284.2\mathrm{d}) \to {}^{144}\mathrm{Pr}(17.3\mathrm{d}) \to {}^{144}\mathrm{Nd}(2\times 10^{15}\mathrm{a}) \to {}^{140}\mathrm{Ce}(稳)$$

对于衰变链 $A \to B \to C$，可建立如下方程组：

$$\begin{cases} \dfrac{\mathrm{d}N_{\mathrm{A}}}{\mathrm{d}t} = -\lambda_A N_A \\ \dfrac{\mathrm{d}N_B}{\mathrm{d}t} = \lambda_A N_A - \lambda_B N_B \\ \dfrac{\mathrm{d}N_C}{\mathrm{d}t} = \lambda_B N_B - \lambda_C N_C \end{cases}$$

定义初始条件为

$$\begin{cases} N_A(0) = N_{A0} \\ N_B(0) = N_{B0} \\ N_C(0) = N_{C0} \end{cases}$$

式中，N_{A0} 为 0 时刻 A 核素原子数，单位为 atom；N_{B0} 为 0 时刻 B 核素原子数，单位为 atom；N_{C0} 为 0 时刻 C 核素原子数，单位为 atom。

可解得：

$$\begin{cases} N_A(t) = N_{A0}\mathrm{e}^{-\lambda_A t} \\ N_B(t) = N_{B0}\mathrm{e}^{-\lambda_B t} + \dfrac{\lambda_A N_{A0}(\mathrm{e}^{-\lambda_A t} - \mathrm{e}^{-\lambda_B t})}{\lambda_B - \lambda_A} \\ N_C(t) = N_{C0}\mathrm{e}^{-\lambda_C t} + \dfrac{\lambda_B N_{B0}[\mathrm{e}^{(\lambda_C - 2\lambda_B)t} - 1]}{\lambda_C - 2\lambda_B} + \lambda_A \lambda_B N_{A0}\left[\dfrac{\mathrm{e}^{-\lambda_A t}}{(\lambda_B - \lambda_A)(\lambda_C - \lambda_A)} \right. \\ \qquad \left. + \dfrac{\mathrm{e}^{-\lambda_B t}}{(\lambda_A - \lambda_B)(\lambda_C - \lambda_B)} + \dfrac{\mathrm{e}^{-\lambda_C t}}{(\lambda_A - \lambda_C)(\lambda_B - \lambda_C)}\right] \end{cases} \tag{5.3.42}$$

对于以上考虑的衰变链中的核素，采用考虑衰变链后的公式计算，对于其他核素，采用原公式计算。

5.3.1.3 气液态流出物源项计算参数

在 CPR1000/CNP1000 堆型流出物源项计算中，参数主要包括一回路冷却剂活度谱；二回路冷却剂活度谱；计算气载流出物源项的相关设计参数；计算液态流出物源项的相关设计参数。

(1) 气载流出物源项计算的相关设计参数

1) 各贮存罐每年扫气 2 次，相当于一回路 2 次除气。

2) 化学和容积控制系统与硼回收系统除盐器对碘的去污因子为 100。

3) 在脱气塔中，除去所有的惰性气体，而碘的分配因子为 10^{-3}。

4) 考虑 3 次停堆，每次对反应堆冷却剂进行脱气。

5) 压缩机的泄漏率为废气处理量的 0.1%。

6)TEG 衰变罐的泄漏率为每天泄漏贮存气体的 0.01%。

7)贮存气体的衰变时间为 45d。

8)反应堆厂房中反应堆冷却剂的泄漏估计为 66kg/h，碘的分配因子取 10^{-3}。

9)每年有 180h 由安全壳空气净化系统(EVF)以 20 000m^3/h 的流量进行内部过滤及由安全壳内空气监测系统(ETY)以 1500m^3/h 的流量进行扫气，这两个系统捕集碘的去污因子为 10。

10)在核辅助厂房中反应堆冷却剂的泄漏估计：冷泄漏 31kg/h，热泄漏 2kg/h；对于热泄漏(t>60℃)包含的碘，分配因子取为 10^{-3}；对于冷泄漏包含的碘，分配因子取为 10^{-4}；

11)辅助厂房通风系统中假定碘的去污因子为 10。

12)冷凝器碘的分配因子假设为 10^{-4}。

(2)液态流出物源项计算的相关设计参数

1)对于硼回收系统(TEP)释放途径，在整个燃料循环时间(380d)内，由 TEP 处理的流出物量如下：负荷跟踪(100%～50%)，47m^3/d；首次启动，197m^3；换料停堆，142m^3；热停堆(8h)，1274m^3；热停堆(90h)，1120m^3；冷停堆，561m^3；其他流出物，1000m^3(罐的疏水，泄漏……)。每台机组每年由 TEP 处理的反应堆冷却剂流出物的量是 16 500m^3。在运行工况期间，假设平衡状态下每个机组每年排放 4300m^3，这相当于瞬态产生的水量。一回路水中氚的平均浓度为 4GBq/t(工况 A)和 5.3GBq/t(工况 B)。在 TEP 中处理的最短时间是 5d。化学和容积控制系统(RCV)除盐器的去污因子为 10，TEP 除盐器的去污因子为 10，TEP 蒸发装置的去污因子为 100，总的去污因子为 10 000。

2)对于废液处理系统(TEU)途径，TEU 废液的化学水质和放射性取决于不同的废液来源：工艺疏水，2250m^3；活度浓度，0.37GBq/t。地面疏水，5000m^3；活度浓度，18.5MBq/t。化学疏水，1500m^3；活度浓度，1.11GBq/t。淋浴疏水估计为 1250m^3，放射性很低。这些废水一般可以不经过处理即排放。冷停堆前的设备疏水及冷停堆期间一回路泄漏的量包括在工艺疏水中。此外，也考虑具有高放射性的设备疏水的量，这些疏水量估计为 50m^3 一回路除气的水。表 2.1.11 给出 TEU 在工况 A(计算的预期排放)和工况 B(计算的设计排放)下的不同运行工况和相关去污因子的考虑。废液在 TEU 中的处理时间是 5d。

3)对于二回路途径，认为二回路系统的污染由蒸汽发生器管束泄漏造成。这些泄漏用一台蒸汽发生器在 1 年中 2 个月时间内线性发展的一种假想泄漏加以模型化(假设其他蒸汽发生器不泄漏)。反应堆冷却剂从一回路到二回路的泄漏于 2 个月内从 0 变为 72kg/h。对于工况 B，这种泄漏发生在反应堆冷却剂活度为 37GBq/t ^{131}I 当量的循环期间。二回路系统的废物产生于不复用的蒸汽发生器排污和二回路系统的泄漏。在正常运行工况下(除启动和停堆外)，蒸汽发生器排污系统(APG)在经离子交换树脂处理后，在二回路系统中被复用。这种排污不会产生任何废液。为了假设一种更不利的工况，假定反应堆冷却剂从一回路向二回路的泄漏有 2 次(于出现泄漏后的 1 个月和 2 个月期间)。二回路蒸汽发生器系统中的全部活度均不经 APG 系统处理而被释放至 SEL 系统。

CPR1000/CNP1000 机组排放源项计算中所使用的参数情况见表 5.3.1。

表 5.3.1　CPR1000/CNP1000 堆型核电厂气液态流出物源项计算参数

	序号	计算参数	数值
设计参数	1	化学和容积控制系统(RCV)的流量	13.6t/h
	2	一回路冷却剂的质量	177t
	3	正常运行时输送到 TEP 系统的年处理量	27 290t
	4	TEP 系统除盐器和 RCV 系统对惰性气体和碘的去污因子	惰性气体：1 碘：10
	5	TEP 系统除气塔中惰性气体和碘的汽水分配因子	惰性气体：1 碘：0.001
	6	反应堆厂房中一回路冷却剂的泄漏率	6.60E-02t/h
	7	机组一个换料周期内等效满功率运行时间	469d(S0 循环)
	8	一回路至二回路的初始泄漏率	1.5E-03t/h
	9	蒸汽发生器的蒸汽总流量	5 808t/h
	10	3 台蒸汽发生器的排污流量	50t/h
	11	3 台蒸汽发生器中二次侧水的质量	3×47.012t
	12	一回路完全脱气的冷停堆次数	2
运行经验数据	1	TEG 系统压缩机的泄漏率(泄漏量与总流量之比)	0.001
	2	进行反应堆厂房清扫的时间间隔	1 600h
	3	核辅助厂房通风系统对碘或惰性气体核素的去污因子	惰性气体：1 碘：1
	4	安全壳内大气监测系统时间常数(带碘吸附器)	0.03/h
	5	TEG 系统衰变箱的充满时间	240h
	6	气态流出物排放前在衰变箱中的贮存时间	工况 A：1 080h 工况 B：1 500h
	7	TEG 系统衰变箱的泄漏率(与日贮量成正比)	0.000 1/d
	8	反应堆厂房中惰性气体和碘的汽水分配因子	惰性气体：1 碘：0.001
	9	反应堆厂房通风系统中惰性气体和碘的去污因子	惰性气体：1 碘：10
	10	核辅助厂房中单台机组冷的一回路冷却剂的泄漏率	0.031t/h
	11	核辅助厂房中单台机组热的一回路冷却剂的泄漏率	2.0E-03t/h
	12	冷的一回路冷却剂泄漏中惰性气体和碘的汽水分配因子	惰性气体：1 碘：1.0E-04
	13	热的一回路冷却剂泄漏中惰性气体和碘的汽水分配因子	惰性气体：1 碘：1.0E-03
	14	冷凝器中碘的汽水分配因子	1.0E-04
	15	蒸汽携带因子	碘：0.01 其他核素：0.002 5

REJLIQ 程序在计算放射性废液源项时，对于 TEU 释放途径，在程序计算中，除氚、^{14}C 以外的其他所有核素(^{110m}Ag 除外)，去污因子均相同，即考虑每投入使用一个除盐床，其去污因子即为 10。在大亚湾核电站和岭澳一期的设计中，TEU 设置了一组叠加离子床[阴离子(强碱)＋阳离子(强酸)](001DE)和一个混床(002DE)，在程序计算中即考虑这些除盐床对于工艺排水总的去污因子为 100，这一假设一直沿用至今。

事实上，作为离子交换树脂，除盐床对不同理化形态核素的实际去污因子不可能完全相同；对于同一种物质，同一种除盐床的实际去污因子还和去污前核素的浓度大小有关，高浓度物质的实际去污因子大，低浓度物质的实际去污因子小，显然，串联设置的数个除盐床中，处于前列的实际去污因子大，处于后列的实际去污因子小，REJLIQ 对各除盐床的去污因子是一种简化的考虑。但在中广核集团 TEU 系统的改进方案中，对于新增的一个除盐床的去污因子仍然取 10。对于额外增加的除盐床的去污因子的取值，有必要在相关试验数据的基础上分析讨论后进一步确定。

5.3.2　WWER

5.3.2.1　气液态流出物源项计算模式

WWER 堆型气载和液态流出物排放源项主要采用 β-γ 程序进行计算，该程序可以用来计算核电厂不同系统回路中各个设备在反应堆正常运行工况下气载、液态流出物的放射性活度。

β-γ 程序是由俄罗斯圣彼得堡核动力设计院和圣彼得堡国立大学辐射防护实验室共同研制的，可以用来计算核电厂不同系统中各个设备如过滤器、树脂床、贮存罐等在反应堆正常运行、瞬态或事故工况下放射性物质的积累、衰变、净化，以及气载、液态流出物的放射性活度和它们的 γ 能谱。程序考虑放射性核素的质量交换、吸收、滞留和衰变过程，在放射性介质进入的速度为常量或变量时，在工艺回路部件上对放射性核素混合物的活度解平衡微分方程组。

不同于其他堆型的排放源项计算程序，WWER 堆型的排放源项计算程序 β-γ 程序还可以用于辐射防护设计中的设备源项及 γ 能谱的计算，其计算基于每一个工艺部件与流程来进行组合。由于 WWER 堆型排放源项计算程序所具有的独特特点，较难将其气载和液态流出物排放源项计算模式完全分开描述，所以在此一并列出。

(1) 基本假设：气液态流出物排放源项计算需要从主冷却剂源项开始，考虑放射性核素的质量交换、吸收、滞留和衰变过程，主要包括了以下 4 个计算步骤：

- 设备中放射性物质的积累（计算工况：积累）；
- 工艺流程中对放射性物质的净化（计算工况：净化）；
- 被净化介质在流程设备中的积累（计算工况：收集）；
- 从工艺回路的排出（计算工况：排出）。

1) 计算工况：积累。

主循环回路——发电机组以功率长时间运行，认为破损元件的裂变产物的输出是常量情况下研究裂变产物在一回路冷却剂中的积累。

主循环回路——计算一回路冷却剂自身的活度和发电机组长期功率运行条件下一回路冷却剂中不沉淀混合物的活度。

二回路——计算发电机组长期功率运行时，一回路向二回路的泄漏为常量条件下，二回路蒸汽发生器二次水（锅炉水）中裂变产物的积累。考虑工艺模式、放射性物质在排污和冷凝净化过滤器中的过滤系数。

二回路——计算发电机组长期功率运行时，一回路向二回路的泄漏为常量情况下，二回路蒸汽中裂变产物的积累。考虑工艺模式、放射性物质在排污和冷凝净化过滤器中的过滤系数。

工艺容器，工况Ⅰ——容器以常活度浓度介质、常流量填充到一定水平。

工艺容器，工况Ⅱ——容器在进入和流出流量相等时达到稳定水平(中转容器)。容器可能连接到过滤系统(在再循环工况下)。

工艺隔室的大气，工况Ⅰ(瞬态工况)——通风排风系统切断，放射性介质泄漏量为常量。

工艺隔室的大气，工况Ⅱ——通风系统工作[有过滤的通风和(或)再循环]，放射性介质泄漏为常量。

2)计算工况：净化。

专门净化水过滤器(SWP)，工况Ⅰ(正常运行)——放射性介质进入速度为常数情况下在过滤器的积累(流量和放射性介质的含量都是常量)。

SWP，工况Ⅱ(瞬态工况)——放射性介质进入的速度随时间变化时在过滤器的积累(流量为常量，放射性介质的含量随时间指数变化)。

专门气体净化过滤器(SGP)，工况Ⅰ(正常运行)——放射性介质进入速度为常量情况下在过滤器上的积累(流量和放射性介质的含量都是常量)。

工艺容器(蒸发器，再浓缩器)，工况Ⅳ——放射性介质进入速度随时间变化时容器中的积累(流量为常量，放射性介质的含量随时间指数变化)。

专门通风过滤器，工况Ⅰ(正常运行)——放射性介质进入速度为常量时在过滤器的积累(流量和放射性介质的含量都是常量)。

3)计算工况：收集。

工艺容器，工况Ⅰ——以常活度浓度、常流量填充容器。

工艺容器，工况Ⅱ——流进和流出的流量相等时，容器达到稳定水平(中转容器)，容器在再循环工况下可能与过滤系统相连。

工艺容器，工况Ⅲ——放射性介质周期性收集而填充容器(放射性的含量和容积为常量，按规程收集)。

4)计算工况：排出。

工况Ⅰ——计算工艺隔室的大气排出，这些隔室与有过滤碘和气熔胶过滤器的再循环和(或)通风系统相连。

工况Ⅱ——计算通风系统[排风和(或)再循环]工作时，泄漏为常量情况下工艺隔室大气中碘的含量(各种形式)。

(2)数学模型和计算方法

1)放射性介质进入速度为常量时工艺回路部件上活度的积累：随核电厂运行的多数工艺过程都与放射性介质进入速度为常量工况下各种各样的TC部件上的活度积累有联系。

在这种情况下，在TC部件上第m个核素的积累取决于：①进入TC部件的第m个核素的原始介质活度；②考虑介质中积累的先驱核素的放射性衰变，在TC部件上第m个核素的形成；③从TC部件流出的流量及在再循环工况下流向过滤系统的流量中第m个核素的输出；④第 m 个核素的衰变。

为了说明上面的过程，引入下列符号：A_m 为第 m 个核素在 TC 部件上的活度；a_m^1 为第 m 个核素在初始介质中的活度；g 为进入 TC 部件的初始介质流量；G 为在再循环工况下，从 TC 部件流向过滤系统的介质流量；F 为从 TC 部件流出的流量；$f_m^{(1)}$ 为进入 TC 部件初始介质中核素 m 的流出比例；$f_m^{(2)}$ 为核素 m 在 TC 部件的沉积系数；ε_m 为在再循环工况下，核素 m 在过滤系统的沉积系数；V 为 TC 部件的容积。

考虑衰变链中的两个先驱核，对 TC 部件上的第 m 个核素，活度平衡方程用上述符号表示为

$$\frac{\mathrm{d}A_m}{\mathrm{d}t}=\mathrm{g}f_m^{(1)}a_m^1+\sum_{n=1,2}\chi_{m-k}^m f_m^{(2)}\lambda_m A_{m-k}^{(t)}-(\lambda_m+\frac{G\varepsilon_m+F}{V})A_m(t) \tag{5.3.43}$$

数列的每一项都有一定的物理意义：第一项表征第 m 个核素对 A_m 的贡献，第二项是第$(m–1)$和$(m–2)$个核素直接衰变到第 m 个核素对 A_m 的贡献，第三项为第$(m–2)$个核素连续衰变对 A_m 的贡献。

$$(m-2)\xrightarrow{\chi_{m-2}^{m-1}}(m-1)\xrightarrow{\chi_{m-1}^{m}}m$$

通过上述方程便能确定放射性介质进入速度为常量的工艺工况下，t 时刻部件[如容器(槽)、隔室空气、过滤器]的活度积累。

2)放射性介质周期性进入时容器中的活度积累：容器、工况III——研究放射性物质周期性收集时(介质的容积和活度浓度均为常量)，依次收集后到 t_2 时刻容器中活度的积累。

引进时间间隔 t_1、收集次数 C_1，容器中的活度将取决于下面的关系式(用前文引入的符号)：

$$A_m=\sum_{j=1}^{C_1}\mathrm{A}_{mj} \tag{5.3.44}$$

$$A_{mj}=A_m^{(0)}\mathrm{e}^{-\lambda_m[(C_1-j)t_1+t_2]}+\sum_{k=1,2}t_{m-k}^{(2)}A_{m-k}^{(0)}\{\mathrm{e}^{-\lambda_{m-k}[(C_1-j)t_1+t_2]}-\mathrm{e}^{-\lambda_m[(C_1-j)t_1+t_2]}\} \tag{5.3.45}$$

式中，下标 j 与收集的号码有关。

$$t_{m-k}^{(2)}=\frac{\lambda_m\mathrm{X}_{m-k}^m}{\lambda_m-\lambda_{m-k}} \tag{5.3.46}$$

或者

$$A_m=A_m^{(0)}\mathrm{e}^{-\lambda_m t_2}\sum_{j=1}^{C_1}\mathrm{e}^{-\lambda_m(C_1-j)t_1}+\sum_{k=1,2}t_{m-k}^{(2)}A_{m-k}^{(0)}$$
$$[\mathrm{e}^{-\lambda_{m-k}t_2}\sum_{j=1}^{C_1}\mathrm{e}^{-\lambda_{m-k}(C_1-j)t_1}-\mathrm{e}^{-\lambda_{m-k}t_2}\sum_{j=1}^{C_1}\mathrm{e}^{-\lambda_m(C_1-j)t_1}] \tag{5.3.47}$$

用它的值代替对 j 求和，可以得到：

$$A_m=A_m^{(0)}\frac{1-\mathrm{e}^{-\lambda_m C_1 t_1}}{1-\mathrm{e}^{-\lambda_m t_1}}\mathrm{e}^{-\lambda_m t_2}+\sum_{k=1,2}t_{m-k}^{(2)}A_{m-k}^{(0)}\cdot[\frac{\mathrm{e}^{-\lambda_{m-k}t_2}(1-\mathrm{e}^{-\lambda_{m-k}C_1 t_1})}{1-\mathrm{e}^{-\lambda_{m-k}t_1}}\mathrm{e}^{-\lambda_{m-k}t_2}-\frac{\mathrm{e}^{-\lambda_m t_2}(1-\mathrm{e}^{-\lambda_m C_1 t_1})}{1-\mathrm{e}^{-\lambda_m t_1}}] \tag{5.3.48}$$

按照这个公式计算在 C_1 次周期性收集之后到 t_2 时刻，在容器中第 m 个核素的积累活

度 A_m。

3) 专门气体净化系统过渡器上的活度：利用滞留放射性物质的专门过滤器(储气罐、活性炭过滤器等)能大量降低放射性惰性气体从核电厂的输出。

在净化工况的反应堆工艺回路中，应包括以放射性惰性气体吸附原理工作的过滤器。在这种情况下，第 m 种核素的活度平衡方程如下：

$$\frac{\mathrm{d}A_m}{\mathrm{d}t}=D_2a_m^1(1-\mathrm{e}^{-\lambda_m T_m})+\sum_{k=1,2}\chi_{m-k}^m\lambda_m A_{m-k}-\lambda_m A_m \tag{5.3.49}$$

$$T_m=\frac{V\alpha_m}{D_1} \tag{5.3.50}$$

式中，D_1 为进入到净化系统的总流量；D_2 为进入到过滤器放射性介质的流量；V 为过滤器吸附物的容积；T_m 为第 m 个核素在过滤器中滞留的时间；α_m 为第 m 个核素的吸附系数，它是半经验参数，并且要考虑吸附剂的所有物理、化学性质；x_{m-k}^{m} 为第 m-k 个核素衰变为第 m 个核素分支比，λ_{m} 为第 m 个核素的衰变常数。

程序中气溶胶的吸附系数取 106，它对应于 SGP 系统中碘的全部沉积。

对氙和氪的吸附比例要在输入数据中给出。

程序要计算第 m 个核素在 SGP 系统过滤器上积累到饱和时的总活度，还要计算由两个连续过滤器组成的 SGP 系统的活度积累。

从 SGP 系统出来的“输出”为经 SGP 系统过滤器之后的介质活度浓度，它可能进入到后续的净化(滞留)或者通过通风管道进入环境。

4) 隔室空气中放射性碘的浓度和向周围介质的排放：正常工况下，放射性介质的泄漏为常量(泄漏不大于 100g/h)，活度积累平衡方程针对下列条件进行研究：①有放射性介质的连续、无组织泄漏；②在排出时，部分水汽化(会随蒸汽带走部分碘)；③剩下的部分泄漏从设备和房间的表面逐渐汽化，生成合并挥发物，在这种情况下，放射性碘会被解吸；④从房间大气中介质直接出来的碘近似为气熔胶的形式。

考虑这种模型的方程组如下：

$$\begin{cases}\dfrac{\mathrm{d}N_{\mathrm{G}}^{\mathrm{A}}}{\mathrm{d}t}=g\alpha K_{\mathrm{OUT}}-(\lambda_{\mathrm{DEP}}^{\mathrm{A}}+\lambda+\eta^{\mathrm{A}})N_{\mathrm{G}}^{\mathrm{A}}\\ \dfrac{\mathrm{d}N_{\mathrm{G}}^{\mathrm{V}}}{\mathrm{d}t}=N_{\mathrm{S}}K_{\mathrm{DS}}+\mathrm{g}(1-\alpha K_{\mathrm{OUT}})\dfrac{K_{\mathrm{D}}}{\lambda+K_{\mathrm{D}}}-(\lambda_{\mathrm{DEP}}^{\mathrm{V}}+\lambda+\eta^{\mathrm{V}})N_{\mathrm{G}}^{\mathrm{V}}\\ \dfrac{\mathrm{d}N_{\mathrm{S}}}{\mathrm{d}t}=N_{\mathrm{G}}^{\mathrm{A}}\lambda_{\mathrm{DEP}}^{\mathrm{A}}+N_{\mathrm{G}}^{\mathrm{V}}\lambda_{\mathrm{DEP}}^{\mathrm{V}}-(\lambda+K_{\mathrm{DS}})N_{\mathrm{S}}\end{cases} \tag{5.3.51}$$

式中，$N_{\mathrm{G}}^{\mathrm{A}}$ 为隔室中气溶胶碘的数量(核素)；$N_{\mathrm{G}}^{\mathrm{V}}$ 为隔室中挥发碘的数量(核素)；N_{S} 为表面吸附碘的数量；g 为碘进入隔室的速度；K_{OUT} 为碘在气相和水相中的分布比例；α 为水转变为蒸汽的份额；λ 为衰变常数，$\lambda_{\mathrm{DEP}}^{\mathrm{A}}$ 为气溶胶碘的沉积系数，$\lambda_{\mathrm{DEP}}^{\mathrm{V}}$ 为挥发碘的沉积系数，$\lambda_{\mathrm{DEP}}^{\mathrm{A}}=1.8\dfrac{S}{V}$，$\lambda_{\mathrm{DEP}}^{\mathrm{V}}=0.288\dfrac{S}{V}$，$S$ 为隔室和设备的表面积，单位为 m^2，V 为隔室空气的容积，单位为 m^3；η^{A} 为再循环系统和排气系统中气溶胶碘的去除常数，η^{V} 为再循环系统和

排气系统中挥发碘的去除常数，$\eta^{A}=\dfrac{D_2+D_3E^{A}}{V}$，$\eta^{V}=\dfrac{D_2+D_3E^{V}}{V}$，$D_2$为排气通风系统的流量，$D_3$为再循环系统中的流量，$E^{A}$为气溶胶碘在再循环系统中的沉积系数，$E^{V}$为挥发碘在再循环系统中的沉积系数；$K_{DS}$为碘从表面的解吸系数；$K_D$为碘从局部表面的解吸系数(泄漏点)；$t$为时间。$t=0$时的初始条件：$N_G^A=0$；$N_G^V=0$；$N_S=0$。

5)设备在瞬态工况时工艺回路部件上活度的积累：瞬态和事故后工况相关工艺回路各种部件上活度的积累模式基于放射性物质进入的时间变量(指数性衰减)。

t时刻第m个核素在工艺系统部件上的活度积累过程与正常工况下放射性介质进入速度为常量时工艺回路部件上活度的积累类似，区别在于放射性介质进入的速度特性，在正常工况下，放射性介质进入TC部件的速度为连续常量，而事故工况下为指数衰减。

引进下面的通用符号：A_m为第m个核素在工艺系统部件上的活度；a_m^0为t=0时刻，初始介质中第m个核素的活度；a_m^1为t时刻，初始介质中第m个核素的活度；g为进入工艺系统部件的初始介质流量；$f_m^{(1)}$为进入工艺系统部件初始介质中核素m的流出比例；$f_m^{(2)}$为核素m在工艺系统部件的沉积系数；$V(L)$为工艺系统部件上介质的容积；$G(L)$为再循环模式下，进入过滤系统介质的流量；$F(L)$为进入排气系统的介质的流量；ε_m^L为再循环模式下，过滤系统中核素m的沉积系数；$a_m(t)$为核素m进入到工艺系统部件的速率；L为参数($L=1$，输出容器；$L=2$，接收容器)。

对于母核素，$a_m(t)$取决于关系式：

$$a_m(t)=g\,f_m^{(1)}\,a_m^0\,e^{-\beta_m^{(1)}t} \tag{5.3.52}$$

使用上述符号并考虑两个先驱核，核素m在工艺回路部件上的活度平衡方程如下：

$$\frac{\mathrm{d}A_m}{\mathrm{d}t}=a_m(t)+\sum_{k=1,2}\chi_{m-k}^{m}f_m^{(2)}\lambda_m A_{m-k}(t)-\beta_m^{(2)}A_m(t) \tag{5.3.53}$$

通过上述方程便可确定下列TC部件的活度积累：①工艺容器(蒸发器、再浓缩器)；②事故工况模式专门水净化系统的过滤器。

5.3.2.2　气液态流出物源项计算参数

WWER堆型排放源项计算过程中，所使用的输入参数见表2.2.9～表2.2.12。

5.3.3　AP1000

5.3.3.1　气液态流出物源项计算模式

核电厂正常运行时，为了进行辐射防护管理、放射性废物管理、环境影响评价和环境监测，必须准确地了解核电厂气态和液态流出物排放总量和活度浓度，合理确定核电厂的一回路源项和排放源项。

气态流出物的分析，需综合考虑其各类释放来源，主要包括以下的释放途径：

•从反应堆冷却剂系统泄漏到安全壳大气中的放射性核素通过安全壳通风系统向环

境的释放；

- 工艺流体泄漏的放射性核素通过辅助厂房向环境的释放；
- 燃料操作区域的通风导致的放射性核素的释放；
- 放射性核素通过放射性废气处理系统的释放；
- 二回路的释放。

这些释放贯穿于整个电厂的正常运行过程。对于放射性废物厂房和厂址废物处理设施(SRTF)厂房等，其在废物处理的过程中产生的放射性废气量非常少，其活度浓度也非常低，相对上述其他途径的释放可以忽略，因此只对上述途径的气态流出物排放量进行了计算。

在对系统处理能力进行评价时，根据技术规格书的规定，当反应堆冷却剂中剂量等效 ^{131}I 活度浓度达到 37GBq/t 时，需要定期取样(每隔 4h 取样一次)以对反应堆冷却剂活度浓度进行核实(4h 内完成分析)，并需在 48h 内恢复到正常浓度。如果上述要求的措施和相关的完成时间没有满足，或者通过取样分析确定剂量当量 ^{131}I 活度浓度大于 2220GBq/t，则反应堆必须在 6h 内进入热备用状态。因此在分析时，保守考虑剂量设计基准情况下的持续时间为 62h，其他时间在设计源项的状态下运行。

通过以上各途径的气态流出物排放量计算方法及关键参数的选取介绍如下。

(1) 反应堆厂房：反应堆厂房气载放射性主要来自主冷却剂系统的泄漏。其分析原则主要包括：①应根据电厂设计情况合理评价主冷却剂系统到反应堆厂房的泄漏量；②应根据冷却剂及厂房的温度、压力等因素合理评估惰性气体、碘及粒子的闪蒸份额，如可保守考虑惰性气体的闪蒸份额为 1，碘和其他粒子的闪蒸份额为 0.4；③根据厂房的通风设计，应合理考虑通风净化作用；④对于反应堆厂房的沉积去除及核素本身的衰变去除，可根据具体分析具体考虑。

1) 惰性气体和粒子：对于反应堆厂房的惰性气体和粒子，保守假设一回路冷却剂泄漏到厂房中的气载放射性核素没有衰变和沉积，直接释放到环境中。计算公式如下：

$$A^i(t) = I_c \times f_f \times C_c^i \times (1-E) \times 365 \tag{5.3.54}$$

式中，$A^i(t)$ 为该厂房一年(365d)释放到环境中的核素 i 的活度，单位为 Bq；I_c 为主冷却剂的泄漏率，单位为 g/d；f_f 为闪蒸份额；C_c^i 为反应堆主冷却剂中核素 i 的活度浓度，单位为 Bq/g；E 为该厂房通风系统过滤效率。

2) 碘：对于反应堆厂房的碘，根据反应堆厂房通风系统设计，每周通风 20h，以维持工作人员可适当进入的环境。故假设每周前 148h 没有通风，后 20h 保持通风。前 148h 积累在反应堆厂房中的放射性碘和后 20h 释放到安全壳内的放射性碘，在开始通风时瞬时释放到环境中。其中，对于前 148h 没有通风时，积累在反应堆厂房的放射性碘，考虑了核素的衰变和沉积去除。对于后 20h 有通风时释放到反应堆厂房的放射性碘，保守假设没有沉积和衰变。当对系统处理能力进行评价时，为了保守考虑，前 62h 时假设一直保持通风。365d 除去 62h，剩下的时间假设每周前 148h 没有通风，后 20h 保持通风。

每周前 148h 积累释放到环境的放射性碘的计算公式如下：

$$A_{I\text{-}1}^i(t) = \frac{I_c \times f_f \times C_c^i}{(\lambda_d + \lambda_1/3600)} \times \left[1 - e^{-(\lambda_d + \lambda_1/3600) \times 148 \times 3600}\right] \times (1-E) \tag{5.3.55}$$

式中，$A_{\text{I-1}}{}^{i}(t)$ 为前148h释放到环境中的核素 i 的活度，单位为Bq；λ_{d} 为衰变常数，单位为 s^{-1}；λ_{1} 为沉积去除常数，单位为 h^{-1}；其他参数的说明同上。

每周后20h释放到环境放射性碘的计算公式如下：

$$A_{\text{I-2}}^{i}(t)=I_{\text{c}}\times f_{\text{f}}\times C_{\text{c}}^{i}\times(1-E)\times\frac{20}{24} \tag{5.3.56}$$

式中，$A_{\text{I-2}}{}^{i}(t)$ 为后20h释放到环境中的核素 i 的活度，单位为Bq；其他参数的说明同上。

根据上述两公式得到一年52周释放到环境的放射性碘的总量计算公式如下：

$$A_{\text{I}}^{i}(t)=(A_{\text{I-1}}^{i}+A_{\text{I-2}}^{i})\times 52 \tag{5.3.57}$$

式中，$A_{\text{I}}{}^{i}(t)$ 为一年52周释放到环境的核素 i 的活度，单位为Bq；其他参数的说明同上。

(2) 辅助厂房：辅助厂房的气载放射性主要来自反应堆冷却剂到辅助厂房的泄漏。其分析原则主要包括：①可参考系统设计能力及运行电厂经验等，合理评估冷却剂到辅助厂房的泄漏率；②辅助厂房的温度相对反应堆厂房较低，应根据冷却剂及厂房温度、压力等因素合理评估惰性气体、碘和粒子的气水分配因子；③应根据厂房的设计合理考虑通风净化系统的净化作用。

保守假设一回路冷却剂泄漏到辅助厂房中的气载放射性核素没有衰变和沉积，直接释放到环境中。计算公式如下：

$$A^{i}=I_{\text{c}}\times f_{\text{f}}\times C^{i}\times(1-E)\times 365 \tag{5.3.58}$$

式中，C^{i} 为反应堆主冷却剂中核素 i 的活度浓度，单位为Bq/g；其他参数的说明同上。

(3) 燃料操作区域：燃料操作区域的气载放射性主要来自于存储在乏燃料水池内存在破损的乏燃料组件的释放和乏燃料水池水的蒸发。其分析原则主要包括：①对于设计排放源项和现实排放源项，分析时燃料破损率需区别对待，可以设计基准源项的燃料破损率为基础，考虑冷却剂活度浓度的差异后根据剂量等效 ^{131}I 的活度浓度调整得到；②若乏燃料池设置有过滤器除盐床，需考虑其对乏燃料池的净化作用。同时，需根据乏燃料池的温度等因素确定乏燃料池的蒸发率。

对于燃料操作区域，保守假设气载放射性核素以恒定的浓度通过厂房排风系统排放到环境中，其中核素的浓度保守取换料期间的气载放射性浓度，实际情况下一年中仅有很少时间可以达到该浓度水平。核素气载浓度计算公式如下。

对于惰性气体：

$$C_{\text{ng}}(t)=\frac{f\times\lambda_{\text{e}}\times A_{\text{F}}(0)}{V_{\text{FHA}}\times(\lambda_{\text{h}}-\lambda_{\text{e}})}\times[\text{e}^{-(\lambda_{\text{d}}+\lambda_{\text{e}})\times t}-\text{e}^{-(\lambda_{\text{d}}+\lambda_{\text{h}})\times t}] \tag{5.3.59}$$

式中，$C_{\text{ng}}(t)$ 为惰性气体气载浓度，单位为 Bq/cm^3；f 为燃料破损率；λ_{e} 为燃料储存期间裂变产物的逃脱率系数，单位为 s^{-1}；$A_{\text{F}}(0)$ 为乏燃料组件包壳间隙内的初始活度，单位为Bq；λ_{h} 为燃料操作区域供热通风与空气调节系统(HVAC)的通风率，单位为 s^{-1}；λ_{d} 为核素衰变常数，单位为 s^{-1}；V_{FHA} 为燃料操作区域的自由气体空间体积，单位为 cm^3。

对于碘和粒子：

$$C_{\text{A}i}(t)=\frac{\lambda_{1}\times V_{\text{w}}}{V_{\text{FHA}}\times(\lambda_{\text{h}}+\lambda_{\text{d}})}\left\{\frac{f\times\lambda_{\text{e}}\times A_{\text{F}}(0)}{V_{\text{w}}\times(\lambda_{\text{p}}+\lambda_{1}-\lambda_{\text{e}})}[\text{e}^{-(\lambda_{\text{d}}+\lambda_{\text{e}})\times t}-\text{e}^{-\lambda_{\text{r}}\times t}]+C_{i}(0)\text{e}^{-\lambda_{\text{r}}\times t}\right\} \tag{5.3.60}$$

式中，$C_{Ai}(t)$为碘和粒子的气载浓度，单位为 Bq/cm^3，V_W为水的体积，单位为 cm^3；λ_l为水池蒸发去除常数，单位为 s^{-1}；λ_p为乏池净化系统的净化常数，单位为 s^{-1}；$\lambda_r=\lambda_d+\lambda_p+\lambda_l$；其他参数的说明同上。

燃料操作区域释放到环境的核素总量计算公式如下：

$$A^i(t) = H \times T \times C^i \times (1-E) \tag{5.3.61}$$

式中，$A^i(t)$为该厂房一年(365d)释放到环境中的核素 i 的活度，单位为 Bq；H 为该厂房通风系统排风量，单位为 cm^3/s；T 为排风持续时间，单位为 s；C^i 为该厂房中核素 i 的气载活度浓度，单位为 Bq/cm^3；E 为通风系统过滤效率。

(4)废气处理系统：放射性废气处理系统主要处理反应堆冷却剂经过脱气后的惰性气体。其分析原则主要包括：①在计算排放量时，应详细评估放射性废气的来源及各个核素的气水分配等；②应根据放射性废气系统的设计，考虑其对放射性废气的净化和去除作用。

(5)二回路：二回路系统的废气主要是通过真空泵的抽气释放进入环境中。其分析原则主要包括：①需对废气的排放流量进行评估，如可保守考虑为二回路的蒸汽流量；②排放量的分析以二回路的气相源项为基础，分析时需考虑蒸汽发生器排污系统等的净化作用。

5.3.3.2 气液态流出物源项计算参数

(1)反应堆厂房：计算时相关参数选取原则如下。

1)反应堆厂房中反应堆冷却剂的泄漏率取为 0.063m^3/d。根据废液处理系统说明书，反应堆冷却剂进入到疏水箱的量为 0.038m^3/d。而一回路冷却剂泄漏液中，40%通过闪蒸释放到安全壳中，60%进入疏水箱。由此可以得到进入安全壳的泄漏量约为 0.063m^3/d (0.038/60% m^3/d)。

2)考虑到反应堆厂房的温度相对较高，保守假定反应堆厂房冷却剂的惰性气体闪蒸份额为 1，碘和其他粒子为 0.4。

3)根据反应堆厂房通风系统设计，通风过滤系统中设置有活性炭过滤器和高效过滤器，故考虑了其对碘和粒子的去除作用，其中对碘的去除效率为 90%，对粒子的去除效率为 99%。

(2)辅助厂房：计算时相关参数选取原则如下。

1)考虑到进入辅助厂房的流体温度均低于 54.4℃，一般不会发生闪蒸，并且部分流体已经过化学和容积控制系统的净化。因此，保守考虑，碘的气水分配系数为 0.01，其他粒子的气水分配系数为 0.005，惰性气体为 1。

2)根据废液处理系统的设计，反应堆冷却剂泄漏到辅助厂房的废液量为 0.30m^3/d。

3)分析时对进入辅助厂房不同的废液来源考虑了其活度浓度的差异。对于调硼排水，考虑了化学和容积控制系统的净化；对于取样疏水，根据 ANSI/ANS 55.6 的规定，取其活度浓度为反应堆冷却剂活度浓度的 5%。

(3)燃料操作区域：计算时相关参数选取原则如下。

1)在计算乏燃料组件的释放时，裂变产物的逃脱率系数可参考表 5.3.2 中的值。

2)分析时燃料破损率需区别对待，可以设计基准源项的燃料破损率为基础，考虑冷却剂活度浓度的差异后根据剂量等效 ^{131}I 的活度浓度调整得到。假定对于设计排放源项和现实排放源项，燃料破损率分别为 3.378E-04（0.25%/7.4）和 6.757E-06（0.025%/37）。

3）由于在浓度计算时保守取换料期间的气载放射性浓度，实际情况下一年中仅有很少时间可以达到该浓度水平，而对于半衰期较短的核素，在经历 5 个半衰期后，剩余的放射性已非常少。因此，对于半衰期较短的核素，采用平衡最大活度浓度持续 5 个半衰期的时间释放。对于半衰期长的核素，保守认为以平衡最大活度浓度连续一年释放。

4）考虑到乏池水中乏燃料组件的温度比较低，因此乏燃料组件中裂变产物的逃脱率系数取为满功率运行期间裂变产物逃脱率系数的 10^{-5} 倍。

表 5.3.2　裂变产物逃脱率系数　（单位：s^{-1}）

核素	逃脱率系数
Kr、Xe	6.5E-13
Br、Rb、I、Cs	1.3E-13
Mo、Tc、Ag	2.0E-14
Te	1.0E-14
Sr、Ba	1.0E-16
Y、Zr、Nb、Ru、La、Ce、Pr	1.6E-17

（4）放射性废气处理系统：在计算放射性废气处理系统的气态放射性流出物排放量时，考虑了化学和容积控制系统下泄流和反应堆冷却剂疏水箱中废液脱气产生的废气，根据系统设计，化学和容积控制系统下泄流在正常运行时的废液流量为 1.65m^3/d，在设计排放源项分析时，保守考虑为 3.13m^3/d；反应堆冷却剂疏水箱的废液流量为 0.038m^3/d。对于惰性气体，气水分配因子取为 1。根据反应堆冷却剂源项，并考虑了延迟床对氪和氙的延迟作用(氪和氙的延迟时间分别为 2d 和 38d，计算得到废气处理系统处理后的放射性废气的排放量。

（5）二回路：对于二回路系统，未经冷凝的放射性气体主要是通过真空泵的抽气释放进入环境。计算时，以二回路气态源项为基础，保守考虑放射性废气的排放流量为二回路蒸汽流量，取值为 6.79E+06kg/h，同时考虑惰性气体的分配系数为 1，碘和粒子的气水分配系数为 0.0001，由此计算得到通过二回路系统释放的气载放射性流出物排放量。

（6）液态流出物计算参数：AP1000 液态流出物排放源项分析时关键参数的选取及假设条件考虑如下。

1）对于其他进入放射性废液处理系统进行处理的废液，需详细考虑其各类废液的来源、废液活度浓度及废液产生量等，如设备疏水、地面疏水、取样疏水及其他的泄漏液等，可根据系统设计或根据电厂运行经验进行确定。

2）反应堆冷却剂中调硼产生的废液不回收利用，在进入废液系统进行处理前，可考虑化学和容积控制系统除盐床的净化作用。

3）对于设计排放源项和现实排放源项，由于其对应的反应堆冷却剂活度浓度不同，因此废液处理系统的净化能力也可能有所区别，包括除盐床的去污能力、除盐床的投入数量等。在分析时，需对废液处理系统针对各类废液的净化能力进行详细评估和确定。

4) 对于其他厂房及核电厂配套设施(BOP)厂房的废液排放量，可根据其实际的废液来源和活度浓度及处理措施等进行详细评价。若其活度浓度相对核岛厂房的释放浓度非常低，在分析时可根据实际情况不予考虑。对于 SRTF 厂房废液排放量，可根据各类废液的处理量及活度浓度进行区分考虑。

5) 二回路的排放源项分析时，需考虑二回路净化系统对核素的去除作用，以及废液的排放份额。

AP1000 堆型核电厂气液态流出物源项的计算参数见表 5.3.3。

表 5.3.3 AP1000 堆型核电厂气液态流出物源项计算参数

参数	值	参数	值
热功率(MW)	3 400	处置和排放时间(d)	0
冷却剂质量(t)	197	排放份额	1.0
主回路下泄率(m^3/h)	22.7	脏废物(废液储存箱)	
阳离子除盐下泄流量(m^3/h)	2.3	脏废物输入流量(m^3/d)	4.54
蒸汽发生器数量	2	反应堆冷却剂份额	0.001
总蒸汽流量(t/h)	6 804	碘的去污因子	10^3
每台蒸汽发生器内的液体质量(t)	79	铯和铷的去污因子	10^3
总的排污流量(t/h)	19	其他核素的去污因子	10^3
排污处置方法	循环利用	收集时间(d)	10
冷凝器除盐器再生时间	—	处置和排放时间(d)	0
冷凝器除盐器的流量份额	0.33	排放份额	1.0
主冷却剂调硼控制		排污废物	
下泄流量(m^3/d)	1.65	处理的排污份额	1.0
碘的去污因子	10^3	碘的去污因子	100
铯和铷的去污因子	10^3	铯和铷的去污因子	10
其他核素的去污因子	10^3	其他核素的去污因子	100
收集时间(d)	30	收集时间(d)	—
处置和排放时间(d)	0	处置和排放时间(d)	—
排放份额	1.0	排放份额	0.0
设备疏水和清洁疏水		再生废物	—
设备疏水流量(m^3/d)	1.1	放射性废气处理系统	
反应堆冷却剂活性份额	1.023	完全下泄净化流的连续除气	—
碘的去污因子	10^3	氙的滞留时间(d)	38
铯和铷的去污因子	10^3	氪的滞留时间(d)	2
其他核素的去污因子	10^3	除气衰变罐的填充时间	—
收集时间(d)	30	放射性废气处理系统：高效空气过滤器(HEPA)	—

续表

参数	值	参数	值
辅助厂房：木炭过滤器	—	HEPA 过滤效率(%)	99
辅助厂房：HEPA	—	安全壳正常连续净化率(m^3/min)	14.2
安全壳体积(m^3)	59 465	炭过滤效率(%)	90
安全壳内大气净化率(m^3/min)	—	HEPA 过滤效率(%)	99
安全壳净化		排污储存箱通风口释放碘份额	—
每年净化次数	0	主冷凝器排气口的碘去除份额	0.0
炭过滤效率(%)	90	洗涤废液的去污因子	厂外处理

5.3.4 EPR

5.3.4.1 气态流出物源项计算模式

EPR 核电厂正常运行工况下气液态放射性流出物源项计算有两套分析方法，一种是基于运行核电厂经验数据的统计方法，另一种是根据核电厂正常运行工况流出物释放途径及系统对放射性核素的去除工艺确定合理的计算模型。

经验反馈方法主要是基于运行核电厂的经验数据，使用统计核电厂气液态流出物年排放量平均值的第一四分位数作为 EPR 机组年排放量的预期值，使用统计核电厂气液态流出物年排放量最大值作为 EPR 机组年排放量的最大值。

另外，根据核电厂正常运行工况流出物释放途径及系统对放射性核素的去除工艺可以建立 EPR 机组流出物源项计算模型，结合不同的机组运行工况及计算假设可以计算不同工况下气液态流出物源项的年排放量，主要模型介绍如下。

流出物释放主要途径如下：

- 气态释放
  - 反应堆厂房通风系统；
  - 核辅助厂房通风系统；
  - 废气处理系统；
  - 二回路系统。
- 液态释放
  - 废液处理系统；
  - 一回路冷却剂处理系统；
  - 二回路系统。

对于任意一股向环境排放的流体，必然有其初始的来源。对于气态流体，这个来源可以是厂房中某一股放射性液体泄漏产生的带放射性的空气，也可以是对于贮存放射性液体的罐子扫气产生的一股含氢废气。对于液态流体，这个来源可以是废液处理系统收集的一股放射性废液，也可以是由于排氚需要而从一回路冷却剂系统排出的一股冷却剂。根据其初始的来源及流出物源项计算的基准源项，可分析得该流体内初始的放射性浓度和活度。考虑该股流体从产生源头至环境过程中的衰变时间及各项设备对其的总去污因子，可分析得在产生源头至环境过程中该股流体中放射性核素的去除情况，考虑对所有向环境排放的流体对时间积分，可得在运行状态下以气态或液态方式向环境释放的放射性核素总量。

根据以上分析，对于在运行状态下以气态或液态方式向环境释放的放射性核素总量，可建立如下的计算公式：

$$A_i(t_{\mathrm{yr}})=\int_0^{t_{\mathrm{yr}}}A_i'(t)\cdot\frac{\mathrm{e}^{-\lambda t_1}}{\mathrm{DF}}\cdot\varepsilon\cdot\mathrm{d}t=\int_0^{t_{\mathrm{yr}}}Q(t)\cdot C_i(t)\cdot\frac{\mathrm{e}^{-\lambda t_1}}{\mathrm{DF}}\cdot\varepsilon\cdot\mathrm{d}t \tag{5.3.62}$$

式中，$A_i'(t)$为向环境的气态或液态释放流来源中的放射性总活度，单位为GBq/a；$Q(t)$为向环境的气态或液态释放流量，单位为t/a；$C_i(t)$为向环境的气态或液态释放流来源中的放射性浓度，单位为GBq/t；t_1为排出流在释放前的衰变时间，单位为h；DF为排出流在释放前总的去污因子，无量纲；t_{yr}为全年满功率运行时间，单位为h；ε为排放份额，无量纲。

(1)反应堆厂房通风系统释放：在EPR堆型设计中，反应堆厂房分为服务区和设备区。功率运行期间安全壳连续通风系统(EVR)分为两个独立的通风系统：服务区连续通风系统和设备隔间连续通风系统。安全壳内空气净化系统(EVF)连续运行，可减少反应堆厂房内气载放射性的碘和气载放射性物质。当没有作业人员进入反应堆厂房时，EVF系统维持服务区与设备区的动态平衡，气体通过EVF带有电机驱动的调节闸门和隔离闸门，从设备区排向服务区，保证设备区的负压。在作业人员进入服务区时，提前开启安全壳换气通风系统(EBA)小风量管线，由EBA系统维持服务区与设备区的动态平衡，关闭EVF系统的调节阀和隔离阀，停止从设备区往服务区排风。EBA小风量管线清扫服务区，降低服务区的气载辐射源项，保证作业人员在服务区的辐射安全。

反应堆厂房内设备区的放射性来自于一回路冷却剂的泄漏、换料水箱(IRWST)水的蒸发和服务区向设备区泄漏产生的气载放射性浓度，由于服务区的泄漏产生气载放射性很小，在计算中可以忽略。服务区中放射性主要来自于设备区向服务区的排风。由此可建立功率运行期间设备区和服务区的气载放射性浓度的计算公式如下：

$$\frac{\mathrm{d}C_{si}(t)}{\mathrm{d}t}=\frac{\mathrm{LR_{leak}}\times C_{i\mathrm{RCP}}\times\mathrm{PF}_{\mathrm{NI}i}+\mathrm{LR_{evap}}\times B_i\times\mathrm{FH}_i}{V_{\mathrm{s}}}-\lambda_{si}\times C_{si}(t) \tag{5.3.63}$$

$$\frac{\mathrm{d}C_{\mathrm{f}i}(t)}{\mathrm{d}t}=\frac{\mathrm{GR_{leak}}\times C_{si}(t)}{V_{\mathrm{f}}}-\lambda_{\mathrm{f}i}\times C_{\mathrm{f}i}(t) \tag{5.3.64}$$

$$\lambda_{si}=\lambda_i+\frac{\mathrm{GR_{leak}}}{V_{\mathrm{s}}}+\frac{Q_{\mathrm{EVF}}}{V_{\mathrm{s}}}\times\frac{\mathrm{DF}_{\mathrm{EVF}i}-1}{\mathrm{DF}_{\mathrm{EVF}i}} \tag{5.3.65}$$

$$\lambda_{\mathrm{f}i}=\lambda_i+\frac{\mathrm{GR_{leak}}}{V_{\mathrm{f}}} \tag{5.3.66}$$

可解得：

$$C_{si}(t)=\frac{(\mathrm{LR_{leak}}\times C_{i\mathrm{RCP}}\times\mathrm{PF}_{\mathrm{NI}i}+\mathrm{LR_{evap}}\times B_i\times\mathrm{FH}_i)\times(1-\mathrm{e}^{-\lambda_{si}t})}{V_{\mathrm{s}}\times\lambda_{si}}+C_{si}(0) \tag{5.3.67}$$

$$C_{\mathrm{f}i}(t)=\frac{\mathrm{GR}_{\mathrm{leak}}\times(\mathrm{LR}_{\mathrm{leak}}\times C_{i\mathrm{RCP}}\times\mathrm{PF}_{\mathrm{NI}i}+\mathrm{LR}_{\mathrm{evap}}\times B_i\times\mathrm{FH}_i)}{V_{\mathrm{f}}\times V_{\mathrm{s}}\times\lambda_{\mathrm{s}i}}\times\left(\frac{1-\mathrm{e}^{-\lambda_{\mathrm{f}i}t}}{\lambda_{\mathrm{f}i}}-\frac{\mathrm{e}^{-\lambda_{\mathrm{s}i}t}-\mathrm{e}^{-\lambda_{\mathrm{f}i}t}}{\lambda_{\mathrm{f}i}-\lambda_{\mathrm{s}i}}\right)\quad(5.3.68)$$

其中，$C_{\mathrm{s}i}(t)$为设备区核素i的气载活度浓度，单位为$\mathrm{GBq/m^3}$；$C_{\mathrm{f}i}(t)$为服务区核素i的气载活度浓度，单位为$\mathrm{GBq/m^3}$；$\mathrm{LR}_{\mathrm{leak}}$为一回路冷却剂在设备区内的泄漏率，单位为 t/h；$\mathrm{LR}_{\mathrm{evap}}$为反应堆厂房内开发水面的蒸发率，单位为 t/h；$\mathrm{GR}_{\mathrm{leak}}$为设备区空气排向服务区的空气泄漏率，单位为$\mathrm{m^3/h}$；$\mathrm{FH}_i$为反应堆厂房内开发水面水蒸发的蒸汽携带因子，无量纲；$\mathrm{PF}_{\mathrm{NI}i}$为核岛厂房内冷却剂中核素的汽水分配因子，无量纲；$B_i$为反应堆厂房内开发水面水中核素的活度浓度，单位为 GBq/t；$\lambda_{\mathrm{s}i}$为设备区内第i种核素的总去除率，单位为$\mathrm{h^{-1}}$；$\lambda_{\mathrm{f}i}$为服务区内第i种核素的总去除率，单位为$\mathrm{h^{-1}}$；V_{s}为设备区的自由空间体积，单位为$\mathrm{m^3}$；V_{f}为服务区的自由空间体积，单位为$\mathrm{m^3}$；Q_{EVF}为反应堆厂房设备区通风流量，单位为$\mathrm{m^3/h}$；$\mathrm{DF}_{\mathrm{EVF}i}$为反应堆厂房通风系统对碘和惰性气体的去污因子，无量纲。

在作业人员进入服务区前，需开启 EBA 小风量清扫服务区，降低服务区的气载放射性浓度，保证作业人员进入服务区的辐射安全。此时，EVF 系统清扫关闭，从设备区往服务区的排风停止，可建立 EBA 启动的情况下设备区和服务区的气载放射性浓度的计算公式如下：

$$\frac{\mathrm{d}C_{\mathrm{s}i}(t)}{\mathrm{d}t}=\frac{\mathrm{LR}_{\mathrm{leak}}\cdot C_{\mathrm{RCP}i}\cdot\mathrm{PF}_{\mathrm{NI}i}+\mathrm{LR}_{\mathrm{evap}}\cdot B_i\cdot\mathrm{FH}_i}{V_{\mathrm{s}}}-\lambda_i\cdot C_{\mathrm{s}i}(t)\quad(5.3.69)$$

$$\frac{\mathrm{d}C_{\mathrm{f}i}(t)}{\mathrm{d}t}=-\lambda_i\cdot C_{\mathrm{f}i}(t)-\frac{Q_{\mathrm{EBA}}}{V_{\mathrm{f}}}\cdot C_{\mathrm{f}i}(t)\quad(5.3.70)$$

可解得：

$$C_{\mathrm{f}i}(t)=C_{\mathrm{f}i}(t_{\mathrm{eba}})\cdot\mathrm{e}^{-\lambda_i'\cdot(t-t_{\mathrm{eba}})},\quad t\geqslant t_{\mathrm{eba}}\quad(5.3.71)$$

$$\lambda_i'=\lambda_i+\frac{Q_{\mathrm{EBA}}}{V_{\mathrm{f}}}\quad(5.3.72)$$

计算中保守地假设作业人员进入服务区前服务区内和设备区内所有的气载放射性核素向环境释放，则向环境释放的气态放射性计算公式如下：

$$\mathrm{GR}_{\mathrm{RX}i}=\frac{C_{\mathrm{f}i}(t_{\mathrm{eba}})\cdot V_{\mathrm{f}}}{\mathrm{DF}_{\mathrm{NX}}}+\frac{C_{\mathrm{s}i}(t_{\mathrm{eba}})\cdot V_{\mathrm{s}}}{\mathrm{DF}_{\mathrm{NX}}}\quad(5.3.73)$$

式中，$\mathrm{GR}_{\mathrm{RX}i}$为反应堆厂房向环境的气态释放量，单位为 GBq/a；$\mathrm{LR}_{\mathrm{leak}}$为设备区内一回路冷却剂泄漏率，单位为 t/h；$\mathrm{LR}_{\mathrm{evap}}$为反应堆厂房内开发水面的蒸发率，单位为 t/h；$C_{\mathrm{RCP}i}$为一回路冷却剂中核素$i$的放射性浓度，单位为 GBq/t；$\mathrm{PF}_{\mathrm{NI}i}$为核岛厂房内冷却剂中核素的汽水分配因子，无量纲；$B_i$为反应堆厂房内开发水面水中核素的放射性浓度，单位为 GBq/t；FH_i为蒸汽携带因子，无量纲；Q_{EBA}为反应堆厂房服务区通风流量，单位为$\mathrm{m^3/h}$；$C_{\mathrm{s}i}(t)$为设备区内空气中放射性核素i的浓度，单位为$\mathrm{GBq/m^3}$；$C_{\mathrm{f}i}(t)$为服务区内空气中放射性核素i的浓度，单位为$\mathrm{GBq/m^3}$；V_{s}为设备区自由空间体积，单位为$\mathrm{m^3}$；V_{f}为服务区自由空间体积，单位为$\mathrm{m^3}$；λ_i为衰变常数，单位为$\mathrm{h^{-1}}$；t_{eba}为 EBA 小风量清扫启动时间间隔，单位为 h；$\mathrm{DF}_{\mathrm{Nx}}$为出污因子，无量纲。

(2) 核辅助厂房通风系统释放：在已知厂房内冷却剂泄漏率和开放水面蒸发率的情况

下，通过核辅助厂房通风系统释放的气态流出物放射性总活度可表达为如下形式：

$$\mathrm{GR}_{\mathrm{NX}i}(t_{\mathrm{yr}})=\int_{0}^{t_{\mathrm{yr}}}[\mathrm{LR}_{\mathrm{leak}}(t)\cdot C_{\mathrm{RCP}i}\cdot \mathrm{PF}_{\mathrm{NI}i}+\mathrm{LR}_{\mathrm{evap}}(t)\cdot B_i\cdot \mathrm{FH}_i]\cdot\frac{1}{\mathrm{DF}_i}\cdot \mathrm{d}t \tag{5.3.74}$$

一般情况下，一回路冷却剂在厂房内的泄漏率和厂房内开放水面的蒸发率为恒定值，则上式可更改为如下形式：

$$\mathrm{GR}_{\mathrm{NX}i}=(\mathrm{LR}_{\mathrm{leak}}\cdot C_{\mathrm{RCP}i}\cdot \mathrm{PF}_{\mathrm{NI}i}+\mathrm{LR}_{\mathrm{evap}}\cdot B_i\cdot \mathrm{FH}_i)\frac{1}{\mathrm{DF}_i}\cdot t_{\mathrm{yr}} \tag{5.3.75}$$

式中，$\mathrm{LR}_{\mathrm{leak}}$ 为一回路冷却剂在厂房内的泄漏率，单位为 t/h；$\mathrm{LR}_{\mathrm{evap}}$ 为厂房内开放水面的蒸发率，单位为 t/h；$C_{\mathrm{RCP}i}$ 为一回路冷却剂中核素 i 的放射性浓度，单位为 GBq/t；B_i 为开放水面的水中第 i 种核素的活度浓度，单位为 GBq/t；$\mathrm{PF}_{\mathrm{NI}i}$ 为核岛厂房内冷却剂中核素的汽水分配因子，无量纲；FH_i 为蒸汽携带因子，无量纲；t_{yr} 为全年满功率运行时间，单位为 h；DF_i 为各厂房通风系统对放射性核素的去污因子，无量纲。

(3) 废气处理系统释放：在 EPR 堆型设计中，废气处理系统由吹扫单元和滞留单元组成。吹扫段分为 5 个功能单元：吹扫段、气体分配段、复合段、废气压缩段和气体分配段。滞留单元分为两个功能单元：干燥段和滞留段。

在运行过程中，废气处理系统与和它相连的系统组成了一个半闭路循环的结构。以该半闭路循环结构中放射性核素总量为研究对象，确定在不同运行状态下的产生项和消失项，即可求得不同时刻下该半闭路循环结构中放射性核素总量。考虑一个燃料循环周期内吹扫单元向滞留单元排放的时间和流量，以及滞留单元的滞留时间，即可得通过废气处理系统向环境的放射性释放量。

需要注意的是，吹扫单元虽然保持了负压，但在功率运行情况下还是有部分的泄漏，需考虑该部分泄漏产生的向环境的放射性释放。

1) 功率运行期间释放：根据废气处理系统设计，功率运行期间废气处理系统吹扫单元内的放射性气体不会送往废气处理系统贮存衰变箱内贮存衰变，而是在循环管线内循环衰变。

功率运行期间半闭路循环结构中放射性核素的产生项：①各放射性液体容器吹扫进入；②化容控制系统容控箱；③TEP 系统(TEP1、TEP3、TEP4)；④一回路冷却剂系统气相空间(停堆时)。

功率运行期间半闭路循环结构中放射性核素的消失项：①气体泄漏；②放射性衰变；③排放到滞留单元(包括注入气体稀释)，这和一回路冷却剂系统及其相连系统的气体运动密切相关。

在功率运行期间，认为一回路冷却剂中产生的惰性气体核素均通过除气和吹扫等手段释放入废气处理系统半闭路循环结构中，由此可建立吹扫单元中放射性核素总量的方程如下：

$$\frac{\mathrm{d}A_i(t)}{\mathrm{d}t}=-\lambda_i\times A_i(t)+AR_{\mathrm{fuel}i}-\frac{A_i(t)}{V_{\mathrm{TEG}}}\times Q_{\mathrm{leak}} \tag{5.3.76}$$

其中：

$$AR_{\text{fuel}i} = C_{\text{RCP}i} \times M_{\text{RCP}} \times \lambda_i + Q_{\text{TEP}} \times \frac{C_{\text{RCP}i}}{\text{DF}_{\text{RCV}i}} \times \text{PF}_i + Q_{\text{VCT}} \times \frac{C_{\text{RCP}i}}{\text{DF}_{\text{RCV}i}} \times \frac{X_{\text{r}i}}{X_{\text{r}i}+1} \times K \times \text{PF}_i \quad (5.3.77)$$

令：$\lambda_i' = \lambda_i + \dfrac{Q_{\text{leak}}}{V_{\text{TEG}}}$

$$A_i(t) = AR_{\text{fuel}} \cdot \frac{1-\text{e}^{-\lambda_i' t}}{\lambda_i'} - A_i(0) \quad (5.3.78)$$

功率运行期间废气处理系统向环境的放射性释放主要来自于泄漏，则建立功率运行期间来自废气处理系统泄漏的放射性释放量计算公式如下：

$$\text{GR}_{\text{TEG1}_i} = \frac{\text{e}^{-\lambda_i \cdot t_{\text{teg}}}}{DF_{\text{NAB}i}} \cdot \int_{t_{\text{cycle}}-t_{\text{yr}}}^{t_{\text{cycle}}} \frac{A_i(t)}{V_{\text{TEG}}} \cdot Q_{\text{leak}} \cdot \text{d}t \quad (5.3.79)$$

式中，$\text{GR}_{\text{TEG1}_i}$ 为功率运行期间来自废气处理系统泄漏的放射性释放量，单位为GBq/a；$A_i(t)$ 为 t 时刻废气处理系统循环管线内的核素 i 的放射性总量，单位为 GBq；Q_{TEP} 为调硼下泄流量，单位为 t/h；M_{RCP} 为一回路冷却剂水装量，单位为 t；Q_{VCT} 为化容系统容控箱流量，单位为 t/h；X_{ri} 为核素在化容系统容控箱内的气液平衡因子，无量纲；K 为一回路冷却剂经过容控箱时除气的比例，无量纲，一般取 0.5；PF_i 为汽水分配因子，无量纲；λ_i 为第 i 种核素的衰变常数，单位为 h^{-1}；Q_{leak} 为废气处理系统循环管线接口处的气体泄漏率，单位为 m^3/h STP；$C_{\text{RCP}i}$ 为一回路冷却剂中核素 i 的活度浓度，单位为 GBq/t；V_{TEG} 为废气处理系统吹扫单元内的等效气相空间，单位为 STP m^3；DF_{NAB} 为核辅助厂房通风系统的去污因子，无量纲；$\text{DF}_{\text{RCV}i}$ 为 RCV 系统对核素 i 的去污因子，无量纲；t_{teg} 为废气处理系统滞留单元的滞留时间，单位为 h；t_{yr} 为机组满功率运行时间，单位为 h；t_{cycle} 为循环长度，单位为 h。

2) 停堆换料期间释放：燃料循环寿期末，需要采用 TEP4 给一回路冷却剂进行除气操作，降低一回路冷却剂中惰性气体的溶解量。在控制棒插入前 72h 就开始采用废气处理系统的循环管线在 TEP4 内除气，直到控制棒插入后 20h 停止除气。在 TEP4 除气过程中废气处理系统吹扫管线仍然是密闭循环的。

在停堆期间，由于一回路冷却剂系统的大流量除气，废气处理系统吹扫管线需要向滞留单元排放放射性气体。排放的放射性气体经滞留单元滞留衰变后通过烟囱向环境排放。认为停堆期间向滞留单元释放的放射性气体包括两部分：留存部分及停堆前吹扫部分。

可建立向环境排放的放射性核素总量的计算公式如下：

$$\text{GR}_{\text{TEG2}_i} = \frac{A_i(t_{\text{cycle}}) \cdot \text{e}^{-\lambda_i \cdot t_{\text{teg}}}}{\text{DF}_{\text{NAB}}} + N_{\text{Shut}} \cdot C_{\text{RCP}i} \cdot M_{\text{RCP}} \cdot PF_{\text{TEP}i} \cdot \frac{\text{e}^{-\lambda_i \cdot t_{\text{teg}}}}{\text{DF}_{\text{NAB}}} \quad (5.3.80)$$

式中，$A_i(t)$ 为 t 时刻废气处理系统循环管线内核素 i 的放射性总量，单位为 GBq；$C_{\text{RCP}i}$ 为一回路冷却剂中核素 i 的放射性浓度(瞬态值)，单位为 GBq/t；M_{RCP} 为一回路冷却剂水装量，单位为 t；DF_{NAB} 为核辅助厂房通风系统的去污因子，无量纲；λ_i 为核素 i 的衰变常数，单位为 h^{-1}；t_{teg} 为废气处理系统滞留单元的滞留时间，单位为 h；t_{yr} 为机组满功率运行时间，单位为 h；t_{cycle} 为循环长度，单位为 h；N_{Shut} 为一年内停堆次数，单位为次；$\text{PF}_{\text{TEP}i}$ 为硼回收系统除气塔处核素汽水分配因子，无量纲。

3) 废气处理系统总释放：

$$GR_{TEG_i} = GR_{TEG1_i} + GR_{TEG2_i} \tag{5.3.81}$$

(4) 二回路系统释放：二回路系统的放射性来源于蒸汽发生器处一回路冷却剂向二回路的泄漏。泄漏到二回路中的放射性通过汽水分配和迁移，扩散至二回路系统蒸汽、给水和蒸汽发生器水相中。在二回路系统中，不可避免地存在蒸汽泄漏和给水泄漏。冷凝器的真空系统也将带走蒸汽中放射性。蒸汽发生器的排污水也存在不复用的情况。以上构成了放射性核素以气态或液态方式通过二回路系统向环境排放的具体途径。

1) 冷凝器真空系统释放

A. 惰性气体：二回路蒸汽经过主冷凝器真空系统时，其中所有的惰性气体都被去除，可保守考虑一回路泄漏到二回路的冷却剂中所有的惰性气体都经过主冷凝器真空系统排放到外界。

$$GR1_{SEC_i} = \int_{t_{cycle}-t_{yr}}^{t_{cycle}} \frac{C_{ik} \times Q_{leak}(t) \times e^{-\lambda_i \times t_k}}{DF_{ik}} dt \tag{5.3.82}$$

式中，$GR1_{SEC_i}$ 为惰性气体核素 i 经由二回路系统向环境的气态流出物释放量，GBq/a；C_{ik} 为一回路冷却剂中惰性气体核素 i 的稳态活度浓度，单位为 GBq/t；$Q_{leak}(t)$ 为蒸汽发生器处一回路冷却剂向二回路的泄漏率，单位为 t/h；λ_i 为核素 i 的衰变常数，单位为 h^{-1}；DF_{ik} 为惰性气体从二回路系统至环境过程中的总去污因子；t_{yr} 为机组满功率运行时间，单位为 h；t_{cycle} 为循环长度，单位为 h；t_k 为核素从二回路系统至排放口所需的处理和贮存时间，单位为 h。

B. 碘：二回路蒸汽经过主冷凝器真空系统时，其中部分放射性碘核素被去除，且二回路蒸汽中碘核素的浓度与蒸汽发生器水相中放射性碘核素浓度呈比例关系。

考虑二回路系统中放射性的迁移和扩散，可建立蒸汽发生器水相和液相中非惰性气体核素的放射性浓度计算公式如下：

$$\frac{dC_{CON_i}(t)}{dt} = \frac{Q_{leak}(t) \cdot C_{RCPi}}{M_{SG}} - [\lambda_i + \frac{Q_{APG}}{M_{SG}} \cdot \frac{DF_{APG}-1}{DF_{APG}} + \frac{FH \cdot QL_{VVP} \cdot \left(1-PF_{VVP_i}\right)}{M_{SG}} + \frac{FH \cdot Q_{COND} \cdot PF_{VVP}}{M_{SG}}] \cdot C_{CON_i}(t) \tag{5.3.83}$$

$$C_{CON_i}(t_{cycle}) = e^{-\mu \cdot t_{cycle}} \cdot [C_{CON_i}(0) + \int_0^{t_{cycle}} e^{\mu \cdot t} \frac{Q_{leak}(t) \cdot C_{RCPi}}{M_{SG}} \cdot dt] \tag{5.3.84}$$

$$C_{VVP_i}(t) = FH \cdot C_{CON_i}(t) \tag{5.3.85}$$

$$\mu = \lambda_i + \frac{Q_{APG}}{M_{SG}} \cdot \frac{DF_{APG}-1}{DF_{APG}} + \frac{FH \cdot QL_{VVP} \cdot \left(1-PF_{VVP_i}\right)}{M_{SG}} + \frac{FH \cdot Q_{COND} \cdot PF_{VVP_i}}{M_{SG}} \tag{5.3.86}$$

式中，$C_{CON_i}(t)$ 为蒸汽发生器水相活度浓度，单位为 GBq/t；$C_{VVP_i}(t)$ 为二回路蒸汽的活度浓度，单位为 GBq/t；C_{RCPi} 为一回路冷却剂中核素 i 的活度浓度，单位为 GBq/t；FH 为蒸汽携带因子，无量纲；$Q_{leak}(t)$为蒸汽发生器处一回路冷却剂向二回路的泄漏率，单位为t/h；Q_{APG}为APG系统下泄流量，单位为t/h；DF_{APG}为APG系统去污因子，无量纲；PF_{VVPi}为冷凝器中核素的汽水分配因子；Q_{COND}为主蒸汽流量，单位为t/h；QL_{VVP}为二回路系统给水泄漏流量，单位为t/h；t_{cycle}为循环长度，单位为h；λ_i为核素i的衰变常数；M_{SG}为所有蒸汽发生器水相总质量，单位为t。

根据以上给出的二回路系统源项计算公式，真空泵抽气引起的碘核素年释放量计算公式如下：

$$GR1_{SEC_i} = \int_{t_{cycle}-t_{yr}}^{t_{cycle}} C_{VVP_i}(t) \times Q_{COND} \times PF_{VVPi} \times dt \tag{5.3.87}$$

式中，$GR1_{SEC_i}$为经由二回路系统向环境的气态流出物年释放量，单位为GBq/a；$C_{VVP_i}(t)$为蒸汽发生器气相中放射性核素i的浓度，单位为GBq/t；PF_{VVPi}为冷凝器中碘的汽水分配因子；Q_{COND}为主蒸汽流量，单位为t/h；t_{cyde}为循环长度，单位为h；t_{yr}为机组满功率运行时间，单位为h。

2)汽轮机厂房通风系统释放：在存在二回路系统主蒸汽泄漏的情况下，汽轮机厂房通风系统也会产生向环境的放射性释放。通过汽轮机厂房向环境的放射性释放计算公式如下：

$$GR2_{SEC_i} = \int_{t_{cycle}-t_{yr}}^{t_{cycle}} LR_{leak}(t) \cdot C_{VVPi}(t) \cdot dt \tag{5.3.88}$$

式中，LR_{leak}为二回路蒸汽在厂房内的泄漏率，单位为t/h；$C_{VVPi}(t)$为二回路蒸汽中核素i的放射性浓度，单位为GBq/t；其他参数的说明同上。

3)二回路系统总释放：可建立通过二回路系统总释放的计算公式为

$$GR_{SEC_i} = GR1_{SEC_i} + GR2_{SEC_i} \tag{5.3.89}$$

式中，GR_{SEC_i}为经由二回路系统向环境的气态流出物释放量，单位为GBq/a。

5.3.4.2 液态流出物源项计算模式

对于EPR堆型，其液态流出物排放源项计算主要考虑了以下途径：①废液处理系统；②一回路冷却剂处理系统；③二回路系统。

(1)废液处理系统释放：在废液处理系统设计中，根据实测经验反馈或者理论推导可得出需处理的放射性废液类型、流量和放射性水平，采用以下公式即可得出其产生的液态放射性释放量：

$$LR1_{TEUi} = Q_{teu1} \cdot PCA1 \cdot C_{RCPi} \cdot \frac{e^{-\lambda_i \cdot tt_{teu1}} \cdot e^{-\lambda_i \cdot ts_{teu1}}}{DF_{teu1}} \cdot \varepsilon_{teu1} \tag{5.3.90}$$

$$LR2_{TEUi} = Q_{teu2} \cdot PCA2 \cdot C_{RCPi} \cdot \frac{e^{-\lambda_i \cdot tt_{teu2}} \cdot e^{-\lambda_i \cdot ts_{teu2}}}{DF_{teu2}} \cdot \varepsilon_{teu2} \tag{5.3.91}$$

$$LR3_{TEUi} = Q_{teu3} \cdot PCA3 \cdot C_{RCPi} \cdot \frac{e^{-\lambda_i \cdot tt_{teu3}} \cdot e^{-\lambda_i \cdot ts_{teu3}}}{DF_{teu3}} \cdot \varepsilon_{teu3} \tag{5.3.92}$$

$$\mathrm{LR}_{\mathrm{TEU}i} = \mathrm{LR1}_{\mathrm{TEU}i} + \mathrm{LR2}_{\mathrm{TEU}i} + \mathrm{LR3}_{\mathrm{TEU}i} \tag{5.3.93}$$

式中，PCA 为主冷却剂活度浓度。

(2)一回路冷却剂处理系统释放：在反应堆运行过程中，由于一回路冷却剂中氚浓度限值的存在，必须向环境排放含氚废液以降低一回路冷却剂中氚浓度。含氚废液来自于一回路冷却剂系统，一般需经过多级过滤、除盐再蒸发后方可排往环境。

$$\mathrm{LR}_{\mathrm{TEP}i} = Q_{\mathrm{tep}} \cdot C_{\mathrm{RCP}i} \cdot \frac{\mathrm{e}^{-\lambda_i \cdot t'}}{\mathrm{DF}_{\mathrm{cvc}} \cdot \mathrm{DF}_{\mathrm{tep}}} \cdot \varepsilon_{\mathrm{tep}} \tag{5.3.94}$$

(3)二回路系统释放：通过二回路系统的释放主要包括两部分——不回收的蒸汽发生器排污产生的释放和二回路系统给水泄漏产生的释放。

根据蒸汽发生器水相和气相中核素的计算公式，可建立不可回收的蒸汽发生器排污水排放和二回路系统给水泄漏产生的液态放射性释放计算公式如下：

$$\mathrm{LR}_{\mathrm{APG}} = \frac{\mathrm{C}_{\mathrm{CON_i}}(t_{\mathrm{cycle}}) \times M_{\mathrm{SG}} \times \mathrm{e}^{-\lambda_i \times t_{\mathrm{APG}}}}{\mathrm{DF}_{i\mathrm{APG}}} \tag{5.3.95}$$

$$\mathrm{LR}_{\mathrm{VVP}} = \int_{t_{\mathrm{cycle}}-t_{\mathrm{yr}}}^{t_{\mathrm{yr}}} \frac{C_{\mathrm{VVP}_i}(t) \times \mathrm{QL}_{\mathrm{VVP}} \times \mathrm{e}^{-\lambda_i \times t_{\mathrm{VVP}}}}{\mathrm{DF}_{i\mathrm{VVP}}} \mathrm{d}t \tag{5.3.96}$$

通过二回路系统释放的放射性总活度为

$$\mathrm{LR}_{\mathrm{SEC}} = \mathrm{LR}_{\mathrm{APG}} + \mathrm{LR}_{\mathrm{VVP}} \tag{5.3.97}$$

各式中参数的说明同前。

5.3.4.3 气液态流出物源项计算参数

EPR 堆型气液态流出物排放源项计算中使用了经验值(如废水量)、系统设计值(如去污因子和储罐尺寸)和包络值(如最低衰变次数)，具体取决于计算目的。运行状态下气液态放射性流出物源项计算中的其他主要参数见表 5.3.4、表 5.3.5。

表 5.3.4 EPR 堆型气液态流出物源项计算参数 1

参数	参数值	符号
废液处理系统浓度控制值	1 000	Bq/L
含氚废液的浓度控制值	1 000	Bq/L
一回路冷却剂质量	321	t
机组全年满功率运行时间	8 760	h
循环长度	13 140	h
调硼下泄流量	0.25	t/h
一回路冷却剂在反应堆厂房内的泄漏率	0.01	t/h
EBA 开启时刻	8 760	h
设备区空气排向服务区的空气泄漏率	2 000	m^3/h
设备区的气相空气体积	21 500	m^3
服务区的气相空气体积	66 300	m^3

续表

参数	参数值	符号
反应堆厂房设备区通风流量	7 000	m^3/h
反应堆厂房服务区通风流量	20 000	m^3/h
废气处理系统滞留单元的滞留时间——氪	40	h
废气处理系统滞留单元的滞留时间——氙	960	h
废气处理系统滞留单元的滞留时间——碘	∞	h
化容系统容控箱流量	6.5	t/h
废气处理系统循环管线接口处的气体泄漏率	0.2	m^3/h
核素在化容系统容控箱内的气液平衡因子	氩 36.7 氪 23.6 氙 12.8	
一回路冷却剂经过容控箱时除气的比例	0.5	
循环吹扫对一回路冷却剂核素的等效去污因子——碘	1.001	
循环吹扫对一回路冷却剂核素的等效去污因子——惰性气体	1 000	
废气处理系统吹扫单元内的等效气相空间	293.5	m^3
一回路脱气的冷停堆次数	1	1/a
化学和容积控制系统除盐器——惰性气体	1	
化学和容积控制系统除盐器——碘	10	
化学和容积控制系统除盐器——铯	10	
化学和容积控制系统除盐器——其他核素	10	
硼回收系统除盐器——惰性气体	1	
硼回收系统除盐器——碘	10	
硼回收系统除盐器——铯	10	
硼回收系统除盐器——其他核素	10	
蒸汽发生器排污系统除盐器——惰性气体	1	
蒸汽发生器排污系统除盐器——碘	10	
蒸汽发生器排污系统除盐器——铯	10	
蒸汽发生器排污系统除盐器——其他核素	10	
二回路系统给水泄漏——碘	1	
二回路系统给水泄漏——铯	1	
二回路系统给水泄漏——其他核素	1	
惰性气体从二回路系统至环境的过程中的总去污因子	1	
碘从二回路系统至环境过程中的总去污因子	1	
反应堆厂房通风系统去污因子——惰性气体	1	
反应堆厂房通风系统去污因子——碘	1	
冷凝器——碘	0.000 1	
冷凝器——惰性气体	1	
硼回收系统除气塔——碘	0.001	
硼回收系统除气塔——惰性气体	1	

续表

参数名称	参数值	符号
核岛厂房通风系统——碘	0.001	
核岛厂房通风系统——惰性气体	1	
惰性气体	1	
碘	0.01	
其他核素	0.002 5	
主蒸汽流量	9376	t/h
二回路系统给水泄漏流量	22	t/h
蒸汽发生器排污系统的排污流量	92	t/h
4 台蒸汽发生器水相质量	308	t
一回路至二回路冷却剂初始泄漏率	0.004	t/h
排氚废液全年处理量	2 200	t/a
排氚废液排放前贮存时间	120	h
排氚废液处理时间	24	h
排氚废液碘的去污因子	10 000	
排氚废液铯的去污因子	10 000	
排氚废液其他核素的去污因子	10 000	
排氚废液排放份额	1	
TEU 废液 1 全年处理量	5200	t/a
TEU 废液 1 排放份额	1	
TEU 废液 1 PCA	—	
TEU 废液 1 排放前贮存时间	120	h
TEU 废液 1 处理时间	—	h
TEU 废液 1 碘的去污因子	1000	
TEU 废液 1 铯的去污因子	1000	
TEU 废液 1 其他核素的去污因子	1000	
TEU 废液 2 全年处理量	7300	t/a
TEU 废液 2 排放份额	1	
TEU 废液 2 PCA	—	
TEU 废液 2 排放前贮存时间	120	h
TEU 废液 2 处理时间	—	h
TEU 废液 2 碘的去污因子	1000	
TEU 废液 2 铯的去污因子	1000	
TEU 废液 2 其他核素的去污因子	1000	

表 5.3.5　EPR 堆型气液态流出物源项计算参数 2

废液名称	年排放量(t)	PCA	衰变时间(h)
第一组废液	5 200	—	—
工艺疏水	2 300	0.20	24
热实验室废液	700	0.05	168
取样废液	700	0.05	24

续表

废液名称	年排放量(t)	PCA	衰变时间(h)
去污废液	1 375	预期值：6.46E−02 设计值：1.17E−02	48
放射性浓缩液处理系统(TEC)冲排水	125	—	—
第二组废液	7 300	—	—
维修间废水	2 450	0.000 1	24
洗涤废液	4 850	0.000 1	48
第三组废液	3 300	—	—
排氚废液	2 200	1	24
总计	18 000	—	—
归并后废液			
第一类废液	5 450	0.090 871	24
第二类废液	6 225	预期值：1.43E−02 设计值：2.66E−03	48
第三类废液	700	0.05	168
排氚废液	2 200	1	24

放射性气体流出物形成的主要路径如下：

- 在废水处理系统中对含一回路冷却剂或一次流出物的系统进行除气；
- 含一回路冷却剂的系统出现潜在泄漏，泄漏物进入控制区的室内空气中并通过HVAC系统向烟囱排放；
- 蒸汽发生器(一次对二回路)出现潜在泄漏，并通过主冷凝器排气系统除气和释放。

在对放射性液体流出物进行排放评估时需考虑4种类型的水。

(1)第一组废水主要来自一回路和收集系统，包括工艺排水、热实验室废水、采样废水、去污工艺废水和放射性浓缩液处理系统(TEC)废水，因此放射量最高。除硼之外，该组废水还包含各种化学元素和试剂。这组废水中的大部分物质均为可溶解的放射性物质，因此第一组废水一般通过蒸发装置处理。

(2)第二组废水主要来自化学和地面排水，包括维修间污水、洗衣房废水、浴室和卫生间废水。该组废水主要含不可溶解的有机物质，放射性低，因此可通过离心机或蒸发装置处理。

(3)第三组废水来自蒸汽发生器排污系统（APG)，通过除盐设备净化后可再次利用。排污水无法再循环利用时，可选择第三组废水。该组废水通常为无放射性水，未经任何处理也可输送至监测槽。

(4)冷却剂处理系统产生的蒸馏水。

含一回路冷却剂的系统中的水在经过冷却剂处理系统（TEP3）处理后可再次利用。经TEP3 蒸发器处理的一回路冷却剂可分离为硼酸溶液(在蒸发器中浓缩)和凝结水(从蒸发器蒸馏出)。硼酸储存于溶液箱中，并可通过反应堆硼和水补给系统（REA）注入一回路冷却剂中，以控制核反应性。除盐水可输送至冷却剂供应和贮存系统（TEP1)，以为运行需要提供蒸馏水。此外，部分处理过的水可直接输送至监测槽进行排放，以保持一回路冷却剂和核电厂中的氚含量始终较低(氚平衡)。如果超出监测槽的排放限度，监测槽中的水可选择第一组水做进一步处理。

四类废水的年排放量参数见表 5.3.6，取值来自核电厂运行经验。第一类和第二类废水活度浓度占一回路冷却剂份额和衰变时间见表 5.3.7。

表 5.3.6 四类废水的年排放量 (单位：t)

废液来源	年排放量
第一组废水	5 200
第二组废水	7 300
第三组废水	3 300
冷却剂处理系统产生的蒸馏水	2 200
总计	18 000

表 5.3.7 第一类和第二类废水活度浓度占一回路冷却剂份额和衰变时间

废水来源		年排放量(t)	一回路冷却剂份额	衰变时间(h)
第一组废水	工艺排水	2 300	0.20	24(1d)
	热实验室废水	700	0.05	168(1周)
	采样废水	700	0.05	24(1d)
	去污工艺废水	1 375		
	放射性浓缩液处理系统废水	125		
	总量	5 200		
第二组废水	维修间污水	2 450	1.0E-04	24 (1d)
	洗衣房、浴室和卫生间废水	4 850	1.0E-04	48 (2d)
	总量	7 300		

5.3.5 不同堆型计算模式对比

由于各堆型的系统设计、运行流程等存在差异，且各国核电厂在后续运行过程中经验反馈的收集情况也不一致，因此，作为设计与经验相结合的排放源项计算模式，各堆型的考虑各有侧重，所分析的途径也存在着一定的差异。表 5.3.8 中给出了各堆型的计算模式中所考虑的产生与排放途径的对比分析情况。

由表 5.3.8 的对比分析可见，各堆型的排放源项估算模式虽然各有侧重和差异，但总体来说，各堆型所考虑的大排放途径是较为一致的。其中只有 AP1000 堆型在估算中单独考虑了燃料操作区域的释放途径，其他堆型均没有进行单独分析。WWER 堆型和 AP1000 堆型目前通过模式和程序可以直接计算气载粒子的排放量，而 CPR1000/CNP1000 机组和 EPR 堆型则没有对气载粒子的计算进行单独考虑，而是按照经验数据以碘的计算排放量为基础进行推算。

虽然从总体角度而言各堆型所考虑的产生和排放途径基本一致，但是到具体的模式上各堆型则体现了各个国家的不同设计理念，有较大的差别。比如，CPR1000/CNP1000 机组考虑了冷、热停堆期间对于主冷却剂的处理，AP1000 堆型考虑了各处理系统前置贮槽充满时间的衰变影响，而 WWER 堆型则是根据每一个设备累积、释放的特性来进行组合计算。

由于各个堆型的设计、运行差异很大，各国的运行经验反馈数据差异也很大，且各国在环保法规等方面的要求也不尽相同，因此各国在排放源项的计算过程中所进行的不同考虑都是正常的，并没有孰优孰劣的差别，目前各堆型的计算方法对于各个堆型都是适应的。在这些堆型相继引入我国之后，需要适应我国的法规标准体系与监管的要求，相应计算方法的改进是在所难免的，因此对于各个堆型在排放源项计算中详细的差别与对比，还需要使用者根据具体情况来分析，在本书中将不进行进一步的展开讨论。

表 5.3.8 各堆型排放源项计算模式考虑途径比较

CPR1000/CNP1000 堆型	WWER 堆型	AP1000 堆型	EPR 堆型
反应堆厂房通风系统的释放 ✔停堆大扫气 ✔运行期小扫气	反应堆厂房通风系统的释放 ✔来自一回路泄漏产生的废气	反应堆厂房通风系统的释放 ✔大扫气 ✔运行期小扫气	反应堆厂房通风系统的释放 ✔功率运行期间的释放
辅助厂房通风系统 ✔厂房内泄漏	辅助厂房通风系统 ✔厂房内泄漏	辅助厂房通风系统 ✔厂房内泄漏	辅助厂房通风系统 ✔厂房内泄漏
废气处理系统 ✔压缩机泄漏 ✔贮存衰变后释放 ✔衰变箱泄漏释放	废气处理系统 ✔主要处理来自一回路化容系统、稳压器及地面水收集等的废气	废气处理系统 ✔压缩机泄漏 ✔贮存衰变后释放 ✔衰变箱泄漏释放	废气处理系统 ✔运行期间泄漏项 ✔停堆换料期间释放 ✔衰变箱泄漏释放
二回路系统气态释放 ✔冷凝器真空系统	贮槽排气处理系统 ✔收集和处理来自各贮槽的废气	二回路系统气态释放 ✔真空泵的抽气释放 ✔汽轮机厂房通风系统	二回路系统气态释放 ✔冷凝器真空系统 ✔汽轮机厂房通风系统
	汽轮机厂房的排放	燃料操作区域	

表 5.3.9 中给出了各堆型液态流出物排放源项计算模式的主要对比情况。

对各堆型排放途径的考虑存在着一定的差异，而且各系统所考虑的废液来源方面的差异也比较大，这些差异主要是各堆型对于废液的分类、排放和处理控制等的不同标准造成的，因此所出现的差异均是正常的，目前的计算模式对于各个堆型也均是适用的。在这些堆型引入我国后，结合目前新的框架体系要求，还需要对各堆型的具体模式和参数进行相应调整，以满足新的框架体系要求。

表 5.3.9 各堆型排放源项计算模式考虑途径比较

CPR1000/CNP1000 堆型	WWER 堆型	AP1000 堆型	EPR 堆型
硼回收系统	废液处理系统	废液处理系统	硼回收系统
✔来自化容系统	✔主回路的泄漏和冲洗水	✔工艺疏水	
		✔化学疏水	废液处理系统
废液处理系统	液体收集处理系统	✔来自化容系统	
✔工艺疏水		✔来自设备疏水	二回路系统
✔化学疏水	二回路系统		
✔地面疏水	✔冷凝水净化系统	二回路系统	
	✔二回路泄漏	✔蒸汽发生器排污系统	
二回路系统	✔射水抽汽器	✔汽轮机厂房疏水系统	
✔蒸汽发生器排污			
✔二回路系统给水泄漏			

第六章　CPR1000/CNP1000 堆型源项计算

目前 CPR1000/CNP1000 堆型压水堆是我国已运行核电机组的主流机型，源项分析工作从机组引进伴随着审管、设计、运行各方的经验积累，得到不断的完善。前文对该机型源项分析的演变过程和分析方法进行了说明，本章将在前文的基础上，结合新的源项框架，对目前我国二代改进型核电机组的裂变产物堆芯积存量、主冷却剂裂变产物和活化腐蚀产物源项、氚和 ^{14}C 源项、二回路源项、气液态流出物排放源项重新进行分析计算，以说明在新的源项框架体系下该机型的源项特征。

6.1　裂变产物堆芯积存量

目前常用的燃料管理方案主要有两种，分别是 18 个月换料方案和 12 个月换料方案(也称年度换料方案)。采用 18 个月换料方案的典型代表为宁德核电站一期(以下简称宁德一期)，采用 12 个月换料方案的较为典型的代表为方家山核电站和福清核电站一期(以下简称福清一期)。本部分针对宁德一期的换料方案和福清一期的换料方案对我国二代改进型核电厂的裂变产物堆芯积存量进行介绍。需要说明的是，换料方案是受燃料富集度、发电需求和经济性等多种因素影响，需要经过综合考虑后才能确定的。本部分分析所采用的换料方案指的机组达成平衡循环后所采用的换料方案，不包括首循环和过渡循环。

6.1.1　18 个月换料方案的裂变产物堆芯积存量

在以宁德核电站 18 个月换料工程为代表的中广核集团的 M310 系列压水堆中，燃料管理不仅采用长短交替的平衡循环和灵活性循环，同时也考虑了提前停堆和延伸运行的情况。

利用燃耗分析程序计算所需的主要输入如下：

- 堆芯的核功率为 2895MW・h;
- 堆芯内燃料组件数目为 157，组件所含重金属质量约为 0.461t;
- 新燃料中 ^{235}U 富集度为 4.45%;
- 燃料组件的辐照比功率保守取 40MW/t U;
- 燃料组件的燃耗限值为 52 000MW・d/t U;
- 基于三区装载的燃料管理方案;
- 不考虑大修时间;
- 不考虑程序的计算不确定性。

表 6.1.1 列出了 40 种裂变产物的积存量计算结果，这些数值是一定燃耗范围内核素含量的最大值，此计算结果具有保守性。表 6.1.1 列出了经历 1 个循环的燃料组件数目最多和经历 3 个循环的燃料组件数目最多两种情况，以及最保守的堆芯裂变产物积存量。最保守的计算结果是由组件燃耗限值内核素的最大活度值与堆芯组件数目计算得到的。对于特定富集度的燃

料组件，这种最保守的计算结果可以包络所有的燃料装载方案。表中给出的裂变产物不仅包括冷却剂源项需考虑的核素，也包括了事故分析关注的核素，如 ^{129}I。

表 6.1.1 反应堆内裂变产物积存量 （单位：GBq，$\times10^8$）

核素	各燃耗区组件活度			每区燃料组件总活度		堆芯最大积存量
	经历 1 个循环	经历 2 个循环	经历 3 个循环	76/68/13	64/72/21	
^{85m}Kr	6.91E-02	5.66E-02	4.84E-02	9.73E+00	9.52E+00	1.08E+01
^{85}Kr	1.48E-03	2.19E-03	2.33E-03	2.91E-01	3.01E-01	3.66E-01
^{87}Kr	1.42E-01	1.15E-01	9.75E-02	1.99E+01	1.94E+01	2.24E+01
^{88}Kr	2.01E-01	1.61E-01	1.36E-01	2.80E+01	2.74E+01	3.16E+01
^{133m}Xe	1.17E-02	1.18E-02	1.18E-02	1.84E+00	1.84E+00	1.86E+00
^{133}Xe	3.85E-01	3.81E-01	3.72E-01	6.00E+01	5.99E+01	6.04E+01
^{135}Xe	1.23E-01	1.20E-01	1.08E-01	1.89E+01	1.87E+01	1.93E+01
^{138}Xe	3.67E-01	3.39E-01	3.24E-01	5.51E+01	5.47E+01	5.76E+01
^{129}I	4.33E-09	7.71E-09	8.55E-09	9.64E-07	1.01E-06	1.34E-06
^{131}I	1.79E-01	1.81E-01	1.83E-01	2.83E+01	2.84E+01	2.87E+01
^{132}I	2.63E-01	2.65E-01	2.66E-01	4.15E+01	4.15E+01	4.18E+01
^{133}I	3.88E-01	3.81E-01	3.77E-01	6.03E+01	6.02E+01	6.09E+01
^{134}I	4.49E-01	4.30E-01	4.19E-01	6.88E+01	6.85E+01	7.05E+01
^{135}I	3.67E-01	3.60E-01	3.58E-01	5.70E+01	5.69E+01	5.76E+01
^{134}Cs	1.69E-02	4.31E-02	5.07E-02	4.87E+00	5.25E+00	7.95E+00
^{136}Cs	7.13E-03	1.29E-02	1.47E-02	1.61E+00	1.70E+00	2.31E+00
^{137}Cs	1.58E-02	2.66E-02	2.93E-02	3.39E+00	3.54E+00	4.60E+00
^{138}Cs	3.83E-01	3.62E-01	3.50E-01	5.82E+01	5.79E+01	6.01E+01
^{89}Sr	2.37E-01	2.28E-01	1.92E-01	3.60E+01	3.56E+01	3.72E+01
^{90}Sr	1.26E-02	1.90E-02	2.03E-02	2.51E+00	2.60E+00	3.18E+00
^{90}Y	1.31E-02	1.98E-02	2.12E-02	2.62E+00	2.71E+00	3.33E+00
^{91}Y	2.88E-01	2.84E-01	2.46E-01	4.45E+01	4.41E+01	4.53E+01
^{91}Sr	3.37E-01	2.75E-01	2.36E-01	4.74E+01	4.64E+01	5.30E+01
^{92}Sr	3.38E-01	2.83E-01	2.48E-01	4.81E+01	4.72E+01	5.30E+01
^{95}Zr	3.40E-01	3.40E-01	3.21E-01	5.31E+01	5.29E+01	5.33E+01
^{95}Nb	3.37E-01	3.37E-01	3.24E-01	5.28E+01	5.27E+01	5.30E+01
^{99}Mo	3.53E-01	3.46E-01	3.42E-01	5.48E+01	5.47E+01	5.55E+01
^{99m}Tc	3.12E-01	3.05E-01	3.03E-01	4.84E+01	4.83E+01	4.90E+01
^{103}Ru	2.67E-01	3.04E-01	3.12E-01	4.50E+01	4.55E+01	4.90E+01
^{106}Rh	7.85E-02	1.37E-01	1.50E-01	1.72E+01	1.80E+01	2.36E+01
^{131m}Te	3.39E-02	3.72E-02	3.82E-02	5.61E+00	5.65E+00	5.99E+00

续表

核素	各燃耗区组件活度			每区燃料组件总活度		堆芯最大积存量
	经历 1 个循环	经历 2 个循环	经历 3 个循环	76/68/13	64/72/21	
^{131}Te	1.53E−01	1.53E−01	1.53E−01	2.41E+01	2.41E+01	2.41E+01
^{132}Te	2.59E−01	2.61E−01	2.61E−01	4.08E+01	4.08E+01	4.10E+01
^{134}Te	4.03E−01	3.60E−01	3.38E−01	5.95E+01	5.88E+01	6.33E+01
^{140}Ba	3.57E−01	3.46E−01	3.35E−01	5.51E+01	5.48E+01	5.61E+01
^{140}La	3.59E−01	3.51E−01	3.45E−01	5.57E+01	5.55E+01	5.64E+01
^{141}Ce	3.23E−01	3.20E−01	3.09E−01	5.04E+01	5.02E+01	5.08E+01
^{143}Ce	3.38E−01	3.08E−01	2.89E−01	5.04E+01	4.99E+01	5.30E+01
^{143}Pr	3.19E−01	3.01E−01	2.82E−01	4.84E+01	4.80E+01	5.01E+01
^{144}Ce	2.29E−01	2.45E−01	2.45E−01	3.72E+01	3.74E+01	3.85E+01
^{144}Pr	2.31E−01	2.47E−01	2.47E−01	3.75E+01	3.77E+01	3.88E+01

6.1.2　12 个月换料方案的裂变产物堆芯积存量

以福清一期为代表的设计之初采用12个月换料方案的裂变产物堆芯积存量计算方法与采用 18 个月换料方案的宁德核电站类似，只是燃料管理方案有所差异。

福清一期核电厂反应堆堆芯功率为2895MW·h，堆内共有 157 个燃料组件，燃料管理方案为三区平衡年换料方案，采用燃耗分析程序给出的计算结果见表 6.1.2。

表 6.1.2　M310 堆芯积存量　（单位：GBq，$\times 10^{8}$）

放射性核素	各燃耗区中各燃料组件活度				整堆芯
	经历 1 个循环	经历 2 个循环	经历 3 个循环	经历 4 个循环	52/52/52/1
^{131}I	1.80E−01	1.82E−01	1.83E−01	1.83E−01	2.86E+01
^{132}I	2.66E−01	2.67E−01	2.67E−01	2.66E−01	4.18E+01
^{133}I	3.87E−01	3.84E−01	3.78E−01	3.71E−01	6.01E+01
^{134}I	4.50E−01	4.34E−01	4.20E−01	4.09E−01	6.82E+01
^{135}I	3.66E−01	3.63E−01	3.59E−01	3.55E−01	5.69E+01
^{83m}Kr	3.05E−02	2.65E−02	2.31E−02	2.06E−02	4.18E+00
^{85}Kr	8.29E−04	1.25E−03	1.57E−03	1.76E−03	1.92E−01
^{85m}Kr	6.87E−02	5.77E−02	4.85E−02	4.20E−02	9.13E+00
^{87}Kr	1.42E−01	1.17E−01	9.75E−02	8.41E−02	1.86E+01
^{88}Kr	2.01E−01	1.65E−01	1.36E−01	1.16E−01	2.62E+01
^{131m}Xe	2.15E−03	2.32E−03	2.38E−03	2.38E−03	3.59E−01

续表

放射性核素	各燃耗区中各燃料组件活度				整堆芯
	经历 1 个循环	经历 2 个循环	经历 3 个循环	经历 4 个循环	52/52/52/1
^{133}Xe	3.85E-01	3.77E-01	3.77E-01	3.71E-01	5.96E+01
^{133m}Xe	1.18E-02	1.18E-02	1.18E-02	1.18E-02	1.85E+00
^{135}Xe	9.38E-02	9.38E-02	9.00E-02	8.49E-02	1.45E+01
^{135m}Xe	7.60E-02	7.79E-02	7.90E-02	7.96E-02	1.22E+01
^{138}Xe	3.66E-01	3.42E-01	3.24E-01	3.12E-01	5.40E+01

6.1.3 裂变产物堆芯积存量计算结果及分析

对于一定富集度的燃料，不同核素积存量最大值对应的燃耗差异很大，这主要与核素的半衰期和产生-衰变链有关。对于半衰期较短的核素，如 ^{133}I(半衰期为 20.8h)和 ^{135}I(半衰期为 6.57h)，其积存量的最大值出现在燃耗较小处。对于半衰期长的核素，如 ^{134}Cs(半衰期为 2.07 年)和 ^{137}Cs(半衰期为 30.03 年)，其积存量的最大值出现在较高燃耗处。也有一部分裂变产物积存量的最大值出现在中等燃耗处，如 ^{88}Br。裂变产物堆芯积存量随燃耗的变化曲线参见图 4.1.3。

6.2 一回路裂变产物源项

裂变产物是一回路冷却剂中放射性的主要来源。作为核电厂第一道屏障的燃料元件包壳的气密性丧失，将影响到机组安全稳定运行。如果发生燃料包壳破损，裂变产物将直接进入反应堆冷却剂中，反应堆冷却剂中放射性水平随之升高，有可能对核电厂工作人员造成照射，对核电厂设备产生危害。一回路冷却剂中裂变产物源项是辐射防护设计、安全分析和环境影响评价的基础。

根据前文所述，一回路源项分为设计源项和现实源项。对于一回路设计源项，将针对 0.25%包壳破损率利用程序算出来的裂变产物源项，直接归一到 37GBq/t ^{131}I 当量活度浓度作为设计基准源项。计算得到的设计源项见表 6.2.1。

一回路裂变产物现实源项是基于一回路裂变产物运行经验数据的平均值来确定的。根据上文的分析，对于 M310 系列机型，根据核电厂的运行经验反馈数据，采用 0.1GBq/t ^{131}I 当量的主回路裂变产物源项作为其现实源项。裂变产物的谱型可以根据表 6.2.1 中设计源项的活度谱推算，也可以根据燃料棒的破损和包壳表面铀沾污的情况来计算。假定全堆存在一定包壳表面铀沾污的同时堆芯存在一定的燃料破损，考虑铀沾污对一回路源项贡献的 ^{131}I 当量活度浓度为 0.05GBq/t，燃料破损对一回路源项贡献的 ^{131}I 当量活度浓度为 0.05GBq/t，将铀沾污和燃料破损的结果相加，得一回路裂变产物源项 ^{131}I 当量活度浓度为 0.1GBq/t。另外，只考虑全堆存在一定包壳表面铀沾污(无燃料元件破损)，沾污铀对一回路源项贡献的 ^{131}I 当量活度浓度为 0.1GBq/t。各种计算假设所得到的结果均列在表 6.2.2 中。

在选址阶段和设计阶段的环境影响评价及流出物排放量优化的过程中，需要采用设计排放源项来进行相关分析。考虑到设计排放源项应基于核电厂运行经验数据的最大值，这种情况通常发生在燃料破损循环中。在设计排放源项估算中，采用 5GBq/t ^{131}I 当量一回路的主回路裂变产物活度作为设计排放量估算过程中的一回路裂变产物源项假设，见表 6.2.3。表中给出的核素活度谱根据一回路设计源项的活度谱推算得到。

表 6.2.1　反应堆冷却剂中裂变产物设计源项　　（单位：GBq/t）

放射性核素	稳态工况	瞬态工况	放射性核素	稳态工况	瞬态工况
^{85m}Kr	3.63E+01	8.62E+01	^{91}Sr	5.38E−02	—
^{85}Kr	8.45E−01	8.45E−01	^{92}Sr	4.94E−02	—
^{87}Kr	4.75E+01	1.11E+02	^{90}Y	3.75E−05	—
^{88}Kr	8.51E+01	1.94E+02	^{91}Y	1.27E−03	—
^{133m}Xe	1.48E+01	3.29E+01	^{95}Zr	1.65E−03	—
^{133}Xe	4.32E+02	8.17E+02	^{95}Nb	1.53E−03	—
^{135}Xe	2.65E+02	3.58E+02	^{99}Mo	9.86E−02	—
^{138}Xe	6.67E+01	1.90E+02	^{99m}Tc	5.38E−03	—
总惰性气体	9.48E+02	1.79E+03	^{103}Ru	1.49E−03	—
^{131}I	2.69E+01	6.98E+02	^{106}Rh	3.19E−04	—
^{132}I	1.42E+01	1.82E+02	^{131m}Te	3.88E−03	—
^{133}I	3.32E+01	2.65E+02	^{131}Te	5.84E−02	—
^{134}I	1.96E+00	4.37E+01	^{132}Te	3.67E−02	—
^{135}I	1.30E+01	1.09E+02	^{134}Te	8.62E−02	—
总碘	8.92E+01	1.30E+03	^{140}Ba	8.49E−02	—
^{131}I 当量	3.70E+01	7.83E+02	^{140}La	2.94E−03	—
^{134}Cs	8.95E−01	1.39E+02	^{141}Ce	1.72E−03	—
^{136}Cs	5.09E−01	3.02E+01	^{143}Ce	3.36E−03	—
^{137}Cs	1.16E+00	1.55E+02	^{144}Ce	9.01E−04	—
^{138}Cs	6.56E+01	1.91E+02	^{143}Pr	1.54E−03	—
^{89}Sr	4.02E−02	—	^{144}Pr	9.07E−04	—
^{90}Sr	5.48E−04	—			

表 6.2.2　反应堆冷却剂中裂变产物现实源项　　（单位：GBq/t）

放射性核素	根据设计源项推算	沾污+破损	铀沾污
^{85m}Kr	9.81E−02	8.47E−02	3.62E−02
^{85}Kr	2.28E−03	1.44E−03	3.34E−05
^{87}Kr	1.28E−01	1.35E−01	7.80E−02
^{88}Kr	2.30E−01	2.11E−01	9.64E−02
^{133m}Xe	4.00E−02	2.50E−02	6.02E−03
^{133}Xe	1.17E+00	7.39E−01	1.27E−01
^{135}Xe	7.16E−01	5.51E−01	2.71E−01

续表

放射性核素	根据设计源项推算	沾污+破损	铀沾污
^{138}Xe	1.80E−01	3.51E−01	4.38E−01
总惰性气体	2.5E+00	2.09E+00	1.05E+00
^{131}I	7.27E−02	4.15E−02	1.20E−02
^{132}I	3.84E−02	1.72E−01	3.02E−01
^{133}I	8.97E−02	1.27E−01	1.60E−01
^{134}I	5.30E−03	2.28E−01	4.49E−01
^{135}I	3.51E−02	1.64E−01	2.89E−01
总碘	2.41E−01	7.31E−01	1.21E+00
^{131}I 当量	1.00E−01	1.00E−01	1.00E−01
^{134}Cs	2.42E−03	5.54E−04	4.16E−08
^{136}Cs	1.38E−03	7.97E−04	5.69E−04
^{137}Cs	3.14E−03	1.43E−03	7.87E−04
^{138}Cs	1.77E−01	3.61E−01	4.62E−01
^{89}Sr	1.09E−04	1.69E−04	1.54E−03
^{90}Sr	1.48E−06	1.60E−06	9.48E−07
^{91}Sr	1.45E−04	8.03E−03	1.58E−02
^{92}Sr	1.34E−04	1.91E−02	3.80E−02
^{90}Y	1.01E−07	1.23E−07	7.93E−08
^{91}Y	3.43E−06	5.74E−06	5.26E−06
^{95}Zr	4.46E−06	3.42E−05	6.11E−05
^{95}Nb	4.14E−06	4.28E−06	1.89E−06
^{99}Mo	2.66E−04	2.89E−02	5.74E−02
^{99m}Tc	1.45E−05	1.23E−03	2.24E−03
^{103}Ru	4.03E−06	6.79E−05	1.31E−04
^{106}Rh	8.62E−07	5.61E−06	1.06E−05
^{131m}Te	1.05E−05	2.66E−04	5.21E−04
^{131}Te	1.58E−04	3.93E−02	7.85E−02
^{132}Te	9.92E−05	6.50E−04	1.19E−03
^{134}Te	2.33E−04	5.40E−02	1.08E−01
^{140}Ba	2.29E−04	1.02E−03	1.69E−03
^{140}La	7.95E−06	1.96E−05	2.74E−05
^{141}Ce	4.65E−06	6.93E−05	1.31E−04
^{143}Ce	9.08E−06	1.34E−03	2.66E−03
^{144}Ce	2.44E−06	8.09E−06	1.29E−05
^{143}Pr	4.16E−06	5.38E−06	3.71E−06
^{144}Pr	2.45E−06	4.97E−06	6.66E−06

表 6.2.3　用于设计排放源项估算中的一回路裂变产物源项（单位：GBq/t）

放射性核素	稳态	瞬态
^{85m}Kr	4.91E+00	1.16E+01
^{85}Kr	1.14E−01	1.14E−01
^{87}Kr	6.42E+00	1.50E+01
^{88}Kr	1.15E+01	2.62E+01
^{133m}Xe	2.00E+00	4.45E+00
^{133}Xe	5.84E+01	1.10E+02
^{135}Xe	3.58E+01	4.84E+01
^{138}Xe	9.01E+00	2.57E+01
总惰性气体	1.28E+02	2.42E+02
^{131}I	3.64E+00	9.43E+01
^{132}I	1.92E+00	2.46E+01
^{133}I	4.49E+00	3.58E+01
^{134}I	2.65E−01	5.91E+00
^{135}I	1.76E+00	1.47E+01
总碘	1.21E+01	1.76E+02
^{131}I 当量	5.00E+00	1.06E+02
^{134}Cs	1.21E−01	1.88E+01
^{136}Cs	6.88E−02	4.08E+00
^{137}Cs	1.57E−01	2.09E+01
^{138}Cs	8.86E+00	2.58E+01
^{89}Sr	5.43E−03	—
^{90}Sr	7.41E−05	—
^{91}Sr	7.27E−03	—
^{92}Sr	6.68E−03	—
^{90}Y	5.07E−06	—
^{91}Y	1.72E−04	—
^{95}Zr	2.23E−04	
^{95}Nb	2.07E−04	—
^{99}Mo	1.33E−02	—
^{99m}Tc	7.27E−04	—
^{103}Ru	2.01E−04	—
^{106}Rh	4.31E−05	—
^{131m}Te	5.24E−04	—
^{131}Te	7.89E−03	—
^{132}Te	4.96E−03	—
^{134}Te	1.16E−02	—

续表

放射性核素	稳态	瞬态
^{140}Ba	1.15E-02	—
^{140}La	3.97E-04	—
^{141}Ce	2.32E-04	—
^{143}Ce	4.54E-04	—
^{144}Ce	1.22E-04	—
^{143}Pr	2.08E-04	—
^{144}Pr	1.23E-04	—

对于 M310 系列堆型，用于设计排放源项估算的一回路裂变产物源项假设，除了上述按新框架体系建议的根据 37GBq/t 一回路 ^{131}I 当量的主回路裂变产物活度谱推算外，还可以考虑按照早期 M310 机组设计中考虑的一定根数燃料棒包壳破损并假定破口尺寸来分析，如：

• 考虑有一定根数燃料棒包壳破损；

• 所有破损燃料棒的等效破口尺寸为 34μm；

• 将包壳破损的计算结果进行归一化到 5GBq/t^{131}I 当量活度浓度。

在采用裂变产物分析程序(如 PROFIP)进行冷却剂源项分析时，一回路冷却剂中裂变产物计算有关的因素包括破口尺寸、沾污铀的总量、破损位置的分布、下泄流量和过滤效率等，影响结果如下：

(1) 破口尺寸：破口尺寸越小，则计算的裂变产物中惰性气体所占的份额越大。

(2) 沾污铀的总量：裂变产物的活度浓度与沾污铀的量成正比。沾污铀的量越大，主冷却剂中裂变产物的活度浓度越高。

(3) 破损燃料棒的分布：破损燃料棒所在分区的位置会影响主冷却剂中的裂变产物浓度。对于堆芯不同分区，燃耗深度越深，除半衰期较短的核素的浓度外，其余核素的活度也更大。

(4) 下泄流量及过滤效率等：下泄流量和过滤效率对主冷却剂中裂变产物活度有贡献。化学和容积控制系统(RCV)的下泄流量越大，除盐床的过滤效率越高，则主冷却剂中裂变产物的活度越低。

因此，在采用 M310 裂变产物分析程序进行主冷却剂源项分析时需要结合具体核电机组的设计特征参数，关注上述因素的影响。

目前一回路冷却剂中裂变产物源项依然存在一些问题，主要包括：

第一，不同堆型核电厂的计算模式和方法存在较大差异，难以实现统一。尽管各堆型主冷却剂裂变产物源项分析程序的模式机理的差异无法统一，但是在新源项分析框架体系下，可将各种堆型的各种分析方法的设计结果统一到一个较为合理的范围内，以更好地为核电厂的设计和运行提供理论分析依据。这是本书提出的新框架体系的重要目的之一。

第二，国内同类机组运行堆年数较少，且尚未全面地收集分析这些运行经验反馈数据。另外，部分已有测量数据的不确定性比较大，可靠性无法完全保证。这些情况影响了源项分析工作和研究的发展。随着我国运行核电厂运行堆年数的增加，各个运行核电厂的运行经验反馈数据愈发丰富，但我国目前缺乏统一的成体系的运行经验反馈数据收集机制，宝贵的运行检验反馈数据无法及时应用在运行和设计的优化中，因此，运行检验反馈数据收集机制的建立是当务之急。

第三，国内缺少完全自主化开发的分析程序，部分物理模型或关键参数缺乏基础实验的支持和足够的运行经验反馈数据验证。因此，在运行检验反馈数据收集机制确立后，应充分收集分析运行经验反馈数据，并开展基础实验分析工作，从而为我国主回路裂变产物源项分析程序自主开发工作提供支持。

6.3　一回路活化腐蚀产物源项

6.3.1　基于程序分析的活化腐蚀产物源项

结合核电厂运行经验，采用 PACTOLE 程序计算了活化腐蚀产物的放射性活度(包括 ^{51}Cr、^{54}Mn、^{59}Fe、^{58}Co、^{60}Co)，根据法国在运压水堆的测量数据确定了 ^{110m}Ag 和 ^{124}Sb。反应堆冷却剂中活化腐蚀产物现实源项见表 6.3.1，设计源项见表 6.3.2。

表 6.3.1　反应堆冷却剂中活化腐蚀产物现实源项　(单位：GBq/t)

放射性核素	稳态	瞬态	冷停堆
^{51}Cr	2.22E−02	1.90E−01	3.70E+00
^{54}Mn	1.15E−03	5.10E−01	3.70E+00
^{59}Fe	6.26E−04	1.90E−02	1.90E+00
^{58}Co	4.17E−02	1.50E+00	4.00E+02
^{60}Co	3.40E−02	1.50E−01	2.50E+01
^{110m}Ag	6.00E−03	1.20E−01	8.00E-01
^{124}Sb	1.00E−02	2.00E−01	5.50E+01

表 6.3.2　反应堆冷却剂中活化腐蚀产物设计源项　(单位：GBq/t)

放射性核素	稳态	瞬态	冷停堆
^{51}Cr	6.66E−02	1.90E−01	3.70E+00
^{54}Mn	3.45E−03	5.10E−01	3.70E+00
^{59}Fe	1.88E−03	1.90E−02	1.90E+00
^{58}Co	1.25E−01	1.50E+00	4.00E+02
^{60}Co	1.02E−01	1.50E−01	2.50E+01
^{110m}Ag	1.80E−02	1.20E−01	8.00E−01
^{124}Sb	3.00E−02	2.00E−01	5.50E+01

6.3.2 基于运行经验反馈数据的活化腐蚀产物源项

收集和分析了 M310 系列压水堆的冷却剂活化腐蚀产物的运行监测数据，通过统计分析开展活化腐蚀产物源项设计。

在机组功率运行期间，将超过上述活化腐蚀产物反馈数据的统计平均值 3 倍的监测数据作为“瞬态值”，并将其余的监测数据作为“稳态值”。在稳态功率运行期间，活化腐蚀产物源项的预期值和设计值分别为所有“稳态值”的统计平均值和最大值，机组运行瞬态的活化腐蚀产物源项为所有“瞬态值”的最大值，冷停堆的活化腐蚀产物源项对应所有循环中核素在“氧化峰”的最大值。一回路冷却剂活化腐蚀产物现实源项和设计源项列于表 6.3.3 和表 6.3.4 中。

表 6.3.3 一回路冷却剂的活化腐蚀产物源项现实源项 （单位：GBq/t）

核素	稳态	瞬态	冷停堆
^{51}Cr	2.4E-02	7.2E-01	1.0E+01
^{54}Mn	3.3E-03	9.1E-02	1.9E+00
^{59}Fe	2.0E-03	3.2E-02	7.2E-01
^{58}Co	9.2E-03	3.6E-01	1.8E+02
^{60}Co	9.9E-03	7.1E-01	2.7E+00
^{122}Sb	2.9E-03	5.2E-02	3.0E+00
^{124}Sb	1.4E-03	2.1E-02	8.2E+00
^{110m}Ag	2.7E-03	6.1E-02	9.7E+00

表 6.3.4 一回路冷却剂的活化腐蚀产物源项设计源项 （单位：GBq/t）

核素	稳态	瞬态	冷停堆
^{51}Cr	1.0E-01	7.2E-01	1.0E+01
^{54}Mn	2.1E-02	9.1E-02	1.9E+00
^{59}Fe	8.2E-03	3.2E-02	7.2E-01
^{58}Co	9.5E-02	3.6E-01	1.8E+02
^{60}Co	1.3E-01	7.1E-01	2.7E+00
^{122}Sb	3.4E-02	5.2E-02	3.0E+00
^{124}Sb	1.3E-02	2.1E-02	8.2E+00
^{110m}Ag	4.0E-02	6.1E-02	9.7E+00

活化腐蚀产物在主冷却剂中的浓度与许多因素相关，包括堆芯冷却剂中的中子通量、堆芯轴向的功率分布、一回路的热工水力条件，主回路主要设备及管道材料种类及特性、主冷却剂水化学的管理(包括氢浓度、硼-锂浓度及 pH 值)等。

(1)一回路 pH 值的控制：冷却剂水化学的管理需要保证适当的化学条件，保证一回路冷却剂不会危害一回路系统结构材料的长期完整性。冷却剂中存在过量的 H^{+}粒子形成的酸性条件，首先通过材料表面保护膜的品质降低或脱落而加快腐蚀；其次腐蚀产物组成的主体(Fe_3O_4)在酸性溶液中的溶解度很高。考虑 pH 值对主冷却剂中活化腐蚀产物的影响，这里选 pH=8.4 计算活化腐蚀产物的源项结果，见图 4.3.11。可以看到，同样的碱性条件，pH 值对应 8.4 的水化学更加具有腐蚀性，导致腐蚀产物大量释放到冷却剂中。两种水化学对应腐蚀产物不同的平衡浓度值。可见，酸性和强碱性的主冷却剂环境均能增加金属离子的释放。

(2) 主要设备材料的选择：由于蒸汽发生器传热管与主冷却剂的接触面积非常大，所以传热管材料的变化对于主冷却剂中活化腐蚀产物活度有比较大的影响。研究表明，在蒸汽发生器(SG)传热管材料的选择上，用因科镍 800(或因科镍 900)代替以往因科镍 600(或因科镍 690)可以减少活化腐蚀产物。M310 机组的蒸汽发生器传热管材料普遍使用因科镍 690。和因科镍 690 相比，因科镍 800 中 Fe 含量从 11%增加到 45%，同时 Ni 含量从 58%降低到 33%。

选择相同水化学条件，分别计算采用这两种蒸汽发生器传热管材料对应的主冷却中活化腐蚀产物 ^{58}Co 的活度浓度。不同运行时间的 ^{58}Co 活度见图 4.3.2。由于 ^{58}Co 是 $^{58}Ni(n, p)$ 反应产生，所以通常采用因科镍800作为蒸汽发生器传热管的核电厂其一回路冷却剂 ^{58}Co 会明显小于采用因科镍 690 的机组。

6.4　二回路源项

根据新源项框架体系，二回路源项的现实源项不考虑二回路部分，但设计源项计算时泄漏率应考虑两方面：①每台蒸发器的定常泄漏率为 0.5kg/h。②预期运行事件下的泄漏需要结合具体核电厂的技术规格书来确定。本部分在此源项框架体系下对二回路源项进行了分析。

6.4.1　二回路源项计算假设

对于一回路向二回路系统的泄漏，假定 3 台蒸汽发生器各自都存在 0.5kg/h 的常年泄漏项，其泄漏时间为每年 7000h。

二回路系统水中放射性核素(除惰性气体)的活度方程：

$$\frac{\mathrm{d}N}{\mathrm{d}t}+PN=C_{\mathrm{P}}L(t) \tag{6.4.1}$$

其中，$P=\frac{CS}{W}+\frac{B}{W}+\frac{CL'}{W}+\lambda-\frac{B}{DW}-\frac{CS}{W}\left(F+\frac{1-F}{D'}\right)$

$$\frac{\mathrm{d}N}{\mathrm{d}t}+PN=C_{\mathrm{P}}L_{常年}=C_{\mathrm{P}}\times1.5\times10^{-3} \tag{6.4.2}$$

根据边界条件 $N_{常年}=0$，解得：

$$N_{常年}=\frac{0.0015\times C_{\mathrm{P}}}{P}\left(1-\mathrm{e}^{-Pt_{常年}}\right) \tag{6.4.3}$$

上式中，P 值为 3～5。当 $t_{常年}$=70 000h 时，$\mathrm{e}^{-Pt_{常年}}\approx0$，$N_{常年}\approx0.0015\times C_{\mathrm{P}}/P$

计算运行排放源项对应的二回路源项时，考虑一回路向二回路系统的常年泄漏项。计算设计排放源项对应的二回路源项时，除了考虑一回路向二回路系统的常年泄漏项以外，还需考虑 3 台蒸汽发生器中有 1 台发生每年两个月的附加泄漏，附加泄漏的时间段与常年泄漏的末期重合，附加泄漏率为 0～72kg/h 线性变化，其他时间附加泄漏为 0。

$$L_{常年}(t)=0.5\times3\times10^{-3},\qquad t_{常年}=0\sim7000\text{h}$$

$$L_{附加}(t)=5.0\times10^{-5}\times t_{附加},\qquad t_{附加}=0\sim1440\text{h}$$

$$且t_{附加}=1440\text{h}时，t_{常年}=7000\text{h}$$

两者的时间关系如图 6.4.1 所示

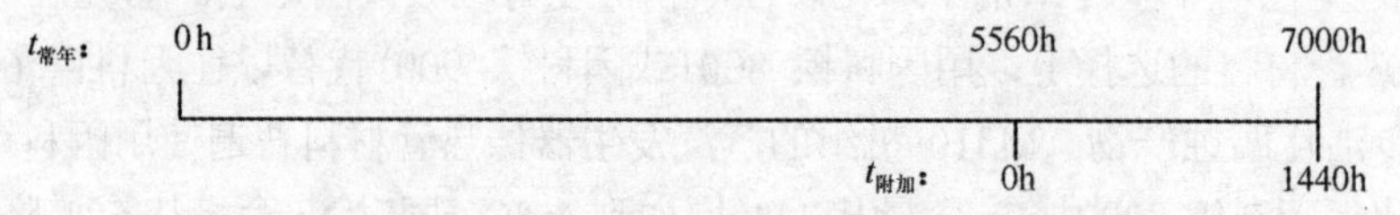

图 6.4.1　常年泄漏时间和附加泄漏时间的关系

1) 对于 $t_{常年}$=0～5560h 阶段，方程同运行排放源项，即 $N_{常年}\approx0.001\,5\times C_P/P$

2) 对于 $t_{常年}$=5560～7000h，即 $t_{附加}$=0～1440h 阶段，此为附加泄漏叠加常年泄漏阶段，对应的方程为

$$\frac{\mathrm{d}N_{总}}{\mathrm{d}t}+PN_{总}=C_{\mathrm{P}}L_{总}=C_{\mathrm{P}}(L_{常年}+L_{附加})=C_{\mathrm{P}}(0.001\,5+5\times10^{-5}\times t_{附加})\tag{6.4.4}$$

其边界条件为 $t_{常年}$=5560h 即 $t_{附加}$=0h 时，$N_{常年}$=0.001 5×C_P/P

上式解得：

$$N_{总}=C_{\mathrm{P}}\frac{5.0\times10^{-5}}{P^2}\left(Pt-1+30P+\mathrm{e}^{-Pt}\right)\tag{6.4.5}$$

这样，液体的放射性核素活度浓度(C_{SW})为

$$C_{\mathrm{SW}}=\frac{N_{总}}{W}\tag{6.4.6}$$

蒸汽中放射性核素(除惰性气体)的活度浓度(C_{ST})计算如下：

$$C_{\mathrm{ST}}=C\cdot C_{\mathrm{SW}}\tag{6.4.7}$$

蒸汽中惰性气体的活度浓度(C_{SD})计算如下

$$C_{\mathrm{SD}}=C_{\mathrm{P}}\cdot L_{总}/S\tag{6.4.8}$$

计算采用的参数见表 6.4.1。

表 6.4.1　二回路系统放射性水平估算参数表

参数名称	物理意义	取值/单位
N	二回路水中某一放射性核素的活度	GBq
C_P	主冷却剂中某一放射性核素的活度浓度	GBq/t
C	蒸汽携带因子	I：1% Kr、Xe：100% 其他裂变产物：0.25% 认为蒸汽中的固体裂变产物夹带因子等于蒸汽中的含水量水平 腐蚀产物：0.25%
M	一回路主冷却剂质量	188t
S	主蒸汽总流量	5 814t/h
B	蒸汽发生器的排污率	每台 16.6t/h×3 台

续表

参数名称	物理意义	取值/单位
D	蒸汽发生器排污系统的除盐器、过滤器的去污因子	10
F	不通过凝汽器净化器的蒸汽份额	1
D'	凝汽器净化器的去污因子	0.25
W	蒸汽发生器二次侧环路内水的质量	每台 44t×3 台
L'	二回路系统的泄漏率	22t/h
L	主回路向二回路的常年泄漏率	3×0.5kg/h
	主回路向二回路的附加泄漏率(稳态)	$0.05\text{kg/h}^2 \times t_{稳}$
	主回路向二回路的附加泄漏率(瞬态)	72kg/h
t	常年泄漏时间	0～7 000h
	附加泄漏时间(稳态)	0～1 440h
	附加泄漏时间(瞬态)	0～2h
$W_{汽}$	单台蒸汽发生器内的蒸汽质量	3.6t

6.4.2　二回路源项计算结果

基于上述的计算条件和计算假设，计算了新源项框架体系下的二回路源项。运行排放源项对应的二回路源项见表 6.4.2，设计排放源项对应的二回路源项见表 6.4.3。

表 6.4.2　运行排放源项对应的二回路源项　（单位：GBq/t）

核素	水中	蒸汽中	核素	水中	蒸汽中
^{85m}Kr	0.00E+00	2.50E-07	^{90}Y	4.70E-08	1.20E-10
^{85}Kr	0.00E+00	5.90E-09	^{91}Y	4.50E-08	1.10E-10
^{87}Kr	0.00E+00	3.30E-07	^{91}Sr	2.80E-11	6.90E-14
^{88}Kr	0.00E+00	5.90E-07	^{92}Sr	6.50E-10	1.60E-12
^{133m}Xe	0.00E+00	1.00E-07	^{95}Zr	1.50E-09	3.70E-12
^{133}Xe	0.00E+00	3.00E-06	^{95}Nb	1.40E-09	3.50E-12
^{135}Xe	0.00E+00	1.80E-06	^{99}Mo	8.60E-08	2.20E-10
^{138}Xe	0.00E+00	4.60E-07	^{99m}Tc	3.60E-09	9.00E-12
^{131}I	2.40E-05	2.40E-07	^{103}Ru	1.30E-09	3.40E-12
^{132}I	6.80E-06	6.80E-08	^{106}Ru	2.90E-10	7.20E-13
^{133}I	2.70E-05	2.70E-07	^{131m}Te	3.30E-09	8.20E-12
^{134}I	5.30E-07	5.30E-09	^{131}Te	9.00E-09	2.20E-11
^{135}I	8.90E-06	8.90E-08	^{132}Te	3.20E-08	8.10E-11
^{134}Cs	8.10E-07	2.00E-09	^{134}Te	2.00E-08	5.00E-11
^{136}Cs	4.60E-07	1.10E-09	^{140}Ba	7.60E-08	1.90E-10
^{137}Cs	1.00E-06	2.60E-09	^{140}La	2.50E-09	6.30E-12
^{138}Cs	1.20E-05	3.10E-08	^{141}Ce	1.60E-09	3.90E-12
^{89}Sr	3.60E-08	9.10E-11	^{143}Ce	2.90E-09	7.10E-12
^{90}Sr	4.90E-10	1.20E-12	^{143}Pr	1.40E-09	3.50E-12

续表

核素	水中	蒸汽中	核素	水中	蒸汽中
^{144}Ce	8.20E-10	2.00E-12	^{58}Co	4.20E-06	1.00E-08
^{144}Pr	1.00E-10	2.50E-13	^{60}Co	3.40E-06	8.50E-09
^{51}Cr	2.20E-06	5.50E-09	^{110m}Ag	6.00E-07	1.50E-09
^{54}Mn	1.20E-07	2.90E-10	^{124}Sb	1.00E-06	2.50E-09
^{59}Fe	6.30E-08	1.60E-10			

表 6.4.3　设计排放源项对应的二回路源项　　（单位：GBq/t）

核素	水中	蒸汽中	核素	水中	蒸汽中
^{85m}Kr	0.00E+00	6.20E-05	^{95}Nb	3.40E-07	8.40E-10
^{85}Kr	0.00E+00	1.40E-06	^{99}Mo	2.10E-05	5.30E-08
^{87}Kr	0.00E+00	8.10E-05	^{99m}Tc	8.90E-07	2.20E-09
^{88}Kr	0.00E+00	1.50E-04	^{103}Ru	3.30E-07	8.20E-10
^{133m}Xe	0.00E+00	2.50E-05	^{106}Ru	7.10E-08	1.80E-10
^{133}Xe	0.00E+00	7.40E-04	^{131m}Te	8.00E-07	2.00E-09
^{135}Xe	0.00E+00	4.50E-04	^{131}Te	2.20E-06	5.50E-09
^{138}Xe	0.00E+00	1.10E-04	^{132}Te	7.90E-06	2.00E-08
^{131}I	5.90E-03	5.90E-05	^{134}Te	4.90E-06	1.20E-08
^{132}I	1.70E-03	1.70E-05	^{140}Ba	1.90E-05	4.70E-08
^{133}I	6.70E-03	6.70E-05	^{140}La	6.20E-07	1.50E-09
^{134}I	1.30E-04	1.30E-06	^{141}Ce	3.80E-07	9.50E-10
^{135}I	2.20E-03	2.20E-05	^{143}Ce	7.00E-07	1.70E-09
^{134}Cs	2.00E-04	4.90E-07	^{143}Pr	3.40E-07	8.50E-10
^{136}Cs	1.10E-04	2.80E-07	^{144}Ce	2.00E-07	5.00E-10
^{137}Cs	2.60E-04	6.40E-07	^{144}Pr	2.50E-08	6.20E-11
^{138}Cs	3.00E-03	7.60E-06	^{51}Cr	1.10E-04	2.70E-07
^{89}Sr	8.90E-06	2.20E-08	^{54}Mn	5.60E-06	1.40E-08
^{90}Sr	1.20E-07	3.00E-10	^{59}Fe	3.10E-06	7.70E-09
^{90}Y	1.20E-05	2.90E-08	^{58}Co	2.00E-04	5.10E-07
^{91}Y	1.10E-05	2.70E-08	^{60}Co	1.70E-04	4.20E-07
^{91}Sr	6.80E-09	1.70E-11	^{110m}Ag	2.90E-05	7.40E-08
^{92}Sr	1.60E-07	4.00E-10	^{124}Sb	4.90E-05	1.20E-07
^{95}Zr	3.60E-07	9.10E-10			

6.5　氚源项

如上文所述，目前对于 M310 机组氚源项分析过程中参数的确定最终还是依赖于核电厂的运行经验反馈，通过最终核电厂氚的总量来拟合分析参数，因此，不同的设计中拟合的结果较为类似，但拟合过程中的参数选择是有差异的。

根据本书第三章描述的新源项框架体系，氚的现实源项基于实际运行核电厂运行经验反馈数据的平均值，设计源项基于实际核电厂运行经验反馈的最大值，按照新框架体系的要求，对氚源项重新做了计算分析，目前在新框架体系下针对氚源项分析采用的分析参数主要有两组。

6.5.1 分析参数选择一

该组产氚计算中涉及的主要参数如下。

(1) 反应堆热功率为 2895MW。

(2) 反应堆功率运行史

1) 年平衡换料工况下，反应堆功率运行史：

274EFPD—91d—274EFPD—91d—274EFPD
（运行）（停堆）（运行）（停堆）（运行）

2) 18 个月平衡换料工况下，反应堆功率运行史：

480EFPD—60d—480EFPD—60d—480EFPD
（运行）（停堆）（运行）（停堆）（运行）

(3) 燃料组件参数

1) 年平衡换料工况下：^{235}U 的初始富集度为 3.2%，平均卸料燃耗为 33 000MW · d/t U。

2) 18 个月换料工况下：^{235}U 的初始富集度为 4.45%，平均卸料燃耗为 45 000MW · d/t U。

(4) 燃料包壳材料：锆基合金。

氚通过燃料包壳进入主冷却剂的扩散率：现实源项为 1%；设计源项为 2%。

(5) 氢氧化锂中 ^{6}Li 的丰度：现实源项为 0.02 (atm) %；设计源项为 0.04 (atm) %。

(6) 二次中子源：堆芯内有 2 组二次中子源组件，每个组件内有 4 根二次中子源棒。

根据上述参数计算得到 M310 机组各途径的产氚量见表 6.5.1。

表 6.5.1 M310 系列机组的氚排放量计算结果 （单位：TBq/a）

<table>
<tr><th rowspan="2">氚的来源</th><th colspan="2">12 个月换料方案</th><th colspan="2">18 个月换料方案</th></tr>
<tr><th>现实</th><th>设计</th><th>现实</th><th>设计</th></tr>
<tr><td>三元裂变</td><td>4.86</td><td>9.72</td><td>5.84</td><td>11.68</td></tr>
<tr><td>^{6}Li</td><td>0.81</td><td>1.62</td><td>1.18</td><td>2.36</td></tr>
<tr><td>^{7}Li</td><td colspan="2">0.37</td><td colspan="2">0.35</td></tr>
<tr><td>B</td><td colspan="2">7.55</td><td colspan="2">14.93</td></tr>
<tr><td>二次中子源</td><td colspan="2">12.3</td><td colspan="2">13.67</td></tr>
<tr><td>总量</td><td>25.89</td><td>31.56</td><td>35.97</td><td>42.99</td></tr>
</table>

该组参数中的氚通过燃料包壳进入主冷却剂的扩散率是基于国内运行核电厂的氚源项经验反馈确定的。最初的参数是拟合 12 个月换料方案确定的，并且在最初的分析拟合中考

虑了较大的保守性，从而使得氚源项分析的结果尽可能包络设计中未考虑到的运行后各种可能情况。18 个月换料方案采用了由 12 个月换料方案拟合分析得到的参数。需要说明，由于机组采用 18 个月换料方案时，燃料管理方案所致的硼降曲线比 12 个月换料方案差异大，因此，硼活化部分产生的氚即使归一到年产生量，也比 12 个月换料方案产生量大。

表 6.5.2 给出了法国运行核电厂和我国 M310 运行机组气液态氚排放源项统计情况，从表 6.5.2 给出值可以看出，对于 12 个月换料方案，氚的现实源项与运行经验反馈的统计值吻合较好，对于设计源项，表 6.5.2 中给出的国内运行核电厂排放量的最大值来自于 18 个月换料周期的核电厂，因此，从运行核电厂的排放源项统计情况来看，这组参数得到的结果较好地反映了新氚源项分析框架体系的要求。

表 6.5.2　氚排放源项统计值

	国内	法国
最大值	1.01(气)，36.1(液)	1.9(气)，27.8(液)
平均值	0.51(气)，25.6(液)	0.46(气)，15.5(液)

6.5.2　分析参数选择二

该组产氚计算中涉及的主要参数如下：

(1) 反应堆热功率为 2895MW。

(2) 燃料组件：富集度为 4.45%；燃料包壳材料：M5。

(3) 氚通过二次源包壳进入主冷却剂的渗透率：15%。

(4) 两台机组的年平均负荷因子：100%。

(5) 氚通过燃料包壳进入主冷却剂的渗透率：现实源项假设为 1.25%，设计源项假设为 2%。

(6) 氢氧化锂中 ^{6}Li 的丰度：现实源项假设为 0.02%，设计源项假设为 0.04%。

采用本章的计算方法及前述的计算假设，对宁德核电站 18 个月换料模式下的氚排放值进行计算，得到每台机组的年排放量：工况 A 为 38.5TBq/a，工况 B 为 48.1TBq/a，具体见表 6.5.3。

表 6.5.3　宁德 1、2 号机组氚排放量的计算结果　（单位：TBq）

		燃料部分	冷却剂部分	二次源部分	氚排放管理的不确定性	年度排放计算值
平衡循环 L0	预期值	11.2	17.2	7.7	2.5	38.5
	设计值	15.6	22.3	7.7	2.5	48.1
平衡循环 S0	预期值	11.5	16.4	7.7	2.5	38.1
	设计值	16.7	20.7	7.7	2.5	47.6

在核电厂实际运行中，氚排放管理具有不确定性。废液排放系统(TER)有 3 个容量为 500m^3 的暂存罐。设计上可以使 1 个暂存罐接受废液，1 个在排放，1 个作为备用。假设因氚排放管理的需要，TER 的 2 个暂存罐刚好在年初排放，但这些氚实际由上一年度产生，

却统计入当前年度的氚排放量。这两个暂存罐中氚浓度假设为 5GBq/m^3，从而得到氚排放管理的不确定性引入的年度氚排放量为 5TBq。同样考虑由氚排放管理带来的不确定性程度，假设因氚排放管理的需要，TER 的两个暂存罐刚好在年初排放，则由此得到氚排放管理的不确定性引入的年度氚排放量为 5TBq。

6.6 ^{14}C 源项

根据新源项框架体系，^{14}C 的现实源项基于运行经验的平均值，设计源项基于运行经验的最大值。计算中考虑了 ^{14}C 源项的主要贡献来源为主冷却剂中的 ^{17}O 和 ^{14}N 的活化，其他产生途径对主冷却剂中 ^{14}C 的量贡献非常小，可以忽略。新源项框架体系下的 ^{14}C 源项计算分析结果如下。

6.6.1 设计源项

M310 机组一个燃料循环中 $^{17}O(n，\alpha)^{14}C$ 途径产生的 ^{14}C 的活度约为 291GBq；每个燃料循环内，主回路中的平均氮浓度保守地取为 15mg/kg，$^{14}N(n，p)^{14}C$ 反应产生的 ^{14}C 的活度为 46GBq。因此一个燃料循环内，由 ^{14}C 的产生机理计算得到的 ^{14}C 总产量为 337GBq。计算过程中各参数都取了比较保守的数值，因此最终结果也是比较保守的，可以代表 ^{14}C 设计基准源项。

6.6.2 现实源项

在 ^{14}C 源项设计值确定过程中，可调节参数较少，计算得到的设计值远大于实际运行经验反馈数据，在经验反馈数据可靠的前提下，可以直接采用 ^{14}C 现实排放源项经验反馈数据作为现实源项。

根据经验反馈数据，国内外单台 1000MW 机组的 ^{14}C 排放量平均值小于 200GBq/a，因此，考虑 ^{14}C 的现实源项为 200GBq/a。

6.6.3 各种 ^{14}C 产生途径贡献分析

除了上文所述的 ^{14}C 总量计算，还可以将堆芯不同区域的 ^{14}C 产生情况进行细化分析。根据蒙特卡罗程序模拟得到各区域中子注量率和核反应截面，可以计算出各区域内冷却剂中 ^{14}C 产生率，结果列在表 6.6.1 中。由于各区域的中子注量率分布、冷却剂温度和区域体积等不同，各区域的 ^{14}C 产生率也不同，其中堆芯活性区的 ^{14}C 产生率最大。在核反应 $^{17}O(n，\alpha)^{14}C$ 和 $^{14}N(n，p)^{14}C$ 中，堆芯活性区的 ^{14}C 产生率分别为 97.1%和 92.8%。

表 6.6.1 各区域冷却剂中 ^{14}C 产生量 (单位：Bq)

核反应	活性区	下反射层	上反射层	径向反射层	下降区
$^{17}O(n，\alpha)^{14}C$	9407.7	62.3	85.1	131.1	7.1
$^{14}N(n，p)^{14}C$	2367.3	35.0	55.1	89.0	4.8

各区域的 ^{14}C 年产生量列于表 6.6.2 中。反应堆电功率为 1089MW。

表 6.6.2 冷却剂和燃料中 ^{14}C 年产生量

核反应类型	^{14}C 年产生量(GBq)	单位电能对应的 ^{14}C 产生量[TBq/(GW)]
冷却剂	386.2	0.35
冷却剂 $^{17}O(n, \alpha)^{14}C$	305.7	0.28
冷却剂 $^{14}N(n, p)^{14}C$	80.5	0.07
燃料(含包壳)	967.8	0.89
芯块 $^{17}O(n, \alpha)^{14}C$	325.3	0.30
芯块 $^{14}N(n, p)^{14}C$	508.1	0.47
芯块中三元裂变	18.6	0.02
包壳 $^{17}O(n, \alpha)^{14}C$	0.78	0.000 7
包壳 $^{14}N(n, p)^{14}C$	115.1	0.11
反射层 $^{14}N(n, p)^{14}C$	1.88	0.002
总和	1 355.9	1.24

计算结果表明,在冷却剂中,通过 $^{17}O(n,\alpha)^{14}C$ 反应的 ^{14}C 产生量是主要的,约占 79.2%。在燃料中,$^{14}N(n, p)^{14}C$ 反应的 ^{14}C 产生量是主要的,约占 64.4%。尽管燃料(含包壳)中产生的 ^{14}C 占压水堆中 ^{14}C 总量的 2.5 倍,但由于 ^{14}C 通过 M5 材料的扩散率极低,正常运行时燃料中的 ^{14}C 被封闭在包壳内,扩散到冷却剂中的量可以忽略。即便在设计基准事故中,假设 104 根燃料棒发生破损(即全堆 0.25%燃料棒破损率假设),且这些燃料棒中的 ^{14}C 全部进入冷却剂,冷却剂中 ^{14}C 总量也仅增加约 0.6%。因此可以认为,正常运行时和设计基准事故中,一回路冷却剂中 ^{14}C 放射性基本相同。

可以看出,主冷却剂中的 ^{14}C 主要贡献来源于主冷却剂中的 ^{17}O 和 ^{14}N 的活化,且主要的活化贡献来自堆芯活性区,这与上文计算的新框架体系下的 ^{14}C 源项考虑是一致的。

6.7 气液态流出物排放源项

在新的源项计算框架体系下,根据我国二代改进型压水堆核电厂多年的实际运行经验反馈情况及优化研究,本文对于气液态放射性流出物的计算,采用了 0.1GBq/t ^{131}I 当量和 5GBq/t ^{131}I 当量的裂变产物的主冷却剂源项及两套腐蚀产物源项分别作为现实排放源项和设计排放源项的输入。根据新的源项计算框架体系及目前的实践要求,在本部分计算中不再采用原来 M310 机组所假设的工况 A+工况 B 的组合方式,而分别基于使用目的给出了两套排放源项。

按照两套主冷却剂源项的假设及现阶段的参数等要求,对应两套气态和液态流出物现实排放源项、设计排放源项(分别对应于 0.1GBq/t 和 5GBq/t 的 ^{131}I 当量主冷却剂源项)结果见表 6.7.1～表 6.7.4。

在新的源项框架体系下,所给出的计算结果满足 GB 6249—2011 及 GB 14587—2011 中关于排放总量及排放浓度的要求。但由于设计排放源项的假设较为保守,因此二回路液态释放占液态流出物排放总量比值较大,这与大亚湾核电站及岭澳核电站的经验反馈数据趋势不符。目前对于我国二代改进型的排放源项计算仍然存在一些问题有待进一步研究,如一回路向二回路的泄漏率、废液处理系统的当量计算等，这些数据大多数是需要通过经验反馈来获取的，相信随着我国目前已投运的和在建的二代改进型核电厂运行经验的积累，我国二代改进型核电厂的排放源项计算将能够更好地反映出我国的运行经验特点。

表 6.7.1　0.1GBq/t ^{131}I 当量下的年废气排放量（现实排放源项）

核素	途径 1		途径 2		途径 3		途径 4		总计	
	排放量 (GBq)	比例 (%)	排放量 (GBq)	比例 (%)	排放量 (GBq)	比例 (%)	排放量 (GBq)	比例 (%)	排放量 (GBq)	比例 (%)
^{85m}Kr	2.26E−01	0.03	3.53E−01	0.05	2.14E+01	3.04	0.00E+00	0	2.19E+01	3.12
^{85}Kr	9.30E+00	1.32	9.89E−01	0.14	4.97E−01	0.07	0.00E+00	0	1.08E+01	1.53
^{87}Kr	2.88E−01	0.04	1.36E−01	0.02	2.79E+01	3.96	0.00E+00	0	2.83E+01	4.02
^{88}Kr	5.16E−01	0.07	5.27E−01	0.07	5.01E+01	7.12	0.00E+00	0	5.11E+01	7.26
^{133m}Xe	2.57E−01	0.04	1.67E+00	0.24	8.71E+00	1.24	0.00E+00	0	1.06E+01	1.51
^{133}Xe	2.10E+01	2.98	1.03E+02	14.62	2.55E+02	36.20	0.00E+00	0	3.79E+02	53.8
^{135}Xe	1.44E+00	0.20	5.34E+00	0.76	1.56E+02	22.15	0.00E+00	0	1.63E+02	23.12
^{138}Xe	4.37E−01	0.06	4.19E−02	0.01	3.92E+01	5.57	0.00E+00	0	3.97E+01	5.64
惰性气体总量	3.34E+01	4.75	1.12E+02	15.9	5.59E+02	79.35	0.00E+00	0	7.04E+02	100
^{131}I	1.12E−02	93.62	1.13E−05	0.09	2.45E−05	0.20	0.00E+00	0	1.12E−02	93.92
^{132}I	1.88E−04	1.57	3.31E−06	0.03	1.29E−05	0.11	0.00E+00	0	2.04E−04	1.70
^{133}I	3.03E−04	2.53	1.29E−05	0.11	3.02E−05	0.25	0.00E+00	0	3.46E−04	2.89
^{134}I	4.46E−05	0.37	2.61E−07	0	1.78E−06	0.01	0.00E+00	0	4.66E−05	0.39
^{135}I	1.15E−04	0.96	4.29E−06	0.04	1.18E−05	0.10	0.00E+00	0	1.31E−04	1.10
总碘	1.19E−02	99.05	3.21E−05	0.27	8.12E−05	0.68	0.00E+00	0	1.20E−02	100

注：途径1表示废气处理系统的排放；途径2表示反应堆厂房通风系统的排放；途径3表示核辅助厂房通风系统的排放；途径4表示二回路系统的排放。

表 6.7.2　5GBq/t ^{131}I 当量下的年废气排放量（设计排放源项）

核素	途径 1		途径 2		途径 3		途径 4		总计	
	排放量 (GBq)	比例 (%)	排放量 (GBq)	比例 (%)	排放量 (GBq)	比例 (%)	排放量 (GBq)	比例 (%)	排放量 (GBq)	比例 (%)
^{85m}Kr	1.13E+01	0.03	1.77E+01	0.04	1.07E+03	2.71	1.66E+02	0.42	1.26E+03	3.2
^{85}Kr	4.65E+02	1.18	4.94E+01	0.13	2.48E+01	0.06	3.86E+00	0.01	5.43E+02	1.37
^{87}Kr	9.30E+00	0.02	6.83E+00	0.02	1.40E+03	3.54	2.18E+02	0.55	1.63E+03	4.13
^{88}Kr	2.58E+01	0.07	2.64E+01	0.07	2.50E+03	6.34	3.90E+02	0.99	2.95E+03	7.46
^{133m}Xe	1.28E+01	0.03	8.35E+01	0.21	4.36E+02	1.10	6.78E+01	0.17	6.00E+02	1.52
^{133}Xe	1.04E+03	2.64	5.14E+03	13.00	1.27E+04	32.2	1.98E+03	5.01	2.09E+04	52.85
^{135}Xe	7.21E+01	0.18	2.67E+02	0.68	7.80E+03	19.74	1.21E+03	3.07	9.35E+03	23.67
^{138}Xe	2.19E+01	0.06	2.10E+00	0.01	1.96E+03	4.97	3.05E+02	0.77	2.29E+03	5.80
惰性气体总量	1.66E+03	4.21	5.59E+03	14.15	2.79E+04	70.65	4.34E+03	10.99	3.95E+04	100
^{131}I	5.59E−01	84.46	5.68E−04	0.09	1.23E−03	0.19	2.41E−02	3.65	5.85E−01	88.38
^{132}I	9.38E−03	1.42	1.65E−04	0.02	6.46E−04	0.10	5.61E−03	0.85	1.58E−02	2.39
^{133}I	1.52E−02	2.29	6.48E−04	0.10	1.51E−03	0.23	2.64E−02	3.99	4.37E−02	6.60

续表

核素	途径 1		途径 2		途径 3		途径 4		总计	
	排放量 (GBq)	比例 (%)	排放量 (GBq)	比例 (%)	排放量 (GBq)	比例 (%)	排放量 (GBq)	比例 (%)	排放量 (GBq)	比例 (%)
^{134}I	2.23E−03	0.34	1.31E−05	0	8.92E−05	0.01	4.00E−04	0.06	2.74E−03	0.41
^{135}I	5.75E−03	0.87	2.15E−04	0.03	5.92E−04	0.09	8.15E−03	1.23	1.47E−02	2.22
总碘	5.92E−01	89.37	1.61E−03	0.24	4.06E−03	0.61	6.47E−02	9.77	6.62E−01	100

注：途径1表示废气处理系统的排放；途径2表示反应堆厂房通风系统的排放；途径3表示核辅助厂房通风系统的排放；途径4表示二回路系统的排放。

表 6.7.3 0.1GBq/t ^{131}I 当量下的年液态流出物排放量(现实排放源项)

序号	核素	硼回收系统		废液处理系统		二回路系统		总计	
		排放量(GBq)	比例 (%)	排放量(GBq)	比例 (%)	排放量 (GBq)	比例 (%)	排放量 (GBq)	比例(%)
1	^{89}Sr	2.49E−06	0	4.78E−04	0.01	0.00E+00	0	4.81E−04	0.01
2	^{90}Sr	3.88E−08	0	7.44E−06	0	0.00E+00	0	7.48E−06	0
3	^{90}Y	2.65E−09	0	5.08E−07	0	0.00E+00	0	5.10E−07	0
4	^{91}Y	8.00E−08	0	1.53E−05	0	0.00E+00	0	1.54E−05	0
5	^{91}Sr	9.13E−14	0	1.75E−11	0	0.00E+00	0	1.76E−11	0
6	^{92}Sr	7.28E−33	0	1.39E−30	0	0.00E+00	0	1.40E−30	0
7	^{95}Zr	1.05E−07	0	2.01E−05	0	0.00E+00	0	2.02E−05	0
8	^{95}Nb	8.92E−08	0	1.71E−05	0	0.00E+00	0	1.72E−05	0
9	^{99}Mo	5.75E−07	0	1.10E−04	0	0.00E+00	0	1.11E−04	0
10	^{99m}Tc	3.13E−08	0	6.00E−06	0	0.00E+00	0	6.03E−06	0
11	^{103}Ru	8.88E−08	0	1.70E−05	0	0.00E+00	0	1.71E−05	0
12	^{106}Ru	2.22E−08	0	4.25E−06	0	0.00E+00	0	4.28E−06	0
13	^{131m}Te	8.46E−10	0	1.62E−07	0	0.00E+00	0	1.63E−07	0
14	^{131}Te	0.00E+00	0	0.00E+00	0	0.00E+00	0	0.00E+00	0
15	^{132}Te	3.05E−07	0	5.84E−05	0	0.00E+00	0	5.87E−05	0
16	^{134}Te	0.00E+00	0	0.00E+00	0	0.00E+00	0	0.00E+00	0
17	^{131}I	1.06E−02	0.21	1.56E−01	3.11	0.00E+00	0	1.67E−01	3.32
18	^{132}I	2.86E−34	0	8.15E−33	0	0.00E+00	0	8.44E−33	0
19	^{133}I	3.48E−06	0	1.52E−04	0	0.00E+00	0	1.56E−04	0
20	^{134}I	0.00E+00	0	0.00E+00	0	0.00E+00	0	0.00E+00	0
21	^{135}I	7.76E−14	0	3.23E−12	0	0.00E+00	0	3.31E−12	0
22	^{134}Cs	4.78E−03	0.1	1.36E−02	0.27	0.00E+00	0	1.83E−02	0.36
23	^{136}Cs	6.20E−04	0.01	4.22E−03	0.08	0.00E+00	0	4.84E−03	0.10
24	^{137}Cs	5.37E−03	0.11	1.74E−02	0.35	0.00E+00	0	2.28E−02	0.45
25	^{137m}Ba	0.00E+00	0	0.00E+00	0	0.00E+00	0	0.00E+00	0
26	^{140}Ba	3.49E−06	0	6.69E−04	0.01	0.00E+00	0	6.73E−04	0.01
27	^{140}La	3.36E−09	0	6.43E−07	0	0.00E+00	0	6.46E−07	0
28	^{141}Ce	9.85E−08	0	1.89E−05	0	0.00E+00	0	1.90E−05	0
29	^{143}Ce	1.47E−09	0	2.81E−07	0	0.00E+00	0	2.83E−07	0

续表

序号	核素	硼回收系统		废液处理系统		二回路系统		总计	
		排放量(GBq)	比例(%)	排放量(GBq)	比例(%)	排放量(GBq)	比例(%)	排放量(GBq)	比例(%)
30	^{143}Pr	1.06E−07	0	2.04E−05	0	0.00E+00	0	2.05E−05	0
31	^{144}Ce	6.25E−08	0	1.20E−05	0	0.00E+00	0	1.20E−05	0
32	^{144}Pr	6.27E−08	0	1.20E−05	0	0.00E+00	0	1.21E−05	0
33	^{51}Cr	4.22E−04	0.01	5.95E−02	1.18	0.00E+00	0	5.99E−02	1.19
34	^{54}Mn	6.49E−04	0.01	6.76E−02	1.34	0.00E+00	0	6.83E−02	1.36
35	^{59}Fe	2.80E−05	0	2.96E−02	0.59	0.00E+00	0	2.96E−02	0.59
36	^{58}Co	2.24E−03	0.04	3.82E+00	75.96	0.00E+00	0	3.82E+00	76.00
37	^{60}Co	6.48E−04	0.01	2.22E−01	4.41	0.00E+00	0	2.23E−01	4.43
38	^{110m}Ag	2.27E−03	0.05	6.70E−03	0.13	0.00E+00	0	8.98E−03	0.18
39	^{124}Sb	3.47E−04	0.01	6.03E−01	11.99	0.00E+00	0	6.04E−01	11.99
总计		2.80E−02	0.56	5.00E+00	99.44	0.00E+00	0	5.03E+00	100

表 6.7.4　5GBq/t ^{131}I 当量下的年液态流出物排放量(设计排放源项)

序号	核素	硼回收系统		废液处理系统		二回路系统		总计	
		排放量(GBq)	比例(%)	排放量(GBq)	比例(%)	排放量(GBq)	比例(%)	排放量(GBq)	比例(%)
1	^{89}Sr	1.24E−04	0	2.38E−02	0.14	2.74E−03	0.02	2.67E−02	0.16
2	^{90}Sr	1.94E−06	0	3.72E−04	0	4.22E−05	0	4.17E−04	0
3	^{90}Y	1.33E−07	0	2.55E−05	0	2.89E−06	0	2.85E−05	0
4	^{91}Y	4.01E−06	0	7.69E−04	0	8.84E−05	0	8.61E−04	0.01
5	^{91}Sr	4.58E−12	0	8.76E−10	0	8.11E−10	0	1.69E−09	0
6	^{92}Sr	3.63E−31	0	6.95E−29	0	1.35E−26	0	1.36E−26	0
7	^{95}Zr	5.25E−06	0	1.01E−03	0.01	1.16E−04	0	1.13E−03	0.01
8	^{95}Nb	4.46E−06	0	8.55E−04	0.01	9.92E−05	0	9.58E−04	0.01
9	^{99}Mo	2.87E−05	0	5.50E−03	0.03	8.40E−04	0	6.37E−03	0.04
10	^{99m}Tc	1.57E−06	0	3.01E−04	0	4.59E−05	0	3.48E−04	0
11	^{103}Ru	4.43E−06	0	8.49E−04	0	9.82E−05	0	9.51E−04	0.01
12	^{106}Ru	1.11E−06	0	2.13E−04	0	2.42E−05	0	2.38E−04	0
13	^{131m}Te	4.22E−08	0	8.09E−06	0	1.83E−06	0	9.96E−06	0
14	^{131}Te	0.00E+00	0	0.00E+00	0	0.00E+00	0	0.00E+00	0
15	^{132}Te	1.52E−05	0	2.92E−03	0.02	4.28E−04	0	3.36E−03	0.02
16	^{134}Te	0.00E+00	0	0.00E+00	0	0.00E+00	0	0.00E+00	0
17	^{131}I	5.28E−01	3.10	7.83E+00	46.03	9.71E−01	5.71	9.33E+00	54.85
18	^{132}I	1.43E−32	0	4.08E−31	0	3.00E−28	0	3.00E−28	0
19	^{133}I	1.74E−04	0	7.62E−03	0.04	2.24E−03	0.01	1.00E−02	0.06
20	^{134}I	0.00E+00	0	0.00E+00	0	0.00E+00	0	0.00E+00	0
21	^{135}I	3.87E−12	0	1.62E−10	0	3.57E−10	0	5.23E−10	0
22	^{134}Cs	2.39E−01	1.41	6.78E−01	3.98	6.85E−02	0.4	9.85E−01	5.79

续表

序号	核素	硼回收系统		废液处理系统		二回路系统		总计	
		排放量(GBq)	比例(%)	排放量(GBq)	比例(%)	排放量(GBq)	比例(%)	排放量(GBq)	比例(%)
23	^{136}Cs	3.10E−02	0.18	2.04E−01	1.2	2.38E−02	0.14	2.59E−01	1.52
24	^{137}Cs	2.68E−01	1.58	8.72E−01	5.13	8.94E−02	0.53	1.23E+00	7.23
25	^{137m}Ba	0.00E+00	0	0.00E+00	0	0.00E+00	0	0.00E+00	0
26	^{140}Ba	1.75E−04	0	3.36E−02	0.2	4.06E−03	0.02	3.78E−02	0.22
27	^{140}La	1.68E−07	0	3.21E−05	0	5.96E−06	0	3.82E−05	0
28	^{141}Ce	4.92E−06	0	9.42E−04	0.01	1.10E−04	0	1.06E−03	0.01
29	^{143}Ce	7.34E−08	0	1.41E−05	0	2.92E−06	0	1.70E−05	0
30	^{143}Pr	5.32E−06	0	1.02E−03	0.01	1.16E−04	0	1.14E−03	0.01
31	^{144}Ce	3.12E−06	0	5.99E−04	0	6.81E−05	0	6.70E−04	0
32	^{144}Pr	3.15E−06	0	6.04E−04	0	6.86E−05	0	6.75E−04	0
33	^{51}Cr	8.83E−04	0.01	7.71E−02	0.45	3.02E−02	0.18	1.08E−01	0.64
34	^{54}Mn	6.79E−04	0	6.88E−02	0.4	1.92E−03	0.01	7.14E−02	0.42
35	^{59}Fe	4.25E−05	0	3.01E−02	0.18	9.36E−04	0.01	3.11E−02	0.18
36	^{58}Co	3.26E−03	0.02	3.86E+00	22.7	6.54E−02	0.38	3.93E+00	23.11
37	^{60}Co	1.56E−03	0.01	2.57E−01	1.51	5.80E−02	0.34	3.17E−01	1.86
38	^{110m}Ag	3.85E−03	0.02	1.28E−02	0.08	1.00E−02	0.06	2.67E−02	0.16
39	^{124}Sb	5.88E−04	0	6.12E−01	3.6	1.55E−02	0.09	6.28E−01	3.70
总计		1.08	6.33	14.6	85.73	1.35	7.90	17.0	100

第七章　WWER 堆型源项计算

WWER（本文指 WWER1000）是由俄罗斯设计的百万千瓦级压水堆核电机组，目前国内共有 4 台 WWER 机组，包括 2007 年投入运行的田湾核电站 1、2 号机组，以及即将投入运行的田湾核电站 3、4 号机组。

WWER 机型源项来源大致可分为两类：已运行核电厂的经验数据和计算机程序的计算结果。田湾 1、2 号机组和 3、4 号机组的源项设计方法基本是一致的。

本章结合新的源项框架体系，对 WWER 机型的堆芯积存量、主回路裂变产物源项、主回路活化腐蚀产物源项、氚和 ^{14}C 源项、二回路源项及气液态流出物排放源项进行了重新计算分析。

7.1　裂变产物堆芯积存量

7.1.1　计算输入参数

WWER 反应堆设计额定热功率 3000MW，最大热功率 3120MW，WWER 堆芯由 163 个六面棱柱形燃料组件组成，燃料组件内的燃料质量 489.8kg，计算中考虑的组件所含主要核素/元素折合为 1 吨铀对应的质量见表 7.1.1。根据年换料管理设计方案，换料周期按 300 EFPD 考虑，由燃料循环开始时及结束时的燃耗深度可计算得到组件的比功率，组件功率考虑了 2%的不确定性。

堆芯积存量计算经验表明：对于压水堆燃料组件，在冷却时间相同的情况下，初始富集度和燃耗深度是对源项结果影响较大的两个参数。相同的燃耗深度，组件初始富集度越低，源项越大；相同的初始富集度，组件的燃耗深度越大，源项越大。由于过渡循环和平衡循环所使用的燃料组件类型及其燃耗深度均不相同，为了包络初始富集度和燃耗深度的影响，分别对过渡循环和平衡循环的堆芯源项进行了计算比较，综合对比表明：进入平衡循环的堆芯源项相对较大，因此，WWER 年换料方案对应的堆芯积存量基于第 7 个换料循环计算，具体参数见表 7.1.2。

表 7.1.1　1 吨铀对应的各核素/元素的含量

核素/元素	组件类型				
	24	41	36	36G7	40G7
O	134 426.5	134 426.5	134 426.5	134 426.5	134 426.5
Zr	357 013.2	357 013.2	357 013.2	357 013.2	357 013.2
Nb	3 610.8	3 610.8	3 610.8	3 610.8	3 610.8
Gd	0.0	0.0	0.0	1 116.4	1 116.4
^{234}U	213.6	364.9	320.4	320.934	355.822

续表

核素/元素	组件类型				
	24	41	36	36G7	40G7
^{235}U	24 000	41 000	36 000	36 060	39 980
^{236}U	110.4	188.6	165.6	165.876	183.908
^{238}U	975 676	958 446.5	963 514	963 453.2	959 480.3

表 7.1.2 WWER 年换料方案堆芯积存量计算输入参数

编号	组件类型	^{235}U 富集度(wt%)	组件数	经历循环	初始燃耗(MW·d/kgU)	结束燃耗(MW·d/kgU)	功率(MW/t U)	考虑 2%功率不确定性
1	36G7	3.606	12	7	0	16.7	55.67	56.78
2	36G7	3.606	12	7	16.7	30.4	45.67	46.58
				6	0	16.7	55.67	56.78
3	36G7	3.606	12	7	30.4	41.8	38.00	38.76
				6	16.4	30.4	46.67	47.6
				5	0	16.4	54.67	55.76
4	40G7	3.998	24	7	0	14.8	49.33	50.32
5	40G7	3.998	24	7	14.9	28.6	45.67	46.58
				6	0	14.9	49.67	50.66
6	40G7	3.998	18	7	27.6	40.7	43.67	44.54
				6	14.3	27.6	44.33	45.22
				5	0	14.3	47.67	48.62
7	40G7	3.998	6	7	37.2	44.7	25.00	25.5
				6	22.8	37.2	48.00	48.96
				5	12.3	22.8	35.00	35.7
				4	0	12.3	41.00	41.82
8	41	4.1	12	7	0	11.8	39.33	40.12
9	41	4.1	12	7	11.8	27.2	51.33	52.36
				6	0	11.8	39.33	40.12
10	41	4.1	12	7	27.2	40.8	45.33	46.24
				6	11.8	27.2	51.33	52.36
				5	0	11.8	39.33	40.12
11	41	4.1	12	7	40.7	45.4	15.67	15.98
				6	27.1	40.7	45.33	46.24
				5	11.8	27.1	51.00	52.02
				4	0	11.8	39.33	40.12
12	36	3.6	6	7	29.5	40.2	35.67	36.38
				6	15.7	29.5	46.00	46.92
				5	0	15.7	52.33	53.38
13	24	2.4	1	7	12.2	21.7	31.67	32.3
				6	0	12.2	40.67	41.48

7.1.2　计算结果

WWER 年换料方案堆芯积存量剂量结果见表 7.1.3。

表 7.1.3　WWER 年换料方案堆芯积存量计算结果　(单位：GBq，$\times 10^8$)

放射性核素	活度	放射性核素	活度
^{85m}Kr	8.13E+00	^{91}Sr	3.78E+01
^{85}Kr	2.47E–01	^{92}Sr	4.03E+01
^{87}Kr	1.61E+01	^{95}Zr	5.12E+01
^{88}Kr	2.16E+01	^{95}Nb	6.79E+01
^{133m}Xe	1.93E+00	^{99}Mo	5.67E+01
^{133}Xe	6.01E+01	^{99m}Tc	5.01E+01
^{135}Xe	1.45E+01	^{103}Ru	4.57E+01
^{138}Xe	5.34E+01	^{103m}Rh	4.57E+01
^{131}I	3.01E+01	^{106}Ru	1.23E+01
^{132}I	4.41E+01	^{106}Rh	1.43E+01
^{133}I	6.24E+01	^{131m}Te	5.79E+00
^{134}I	7.02E+01	^{131}Te	2.57E+01
^{135}I	5.94E+01	^{132}Te	4.31E+01
^{134}Cs	3.19E+00	^{134}Te	5.61E+01
^{136}Cs	1.13E+00	^{140}Ba	5.39E+01
^{137}Cs	2.55E+00	^{140}La	5.67E+01
^{138}Cs	5.83E+01	^{141}Ce	5.08E+01
^{89}Sr	3.02E+01	^{143}Ce	4.74E+01
^{90}Sr	1.90E+00	^{143}Pr	4.60E+01
^{90}Y	1.99E+00	^{144}Ce	3.29E+01
^{91}Y	3.89E+01	^{144}Pr	3.33E+01

7.2　一回路裂变产物源项

7.2.1　计算模型及方法

WWER 机组的一回路裂变产物源项是用 RELWWER 计算机程序计算的。RELWWER 程序由俄罗斯库尔恰托夫研究所编制、验证，主要用于计算反应堆燃料棒间隙中的裂变产物活度，裂变产物在不同净化回路模型下一回路的冷却剂活度，以及回路中的过滤器、除气器等净化设备的活度。RELWWER 程序的计算流程详见本书第四章。

7.2.2 设计源项

压水堆核电厂一回路中的裂变产物主要有两个来源：包壳存在缺陷的燃料棒和燃料组件外表面的铀污染物。在 WWER 机组的设计中，燃料棒包壳的缺陷分为两类：微小裂纹(也称为丧失气密性)和明显破损(燃料与冷却剂直接接触)；燃料棒外的铀污染物也分为两部分：制造过程中燃料棒外表面沾污的铀，以及包壳材料中的天然铀杂质。

在燃料棒包壳存在缺陷的情况下，由燃料棒释放到主冷却剂中的裂变产物活度是主冷却剂裂变产物源项的主体。RELWWER 程序中，上述释放的过程是裂变产物由燃料芯块进入燃料-包壳间隙，通过燃料包壳在运行过程中出现的微裂纹或破损进入一回路冷却剂。

一回路裂变产物源项的计算输入参数包括反应堆特征参数、燃料参数、运行参数和工艺参数等。表 7.2.1 和表 7.2.2 给出了计算中用到的主要参数值。

表 7.2.1 堆芯参数

参数	数值
热功率	3 000 MW
一个寿期内 ^{235}U 的平均装量	1.26×10^3kg
能量发射不均匀系数	
沿燃料棒径向	1.42
沿燃料棒高度	1.01
燃料组件数量	163
燃料棒	
燃料棒的功率	6.1×10^{-2} MW
总数量	50 856
尺寸	
燃料部分的高度	355cm
外径	7.54mm
轴向孔径	2.4mm
安全运行限值	
气密性丧失的燃料棒数量	1%
接触冷却剂的燃料棒数量	0.1%
运行限值	
气密性丧失的燃料棒数量	0.2%
接触冷却剂的燃料棒数量	0.02%
结构材料	
堆芯内锆合金的表面积	$8.88\times10^3m^2$
堆芯内的一回路冷却剂	
体积	$14.8m^3$
流量	$86\ 000m^3/h$
温度	
堆芯进口	291°C
堆芯出口	321°C
压力	15.7MPa
平均密度	$0.714t/m^3$
通过堆芯的时间	1.2s

表 7.2.2　一回路冷却剂的工艺参数

参数	数值
冷却剂循环回路	
容积(无容积补偿器)	280.5m^3
平均密度	0.714t/m^3
在一回路冷却剂净化系统(KBE)过滤器处净化的冷却剂	
功率运行时的恒定流量	30t/h
冷却剂除气	
RCP 向容积和硼控系统(KBA)除气器有序泄漏的流量	4.8t/h
冷却剂向反应堆厂房设备疏水系统(KTA)储罐有序泄漏的流量	0.2t/h
KTA 箱内自动取样的流量	0.25t/h
循环回路中冷却剂的去除	
硼控工况下	935t/a
机组停机时	125t/a
启动时	185t/a
一回路冷却剂不受控的泄漏	100kg/h
设备排放、取样和可忽视的流量造成的一回路泄漏	25kg/h

WWER 核电厂一回路裂变产物源项的设计值对应的燃料包壳缺陷率如下：

(1) 0.02%的燃料棒有明显破损，裂变产物直接从燃料释放到冷却剂。

(2) 0.2%的燃料棒存在气密性丧失，裂变产物从气隙进入冷却剂。

根据上述输入条件和假设，WWER 机组一回路裂变产物设计源项见表 7.2.3。该源项用于计算核电厂辅助设备(储罐设施、专设水处理系统过滤器、专设气体处理系统、专设通风系统等)的屏蔽分析及设计基准事故的放射性后果分析。

表 7.2.3　WWER 机组一回路裂变产物设计源项　(单位：Bq/kg)

核素	功率运行活度浓度	降功率活度浓度	核素	功率运行活度浓度	降功率活度浓度
^{84}Br	1.08E+06	2.89E+07	^{90}Sr	4.61E+01	4.61E+01
^{87}Br	1.04E+06	6.93E+07	^{91}Sr	4.49E+03	4.49E+03
^{83m}Kr	3.47E+06	1.67E+07	^{92}Sr	1.01E+04	1.01E+04
^{85m}Kr	8.90E+06	2.66E+07	^{95}Zr	1.22E+03	1.22E+03
^{85}Kr	1.42E+04	1.75E+04	^{97}Zr	1.48E+04	1.48E+04
^{87}Kr	9.31E+06	7.46E+07	^{95}Nb	1.13E+03	1.13E+03
^{88}Kr	2.39E+07	9.88E+07	^{97}Nb	1.66E+05	1.66E+05
^{89}Kr	2.68E+06	1.26E+08	^{99}Mo	2.03E+02	2.03E+02
^{88}Rb	2.44E+07	9.76E+07	^{103}Ru	6.24E+02	6.24E+02
^{89}Rb	4.57E+06	1.33E+08	^{106}Ru	3.32E+01	3.32E+01
^{90}Rb	2.56E+06	1.22E+08	^{129m}Te	3.11E+01	3.11E+01
^{89}Sr	5.16E+02	5.16E+02	^{129}Te	2.29E+04	2.29E+04

续表

核素	功率运行活度	降功率活度	核素	功率运行活度	降功率活度
^{131m}Te	6.72E+02	6.72E+02	^{137}Xe	1.51E+06	8.46E+07
^{131}Te	1.52E+05	1.52E+05	^{138}Xe	4.30E+06	8.82E+07
^{132}Te	2.58E+03	2.58E+03	^{134}Cs	2.20E+05	4.45E+05
^{133m}Te	1.10E+05	1.10E+05	^{137}Cs	3.09E+05	6.20E+05
^{131}I	3.54E+06	6.41E+07	^{138}Cs	7.41E+06	9.37E+07
^{132}I	9.40E+06	1.67E+08	^{139}Ba	3.66E+05	3.66E+05
^{133}I	9.19E+06	1.36E+08	^{140}Ba	3.06E+03	3.06E+03
^{134}I	7.03E+06	1.21E+08	^{141}Ba	5.52E+05	5.52E+05
^{135}I	7.84E+06	9.90E+07	^{140}La	1.05E+04	1.05E+04
^{131m}Xe	3.25E+05	3.76E+05	^{143}Pr	1.50E+03	1.50E+03
^{133}Xe	7.56E+07	9.62E+07	^{144}Pr	1.32E+05	1.32E+05
^{135m}Xe	3.28E+06	2.05E+07	^{144}Ce	4.78E+02	4.78E+02
^{135}Xe	2.06E+07	3.16E+07	总碘	3.70E+07	5.88E+08

在 WWER 核电厂的技术规格书中，机组稳态运行时主冷却剂活度的运行限值是以 ^{131}I～^{135}I 的总活度浓度(以下简称总碘活度浓度)给出的，正常运行条件下，一回路冷却剂中总碘活度浓度上限是3.7E+10Bq/m^3。运行限值对应的工况与计算一回路裂变产物设计源项考虑的工况完全相同，包括燃料棒的缺陷比例、净化系统的处理量等。表7.2.3中的源项数据是在RELWWER程序计算结果的基础上，按照技术规格书中的总碘活度限值做归一化处理后得到的。

表7.2.3中同时给出了降功率过程中一回路冷却剂中的裂变产物活度浓度。该源项也是由RELWWER程序计算的。与功率运行时相比，活度浓度发生变化的主要是挥发性放射性核素(卤素)和气态放射性核素，在功率降低的过程中，积累在气隙中的挥发性放射性核素和气态放射性核素会释放到一回路冷却剂，从而产生尖峰效应。

7.2.3 核电厂经验反馈数据

一回路裂变产物设计源项的计算中假设全堆有 0.02%的燃料棒发生明显破损(约 10 根)，另外有 0.2%的燃料棒丧失气密性(约 100 根)。现实运行中燃料棒的损坏情况比假设条件要好得多。在俄罗斯的经验反馈数据中，WWER 核电厂运行时存在少量气密性丧失的燃料棒(1～5 根燃料棒)；田湾核电站 1、2 号机组至今已经历 20 多个完整的运行周期，其中出现过燃料棒气密性丧失的情况，保守估计每次失密燃料棒数不超过 2 根。因此，WWER 核电厂运行中出现的燃料棒破损情况远远好于运行限值对应的工况。

田湾核电站 1、2 号机组投入运行以来，对一回路中裂变产物活度实测数据做了比较完整的记录，统计结果见表 4.2.7 表和表 4.2.8。其中除 1 号机组第 8 个循环外，数据都覆盖了完整的燃料循环。

7.2.4　现实源项

对于一回路裂变产物，WWER 机组在运行过程中的实际测量水平是远小于设计源项值的。为了较为真实地反映 WWER 核电厂实际运行情况，结合核电厂运行经验反馈，基于核电厂一回路裂变产物运行经验数据的平均值来确定一回路现实源项。

从表 4.2.7 和表 4.2.8 可以得出，田湾核电站 1、2 号机组投入运行以来，所有燃料循环中一回路总碘活度浓度的平均值为 0.16GBq/t，单个燃料循环平均一回路总碘活度浓度最大值为 0.85GBq/t。基于 WWER 机组一回路裂变产物运行经验数据的平均值，采用一回路总碘浓度为 1GBq/t 对应的一回路裂变产物源项作为 WWER 机组的现实源项。WWER 机组的一回路裂变产物现实源项见表 7.2.4。

表 7.2.4　WWER 机组一回路裂变产物现实源项　（单位：Bq/kg）

核素	机组额定工况	核素	机组额定工况
^{84}Br	3.00E+04	^{131}I	9.45E+04
^{87}Br	2.60E+04	^{132}I	2.46E+05
^{83m}Kr	7.70E+04	^{133}I	2.63E+05
^{85m}Kr	1.71E+05	^{134}I	1.76E+05
^{85}Kr	3.57E+02	^{135}I	2.22E+05
^{87}Kr	1.91E+05	总碘	1.00E+06
^{88}Kr	4.67E+05	^{131m}Xe	8.49E+03
^{89}Kr	7.15E+04	^{133}Xe	2.02E+06
^{88}Rb	4.78E+05	^{135m}Xe	9.24E+04
^{89}Rb	1.22E+05	^{135}Xe	5.91E+05
^{90}Rb	6.91E+04	^{137}Xe	3.41E+04
^{89}Sr	1.37E+01	^{138}Xe	1.08E+05
^{90}Sr	1.22E+00	^{134}Cs	4.64E+03
^{91}Sr	1.14E+02	^{136}Cs	1.09E+04
^{92}Sr	2.20E+02	^{137}Cs	8.28E+03
^{95}Zr	2.50E+01	^{138}Cs	1.84E+05
^{97}Zr	3.05E+02	^{139}Ba	9.28E+03
^{95}Nb	2.25E+01	^{129}Te	4.71E+02
^{97}Nb	3.43E+03	^{131m}Te	1.38E+01
^{99}Mo	4.19E+00	^{131}Te	3.14E+03
^{103}Ru	1.29E+01	^{132}Te	5.33E+01
^{106}Ru	6.84E−01	^{133m}Te	2.26E+03
^{129m}Te	6.43E−01	^{134}Te	5.64E+03

续表

核素	机组额定工况	核素	机组额定工况
^{140}Ba	7.35E+01	^{144}Ce	1.43E+02
^{141}Ba	1.24E+04	^{144}Ce	9.86E+00
^{140}La	2.52E+02	^{91}Y	6.32E+00
^{143}Pr	3.09E+01	^{103m}Rh	1.77E+03
^{144}Pr	1.97E+03	^{106}Rh	2.78E+02
^{144}Ce	3.35E+01		

7.2.5 排放源项估算中有关一回路裂变产物活度的假设

WWER 机型的排放源项分为现实排放源项和设计排放源项。在进行排放源项计算时，现实排放源项和设计排放源项对应的一回路裂变产物源项分别基于运行经验数据的平均值和最大值来确定。从上文的描述可知，采用一回路总碘活度浓度为 1GBq/t 对应的一回路裂变产物源项能在一定包络范围内较好地反映一回路裂变产物实际运行中的平均放射性活度浓度，因此，采用一回路裂变产物现实源项作为现实排放源项估算的一回路裂变产物活度假设。

在选址和设计阶段的环境影响评价及流出物排放量优化过程中，需要采用设计排放源项来进行相关的分析。考虑到 WWER 机组的运行限值对应的一回路总碘活度浓度为 37GBq/t，当一回路冷却剂中的总碘活度浓度超过 37GBq/t 时，机组需要在 31h 内进入冷停堆状态，因此，对于设计排放源项估算中考虑的一回路裂变产物不会超过总碘活度浓度为 37GBq/t 对应的一回路裂变产物的活度浓度，且采用总碘活度浓度 37GBq/t 对应的一回路裂变产物活度浓度得到的排放源项值，在可接受的合理范围内。因此，在设计排放源项估算中，采用总碘活度浓度为 37GB/t 对应的一回路裂变产物活度浓度作为设计排放源项的估算假设。

7.3 一回路活化腐蚀产物源项

7.3.1 活化腐蚀产物源项计算

WWER 机型一回路活化腐蚀产物源项是用 COTRAN 程序计算的。COTRAN 程序由俄罗斯库尔恰托夫研究所编制、验证，通过模拟燃料元件、燃料格架、一回路管道、蒸汽发生器、一回路净化系统等一回路设备，在不同水化学控制条件下计算腐蚀产物颗粒的产生、沉积、活化、溶解、迁移的全过程。COTRAN 的计算结果包括一回路冷却剂中的活化腐蚀产物活度，以及一回路表面沉积的活化腐蚀产物活度。

计算中用到的部分堆芯参数见表 7.2.1 和表 7.2.2。计算结果包括主冷却剂中溶解态和胶体态的腐蚀产物活度，见表 2.2.3。

7.3.2 核电厂经验反馈数据

对田湾核电站 1、2 号机组 2012～2015 年一回路冷却剂中活化腐蚀产物核素活度浓度的实测数据进行了整理和分析，统计结果见表 7.3.1 和表 7.3.2。

表 7.3.1 田湾核电站 1 号机组一回路活化腐蚀产物活度浓度实测值 （单位：Bq/L）

数据来源时间	^{51}Cr	^{54}Mn	^{59}Fe	^{58}Co	^{60}Co	^{122}Sb	^{124}Sb	^{110m}Ag
2012.04～2012.12	1.41E+03	2.03E+02	8.79E+01	2.04E+02	3.77E+02	1.20E+03	4.94E+02	2.14E+01
2013.01～2013.12	6.51E+03	9.40E+02	3.94E+02	9.22E+02	1.15E+03	1.37E+03	5.66E+02	3.04E+01
2014.01～2014.12	1.32E+03	3.02E+02	1.30E+02	2.51E+02	8.09E+02	1.10E+03	4.32E+02	2.34E+01
2015.01～2015.12	7.73E+02	2.85E+02	9.28E+01	1.63E+02	2.39E+02	1.16E+03	4.40E+02	8.21E+01

表 7.3.2 田湾核电站 2 号机组一回路活化腐蚀产物活度浓度实测值 （单位：Bq/L）

数据来源时间	^{51}Cr	^{54}Mn	^{59}Fe	^{58}Co	^{60}Co	^{122}Sb	^{124}Sb	^{110m}Ag
2012.01～2012.12	3.99E+02	1.31E+02	6.22E+01	6.10E+01	5.60E+01	8.06E+02	2.68E+02	2.15E+01
2013.01～2013.12	1.24E+02	1.50E+02	4.58E+01	3.56E+01	1.11E+02	7.14E+03	1.66E+02	1.96E+02
2014.01～2014.12	1.35E+02	1.13E+02	4.19E+01	2.61E+01	9.49E+01	3.23E+03	5.86E+01	2.17E+01
2015.01～2015.12	1.68E+02	1.29E+02	4.59E+01	3.40E+01	7.02E+01	1.02E+03	3.62E+02	2.46E+01

7.3.3 设计源项与现实源项

与裂变产物源项类似，在进行放射性流出物排放源项分析时也要给出活化腐蚀产物的设计源项和现实源项。

对比表 7.3.1 和表 7.3.2、表 7.3.3 可以看出，田湾核电站 1、2 号机组投入运行以来，存在一回路活化腐蚀产物活度的实测值高于程序计算值情况。原因在于 COTRAN 程序计算结果是主冷却剂中溶解态和胶体态的腐蚀产物活度，不过在反应堆功率运行期间，冷却剂中的活化腐蚀产物除了以溶解态和胶体态的形式存在外，还可能存在于颗粒物中(热粒子)，这种热粒子是主冷却剂冲刷和侵蚀一回路管道内表面产生的，并且往往活度较高。热粒子的释放是一种相对随机的过程，而计算机程序无法模拟这一过程。

因此，与计算机程序给出的设计值相比，实测数据更能代表 WWER 核电厂运行期间一回路活化腐蚀产物的真实活度，将各燃料循环的实测平均值作为一回路活化腐蚀产物的现实源项，将各燃料循环的实测最大值作为一回路活化腐蚀产物的设计基准源项，见表 7.3.3。

表 7.3.3 一回路活化腐蚀产物活度浓度 （单位：Bq/kg）

核素	现实源项	设计源项
^{51}Cr	1.35E+03	6.51E+03
^{54}Mn	2.82E+02	9.40E+02
^{59}Fe	1.13E+02	3.94E+02
^{58}Co	2.12E+02	9.22E+02
^{60}Co	3.63E+02	1.15E+03
^{122}Sb	2.13E+03	7.14E+03
^{124}Sb	3.48E+02	5.66E+02
^{110m}Ag	5.26E+01	1.96E+02

7.4 二回路源项

二回路冷却剂中放射性核素的含量是由蒸汽发生器一回路向二回路的泄漏造成的。在机组正常运行工况下，二回路冷却剂中放射性核素的含量处于敞开式蓄水池的允许极限浓度水平：碘为 400Bq/kg；气溶胶为 60Bq/kg；腐蚀产物为 0.1Bq/kg。

在新的源项框架体系下，按照一回路向二回路的泄漏率的不同假设，重新计算了设计源项与运行源项。

7.4.1 设计源项

WWER 核电厂一回路和二回路中的放射性核素活度的运行数据显示，存在一回路向二回路的泄漏，但实际运行中泄漏量是非常小的。从俄罗斯参考核电厂运行经验反馈来看，多年运行中最大泄漏为 0.9kg/h，其他很多年份未测到泄漏，或者泄漏值很低。国内外 WWER 机组运行数据显示，主回路和二回路的压差为 7MPa 时，每台蒸汽发生器的平均泄漏流量为 12～19g/h。WWER 设计中考虑的泄漏量为 1kg/h，该值也是辐射防护设计的基准。计算结果见表 2.2.6。

7.4.2 运行源项

在计算二回路的运行源项时，以反应堆冷却剂的运行源项为基础，同时考虑一定的泄漏率。该泄漏率根据运行核电厂实测数据及参考国内外其他压水堆的经验数据取为 0.5kg/h。计算得到的二回路运行源项见表 7.4.1。

表 7.4.1　二回路冷却剂的运行源项　　　（单位：Bq/kg）

核素	二次侧水	蒸汽
^{83m}Kr	—	1.44E-02
^{85m}Rr	—	2.84E-02
^{85}Kr	—	4.07E-05
^{87}Kr	—	3.20E-02
^{88}Kr	—	7.00E-02
^{131m}Xe	—	1.07E-03
^{133m}Xe	—	9.03E-03
^{133}Xe	—	3.18E-01
^{135m}Xe	—	3.56E-02
^{135}Xe	—	1.80E-01
^{138}Xe	—	1.91E-02
^{131}I	1.44E-02	1.00E-02
^{132}I	2.84E-02	3.19E-02
^{133}I	4.07E-05	3.23E-02
^{134}I	3.20E-02	8.51E-03
^{135}I	7.00E-02	2.43E-02
^{134}Cs	1.07E-03	2.57E-03
^{137}Cs	9.03E-03	4.07E-03
^{51}Cr	3.18E-01	3.77E-06
^{54}Mn	3.56E-02	7.62E-06
^{59}Fe	1.80E-01	3.64E-06
^{58}Co	1.91E-02	1.07E-05
^{60}Co	1.00E-02	9.37E-05
^{89}Sr	3.19E-02	4.65E-05
^{90}Sr	3.23E-02	1.40E-07
^{95}Zr	8.51E-03	5.57E-06
^{95}Nb	2.43E-02	2.35E-06
^{132}Te	2.57E-03	5.97E-05
^{141}Ce	4.07E-03	6.02E-06

7.5　氚和 ^{14}C 源项

7.5.1　氚源项

基于第五章所述的分析机理，对 WWER 氚的现实源项和设计源项进行分析，各种途径的产氚量见表 7.5.1。

表 7.5.1 WWER 氚年产生量 （单位：TBq）

氚的来源（反应类型）	田湾核电站 1、2 号机组氚活度	
	现实源项	设计源项
D(n，γ)T	0.19	0.19
^{10}B(n，2α)T	13	13
裂变氚	0.074	7.4
总量	13	20.6

WWER 机组氚现实源项考虑的裂变氚通过燃料包壳向主冷却剂的扩散率为 0.02%，设计源项的考虑中，将此扩散率调整为 2%。需要说明的是，不同于其他压水堆核电机型，WWER 并不采用 LiOH 来调节主回路的 pH 值，因此，产氚途径中没有 Li 活化的贡献。

对于采用 18 个月换料的方案，燃料管理方案所致的硼降曲线较 12 个月换料方案差异较大，因此，硼活化部分产生的氚即使归一到年产生量，也比 12 个月换料方案大。12 个月和 18 个月换料方案相应的氚年产生量见表 7.5.2。

表 7.5.2 换料方案对氚年产生量的设计值的影响 （单位：TBq）

氚的来源（反应类型）	田湾核电站 1、2 号机组氚活度	
	12 个月换料	18 个月换料
D(n，γ)T	0.19	0.056
^{10}B(n，2α)T	13	25
裂变氚	7.4	14
总量	20.6	39

7.5.2 ^{14}C 源项

根据新源项框架体系，^{14}C 的现实源项基于运行经验的平均值，设计源项基于运行经验的最大值。WWER 机型的 ^{14}C 主要贡献项与其他核电机型类似，主要贡献来源为主冷却剂中的 ^{17}O 和 ^{14}N 的活化。根据新的框架体系计算的 ^{14}C 的现实源项和设计源项如下。

7.5.2.1 设计源项

机组一个燃料循环中 ^{17}O(n，α)^{14}C 途径产生的 ^{14}C 的活度为 290GBq。

每个燃料循环内，主回路中的平均 N 浓度约为 5mg/kg，^{14}N(n，p)^{14}C 反应产生的 ^{14}C 的活度为 15GBq。

因此，一个燃料循环内 ^{14}C 的总产量为 359GBq。

7.5.2.2　现实源项

^{14}C 源项设计值确定过程中，可调节参数较少，计算得到的设计值远大于实际运行经验反馈数据，在经验反馈数据可靠的前提下，可以直接采用 ^{14}C 现实排放源项经验反馈数据作为现实源项。

根据经验反馈数据，国内外单台 1000MW 机组的 ^{14}C 排放量平均值小于 200GBq/a，因此，WWER 机组 ^{14}C 的现实源项为 200GBq/a。

7.6　气液态流出物排放源项

在新的源项框架体系下，气液态流出物排放源项分为现实排放源项和设计排放源项，两套排放源项对一回路活度浓度的基本假设是不同的，裂变产物核素浓度分别对应于一回路主冷却剂的现实源项和设计源项。现实排放源项腐蚀产物核素浓度对应于一回路活化腐蚀产物的各燃料循环的实测平均值，设计排放源项对应于一回路活化腐蚀产物的各燃料循环的实测最大值。

7.6.1　气态放射性流出物排放源项计算结果

正常运行期间气态放射性流出物主要来源于反应堆厂房通风系统、核辅助厂房通风系统、KPL-2 放射性气体处理系统、KPL-3 贮槽排气处理系统，现实排放源项和设计排放源项计算结果分别见表 7.6.1 和表 7.6.2。

表 7.6.1　单台机组运行状态下气态流出物现实排放源项　（单位：GBq/a）

核素	通风烟囱排放						高于汽轮机厂房屋顶
	功率运行				停堆换料	核素总释放量	
	反应堆厂房通风系统	放射性气体处理系统	贮槽排气处理系统	辅助厂房通风系统			
^{83m}Kr	2.77E+01		1.05E−01	1.31E−01	6.27E−02	2.79E+01	3.28E−01
^{85m}Rr	1.05E+02	1.02E−02	2.69E−01	4.16E−01	1.74E−01	1.06E+02	8.42E−01
^{85}Kr	2.70E−01	1.48E+01	4.29E−04	8.09E−04	1.80E−03	1.50E+01	1.35E−03
^{87}Kr	5.85E+01		2.81E−01	3.03E−01	2.41E−01	5.93E+01	8.83E−01
^{88}Kr	2.33E+02		7.20E−01	1.01E+00	5.25E−01	2.35E+02	2.26E+00
^{131m}Xe	6.09E+00	5.20E+00	9.79E−03	1.84E−02	1.06E−02	1.13E+01	3.07E−02
^{133m}Xe	1.68E−03		0.00E+00	2.06E−06	2.04E−06	1.69E−03	0.00E+00
^{133}Xe	1.40E+03	6.74E+00	2.27E+00	4.27E+00	1.15E+00	1.42E+03	7.14E+00
^{135}Xe	3.05E+02		6.21E−01	1.06E+00	2.69E−01	3.06E+02	1.95E+00
^{138}Xe	7.88E+00		1.29E−01	5.51E−02	1.10E−01	8.17E+00	4.06E−01
^{131}I	6.60E−03		3.00E−04	2.00E−03	7.36E−05	8.97E−03	6.50E−05

续表

核素	通风烟囱排放						高于汽轮机厂房屋顶
	功率运行				停堆换料	核素总释放量	
	反应堆厂房通风系统	放射性气体处理系统	贮槽排气处理系统	辅助厂房通风系统			
^{132}I	8.28E-03			3.75E-03	8.29E-05	1.21E-02	1.16E-04
^{133}I	1.54E-02			4.97E-03	1.22E-04	2.05E-02	1.61E-04
^{134}I	3.33E-03			1.90E-03	3.67E-05	5.26E-03	5.66E-05
^{135}I	1.06E-02			3.89E-03	7.62E-05	1.46E-02	1.23E-04
^{89}Sr	2.26E-06			5.74E-06	2.55E-07	8.25E-06	6.47E-10
^{90}Sr	8.77E-09			2.63E-08	1.11E-08	4.62E-08	2.22E-11
^{106}Ru	6.27E-09			1.88E-08	1.79E-08	4.30E-08	2.10E-11
^{134}Cs	4.17E-05			1.25E-04	9.15E-04	1.08E-03	1.16E-07
^{137}Cs	5.85E-05			1.76E-04	1.31E-03	1.55E-03	1.64E-07
^{51}Cr	9.42E-06			2.83E-05	2.91E-02	2.91E-02	3.16E-08
^{54}Mn	1.98E-06			5.89E-06	6.08E-03	6.08E-03	6.58E-09
^{58}Co	1.48E-06			4.43E-06	4.57E-03	4.57E-03	4.95E-09
^{59}Fe	7.89E-07			2.37E-06	2.43E-04	2.47E-04	2.65E-09
^{60}Co	2.54E-06			7.62E-06	7.82E-03	7.83E-03	8.51E-09
^{122}Sb	1.46E-05			4.48E-05	4.59E-02	4.60E-02	9.79E-08
^{124}Sb	2.49E-06			7.33E-06	7.50E-03	7.51E-03	1.63E-08
^{110m}Ag	4.68E-07			1.37E-06	1.13E-03	1.14E-03	3.07E-09
惰性气体 ($T_{1/2}>10$min)	2.14E+03	2.67E+01	4.41E+00	7.27E+00	2.55E+00	2.19E+03	1.38E+01
碘	4.42E-02		3.00E-04	1.65E-02	3.91E-04	6.14E-02	5.22E-04
气溶胶 ($T_{1/2}>8$d)	1.36E-04			4.09E-04	1.05E-01	1.05E-01	4.52E-07
^{3}H						2.06E+03	
^{14}C						2.00E+02	
^{41}Ar						9.46E+02	

表 7.6.2 单台机组运行状态下气态流出物设计排放源项 (单位：GBq/a)

核素	通风烟囱排放						高于汽轮机厂房屋顶
	功率运行				停堆换料	核素总释放量	
	反应堆厂房通风系统	放射性气体处理系统	贮槽排气处理系统	辅助厂房通风系统			
^{83m}Kr	1.02E+03		3.87E+00	5.81E+00	2.31E+00	1.03E+03	2.43E+01
^{85m}Rr	3.89E+03	3.73E-01	9.92E+00	1.68E+01	6.43E+00	3.92E+03	6.24E+01
^{85}Kr	9.92E+00	5.22E+02	1.58E-02	2.97E-02	8.10E-02	5.32E+02	9.90E-02
^{87}Kr	2.15E+03		1.04E+01	1.42E+01	8.86E+00	2.19E+03	6.53E+01

续表

核素	通风烟囱排放					核素总释放量	高于汽轮机厂房屋顶
	功率运行				停堆换料		
	反应堆厂房通风系统	放射性气体处理系统	贮槽排气处理系统	辅助厂房通风系统			
^{88}Kr	8.65E+03		2.66E+01	4.29E+01	1.95E+01	8.73E+03	1.68E+02
^{131m}Xe	2.26E+02	1.85E+02	3.62E−01	6.81E−01	7.26E−01	4.12E+02	2.27E+00
^{133m}Xe	6.23E−02		0.00E+00	3.93E−05	6.55E−04	6.30E−02	0.00E+00
^{133}Xe	5.18E+04	2.39E+02	8.43E+01	1.58E+02	4.57E+01	5.23E+04	5.30E+02
^{135}Xe	1.13E+04		2.30E+01	4.12E+01	9.95E+00	1.13E+04	1.44E+02
^{138}Xe	2.92E+02		4.79E+00	3.33E+00	4.10E+00	3.04E+02	3.01E+01
^{131}I	2.45E−01		1.00E−02	7.42E−02	9.08E−03	3.38E−01	4.82E−03
^{132}I	3.06E−01			1.63E−01	3.07E−03	4.73E−01	8.59E−03
^{133}I	5.71E−01			1.89E−01	4.52E−03	7.64E−01	1.19E−02
^{134}I	1.23E−01			9.47E−02	1.36E−03	2.19E−01	4.18E−03
^{135}I	3.94E−01			1.53E−01	2.82E−03	5.50E−01	9.16E−03
^{89}Sr	8.30E−05			1.69E−04	2.00E−04	4.53E−04	4.78E−08
^{90}Sr	3.26E−07			9.78E−07	6.09E−07	1.91E−06	1.65E−09
^{106}Ru	2.33E−07			6.97E−07	6.63E−07	1.59E−06	1.56E−09
^{134}Cs	1.54E−03			4.61E−03	6.84E−02	7.45E−02	8.62E−06
^{137}Cs	2.17E−03			6.50E−03	9.76E−02	1.06E−01	1.21E−05
^{51}Cr	4.53E−05			1.36E−04	1.40E−01	1.40E−01	3.05E−07
^{54}Mn	6.58E−06			1.97E−05	2.03E−02	2.03E−02	4.41E−08
^{58}Co	6.44E−06			1.93E−05	1.99E−02	1.99E−02	4.32E−08
^{59}Fe	2.75E−06			8.24E−06	8.49E−04	8.60E−04	1.84E−08
^{60}Co	8.05E−06			2.41E−05	2.48E−02	2.48E−02	5.40E−08
^{122}Sb	4.89E−05			1.50E−04	1.54E−01	1.54E−01	3.28E−07
^{124}Sb	4.04E−06			1.19E−05	1.22E−02	1.22E−02	2.65E−08
^{110m}Ag	1.74E−06			5.12E−06	4.22E−03	4.23E−03	1.14E−08
惰性气体($T_{1/2}>10min$)	7.93E+04	9.46E+02	1.63E+02	2.83E+02	9.77E+01	8.07E+04	1.03E+03
碘	1.64E+00		1.00E−02	6.74E−01	2.08E−02	2.34E+00	3.87E−02
气溶胶($T_{1/2}>8d$)	3.92E−03			1.17E−02	5.42E−01	5.58E−01	2.16E−05
^{3}H						3.90E+03	
^{14}C						3.59E+02	
^{41}Ar						1.26E+03	

7.6.2 液态放射性流出物排放源项计算结果

正常运行期间液态放射性流出物主要来源于液体废物处理系统(KPF)、冷却剂处理系统(KBF)、液体收集处理系统(KTT)、二回路冷凝水净化系统(LD)再生水、汽轮机厂房的不可控泄漏和射水抽汽器。现实排放源项和设计排放源项计算结果分别见表 7.6.3 和表 7.6.4。表中放射性废液处理系统计算结果为 KPF 和 KBF 两部分的计算结果之和。KTT 均采用了俄方提供的运行经验值。

表 7.6.3 单台核电机组运行状态下液态流出物现实排放源项 (单位：GBq/a)

核素	放射性废液处理系统(KPF+KBF)	KTT 贮罐排放	LD 系统再生水	汽轮机厂房不可控泄漏	总排放量
^{131}I	2.94E−05		4.50E−02	7.08E−06	4.50E−02
^{132}I	6.62E−07		1.03E−03	1.26E−05	1.04E−03
^{133}I	8.07E−06		1.28E−02	1.75E−05	1.28E−02
^{134}I	4.57E−08		1.90E−04	6.16E−06	1.96E−04
^{135}I	1.56E−06		3.16E−03	1.34E−05	3.18E−03
^{89}Sr	3.11E−08		3.12E−05	1.53E−08	3.13E−05
^{90}Sr	9.22E−10	3.10E−05	1.12E−06	5.25E−10	3.21E−05
^{106}Ru	3.13E−08		7.89E−07	4.96E−10	8.21E−07
^{134}Cs	4.22E−04	2.30E−02	5.29E−03	2.74E−06	2.87E−02
^{137}Cs	5.97E−04	3.50E−02	7.47E−03	3.86E−06	4.31E−02
^{51}Cr	1.85E−04		1.01E−03	7.45E−07	1.20E−03
^{54}Mn	4.20E−04	1.90E−03	2.47E−04	1.55E−07	2.57E−03
^{58}Co	1.36E−03		1.76E−04	1.17E−07	1.53E−03
^{59}Fe	9.40E−05		9.04E−05	6.25E−08	1.84E−04
^{60}Co	3.08E−03	1.10E−02	3.23E−04	2.01E−07	1.44E−02
^{122}Sb	1.23E−05		1.46E−03	2.31E−06	1.47E−03
^{124}Sb	1.26E−05		5.34E−04	3.84E−07	5.47E−04
^{110m}Ag	3.13E−06		1.11E−04	7.25E−08	1.14E−04
总量(除氚和 ^{14}C)	6.23E−03	7.09E−02	7.89E−02	6.75E−05	1.56E−01
氚					2.06E+04
^{14}C					2.00E+01

表 7.6.4 单台核电机组运行状态下液态流出物设计排放源项 (单位：GBq/a)

核素	放射性废液处理系统(KPF+KBF)	KTT 贮罐排放	LD 系统再生水	汽轮机厂房不可控泄漏	总排放量
^{131}I	1.14E−03		3.46E+00	5.25E−04	3.46E+00
^{132}I	2.45E−05		7.78E−02	9.35E−04	7.87E−02
^{133}I	2.99E−04		9.86E−01	1.30E−03	9.88E−01
^{134}I	1.69E−06		1.42E−02	4.55E−04	1.47E−02
^{135}I	5.80E−05		2.42E−01	9.98E−04	2.43E−01

续表

核素	放射性废液处理系统(KPF+KBF)	KTT 贮罐排放	LD 系统再生水	汽轮机厂房不可控泄漏	总排放量
^{89}Sr	1.38E−06		2.37E−03	1.13E−06	2.37E−03
^{90}Sr	7.71E−08	3.10E−05	8.54E−05	3.90E−08	1.16E−04
^{106}Ru	1.63E−06		5.99E−05	3.68E−08	6.16E−05
^{134}Cs	1.76E−02	2.30E−02	4.01E−01	2.04E−04	4.42E−01
^{137}Cs	2.58E−02	3.50E−02	5.66E−01	2.86E−04	6.27E−01
^{51}Cr	3.32E−04		1.00E−02	7.19E−06	1.04E−02
^{54}Mn	4.55E−04	1.90E−03	1.69E−03	1.04E−06	4.04E−03
^{58}Co	1.38E−03		1.57E−03	1.02E−06	2.96E−03
^{59}Fe	1.03E−04		6.46E−04	4.35E−07	7.50E−04
^{60}Co	3.13E−03	1.10E−02	2.10E−03	1.27E−06	1.62E−02
^{122}Sb	4.14E−05		4.89E−03	7.75E−06	4.93E−03
^{124}Sb	2.04E−05		8.69E−04	6.25E−07	8.90E−04
^{110m}Ag	1.17E−05		4.14E−04	2.70E−07	4.26E−04
总量(除氚和 ^{14}C)	5.05E−02	7.09E−02	5.78E+00	4.72E−03	5.90E+00
氚					3.90E+04
^{14}C					3.59E+01

第八章 AP1000 堆型源项计算

从第二章、第三章的内容可知，原 AP1000 源项分析方法还存在一定的不合理性，如正常运行及排放源项的分析方法过于保守，部分参数选取不尽合理，无法充分体现核电厂的设计差异和改进等。因此，本章基于工程设计和应用需要进行了优化，对 AP1000 核电厂的源项分析方法进行了改进和完善。

8.1 堆芯积存量

堆芯积存量基于平衡循环堆芯换料方案、通过 ORIGEN2.1 程序计算得到。平衡循环寿期末堆芯内的核素主要有碘、铯组、碲组、铷组、惰性气体、钡和锶组、铈组及镧组核素，计算结果可用于后续的屏蔽设计及事故后果分析中。计算所需参数见表 8.1.1，计算得到的堆芯积存量可见表 8.1.2。由于堆芯燃料管理方案同 AP1000DCD 之间存在差异，会直接影响到计算结果，因此虽然分析方法相同，但计算结果存在一定差异。

表 8.1.1 计算平衡循环堆芯总量所需堆芯换料方案

参数	数值		单位
	H1 组件	H2 组件	
平均富集度	4.344	4.795	w/o
一个组件中 U 的质量	0.535 05	0.537 22	t
一区比功率	53.840	45.988	MW/t U
二区比功率	39.016	45.931	MW/t U
三区比功率	12.960	15.023	MW/t U
平衡循环换料组件数目	36	28	
平衡循环长度	507.6		EFPD
平衡循环换料方案	28 盒 H1 组件和 8 盒 H2 组件燃耗 2 个循环周期，8 盒 H1 组件和 20 盒 H2 组件燃耗 3 个循环周期		
中心组件富集度	1.580		w/o
中心组件 U 的质量	541.3		kg
中心组件换料方案	首循环比功率 38.662MW/t U，卸出后零功率衰变 2 208d 后，放入平衡循环，平衡循环比功率 25.886MW/t U		

表 8.1.2 平衡循环寿期末堆芯积存量 （单位：Bq）

核素		总活度	核素		总活度
碘	^{130}I	1.15E+17	碘	^{133}I	7.28E+18
	^{131}I	3.55E+18		^{134}I	8.03E+18
	^{132}I	5.17E+18		^{135}I	6.84E+18

续表

核素		总活度
铯组	^{134}Cs	6.21E+17
	^{136}Cs	1.84E+17
	^{137}Cs	4.04E+17
	^{138}Cs	6.70E+18
碲组	^{86}Rb	7.06E+15
	^{127m}Te	4.84E+16
	^{127}Te	3.78E+17
	^{129m}Te	1.65E+17
	^{129}Te	1.12E+18
	^{131m}Te	5.12E+17
	^{132}Te	5.06E+18
	^{127}Sb	3.73E+17
	^{129}Sb	1.14E+18
铷组	^{103}Ru	5.40E+18
	^{105}Ru	3.72E+18
	^{106}Ru	1.81E+18
	^{105}Rh	3.32E+18
	^{99}Mo	6.72E+18
	^{99m}Tc	5.97E+18
钡和锶组	^{89}Sr	3.48E+18
	^{90}Sr	2.94E+17
	^{91}Sr	4.32E+18
	^{92}Sr	4.67E+18
	^{139}Ba	6.54E+18
	^{140}Ba	6.29E+18
惰性气体	^{85m}Kr	9.48E+17
	^{85}Kr	3.73E+16
	^{87}Kr	1.82E+18
惰性气体	^{88}Kr	2.56E+18
	^{131m}Xe	3.96E+16
	^{133m}Xe	2.26E+17
	^{133}Xe	7.18E+18
	^{135m}Xe	1.43E+18
	^{135}Xe	1.95E+18
	^{138}Xe	6.05E+18
铈组	^{141}Ce	5.96E+18
	^{143}Ce	5.54E+18
	^{144}Ce	4.48E+18
	^{238}Pu	1.08E+16
	^{239}Pu	1.07E+15
	^{240}Pu	1.33E+15
	^{241}Pu	4.84E+17
	^{239}Np	6.78E+19
镧组	^{90}Y	3.04E+17
	^{91}Y	4.48E+18
	^{92}Y	4.69E+18
	^{93}Y	5.41E+18
	^{95}Nb	6.07E+18
惰性气体	^{95}Zr	6.03E+18
	^{97}Zr	6.01E+18
	^{140}La	6.48E+18
	^{142}La	5.76E+18
	^{143}Pr	5.40E+18
	^{147}Nd	2.38E+18
	^{241}Am	5.49E+14
	^{242}Cm	1.54E+17
	^{244}Cm	1.21E+16

8.2　一回路裂变产物源项

8.2.1　设计基准源项

设计基准反应堆冷却剂裂变产物活度浓度是根据假设条件通过机理模型计算得到的。

因为裂变产物从燃料芯块释放到燃料包壳间隙，并从破损包壳释放入主冷却剂的机理非常复杂，工程上采用逃脱率系数和燃料包壳破损率来模拟整个过程。计算中应用到的程序主要包括 ORIGEN、FIPCO3.1 和 POST2.0 等。

考虑到在设计过程中，由于堆芯热功率、换料方案的变化，以及反应堆冷却剂水装量或化学和容积控制系统正常净化流量的减少，都会引起反应堆冷却剂裂变产物活度浓度的增加。为此，需将最终计算结果乘以一个保守因子以包络这些变化，此保守因子可取为 1.212，其中，包括功率不确定因子 1.01，燃料管理因子 1.04，以及由于反应堆冷却剂水装量或化学和容积控制系统正常净化流量变化产生的不确定因子 1.15。

设计基准反应堆冷却剂活度浓度计算所需参数见表 8.2.1，平衡循环反应堆冷却剂及 FIPCO 程序模拟的硼降曲线见图 8.2.1，计算结果见表 8.2.2。该源项可用于辐射防护设计、废物管理系统设计能力评估和事故分析中。

表 8.2.1　计算设计基准反应堆冷却剂裂变产物活度浓度所需主要参数

参数	数值	单位
反应堆冷却剂满功率水装量	2.029 07E+05	kg
化学和容积控制系统主要参数		
正常净化流量	22.54E+03	kg/h
混床对核素的去污因子		
Kr、Xe	1	—
Br、I	10	—
Sr、Ba	10	—
其他	1	—
阳床		
有效流量	2.254E+03	kg/h
去污因子		
Kr、Xe	1	—
Sr、Ba	1	—
^{86}Rb、^{134}Cs 和 ^{137}Cs	10	—
^{88}Rb、^{89}Rb、^{136}Cs 和 ^{138}Cs	1	—
其他	1	—
其他去除机制*		—

*除Kr、Xe、Sr、Ba、Br、Cs、I、Rb外的其他核素，假定去污因子为10，以便考虑除离子交换以外的其他去除机制，如沉积或过滤。此去污因子适用于正常净化下泄流。

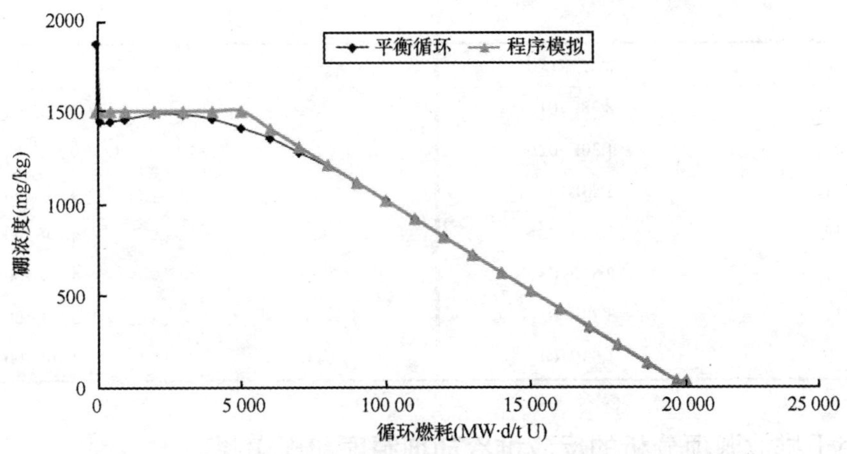

图 8.2.1 平衡循环反应堆冷却剂及 FIPCO 程序模拟的硼降曲线

表 8.2.2 设计基准反应堆冷却剂裂变产物活度浓度 (单位：Bq/g)

核素	活度浓度	核素	活度浓度
^{83m}Kr	6.50E+03	^{134}Cs	1.94E+04
^{85m}Kr	2.97E+04	^{136}Cs	2.98E+04
^{85}Kr	9.62E+04	^{137}Cs	1.54E+04
^{87}Kr	1.68E+04	^{138}Cs	1.31E+04
^{88}Kr	5.28E+04	^{88}Rb	5.40E+04
^{89}Kr	1.24E+03	^{89}Rb	2.47E+03
^{131m}Xe	4.68E+04	^{89}Sr	3.45E+01
^{133m}Xe	6.07E+04	^{90}Sr	1.58E+00
^{133}Xe	4.37E+06	^{91}Sr	5.87E+01
^{135m}Xe	6.07E+03	^{92}Sr	1.41E+01
^{135}Xe	1.28E+05	^{90}Y	3.80E-01
^{137}Xe	2.39E+03	^{91m}Y	3.07E+01
^{138}Xe	8.78E+03	^{91}Y	4.16E+00
^{83}Br	1.05E+03	^{92}Y	1.12E+01
^{84}Br	5.33E+02	^{93}Y	3.86E+00
^{85}Br	6.30E+01	^{95}Zr	5.06E+00
^{129}I	4.73E-04	^{95}Nb	5.07E+00
^{130}I	3.17E+02	^{99}Mo	6.91E+03
^{131}I	2.25E+04	^{99m}Tc	6.38E+03
^{132}I	3.25E+04	^{103}Ru	4.39E+00
^{133}I	4.27E+04	^{103m}Rh	4.35E+00
^{134}I	7.70E+03	^{106}Rh	1.47E+00
^{135}I	2.66E+04	^{127m}Te	2.44E+01

续表

核素	活度浓度	核素	活度浓度
^{129m}Te	8.38E+01	^{140}Ba	3.31E+01
^{129}Te	1.30E+02	^{140}La	9.56E+00
^{131m}Te	2.23E+02	^{141}Ce	4.97E+00
^{131}Te	1.50E+02	^{143}Ce	4.80E+00
^{132}Te	2.57E+03	^{143}Pr	4.80E+00
^{134}Te	3.78E+02	^{144}Ce	3.67E+00
^{137m}Ba	1.53E+04	^{144}Pr	3.70E+00

8.2.2 用于排放源项分析的反应堆冷却剂源项和现实源项

根据第三章的分析，在进行放射性流出物排放源项分析时，需首先给出用于排放源项分析的反应堆冷却剂源项，这两套源项分别对应的剂量等效 ^{131}I 活度浓度及分析目的如下：

(1)用于设计排放源项分析的反应堆冷却剂源项：该源项用于选址和设计阶段环境影响评价及厂址容量论证，所对应的反应堆冷却剂剂量等效 ^{131}I 活度浓度为 5GBq/t。该源项保守考虑了核电厂运行中可能的各种瞬态情况导致的反应堆冷却剂中核素活度浓度的增加，是计算设计排放源项的基础。

(2)现实源项：该源项用于现状评价、三关键分析及环境监测方案的制订，所对应的反应堆冷却剂剂量等效 ^{131}I 活度浓度为 0.1GBq/t。该源项数据根据核电厂正常运行时的经验数据得到，是计算现实排放源项的基础。

以 6.3.1 中的分析方法，计算得到剂量等效 ^{131}I 活度浓度，并将其调整为 37GBq/t 的源项后，分别按剂量等效 ^{131}I 活度浓度的比例进行调整，即得到上述两套反应堆冷却剂源项，分别见表 8.2.3 和表 8.2.4。

表 8.2.3 用于设计排放源项分析的反应堆冷却剂源项 (单位：Bq/g)

核素	活度浓度	核素	活度浓度
^{83m}Kr	1.03E+03	^{135}Xe	2.03E+04
^{85m}Kr	4.71E+03	^{137}Xe	3.79E+02
^{85}Kr	1.53E+04	^{138}Xe	1.39E+03
^{87}Kr	2.67E+03	^{83}Br	1.67E+02
^{88}Kr	8.38E+03	^{84}Br	8.46E+01
^{89}Kr	1.97E+02	^{85}Br	1.00E+01
^{131m}Xe	7.43E+03	^{129}I	7.50E−05
^{133m}Xe	9.63E+03	^{130}I	5.03E+01
^{133}Xe	6.93E+05	^{131}I	3.57E+03
^{135m}Xe	9.63E+02	^{132}I	5.16E+03

续表

核素	活度浓度	核素	活度浓度
^{133}I	6.77E+03	^{99}Mo	1.10E+03
^{134}I	1.22E+03	^{99m}Tc	1.01E+03
^{135}I	4.22E+03	^{103}Ru	6.96E−01
^{134}Cs	3.08E+03	^{103m}Rh	6.90E−01
^{136}Cs	4.73E+03	^{106}Rh	2.33E−01
^{137}Cs	2.44E+03	^{127m}Te	3.87E+00
^{138}Cs	2.08E+03	^{129m}Te	1.33E+01
^{88}Rb	8.57E+03	^{129}Te	2.06E+01
^{89}Rb	3.92E+02	^{131m}Te	3.54E+01
^{89}Sr	5.47E+00	^{131}Te	2.38E+01
^{90}Sr	2.51E−01	^{132}Te	4.08E+02
^{91}Sr	9.31E+00	^{134}Te	6.00E+01
^{92}Sr	2.24E+00	^{137m}Ba	2.43E+03
^{90}Y	6.03E−02	^{140}Ba	5.25E+00
^{91m}Y	4.87E+00	^{140}La	1.52E+00
^{91}Y	6.60E−01	^{141}Ce	7.89E−01
^{92}Y	1.78E+00	^{143}Ce	7.62E−01
^{93}Y	6.12E−01	^{143}Pr	7.62E−01
^{95}Zr	8.03E−01	^{144}Ce	5.82E−01
^{95}Nb	8.04E−01	^{144}Pr	5.87E−01

表 8.2.4　反应堆冷却剂现实源项　　（单位：Bq/g）

核素	活度浓度	核素	活度浓度
^{83m}Kr	2.06E+01	^{83}Br	3.33E+00
^{85m}Kr	9.42E+01	^{84}Br	1.69E+00
^{85}Kr	3.05E+02	^{85}Br	2.00E−01
^{87}Kr	5.33E+01	^{129}I	1.50E−06
^{88}Kr	1.68E+02	^{130}I	1.01E+00
^{89}Kr	3.93E+00	^{131}I	7.14E+01
^{131m}Xe	1.49E+02	^{132}I	1.03E+02
^{133m}Xe	1.93E+02	^{133}I	1.35E+02
^{133}Xe	1.39E+04	^{134}I	2.44E+01
^{135m}Xe	1.93E+01	^{135}I	8.44E+01
^{135}Xe	4.06E+02	^{134}Cs	6.16E+01
^{137}Xe	7.58E+00	^{136}Cs	9.46E+01
^{138}Xe	2.79E+01	^{137}Cs	4.89E+01

续表

核素	活度浓度	核素	活度浓度
^{138}Cs	4.16E+01	^{103m}Rh	1.38E−02
^{88}Rb	1.71E+02	^{106}Rh	4.66E−03
^{89}Rb	7.84E+00	^{127m}Te	7.74E−02
^{89}Sr	1.09E−01	^{129m}Te	2.66E−01
^{90}Sr	5.01E−03	^{129}Te	4.13E−01
^{91}Sr	1.86E−01	^{131m}Te	7.08E−01
^{92}Sr	4.47E−02	^{131}Te	4.76E−01
^{90}Y	1.21E−03	^{132}Te	8.15E+00
^{91m}Y	9.74E−02	^{134}Te	1.20E+00
^{91}Y	1.32E−02	^{137m}Ba	4.85E+01
^{92}Y	3.55E−02	^{140}Ba	1.05E−01
^{93}Y	1.22E−02	^{140}La	3.03E−02
^{95}Zr	1.61E−02	^{141}Ce	1.58E−02
^{95}Nb	1.61E−02	^{143}Ce	1.52E−02
^{99}Mo	2.19E+01	^{143}Pr	1.52E−02
^{99m}Tc	2.02E+01	^{144}Ce	1.16E−02
^{103}Ru	1.39E−02	^{144}Pr	1.17E−02

8.3　一回路活化腐蚀产物源项

反应堆冷却剂中腐蚀产物活度浓度的确定以运行核电厂的测量数据为基础，与燃料破损率无关。腐蚀产物中主要的放射性核素为^{51}Cr、^{54}Mn、^{59}Fe、^{58}Co、^{60}Co、^{110m}Ag和^{124}Sb等。腐蚀产物的活度浓度是反应堆厂房中余热排出系统的设备(考虑运行核电厂的尖峰释放经验数据)、核辅助厂房中部分系统的除盐床及过滤器间屏蔽设计的主要源项。

反应堆冷却剂腐蚀产物活度浓度的计算是以运行核电厂测量数据为基础，通过一定的调整而得到的。只要所考虑的核电厂的系统流程和系统内核素的去除途径与参考核电厂相同或相似，就可以将参考核电厂各主要流体内核素的活度浓度调整为所考虑的核电厂的相应数值。对参考电厂核素活度浓度的调整是通过调整因子实现的，即将参考电厂的已有数值，乘以调整因子即得出待算电厂的相应数值。调整因子为平衡状态时待算电厂和参考电厂核素活度浓度的比值，核素活度浓度的计算如下式所示：

$$c = \frac{s}{m \times (\lambda + \beta)} \tag{8.3.1}$$

式中，c为放射性核素活度浓度，单位为Bq/g；s为系统内放射性核素产生率，单位为Bq/s；m为流体的质量，单位为g；λ为放射性核素的衰变常数，单位为s^{-1}；β为在系统内由于除盐、过滤及泄漏等原因(不包括核素的衰变作用)而导致的放射性核素的去除率，单位为s^{-1}。

对于 ^{110m}Ag 和 ^{124}Sb，在国外的有关分析中，认为反应堆冷却剂中这两个核素的活度浓度来自裂变产物，而不是腐蚀产物，反应堆冷却剂中的活度浓度非常低。在分析时，将这两个核素作为腐蚀产物来考虑，根据运行核电厂经验数据，反应堆冷却剂中 ^{110m}Ag 的活度浓度一般在 7.4Bq/g，^{124}Sb 的活度浓度在 7.4～11.1Bq/g。参考 ANSI/ANS-18.1 中的数据和调整的方法，^{110m}Ag 的活度浓度为 4.81E+01Bq/g。故考虑一定的包络性，保守地认为反应堆冷却剂中 ^{110m}Ag 和 ^{124}Sb 的活度浓度分别为 4.81E+01Bq/g 和 1.11E+01Bq/g。

考虑到 AP1000 型核电厂采取了一系列降低腐蚀产物的措施，如从核电厂开堆时起，即向反应堆冷却剂中注入贫化锌；减少钴含量；控制主冷却剂的 pH 值；材料表面处理及减少设备数量等，以上措施预期会降低反应堆冷却剂中腐蚀产物的活度浓度。同时根据国际上压水堆的运行经验，预期采取以上控制腐蚀产物措施将使反应堆冷却剂中腐蚀产物的活度浓度降低 1/2，因此假设腐蚀产物的现实源项为设计基准腐蚀产物源项的 1/2，用于设计排放源项分析的腐蚀产物源项与设计基准腐蚀产物源项相同。

腐蚀产物设计源项计算所需的主要参数见表 8.3.1，计算结果见表 8.3.2。

表 8.3.1　计算反应堆冷却剂腐蚀产物活度浓度所需的主要参数

参数	符号	单位	参考核电厂	本项目
热功率	P	MW	3 400	3 400
反应堆冷却剂系统中的水装量	WP	kg	2.49E+05	2.03E+05
反应堆冷却剂下泄流量	FD	kg/h	1.68E+04	2.27E+04
年平均调硼排水流量	FB	kg/h	2.27E+02	6.88E+01
通过化学和容积控制系统阳床的流量	FA	kg/h	1.68E+03	2.27E+03
化学和容积控制系统阳床对腐蚀产物的去除系数	NA	—	0.9	0.9
化学和容积控制系统混床对腐蚀产物的去除系数	NB	—	0.98	0.98

表 8.3.2　反应堆冷却剂腐蚀产物设计基准源项　　（单位：Bq/g）

核素	本项目活度浓度	核素	本项目活度浓度
^{51}Cr	8.51E+01	^{60}Co	1.45E+01
^{54}Mn	4.37E+01	^{65}Zn	1.39E+01
^{55}Fe	3.28E+01	^{124}Sb	1.11E+01
^{59}Fe	8.21E+00	^{110m}Ag	4.81E+01
^{58}Co	1.26E+02		

8.4　二回路冷却剂源项

8.4.1　设计基准二回路源项

在计算设计基准二回路源项时，以设计基准反应堆冷却剂中核素的活度浓度为基础，同时考虑一定的泄漏率而得到。该泄漏率值取自技术规格书的规定，为蒸汽发生自一次侧向二次侧的泄漏率限值(1.14m^3/d)。

计算设计基准二回路源项所需参数见表 8.4.1，计算结果见表 8.4.2 和表 8.4.3。

表 8.4.1 二回路源项计算所需的主要系统参数

参数名称	数值	单位
二次侧水总质量	1.63E+05	kg
蒸汽发生器中蒸汽份额	0.06	—
总蒸汽流量	6.79E+06	kg/h
蒸汽中水夹带率	0.25	%
总补给水流量	8.14E+03	kg/d
总排污率	6.91E−01	m^3/min
一次侧向二次侧的总泄漏率	1.14	m^3/d

表 8.4.2 二回路冷却剂液相设计基准源项 (单位：Bq/g)

核素	活度浓度	核素	活度浓度
^{83}Br	4.21E−01	^{89}Sr	5.72E−02
^{84}Br	7.27E−02	^{90}Sr	2.59E−03
^{85}Br	8.97E−04	^{91}Sr	6.15E−02
^{129}I	4.26E−07	^{92}Sr	7.73E−03
^{130}I	2.30E−01	^{90}Y	4.50E−04
^{131}I	1.99E+01	^{91m}Y	3.40E−02
^{132}I	1.40E+01	^{91}Y	3.91E−03
^{133}I	3.35E+01	^{92}Y	9.09E−03
^{134}I	1.63E+00	^{93}Y	2.71E−03
^{135}I	1.65E+01	^{95}Zr	4.63E−03
^{88}Rb	4.63E+00	^{95}Nb	4.64E−03
^{89}Rb	1.82E−01	^{99}Mo	6.06E+00
^{134}Cs	3.18E+01	^{99m}Tc	5.65E+00
^{136}Cs	4.81E+01	^{103}Ru	4.02E−03
^{137}Cs	2.53E+01	^{106}Ru	1.34E−03
^{138}Cs	1.94E+00	^{103m}Rh	4.01E−03
^{51}Cr	7.76E−02	^{106}Rh	1.34E−03
^{54}Mn	4.00E−02	^{127m}Te	2.23E−02
^{55}Fe	3.00E−02	^{127}Te	5.44E−03
^{59}Fe	7.50E−03	^{129m}Te	7.63E−02
^{58}Co	1.15E−01	^{129}Te	6.88E−02
^{60}Co	1.33E−02	^{131m}Te	1.86E−01

续表

核素	活度浓度	核素	活度浓度
^{131}Te	5.28E−02	^{141}Ce	4.52E−03
^{132}Te	2.27E+00	^{143}Ce	4.03E−03
^{134}Te	6.49E−02	^{144}Ce	3.36E−03
^{137m}Ba	2.38E+01	^{143}Pr	4.40E−03
^{140}Ba	3.00E−02	^{144}Pr	3.36E−03
^{140}La	1.02E−02		

表 8.4.3　二回路冷却剂气相设计基准源项　（单位：Bq/g）

核素	活度浓度	核素	活度浓度
^{83m}Kr	3.67E−02	^{135}Xe	6.73E−01
^{85m}Kr	1.50E−01	^{137}Xe	1.19E−02
^{85}Kr	4.86E−01	^{138}Xe	4.41E−02
^{87}Kr	8.48E−02	^{129}I	5.31E−09
^{88}Kr	2.67E−01	^{130}I	2.87E−03
^{89}Kr	6.15E−03	^{131}I	2.49E−01
^{131m}Xe	2.36E−01	^{132}I	1.75E−01
^{133m}Xe	3.07E−01	^{133}I	4.18E−01
^{133}Xe	2.21E+01	^{134}I	2.03E−02
^{135m}Xe	1.96E−01	^{135}I	2.06E−01

8.4.2　用于设计排放源项分析的二回路冷却剂源项

在进行二回路设计排放源项计算时，假定二回路总的活度浓度为 450Bq/L，该值为二回路放射性活度浓度的报警整定值。二回路气相和液相的核素谱与设计基准二回路源项的核素谱保持一致，并按照二回路液相放射性核素的活度浓度与设计基准二回路源项的活度浓度进行调整。

对于现实排放源项，考虑到现实情况下二回路活度浓度非常低，因此可不对二回路的现实排放源项进行分析。

计算得到的用于设计排放源项分析的二回路冷却剂源项见表 8.4.4 和表 8.4.5。

表 8.4.4　用于设计排放源项分析的二回路冷却剂液相源项　（单位：Bq/g）

核素	活度浓度	核素	活度浓度
^{83}Br	7.99E−04	^{85}Br	1.70E−06
^{84}Br	1.38E−04	^{129}I	8.09E−10

续表

核素	活度浓度	核素	活度浓度
^{130}I	4.37E−04	^{93}Y	5.14E−06
^{131}I	3.78E−02	^{95}Zr	8.79E−06
^{132}I	2.66E−02	^{95}Nb	8.81E−06
^{133}I	6.36E−02	^{99}Mo	1.15E−02
^{134}I	3.09E−03	^{99m}Tc	1.07E−02
^{135}I	3.13E−02	^{103}Ru	7.63E−06
^{88}Rb	8.79E−03	^{103m}Rh	7.61E−06
^{89}Rb	3.46E−04	^{106}Rh	2.54E−06
^{134}Cs	6.04E−02	^{110m}Ag	2.05E−05
^{136}Cs	9.13E−02	^{127m}Te	4.23E−05
^{137}Cs	4.80E−02	^{129m}Te	1.45E−04
^{138}Cs	3.68E−03	^{129}Te	1.31E−04
^{51}Cr	1.47E−04	^{131m}Te	3.53E−04
^{54}Mn	7.59E−05	^{131}Te	1.00E−04
^{55}Fe	5.70E−05	^{132}Te	4.31E−03
^{59}Fe	1.42E−05	^{134}Te	1.23E−04
^{58}Co	2.18E−04	^{137m}Ba	4.52E−02
^{60}Co	2.52E−05	^{140}Ba	5.70E−05
^{89}Sr	1.09E−04	^{140}La	1.94E−05
^{90}Sr	4.92E−06	^{141}Ce	8.58E−06
^{91}Sr	1.17E−04	^{143}Ce	7.65E−06
^{92}Sr	1.47E−05	^{144}Ce	6.38E−06
^{90}Y	8.54E−07	^{143}Pr	8.35E−06
^{91m}Y	6.45E−05	^{144}Pr	6.38E−06
^{91}Y	7.42E−06	^{65}Zn	2.41E−05
^{92}Y	1.73E−05	^{124}Sb	4.68E−05

表 8.4.5　用于设计排放源项分析的二回路冷却剂气相源项　（单位：Bq/g）

核素	活度浓度	核素	活度浓度
^{83m}Kr	6.97E−05	^{133m}Xe	5.83E−04
^{85m}Kr	2.85E−04	^{133}Xe	4.19E−02
^{85}Kr	9.23E−04	^{135m}Xe	3.73E−04
^{87}Kr	1.61E−04	^{135}Xe	1.28E−03
^{88}Kr	5.07E−04	^{137}Xe	2.26E−05
^{89}Kr	1.17E−05	^{138}Xe	8.38E−05
^{131m}Xe	4.47E−04	^{129}I	1.01E−11

续表

核素	活度浓度	核素	活度浓度
^{130}I	5.44E-06	^{133}I	7.93E-04
^{131}I	4.72E-04	^{134}I	3.85E-05
^{132}I	3.32E-04	^{135}I	3.91E-04

8.5　氚和 ^{14}C 源项

8.5.1　氚源项

8.5.1.1　氚的产生量计算

主回路中氚的主要产生途径包括：①燃料裂变(三元裂变)产生的氚通过燃料包壳扩散或燃料包壳破损处泄漏进入主冷却剂中；②在主冷却剂中可溶硼与中子的反应；③可燃的中子吸收体中产生的氚通过扩散或包壳破损进入主冷却剂中；④主冷却剂中可溶锂与中子的反应；⑤主冷却剂中氘与中子的反应；⑥次级源棒产生的氚通过燃料包壳扩散或燃料包壳破损处泄漏进入主冷却剂中。

计算中涉及的关键参数的选取依据和假设条件说明如下：

(1) 堆芯活性区各群平均中子注量率是通过 TORT 程序对各区域进行实际模拟后得到的，同时合理确定反应截面，保证分析结果的合理可信。TORT 程序是三维离散纵标(SN)法程序，属于 DOORS3.2a 程序包。计算时详细考虑了堆内构件的材料成分及尺寸大小，通过建模分析得到堆芯活性区各能群的中子注量率。

(2) 反应堆冷却剂采用 LiOH 作为 pH 值控制剂，在计算主回路产生量时，可对 ^{7}Li 的浓度进行偏保守和偏现实的考虑。本文在分析时，锂的平均浓度取为 3.0mg/kg。同时，在设计源项计算时，假设 ^{7}Li 浓度为 99.96%，现实源项计算时则采用 99.98%。

(3) 对于设计源项和现实源项，通过燃料棒包壳和可燃毒物棒包壳的氚释放份额应根据具体情况进行偏保守和偏现实的考虑。设计源项计算时，假设了通过燃料棒包壳和可燃毒物棒包壳的氚释放份额为 1%。计算现实源项时，假设为 0.5%。分析时同时需考虑次级源棒对氚产生量的贡献，AP1000 核电厂次级源棒一般采用不锈钢作为包壳材料，分析时可保守认为次级源棒氚的释放份额为 10%。

用于计算主回路氚产生量的输入参数见表 8.5.1，主回路中氚产生量计算时所需的微观反应截面见表 8.5.2，主回路氚产生量的计算结果见表 8.5.3。

表 8.5.1　主回路中氚产生量计算时所需的主要参数

参数	单位	平衡循环
燃料元件表面涂硼毒物(IFBA)数量	个	7 616(换料组件) 7 616(一次料) 2 784(二次料)
所有 IFBA 中 ^{10}B 总质量	g	2 185.6

续表

参数	单位	平衡循环
湿式环状可燃毒物棒(WABA)数量	个	0
所有 WABA 中 ^{10}B 总质量	g	0
等效满功率天	EFPD	507.6
初始硼浓度	mg/kg	1 873.6
硼去除率	mg/(kg·s)	4.178E−05
锂浓度	mg/kg	3.0
主回路水装量	g	2.03E+08
堆芯活性区水质量	g	1.30E+07
次级源棒参数		
单根次级源棒中的 Sb-Be 芯块质量	kg	0.338
Sb-Be 芯块密度	g/cm^3	4.27
首循环堆芯次级源棒数量	个	12
次级源棒计算时采用的堆芯平均热中子通量	n/(cm^2·s)	3.77E+13

表 8.5.2　主回路中氚产生量计算时所需的微观反应截面

能群号	能量下限(MeV)	能群上限(MeV)	微观反应截面(b)				
			$^{10}B(n, 2\alpha)T$	$^{10}B(n, \alpha)^7Li$	$^7Li(n, n\alpha)T$	$^6Li(n, \alpha)T$	$^2H(n, \gamma)T$
1	2.87E+00	1.00E+01	1.29E−01	2.51E−01	9.54E−02	1.11E−01	9.96E−06
2	1.35E+00	2.87E+00	3.71E−02	3.69E−01	0	2.12E−01	7.72E−06
3	8.20E−01	1.35E+00	6.86E−04	2.34E−01	0	2.37E−01	5.95E−06
4	3.90E−01	8.20E−01	3.65E−05	5.63E−01	0	3.35E−01	4.67E−06
5	1.10E−01	3.90E−01	3.66E−05	1.34E+00	0	1.52E+00	2.93E−06
6	1.50E−02	1.10E−01	1.34E−05	2.98E+00	0	8.18E−01	1.39E−06
7	5.50E−03	1.50E−02	1.40E−05	6.25E+00	0	1.59E+00	1.05E−06
8	5.80E−04	5.50E−03	2.83E−05	1.48E+01	0	3.67E+00	1.97E−06
9	7.89E−05	5.80E−04	7.87E−05	4.28E+01	0	1.05E+01	5.64E−06
10	1.07E−05	7.89E−05	2.13E−04	1.17E+02	0	2.86E+01	1.54E−05
11	1.90E−06	1.07E−05	5.37E−04	2.94E+02	0	7.20E+01	3.88E−05
12	3.00E−07	1.90E−06	1.34E−03	7.38E+02	0	1.80E+02	9.71E−05
13	1.20E−07	3.00E−07	2.66E−03	1.46E+03	0	3.57E+02	1.92E−04
14	6.00E−08	1.20E−07	3.81E−03	2.09E+03	0	5.10E+02	2.75E−04
15	2.00E−08	6.00E−08	5.68E−03	3.12E+03	0	7.69E+02	4.10E−04
16	0	2.00E−08	1.07E−02	5.89E+03	0	1.52E+03	7.75E−04

表 8.5.3　平衡循环主回路氚产生量　　　　（单位：Bq/g）

主要产生途径	设计源项/总量	现实源项/总量
燃料中三元裂变	4.60E+12	2.14E+12
可燃毒物棒中 $^{10}B(n, 2\alpha)T$ 反应	4.23E+11	1.97E+11
可燃毒物棒内 $^{10}B(n, \alpha)^{7}Li(n, n\alpha)T$ 反应	3.98E+11	1.85E+11
次级源棒的贡献	3.61E+11	3.36E+11
主冷却剂中 $^{10}B(n, 2\alpha)T$ 反应	3.62E+13	3.37E+13
主冷却剂中 $^{7}Li(n, n\alpha)T$ 反应	4.05E+11	3.76E+11
主冷却剂中 $^{6}Li(n, \alpha)T$ 反应	6.42E+11	2.98E+11
主冷却剂中 $^{2}H(n, \gamma)T$ 反应	3.49E+10	3.24E+10
总量	4.30E+13	3.72E+13

注：1) 在现实总量计算时，考虑了0.93的核电厂可利用因子。
2) 此表给出的氚的产生总量未考虑1.1倍的保守因子，在后续进行排放源项的分析时则进行了考虑。

8.5.1.2　氚的气液态流出物排放源项

分析氚的气液态排放源项时，主要基于主回路氚的产生量，并考虑一定的气液排放比例。考虑的主要假设条件如下。

(1) 在计算氚的气液态排放量时，在氚产生总量的基础上考虑了 1.1 的保守因子，以涵盖气液态比例的波动范围。

(2) 在进行氚的气液态排放源项计算时，排放比例的选取比较保守。该比例的确定基于一定的核电厂运行经验，同时考虑了一定的包络性，保守认为液态氚的排放份额为氚产生总量的 90%，气态氚的排放份额为氚产生总量的 10%。

(3) 根据不同的目的考虑核电厂可利用因子对排放源项的影响，在计算设计排放源项时，保守认为核电厂全部满功率运行，假定核电厂可利用因子为 1.0。计算现实排放源项时，考虑了 0.93 的核电厂可利用因子。

氚的气液态排放量见表 8.5.4。

表 8.5.4　氚的气液态排放量计算结果　　　　（单位：Bq/a）

类别	气态排放量	液态排放量
设计排放源项	4.73E+12	4.26E+13
现实排放源项	4.09E+12	3.68E+13

8.5.2　^{14}C 源项

8.5.2.1　^{14}C 产生量计算

主回路 ^{14}C 主要是反应堆冷却剂水中的 ^{17}O 和溶解在反应堆冷却剂中的 ^{14}N 分别通过 $^{17}O(n, \alpha)^{14}C$ 和 $^{14}N(n, p)^{14}C$ 反应生成的。

虽然在燃料芯块、燃料包壳、反应堆冷却剂和结构材料中都含有 ^{17}O 和 ^{14}N，但是核电厂中向环境释放的 ^{14}C 主要来自反应堆冷却剂中 ^{17}O 和 ^{14}N 的活化。^{14}C 主要的排放途径是气态排放，其他排放途径是通过离子交换累积在离子交换树脂中变成固体废物或通过液体途径排放。由于 ^{14}C 半衰期非常长，约为 5730 年，因此在反应堆寿期内(60 年)计算 ^{14}C 产生量及排放量时，可以不考虑 ^{14}C 的衰减。

^{14}C 源项计算中涉及的关键参数或假设条件考虑如下。

(1)堆芯活性区各群平均中子注量率是通过 TORT 程序对各区域进行实际模拟后得到的，同时合理确定反应截面，保证分析结果的合理可信。TORT 程序是三维离散纵标(SN)法程序，属于 DOORS3.2a 程序包。计算时详细考虑了堆内构件的材料成分及尺寸大小，通过建模分析得到堆芯活性区各能群的中子注量率。

(2)核电厂中向环境释放的 ^{14}C 主要来自反应堆冷却剂中 ^{17}O 和 ^{14}N 的活化，因此可只需考虑反应堆冷却剂的贡献。

(3)考虑到 AP1000 核电厂仅冷启动时向冷却剂中注入一定的联氨，并且无容积控制箱等，同时根据美国运行核电厂的经验，^{14}N 的浓度一般小于 0.5mg/kg，故现实源项计算时，假设反应堆冷却剂中 ^{14}N 的浓度为 0.5mg/kg。设计源项计算时，假设反应堆冷却剂中 ^{14}N 的浓度为 5mg/kg。^{14}C 计算所用到的反应截面信息见表 8.5.5 和表 8.5.6，计算结果见表 8.5.7。

表 8.5.5　$^{17}O(n, \alpha)^{14}C$ 反应的 47 群反应截面

能群号	能群上限能量(MeV)	反应截面(b)	能群号	能群上限能量(MeV)	反应截面(b)
1	1.733 0E+01	2.36E-01	19	1.002 6E+00	9.95E-02
2	1.419 1E+01	2.70E-01	20	8.208 5E-01	9.48E-02
3	1.221 4E+01	2.53E-01	21	7.427 4E-01	8.92E-02
4	1.000 0E+01	1.99E-01	22	6.031 0E-01	7.69E-02
5	8.607 1E+00	1.24E-01	23	4.978 7E-01	5.22E-02
6	7.408 2E+00	7.72E-02	24	3.688 3E-01	2.48E-02
7	6.065 3E+00	8.20E-02	25	2.972 0E-01	8.70E-03
8	4.965 9E+00	1.03E-01	26	1.831 6E-01	2.70E-03
9	3.678 8E+00	1.16E-01	27	1.110 9E-01	7.37E-04
10	3.011 9E+00	1.18E-01	28	6.737 9E-02	2.72E-04
11	2.725 3E+00	1.17E-01	29	4.086 8E-02	2.60E-04
12	2.466 0E+00	1.17E-01	30	3.182 8E-02	2.78E-04
13	2.365 3E+00	1.17E-01	31	2.605 8E-02	2.87E-04
14	2.345 7E+00	1.17E-01	32	2.417 6E-02	2.93E-04
15	2.231 3E+00	1.16E-01	33	2.187 5E-02	3.14E-04
16	1.920 5E+00	1.12E-01	34	1.503 4E-02	3.80E-04
17	1.653 0E+00	1.09E-01	35	7.101 7E-03	5.38E-04
18	1.353 4E+00	1.05E-01	36	3.354 6E-03	7.83E-04

续表

能群号	能群上限能量(MeV)	反应截面(b)	能群号	能群上限能量(MeV)	反应截面(b)
37	1.584 6E−03	1.30E−03	43	5.043 5E−06	2.16E−02
38	4.540 0E−04	2.13E−03	44	1.855 4E−06	3.34E−02
39	2.144 5E−04	3.09E−03	45	8.764 2E−07	4.88E−02
40	1.013 0E−04	4.80E−03	46	4.139 9E−07	8.89E−02
41	3.726 7E−05	8.49E−03	47	1.000 0E−07	1.80E−01
42	1.667 7E−05	1.38E−02	—	1.000 0E−11	—

表 8.5.6　$^{14}N(n，p)^{14}C$ 反应的 47 群反应截面

能群号	能群上限能量(MeV)	反应截面(b)	能群号	能群上限能量(MeV)	反应截面(b)
1	1.733 0E+01	3.81E−02	25	2.972 0E−01	1.89E−03
2	1.419 1E+01	5.21E−02	26	1.831 6E−01	1.39E−03
3	1.221 4E+01	5.95E−02	27	1.110 9E−01	1.27E−03
4	1.000 0E+01	4.21E−02	28	6.737 9E−02	1.35E−03
5	8.607 1E+00	2.06E−02	29	4.086 8E−02	1.53E−03
6	7.408 2E+00	1.65E−02	30	3.182 8E−02	1.70E−03
7	6.065 3E+00	2.13E−02	31	2.605 8E−02	1.79E−03
8	4.965 9E+00	8.04E−02	32	2.417 6E−02	1.83E−03
9	3.678 8E+00	4.72E−02	33	2.187 5E−02	2.01E−03
10	3.011 9E+00	5.27E−02	34	1.503 4E−02	2.68E−03
11	2.725 3E+00	3.46E−02	35	7.101 7E−03	4.00E−03
12	2.466 0E+00	1.37E−02	36	3.354 6E−03	5.94E−03
13	2.365 3E+00	1.56E−02	37	1.584 6E−03	1.00E−02
14	2.345 7E+00	3.34E−02	38	4.540 0E−04	1.64E−02
15	2.231 3E+00	2.02E−02	39	2.144 5E−04	2.39E−02
16	1.920 5E+00	1.35E−02	40	1.013 0E−04	3.73E−02
17	1.653 0E+00	9.49E−02	41	3.726 7E−05	6.60E−02
18	1.353 4E+00	2.16E−02	42	1.667 7E−05	1.07E−01
19	1.002 6E+00	1.30E−02	43	5.043 5E−06	1.68E−01
20	8.208 5E−01	1.69E−02	44	1.855 4E−06	2.59E−01
21	7.427 4E−01	1.13E−01	45	8.764 2E−07	3.79E−01
22	6.031 0E−01	1.75E−02	46	4.139 9E−07	6.91E−01
23	4.978 7E−01	3.22E−02	47	1.000 0E−07	1.40E+00
24	3.688 3E−01	2.80E−03	—	1.000 0E−11	—

表 8.5.7 主回路产生的 ^{14}C 活度

反应类型	^{14}C 活度
单个自然年，核电厂全年 100%满功率运行的 ^{14}C 产生量——用于设计排放源项	
$^{17}O(n,\alpha)^{14}C$	3.16E+11
$^{14}N(n,p)^{14}C$	6.28E+09
总计	3.22E+11
单个自然年，核电厂可利用率为 93%的 ^{14}C 产生量——用于现实排放源项	
$^{17}O(n,\alpha)^{14}C$	2.94E+11
$^{14}N(n,p)^{14}C$	5.80E+08
总计	2.95E+11

注：此表给出的 ^{14}C 的产生总量未考虑1.1的保守因子，在后续进行排放源项的分析时则进行了考虑。

8.5.2.2 ^{14}C 的气液态流出物排放源项

^{14}C 的气液态流出物排放源项是基于主回路 ^{14}C 的产生量，并考虑一定的气液态排放份额得到的。计算时考虑的主要假设条件如下：

(1) 在计算 ^{14}C 的气液态排放量时，在 ^{14}C 产生总量的基础上考虑 1.1 的保守因子，以涵盖气液态比例的波动范围。对于气液态排放比例，基于国外运行经验，并考虑到一定的包络性，本节分析时保守考虑气态 ^{14}C 的排放份额占 ^{14}C 产生总量的 90%，液态 ^{14}C 的排放份额为 ^{14}C 产生总量的 10%。

(2) 根据不同的目的考虑核电厂可利用因子对排放源项的影响，在计算设计排放源项时，保守认为核电厂全部满功率运行，假定核电厂可利用因子为 1.0。计算现实排放源项时，考虑了 0.93 的核电厂可利用因子。

^{14}C 的气液态排放量见表 8.5.8。

表 8.5.8 单机组 ^{14}C 气液态排放量计算结果 （单位：Bq/a）

类别	气态排放量	液态排放量
单机组设计排放源项	3.19E+11	3.54E+10
单机组现实排放源项	2.92E+11	3.25E+10

8.6 气液态流出物排放源项

8.6.1 气态流出物排放量计算方法

气态流出物计算时主要考虑以下途径向环境释放：①从反应堆冷却剂系统泄漏到安全壳大气中的放射性核素通过安全壳通风向环境的释放；②工艺流体泄漏的放射性核素通过辅助厂房向环境的释放；③燃料操作区域的通风导致的放射性核素的释放；④放射性核素通过放射性废气处理系统的释放；⑤二回路的释放。

各途径计算模式的介绍详见 5.3.3。

计算时相关参数选取原则如下：

(1) 反应堆厂房中反应堆冷却剂的泄漏率取为 0.063m^3/d。根据废液处理系统说明书，反应堆冷却剂进入疏水箱的量为 0.038m^3/d。一回路冷却剂泄漏液中，40%通过闪蒸释放到安全壳中，60%进入疏水箱。由此可以得到进入安全壳的泄漏量为 0.038/60%m^3/d = 0.063m^3/d。

(2) 假定反应堆厂房冷却剂的惰性气体闪蒸份额为 1，碘和其他粒子为 0.4。

(3) 根据反应堆厂房通风系统设计，通风过滤系统中设置有活性炭过滤器和高效过滤器，故考虑了其对碘和粒子的去除作用，其中对碘的去除效率为 90%，对粒子的去除效率为 99%。

8.6.1.1　辅助厂房

对于辅助厂房，保守假设一回路冷却剂泄漏到厂房中的气载放射性核素没有衰变和沉积，直接释放到环境中。计算公式如下：

$$A^i = I_c \times f_c \times C_c^i \times (1 - E) \times 365 \tag{8.6.1}$$

式中，C_c^i 为反应堆主冷却剂中核素 i 的活度浓度，单位为 Bq/g；I_c 为主冷却剂的泄漏率，单位为 g/d；f_c 为闪蒸份额；其他参数的说明同上。

计算时相关参数选取原则如下：

(1) 因为进入辅助厂房的流体温度均低于 54.4℃，一般不会发生闪蒸，并且部分流体已经过化学和容积控制系统的净化。因此，保守考虑，碘的气水分配系数为 0.01，其他粒子的气水分配系数为 0.005，惰性气体为 1。

(2) 不考虑通风系统的过滤去除作用。

(3) 根据废液处理系统说明书，反应堆冷却剂泄漏到辅助厂房的量为 0.30m^3/d。

(4) 分析时对进入辅助厂房不同的废液来源考虑了其活度浓度的差异。对于调硼排水，考虑了化学和容积控制系统的净化；对于取样疏水，根据 ANS 55.6 的规定，取其活度浓度为反应堆冷却剂活度浓度的 5%。

8.6.1.2　燃料操作区域

计算时相关参数选取原则如下：

(1) 分析设计排放源项和现实排放源项时，燃料破损率基于设计基准情况下的燃料破损率调整得到。假定对于设计排放源项和现实排放源项，燃料破损率分别为 3.378E-04 (0.25%/7.4) 和 6.757E-06 (0.025%/37)。

(2) 由于在浓度计算时保守取换料期间的气载放射性浓度，实际情况下一年中仅有很少时间可以达到该浓度水平，而对于半衰期较短的核素，在经历 5 个半衰期后，剩余的放射性已非常少。因此，对于半衰期较短的核素，采用平衡最大活度浓度持续 5 个半衰期的时间释放；对于半衰期长的核素，保守认为以平衡最大活度浓度连续 1 年释放。

(3) 考虑到乏池水中乏燃料组件的温度比较低，因此乏燃料组件中裂变产物的逃脱率系数取为满功率运行期间裂变产物逃脱率系数的 10^{-5} 倍。

8.6.1.3 放射性废气处理系统

在计算放射性废气处理系统的气态放射性流出物排放量时，考虑了化学和容积控制系统下泄流和反应堆冷却剂疏水箱中废液脱气产生的废气，化学和容积控制系统下泄流在正常运行时的废液流量为 1.65m^3/d，在设计排放源项分析时，保守考虑取为 3.13m^3/d；反应堆冷却剂疏水箱的废液流量为 0.038m^3/d。对于惰性气体，气水分配因子取为 1，根据反应堆冷却剂源项，并考虑了延迟床对氪和氙的延迟作用(氪和氙的延迟时间分别为 2d 和 38d)后，计算得到废气处理系统处理后的放射性废气的排放量。

8.6.1.4 二回路系统

对于二回路系统，未经冷凝的放射性气体主要通过真空泵的抽气释放进入环境。计算时，以二回路气态源项为基础，保守考虑放射性废气的排放流量为二回路蒸汽流量，取值为 6.79E+06kg/h，由此计算得到通过二回路系统释放的气载放射性流出物排放量。

8.6.2 液态流出物排放量计算方法

液态放射性流出物主要来自反应堆冷却剂(主要是反应堆冷却剂调硼排水和反应堆冷却剂的泄漏)和二回路冷却剂(主要是蒸汽发生器排污流的处理和二回路冷却剂的泄漏)。除了计划停堆时反应堆冷却剂系统的脱气以外，本电厂的系统不回收利用反应堆冷却剂流出物。反应堆冷却剂流出物经过处理后排放到环境中，蒸汽发生器排污流通常返回凝结水系统。液态流出物排放源项分析时关键参数的选取及假设条件考虑如下：

(1) 对于其他进入放射性废液处理系统进行处理的废液，需详细考虑其各类废液的来源、废液活度浓度及废液产生量等，如设备疏水、地面疏水、取样疏水及其他的泄漏液等，可根据系统设计或根据核电厂运行经验进行确定。对于取样疏水，在 AP1000 的分析中，取样疏水的活度浓度取为 100%反应堆冷却剂活度，由此得到设备疏水及清洁废液的活度浓度为反应堆冷却剂浓度的 1.023 倍。在本文的分析中，根据 ANSI/ANS 55.6 的规定，取样疏水的活度浓度取为 5%反应堆冷却剂活度，由此得到设备疏水及清洁废液的活度浓度为反应堆冷却剂浓度的 0.3679 倍。

(2) 反应堆冷却剂中调硼产生的废液不回收利用，在进入废液系统进行处理前，可考虑化学和容积控制系统除盐床的净化作用，各核素的去污因子：卤素为 100，铯和铷为 2，其他核素为 50。

(3) 在计算设计排放源项时，保守假设核岛槽式排放口处的废液排放活度浓度为 1000Bq/L，同时基于核岛废液的产生量，反推得到核岛废液的年放射性排放量。

(4) 对于液态排放源项，由于其对应的反应堆冷却剂活度浓度不同，因此废液处理系统的净化能力也可能有所区别，包括除盐床的去污能力、除盐床的投入数量等。在分析时，需对废液处理系统针对各类废液的净化能力进行详细评估和确定。

1) 对于设计基准情况下的冷却剂流出液，此时废液处理系统将会投入 6 台除盐床，即正常运行的 4 台和设计基准情况下投入的额外 2 台除盐床；而对于脏废液，绝大多数情况下无须处理就可以排放，即使需要处理，由于其活度浓度比较低，预期投入 3 台除盐床即可以满足处理要求。

2) 现实排放源项计算时，正常运行时的 4 台床均投入使用，但在具体分析时，考虑到源项水平较低，此时部分除盐床的去污因子为保守考虑取值较低；对于脏废液，由于其活度浓度较低，预期投入 1 台除盐床即可以满足排放要求。

3) 各除盐床的去污因子由系统设计确定。

同时，也需对 SRTF 厂房的废液排放量进行计算。SRTF 厂房产生的放射性废液主要为洗衣废液、各种冷凝液及设备/地面疏水。在计算 SRTF 的排放源项时，对于洗衣废液，单机组每年产生的洗衣废液量取为 2800m^3，该值为单台机组每年的预期最大洗衣废液产生量，考虑了正常运行及停堆检修情况下的洗衣废液量，并保守假定洗衣废液的排放活度浓度取为 100Bq/L 的上限值，参考了 NUREG-0017 中参考电厂运行经验数据的核素谱，计算得到洗衣废液的废液排放量。

对于冷凝液，分析时保守假定冷凝液的排放活度浓度取为 1000Bq/L 的上限值。对于热检修车间的冷凝液，单机组每年产生的废液量为 45m^3，其核素谱根据运行核电厂经验数据得到；对于其他冷凝液，单机组每年产生的废液量为 20m^3，保守假定其核素谱与设计基准反应堆冷却剂的核素谱一致。

对于设备/地面疏水，单机组每年产生的废液量约为 5m^3，分析时保守假定其排放活度浓度为 1000Bq/L 的上限值，并保守假定其核素谱与设计基准反应堆冷却剂的核素谱一致。GB 6249—2011 中对核电厂槽式排放口处除氚和 ^{14}C 外的其他核素的放射性排放活度浓度进行了规定，对于滨海厂址，槽式排放出口处的放射性流出物中除氚和 ^{14}C 外其他放射性核素的活度浓度不应超过 1000Bq/L。因此需要对槽式排放口处的排放活度浓度进行计算，并与控制值比较。气液态的放射性释放量计算所需参数见表 8.6.1～表 8.6.3，气液态的放射性释放量计算结果见表 8.6.4～表 8.6.9。

表 8.6.1　计算放射性流出物排放量所需参数 1

废液类别	废液流量
化学和容积控制系统下泄流	602m^3/a
安全壳内泄漏（排至反应堆冷却剂疏水箱）	0.038m^3/d
安全壳外泄漏（排至流出液暂存箱）	0.30m^3/d
取样疏水	0.76m^3/d
反应堆安全壳冷却	1.89m^3/d
乏燃料池衬里泄漏	0.095m^3/d
设备和区域去污	0.15m^3/d
地面疏水	2.56m^3/d

表 8.6.2 计算放射性流出物排放量所需参数 2

参数及量纲	数值	取值依据
热功率水平(MW)	3 400	电厂总参数
主冷却剂质量(kg)	202 907	主系统参数
主系统下泄流量(m^3/d)	22.71	主系统参数
下泄去污阳离子床年平均流量(m^3/h)	2.27	化学和容积控制系统参数
蒸汽发生器数目	2	电厂总参数
总蒸汽流量(kg/h)	6 790 320	蒸汽发生器设计参数
每个蒸汽发生器中液体质量(kg)	79 722	蒸汽发生器设计参数
每个蒸汽发生器的排污流量(kg/h)	20 718	蒸汽发生器设计参数
调硼排水释放		
排水流量(m^3/d)	1.65	废液处理系统设计参数
收集时间(d)	30	废液处理系统设计参数
处理及排放时间(d)	0	废液处理系统设计参数
排放份额	1.0	废液处理系统设计参数
设备疏水		
设备疏水流量(m^3/d)	1.1	废液处理系统设计参数
反应堆冷却剂活度份额	0.367 9	废液处理系统设计参数
收集时间(d)	30	废液处理系统设计参数
处理及排放时间(d)	0	废液处理系统设计参数
排放份额	1.0	废液处理系统设计参数
清洁废液	N/A	废液处理系统设计参数
脏废液		
脏废液输入流量(m^3/d)	4.69	废液处理系统设计参数
反应堆冷却剂活度份额	0.001 3	废液处理系统设计参数
收集时间(d)	10	废液处理系统设计参数
处理及排放时间(d)	0	废液处理系统设计参数
排放份额	1.0	废液处理系统设计参数
反应堆厂房		
反应堆冷却剂泄漏率(m^3/d)	0.063	废液处理系统设计参数
闪蒸份额		
惰性气体	1	根据反应堆厂房泄漏液的温度和压力取保守假定值
碘和其他粒子	0.4	
通风系统过滤效率		
惰性气体	0	通风系统设计参数
碘	90%	
其他粒子	99%	
辅助厂房		
反应堆冷却剂泄漏率(m^3/d)	0.30	废液处理系统设计参数

续表

参数及量纲	数值	取值依据
汽水分配因子		
碘	0.01	根据辅助厂房泄漏液的温度和压力取的保守假定值
其他粒子	0.005	
通风系统过滤效率		
惰性气体	0	不考虑
碘和其他粒子	0	
燃料操作区		
燃料运输通道、乏燃料池及两者连接部分水淹没部分的总体积(m^3)	961	设计值
燃料破损率		
设计排放源项	3.378E–04	根据设计基准破损率和 ^{131}I 剂量当量调整
现实排放源项	6.757E–06	
反应堆冷却剂水的体积(m^3)	277.84	主系统设计参数
换料腔中水的体积(反应堆冷却剂水体积的 6 倍)(m^3)	1667.04	假定为反应堆冷却剂水体积的 6 倍
乏燃料组件所占的最大体积(m^3)	98.12	燃料组件参数
换料期间水的净总体积(m^3)	2 807.76	根据反应堆冷却剂体积、换料腔水体积和乏燃料组件体积得到
燃料操作区的通风流量(m^3/s)	5.39	通风系统设计参数
燃料操作区自由空气体积(m^3)	6 099.95	根据燃料操作区域的空间体积，并扣除了 5%的设备体积后得到
乏燃料池过滤除盐床流量(m^3/s)	0.015 77	乏池净化系统设计参数
换料期间乏燃料池水蒸发率(g/s)	230.87	计算值
通风系统过滤效率	0	不考虑

表 8.6.3 计算放射性流出物排放量所需参数 3

不同剂量等效 ^{131}I 活度浓度水平下废液处理系统对各类废液核素的去污因子				
^{131}I 活度浓度	废液类别	I	Cs/Rb	其他
37GBq/t	调硼排水	5 500	100 000	125 000
	设备疏水	5 500	100 000	125 000
	脏废液	110	2 000	2 500
0.1GBq/t	调硼排水	11	1 000	250
	设备疏水	11	1 000	250
	脏废液	1	10	10

表 8.6.4 用于系统设计能力评估的液态流出物排放量 (单位：Bq/a)

核素	调硼释放	各种废液	SRTF 排放量	总释放
腐蚀产物				
^{51}Cr	1.54E+05	1.33E+05	2.57E+07	2.60E+07
^{54}Mn	1.10E+05	7.70E+04	1.60E+07	1.62E+07
^{55}Fe	8.29E+04	5.92E+04	2.55E+07	2.56E+07

续表

核素	调硼释放	各种废液	SRTF 排放量	总释放
^{59}Fe	1.69E+04	1.36E+04	8.69E+06	8.72E+06
^{58}Co	2.78E+05	2.13E+05	4.94E+07	4.99E+07
^{60}Co	3.55E+04	2.58E+04	6.03E+07	6.04E+07
^{65}Zn	3.55E+04	2.46E+04	9.84E+02	6.11E+04
^{124}Sb	2.72E+04	1.97E+04	1.52E+06	1.57E+06
^{110m}Ag	1.18E+05	8.54E+04	4.25E+06	4.45E+06
裂变产物				
^{83}Br	1.67E+05	3.61E+05	8.70E+04	6.15E+05
^{84}Br	2.00E+04	4.36E+04	4.43E+04	1.08E+05
^{85}Br	2.08E+02	4.48E+02	5.24E+03	5.90E+03
^{88}Rb	1.70E+05	1.23E+05	4.49E+06	4.78E+06
^{89}Sr	4.27E+04	3.40E+04	4.84E+05	5.61E+05
^{90}Sr	2.30E+03	1.64E+03	3.78E+04	4.17E+04
^{91}Sr	1.70E+03	3.56E+03	1.08E+03	6.34E+03
^{92}Sr	1.15E+02	2.35E+02	4.14E+03	4.49E+03
^{90}Y	2.41E+03	1.20E+03	9.46E+02	4.56E+03
^{91m}Y	1.10E+03	2.25E+03	5.34E+02	3.88E+03
^{91}Y	6.02E+03	4.49E+03	2.86E+05	2.97E+05
^{92}Y	2.30E+02	4.82E+02	4.61E+02	1.17E+03
^{93}Y	1.20E+02	2.52E+02	8.06E+02	1.18E+03
^{95}Zr	6.57E+03	5.04E+03	3.90E+06	3.91E+06
^{95}Nb	7.67E+03	5.31E+03	6.74E+06	6.75E+06
^{99}Mo	1.37E+06	2.68E+06	3.28E+05	4.38E+06
^{99m}Tc	1.31E+06	2.57E+06	5.65E+05	4.45E+06
^{103}Ru	5.15E+03	4.22E+03	1.45E+06	1.46E+06
^{103m}Rh	5.15E+03	4.22E+03	3.64E+02	9.73E+03
^{106}Rh	2.14E+03	1.53E+03	1.22E+02	3.79E+03
^{127m}Te	3.67E+04	2.68E+04	2.03E+03	6.55E+04
^{129m}Te	9.31E+04	8.21E+04	6.96E+03	1.82E+05
^{129}Te	6.02E+04	5.20E+04	1.08E+04	1.23E+05
^{131m}Te	1.97E+04	4.16E+04	1.85E+04	7.98E+04
^{131}Te	3.78E+03	7.67E+03	1.25E+04	2.40E+04
^{132}Te	4.87E+05	8.76E+05	2.14E+05	1.58E+06
^{134}Te	7.67E+02	1.64E+03	3.14E+04	3.38E+04
^{129}I	1.53E+01	1.11E+01	3.93E−02	2.64E+01
^{130}I	2.57E+05	5.60E+05	2.64E+04	8.43E+05
^{131}I	2.60E+08	3.48E+08	7.75E+06	6.16E+08

续表

核素	调硼释放	各种废液	SRTF 排放量	总释放
^{132}I	1.59E+07	3.11E+07	2.70E+06	4.97E+07
^{133}I	6.02E+07	1.24E+08	3.55E+06	1.88E+08
^{134}I	4.65E+05	9.96E+05	6.40E+05	2.10E+06
^{135}I	1.15E+07	2.49E+07	2.21E+06	3.86E+07
^{134}Cs	9.86E+07	2.46E+07	4.06E+07	1.64E+08
^{136}Cs	7.94E+07	3.08E+07	3.79E+06	1.14E+08
^{137}Cs	8.21E+07	2.05E+07	5.81E+07	1.61E+08
^{138}Cs	7.39E+04	5.48E+04	1.09E+06	1.22E+06
^{137m}Ba	6.02E+07	1.53E+07	1.28E+06	7.68E+07
^{140}Ba	2.46E+04	2.68E+04	3.23E+06	3.28E+06
^{140}La	2.57E+04	2.35E+04	7.93E+02	5.00E+04
^{141}Ce	5.48E+03	4.71E+03	8.15E+05	8.25E+05
^{143}Ce	4.71E+02	9.86E+02	3.99E+02	1.86E+03
^{143}Pr	4.05E+03	4.27E+03	3.99E+02	8.72E+03
^{144}Ce	5.48E+03	3.94E+03	1.38E+07	1.38E+07
^{144}Pr	5.48E+03	3.94E+03	3.07E+02	9.73E+03
总量	6.74E+08	6.30E+08	3.50E+08	1.65E+09

表 8.6.5　液态流出物设计排放量　（单位：Bq/a）

核素	核岛废液	二回路	SRTF 释放	总释放
活化和腐蚀产物				
^{51}Cr	4.09E+06	2.67E+06	2.57E+07	3.25E+07
^{54}Mn	2.48E+06	1.38E+06	1.60E+07	1.99E+07
^{55}Fe	1.91E+06	1.04E+06	2.55E+07	2.84E+07
^{59}Fe	4.25E+05	2.58E+05	8.69E+06	9.37E+06
^{58}Co	6.72E+06	3.96E+06	4.94E+07	6.01E+07
^{60}Co	8.28E+05	4.58E+05	6.03E+07	6.16E+07
^{65}Zn	7.84E+05	4.38E+05	9.84E+02	1.22E+06
^{110m}Ag	6.33E+05	8.51E+05	1.52E+06	3.00E+06
^{124}Sb	2.75E+06	3.73E+05	4.25E+06	7.37E+06
裂变产物				
^{83}Br	3.63E+05	1.45E+07	8.70E+04	1.49E+07
^{84}Br	4.34E+04	2.51E+06	4.43E+04	2.60E+06
^{85}Br	4.50E+02	3.09E+04	5.24E+03	3.66E+04
^{88}Rb	3.59E+06	1.60E+08	4.49E+06	1.68E+08
^{89}Sr	2.88E+05	1.98E+06	4.84E+05	2.75E+06

续表

核素	核岛废液	二回路	SRTF 释放	总释放
^{90}Sr	1.43E+04	8.95E+04	3.78E+04	1.42E+05
^{90}Y	2.56E+04	2.13E+06	1.08E+03	2.16E+06
^{91}Sr	1.70E+03	2.67E+05	4.14E+03	2.73E+05
^{91m}Y	1.16E+04	1.55E+04	9.46E+02	2.81E+04
^{91}Y	1.62E+04	1.17E+06	5.34E+02	1.19E+06
^{92}Sr	3.81E+04	1.35E+05	2.86E+05	4.59E+05
^{92}Y	3.48E+03	3.15E+05	4.61E+02	3.19E+05
^{93}Y	1.81E+03	9.35E+04	8.06E+02	9.61E+04
^{95}Zr	4.31E+04	1.60E+05	3.90E+06	4.10E+06
^{95}Nb	4.65E+04	1.60E+05	6.74E+06	6.95E+06
^{99}Mo	1.95E+07	2.09E+08	3.28E+05	2.29E+08
^{99m}Tc	1.87E+07	1.95E+08	5.65E+05	2.14E+08
^{103}Ru	3.53E+04	1.39E+05	1.45E+06	1.62E+06
^{103m}Rh	3.53E+04	1.38E+05	3.64E+02	1.74E+05
^{106}Rh	1.33E+04	4.62E+04	1.22E+02	5.97E+04
^{127m}Te	2.31E+05	7.69E+05	2.03E+03	1.00E+06
^{129m}Te	6.78E+05	2.64E+06	6.96E+03	3.33E+06
^{129}Te	4.35E+05	2.38E+06	1.08E+04	2.83E+06
^{131m}Te	3.01E+05	6.42E+06	1.85E+04	6.74E+06
^{131}Te	5.55E+04	1.82E+06	1.25E+04	1.89E+06
^{132}Te	6.43E+06	7.84E+07	2.14E+05	8.50E+07
^{134}Te	1.18E+04	2.24E+06	3.14E+04	2.28E+06
^{129}I	2.72E+01	1.47E+01	3.93E−02	4.19E+01
^{130}I	5.64E+05	7.95E+06	2.64E+04	8.54E+06
^{131}I	5.04E+08	6.87E+08	7.75E+06	1.20E+09
^{132}I	3.41E+07	4.84E+08	2.70E+06	5.21E+08
^{133}I	1.26E+08	1.16E+09	3.55E+06	1.29E+09
^{134}I	9.84E+05	5.62E+07	6.40E+05	5.78E+07
^{135}I	2.53E+07	5.69E+08	2.21E+06	5.96E+08
^{134}Cs	8.75E+08	1.10E+09	4.06E+07	2.02E+09
^{136}Cs	9.83E+08	1.66E+09	3.79E+06	2.65E+09
^{137}Cs	7.29E+08	8.73E+08	5.81E+07	1.66E+09
^{138}Cs	1.59E+06	6.69E+07	1.09E+06	6.96E+07
^{137m}Ba	2.47E+08	8.22E+08	1.28E+06	1.07E+09
^{140}Ba	2.12E+05	1.04E+06	3.23E+06	4.48E+06
^{140}La	1.93E+05	3.53E+05	7.93E+02	5.47E+05
^{141}Ce	3.94E+04	1.56E+05	8.15E+05	1.01E+06

续表

核素	核岛废液	二回路	SRTF 释放	总释放
^{143}Ce	7.11E+03	1.39E+05	3.99E+02	1.47E+05
^{143}Pr	3.40E+04	1.52E+05	3.99E+02	1.86E+05
^{144}Ce	3.44E+04	1.16E+05	1.38E+07	1.40E+07
^{144}Pr	3.44E+04	1.16E+05	3.07E+02	1.51E+05
总量	3.60E+09	8.18E+09	3.50E+08	1.21E+10

表 8.6.6 液态流出物现实排放量 （单位：Bq/a）

核素	调硼释放	各种废液	SRTF 排放量	总释放
腐蚀和活化产物				
^{51}Cr	1.92E+07	8.33E+06	2.57E+07	5.32E+07
^{54}Mn	1.37E+07	4.81E+06	1.60E+07	3.45E+07
^{55}Fe	1.04E+07	3.70E+06	2.55E+07	3.96E+07
^{59}Fe	2.11E+06	8.51E+05	8.69E+06	1.17E+07
^{58}Co	3.48E+07	1.33E+07	4.94E+07	9.75E+07
^{60}Co	4.44E+06	1.61E+06	6.03E+07	6.64E+07
^{65}Zn	4.44E+06	1.54E+06	9.84E+02	5.98E+06
^{124}Sb	3.40E+06	1.23E+06	1.52E+06	6.15E+06
^{110m}Ag	1.47E+07	5.34E+06	4.25E+06	2.43E+07
裂变产物				
^{83}Br	2.26E+05	1.07E+05	8.70E+04	4.20E+05
^{84}Br	2.70E+04	1.30E+04	4.43E+04	8.43E+04
^{85}Br	2.81E+02	1.33E+02	5.24E+03	5.65E+03
^{88}Rb	4.59E+04	6.66E+04	4.49E+06	4.60E+06
^{89}Sr	5.77E+04	2.29E+04	4.84E+05	5.65E+05
^{90}Sr	3.11E+03	1.11E+03	3.78E+04	4.20E+04
^{91}Sr	2.29E+03	2.41E+03	1.08E+03	5.78E+03
^{92}Sr	1.55E+02	1.59E+02	4.14E+03	4.45E+03
^{90}Y	3.26E+03	8.14E+02	9.46E+02	5.02E+03
^{91m}Y	1.48E+03	1.52E+03	5.34E+02	3.53E+03
^{91}Y	8.14E+03	3.03E+03	2.86E+05	2.97E+05
^{92}Y	3.11E+02	3.26E+02	4.61E+02	1.10E+03
^{93}Y	1.63E+02	1.70E+02	8.06E+02	1.14E+03
^{95}Zr	8.88E+03	3.40E+03	3.90E+06	3.91E+06
^{95}Nb	1.04E+04	3.59E+03	6.74E+06	6.75E+06

续表

核素	调硼释放	各种废液	SRTF 排放量	总释放
^{99}Mo	1.85E+06	1.81E+06	3.28E+05	3.99E+06
^{99m}Tc	1.78E+06	1.74E+06	5.65E+05	4.09E+06
^{103}Ru	6.96E+03	2.85E+03	1.45E+06	1.46E+06
^{103m}Rh	6.96E+03	2.85E+03	3.64E+02	1.02E+04
^{106}Rh	2.89E+03	1.04E+03	1.22E+02	4.05E+03
^{127m}Te	4.96E+04	1.81E+04	2.03E+03	6.97E+04
^{129m}Te	1.26E+05	5.55E+04	6.96E+03	1.88E+05
^{129}Te	8.14E+04	3.52E+04	1.08E+04	1.27E+05
^{131m}Te	2.66E+04	2.81E+04	1.85E+04	7.32E+04
^{131}Te	5.11E+03	5.18E+03	1.25E+04	2.28E+04
^{132}Te	6.59E+05	5.92E+05	2.14E+05	1.47E+06
^{134}Te	1.04E+03	1.11E+03	3.14E+04	3.36E+04
^{129}I	2.07E+01	3.29E+00	3.93E-02	2.40E+01
^{130}I	3.48E+05	1.67E+05	2.64E+04	5.41E+05
^{131}I	3.52E+08	1.04E+08	7.75E+06	4.64E+08
^{132}I	2.15E+07	9.25E+06	2.70E+06	3.35E+07
^{133}I	8.14E+07	3.70E+07	3.55E+06	1.22E+08
^{134}I	6.29E+05	2.96E+05	6.40E+05	1.57E+06
^{135}I	1.55E+07	7.40E+06	2.21E+06	2.51E+07
^{134}Cs	2.66E+07	1.33E+07	4.06E+07	8.05E+07
^{136}Cs	2.15E+07	1.67E+07	3.79E+06	4.20E+07
^{137}Cs	2.22E+07	1.11E+07	5.81E+07	9.14E+07
^{138}Cs	2.00E+04	2.96E+04	1.09E+06	1.14E+06
^{137m}Ba	8.14E+07	1.04E+07	1.28E+06	9.31E+07
^{140}Ba	3.33E+04	1.81E+04	3.23E+06	3.28E+06
^{140}La	3.48E+04	1.59E+04	7.93E+02	5.15E+04
^{141}Ce	7.40E+03	3.18E+03	8.15E+05	8.26E+05
^{143}Ce	6.36E+02	6.66E+02	3.99E+02	1.70E+03
^{143}Pr	5.48E+03	2.89E+03	3.99E+02	8.77E+03
^{144}Ce	7.40E+03	2.66E+03	1.38E+07	1.38E+07
^{144}Pr	7.40E+03	2.66E+03	3.07E+02	1.04E+04
总量	7.35E+08	2.55E+08	3.50E+08	1.34E+09

表 8.6.7　设计基准情况下气态流出物排放量　（单位：Bq/a）

核素	废气系统	厂房通风区域			总量
		安全壳	辅助厂房	燃料操作区域	
惰性气体					
^{83m}Kr	8.38E+03	2.46E+10	1.18E+11	0.00E+00	1.43E+11
^{85m}Kr	1.79E+09	1.12E+11	5.39E+11	1.68E+01	6.53E+11
^{85}Kr	9.76E+12	3.65E+11	1.75E+12	2.70E+08	1.19E+13
^{87}Kr	7.41E+00	6.37E+10	3.05E+11	0.00E+00	3.69E+11
^{88}Kr	4.75E+07	2.00E+11	9.59E+11	3.16E−03	1.16E+12
^{89}Kr	3.41E−262	4.70E+09	2.25E+10	0.00E+00	2.72E+10
^{131m}Xe	5.06E+11	1.77E+11	8.50E+11	5.41E+07	1.53E+12
^{133m}Xe	3.68E+07	2.30E+11	1.10E+12	4.67E+07	1.33E+12
^{133}Xe	2.93E+12	1.65E+13	7.93E+13	3.97E+09	9.87E+13
^{135m}Xe	0.00E+00	2.30E+10	1.10E+11	7.23E−01	1.33E+11
^{135}Xe	9.02E−18	4.84E+11	2.32E+12	2.14E+06	2.80E+12
^{137}Xe	0.00E+00	9.04E+09	4.34E+10	0.00E+00	5.24E+10
^{138}Xe	0.00E+00	3.32E+10	1.59E+11	0.00E+00	1.92E+11
总量	1.32E+13	1.82E+13	8.76E+13	4.34E+09	1.19E+14
碘					
^{129}I	—	1.17E+01	1.31E+01	5.58E+02	5.83E+02
^{130}I	—	7.82E+06	8.80E+06	5.84E+04	1.67E+07
^{131}I	—	5.56E+08	6.25E+08	2.64E+09	3.82E+09
^{132}I	—	7.96E+08	9.03E+08	1.85E−05	1.70E+09
^{133}I	—	1.05E+09	1.18E+09	8.63E+07	2.32E+09
^{134}I	—	1.87E+08	2.14E+08	8.70E−28	4.01E+08
^{135}I	—	6.55E+08	7.39E+08	1.95E+04	1.39E+09
总量	—	3.25E+09	3.67E+09	2.73E+09	9.65E+09
^{65}Zn	—	1.22E+06	9.80E+06	1.28E+06	1.23E+07
^{51}Cr	—	7.46E+06	2.09E+07	7.83E+06	3.62E+07
^{54}Mn	—	3.83E+06	3.10E+07	4.02E+06	3.89E+07
^{55}Fe	—	2.88E+06	2.34E+07	3.02E+06	2.93E+07
^{59}Fe	—	7.20E+05	3.37E+06	7.55E+05	4.85E+06
^{58}Co	—	1.10E+07	8.41E+07	1.16E+07	1.07E+08
^{60}Co	—	1.27E+06	1.04E+07	1.33E+06	1.30E+07
^{124}Sb	—	9.73E+05	4.25E+06	1.02E+06	6.24E+06
^{110m}Ag	—	4.22E+06	2.87E+07	4.42E+06	3.73E+07
^{83}Br	—	1.46E+07	0.00E+00	1.59E+07	3.05E+07
^{84}Br	—	7.40E+06	0,00E+00	8.07E+06	1.55E+07
^{85}Br	—	8.75E+05	0.00E+00	9.54E+05	1.83E+06

续表

核素	废气系统	厂房通风区域			总量
		安全壳	辅助厂房	燃料操作区域	
^{88}Rb	—	2.30E+09	0.00E+00	8.18E+08	3.12E+09
^{89}Rb	—	1.05E+08	0.00E+00	3.74E+07	1.42E+08
^{89}Sr	—	4.97E+05	2.70E+06	5.22E+05	3.72E+06
^{90}Sr	—	2.28E+04	1.87E+05	2.40E+04	2.34E+05
^{91}Sr	—	8.47E+05	1.49E+02	8.88E+05	1.74E+06
^{92}Sr	—	2.04E+05	0.00E+00	2.14E+05	4.18E+05
^{90}Y	—	5.48E+03	1.09E+03	5.76E+03	1.23E+04
^{91m}Y	—	4.43E+05	0.00E+00	4.65E+05	9.08E+05
^{91}Y	—	6.00E+04	3.78E+05	6.30E+04	5.01E+05
^{92}Y	—	1.62E+05	4.80E−05	1.70E+05	3.32E+05
^{93}Y	—	5.56E+04	1.90E+01	5.84E+04	1.14E+05
^{95}Zr	—	7.30E+04	5.03E+05	7.66E+04	6.53E+05
^{95}Nb	—	7.31E+04	2.74E+05	7.67E+04	4.24E+05
^{99}Mo	—	1.00E+08	2.07E+07	1.05E+08	2.26E+08
^{99m}Tc	—	9.18E+07	1.46E+02	9.64E+07	1.88E+08
^{103}Ru	—	6.33E+04	2.67E+05	6.64E+04	3.97E+05
^{103m}Rh	—	6.27E+04	0.00E+00	6.58E+04	1.29E+05
^{106}Rh	—	2.12E+04	0.00E+00	2.22E+04	4.34E+04
^{127m}Te	—	3.52E+05	2.80E+06	3.69E+05	3.52E+06
^{129m}Te	—	1.21E+06	4.35E+06	1.27E+06	6.83E+06
^{129}Te	—	1.87E+06	0.00E+00	1.97E+06	3.84E+06
^{131m}Te	—	3.22E+06	1.37E+05	3.38E+06	6.74E+06
^{131}Te	—	2.16E+06	0.00E+00	2.27E+06	4.43E+06
^{132}Te	—	3.71E+07	9.89E+06	3.89E+07	8.59E+07
^{134}Te	—	5.46E+06	0.00E+00	5.73E+06	1.12E+07
^{134}Cs	—	7.87E+08	2.28E+09	2.94E+08	3.36E+09
^{136}Cs	—	1.21E+09	5.86E+08	4.51E+08	2.25E+09
^{137}Cs	—	6.24E+08	1.82E+09	2.33E+08	2.68E+09
^{138}Cs	—	5.32E+08	0.00E+00	1.98E+08	7.30E+08
^{137m}Ba	—	2.21E+08	0.00E+00	2.32E+08	4.53E+08
^{140}Ba	—	4.77E+05	6.39E+05	5.01E+05	1.62E+06
^{140}La	—	1.38E+05	1.17E+04	1.45E+05	2.95E+05
^{141}Ce	—	7.18E+04	2.50E+05	7.53E+04	3.97E+05
^{143}Ce	—	6.93E+04	3.75E+03	7.27E+04	1.46E+05
^{143}Pr	—	6.93E+04	9.88E+04	7.27E+04	2.41E+05
^{144}Ce	—	5.29E+04	4.29E+05	5.55E+04	5.37E+05
^{144}Pr	—	5.34E+04	0.00E+00	5.60E+04	1.09E+05
总量	—	6.08E+09	4.95E+09	2.58E+09	1.36E+10

表 8.6.8　气态流出物设计排放量　　（单位：Bq/a）

核素	废气系统	厂房通风区域				总量
		安全壳	辅助厂房	燃料操作区域	二回路	
惰性气体						
^{83m}Kr	1.52E+04	2.37E+10	1.13E+11	0.00E+00	4.15E+09	1.41E+11
^{85m}Kr	3.25E+09	1.08E+11	5.16E+11	2.27E+00	1.70E+10	6.44E+11
^{85}Kr	1.77E+13	3.52E+11	1.68E+12	2.58E+08	5.49E+10	1.98E+13
^{87}Kr	1.34E+01	6.14E+10	2.92E+11	5.87E−18	9.58E+09	3.63E+11
^{88}Kr	8.61E+07	1.93E+11	9.18E+11	4.27E−04	3.02E+10	1.14E+12
^{89}Kr	0.00E+00	4.53E+09	2.16E+10	0.00E+00	6.96E+08	2.68E+10
^{131m}Xe	9.17E+11	1.71E+11	8.14E+11	4.22E+07	2.66E+10	1.93E+12
^{133m}Xe	6.66E+07	2.21E+11	1.05E+12	1.86E+07	3.47E+10	1.31E+12
^{133}Xe	5.31E+12	1.59E+13	7.59E+13	2.44E+09	2.49E+12	9.96E+13
^{135m}Xe	0.00E+00	2.21E+10	1.05E+11	9.78E−02	2.22E+10	1.49E+11
^{135}Xe	0.00E+00	4.67E+11	2.22E+12	2.89E+05	7.61E+10	2.76E+12
^{137}Xe	0.00E+00	8.72E+09	4.15E+10	0.00E+00	1.34E+09	5.16E+10
^{138}Xe	0.00E+00	3.20E+10	1.52E+11	0.00E+00	4.98E+09	1.89E+11
总量	2.39E+13	1.76E+13	8.38E+13	2.76E+09	2.77E+12	1.28E+14
碘						
^{129}I	—	8.60E+00	8.46E+00	5.40E+02	6.01E-02	5.57E+02
^{130}I	—	5.75E+06	5.67E+06	9.23E+03	3.24E+04	1.15E+07
^{131}I	—	4.09E+08	4.03E+08	1.98E+09	2.81E+06	2.79E+09
^{132}I	—	5.85E+08	5.82E+08	2.95E−06	1.97E+06	1.17E+09
^{133}I	—	7.75E+08	7.64E+08	2.09E+07	4.72E+06	1.56E+09
^{134}I	—	1.37E+08	1.38E+08	1.38E−28	2.29E+05	2.75E+08
^{135}I	—	4.82E+08	4.76E+08	3.10E+03	2.33E+06	9.60E+08
总量	—	2.39E+09	2.37E+09	2.00E+09	1.21E+07	6.78E+09
^{65}Zn	—	1.28E+06	8.37E+05	9.84E+06	—	1.20E+07
^{51}Cr	—	7.83E+06	5.13E+06	2.10E+07	—	3.40E+07
^{54}Mn	—	4.02E+06	2.63E+06	3.12E+07	—	3.79E+07
^{55}Fe	—	3.02E+06	1.98E+06	2.36E+07	—	2.86E+07
^{59}Fe	—	7.55E+05	4.94E+05	3.38E+06	—	4.63E+06
^{58}Co	—	1.16E+07	7.59E+06	8.45E+07	—	1.04E+08
^{60}Co	—	1.33E+06	8.73E+05	1.04E+07	—	1.26E+07
^{124}Sb	—	1.02E+06	6.68E+05	4.27E+06	—	5.96E+06
^{110m}Ag	—	4.42E+06	2.90E+06	3.41E+07	—	4.14E+07
^{83}Br	—	1.54E+07	9.42E+06	3.81E−08	—	2.48E+07

续表

核素	废气系统	厂房通风区域				总量
		安全壳	辅助厂房	燃料操作区域	二回路	
^{84}Br	—	7.78E+06	4.77E+06	0.00E+00	—	1.26E+07
^{85}Br	—	9.20E+05	5.64E+05	0.00E+00	—	1.48E+06
^{88}Rb	—	7.88E+08	2.19E+09	1.57E−96	—	2.98E+09
^{89}Rb	—	3.61E+07	1.00E+08	0.00E+00	—	1.36E+08
^{89}Sr	—	5.03E+05	3.29E+05	2.58E+06	—	3.41E+06
^{90}Sr	—	2.31E+04	1.51E+04	1.81E+05	—	2.19E+05
^{91}Sr	—	8.56E+05	5.61E+05	2.36E+01	—	1.42E+06
^{92}Sr	—	2.06E+05	1.35E+05	1.80E−08	—	3.41E+05
^{90}Y	—	5.55E+03	3.63E+03	5.37E+02	—	9.72E+03
^{91m}Y	—	4.48E+05	2.93E+05	0.00E+00	—	7.41E+05
^{91}Y	—	6.07E+04	3.97E+04	3.63E+05	—	4.63E+05
^{92}Y	—	1.64E+05	1.07E+05	7.63E−06	—	2.71E+05
^{93}Y	—	5.63E+04	3.69E+04	3.03E+00	—	9.32E+04
^{95}Zr	—	7.39E+04	4.84E+04	4.85E+05	—	6.07E+05
^{95}Nb	—	7.40E+04	4.84E+04	2.55E+05	—	3.77E+05
^{99}Mo	—	1.01E+08	6.62E+07	1.04E+07	—	1.78E+08
^{99m}Tc	—	9.29E+07	6.08E+07	2.31E+01	—	1.54E+08
^{103}Ru	—	6.40E+04	4.19E+04	2.51E+05	—	3.57E+05
^{103m}Rh	—	6.35E+04	4.16E+04	0.00E+00	—	1.05E+05
^{106}Rh	—	2.14E+04	1.40E+04	0.00E+00	—	3.54E+04
^{127m}Te	—	3.56E+05	2.33E+05	2.72E+06	—	3.31E+06
^{129m}Te	—	1.22E+06	8.01E+05	4.04E+06	—	6.06E+06
^{129}Te	—	1.89E+06	1.24E+06	0.00E+00	—	3.13E+06
^{131m}Te	—	3.26E+06	2.13E+06	4.30E+04	—	5.43E+06
^{131}Te	—	2.19E+06	1.43E+06	0.00E+00	—	3.62E+06
^{132}Te	—	3.75E+07	2.46E+07	5.39E+06	—	6.75E+07
^{134}Te	—	5.52E+06	3.61E+06	0.00E+00	—	9.13E+06
^{134}Cs	—	2.83E+08	7.86E+08	2.21E+09	—	3.28E+09
^{136}Cs	—	4.35E+08	1.21E+09	4.86E+08	—	2.13E+09
^{137}Cs	—	2.24E+08	6.23E+08	1.76E+09	—	2.61E+09
^{138}Cs	—	1.91E+08	5.31E+08	0.00E+00	—	7.22E+08
^{137m}Ba	—	2.24E+08	1.46E+08	0.00E+00	—	3.70E+08
^{140}Ba	—	4.83E+05	3.16E+05	5.28E+05	—	1.33E+06
^{140}La	—	1.40E+05	9.15E+04	4.48E+03	—	2.36E+05
^{141}Ce	—	7.26E+04	4.75E+04	2.32E+05	—	3.52E+05

续表

核素	废气系统	厂房通风区域				总量
		安全壳	辅助厂房	燃料操作区域	二回路	
^{143}Ce	—	7.01E+04	4.59E+04	1.26E+03	—	1.17E+05
^{143}Pr	—	7.01E+04	4.59E+04	8.26E+04	—	1.99E+05
^{144}Ce	—	5.35E+04	3.51E+04	4.15E+05	—	5.04E+05
^{144}Pr	—	5.40E+04	3.54E+04	0.00E+00	—	1.05E+05
总量	—	2.49E+09	5.79E+09	4.71E+09	—	8.94E+04

表 8.6.9 气态流出物现实排放量 (单位：Bq/a)

核素	废气系统	厂房通风区域			总量
		安全壳	辅助厂房	燃料操作区域	
惰性气体					
^{83m}Kr	1.61E+02	4.74E+08	2.26E+09	0.00E+00	2.73E+09
^{85m}Kr	3.46E+07	2.17E+09	1.03E+10	4.55E–02	1.25E+10
^{85}Kr	1.88E+11	7.01E+09	3.34E+10	5.16E+06	2.28E+11
^{87}Kr	1.43E–01	1.23E+09	5.84E+09	1.17E–19	7.07E+09
^{88}Kr	9.19E+05	3.86E+09	1.84E+10	8.54E–06	2.23E+10
^{89}Kr	0.00E+00	9.04E+07	4.30E+08	0.00E+00	5.20E+08
^{131m}Xe	9.79E+09	3.43E+09	1.63E+10	8.44E+05	2.95E+10
^{133m}Xe	7.11E+05	4.44E+09	2.11E+10	3.72E+05	2.55E+10
^{133}Xe	5.67E+10	3.20E+11	1.52E+12	4.87E+07	1.90E+12
^{135m}Xe	0.00E+00	4.44E+08	2.11E+09	1.95E–03	2.55E+09
^{135}Xe	1.74E–19	9.34E+09	4.45E+10	5.77E+03	5.38E+10
^{137}Xe	0.00E+00	1.74E+08	8.30E+08	0.00E+00	1.00E+09
^{138}Xe	0.00E+00	6.42E+08	3.06E+09	0.00E+00	3.70E+09
总量	2.55E+11	3.53E+11	1.68E+12	5.51E+07	2.29E+12
碘					
^{129}I	—	1.72E–01	2.51E–01	1.08E+01	1.12E+01
^{130}I	—	1.16E+05	1.69E+05	1.85E+02	2.85E+05
^{131}I	—	8.19E+06	1.20E+07	3.95E+07	5.97E+07
^{132}I	—	1.17E+07	1.73E+07	5.89E–08	2.90E+07
^{133}I	—	1.55E+07	2.26E+07	4.16E+05	3.85E+07
^{134}I	—	2.74E+06	4.09E+06	2.76E–30	6.83E+06
^{135}I	—	9.63E+06	1.41E+07	6.20E+01	2.37E+07
总量	—	4.79E+07	7.03E+07	3.99E+07	1.58E+08
^{65}Zn	—	6.39E+05	6.05E+05	4.92E+06	6.16E+06

续表

核素	废气系统	厂房通风区域			总量
		安全壳	辅助厂房	燃料操作区域	
^{51}Cr	—	3.92E+06	3.71E+06	1.05E+07	1.81E+07
^{54}Mn	—	2.01E+06	1.91E+06	1.56E+07	1.95E+07
^{55}Fe	—	1.51E+06	1.43E+06	1.18E+07	1.47E+07
^{59}Fe	—	3.78E+05	3.58E+05	1.69E+06	2.43E+06
^{58}Co	—	5.79E+06	5.48E+06	4.23E+07	5.36E+07
^{60}Co	—	6.67E+05	6.31E+05	5.22E+06	6.52E+06
^{124}Sb	—	5.10E+05	4.83E+05	2.14E+06	3.13E+06
^{110m}Ag	—	2.22E+05	2.10E+05	1.71E+07	1.75E+07
^{83}Br	—	3.06E+05	2.79E+05	7.60E−10	5.85E+05
^{84}Br	—	1.55E+05	1.42E+05	4.15E−55	2.97E+05
^{85}Br	—	1.84E+04	1.68E+04	0.00E+00	3.52E+04
^{88}Rb	—	1.57E+07	4.40E+07	0.00E+00	5.97E+07
^{89}Rb	—	7.21E+05	2.02E+06	0.00E+00	2.74E+06
^{89}Sr	—	1.00E+04	9.49E+03	5.14E+04	7.09E+04
^{90}Sr	—	4.61E+02	4.36E+02	3.61E+03	4.51E+03
^{91}Sr	—	1.71E+04	1.62E+04	4.72E−01	3.33E+04
^{92}Sr	—	4.11E+03	3.89E+03	3.59E−10	8.00E+03
^{90}Y	—	1.11E+02	1.05E+02	1.08E+01	2.27E+02
^{91m}Y	—	8.96E+03	8.48E+03	0.00E+00	1.74E+04
^{91}Y	—	1.21E+03	1.15E+03	7.25E+03	9.61E+03
^{92}Y	—	3.27E+03	3.09E+03	1.52E−07	6.36E+03
^{93}Y	—	1.12E+03	1.06E+03	6.04E−02	2.18E+03
^{95}Zr	—	1.48E+03	1.40E+03	9.72E+03	1.26E+04
^{95}Nb	—	1.48E+03	1.40E+03	5.11E+03	7.99E+03
^{99}Mo	—	2.01E+06	1.91E+06	2.07E+05	4.13E+06
^{99m}Tc	—	1.86E+06	1.76E+06	4.62E−01	3.62E+06
^{103}Ru	—	1.28E+03	1.21E+03	5.02E+03	7.51E+03
^{103m}Rh	—	1.27E+03	1.20E+03	0.00E+00	2.47E+03
^{106}Rh	—	4.29E+02	4.06E+02	0.00E+00	8.35E+02
^{127m}Te	—	7.12E+03	6.74E+03	5.43E+04	6.82E+04
^{129m}Te	—	2.45E+04	2.32E+04	8.07E+04	1.28E+05
^{129}Te	—	3.80E+04	3.60E+04	0.00E+00	7.40E+04
^{131m}Te	—	6.51E+04	6.16E+04	8.60E+02	1.28E+05
^{131}Te	—	4.38E+04	4.14E+04	0.00E+00	8.52E+04
^{132}Te	—	7.50E+05	7.09E+05	1.08E+05	1.57E+06

续表

核素	废气系统	厂房通风区域			总量
		安全壳	辅助厂房	燃料操作区域	
^{134}Te	—	1.10E+05	1.04E+05	1.62E–41	2.14E+05
^{134}Cs	—	5.67E+06	1.51E+07	4.42E+07	6.50E+07
^{136}Cs	—	8.70E+06	2.32E+07	9.71E+06	4.16E+07
^{137}Cs	—	4.50E+06	1.20E+07	3.52E+07	5.17E+07
^{138}Cs	—	3.83E+06	1.02E+07	0.00E+00	1.40E+07
^{137m}Ba	—	4.46E+06	4.22E+06	0.00E+00	8.68E+06
^{140}Ba	—	9.66E+03	9.14E+03	1.06E+04	2.94E+04
^{140}La	—	2.79E+03	2.64E+03	8.93E+01	5.52E+03
^{141}Ce	—	1.45E+03	1.38E+03	4.64E+03	7.47E+03
^{143}Ce	—	1.40E+03	1.32E+03	2.51E+01	2.75E+03
^{143}Pr	—	1.40E+03	1.32E+03	1.65E+03	4.37E+03
^{144}Ce	——	1.07E+03	1.01E+03	8.27E+03	1.04E+04
^{144}Pr	—	1.08E+03	1.02E+03	0.00E+00	2.10E+03
总量	—	6.47E+07	1.31E+08	2.01E+08	3.96E+08

8.6.3　结果分析

针对目前 AP1000 核电厂在正常运行及排放源项中存在的问题，如运行经验数据过于保守、无法体现不同堆型的设计特点、无法准确给出氚和 ^{14}C 的气液排放量等，本节对正常运行及排放源项的分析方法进行了优化。给出了适用于核电厂不同分析需求的排放源项及与此对应的一、二回路冷却剂源项，包括设计排放源项和现实排放源项。同时，也以设计基准源项为基础，对废物处理系统的设计能力进行了评估。

在分析时，针对 AP1000DCD 中分析方法中存在的问题，广泛参考了国外运行核电厂的经验数据，同时根据 AP1000 核电厂的设计特点和系统流程，对氚、^{14}C 和其他核素的气液态排放量进行综合考虑和优化分析后，确定了用于不同排放源项计算的关键参数和基本假设，主要改进如下。

8.6.3.1　氚

(1) 氚的产生量计算时，详细考虑了氚的各个产生来源，并基于机理模型进行计算。

(2) 在计算氚的排放量时，在氚的产生总量的基础上考虑 1.1 的保守因子。并在此基础上认为，液态氚的份额为氚产生总量的 90%，气态氚的份额为氚总量的 10%。

(3) 在计算设计排放源项时，假定核电厂可利用因子为 1。现实排放源项分析时，假定核电厂可利用因子为 0.93。

(4) 锂的平均浓度取为 3.0mg/kg 进行分析。同时，在设计排放源项计算时，假设了 ^{7}Li 浓度为 99.96%，现实排放源项计算时则采用了 99.98%。

(5) 设计排放源项计算时，假设了通过燃料棒包壳和可燃毒物棒包壳的氚释放份额为1%。在计算现实排放源项时，假设为 0.5%。分析时同时考虑了次级源棒对氚产生量的贡献，AP1000 核电厂次级源棒一般采用不锈钢作为包壳材料，分析时保守考虑次级源棒氚的释放份额为 10%。

8.6.3.2 ^{14}C

(1) ^{14}C 的产生量计算时，详细考虑了 ^{14}C 的各个产生来源，并基于机理模型进行计算。

(2) 在计算 ^{14}C 的排放量时，在 ^{14}C 的产生总量的基础上考虑 1.1 的保守因子。并在此基础上认为，气态 ^{14}C 的份额为 ^{14}C 产生总量的 90%，液态 ^{14}C 的份额为 ^{14}C 总量的 10%。

(3) 在计算设计排放源项和运行排放源项时，假定核电厂可利用因子为 1。现实排放源项分析时，假定核电厂可利用因子为 0.93。

(4) 在计算主回路 ^{14}C 的产生量时，考虑到 AP1000 核电厂仅冷启动时向冷却剂中注入一定的联氨并且无容积控制箱等，同时根据美国运行核电厂的经验，^{14}N 的浓度一般小于 0.5mg/kg，故现实排放源项计算时，假设反应堆冷却剂中 ^{14}N 的浓度为 0.5mg/kg；设计排放源项计算时，假设反应堆冷却剂中 ^{14}N 的浓度为 5mg/kg。

8.6.3.3 其他核素

(1) 在进行设计排放源项和现实排放源项分析时，反应堆冷却剂中核素谱的选取以设计基准反应对冷却剂的核素谱为基础，通过剂量等效 ^{131}I 的活度浓度进行调整得到。

(2) 在进行废液排放量计算时，详细考虑各类废液的来源、处理途径及活度浓度之间的差异，针对不同活度浓度的废液处理系统的处理能力，给出了废液排放量及排放活度浓度。

(3) 同时，分析结果中不再考虑 5.92E+09Bq/a 的调整因子，该值过于保守，实际上在目前的核电厂运行过程中，不允许出现非计划排放这种情况。

(4) 在进行废气排放量计算时，详细考虑了惰性气体、碘和其他粒子的不同释放途径间差异及关键参数，以体现不同核电厂之间设计差异及关键参数对结果的影响。

基于以上的优化分析，得到的用于系统能力评估的单机组及 6 台机组气液态年排放量与 GB 6249—2011 规定控制值的比较见表 8.6.10 和表 8.6.11，单机组及 6 台机组气液态放射性流出物的年设计排放量与 GB 6249—2011 中控制值的比较见表 8.6.12 和表 8.6.13，槽式排放口处的排放浓度与 GB 6249—2011 控制值的比较见表 8.6.14，可以看出，单机组气液态的放射性流出物的排放量及槽式排放口处的排放浓度满足国标的控制值要求。

以上分析可以看出，通过源项体系计算参数的调整及分析方法的改进，本文给出了适用于核电厂不同分析需求的排放源项，包括设计排放源项和现实排放源项。通过分析方法的优化，解决了美国 AP1000 核电厂目前在排放源项分析中存在的问题，比如氚和 ^{14}C 的分析方法过于保守，无法体现不同核电厂的运行特点，以及部分核素无法满足 GB 6249—2011 中排放量控制值等。

考虑到目前尚缺少 AP1000 核电厂的运行经验，以及后续分析方法的不断改进和完善，本文给出的用于 AP1000 核电厂排放源项分析的计算方法仍有可能在后续进行进一步的改进和完善。

表 8.6.10　用于系统能力评估的单机组气液态排放量与 GB 6249—2011 规定控制值的比较

（单位：Bq/a）

核素	GB 6249—2011 中单机组排放控制值	单机组排放量
气态		
惰性气体	6.00E+14	1.19E+14
气态碘	2.00E+10	9.65E+09
气态粒子(半衰期≥8d)	5.00E+10	1.36E+10
液态		
除氚和 ^{14}C 外的其他核素	5.00E+10	1.65E+09

表 8.6.11　用于系统能力评估的 6 台机组气液态排放量与 GB 6249—2011 规定控制值的比较

（单位：Bq/a）

核素	GB 6249—2011 中排放控制值	6 台机组排放量
气态		
惰性气体	2.40E+15	7.14E+14
气态碘	8.00E+10	5.79E+10
气态粒子(半衰期≥8d)	2.00E+11	8.16E+10
液态		
除氚和 ^{14}C 外的其他核素	2.00E+11	9.90E+09

注：厂址排放量控制值为3000MW的单机组控制值的4倍。

表 8.6.12　单机组气液态流出物设计排放量与控制值的比较（单位：Bq/a）

核素	GB 6249—2011 中单机组排放控制值	单机组排放量
气态		
惰性气体	6.00E+14	1.28E+14
气态碘	2.00E+10	6.78E+09
气态粒子(半衰期≥8d)	5.00E+10	1.29E+10
氚	1.50E+13	4.73E+12
^{14}C	7.00E+11	3.20E+11
液态		
除氚和 ^{14}C 外的其他核素	5.00E+10	1.21E+10
氚	7.50E+13	4.26E+13
^{14}C	1.50E+11	3.55E+10

表 8.6.13　6 台机组气液态流出物设计排放量与控制值的比较　（单位：Bq/a）

核素	GB 6249—2011 中排放控制值	6 台机组排放量
气态		
惰性气体	2.40E+15	7.68E+14
气态碘	8.00E+10	4.07E+10
气态粒子(半衰期≥8d)	2.00E+11	7.74E+10
氚	6.00E+13	2.84E+13
^{14}C	2.80E+12	1.92E+12
液态		
除氚和 ^{14}C 外的其他核素	2.00E+11	7.26E+10
氚	3.00E+14	2.56E+14
^{14}C	6.00E+11	2.13E+11

表 8.6.14　槽式排放口处排放浓度与控制值的比较　（单位：Bq/a）

工况	排放浓度	控制值
设计基准排放浓度	479.5	1 000
现实排放浓度	324.7	1 000

注：液态流出物设计排放源项计算时，保守假设核岛槽式排放口处的废液排放浓度为1000Bq/L。

第九章　EPR 堆型源项计算

作为典型的第三代核电技术，EPR 堆型核电厂在 PSAR 阶段的一回路冷却剂源项及流出物源项分析主要是在法国和德国核电厂的运行经验数据基础上经过统计方法得到的，与各种放射性产生和释放的物理模型及工艺流程未建立直接联系。结合台山核电站一期的安全分析评审与国内源项的深入研究，对这些运行反馈数据的充分性和合理性、数据测量及统计分析方法等进行了深入研究。理论模型计算与运行核电厂的经验反馈数据能够相结合，是新源项计算框架下 EPR 堆型的源项设计特点。在新源项框架下，EPR 堆型核电厂源项设计能够充分反馈机组的运行经验，同时也对模型计算中参数选取进行了分析研究。

在新源项计算框架下，除了堆芯裂变产物积存量外，一回路冷却剂源项(裂变产物、活化腐蚀产物、氚和 ^{14}C)有两套值，分别为能够反映机组正常运行期间放射性水平的现实源项和考虑一定保守性的设计源项。

9.1　堆芯积存量

堆芯内的裂变产物总量是计算冷却剂裂变产物源项的基础，也是事故分析的初始输入。根据燃料管理方案，利用 ORIGEN-S 程序计算得到堆芯裂变产物积存量。计算中主要假设和输入如下：

(1) 平均比功率(MW/t U)：36.2。

(2) ^{235}U 富集度：4.95%。

(3) 组件铀装量(kg)：530.22kg。

(4) 堆芯铀装量(t)：127.78。

(5) 燃耗点(GW・d/t U)：0.2，1，4，5，10，15，20，25，30，35，40，45，50，55，60，65，69。

(6) 不考虑燃料中可燃毒物(钆)的影响。

利用 ORIGEN-S 程序计算裂变产物堆芯积存量的计算结果见表 9.1.1，最后一列为所有计算燃耗点中裂变产物积存量的最大值(不同核素的最大积存量用底色标识)。表 9.1.1 中计算结果表明，大部分短寿命核素积存量的最大值出现在 0.2GW・d/t U 或更小的燃耗点，如 ^{85m}Kr、^{87}Kr、^{91}Sr、^{92}Sr、^{134}I 和 ^{135}I，长半衰期核素积存量最大值出现在最大燃耗处，如 ^{85}Kr 和 ^{90}Sr。

9.2　一回路裂变产物源项

一回路冷却剂裂变产物源项包括现实源项和设计源项。

表 9.1.1　不同燃耗点堆芯裂变产物核算结果　（单位：GBq，$\times10^{8}$）

核素	0.2	1	4	5	10	15	20	25	30	35	40	45	50	55	60	65	69	最大值
^{85}Kr	3.48E–03	1.80E–02	7.08E–02	8.77E–02	1.69E–01	2.43E–01	3.13E–01	3.77E–01	4.37E–01	4.93E–01	5.43E–01	5.90E–01	6.33E–01	6.73E–01	7.09E–01	7.42E–01	7.66E–01	7.66E–01
^{85m}Kr	1.73E+01	1.72E+01	1.64E+01	1.63E+01	1.53E+01	1.45E+01	1.38E+01	1.33E+01	1.26E+01	1.20E+01	1.14E+01	1.09E+01	1.05E+01	9.98E+00	9.51E+00	9.08E+00	8.78E+00	1.73E+01
^{87}Kr	3.57E+01	3.53E+01	3.37E+01	3.33E+01	3.12E+01	2.95E+01	2.79E+01	2.68E+01	2.55E+01	2.42E+01	2.29E+01	2.18E+01	2.09E+01	1.99E+01	1.89E+01	1.80E+01	1.74E+01	3.57E+01
^{88}Kr	5.05E+01	5.00E+01	4.76E+01	4.70E+01	4.40E+01	4.14E+01	3.92E+01	3.75E+01	3.56E+01	3.37E+01	3.18E+01	3.01E+01	2.88E+01	2.73E+01	2.59E+01	2.46E+01	2.36E+01	5.05E+01
^{89}Sr	5.02E+00	2.17E+01	5.21E+01	5.61E+01	6.08E+01	5.84E+01	5.53E+01	5.28E+01	5.01E+01	4.73E+01	4.46E+01	4.21E+01	4.01E+01	3.80E+01	3.59E+01	3.38E+01	3.24E+01	6.08E+01
^{90}Sr	3.10E–02	1.54E–01	6.02E–01	7.46E–01	1.44E+00	2.08E+00	2.68E+00	3.24E+00	3.77E+00	4.27E+00	4.73E+00	5.16E+00	5.56E+00	5.93E+00	6.28E+00	6.60E+00	6.84E+00	6.84E+00
^{91}Sr	8.47E+01	8.38E+01	8.02E+01	7.93E+01	7.45E+01	7.06E+01	6.71E+01	6.46E+01	6.15E+01	5.86E+01	5.57E+01	5.30E+01	5.10E+01	4.87E+01	4.65E+01	4.44E+01	4.30E+01	8.47E+01
^{92}Sr	8.47E+01	8.40E+01	8.07E+01	8.00E+01	7.58E+01	7.24E+01	6.92E+01	6.70E+01	6.44E+01	6.17E+01	5.92E+01	5.68E+01	5.50E+01	5.30E+01	5.10E+01	4.92E+01	4.80E+01	8.47E+01
^{90}Y	1.49E–02	1.34E–01	6.10E–01	7.58E–01	1.47E+00	2.13E+00	2.75E+00	3.34E+00	3.89E+00	4.40E+00	4.89E+00	5.34E+00	5.77E+00	6.17E+00	6.55E+00	6.90E+00	7.16E+00	7.16E+00
^{91}Y	4.77E+00	2.30E+01	5.96E+01	6.52E+01	7.42E+01	7.27E+01	6.95E+01	6.69E+01	6.39E+01	6.09E+01	5.79E+01	5.51E+01	5.30E+01	5.06E+01	4.83E+01	4.61E+01	4.44E+01	7.42E+01
^{92}Zr	0.00E+00	0.00E+00	0.00E+00	0.00E+00	0.00E+00	0.00E+00	0.00E+00	0.00E+00	0.00E+00	0.00E+00	0.00E+00	0.00E+00	0.00E+00	0.00E+00	0.00E+00	0.00E+00	0.00E+00	0.00E+00
^{95}Nb	2.84E–01	5.77E+00	4.32E+01	5.37E+01	8.06E+01	8.58E+01	8.54E+01	8.41E+01	8.24E+01	8.06E+01	7.88E+01	7.70E+01	7.55E+01	7.41E+01	7.26E+01	7.11E+01	6.99E+01	8.58E+01
^{99}Mo	6.67E+01	8.88E+01	8.82E+01	8.83E+01	8.75E+01	8.70E+01	8.66E+01	8.62E+01	8.59E+01	8.56E+01	8.53E+01	8.50E+01	8.46E+01	8.44E+01	8.43E+01	8.41E+01	8.42E+01	8.88E+01
^{99m}Tc	5.87E+01	7.82E+01	7.77E+01	7.78E+01	7.71E+01	7.67E+01	7.64E+01	7.61E+01	7.59E+01	7.58E+01	7.56E+01	7.54E+01	7.51E+01	7.51E+01	7.50E+01	7.49E+01	7.51E+01	7.82E+01
^{106}Rh	6.11E–01	1.05E+00	2.65E+00	3.24E+00	6.45E+00	9.92E+00	1.35E+01	1.54E+01	1.87E+01	2.19E+01	2.51E+01	2.83E+01	3.39E+01	3.70E+01	4.00E+01	4.29E+01	4.51E+01	2.19E+01
^{103}Ru	4.34E+00	1.83E+01	4.27E+01	4.62E+01	5.43E+01	5.83E+01	6.15E+01	6.38E+01	6.63E+01	6.88E+01	7.12E+01	7.33E+01	7.51E+01	7.69E+01	7.87E+01	8.04E+01	8.16E+01	8.16E+01
^{106}Ru	7.86E–02	4.10E–01	1.88E+00	2.42E+00	5.43E+00	8.73E+00	1.21E+01	1.54E+01	1.87E+01	2.19E+01	2.51E+01	2.83E+01	3.13E+01	3.41E+01	3.69E+01	3.95E+01	4.15E+01	4.15E+01
^{131}Te	3.79E+01	3.81E+01	3.81E+01	3.82E+01	3.83E+01	3.83E+01	3.84E+01	3.83E+01	3.84E+01	3.83E+01	3.83E+01	3.83E+01	3.82E+01	3.82E+01	3.82E+01	3.82E+01	3.82E+01	3.84E+01
^{131m}Te	5.18E+00	5.65E+00	6.20E+00	6.38E+00	7.03E+00	7.51E+00	7.88E+00	8.12E+00	8.42E+00	8.67E+00	8.88E+00	9.06E+00	9.22E+00	9.41E+00	9.56E+00	9.70E+00	9.83E+00	9.83E+00
^{132}Te	4.35E+01	6.31E+01	6.38E+01	6.39E+01	6.43E+01	6.46E+01	6.48E+01	6.49E+01	6.51E+01	6.52E+01	6.52E+01	6.52E+01	6.51E+01	6.52E+01	6.53E+01	6.53E+01	6.55E+01	6.55E+01
^{134}Te	1.01E+02	1.00E+02	9.76E+01	9.71E+01	9.36E+01	9.11E+01	8.91E+01	8.75E+01	8.58E+01	8.43E+01	8.29E+01	8.15E+01	8.02E+01	7.91E+01	7.80E+01	7.70E+01	7.64E+01	1.01E+02

续表

核素	0.2	1	4	5	10	15	20	25	30	35	40	45	50	55	60	65	69	最大值
^{131}I	1.53E+01	3.81E+01	4.31E+01	4.30E+01	4.37E+01	4.42E+01	4.45E+01	4.47E+01	4.50E+01	4.52E+01	4.53E+01	4.55E+01	4.55E+01	4.57E+01	4.57E+01	4.58E+01	4.58E+01	4.58E+01
^{132}I	4.38E+01	6.34E+01	6.42E+01	6.44E+01	6.50E+01	6.54E+01	6.57E+01	6.58E+01	6.61E+01	6.63E+01	6.64E+01	6.64E+01	6.64E+01	6.65E+01	6.66E+01	6.67E+01	6.69E+01	6.69E+01
^{133}I	9.56E+01	9.75E+01	9.69E+01	9.70E+01	9.63E+01	9.58E+01	9.53E+01	9.49E+01	9.45E+01	9.41E+01	9.37E+01	9.33E+01	9.28E+01	9.26E+01	9.22E+01	9.19E+01	9.19E+01	9.75E+01
^{134}I	1.13E+02	1.12E+02	1.11E+02	1.11E+02	1.09E+02	1.08E+02	1.07E+02	1.06E+02	1.05E+02	1.05E+02	1.04E+02	1.03E+02	1.02E+02	1.02E+02	1.01E+02	1.00E+02	1.00E+02	1.13E+02
^{135}I	9.20E+01	9.20E+01	9.14E+01	9.15E+01	9.08E+01	9.04E+01	9.02E+01	8.98E+01	8.96E+01	8.95E+01	8.93E+01	8.91E+01	8.87E+01	8.86E+01	8.85E+01	8.84E+01	8.85E+01	9.20E+01
^{131m}Xe	2.52E−02	2.63E−01	4.16E−01	4.69E−01	5.03E−01	5.24E−01	5.43E−01	5.63E−01	5.82E−01	6.01E−01	6.20E−01	6.37E−01	6.50E−01	6.69E−01	6.88E−01	7.04E−01	7.18E−01	7.18E−01
^{133}Xe	4.04E+01	8.99E+01	9.67E+01	9.29E+01	9.62E+01	9.57E+01	9.53E+01	9.49E+01	9.46E+01	9.42E+01	9.39E+01	9.35E+01	9.31E+01	9.29E+01	9.26E+01	9.23E+01	8.98E+01	9.67E+01
^{133m}Xe	2.03E+00	2.69E+00	2.86E+00	2.88E+00	2.89E+00	2.91E+00	2.92E+00	2.92E+00	2.94E+00	2.94E+00	2.95E+00	2.95E+00	2.95E+00	2.96E+00	2.97E+00	2.97E+00	2.99E+00	2.99E+00
^{135}Xe	3.55E+01	3.56E+01	3.57E+01	3.57E+01	3.54E+01	3.48E+01	3.42E+01	3.23E+01	3.14E+01	3.05E+01	2.97E+01	2.88E+01	2.65E+01	2.55E+01	2.47E+01	2.41E+01	2.36E+01	3.57E+01
^{138}Xe	9.20E+01	9.17E+01	8.98E+01	8.95E+01	8.72E+01	8.56E+01	8.42E+01	8.31E+01	8.20E+01	8.09E+01	7.99E+01	7.90E+01	7.81E+01	7.73E+01	7.65E+01	7.58E+01	7.54E+01	9.20E+01
^{134}Cs	3.48E−05	4.20E−03	1.04E−01	1.63E−01	6.50E−01	1.42E+00	2.44E+00	3.60E+00	4.97E+00	6.53E+00	8.25E+00	1.01E+01	1.19E+01	1.38E+01	1.58E+1	1.79E+01	1.96E+01	1.96E+01
^{136}Cs	2.04E−02	8.98E−02	3.05E−01	3.73E−01	6.98E−01	1.02E+00	1.34E+00	1.69E+00	2.05E+00	2.42E+00	2.82E+00	3.23E+00	3.59E+00	4.07E+00	4.55E+00	5.03E+00	5.43E+00	5.43E+00
^{137}Cs	3.18E−02	1.59E−01	6.37E−01	7.95E−01	1.58E+00	2.37E+00	3.14E+00	3.91E+00	4.67E+00	5.43E+00	6.17E+00	6.91E+00	7.64E+00	8.37E+00	9.08E+0	9.79E+00	1.04E+01	1.04E+01
^{138}Cs	9.60E+01	9.58E+01	9.44E+01	9.42E+01	9.24E+01	9.12E+01	9.01E+01	8.92E+01	8.82E+01	8.74E+01	8.66E+01	8.58E+01	8.50E+01	8.44E+01	8.38E+01	8.31E+01	8.29E+01	9.60E+01
^{140}Ba	2.36E+01	7.09E+01	9.00E+01	8.99E+01	8.84E+01	8.73E+01	8.63E+01	8.55E+01	8.46E+01	8.38E+01	8.30E+01	8.23E+01	8.16E+01	8.10E+01	8.03E+01	7.97E+01	7.93E+01	9.00E+01
^{140}La	1.49E+01	7.21E+01	9.03E+01	9.33E+01	8.93E+01	8.83E+01	8.76E+01	8.71E+01	8.65E+01	8.60E+01	8.56E+01	8.52E+01	8.50E+01	8.47E+01	8.45E+01	8.43E+01	8.53E+01	9.33E+01
^{141}Ce	8.88E+00	3.70E+01	7.52E+01	7.85E+01	8.15E+01	8.07E+01	7.97E+01	7.90E+01	7.81E+01	7.72E+01	7.64E+01	7.55E+01	7.50E+01	7.42E+01	7.35E+01	7.27E+01	7.22E+01	8.15E+01
^{143}Ce	7.97E+01	8.48E+01	8.29E+01	8.25E+01	8.00E+01	7.80E+01	7.63E+01	7.49E+01	7.35E+01	7.21E+01	7.07E+01	6.95E+01	6.84E+01	6.73E+01	6.63E+01	6.53E+01	6.47E+01	8.48E+01
^{144}Ce	1.05E+00	5.11E+00	1.83E+01	2.21E+01	3.71E+01	4.72E+01	5.39E+01	5.83E+01	6.10E+01	6.25E+01	6.32E+01	6.33E+01	6.31E+01	6.26E+01	6.19E+01	6.10E+01	6.03E+01	6.33E+01
^{143}Pr	1.42E+1	5.98E+01	8.09E+01	7.99E+01	7.83E+01	7.64E+01	7.47E+01	7.35E+01	7.20E+01	7.06E+01	6.93E+01	6.80E+01	6.71E+01	6.60E+01	6.49E+01	6.39E+01	6.28E+01	8.09E+01
^{144}Pr	1.11E+0	5.36E+00	1.86E+01	2.24E+01	3.74E+01	4.75E+01	5.42E+01	5.87E+01	6.14E+01	6.29E+01	6.36E+01	6.37E+01	6.35E+01	6.30E+01	6.23E+01	6.15E+01	6.07E+01	6.37E+01

裂变产物现实源项以法国和德国运行核电厂一回路冷却剂裂变产物监测数据的平均值为基础，能够反映在现有燃料破损率下 EPR 堆型核电厂在长期运行中冷却剂裂变产物的放射性活度浓度。冷却剂中大部分裂变产物核素的平均值与初始设计(见第二章)是相同的，少量核素测量数据的平均值(如 ^{134}I)发生变化，这是由于参考电厂发生变化。需要指出，在机组运行过程中发生燃料破损后，能够监测到的冷却剂裂变产物主要是 Kr、Xe、I 和 Cs 约 15 种同位素，其余 20 多种核素是根据设计源项的核素谱推算得到的。

裂变产物设计源项是采用“0.25%燃料破损率”假设，通过逃逸率系数法计算得到的。根据堆芯裂变产物积存量，结合不同裂变产物的逃逸率系数可以计算出一定数目燃料棒破损后一回路冷却剂裂变产物活度浓度，通常将这种方法称为“逃逸系数法”。计算公式如下：

$$A_n = \frac{r \cdot \mathrm{CI}_n \cdot \varepsilon_n}{\dfrac{F_{\mathrm{CVCS}}}{\mathrm{Purif}_n} - F_{\mathrm{CVCS}} - \lambda_n \cdot M_{\mathrm{W}} - F_{\mathrm{boron}}} \cdot [\mathrm{e}^{\frac{F_{\mathrm{CVCS}}}{\mathrm{Purif}_n} - F_{\mathrm{CVCS}} - \lambda_n \cdot M_{\mathrm{W}} - F_{\mathrm{boron}}} \cdot \frac{t}{M_{\mathrm{W}}} - 1] \tag{9.2.1}$$

式中，A_n 为主冷却剂中核素的活度浓度，单位为 Bq/t；r 为破损燃料棒的比例；CI_n 为核素的堆芯积存量，单位为 Bq；ε_n 为核素的逃逸率系数，单位为 s；F_{CVCS} 为 RCP 下泄流净化速率，单位为 t/s；Purif_n 为净化系统的去污因子；λ_n 为核素的衰变常数，单位为 s^{-1}；M_{W} 为 RCP 和稳压器中冷却剂的总质量，单位为 t；F_{boron} 为用于硼控的 RCP 年平均下泄流速率，单位为 t/s；t 为运行时间 s。

计算中使用的各种核素逃逸率系数和电厂参数见表 9.2.1。需要指出，由于 EPR 堆型核电厂中每个燃料组件中有 265 根燃料棒，全堆 241 个组件，因此 0.25%燃料破损率假设相当于 160 根燃料棒破损。

停堆期间 TEG 系统中气体流速为 200kg/s 时对应惰性气体净化因子为 100，功率运行期间对应流速 6kg/s 的净化因子为 100×6/200=3。相关参数根据 EPR 堆型核电厂系统设计确定。

表 9.2.1 计算裂变产物源项所用的主要参数

EPR 堆型反应堆参数	数值
逃逸率系数(s^{-1})	
Xe，Kr	6.50E−08
I，Rb，Cs	1.30E−08
Mo	2.00E−09
Te	1.00E−09
Sr，Ba	1.00E−11
其他核素	1.60E−12
一回路和稳压器中水的总质量(t)	3.21E+02
循环长度(s)	3.15E+07(1a)
RCP 用于净化的下泄流速率(t/s)	1.00E−02(36t/h)
RCP 净化的净化因子(通过净化混床除盐器)	
惰性气体	3
Cs	1.2
Sr	20
I	100
其他放射性核素	50
用于硼浓度控制的 RCP 下泄流速率(年度平均，t/s)	4.96E−05

使用逃逸率系数法计算得到 0.25%燃料破损率下一回路冷却剂裂变产物源项见表 9.2.2。

表 9.2.2　一回路裂变产物源项　（单位：GBq/t）

核素	不同碘当量下的裂变产物活度					
	稳态	瞬态	稳态	瞬态	稳态	瞬态 19 倍
^{85m}Kr	6.11E-02	1.39E-01	3.06E+00	6.80E+00	2.26E+01	5.04E+01
^{85}Kr	8.25E-03	8.25E-03	4.12E-01	4.85E-01	3.05E+00	3.59E+00
^{87}Kr	4.67E-02	1.02E-01	2.34E+00	5.60E+00	1.73E+01	4.15E+01
^{88}Kr	1.28E-01	3.13E-01	6.42E+00	1.46E+01	4.75E+01	1.08E+02
^{131m}Xe	7.49E-03	1.62E-02	3.75E-01	7.78E-01	2.77E+00	5.76E+00
^{133m}Xe	2.74E-02	5.90E-02	1.37E+00	2.84E+00	1.01E+01	2.10E+01
^{133}Xe	9.71E-01	1.88E+00	4.85E+01	9.18E+01	3.59E+02	6.80E+02
^{135}Xe	1.92E-01	2.52E-01	9.58E+00	1.29E+01	7.09E+01	9.56E+01
^{138}Xe	2.46E-02	7.04E-02	1.23E+00	3.53E+00	9.11E+00	2.61E+01
惰性气体总量	1.47E+00	2.84E+00	7.33E+01	1.39E+02	5.43E+02	1.03E+03
^{131}I	6.45E-02	1.65E+00	3.23E+00	8.14E+01	2.39E+01	6.02E+02
^{132}I	2.63E-02	3.04E-01	1.31E+00	1.46E+01	9.73E+00	1.08E+02
^{133}I	1.09E-01	8.66E-01	5.46E+00	4.15E+01	4.04E+01	3.07E+02
^{134}I	2.02E-02	2.60E-01	1.01E+00	1.32E+01	7.48E+00	9.73E+01
^{135}I	6.88E-02	5.63E-01	3.44E+00	2.58E+01	2.54E+01	1.91E+02
总碘	2.89E-01	3.64E+00	1.45E+01	1.76E+02	1.07E+02	1.31E+03
^{131}I 当量	1.00E-01	1.90E+00	5.00E+00	9.51E+01	3.70E+01	7.04E+02
^{134}Cs	1.65E-01	3.97E+00	8.25E+00	1.98E+02	6.10E+01	1.47E+03
^{135}Cs	4.58E-02	4.98E-01	2.29E+00	2.49E+01	1.69E+01	1.84E+02
^{137}Cs	8.72E-02	1.74E+00	4.36E+00	8.72E+01	3.23E+01	6.46E+02
^{138}Cs	1.23E-02	3.56E-02	6.16E-01	1.78E+00	4.56E+00	1.32E+01
^{89}Sr	7.05E-05	7.05E-03	3.53E-03	3.53E-01	2.61E-02	2.61E+00
^{90}Sr	7.97E-06	7.97E-04	3.98E-04	3.98E-02	2.95E-03	2.95E-01
^{90}Y	1.18E-06	—	5.89E-05	—	4.36E-04	—
^{91}Y	1.33E-05	—	6.67E-04	—	4.94E-03	—
^{91}Sr	5.79E-05	—	2.90E-03	—	2.14E-02	—
^{92}Sr	2.85E-05	—	1.42E-03	—	1.05E-02	—
^{95}Zr	1.55E-05	—	7.77E-04	—	5.75E-03	—
^{95}Nb	1.54E-05	—	7.70E-04	—	5.70E-03	—
^{99}Mo	1.83E-02	—	9.16E-01	—	6.78E+00	—

续表

核素	不同碘当量下的裂变产物活度					
	稳态	瞬态	稳态	瞬态	稳态	瞬态 19 倍
^{99m}Tc	6.92E-06	—	3.46E-04	—	2.56E-03	—
^{106}Rh	1.08E-08	—	5.39E-07	—	3.99E-06	—
^{103}Ru	1.47E-05	—	7.33E-04	—	5.42E-03	—
^{106}Ru	7.50E-06	—	3.75E-04	—	2.77E-03	—
^{131m}Te	9.18E-04	—	4.59E-02	—	3.40E-01	—
^{131}Te	2.70E-04	—	1.35E-02	—	9.99E-02	—
^{132}Te	6.84E-03	—	3.42E-01	—	2.53E+00	—
^{134}Te	1.14E-03	—	5.70E-02	—	4.22E-01	—
^{140}Ba	9.96E-05	—	4.98E-03	—	3.69E-02	—
^{140}La	1.46E-05	—	7.29E-04	—	5.40E-03	—
^{141}Ce	1.46E-05	—	7.31E-04	—	5.41E-03	—
^{143}Ce	1.29E-05	—	6.44E-04	—	4.77E-03	—
^{143}Pr	1.43E-05	—	7.17E-04	—	5.31E-03	—
^{144}Ce	1.14E-05	—	5.72E-04	—	4.23E-03	—
^{144}Pr	5.05E-07	—	2.53E-05	—	1.87E-04	—

9.3 一回路活化腐蚀产物源项

EPR 堆型核电厂的活化腐蚀产物源项以法国 N4 核电厂的运行监测数据为基础，分别见表 9.3.1 和表 9.3.2。机组满功率运行期间的稳态值和设计基准值分别为所有统计循环中监测核素活度浓度的中位值和最大值，停堆期间的稳态值和设计基准值分别为所有统计循环中机组在停堆氧化峰的中位值和最大值。EPR 和 N4 核电厂的蒸汽发生器材料传热管都使用 690 合金。活化腐蚀产物源项也参考了 FA3 核电厂的设计。由于设计中不考虑一回路冷却剂注锌，因此 EPR 堆型核电厂的冷却剂活化腐蚀产物中不考虑 ^{65}Zn。

表 9.3.1 满功率运行期间的活化腐蚀产物源项

核素	半衰期	现实源项(GBq/t)	设计源项(GBq/t)
^{51}Cr	27.70d	2.80E-02	6.00E-01
^{54}Mn	312.12d	4.20E-03	2.20E-01
^{55}Fe	2.737a	9.0E-03	1.80E-02
^{59}Fe	44.50d	1.30E-03	8.10E-02
^{58}Co	70.86d	2.10E-02	3.90E-01
^{60}Co	5.27a	2.30E-03	1.70E-01
^{63}Ni	100.1a	1.50E-02	1.50E-02
^{110m}Ag	249.76d	3.20E-03	2.70E-01
^{122}Sb	2.722d	1.20E-03	1.10E-01
^{124}Sb	60.2d	9.70E-04	1.20E-01
^{125}Sb	2.759a	1.10E-02	9.80E-02

表 9.3.2 停堆(氧化峰)期间的活化腐蚀产物源项

核素	半衰期	现实源项(GBq/t)	设计源项(GBq/t)
^{51}Cr	27.70d	1.8E+01	3.6E+01
^{54}Mn	312.12d	2.0E+00	3.7E+00
^{59}Fe	44.50d	9.7E+00	3.7E+01
^{58}Co	70.86d	1.6E+02	2.5E+02
^{60}Co	5.27a	3.3E+00	5.9E+00
^{63}Ni	100.1a	3.1E+00	3.1E+00
^{110m}Ag	249.76d	7.2E+00	1.6E+01
^{122}Sb	2.722d	7.1E+00	1.0E+01
^{124}Sb	60.2d	3.0E+00	3.7E+00
^{125}Sb	2.759a	5.1E-01	1.0E+00

与EPR堆型核电厂初始设计相比，一回路冷却剂活化腐蚀产物不仅增加了核素^{51}Cr、^{63}Ni、^{110m}Ag、^{122}Sb、^{124}Sb和^{125}Sb，同时更新了核素^{54}Mn、^{59}Fe、^{58}Co和^{60}Co的活度浓度。在现实源项中这4种核素分别增加了1.1倍、1.6倍、1.6倍和3.6倍，设计源项中这4种核素分别增加了54倍、80倍、23倍和169倍。这种设计更加保守。

9.4 二回路源项

9.4.1 计算方法

二回路系统的放射性来源于蒸汽发生器处一回路冷却剂向二回路的泄漏。泄漏到二回路中的放射性通过汽水分配和迁移，扩散至二回路系统蒸汽、给水和蒸汽发生器水相中。在二回路系统中，不可避免地存在蒸汽泄漏和给水泄漏。冷凝器的真空系统也将带走蒸汽中放射性。蒸汽发生器的排污水也存在不复用的情况。以上4点构成了放射性核素以气态或液态方式通过二回路系统向环境排放的具体途径。

考虑二回路系统中放射性的迁移和扩散，可建立蒸汽发生器水相和液相中非惰性气体核素的放射性浓度计算公式如下：

$$\frac{\mathrm{d}C_{\mathrm{CON}_i}(t)}{\mathrm{d}t}=\frac{Q_{\mathrm{leak}}(t)\cdot C_{\mathrm{RCP}i}}{M_{\mathrm{SG}}}-[\lambda_i+\frac{Q_{\mathrm{APG}}}{M_{\mathrm{SG}}}\cdot\frac{\mathrm{DF}_{\mathrm{APG}}-1}{\mathrm{DF}_{\mathrm{APG}}}+\frac{\mathrm{FH}\cdot\mathrm{QL}_{\mathrm{VVP}}\cdot(1-\mathrm{PF}_{\mathrm{VVP}})}{M_{\mathrm{SG}}}+\frac{\mathrm{FH}\cdot Q_{\mathrm{COND}}\cdot\mathrm{PF}_{\mathrm{VVP}}}{M_{\mathrm{SG}}}]\cdot C_{\mathrm{CON}_i}(t) \tag{9.4.1}$$

$$C_{\mathrm{CON}_i}(t_{\mathrm{cycle}})=\mathrm{e}^{-\mu\cdot t_{\mathrm{cycle}}}\cdot[C_{\mathrm{CON}_i}(0)+\int_0^{t_{\mathrm{cycle}}}\mathrm{e}^{\mu\cdot t}\frac{Q_{\mathrm{leak}}(t)\cdot C_{\mathrm{RCPi}}}{M_{\mathrm{SG}}}\cdot\mathrm{d}t] \tag{9.4.2}$$

$$C_{\mathrm{VVP}_i}(t_{\mathrm{cycle}})=\mathrm{FH}\cdot C_{\mathrm{CON}_i}(t_{\mathrm{cycle}}) \tag{9.4.3}$$

对于惰性气体，计算公式如下：

$$C_{\mathrm{CON}_i}(t_{\mathrm{cycle}})=0 \tag{9.4.4}$$

$$C_{\mathrm{VVP}_i}(t_{\mathrm{cycle}})=\frac{Q_{\mathrm{leak}}(t_{\mathrm{cycle}})\cdot C_{\mathrm{RCPi}}}{Q_{\mathrm{COND}}} \tag{9.4.5}$$

其中：$\mu=\lambda_i+\dfrac{Q_{\mathrm{APG}}}{M_{\mathrm{SG}}}\cdot\dfrac{\mathrm{DF}_{\mathrm{APG}}-1}{\mathrm{DF}_{\mathrm{APG}}}+\dfrac{\mathrm{FH}\cdot\mathrm{QL}_{\mathrm{VVP}}\cdot(1-\mathrm{PF}_{\mathrm{VVP}})}{M_{\mathrm{SG}}}+\dfrac{\mathrm{FH}\cdot Q_{\mathrm{COND}}\cdot\mathrm{PF}_{\mathrm{VVP}}}{M_{\mathrm{SG}}}$；$C_{\mathrm{CON}_i}(t)$ 为蒸汽发生器水相活度浓度，单位为 GBq/t；$C_{\mathrm{VVP}_i}(t)$ 为二回路蒸汽的活度浓度，单位为 GBq/t；$C_{\mathrm{RCP}i}$ 为一回路冷却剂中的核素 i 的活度浓度，单位为 GBq/t；FH 为蒸汽携带因子，无量纲；$Q_{\mathrm{leak}}(t)$ 为蒸汽发生器处一回路冷却剂向二回路的泄漏率，单位为 t/h；$\mathrm{PF}_{\mathrm{VVP}i}$ 为冷凝器中核素的汽水分配因子；Q_{COND} 为主蒸汽流量，单位为 t/h；$\mathrm{QL}_{\mathrm{VVP}}$ 为二回路系统给水泄漏流量，单位为 t/h；t_{cycle} 为循环长度，单位为 h；M_{SG} 为所有蒸汽发生器水相总质量，单位为 t；Q_{APG} 为 APG 系统的下泄流量；$\mathrm{DF}_{\mathrm{APG}}$ 为 APG 系统的去污因子。

9.4.2 计算参数及结果分析

根据典型 EPR 堆型核电厂的设计参数(表 9.4.1)，可计算得 3 种一回路冷却剂 ^{131}I 当量下 EPR 堆型核电厂二回路源项，见表 9.4.2。

表 9.4.1 EPR 堆型核电厂二回路系统源项计算参数

序号	物理含义	数值/单位
1	一回路冷却剂中核素的放射性浓度	GBq/t
2	蒸汽发生器水相中核素的放射性浓度	GBq/t
3	4 台蒸汽发生器内二次侧水的质量	308t
4	蒸汽发生器处一回路至二回路的泄漏率	4kg/h
5	衰变常数	h^{-1}
6	3 台蒸汽发生器的排污率	92t/h
7	二回路给水泄漏率	22t/h
8	4 台蒸汽发生器中蒸汽的质量流量	9376t/h
9	蒸汽发生器中的蒸汽携带因子	惰性气体：100% 碘：1% 其他裂变产物及腐蚀产物：0.25%
10	冷凝器中碘的汽水分配因子	10^{-4}
11	蒸汽发生器排污系统的去污因子	10
12	循环长度	488EFPD

表 9.4.2 3 种 ^{131}I 当量下 EPR 堆型核电厂二回路系统源项（单位：GBq/t）

核素	0.1GBq/t ^{131}I 当量		5GBq/t ^{131}I 当量		37GBq/t ^{131}I 当量	
	二回路冷却剂（气相）	二回路冷却剂（液相）	二回路冷却剂（气相）	二回路冷却剂（液相）	二回路冷却剂（气相）	二回路冷却剂（液相）
^{85m}Kr	2.61E−08	0.00E+00	1.31E−06	0.00E+00	9.64E−06	0.00E+00

续表

核素	0.1GBq/t ^{131}I 当量		5GBq/t ^{131}I 当量		37GBq/t ^{131}I 当量	
	二回路冷却剂（气相）	二回路冷却剂（液相）	二回路冷却剂（气相）	二回路冷却剂（液相）	二回路冷却剂（气相）	二回路冷却剂（液相）
^{85}Kr	3.52E-09	0.00E+00	1.76E-07	0.00E+00	1.30E-06	0.00E+00
^{87}Kr	1.99E-08	0.00E+00	9.98E-07	0.00E+00	7.38E-06	0.00E+00
^{88}Kr	5.46E-08	0.00E+00	2.74E-06	0.00E+00	2.03E-05	0.00E+00
^{131m}Xe	3.20E-09	0.00E+00	1.60E-07	0.00E+00	1.18E-06	0.00E+00
^{133m}Xe	1.17E-08	0.00E+00	5.84E-07	0.00E+00	4.31E-06	0.00E+00
^{133}Xe	4.14E-07	0.00E+00	2.07E-05	0.00E+00	1.53E-04	0.00E+00
^{135}Xe	8.19E-08	0.00E+00	4.09E-06	0.00E+00	3.02E-05	0.00E+00
^{138}Xe	1.05E-08	0.00E+00	5.25E-07	0.00E+00	3.89E-06	0.00E+00
^{89}Sr	8.52E-12	3.41E-09	4.26E-10	1.70E-07	3.15E-09	1.26E-06
^{90}Sr	1.02E-12	4.08E-10	4.81E-11	1.92E-08	3.56E-10	1.43E-07
^{91}Sr	5.56E-12	2.22E-09	2.77E-10	1.11E-07	2.05E-09	8.18E-07
^{92}Sr	1.79E-12	7.15E-10	8.81E-11	3.53E-08	6.52E-10	2.61E-07
^{90}Y	2.60E-13	1.04E-10	6.86E-12	2.75E-09	5.06E-11	2.03E-08
^{91}Y	1.63E-12	6.51E-10	8.04E-11	3.22E-08	5.96E-10	2.38E-07
^{95}Zr	1.90E-12	7.59E-10	9.37E-11	3.75E-08	6.93E-10	2.77E-07
^{95}Nb	1.88E-12	7.53E-10	9.27E-11	3.71E-08	6.87E-10	2.75E-07
^{99}Mo	2.13E-09	8.51E-07	1.07E-07	4.26E-05	7.88E-07	3.15E-04
^{99m}Tc	6.57E-13	2.63E-10	2.93E-11	1.17E-08	2.17E-10	8.67E-08
^{103}Ru	1.44E-13	5.76E-11	8.83E-11	3.53E-08	6.53E-10	2.61E-07
^{106}Ru	1.80E-12	7.20E-10	4.53E-11	1.81E-08	3.35E-10	1.34E-07
^{106}Rh	1.95E-13	7.81E-11	2.25E-13	8.98E-11	2.08E-13	8.31E-11
^{131m}Te	1.02E-10	4.09E-08	5.11E-09	2.04E-06	3.78E-08	1.51E-05
^{131}Te	4.77E-12	1.91E-09	2.38E-10	9.54E-08	1.76E-09	7.06E-07
^{132}Te	8.00E-10	3.20E-07	4.00E-08	1.60E-05	2.96E-07	1.18E-04
^{134}Te	2.99E-11	1.20E-08	1.50E-09	5.98E-07	1.11E-08	4.43E-06
^{131}I	3.07E-08	3.07E-06	1.54E-06	1.54E-04	1.14E-05	1.14E-03
^{132}I	5.98E-09	5.98E-07	2.98E-07	2.98E-05	2.21E-06	2.21E-04
^{133}I	4.68E-08	4.68E-06	2.35E-06	2.35E-04	1.74E-05	1.74E-03
^{134}I	2.53E-09	2.53E-07	1.27E-07	1.27E-05	9.37E-07	9.37E-05
^{135}I	2.40E-08	2.40E-06	1.20E-06	1.20E-04	8.87E-06	8.87E-04
^{134}Cs	1.99E-08	7.97E-06	9.97E-07	3.99E-04	7.37E-06	2.95E-03
^{136}Cs	5.49E-09	2.20E-06	2.74E-07	1.10E-04	2.03E-06	8.10E-04
^{137}Cs	1.05E-08	4.21E-06	5.27E-07	2.11E-04	3.90E-06	1.56E-03
^{138}Cs	2.73E-10	1.09E-07	1.37E-08	5.46E-06	1.01E-07	4.04E-05
^{140}Ba	1.20E-11	4.79E-09	5.97E-10	2.39E-07	4.42E-09	1.77E-06
^{140}La	1.69E-12	6.74E-10	8.28E-11	3.31E-08	6.13E-10	2.45E-07
^{141}Ce	1.78E-12	7.13E-10	8.80E-11	3.52E-08	6.51E-10	2.61E-07

续表

核素	0.1GBq/t ^{131}I 当量		5GBq/t ^{131}I 当量		37GBq/t ^{131}I 当量	
	二回路冷却剂（气相）	二回路冷却剂（液相）	二回路冷却剂（气相）	二回路冷却剂（液相）	二回路冷却剂（气相）	二回路冷却剂（液相）
^{143}Ce	1.47E-12	5.88E-10	7.22E-11	2.89E-08	5.35E-10	2.14E-07
^{144}Ce	1.75E-12	7.01E-10	8.66E-11	3.46E-08	6.41E-10	2.57E-07
^{143}Pr	1.45E-12	5.80E-10	6.86E-11	2.74E-08	5.07E-10	2.03E-07
^{144}Pr	2.10E-13	8.42E-11	3.37E-13	1.35E-10	2.49E-12	9.95E-10
^{51}Cr	3.37E-09	1.35E-06	7.22E-08	2.89E-05	7.22E-08	2.89E-05
^{54}Mn	5.07E-10	2.03E-07	2.66E-08	1.06E-05	2.66E-08	1.06E-05
^{59}Fe	2.53E-09	1.01E-06	9.76E-09	3.90E-06	9.76E-09	3.90E-06
^{58}Co	1.57E-10	6.27E-08	4.70E-08	1.88E-05	4.70E-08	1.88E-05
^{60}Co	2.78E-10	1.11E-07	2.05E-08	8.21E-06	2.05E-08	8.21E-06
^{63}Ni	1.81E-09	7.25E-07	1.81E-09	7.25E-07	1.81E-09	7.25E-07
^{110m}Ag	3.86E-10	1.55E-07	3.26E-08	1.30E-05	3.26E-08	1.30E-05
^{122}Sb	1.39E-10	5.58E-08	1.28E-08	5.11E-06	1.28E-08	5.11E-06
^{124}Sb	1.17E-10	4.68E-08	1.45E-08	5.79E-06	1.45E-08	5.79E-06
^{125}Sb	1.33E-09	5.32E-07	1.18E-08	4.74E-06	1.18E-08	4.74E-06
总释放	7.86E-07	3.10E-05	3.90E-05	1.44E-03	2.87E-04	9.99E-03

9.5 氚和 ^{14}C 源项

9.5.1 氚源项

压水堆冷却剂中氚有两个来源：①直接产生。这部分氚是冷却剂中用于控制反应性的硼和调节 pH 值的锂在中子辐照下产生的。②非直接产生。这部分氚是在燃料和二次中子源组件中产生的，并通过包壳扩散至一回路冷却剂中。

采用机理性模型计算了 EPR 堆型核电厂的氚产生量和排放量，计算所用的主要参数和假设如下：

(1) 反应堆热功率为 4590MW。

(2) 反应截面基于 ENDF 评价核截面数据库。

(3) 两群中子注量率由堆芯设计得到。

(4) 燃料元件包壳材料为锆合金。

(5) 堆芯共 3 组二次中子源组件。

(6) 假设氚通过二次源包壳进入主冷却剂的渗透比例为 10%。

(7) 假设氚通过燃料包壳进入主冷却剂的扩散比例可忽略不计。

(8) 年度负荷因子：预期产生量为 0.91，保守产生量为 1.00。

(9) 冷却剂硼浓度：预期产生量计算为循环内的平均硼浓度，保守产生量计算采用循环前 365d 的平均硼浓度。

单台 EPR 机组不同运行年份对应的氚产生量，图 9.5.1 为基于预期运行参数的单台 EPR 机组的氚年排放量变化趋势，图 9.5.2 为基于保守参数和假设得到的单台 EPR 机组的氚年排放量。随着运行年份增长，更多的累积在次级中子源中的氚会释放到冷却剂。

- 运行 10 年时氚产生量的预期值为 51TBq/a，保守值为 63TBq/a。
- 运行 15 年时氚产生量的预期值为 58TBq/a，保守值为 71TBq/a。

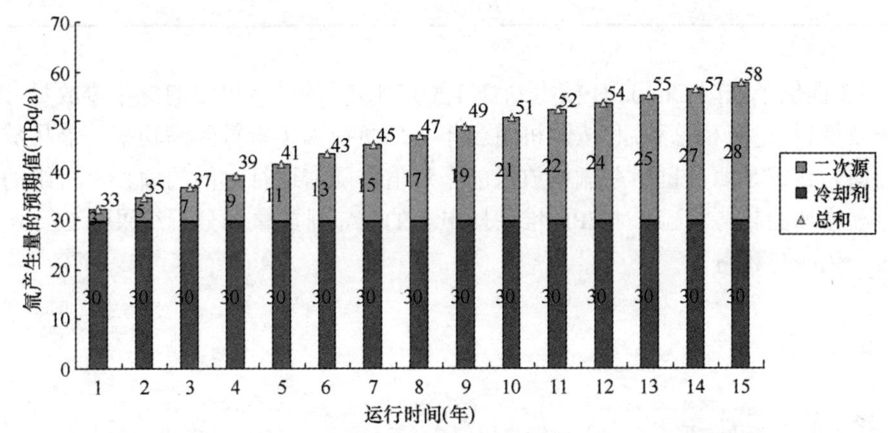

图 9.5.1　EPR 堆型核电厂单台机组的氚年产生量(预期值)

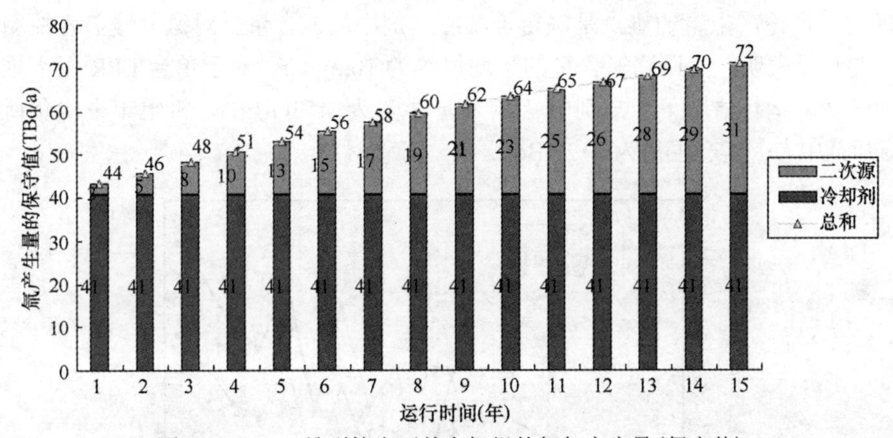

图 9.5.2　EPR 堆型核电厂单台机组的氚年产生量(保守值)

根据法国 N4 的运行反馈，气相氚和液相氚排放量占总排放量的比例分别为 2%和 98%。按照国内核电厂一回路源项和排放源项框架体系的研究成果，在氚总产生量的基础上考虑 1.1 倍裕量，并按照液氚和气氚释放比例分别为 90%和 10%确定液相氚和气相氚的排放量。单台 EPR 机组的氚产生量和排放量的分析结果列在表 9.5.1 中。

表 9.5.1　单台 EPR 机组的氚产生量和排放量

(单位：TBq/a)

类型	总产生量	总排放量	液相排放量	气相排放量
EPR 机组运行 10 年时				
预期值	50.5	55.6	50.0	5.6

续表

类型	总产生量	总排放量	液相排放量	气相排放量
保守值	63.3	69.6	62.7	6.9
EPR 机组运行 15 年时				
预期值	57.5	63.2	56.9	6.3
保守值	71.1	78.2	70.4	7.8

图 9.5.3 提供了法国 Chooz-B 核电站(N4 型压水堆)的单台机组的氚年排放量，包括实际的氚排放量(气、液相总和)和按照机组当年平均负荷因子折算到满功率的氚排放量。年排放量的原始数据是两台机组总氚排放量的平均值。随着运行时间的增长，机组的氚排放量具有逐渐增加的趋势。上述对 EPR 堆型核电厂的氚年排放量的分析结果与 Chooz-B 机组的氚排放变化趋势相符。

9.5.2 ^{14}C 源项

9.5.2.1 机理模型计算

计算 ^{14}C 理论产生量的难点是确定堆芯冷却剂中的氮含量。对氮气覆盖容控箱的西门子压水堆的测量表明，一回路氮含量的平均值约为 10mg/kg。对于单台 EPR 压水堆机组，计算得到满功率运行情况下冷却剂中 ^{14}C 年产生量为 453GBq/a，机组年平均负荷因子为 91%时冷却剂中 ^{14}C 年产生量为 412GBq/a。

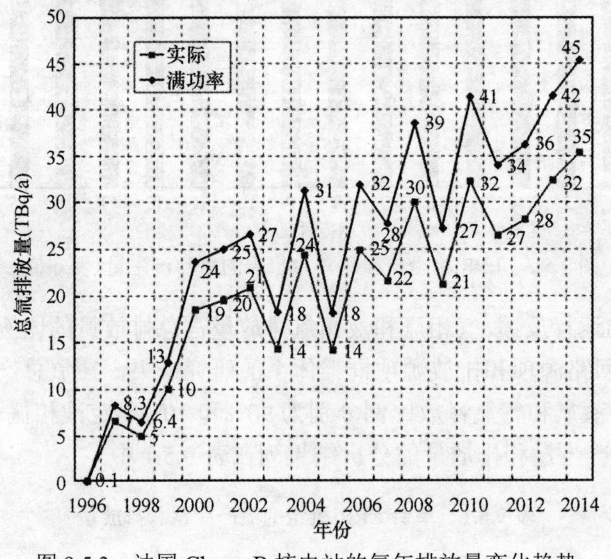

图 9.5.3　法国 Chooz-B 核电站的氚年排放量变化趋势

9.5.2.2 按运行反馈数据估算

考虑到 EPR 堆型核电厂的化容系统和三废处理系统是参考德国西门子压水堆(电功率

约为 1400MW)设计，收集了容控箱采用氮气覆盖的西门子核电厂(包括 2 台 Pre-Konvoi 机组和 3 台 Konvoi 机组)在 2000～2014 年的气相 ^{14}C 排放运行数据并进行了统计分析。这些机组包括 KKP-2(pre-Konvoi)、KWG(pre-Konvoi)、KKE(Konvoi)、KKI-2(Konvoi)和 GKN-2(Konvoi)，将这些机组 ^{14}C 运行排放数据的分析结果作为 EPR 机组的 ^{14}C 源项设计是合理的。

这 5 台西门子压水堆气相 ^{14}C 归一化排放量的中位值为 220GBq/(GW·a)。按照机组功率和 91%的负荷因子计算得到 EPR 机组的气相 ^{14}C 排放量为 330GBq/a。若考虑气相、液相和固相废物中 ^{14}C 占总产生量的比例分别为 78%、7%和 15%，则 EPR 机组的液相流出物和固体废物中 ^{14}C 分别约为 30GBq/a 和 64GBq/a。

气相 ^{14}C 年排放量的最大值主要与 ^{14}C 的集中排放有关，并非由冷却剂中 ^{14}C 产生量增加导致。5 台西门子压水堆和 3 台 Konvoi 的气相 ^{14}C 归一化排放量的 98%的包络值分别为 407GBq/(GW·a)和 429GBq/(GW·a)，根据机组功率得到 1620MW 机组的气相 ^{14}C 排放量为 659～695GBq/a，因此 EPR 机组的气相 ^{14}C 最大排放量优化值为 660～700GBq/a。当气相 ^{14}C 年度排放量接近该范围时，需要结合机组运行状态和大修计划合理确定放射性废气排放的管理措施以避免超出排放申请值。结合 ^{14}C 不同形态的释放比例，可以得到 EPR 机组的 ^{14}C 液相流出物和固体废物的保守值。

基于以上分析，得到单台 EPR 堆型核电厂的 ^{14}C 年排放量，具体见表 9.5.2。

表 9.5.2 法国核电厂 ^{14}C 排放量数据分析 [单位：GBq/(t·a)]

源项	气相	固相	液相	总量
预期值	331	64	30	424
最大值	660～700	～130	～60	850～890

9.6 气液态流出物排放源项

根据典型 EPR 堆型核电厂的设计参数(表 5.3.8、表 5.3.9)，可计算得两种 ^{131}I 当量下 EPR 堆型核电厂气液态流出物源项见表 9.6.1～表 9.6.4。

在本节计算中，假设条件如下：

(1) 核辅助厂房内冷却剂的泄漏率为冷泄漏 31kg/h、热泄漏 2kg/h。

(2) 在液态流出物源项计算中，排氚废液和废液处理系统处理的各类废液均考虑了排放前 120h 的滞留衰变时间。

(3) 在液态流出物源项计算中，当一回路冷却剂活度浓度达到 5GBq/t ^{131}I 当量时，排氚废液和废液处理系统处理的其他废液均需在废液处理系统中循环处理方能达到 1000Bq/L 的排放值，由此在计算时保守地认为各类废液处理后活度浓度均为 1000Bq/L。

(4) 在气态流出物源项计算中，考虑到活性炭滞留床对碘的吸附作用及滞留作用，认为气态碘在废气处理系统活性炭滞留床中全部滞留。

根据表 9.6.1～表 9.6.4 计算结果可知，在不同工况下，EPR 堆型核电厂气态碘和惰性气体的年释放量均未超过 GB 6249—2011 中放射性总量要求。

表 9.6.1 0.1GBq/t ^{131}I 当量下 EPR 机组气态放射性流出物源项

[单位：GBq/(机组·年)]

核素	核辅助厂房释放	反应堆厂房释放	废气处理系统释放	凝汽器释放	总释放	比例(%)
^{85m}Kr	1.77E+01	3.95E-03	5.84E+01	2.14E+00	7.82E+01	7.49
^{85}Kr	2.38E+00	7.00E-01	2.46E+02	2.89E-01	2.50E+02	23.91
^{87}Kr	1.35E+01	8.57E-04	2.50E-05	1.64E+00	1.51E+01	1.45
^{88}Kr	3.70E+01	5.28E-03	5.63E+00	4.49E+00	4.71E+01	4.51
^{131m}Xe	2.17E+00	3.09E-02	2.63E+01	2.62E-01	2.88E+01	2.76
^{133m}Xe	7.92E+00	2.08E-02	5.82E-03	9.60E-01	8.91E+00	0.85
^{133}Xe	2.81E+02	1.78E+00	2.29E+02	3.40E+01	5.46E+02	52.29
^{135}Xe	5.55E+01	2.54E-02	1.44E-27	6.73E+00	6.23E+01	5.96
^{138}Xe	7.11E+00	1.01E-04	0.00E+00	8.62E-01	7.97E+00	0.76
惰性气体总释放	4.24E+02	2.56E+00	5.66E+02	5.14E+01	1.04E+03	100.00
所占比例(%)	40.60	0.25	54.22	4.93	100	
^{131}I	2.88E-03	1.80E-04	0.00E+00	2.52E-04	3.31E-03	23.62
^{132}I	1.17E-03	8.73E-07	0.00E+00	4.89E-05	1.22E-03	8.73
^{133}I	4.87E-03	3.27E-05	0.00E+00	3.84E-04	5.29E-03	37.69
^{134}I	9.02E-04	2.55E-07	0.00E+00	2.05E-05	9.23E-04	6.58
^{135}I	3.07E-03	6.56E-06	0.00E+00	1.97E-04	3.28E-03	23.37
碘的总释放	1.29E-02	2.20E-04	0.00E+00	9.02E-04	1.40E-02	100.00
所占比例(%)	92.00	1.57	0.00	6.43	100.00	

表 9.6.2 5GBq/t ^{131}I 当量下 EPR 机组气态放射性流出物源项

[单位：GBq/(机组·年)]

核素	核辅助厂房释放	反应堆厂房释放	废气处理系统释放	凝汽器释放	总释放	比例(%)
^{85m}Kr	8.85E+02	1.98E-01	2.93E+03	1.07E+02	3.92E+03	7.51
^{85}Kr	1.19E+02	3.50E+01	1.23E+04	1.44E+01	1.25E+04	23.93
^{87}Kr	6.76E+02	4.29E-02	1.25E-03	8.20E+01	7.58E+02	1.45
^{88}Kr	1.86E+03	2.65E-01	2.82E+02	2.25E+02	2.36E+03	4.53
^{131m}Xe	1.08E+02	1.55E+00	1.32E+03	1.31E+01	1.44E+03	2.76
^{133m}Xe	3.96E+02	1.04E+00	2.91E-01	4.80E+01	4.45E+02	0.85
^{133}Xe	1.40E+04	8.89E+01	1.15E+04	1.70E+03	2.73E+04	52.25
^{135}Xe	2.77E+03	1.27E+00	7.19E-26	3.36E+02	3.11E+03	5.95
^{138}Xe	3.56E+02	5.03E-03	0.00E+00	4.31E+01	3.99E+02	0.76
惰性气体总释放	2.12E+04	1.28E+02	2.83E+04	2.57E+03	5.22E+04	100.00
所占比例(%)	40.60	0.25	54.22	4.93	100.00	
^{131}I	1.44E-01	8.99E-03	0.00E+00	1.26E-02	1.66E-01	23.64

续表

核素	核辅助厂房释放	反应堆厂房释放	废气处理系统释放	凝汽器释放	总释放	比例(%)
^{132}I	5.85E-02	4.35E-05	0.00E+00	2.44E-03	6.10E-02	8.69
^{133}I	2.44E-01	1.64E-03	0.00E+00	1.92E-02	2.65E-01	37.73
^{134}I	4.51E-02	1.28E-05	0.00E+00	1.02E-03	4.62E-02	6.58
^{135}I	1.54E-01	3.28E-04	0.00E+00	9.85E-03	1.64E-01	23.35
碘的总释放	6.46E-01	1.10E-02	0.00E+00	4.52E-02	7.02E-01	100.00
所占比例(%)	92.00	1.57	0.00	6.44	100.00	

表 9.6.3　0.1GBq/t ^{131}I 当量下 EPR 机组液态放射性流出物源项

[单位：GBq/(机组・年)]

核素	排氚废液释放	废液处理系统释放	二回路总释放	总释放	比例(%)
^{51}Cr	6.01E-03	3.54E-02	6.90E-04	4.21E-02	5.50
^{54}Mn	9.22E-04	5.63E-03	1.04E-04	6.66E-03	0.87
^{58}Co	4.55E-03	2.72E-02	5.18E-04	3.23E-02	4.22
^{59}Fe	2.83E-04	1.71E-03	3.21E-05	2.03E-03	0.26
^{60}Co	5.06E-04	3.10E-03	5.69E-05	3.66E-03	0.48
^{63}Ni	3.30E-03	2.02E-02	3.71E-04	2.39E-02	3.12
^{110m}Ag	7.02E-04	4.29E-03	7.92E-05	5.07E-03	0.66
^{122}Sb	2.05E-04	8.60E-04	2.86E-05	1.09E-03	0.14
^{124}Sb	2.11E-04	1.27E-03	2.40E-05	1.51E-03	0.20
^{125}Sb	2.42E-03	1.48E-02	2.72E-04	1.75E-02	2.29
^{89}Sr	1.53E-05	9.18E-05	1.74E-06	1.09E-04	0.01
^{90}Sr	1.75E-06	1.07E-05	1.98E-07	1.27E-05	0.00
^{91}Sr	2.31E-06	1.61E-06	1.13E-06	5.06E-06	0.00
^{92}Sr	1.35E-08	9.86E-11	3.62E-07	3.76E-07	0.00
^{90}Y	2.00E-07	8.35E-07	2.96E-08	1.06E-06	0.00
^{91}Y	2.89E-06	1.74E-05	3.29E-07	2.06E-05	0.00
^{95}Zr	3.37E-06	2.03E-05	3.83E-07	2.41E-05	0.00
^{95}Nb	3.32E-06	1.97E-05	3.80E-07	2.34E-05	0.00
^{99}Mo	3.13E-03	1.32E-02	4.36E-04	1.68E-02	2.19
^{99m}Tc	9.61E-08	2.14E-08	1.21E-07	2.38E-07	0.00
^{103}Ru	3.18E-06	1.89E-05	2.02E-09	2.21E-05	0.00
^{106}Ru	1.65E-06	1.01E-05	3.64E-07	1.21E-05	0.00
^{106}Rh	0.00E+00	0.00E+00	2.97E-09	2.97E-09	0.00
^{131m}Te	1.16E-04	3.24E-04	2.09E-05	4.61E-04	0.06
^{131}Te	2.74E-22	4.26E-39	9.35E-07	9.35E-07	0.00
^{132}Te	1.22E-03	5.42E-03	1.64E-04	6.80E-03	0.89
^{134}Te	1.07E-14	1.55E-24	6.01E-06	6.01E-06	0.00
^{131}I	1.30E-02	6.99E-02	6.00E-03	8.89E-02	11.61
^{132}I	3.92E-06	8.96E-09	1.17E-03	1.17E-03	0.15

续表

核素	排氚废液释放	废液处理系统释放	二回路总释放	总释放	比例(%)
^{133}I	1.09E-02	2.24E-02	9.16E-03	4.24E-02	5.54
^{134}I	3.14E-11	7.46E-19	4.89E-04	4.89E-04	0.06
^{135}I	1.28E-03	3.87E-04	4.70E-03	6.36E-03	0.83
^{134}Cs	3.63E-02	2.22E-01	4.08E-03	2.62E-01	34.27
^{136}Cs	9.55E-03	5.39E-02	1.12E-03	6.46E-02	8.44
^{137}Cs	1.92E-02	1.18E-01	2.16E-03	1.39E-01	18.15
^{138}Cs	2.89E-16	1.04E-28	5.44E-05	5.44E-05	0.01
^{140}Ba	2.08E-05	1.17E-04	2.44E-06	1.40E-04	0.02
^{140}La	2.12E-06	7.17E-06	3.40E-07	9.63E-06	0.00
^{141}Ce	3.14E-06	1.86E-05	3.60E-07	2.21E-05	0.00
^{143}Ce	1.71E-06	5.12E-06	2.96E-07	7.13E-06	0.00
^{144}Ce	2.50E-06	1.53E-05	3.54E-07	1.81E-05	0.00
^{143}Pr	2.99E-06	1.69E-05	2.81E-07	2.02E-05	0.00
^{144}Pr	9.87E-33	2.95E-57	3.78E-09	3.78E-09	0.00
总释放	1.14E-01	6.20E-01	3.17E-02	7.66E-01	100.00
比例(%)	14.86	80.99	4.14	100.00	

表 9.6.4　5GBq/t ^{131}I 当量下 EPR 机组液态放射性流出物源项

[单位：GBq/(机组・年)]

核素	排氚废液释放	废液处理系统释放	二回路总释放	总释放	比例(%)
^{51}Cr	4.81E-02	2.83E-01	1.48E-02	3.46E-01	2.58
^{54}Mn	2.02E-02	1.21E-01	5.44E-03	1.47E-01	1.10
^{58}Co	6.88E-03	4.08E-02	2.00E-03	4.97E-02	0.37
^{59}Fe	3.42E-02	2.04E-01	9.64E-03	2.48E-01	1.86
^{60}Co	1.58E-02	9.51E-02	4.21E-03	1.15E-01	0.86
^{63}Ni	1.40E-03	8.41E-03	3.71E-04	1.02E-02	0.08
^{110m}Ag	2.47E-02	1.48E-01	6.68E-03	1.80E-01	1.34
^{122}Sb	2.22E-03	1.11E-02	2.62E-03	1.60E-02	0.12
^{124}Sb	1.04E-02	6.21E-02	2.96E-03	7.55E-02	0.56
^{125}Sb	9.08E-03	5.47E-02	2.43E-03	6.62E-02	0.49
^{89}Sr	3.03E-04	1.80E-03	8.72E-05	2.19E-03	0.02
^{90}Sr	3.70E-05	2.23E-04	9.85E-06	2.70E-04	0.00
^{91}Sr	9.66E-09	2.94E-08	5.68E-05	5.68E-05	0.00
^{92}Sr	0.00E+00	0.00E+00	1.80E-05	1.80E-05	0.00
^{90}Y	1.17E-06	5.81E-06	1.40E-06	8.38E-06	0.00
^{91}Y	3.11E-04	1.85E-03	1.65E-05	2.18E-03	0.02
^{95}Zr	6.78E-05	4.04E-04	1.92E-05	4.91E-04	0.00
^{95}Nb	6.80E-05	4.06E-04	1.90E-05	4.93E-04	0.00

续表

核素	排氚废液释放	废液处理系统释放	二回路总释放	总释放	比例(%)
^{99}Mo	1.88E-02	9.40E-02	2.18E-02	1.35E-01	1.01
^{99m}Tc	1.89E-03	9.44E-03	6.00E-06	1.13E-02	0.09
^{103}Ru	6.14E-05	3.64E-04	1.81E-05	4.43E-04	0.00
^{106}Ru	3.45E-05	2.07E-04	9.28E-06	2.51E-04	0.00
^{106}Rh	0.00E+00	0.00E+00	2.77E-09	2.77E-09	0.00
^{131m}Te	1.53E-04	6.58E-04	1.05E-03	1.86E-03	0.01
^{131}Te	2.17E-06	9.29E-06	4.67E-05	5.82E-05	0.00
^{132}Te	8.86E-03	4.54E-02	8.19E-03	6.24E-02	0.47
^{134}Te	0.00E+00	0.00E+00	3.01E-04	3.01E-04	0.00
^{131}I	1.80E-01	1.01E+00	3.01E-01	1.49E+00	11.13
^{132}I	0.00E+00	0.00E+00	5.81E-02	5.81E-02	0.43
^{133}I	4.39E-03	1.71E-02	4.59E-01	4.80E-01	3.59
^{134}I	0.00E+00	0.00E+00	2.44E-02	2.44E-02	0.18
^{135}I	1.16E-07	3.18E-07	2.35E-01	2.35E-01	1.75
^{134}Cs	7.64E-01	4.60E+00	2.04E-01	5.56E+00	41.56
^{136}Cs	1.55E-01	8.90E-01	5.62E-02	1.10E+00	8.22
^{137}Cs	4.06E-01	2.44E+00	1.08E-01	2.96E+00	22.09
^{138}Cs	0.00E+00	0.00E+00	2.72E-03	2.72E-03	0.02
^{140}Ba	3.35E-04	1.92E-03	1.22E-04	2.38E-03	0.02
^{140}La	5.04E-05	2.90E-04	1.70E-05	3.57E-04	0.00
^{141}Ce	5.99E-05	3.54E-04	1.80E-05	4.31E-04	0.00
^{143}Ce	2.91E-06	1.28E-05	1.48E-05	3.05E-05	0.00
^{144}Ce	6.58E-05	3.95E-04	1.77E-05	4.79E-04	0.00
^{143}Pr	8.50E-05	4.94E-04	1.40E-05	5.93E-04	0.00
^{144}Pr	2.80E-09	1.68E-08	6.35E-08	8.30E-08	0.00
总释放	1.71E+00	1.01E+01	1.53E+00	1.34E+01	100.00
比例(%)	12.80	75.77	11.44	100.00	

第十章　高温气冷堆源项的研究和计算

10.1　概述

高温气冷堆核电厂放射性物质最根本的来源是反应堆燃料的链式裂变反应，生成大量放射性裂变产物，这跟压水堆核电厂是一致的；但是，它与压水堆的重大区别是高温气冷堆采用包覆颗粒燃料。我国发展的模块式高温气冷堆(下文提到的高温气冷堆，如非特别注明，都是指这种反应堆)技术，采用石墨基体球形燃料元件，即燃料球。燃料球在反应堆球床中连续装卸，实现了不停堆连续换料的运行方式。这种先进的燃料及其运行方式，使堆内燃料可以达到很高的燃耗，如 90GW·d/t U，从而提高燃料的利用率；同时，也正是这种燃料形式及其运行方式，使得高温气冷堆放射性物质的产生及释放与压水堆相比有些不同。

高温气冷堆一回路采用高纯氦气作为冷却剂。一回路氦气从堆芯带走热量，通过热气导管进入蒸汽发生器，将热量传给二回路水，使之蒸发；降温后的氦气由主氦风机加压后通过热气导管回到堆芯。另外，从主氦风机加压后的氦气中取出一小股流量进入氦净化系统，形成氦净化旁路。氦净化系统主要功能是在反应堆正常运行时去除一回路冷却剂中的气态杂质和固体颗粒，以保持氦气的纯度设计要求，特别是去除 H_2O、CO、CO_2、N_2、H_2、CH_4，也能去除一回路氦气中的 Kr、Xe 等气态放射性物质，减小其在一回路氦气中的活度浓度。

高温气冷堆正常运行工况下的放射性裂变产物基本上都包容在燃料元件的包覆燃料颗粒内，只有极少量的裂变产物通过燃料颗粒包覆层缺陷泄漏到一回路冷却剂中；同时裂变产生的中子使一回路冷却剂及其杂质、燃料元件基体石墨及其杂质活化而产生中子活化产物。这些裂变产物和活化产物形成反应堆冷却剂中的放射性源。它们通过一回路冷却剂的泄漏、氦净化系统的净化再生、向二回路渗透后二回路水的泄漏排放等过程形成向环境的释放。由于高温气冷堆设计为二回路压力高于一回路，所以放射性裂变产物难以从一回路泄漏到二回路，只有氚可通过蒸汽发生器传热管壁渗透到二回路。

研究高温气冷堆的放射性裂变产物，首先要研究的是堆芯的放射性积存量，这既是反应堆放射性管理和辐射防护设计的要求，又可提供在反应堆正常运行及事故状态下计算放射性释放源项的基础数据。

在得到高温气冷堆堆芯裂变产物积存量的基础上，还要进一步研究裂变产物的迁移与释放过程，给出正常运行工况下的放射性源项分析方法。对放射性裂变产物，要重点分析惰性气体核素、碘同位素和长寿命金属裂变产物核素在燃料元件中产生后向堆芯氦气中释放、在一回路系统中迁移及向环境释放的全过程，找出影响释放量的关键途径及关键参数，为改进高温气冷堆设计和减小放射性排放量提出合理化建议；对放射性活化产物，则重点

研究氚和 ^{14}C 的源项。

本章以高温气冷堆示范电厂工程(HTR-PM)设计参数为基础，结合国内外对高温气冷堆源项分析方法的研究成果，对 HTR-PM 正常运行工况的放射性源项进行了较为详细的实例计算与分析。

对 HTR-PM 正常运行的放射性源项，不但计算分析了气载放射性源项，也分析了通过放射性废液途径向环境的排放；不但分析了裂变产物核素，也分析了主要的活化产物核素(氚和 ^{14}C)的产生与排放途径及相应的排放量。

与压水堆相比，高温气冷堆源项分析可供参考的分析方法和经验数据都非常缺乏。

德国球床式高温气冷堆 AVR 是一座燃料试验堆，经过 21 年成功运行后于 20 世纪 80 年代末停役，其间获得了很多实测放射性数据，但由于其堆芯混合了多种类型的燃料，使得这些实测数据的解释非常困难；另外，其堆芯运行温度也比 HTR-PM 高得多。因此，AVR 的运行经验数据难以直接套用在我国高温气冷堆中作为现实源项分析的基础。

德国 THTR-300 也是一座球床式高温气冷堆，燃料种类单一，但其堆芯设计与 HTR-PM 有较大差别，而且 THTR-300 仅运行了一年多就因为商业原因而关闭，获得的运行经验数据较少，难以据此形成现实源项。

我国 10MW 高温气冷实验堆(HTR-10)是球床模块式高温气冷堆，但由于其总的运行时间有限，还没有燃料元件达到目标燃耗，实测的放射性源项数据较少，且很难代表 HTR-PM 平衡堆芯的放射性产生与释放情况。

其他国家已运行的高温气冷堆基本上是采取柱状燃料元件，固定安装在堆芯，与采用球形燃料元件的球床式高温气冷堆有很大区别，其实测数据的参考价值更小。

德国球床模块式高温气冷堆 HTR-MODUL 作为一个概念堆，20 世纪 80 年代末完成了安全分析，但未能开工建造。其源项分析中也仅提供设计源项，没有提出现实源项。

综上所述，在本章主要提出高温气冷堆放射性源项计算方法，并依据我国高温气冷堆设计参数得到设计基准源项。

10.2　堆芯积存量

反应堆运行时，堆芯周围是最强的辐射场。核电厂其他辐射源都来自于反应堆、放射性裂变产物或者是在反应堆辐射场内的活化产物。

目前常用的堆芯放射性积存量计算程序有美国的 ORIGEN 程序(已经更新为 SCALE 程序)、英国的 FISPIN 程序、法国的 APOLLO 程序和斯洛伐克的 DECOM 程序等，我国一般选择德国的 KORIGEN 程序进行高温气冷堆堆芯放射性积存量的计算研究。KORIGEN 程序是在美国 ORIGEN 程序基础上由德国卡尔斯鲁厄核研究中心中子物理与反应堆技术研究所修改而成的，为了用于我国高温气冷堆的源项计算，在国内已经被重新编译过，并为适应不同的研究目的做了不同程度的改进。

目前我国高温气冷堆堆芯积存量计算的应用实践主要有两个实例，一个是针对清华大学 HTR-10，另一个是针对 HTR-PM。

为了准确分析高温气冷堆堆芯中裂变产物产生量，需要选用合适的计算程序(堆芯积存量计算程序)并正确使用程序数据库。当然，准确模拟燃料球的温度历史和中子注量率历史也是至关重要的。

高温气冷堆内，不同能量的中子对应的核素反应截面是不同的，新核素的产额也有所差别。裂变释放的部分快中子在堆芯内部会被石墨慢化，中子能量不断下降，变成共振中子和热中子，其中低能的热中子最容易引发 ^{235}U 的裂变，而只有快中子才能引发 ^{238}U 的裂变。中子能谱反映的恰好是中子数量随能量的变化情况，即不同能量值的中子注量率，因此计算堆芯内部各种燃料成分产生裂变产物的积存量时，需要确切地了解该时该处的中子能谱情况。在实际分析中，一般要将不同能量的中子划分到几个能量区间，称为按能量分群。根据分析目的不同，能量分群的数量可能不同，能群分界值也可能不一致。堆芯积存量计算程序 KORIGEN 将高温气冷堆内的中子归并为快中子、共振中子和热中子三群，并用一组谱参数(包含 3 个参数)来表征这 3 类中子。利用堆芯内部确定位置的热功率值和谱参数，程序能反求出该位置的中子能谱情况，并将其用于链式反应的计算，以得到各个核素发生相应反应之后的积存量。堆芯内部的热功率分布是由反应堆物理计算得到的，实际上也是将堆芯划分为若干子区(如 100 个子区)，计算得到各子区的平均热功率，没有也不必精确到每一个燃料球和每一个燃料颗粒。

HTR-PM 堆芯采用石墨基体球形燃料元件(也称燃料球)，每个燃料元件直径约 6cm，反应堆运行时 1 个反应堆堆芯(平衡堆芯)共有约 420 000 个燃料元件。燃料元件中包含 UO_2 包覆燃料颗粒，新鲜燃料中的 ^{235}U 富集度为 8.5%。反应堆采用不停堆连续换料方式，球形燃料元件多次通过堆芯，每天都有一定数量的燃料元件经卸料系统卸出，经过燃耗测量后，将已达到目标燃耗的燃料元件作为乏燃料送到乏燃料贮存罐中，其余的连同新补充的新鲜燃料元件一起再投入堆芯，堆芯中燃料元件数维持不变。

HTR-PM 反应堆活性区直径 3m，等效高度 11m，燃料元件从第一次投入堆芯到最终达到目标燃耗卸到乏燃料贮存罐，平均有 15 次通过堆芯。堆芯成为平衡堆芯后，各部分功率和中子注量率得到了很好的展平。为了简便起见，只计算平衡堆芯中放射性总活度。

利用 KORIGEN 程序计算平衡堆芯放射性总活度(包括裂变产物、铀和超铀元素的放射性)，计算模型为求解以下微分方程组：

$$\frac{dX_i}{dt}=\sum_{j=1}^{N}l_{ij}\lambda_j X_j+\varPhi\sum_{k=1}^{N}f_{ik}\sigma_k X_k-(\lambda_i+\varPhi\sigma_i)X_i \quad (i=1,\ \cdots,\ N) \qquad (10.2.1)$$

式中，X_i 为第 i 种核素的原子浓度，单位为 cm^{-3}；X_k 为第 k 种核素的原子浓度，单位为 cm^{-3}；λ_i 为第 i 种核素的衰变常数，单位为 s^{-1}；σ_i 为第 i 种核素谱平均的中子吸收截面，单位为 cm^2；σ_k 为第 k 种核素谱平均的中子吸收截面，单位为 cm^2；l_{ij} 为第 j 种核素衰变成第 i 种核素的份额；f_{ik} 为第 k 种核素吸收中子后转变为第 i 种核素的份额；$\varPhi$ 为按位置、能量平均的中子注量率，单位为 $n/(cm^2 \cdot s)$。

计算中对核素中子反应截面采用单群截面。由于核素的中子反应截面与中子能谱有关，而数据库中的截面值是按平均裂变能谱给出的，所以，为了反映各反应堆中子能谱的差异，引进了 3 个谱参数以反映热中子、共振中子及快中子的比例，即 THERM、RES 和 FAST。它们的定义如下。

THERM：$1/v$ 吸收体和绝对温度 T 下能量按麦克斯韦-玻尔兹曼分布的中子反应的反应

速率与 2200m/s 中子反应速率之比。

RES：单位勒的共振通量与热中子注量率之比。

FAST：大于 1MeV 的中子注量率（快中子注量率）与裂变谱中子中大于 1MeV 的中子份额之比，再除以热中子注量率。

计算中，0～0.5eV 为热中子（热中子注量率ϕ_{th}），0.5～1MeV 归为共振中子（共振中子注量率ϕ_{res}），>1MeV 归为快中子（快中子注量率ϕ_{fast}），则能谱参数表达式分别为

$$\mathrm{THERM}=\sqrt{\frac{\pi}{4}\times\frac{293.16}{T}} \tag{10.2.2}$$

式中，T为中子绝对温度，单位为 K。

$$\mathrm{RES}=\frac{\phi_{res}}{14.509\times\phi_{th}} \tag{10.2.3}$$

$$\mathrm{FAST}=1.45\times\frac{\phi_{fast}}{\phi_{th}} \tag{10.2.4}$$

由此可得到总通量与热通量的比值为 FLURAT＝1+14.509×RES +FAST/1.45，反过来，程序输入随时间变化的热中子注量率或通过计算得到随时间变化的热中子注量率后，可用 FLURAT 值乘以此热中子注量率值，再与单群中子反应截面相乘得到核素的产生率。

在用 KORIGEN 程序计算堆芯放射性积存量时，可有两种模式处理得到上述 3 个能谱参数及燃料球热功率变化历史并输入到输入文件中。

第一种可称为简化模式，即以全堆芯燃料球平均温度得到谱参数 THERM，以全堆芯平均热中子注量率、共振中子注量率和快中子注量率得到谱参数 RES 和 FAST，这样就相当于堆芯各处的燃料球都具有固定不变的能谱，可大大简化计算。

第二种模式可称为精细模式，要对原程序做一定的修改（核心模块不变，但要改变调用核数据库的顺序和次数）才能实现，这是考虑到简化模式取固定单一的能谱与堆芯实际情况不同，需要研究精细模式下得到的堆芯积存量有多大差别。随着燃料元件燃烧历史的进程，燃料元件所处的空间位置会发生改变，对应的中子能谱情况也随之不同。为了得到更接近堆芯实际运行状态的放射性积存量，可以构建合理的堆芯燃料元件流道模型，建立相应的倒料方式，尽可能真实地模拟燃料元件的燃耗变化过程和流动路径，以形成 KORIGEN 程序计算的较为精细的输入数据文件集。该流道模型充分利用堆物理计算对堆芯的分区及得到的各分区中子能谱分布数据和温度分布数据，得到随分区变化的能谱参数，同时也能较准确地模拟燃料元件燃耗历史和中子注量率分布。与简化模式相比，精细模式能更准确地实现堆芯积存量的计算过程，提供堆芯积存量的合理结果和不确定度，为高温气冷堆放射性源项计算提供更可靠的基础。

高温气冷堆的反应堆物理热工计算可提供全堆芯的中子注量率分布、温度分布和燃料元件功率分布及历史。对 KORIGEN 程序构建精细模式的计算过程就是通过这些数据建立高温气冷堆的堆芯流道模型、换料模型和燃料元件的燃耗历史，并得到全堆芯中子能谱参数的分布，形成 KORIGEN 程序合理的输入数据文件，得到更准确的堆芯放射性积存量。

KORIGEN 程序使用的核数据库文件中包含结构材料核数据，也包含重金属核素核数据，这些核数据不仅包含半衰期、衰变发出的γ射线等的能量等核素基本特性数据，还包含

4 种参考堆型(HTGR、LWR、LMFBR、MSBR)中子俘获截面；另外，核数据库中还包含裂变产物核特性数据及结构材料核素、重金属核素和裂变产物核素的光子产额数据。

数据库中比较重要的数据是重金属核素的中子俘获截面。在高温气冷堆源项计算中一般不采用随燃耗变化的截面值，而是自始至终采用不变的单群截面。不过，考虑到 HTGR 和 LWR 堆芯中子能谱的不同，各重金属核素对这两种堆型的单群截面也多有不同，这在数据库文件中已体现出来。

用 KORIGEN 程序计算堆芯放射性核素积存量时，都是针对平衡堆芯，平衡堆芯的中子能谱分布基本不随时间变化(额定功率运行时)；空间分布上，由于高温气冷堆采用连续换料的方式，功率得到了很好的展平，轴向各层(堆物理计算中分 20 层)中热中子注量率与快中子注量率的比值基本相同(这与一般 LWR 是很不相同的)，所以，采用不变的中子能谱参数和不变的单群中子反应截面计算全堆芯的放射性积存量是可行的；而且，在计算中一般考虑使输入的堆芯功率平均增加 5%左右，给放射性积存量计算结果带来一定的保守性。

HTR-PM 堆芯积存量计算中参考或用到的堆芯基本参数如表 10.2.1 所示。

表 10.2.1 HTR-PM 堆芯积存量计算基本参数

参数	数值
热功率	250MW/堆
平衡堆芯燃料元件数	420 000 个
平衡堆芯新鲜燃料富集度	8.5%
燃料换料方式	多次通过(15 次)
燃料元件在堆芯平均滞留时间	1056.8EFPD(等效满功率天)
堆芯平均中子注量率(据堆物理计算)：	
热中子注量率	6.57×10^{13} n/(cm^2·s)
共振中子注量率	7.68×10^{13} n/(cm^2·s)
快中子注量率	8.89×10^{12} n/(cm^2·s)

由计算可知，平衡堆芯中放射性积存量约为 5.12×10^{19}Bq，其中裂变产物积存量为 3.97×10^{19}Bq，重同位素为 1.15×10^{19}Bq。

重要放射性核素平衡堆芯积存量计算结果列于表 10.2.2。由表 10.2.2 可知，裂变产物中，惰性气体(Kr，Xe)的积存量为 1.12×10^{18}Bq，碘的积存量为 2.05×10^{18}Bq，金属裂变产物核素(^{89}Sr、^{90}Sr、^{134}Cs、^{137}Cs、^{110m}Ag)积存量为 3.05×10^{17}Bq。需要说明的是，^{134}Cs、^{110m}Ag 等核素虽然并不是直接裂变产物，但它们是由裂变产物活化产生的，KORIGEN 程序也能计算给出其产生量，并在输出结果中将其归到裂变产物输出栏输出，所以本章也不做区分，而是将其归为裂变产物。表 10.2.2 中给出的 ^{3}H 是三裂变产物。

表 **10.2.2**　堆芯主要核素放射性积存量　（单位：Bq）

核素	放射性积存量	核素	放射性积存量
铀和超铀元素		^{85}Kr	2.13E+15
^{231}Th	9.93E+09	^{85m}Kr	6.32E+16
^{234}Th	3.20E+10	^{87}Kr	1.23E+17
^{232}Pa	3.83E+09	^{88}Kr	1.79E+17
^{233}Pa	1.89E+10	^{88}Rb	1.79E+17
^{234m}Pa	3.21E+10	^{89}Sr	2.58E+17
^{235}U	9.88E+09	^{90}Sr	1.25E+16
^{236}U	6.00E+10	^{91}Sr	2.99E+17
^{237}U	9.21E+16	^{92}Sr	2.89E+17
^{238}U	3.19E+10	^{90}Y	1.31E+16
^{236}Np	1.84E+10	^{91}Y	3.27E+17
^{237}Np	2.09E+10	^{91m}Y	1.76E+17
^{238}Np	1.65E+16	^{92}Y	3.30E+17
^{239}Np	5.86E+18	^{93}Y	3.54E+17
^{240}Np	5.09E+15	^{95}Zr	4.31E+17
^{236}Pu	1.09E+09	^{97}Zr	4.11E+17
^{238}Pu	6.68E+13	^{95}Nb	4.32E+17
^{239}Pu	6.16E+13	^{95m}Nb	3.01E+15
^{240}Pu	1.48E+14	^{97}Nb	4.12E+17
^{241}Pu	2.95E+16	^{97m}Nb	3.89E+17
^{242}Pu	3.35E+11	^{99}Mo	4.67E+17
^{243}Pu	3.17E+16	^{99m}Tc	4.11E+17
^{241}Am	2.39E+13	^{103}Ru	3.22E+17
^{242m}Am	7.65E+11	^{105}Ru	2.11E+17
^{242}Am	6.69E+15	^{106}Ru	1.04E+17
^{243}Am	1.21E+12	^{103m}Rh	2.90E+17
^{244}Am	3.37E+15	^{105}Rh	1.83E+17
^{242}Cm	2.40E+15	^{105m}Rh	5.90E+16
^{243}Cm	2.39E+11	^{106}Rh	1.28E+17
^{244}Cm	4.20E+13	^{106m}Rh	1.16E+16
^{245}Cm	1.51E+09	^{109}Pd	5.20E+16
裂变产物核素		^{111}Pd	8.53E+15
^{3}H	1.23E+14	^{112}Pd	4.51E+15
^{83}Br	2.18E+16	^{109m}Ag	5.20E+16
^{83m}Kr	2.19E+16	^{110}Ag	1.32E+16

续表

核素	放射性积存量	核素	放射性积存量
^{110m}Ag	2.49E+14	^{133}Xe	5.35E+17
^{111}Ag	9.99E+15	^{133m}Xe	1.46E+16
^{111m}Ag	8.54E+15	^{135}Xe	1.21E+17
^{112}Ag	4.54E+15	^{135m}Xe	6.02E+16
^{113}Ag	3.17E+15	^{134}Cs	1.53E+16
^{115}Cd	1.74E+15	^{134m}Cs	5.69E+15
^{117}Cd	1.38E+15	^{136}Cs	7.97E+15
^{115m}In	1.75E+15	^{137}Cs	1.93E+16
^{117m}In	1.44E+15	^{137m}Ba	1.83E+16
^{121}Sn	2.11E+15	^{139}Ba	4.41E+17
^{123}Sn	1.14E+15	^{140}Ba	4.91E+17
^{125}Sn	3.35E+15	^{140}La	5.04E+17
^{127}Sn	1.79E+16	^{141}La	4.21E+17
^{128}Sn	5.07E+16	^{142}La	4.94E+17
^{125}Sb	1.44E+15	^{141}Ce	4.63E+17
^{126m}Sb	4.18E+15	^{143}Ce	3.93E+17
^{127}Sb	1.98E+16	^{144}Ce	3.13E+17
^{128}Sb	5.18E+15	^{142}Pr	8.38E+15
^{128m}Sb	5.07E+16	^{143}Pr	4.41E+17
^{129}Sb	9.40E+16	^{144}Pr	3.12E+17
^{127}Te	1.98E+16	^{145}Pr	2.52E+17
^{127m}Te	2.52E+15	^{147}Nd	1.89E+17
^{129}Te	9.10E+16	^{149}Nd	8.74E+16
^{129m}Te	1.32E+16	^{147}Pm	4.32E+16
^{131}Te	2.23E+17	^{148}Pm	4.73E+16
^{131m}Te	1.65E+16	^{148m}Pm	8.45E+15
^{132}Te	3.61E+17	^{149}Pm	1.38E+17
^{133m}Te	1.68E+17	^{150}Pm	1.57E+15
^{131}I	2.76E+17	^{151}Pm	4.51E+16
^{132}I	3.81E+17	^{153}Sm	7.22E+16
^{133}I	4.72E+17	^{156}Sm	4.25E+15
^{134}I	5.31E+17	^{156}Eu	2.70E+16
^{135}I	3.87E+17	^{157}Eu	3.02E+15
^{131m}Xe	2.99E+15		

10.3　一回路中放射性活度

10.3.1　堆芯燃料元件的放射性裂变产物核素释放速率

HTR-PM 采用包覆颗粒球形燃料元件，11 000 多个直径为 900μm 的燃料颗粒弥散在石墨基体中形成直径为 5cm 的燃料区(燃料颗粒占燃料区的体积份额约为 7%)，其外是 5mm 厚的无燃料颗粒的石墨外壳(无燃料区)，燃料区与无燃料区并没有明显的物理分界。燃料颗粒由直径约 500μm 的 UO_2 燃料核芯和包覆层组成，包覆层由内向外依次是疏松热解碳层、内致密热解碳层(IPyC)、碳化硅层(SiC)和外致密热解碳层(OPyC)，所以燃料颗粒又称为包覆燃料颗粒，或简称为包覆颗粒。其中疏松热解碳层的主要作用是容纳裂变反冲和从燃料核芯释放的气体；SiC 层对裂变产物从燃料核芯的释放起主要阻挡作用。

反应堆正常运行时，堆芯燃料元件中产生的放射性核素是一回路中放射性的主要来源，而从燃料元件释放的放射性裂变产物比活化产物重要得多，所以本部分专门分析放射性裂变产物从燃料元件释放到一回路(下文中如不特别注明，从燃料元件的释放均指释放到一回路)的释放机制与释放速率，在下文再分析活化产物。

裂变产物从燃料元件的释放包括如下几种来源：①从完整包覆颗粒的释放；②从破损包覆颗粒的释放；③从石墨基体中沾污的重金属(主要是铀污染)裂变导致的释放。其中，破损包覆颗粒只是指包覆层(尤其是 SiC 层)有缺陷，但燃料核芯对裂变产物仍有相当强的滞留作用。

裂变产物从包覆颗粒释放到燃料元件基体石墨中的过程基本上是扩散过程(也包括小部分反冲释放)，再从基体石墨中扩散到燃料元件外；基体石墨由石墨晶粒和石墨孔隙组成，铀污染裂变导致的裂变产物释放也是从石墨晶粒扩散到石墨孔隙，然后从石墨孔隙扩散到燃料元件外。

整个计算过程简化为求解扩散方程。为计算方便，把石墨晶粒等效成大小均匀的小球体，半径取为 15μm。这样，燃料核芯、包覆颗粒、石墨晶粒和燃料元件均被看作球形，可用统一的计算模型，即燃料元件中产生的裂变产物从燃料元件释放的过程是一个在这几种球形介质中的扩散过程。

在球坐标系统下扩散方程为

$$\frac{\partial c}{\partial t}=D(T)(\frac{\partial^2 c}{\partial r^2}+\frac{2}{r}\frac{\partial c}{\partial r})+Q-\lambda c \tag{10.3.1}$$

其中，

$$D(T)=D_O\,e^{-q/RT} \tag{10.3.2}$$

式中，c 为裂变产物在扩散介质中的浓度，单位为 $atom/cm^3$；t 为时间，单位为 s；r 为空间坐标，单位为 cm；Q 为裂变产物的产生率，单位为 atom/(cm^3 · s)；λ 为核素的衰变常数，单位为 s^{-1}；D_O 为扩散频率因子，单位为 cm^2/s；q 为扩散激发能，单位为 J/mol；R 为普适气体常数，单位为 J/(mol · K)；T 为绝对温度，单位为 K。

相应于球体外表面处的裂变产物浓度服从下列边界条件，即当 $r=r_p$(球体半径)时：

$$-D\frac{\partial c}{\partial r}\Big|_{r=r_p}=\beta(C_{rp}-C_{gr}) \tag{10.3.3}$$

式中，β 为材料传输系数，单位为 cm/s；C_{rp} 为球体外表面处裂变产物核素浓度，单位为 atom/cm^3；C_{gr} 为球体外环境中裂变产物核素平均浓度，单位为 atom/cm^3。

为了求出燃料元件的裂变产物释放速率，首先分别求解裂变产物在完整包覆颗粒、破损颗粒和石墨晶粒内的扩散过程，然后求解在石墨孔隙内(即燃料球内)的扩散过程，求出裂变产物在燃料球内的空间分布，最后得出燃料元件的放射性核素释放速率。以下是计算模型的一些基本假设。

(1)裂变产物在完整包覆颗粒内的扩散：对于完整包覆颗粒而言，裂变产物从 UO_2 核芯扩散出来后须穿过疏松热解碳层、内致密热解碳层、碳化硅层和外致密热解碳层的阻挡才能进入石墨基体，即须求解多层介质的扩散方程。

(2)裂变产物在破损颗粒内的扩散：对于破损颗粒，无论是一层还是多层包覆层有缺陷，一律看作燃料核芯裸露，因而裂变产物从 UO_2 核芯扩散出来后就直接进入石墨基体，即求解裸核的扩散方程。

(3)裂变产物在石墨晶粒内的扩散：石墨基体由无序的石墨小晶粒组成，燃料元件制造过程会使小晶粒内含微量铀污染，该微量铀裂变也会产生少量裂变产物，同样用扩散方程求解该途径产生的裂变产物在石墨晶体内的扩散。

对于完整包覆颗粒、破损颗粒和石墨晶粒，其扩散方程边界条件中的 C_{rp} 为所求解球体外表面处裂变产物的浓度，根据求解燃料元件的扩散方程得出。

(4)裂变产物在燃料元件石墨孔隙内的扩散：求解燃料元件球扩散方程时，边界条件中边界处的浓度为冷却剂中裂变产物的平均浓度。德国于利希研究中心基于上述扩散模型假设及式(10.3.1)～式(10.3.3)，开发了 FRESCO2 程序计算裂变产物从燃料元件的释放速率和释放份额。经研究，在高温堆运行条件下，FRESCO2 程序只适用于计算长寿命(半衰期200d 以上)裂变产物核素的释放率，而对短寿命核素释放率的计算则存在较大误差。

碘和惰性气体放射性裂变产物的半衰期较短(除 ^{85}Kr 外)，在高温堆正常运行条件下，甚至在堆芯升温事故(HTR-PM 事故堆芯最高温度也不会超过 1620℃)条件下，这些核素从完整包覆颗粒的释放都是可以忽略不计的；从破损燃料颗粒核芯和等效为球体的基体石墨晶粒(晶粒中含重金属污染)的扩散释放则可用 BOOTH 模型计算：

$$R/B=\frac{3}{x}(\coth x-\frac{1}{x}) \tag{10.3.4}$$

其中，

$$x=\sqrt{\frac{\lambda a^2}{D}} \tag{10.3.5}$$

式中，R 为核芯或石墨晶粒中核素释放率；B 则为核芯或石墨晶粒中核素产生率；λ是衰变常数，单位为 s^{-1}；a 是核芯半径或石墨晶粒半径，单位为 m；D 是上文提到的在核芯或石墨晶粒中的扩散系数，单位为 cm/s。

当 $x\gg 1$ 时，

$$R/B \approx \frac{3}{x} = 3\sqrt{\frac{D}{\lambda a^2}} \tag{10.3.6}$$

在裂变产物释放率计算时除了用到堆芯积存量计算时提到过的燃料元件在堆芯内的平均滞留时间外，还要用到以下参数。

(1) 燃料元件和包覆颗粒的几何特征：在计算分析全堆芯燃料元件裂变产物释放率时，一般把每个燃料元件和每个包覆颗粒的几何特征取为相同，也就是取设计指标值，这些值与制造后检测得到的几何尺寸平均值应当是相符的。计算分析所用的这种燃料元件可称为“参考元件”，这种包覆颗粒可称为“参考颗粒”。HTR-PM 参考元件几何尺寸在前文已描述。参考颗粒各层的具体尺寸为燃料核芯直径 500μm，其外依次为 90μm 厚疏松热解碳层(缓冲层)、40μm 厚的 IPyC 层、35μm 厚的 SiC 层和 40μm 厚的 OPyC 层。

(2) 包覆颗粒破损份额及铀污染份额：燃料元件中的包覆颗粒在元件制造时可能发生极少量的破损，称为制造破损；随着燃料元件在堆芯中的运行，燃耗逐渐加深，有可能造成极少量颗粒破损，称为辐照破损。因为完整包覆颗粒与破损颗粒对阻止裂变产物释放的性能明显不同(尤其是对气态裂变产物)，因此计算分析时取一个合理保守的包覆颗粒破损份额(有时也称破损率，但并不表示破损速率)是至关重要的。在用 FRESCO2 模型或 BOOTH 模型进行计算时，颗粒破损就认为所有包覆层失效，即该颗粒所有包覆层都失去对裂变产物的阻留能力。但是国际上以前对高温堆燃料的研究早已表明，即使颗粒破损，破损的包覆层仍紧贴在颗粒核芯的外面，形成所谓“压紧型”失效，这样，破损颗粒对裂变产物的阻挡作用与完整颗粒并没有多少差别。

在当前高温堆燃料制造工艺技术水平下，燃料颗粒的制造破损率可做到 3×10^{-5} 以下，且燃料辐照经验表明高温堆正常运行条件下不会造成辐照破损。德国 1985 年前后对燃料元件的性能已用总数为 19 个球形燃料元件、276 680 个 TRISO 颗粒的辐照实验进行测试，其气体释放分析表明辐照中没有一个颗粒发生破损。德国模块式高温气冷堆概念堆 HTR-MODUL 安全分析中根据这些实验结果用统计方法推导，得出堆芯燃料颗粒运行失效份额期望值为 4×10^{-6}，设计值为 2×10^{-5}，但源项计算中仍采用更为保守的设计值，将颗粒辐照破损率设计值人为提高到 2×10^{-4}。在我国高温气冷堆技术发展过程中，原用于 HTR-10 的燃料元件进行的辐照实验也表明没有发生辐照破损，结合德国的辐照实验结果，可以认为：采用当代工艺制造的球形燃料元件，其制造破损率设计值设为 6×10^{-5}，其运行破损率设计值设为 2×10^{-5}，即达到目标燃耗的燃料元件，其包覆颗粒总破损率达到 8×10^{-5}，这都是很保守的。

为保守起见，在对 HTR-PM 堆芯燃料元件释放率进行计算时，取铀污染的份额为 7×10^{-7}，取由于制造缺陷引起的破损颗粒份额为设计目标值 6×10^{-5}，取由于辐照引起的破损颗粒份额为达到目标燃耗时的设计目标值 2×10^{-4}，即由于制造缺陷和辐照引起的包覆层总破损份额为 2.6×10^{-4}，根据上文的分析，这实际上是一个非常保守的假设。

(3) 扩散系数：在裂变产物从燃料元件的释放计算中，扩散系数是很关键的。按式(10.3.2)，要计算扩散系数，须给出核素在扩散介质中的扩散频率因子 D_0 和扩散激发能 q。在一定温度范围内，这两个扩散参数是常数。计算中所考虑的核素(Cs、Sr、Ag、I、Kr、Xe 等)在 UO_2 核芯、缓冲层、SiC 层、热解碳层及石墨基体中的扩散参数值，基本取自

IAEA-TECDOC-978，*Fuel performance and fission product behavior in gas cooled reactors* (1997)碘为易挥发裂变产物，其扩散行为与 Kr、Xe 类似，计算中把 I、Kr、Xe 在同种扩散介质中的扩散参数取为相同。

(4)燃料元件温度：按式(10.3.2)，扩散系数与温度有较大的关系，温度高则扩散系数大，裂变产物的释放率也增大；温度低则扩散系数小，裂变产物的释放率也减小。因而计算中选取燃料元件的温度十分重要。堆芯内不同位置处的燃料温度是不相同的。HTR-PM 正常运行工况下，由堆热工计算表明堆芯内燃料元件最高温度约为 900℃，在 870～900℃的元件很少，只占 6.7%，计算中保守取这部分元件的温度均为 900℃；在 800～870℃的元件占 14.2%，计算中保守取这部分元件的温度均为 870℃；在 700～800℃的元件占 36.7%，取这部分元件的温度均为 800℃；在 600～700℃的元件占 15.8%，取这部分元件的温度均为 700℃；小于 600℃的元件占 26.7%，取这部分元件的温度均为 600℃。

要准确计算堆芯内具有一定燃耗的某一燃料元件在 t 时刻的裂变产物释放率是很困难的，因为在燃料元件通过堆芯循环时，其流动路径是随机的，而随着流动路径的不同，燃料元件的功率历史与温度历史就会不同，裂变产物在燃料元件中的产生率与释放速率也会不同。

因为堆芯燃料球数众多，如 HTR-PM 堆芯有 420 000 个燃料球，显然不可能为堆芯内所有的球都假设一个循环历史，计算每个球在 t 时刻的裂变产物释放率，然后累加得到全堆芯的裂变产物释放率。

一个可行但仍然很复杂的办法是采用模拟流道的方法(参见 10.2 堆芯积存量计算中所用的方法)，假设一个燃料元件在堆芯循环时按设定的流道流动，达到某一燃耗组(分组数是有限的，对应一定的在堆芯停留时间 t，也对应达到堆芯的某个分区)时的裂变产物释放率可由程序计算得到，然后将各组燃耗燃料元件的裂变产物释放率累加，即可得到全堆芯释放率。这种方法虽然比分别计算 420 000 个燃料球的释放率简化了许多，但计算量仍然很巨大：试想将某一流道的轴向分成 20 个分区，对应 20 组不同燃耗，但一个燃料元件寿期内将在堆芯平均循环 15 次，这样，对一个设定的流道计算到目标燃耗，就必须计算 300 次。

进一步简化，将全堆芯视为一个平均流道，选一个代表球，每次循环中都依次通过各温度区，通过各温度区的时间份额就取上文计算得到的温度分布份额，计算到代表球达到全堆芯平均燃耗，该代表球的裂变产物释放率乘以全堆芯燃料球总数，就近似为全堆芯裂变产物释放率。但这种方式显然与真实的物理过程有较大差距，仅可作为粗略估算用。

还有一种简化方式是基于以下假设：一个燃料球按一定的时间份额通过不同的温度区间，与不同燃料球固定在同样份额的温度区间，对裂变产物释放率计算是等效的。在平衡堆芯中，处于某一温度区间的燃料球的数量是相对恒定的，因而，在计算分析中假设某一份额的燃料球始终处于某一温度，另一份额的燃料球始终处于另一温度，这样，将处于各种温度的燃料球的裂变产物释放率相加，即得到全堆芯裂变产物释放率。

对 HTR-PM，用最后一种简化方式计算得到的燃料元件的放射性核素释放速率列于表 10.3.1。表中的第 3 列给出的是单位时间内裂变产物核素从堆芯所有燃料元件释放到堆芯一回路冷却剂中的活度(Bq/s)，这个量可用 R_i 表示，是下文计算一回路中活度浓度时的重要输入量；第 4 列和第 5 列则可由第 3 列结果经过简单转换而得到，第 4 列给出的是单位时间内裂变产物核素从堆芯所有燃料元件释放到堆芯一回路冷却剂中的原子数(atom/s)；第 5 列给出的是堆芯单位热功率下单位时间内从所有燃料元件释放到堆芯一回路冷却剂中的裂变产物核素活度[Bq/(MW · h)]，可以据此比较 HTR-PM 与其他反应堆裂变产物释放到一回路的释放率的大小。

表 10.3.1　HTR-PM 平衡堆芯燃料元件的裂变产物释放率

核素	半衰期	单位时间释放的活度(Bq/s)	单位时间释放的原子数(atom/s)	单位热功率下的释放率 Bq/(MW · h)
^{83m}Kr	1.83h	6.0E+05	5.7E+09	8.6E+06
^{85}Kr	10.72a	2.6E+02	1.3E+11	3.7E+03
^{85m}Kr	4.48h	1.1E+06	2.6E+10	1.6E+07
^{87}Kr	1.27h	4.0E+06	2.6E+10	5.8E+07
^{88}Kr	2.84h	4.0E+06	5.8E+10	5.7E+07
^{89}Kr	3.2min	2.8E+07	7.6E+09	4.0E+08
^{90}Kr	33s	4.1E+07	1.9E+09	5.9E+08
^{131m}Xe	12.0d	6.5E+03	9.7E+09	9.4E+04
^{133}Xe	5.29d	1.8E+06	1.1E+12	2.5E+07
^{133m}Xe	2.19d	7.4E+04	2.0E+10	1.1E+06
^{135}Xe	9.14h	1.5E+06	7.0E+10	2.1E+07
^{135m}Xe	15.3min	4.1E+06	5.3E+09	5.8E+07
^{137}Xe	3.83min	4.9E+07	1.6E+10	7.0E+08
^{138}Xe	14.08min	3.0E+07	3.6E+10	4.3E+08
^{139}Xe	39.7s	5.6E+07	3.2E+09	8.1E+08
^{131}I	8.02d	7.1E+05	7.1E+11	1.0E+07
^{132}I	2.30h	8.9E+06	1.1E+11	1.3E+08
^{133}I	20.8h	3.7E+06	4.0E+11	5.3E+07
^{134}I	52.5min	2.0E+07	9.0E+10	2.8E+08
^{135}I	6.57h	5.3E+06	1.8E+11	7.6E+07
^{89}Sr	50.57d	6.5E+00	4.1E+07	9.4E+01
^{90}Sr	28.90a	2.3E−01	3.0E+08	3.4E+00
^{134}Cs	2.07a	2.4E+03	2.3E+11	3.5E+04
^{137}Cs	30.03a	3.3E+03	4.6E+12	4,8E+04
^{110m}Ag	250.4d	6.2E+02	1.9E+10	8.9E+03
^{3}H	12.3a	1.4E+06	7.8E+14	2.0E+07

有几两点需要特别说明：

(1)完好包覆颗粒的裂变产物(特别是金属核素)扩散假设。对完好包覆颗粒，基于相关实验可假设其对气体裂变产物(包括碘)具有完全的阻挡作用；对金属裂变产物，则假设能扩散穿过完好包覆颗粒的各包覆层而到达燃料元件基体石墨中(采用保守的扩散系数)。金属核素扩散情况随核素不同而不同。对一直处于 870℃并且连续满功率运行 1056.8d 的燃料元件，典型核素从元件中所有完好包覆颗粒的释放量和从元件中所有破损包覆颗粒的释放量对照列于表 10.3.2。

表 10.3.2 典型核素的释放量

核素	元件中所有完好包覆颗粒的释放量占元件中核素积存量的份额	元件中所有破损颗粒的释放量占元件中核素积存量的份额
^{89}Sr	9.98E−07(为破损颗粒释放量的 5070 倍)	1.97E−10
^{90}Sr	1.13E−06(为破损颗粒释放量的 142 倍)	7.96E−09
^{134}Cs	2.00E−07(约占燃料元件释放量的 0.3%)	7.02E−05
^{137}Cs	2.15E−07(约占燃料元件释放量的 0.3%)	7.74E−05
^{110m}Ag	1.77E−06(约占燃料元件释放量的 1%)	1.61E−04

870℃基本接近于 HTR-PM 正常运行时堆芯燃料元件最高温度，在这样的较高温度下，Sr 在包覆层(包括完好 SiC 层)中的扩散系数较大，从燃料核芯扩散出来后较易穿过完整包覆颗粒的包覆层进一步扩散到燃料颗粒外。但是，这是在假设所计算的燃料元件在其整个寿期内都处于 870℃的极端条件下得到的结果，而实际上这种情况是不可能的。而且，即使假设燃料元件处于这种极端条件下，由于 Sr 在燃料核芯中的扩散系数仍然较小，从表 10.3.2 中不难看出，该元件寿期末时 ^{89}Sr、^{90}Sr 从元件的总释放量也仅约占元件中该同位素积存量的 1×10^{-6}。

(2) 自由铀和破损颗粒份额：自由铀包括破损颗粒中的铀和石墨基体及燃料颗粒外表面的铀沾污。元件加工过程中的铀沾污在新燃料质量检验中是无法与制造破损颗粒中的铀区分开来的，这两部分合称为“自由铀”，即未被包覆层包覆的铀，在硝酸浸出检验中都能浸出。所以，在新燃料质量检验中都归为一个指标：制造造成的“自由铀”份额。在计算中选取新燃料的破损颗粒份额时，保守地取为等于“自由铀”份额，即上文中提到的“由于制造缺陷引起的破损颗粒份额”(设计值为 6×10^{-5})，铀沾污造成的释放则另外单独考虑。

(3) 计算时对燃料元件铀沾污的考虑：根据有关研究，燃料元件的铀污染基本来自石墨基体的天然铀污染，基于实测值在计算时取铀污染份额为 7×10^{-7}，这个份额是很小的。

10.3.2 一回路氦气中放射性核素浓度

10.3.2.1 一回路氦气中放射性核素的主要来源

反应堆正常运行工况下一回路氦气中放射性核素的主要来源包括裂变产物和活化产物。因为惰性气体氦(核级纯)作为一回路冷却剂，所以一回路系统金属表面的腐蚀及其活化在一回路系统放射性源项中所占比重很小。

(1) 裂变产物：在燃料元件制造过程中会造成极少份额的包覆颗粒包覆层缺陷或包覆层

外表面和基体石墨中的铀污染；而且完整的燃料包覆颗粒在堆中运行时，辐照也会引起部分包覆层破损。一回路氦气中裂变产物的主要来源就是这些受损颗粒和铀污染产生的裂变产物经扩散从燃料元件释放出来而进入一回路。

对于完整的包覆颗粒，裂变产物也会穿过包覆层扩散进入一回路，由于完整的包覆层对裂变产物(尤其是气态裂变产物)的阻挡能力很强，所以此项来源带来的贡献较小。

(2)活化产物：一回路氦气中的活化产物分为两种情况，一种是氦气自身成分的活化[主要是 ^{3}He(n，p)^{3}H 反应]及氦中杂质元素的活化[主要是 ^{14}N(n，p)^{14}C、^{17}O(n，α)^{14}C 等]；另一种是燃料元件石墨基体材料及其杂质的活化，并由于磨蚀而进入一回路氦气中(或先磨蚀进入一回路然后在堆芯活性区活化)，此部分重要的活化反应为 ^{13}C(n,γ)^{14}C、^{6}Li(n,α)^{3}H。对于 ^{3}H，只有破损颗粒和铀污染三裂变产生的 ^{3}H 才能释放到一回路，其对一回路 ^{3}H 浓度的贡献比 ^{3}He(n，p)^{3}H 活化反应和 ^{6}Li(n，α)^{3}H 活化反应的贡献小得多。

10.3.2.2　一回路活度浓度计算方法

本部分只重点研究裂变产物核素在一回路中的迁移与分布，也就是只重点分析裂变产物从堆芯燃料元件释放到一回路后，从一回路系统去除或释放到一回路系统外的途径，从而得到其在一回路冷却剂中的浓度。活化产物氚和 ^{14}C 将在 10.5 和 10.6 详细描述计算方法。

从堆芯燃料元件释放到一回路冷却剂中的放射性裂变产物随一回路冷却剂流动，从堆芯区域输送到一回路系统。在反应堆运行过程中，这些放射性核素通过衰变、氦净化系统的净化及在一回路冷却剂接触表面上沉积而不断地被去除掉。产生和去除最终达到了一个动平衡状态。

在 t 时刻裂变产物核素在一回路冷却剂中的浓度 $C_i(t)$ 满足以下微分方程：

$$\frac{\mathrm{d}C_i(\mathrm{t})}{\mathrm{d}t}=\frac{R_i}{V}-(\lambda_i+\varepsilon_i\frac{Q}{V}+\frac{\delta_i}{T}+\omega+\sigma_{\mathrm{a}i}\phi_{\mathrm{e}}\frac{t_{\mathrm{v}}}{T})C_i(t) \tag{10.3.7}$$

式中，R_i 为裂变产物核素 i 从堆芯燃料元件的释放率，单位为 Bq/s；V 为一回路氦气空间体积，单位为 m^3；λ_i 为核素 i 的衰变常数，单位为 s^{-1}；Q 为进入氦净化系统有效净化单元的净化流量，单位为 m^3/s；ε_i 为该有效净化单元对核素 i 的净化效率；δ_i 为一回路氦气每循环一周核素 i 的沉积率(或称为沉积份额)；T 为一回路氦气每循环一周的时间，单位为 s；ω 为一回路氦气的泄漏速率，单位为 s^{-1}；σ_{ai} 为核素 i 的中子吸收截面，单位为 cm^2；ϕ_{e} 为堆芯平均有效中子注量率，单位为 cm^{-2}·s^{-1}；t_{v} 为一回路氦气每次循环通过堆芯的时间，单位为 s；$\alpha=\lambda_i+\varepsilon_i\frac{Q}{V}+\frac{\delta_i}{T}+\omega+\sigma_{\mathrm{a}i}\phi_{\mathrm{e}}\frac{t_{\mathrm{v}}}{T}$ 可称为有效去除系数，单位为 s^{-1}。

求解(10.3.7)式，可得到在 t 时刻裂变产物核素在一回路冷却剂中的浓度 $C_i(t)$：

$$C_i(t)=\frac{R_i}{V\alpha}(1\text{-}\mathrm{e}^{-\alpha\cdot t}) \tag{10.3.8}$$

显然，核素的平衡浓度为

$$C_i=\frac{R_i}{V\alpha} \tag{10.3.9}$$

10.3.2.3 一回路活度浓度计算参数选取与说明

为了得到较可靠的分析结果，在计算中用到的各核素的核参数(如衰变常数、中子截面、同位素丰度等)由核素手册查得。现将其他重要参数做一说明。

(1)燃料元件裂变产物释放率：堆芯所有燃料元件裂变产物释放率对计算一回路冷却剂中裂变产物浓度而言就是产生率，是最重要的参数，所用的数据就是 10.3.1 用 FRESCO2 程序或 BOOTH 模型计算得到的释放率 R。

(2)氦净化系统对核素的净化效率 ε：氦净化系统由烧结金属过滤器(用于滞留颗粒状物质，也称尘埃过滤器)、氧化铜床(用于把氚及 ^{14}CO 氧化成氚水和 $^{14}CO_2$ 而在下游的分子筛上将其吸附沉积下来)、分子筛(用于吸附 $^{14}CO_2$、$^{14}CH_4$ 和少量未被冷凝去除的氚水等)及低温吸附器(用于吸附裂变气体)等组成。对裂变产物而言，有效的净化单元是尘埃过滤器和低温吸附器。可沉积裂变产物核素吸附在石墨粉尘上，经过尘埃过滤器时绝大部分被滞留，但因为氦净化系统的流量很小，也就是 Q/V 很小，即使尘埃过滤器去除可沉积裂变产物核素的效率 ε 达到 100%，$\varepsilon Q/V$ 仍然是一个很小的去除项，与下文将要提到的 δ/T 去除项(一回路表面沉积去除项)相比贡献小得多，一般低 3 个量级以上，在有效去除系数中所占的份额很小，对可沉积核素在一回路氦气中的浓度几乎没有影响。而对惰性气体裂变产物(Kr 和 Xe 的同位素)而言，情况则完全不同。这是因为惰性气体裂变产物核素不是可沉积核素，δ/T 去除项可取为 0；经过氦净化系统的低温吸附器时则几乎可完全被吸附，$\varepsilon Q/V$ 虽然小，但与大多数核素的衰变常数是可以比拟的，尤其对半衰期数天以上的核素，$\varepsilon Q/V$ 在有效去除系数中甚至占主要地位。德国高温气冷堆 AVR 的运行经验表明，低温吸附器对各种惰性气体裂变产物核素的净化效率 $\varepsilon \approx 100\%$。对 HTR-PM，每个反应堆配置一个正常净化列，正常净化列氦气流量为每小时 5%一回路氦总装量，即一个正常净化列的净化常数 $Q/V=5\%/h$。但是，根据需要，进入低温吸附器的流量可以只是净化列全流量的一部分，比如根据 HTR-PM 氦净化系统功能设计，如果进入氦净化系统的一回路气体只有 1/4 的流量经过低温吸附器，则惰性气体裂变产物核素的净化常数为 1.25%/h。

(3)核素在一回路内表面上的沉积率 δ：经验表明，由燃料元件释放出来进入一回路氦气中的金属裂变产物和碘同位素，大部分沉积在一回路的内表面上，特别是蒸汽发生器较冷的表面上。AVR 的运行经验表明，一回路氦气每循环一周(从堆芯出口开始，到蒸汽发生器，再回到堆芯入口)，碘及颗粒物的沉积率 δ 在 50%～90%，其中 80%以上沉积在蒸汽发生器表面上。在计算一回路氦气中放射性核素浓度时，为保守起见，一般要取比经验值小的沉积率，使得到的一回路氦气中放射性核素浓度偏大，如 HTR-PM 计算中对 Rb 和 Sr 取 $\delta=30\%$，对 Ag 和 Cs 取 $\delta=50\%$，对 I 取 $\delta=20\%$。一回路氦气每循环一周的时间约为 30s，这就使 δ/T 去除项远比其他去除项造成的贡献大。

(4)一回路氦气泄漏率 ω：HTR-PM 系统设计规定，一回路氦气体积泄漏率必须每天小于 5‰总体积，在计算中选取泄漏率为此设计泄漏率，即 $\omega=5\times10^{-3}/d$。

根据以上参数分析及式(10.3.8)，在反应堆稳态运行时，可沉积核素的有效去除系数 α 值很大，5min 即可达到平衡浓度；对惰性气体裂变产物核素，即使是长寿命核素，200min

内也可达到平衡浓度，而半衰期在2h左右的核素，则只需20h左右即可达到平衡浓度。也就是说，平衡堆芯长期稳态运行时，一回路氦气中的裂变产物核素浓度基本都处于平衡值。

10.3.2.4　一回路活度浓度计算结果

根据以上参数选取及式(10.3.9)，计算得到HTR-PM满功率稳态运行时一回路氦气中放射性裂变产物核素平衡浓度，列于表10.3.3。

表10.3.3　HTR-PM一回路冷却剂中的放射性活度

核素	冷却剂中活度浓度(Bq/L)	冷却剂中总活度(Bq)
^{83m}Kr	1.38E+04	5.50E+09
^{85}Kr	1.82E+02	7.27E+07
^{85m}Kr	5.97E+04	2.39E+10
^{87}Kr	6.43E+04	2.57E+10
^{88}Kr	1.37E+05	5.47E+10
^{89}Kr	1.92E+04	7.69E+09
^{90}Kr	4.88E+03	1.95E+09
^{131m}Xe	3.89E+03	1.55E+09
^{133}Xe	8.58E+05	3.43E+11
^{133m}Xe	2.66E+04	1.06E+10
^{135}Xe	1.38E+05	5.50E+10
^{135m}Xe	1.32E+04	5.28E+09
^{137}Xe	4.05E+04	1.62E+10
^{138}Xe	9.06E+04	3.63E+10
^{139}Xe	8.27E+03	3.31E+09
惰性气体总量		5.91E+11
^{131}I	2.71E+02	1.08E+08
^{132}I	3.48E+03	1.39E+09
^{133}I	1.43E+03	5.74E+08
^{134}I	7.34E+03	2.94E+09
^{135}I	2.05E+03	8.21E+08
碘总量		5.83E+09
^{89}Sr	1.70E−03	6.80E+02
^{90}Sr	6.15E−05	2.46E+01
^{134}Cs	3.80E−01	1.52E+05
^{137}Cs	5.21E−01	2.09E+05
^{110m}Ag	9.66E−02	3.87E+04
长寿命固态物总量		4.00E+05
^{88}Rb	8.69E+03	3.48E+09
^{138}Cs	3.28E+03	1.31E+09
^{14}C	3.25E+03	1.30E+09
^{3}H	2.13E+05	8.50E+10

由表 10.3.3 可以看出，HTR-PM 一座反应堆一回路氦气中惰性气体总活度为 5.91×10^{11}Bq，碘总活度为 5.83×10^{9}Bq，长寿命固态物为 4.00×10^{5}Bq，^{3}H 为 8.50×10^{10}Bq，^{14}C 为 1.30×10^{9}Bq。表 10.3.3 中的 ^{14}C 和 ^{3}H 主要来自中子活化反应，其计算分析过程将在 10.5 详细描述。

10.3.3 一回路内表面上沉积的放射性量

一回路氦气中的放射性核素，除气态核素(惰性气体、氚等)外，其余核素随氦气在一回路系统的循环过程中大部分沉积在一回路系统的内表面上，特别是在蒸汽发生器较冷的表面上。德国 AVR 高温气冷堆的运行经验表明，每循环一周各可沉积核素的沉积率 δ 分别为 50%～90%。

对关心的可沉积核素，δ/T 去除系数均远大于其他项去除系数，这时式(10.3.9)可转化为如下形式：

$$C_i = \frac{R_i}{V\delta_i / T} = \frac{R_i T}{V\delta_i} \tag{10.3.10}$$

在初始计算一回路内表面放射性的沉积量时，认为按保守原则，δ 的取值与计算一回路氦气中放射性核素浓度时的取值有所不同，如 Sr、Cs、Ag 和 I 都取 $\delta=0.95$，比计算一回路冷却剂中放射性浓度的 δ 取值要高得多，这样计算出来的一回路内表面放射性沉积量应是偏保守的。但是，经过后来的仔细分析，发现其实 δ 的取值与沉积量无关。这是因为氦气循环一周的时间很短(HTR-PM 中约 30s)，即使 δ 只有 10%，在几百秒内绝大部分也会沉积下来，而几百秒的时间相对于核素半衰期及反应堆运行寿期都是很短的，因此这种沉积速度的差别对最终的沉积量累积的影响是可以忽略不计的。其实，这可以通过以下方程的推导过程进一步说明。

一回路内表面放射性的沉积量 A_i 满足以下方程：

$$\frac{\mathrm{d}A_i(t)}{\mathrm{d}t} = \frac{C_i V\delta_i}{T} - \lambda_i A_i \tag{10.3.11}$$

代入式(10.3.10)，则式(10.3.11)简化为

$$\frac{\mathrm{d}A_i(t)}{\mathrm{d}t} = R_i - \lambda_i A_i \tag{10.3.12}$$

求解得：

$$A_i(t) = \frac{R_i}{\lambda_i}(1 - \mathrm{e}^{-\lambda_i \cdot t}) \tag{10.3.13}$$

由此可看出平衡堆芯一回路内表面上沉积放射性核素量只与其从堆芯燃料元件的释放速率 R_i(Bq/s)相关，与(较大的)沉积速率无关。对半衰期可以与反应堆寿期相比拟的核素(如 ^{137}Cs)，随着平衡堆芯运行时间 t 的增加，其在一回路表面的累积沉积量也会随时间 t 而增加，假定反应堆达到寿期期间没有较长时间的停堆，则在寿期末沉积量会达到最大。

对 HTR-PM，一回路内表面上 40 年寿期末沉积放射性的计算结果列于表 10.3.4；由表中可以看出，HTR-PM 一座反应堆在 40 年寿期末一回路内表面沉积的放射性活度：碘为

1.5×10^{12}Bq，长寿命固态物质为 3.1×10^{12}Bq。

表 10.3.4　HTR-PM 40 年寿期末一回路内表面上的放射性沉积量

核素	衰变常数(s^{-1})	放射性沉积量(Bq)
^{131}I	1.0E-06	7.1E+11
^{132}I	8.4E-05	1.1E+11
^{133}I	9.3E-06	4.0E+11
^{134}I	2.2E-04	9.0E+10
^{135}I	2.9E-05	1.8E+11
^{89}Sr	1.6E-07	7.7E+09
^{90}Sr	7.8E-10	1.4E+09
^{134}Cs	1.1E-08	2.3E+11
^{137}Cs	7.3E-10	2.8E+12
^{110m}Ag	3.2E-08	1.9E+10
^{88}Rb	6.5E-04	5.5E+10
^{138}Cs	3.59E-04	3.6E+10

10.4　二回路系统中放射性活度

在压水堆中，一回路以水作冷却剂，且一回路压力高于二回路，所以二回路系统的污染是由于蒸汽发生器的管束出现泄漏造成的。而在 HTR-PM 高温气冷堆中，一回路以氦气作冷却剂，运行压力 7MPa，蒸汽发生器出口蒸汽压力 14.3MPa，二回路压力高于一回路，除了氚可在高温下穿透蒸汽发生器传热管管壁进入二回路外，一回路中其他放射性物质难以泄漏进入二回路。所以，HTR-PM 二回路系统的污染只需考虑氚。

一回路的氚是在反应堆运行期间通过传热管管壁渗透进入二回路的。与压水堆不同的是，一回路氦气出口温度高(达 750℃)，蒸汽发生器出口蒸汽温度为 540℃。在这样较高的温度下，一回路氦气中的氚比较容易穿过传热管金属壁进入二回路水/汽中，随着二回路水的泄漏和蒸发排向环境。由于二回路(水/汽回路)是闭合的，因而在运行期间水/汽回路中能达到最大活度浓度 C_{T2}(Bq/kg)。

二回路水中氚的活度浓度 $C_{^3H}(t)$ (Bq/kg)是按下式推算的：

$$C_{^3H}(t)=\frac{A_{1to2}}{\delta}(1-e^{-\delta t/M}) \tag{10.4.1}$$

式中，A_{1to2} 为一回路中氚向二回路的泄漏率，单位为 Bq/h；δ为二回路水更换率，单位为 kg/h，取 10^4 kg/h；M 为二回路总水量，单位为 kg，取为 1×10^5kg；t 为时间，h。

显然，最大放射性浓度或平衡浓度 C_{T2} 为

$$C_{T2}=\frac{A_{1to2}}{\delta} \tag{10.4.2}$$

根据蒸汽发生器传热管设计采用的材料，在计算一回路氚通过蒸汽发生器传热管向二回路的渗透时，过热段采用 Incoloy800 在 600℃下的渗透率数据，在预热段和蒸发段则采用 2.25Cr-1Mo 在 500℃下的渗透率数据，另外考虑传热管二次侧表面氧化膜对氚的阻挡能

力(使渗透率降低 10 倍)，由此得到两个反应堆模块单位时间内通过蒸汽发生器进入二回路中的氚小于 6.2×10^{8}Bq/h。二回路水损失率按 10t/h 计算，则 HTR-PM 二回路中氚浓度小于 6.2×10^{4}Bq/kg，此值可作为稳态运行条件下二回路氚浓度的限值。

10.5　一回路中的氚和 ^{14}C

10.5.1　一回路中的氚

氚在高温气冷堆中主要产生于核燃料的三裂变及某些轻元素与中子的活化反应。以下是 HTR-PM 中可能的主要产氚活化反应：^{3}He(n, p)^{3}H、^{6}Li(n, α)^{3}H、^{7}Li(n, nα)^{3}H、^{10}B(n, 2α)^{3}H。

由于 HTR-PM 的设计特点(高纯氦气作冷却剂，控制棒在反射层内)，经计算分析，在以上产氚反应中，^{7}Li(包括 ^{10}B 活化产生的 ^{7}Li)和 ^{10}B 活化产生的氚对一回路中氚活度的贡献是很小的，在计算一回路氚的产生量与释放量时忽略不计。

在反应堆运行时，堆芯燃料元件包覆燃料颗粒中由三裂变产生的氚大约为 129TBq/a，不过，由于燃料颗粒包覆层的阻挡，绝大部分无法渗透到一回路氦冷却剂中，只有包覆颗粒破损后里面的氚才能渗透出来。此外，燃料元件基体石墨中的自由铀发生三裂变产生的氚能够扩散进入一回路氦冷却剂中。但是，HTR-PM 达到设计燃耗的燃料元件包覆颗粒辐照破损份额与制造破损份额之和的设计值为 2.6×10^{-4}，这个份额是很低的，而且铀污染的份额(7×10^{-7})更低，因此，虽然三裂变产氚的总量较大，但是绝大部分都被滞留在包覆颗粒当中，能够进入一回路氦冷却剂的只占一小部分，对一回路氚的产生量与释放量不构成主要贡献。

燃料元件基体石墨及反射层石墨中的 Li 杂质活化产生氚后，不考虑石墨对氚的吸附作用，保守认为该途径产生的氚都快速进入一回路氦冷却剂中，形成一回路冷却剂系统中氚的主要来源。进一步分析表明氚主要来自 ^{6}Li(n, α)^{3}H 活化反应，根据杂质含量控制要求，计算时选取基体石墨中 Li 杂质含量为 0.05mg/kg。

HTR-PM 用氦气作冷却剂，^{3}He 的天然丰度为 0.000 14%，其产氚活化反应的截面为 5330b，经计算，该途径氚的产生率约比 ^{6}Li 活化产氚率低 3 个量级。

在一回路氦冷却剂中氚的衰减途径主要有氦净化系统的净化，一回路冷却剂的泄漏，氚通过蒸汽发生器传热管壁向二回路的扩散及氚自身的衰变。根据氚在一回路的产生途径和衰减途径，可得到核素氚在一回路的总量 N_{T} 的计算模型：

$$\frac{\mathrm{d}N_{\mathrm{T}}}{\mathrm{d}t}=R_{(\mathrm{X},\ \mathrm{En})}+R_{^{3}\mathrm{He}}+R_{^{6}\mathrm{Li}}-(\lambda+\omega+P+L_{1\mathrm{to}2})N_{\mathrm{T}} \tag{10.5.1}$$

式中，$R_{(\mathrm{X},\ \mathrm{En})}$为单位时间内由燃料元件基体石墨中的铀污染和破损包覆颗粒产生的氚原子数，单位为 s^{-1}，$R_{^{3}\mathrm{He}}$ 为单位时间内由氦冷却剂中 ^{3}He 中子活化反应产生的氚原子数，单位为 s^{-1}；$R_{^{6}\mathrm{Li}}$ 为单位时间内由燃料元件基体石墨及石墨反射层中的 ^{6}Li 经中子活化反应产生的氚原子数，单位为 s^{-1}；λ是核素氚的衰变常数，单位为 s^{-1}；ω是一回路氦冷却剂的泄漏速率，单位为 s^{-1}；P 是氦净化系统对氚的净化速率，即式(10.3.7)中的 $\varepsilon Q/V$，单位为 s^{-1}；$L_{1\mathrm{to}2}$ 是氚通过蒸汽发生器传热管向二回路的渗透率，单位为 s^{-1}。

氦净化系统的净化速率 P 和一回路氦冷却剂的泄漏速率ω都取 10.3.2 中提到的值，即分别为 5%/h 和 5‰/d。蒸汽发生器传热管材料预热段和蒸发段采用 2.25Cr-1Mo，过热段采用 Incoloy800。相应的，氚通过蒸汽发生器传热管向二回路的渗透率在过热段采用 Incoloy800 的数据(平均温度取 600℃)，在预热段和蒸发段采用 2.25Cr-1Mo 的数据(平均温度取 500℃)。

计算得到一回路冷却剂中氚的活度为 8.5×10^{10}Bq，其中主要来自 ^{6}Li(n，α)^{3}H 活化反应，占 99%以上。

10.5.2　一回路中的 ^{14}C

核反应堆中 ^{14}C 的产生主要考虑以下反应：^{14}N(n，p)^{14}C、^{13}C(n，γ)^{14}C、^{17}O(n，α)^{14}C。^{17}O 产生 ^{14}C 在轻水堆中起主要作用，但由于高温气冷堆用氦气作冷却剂，此途径产生 ^{14}C 的贡献可以忽略。

AVR 经验表明，高温堆中 ^{14}C 主要由燃料元件石墨中氮杂质的中子活化反应 ^{14}N(n，p)^{14}C 产生，由石墨磨蚀进入一回路冷却剂中，由氦净化系统再生释放到环境。因为 ^{14}C 半衰期长(5730 年)，排入大气环境后参与全球碳循环，对全球集体剂量负担的贡献不可忽视，所以，对高温气冷堆中 ^{14}C 的产生与释放应进行详细分析。

在 HTR-PM 中，由于有大量的石墨，从而有大量 ^{13}C(^{13}C 的天然丰度为 1.1%)，堆芯中石墨活化也是 ^{14}C 的重要来源。根据堆物理的计算，HTR-PM 堆芯平均热中子注量率为 6.57×10^{13}n/(cm^{2}·s)，反射层石墨和碳砖中平均热中子注量率约为 2.10×10^{12}n/(cm^{2}·s)。由此得到全堆芯燃料元件每年由 ^{13}C 活化途径产生的 ^{14}C 约 340GBq(9Ci)，但预计此种途径产生的 ^{14}C 仍然保留在燃料元件中，只有表面极少量磨蚀进入一回路氦冷却剂；反射层(包括所有石墨反射层和碳砖)中每年由 ^{13}C 活化产生的 ^{14}C 约为 45GBq/a(1.2Ci/a)，但此部分 ^{14}C 仍然保留在石墨反射层中，很难释放到一回路氦冷却剂中。

正常运行过程中燃料球基体石墨的磨蚀速率根据德国 AVR 堆的运行经验推得。AVR 共有 10.3 万个燃料球，每年磨蚀产生的石墨粉尘量为 5kg，HTR-PM 每座反应堆共 420 000 个球，从而可推得 HTR-PM 堆每年的磨蚀速率约为 20kg。磨蚀下来的石墨粉尘在随一回路氦气循环的过程中会沉积下来，在计算中取每循环一周沉积 10%。

高温气冷堆中的 ^{14}C 主要由燃料元件吸附的 N 杂质活化产生，^{14}N 的活化截面为 1.82b，丰度为 99.63%。HTR-PM 每个反应堆平衡堆芯每天装载新鲜燃料元件 400 个，装入堆芯前在装料缓冲管段要进行抽真空的操作。如果按抽真空使石墨基体孔隙中空气浓度降低 1 个量级计算，则新鲜燃料元件中吸附的 N 杂质约 11mg/kg(装载到堆芯的燃料元件基体石墨孔隙中含空气)。保守假设堆芯所有燃料元件的 N 杂质含量维持为 11mg/kg，再根据以上描述的堆物理计算给出的堆芯平均热中子注量率，可得到 1 个反应堆每年由此途径产生的 ^{14}C 为 570GBq。

进一步保守假设由 N 杂质活化产生的 ^{14}C 都全部释放到一回路冷却剂中，一回路中 ^{14}C 去除的主要途径则是氦净化系统的净化，去除常数为 $\alpha=0.05\text{h}^{-1}$。而一回路氦气每天最大允许泄漏量<0.5%氦气总装量，即从一回路系统的泄漏造成的去除常数比氦净化系统的去

除常数小得多，对 ^{14}C 的平衡不起作用。

^{14}C 在一回路氦气中的总量 $N_{^{14}C}$ 的计算公式如下：

$$\frac{\mathrm{d}N_{^{14}C}}{\mathrm{d}t}=R_{^{13}C}+R_{^{14}N}-(\lambda+\omega+P)N_{^{14}C} \tag{10.5.2}$$

式中，$R_{^{13}C}$ 为单位时间内由 ^{13}C 中子活化反应产生并释放到一回路的 ^{14}C 原子数，单位为 s^{-1}；$R_{^{14}N}$ 为单位时间内由燃料元件基体石墨中的 ^{14}N 经中子活化反应产生并释放到一回路的 ^{14}C 原子数，单位为 s^{-1}；λ是 ^{14}C 的衰变常数，单位为 s^{-1}；ω是一回路氦冷却剂的泄漏速率，单位为 s^{-1}；P 是氦净化系统对 ^{14}C 的净化速率，即 $\varepsilon Q/V$，单位为 s^{-1}。

氦净化系统的净化速率 P 和一回路氦冷却剂的泄漏速率ω都取 10.3.2 中提到的值，即分别为 5%/h 和 5‰/d。

根据以上参数选取及式(10.5.2)，可计算出 1 个反应堆一回路氦冷却剂中 ^{14}C 的活度浓度为 1.9×10^{3}Bq/L，总活度为 1.3×10^{9}Bq。

10.6 气液态流出物源项

10.6.1 气载放射性物质向环境的释放

高温气冷堆正常运行工况下向环境释放的气载放射性物质主要来自安全壳中空气的活化；一回路冷却剂系统的泄漏；氦净化系统再生时的污染氦释放；燃料装卸系统的污染氦排放；以及对受放射性污染设备进行保养和检修时的排放。对气载氚的释放，还应考虑二回路水(含氚)通过泄漏蒸发、抽气等过程向大气环境排放。

10.6.1.1 安全壳中空气的活化

在 HTR-PM 设计中，反应堆和蒸汽发生器舱室的混凝土墙一起形成通风式低耐压型安全壳。正常情况下，安全壳内外气压是基本平衡的，安全壳内气体通过安全壳向外泄漏的速率是很小的。但考虑到安全壳内气体是包含一定放射性污染物的，为了进一步减少气载放射性物质向环境的排放，并使排放尽可能成为有序排放，设计了安全壳负压通风系统，在反应堆正常运行时，以较小的抽气率对安全壳实施抽负压，使安全壳相对于壳外大气环境维持负压，抽出的空气经过滤后送到烟囱监测排放。

安全壳中空气的活化产生放射性物质，主要指反应堆和蒸发器舱室空气中 ^{40}Ar 受到从反应堆压力容器逸出的中子作用而活化产生的 ^{41}Ar，通过核岛厂房排风系统的安全壳负压通风系统排放。

安全壳内空气中靶核的浓度 C_{tr}(atom/cm^3)为

$$C_{\mathrm{tr}}=\frac{\rho A_{\mathrm{o}}f_{\mathrm{n}}f_{\mathrm{m}}}{A} \tag{10.6.1}$$

式中，ρ 为空气的密度，单位为 g/cm^3；A_{o} 为阿伏伽德罗常数，为 $6.022\times10^{23}\mathrm{mol}^{-1}$；$f_{\mathrm{n}}$ 为靶核的天然丰度；f_{m} 为靶核元素在空气中的重量百分比；A 为靶核元素的摩尔质量。

由于被活化后的空气不断被抽走，补充的(即从安全壳外渗透到安全壳内的)为新鲜空气，且被活化靶核在整个靶核中占的份额很小，因而可假设靶核的浓度为常数。

安全壳内空气受到中子辐照，活化核会不断产生；而产生的活化核又会遭受各种去除因素：自身的放射性衰变，由于安全壳抽负压引起的去除(指的是从安全壳内去除，但恰恰构成向环境的释放)，以及活化核自身吸收中子的进一步反应(这项去除因素的贡献往往是极小的)。

活化后放射核素浓度 $C_a(t)$ (atom/cm^3)随时间的变化服从以下微分方程：

$$\frac{\mathrm{d}C_a(t)}{\mathrm{d}t}=\sigma_c\phi C_{tr}-(\lambda+\omega+\sigma_a'\phi)C_a(t) \tag{10.6.2}$$

当 $t=0$ 时，$C_a(t)=0$

式中，σ_c 为靶核的活化截面，单位为 cm^2；ϕ为中子注量率(对热中子活化的核素为热中子注量率，对快中子活化的核素则为快中子注量率)，单位为 cm$^{-2}\cdot$s^{-1}；λ 为活化核的衰变常数，单位为 s^{-1}；ω 为由于抽负压引起的去除系数，单位为 s^{-1}；σ_a' 为活化核的中子吸收截面，单位为 cm^2。

求解此方程则得：

$$C_a(t)=\frac{\sigma_c\phi}{\alpha}\cdot C_{tr}[1-\exp(-\alpha t)] \tag{10.6.3}$$

其中，$\alpha=\lambda+\omega+\sigma_a'\phi$，可称为有效去除系数。

达平衡后舱室空气中放射性核素浓度为

$$C_a(T)=\frac{\sigma_c\phi}{\alpha}C_{tr} \tag{10.6.4}$$

式中 T 为达到平衡所需时间，一般而言大于 5 倍有效半衰期(考虑抽气)则可认为基本达到平衡。^{41}Ar 半衰期为 1.82h，即衰变常数λ为 1.06×10^{-4}s^{-1}；HTR-PM 的设计抽气速率为 1 个安全壳体积/天，则由于抽负压引起的去除系数 ω 为 1.16×10^{-5}s^{-1}，其对有效去除系数的贡献仅约相当于放射性衰变的 1/10；^{41}Ar 的热中子截面为 0.5b，但安全壳空气中最大热中子注量率也不会超过 1×10^9/(cm$^{-2}\cdot$s^{-1})，因而由活化核 ^{41}Ar 的进一步活化导致的去除率小于 5×10^{-16}s^{-1}，对有效去除系数的贡献更可忽略不计。由于抽负压，使安全壳内 ^{41}Ar 的有效半衰期比其放射性半衰期更短一些，约为 1.64h，因此，反应堆稳态运行约 8h 后，即可认为安全壳内 ^{41}Ar 浓度已达到平衡。由于安全壳中各处的中子注量率不同，因而各处产生活化核的速率不同，活化核的浓度分布也可能不均匀，作为一种简化计算，可把式(10.6.4)中的中子注量率ϕ采用有效中子注量率ϕ_e来代替。把安全壳气空间分为 k 个区域，每个区域的体积为 V_k，k 子区的中子注量率为ϕ_k，则有效中子注量率(或称体积加权平均中子注量率)ϕ_e 为：

$$\phi_e=\frac{\sum_k \phi_k V_k}{\sum_k V_k} \tag{10.6.5}$$

根据 HTR-PM 反应堆主屏蔽的计算结果，保守得到反应堆舱室的体积加权平均热中子注量率为 6.84×10^7/(cm$^2\cdot$s)；而蒸汽发生器舱室中的平均热中子注量率比反应堆舱室中低一个量级以上，其中的活化与反应堆舱室相比可以忽略。安全壳泄漏率的设计值为 100%/d，从而可计算出堆舱中 ^{41}Ar 的平衡浓度约为 8.1Bq/cm^3。

在计算安全壳抽负压抽气排出的 ^{41}Ar 放射性时采用堆舱中平衡浓度，每年排向环境的最大放射性量 A(Bq) 为

$$A = \lambda g T_o \frac{\sigma_c \phi}{\alpha} C_{tr}(1-\varepsilon) = \lambda g T_o C_a(T)(1-\varepsilon) \tag{10.6.6}$$

式中，g 为反应堆舱室的抽气流量，单位为 cm^3/s；T_o 为每年的抽气时间，单位为 s；ε 为过滤器过滤效率；其他参数的说明同上。

为保证反应堆正常运行时安全壳为负压，则安全壳抽负压的抽气流量应与安全壳泄漏率的设计值相当，即安全壳的抽气速度应为每天换一遍气。安全壳为 1 个反应堆舱室+1 个蒸汽发生器舱室，因此，反应堆舱室和蒸汽发生器舱室都是每天换一遍气。HTR-PM 反应堆舱室空气空间体积约 1260m^3，因而反应堆舱室的抽气流量约 1.46×10^4cm^3/s。考虑反应堆 1 年内连续运行，则安全壳 1 年内连续抽气。过滤器对 ^{41}Ar 是没有过滤作用的，即 ε=0。由式(10.6.6)可计算得到HTR-PM安全壳(考虑HTR-PM有两个反应堆，因而有两个安全壳)中空气活化后抽负压排放到环境的 ^{41}Ar 为 7.45×10^{12} Bq/a。

10.6.1.2 一回路冷却剂系统的泄漏

一回路氦气冷却系统各设备在正常运行工况下总会有一定的泄漏，泄漏出的气载放射性物质进入周围房间，房间通风把它们排到环境中去。一回路冷却剂系统周围房间(以下简称周围房间)的气载放射性核素或直接来自一回路的泄漏(核素 i)，或来自该房间中其他核素的衰变(如 ^{88}Kr 衰变成 ^{88}Rb，所计算核素记作核素 j，其母体核素记作核素 i)，在计算中分别加以考虑。

(1) 对直接来自一回路泄漏的情形，核素 i 在周围房间中的浓度 C_i(atom/cm^3)随时间变化的微分方程式为

$$\frac{dC_i(t)}{dt} = \frac{L}{V}C_{1i} - (\lambda_i + \frac{g_r}{V})C_i(t) \tag{10.6.7}$$

式中，L 为回路向周围房间的泄漏率，单位为 cm^3/s；V 为周围房间的体积，单位为 cm^3；C_{1i} 为一回路氦气中核素 i 的浓度，单位为 atom/cm^3；λ_i 为核素 i 的衰变常数，单位为 s^{-1}；g_r 为周围房间的抽气流量，单位为 cm^3/s。

当 t=0 时，$C_i(t)$=0

求解此方程则得：

$$C_i(t) = \frac{LC_{1i}}{g_r + \lambda_i V}[1 - \exp(-\lambda_i - \frac{g_r}{V})t] \tag{10.6.8}$$

(2) 对于核素 j 不但来自一回路的泄漏，还来自周围房间内核素 i 衰变的情形，则在周围房间内的浓度 C_j(atom/cm^3)随时间的变化服从以下微分方程：

$$\frac{dC_j(t)}{dt} = \frac{L}{V}C_{1j} + \lambda_i C_i(t) - (\lambda_j + \frac{g_r}{V})C_j(t) \tag{10.6.9}$$

当 $t=0$ 时，$C_j(t)=0$

解此方程则得：

$$C_j(t)=\frac{L}{g_r+\lambda_j V}(C_{1j}+\frac{\lambda_i C_{1i}V}{g_r+\lambda_i V})[1-\exp(-\lambda_j-\frac{g_r}{V})t]$$
$$+\frac{\lambda_i L C_{1i}}{(g_r+\lambda_i V)(\lambda_j-\lambda_i)}[\exp(-\lambda_j-\frac{g_r}{V})t-\exp(-\lambda_i-\frac{g_r}{V})t] \tag{10.6.10}$$

在计算由周围房间排向环境的放射性时，同样假设周围房间中放射性核素的浓度已达平衡，核素 i 或核素 j 的平衡浓度为如下形式：

$$C_i(T)=\frac{LC_{1i}}{g_r+\lambda_i V} \tag{10.6.11}$$

$$C_j(T)=\frac{L}{g_r+\lambda_j V}(C_{1j}+\frac{\lambda_i C_{1i}V}{g_r+\lambda_i V}) \tag{10.6.12}$$

一回路冷却剂系统周围房间包括安全壳、燃料装卸系统舱室和氦净化系统舱室，要准确估算反应堆正常运行时房间放射性浓度是很困难的。假设一回路 0.5%/d 的泄漏全部泄漏到安全壳(1 个反应堆舱室＋1 个蒸汽发生器舱室，气空间体积约 2600m^3)，则造成的安全壳内气载放射性平衡浓度如表 10.6.1 所示。

表 10.6.1　由一回路冷却剂泄漏造成的安全壳内空气中各核素平衡活度浓度

(单位：Bq/m^3)

核素	活度浓度	核素	活度浓度
^{3}H	2.6E+05	^{135}Xe	6.0E+04
^{14}C	6.8E+00	^{131}I	3.1E+02
^{83m}Kr	1.7E+03	^{132}I	5.4E+02
^{85m}Kr	1.6E+04	^{133}I	9.7E+02
^{85}Kr	2.2E+02	^{134}I	4.5E+02
^{87}Kr	5.7E+03	^{135}I	7.2E+02
^{88}Kr	2.4E+04	^{89}Sr	2.1E−03
^{89}Kr	7.6E+01	^{90}Sr	7.7E−05
^{90}Kr	3.4E+00	^{134}Cs	4.6E−01
^{131m}Xe	4.7E+03	^{137}Cs	6.5E−01
^{133m}Xe	2.6E+04	^{110m}Ag	1.2E−01
^{133}Xe	9.3E+05	^{88}Rb	2.4E+04
^{135m}Xe	2.5E+02		

每年由于通风排放到环境中去的放射性量 A_i 或 A_j(Bq)为

$$A_i=\lambda_i g_r T_E C_i(T)(1-\varepsilon_i) \tag{10.6.13}$$

$$A_j=\lambda_j g_r T_E C_j(T)(1-\varepsilon_j) \tag{10.6.14}$$

式中，T_E 为周围房间每年的抽气时间，单位为 s；其余参数的说明同前。

计算得到 HTR-PM 正常运行工况下由一回路冷却剂系统泄漏造成的气载放射性物质向环境的释放量列于表 10.6.2。

表 10.6.2 HTR-PM 一回路冷却剂系统泄漏气载放射性物质向环境的释放量

（单位：Bq/a）

核素	一回路冷却剂泄漏造成的释放量	核素	一回路冷却剂泄漏造成的释放量
^{3}H	3.10E+11	^{135}Xe	7.14E+10
^{14}C	4.74E+09	^{135m}Xe	2.90E+08
^{41}Ar	—	^{131}I	3.63E+08
^{83m}Kr	2.00E+09	^{132}I	6.35E+08
^{85}Kr	2.65E+08	^{133}I	1.16E+09
^{85m}Kr	1.85E+10	^{134}I	5.37E+08
^{87}Kr	6.73E+09	^{135}I	8.55E+08
^{88}Kr	2.87E+10	^{89}Sr	2.45E+03
^{89}Kr	9.01E+07	^{90}Sr	8.97E+01
^{90}Kr	3.93E+06	^{134}Cs	5.54E+05
^{131m}Xe	5.34E+09	^{137}Cs	7.62E+05
^{133}Xe	1.11E+12	^{110m}Ag	1.41E+05
^{133m}Xe	2.94E+10	^{88}Rb	2.84E+10

10.6.1.3 氦净化系统再生时的污染氦释放

该来源的放射性物质来自氦净化与氦辅助系统，通过核岛厂房排风系统的负压通风系统排放。

HTR-PM 包括两座反应堆，其氦净化系统为每座堆设计了一条独立的正常净化列为反应堆正常运行服务。每条正常净化列由尘埃过滤器、电加热器、氧化铜床、管道过滤器、中温氦/氦热交换器、水/氦冷却器、正常气/水分离器、分子筛床、低温氦/氦热交换器、低温吸附器及膜压机等组成。对 HTR-PM，氦净化系统正常净化列的净化常数为 5%/h，对应的净化流量是 150kg/h，通过低温吸附器的净化流量设计成可在 1/4～1 倍氦净化系统全流量调节，即通过低温吸附器的净化常数为 1.25%～5%/h，对应的净化流量是 37.5～150kg/h。反应堆正常运行时，可把通过低温吸附器的净化流量设定为氦净化系统全流量的 1/4。

氦净化系统工作一段时间后，各净化设备转化或吸附去除杂质的能力降低：氧化铜床在把一回路氦中杂质 H_2 氧化成水、CO 氧化成 CO_2 时，自身还原成铜，当测到氧化铜床出口 H_2 或 CO 浓度增高，表示氧化铜床转化效率降低，需要通过一定步骤恢复其转化能力；分子筛吸附 H_2O 和 CO_2，低温吸附器吸附惰性气体裂变产物核素，当吸附趋于饱和时，会测到其出口相应杂质成分浓度增高，从而需要通过一定步骤(使杂质脱附)恢复其吸附能力。这些恢复净化设备转化或吸附能力的过程称为再生。对 HTR-PM，净化设备的再生周期设计为 1800h，正常净化列通常在工作约 1800h 后就需要再生，再生时间约 150h。氦净化系统的两条正常净化列共用一套氦净化再生系统。但再生系统不能同时再生两条正常净化列，只能一条一条进行。即使对一条正常净化列再生，也是一个一个净化设备依次进行。氧化铜床、分子筛床和低温吸附器的再生是依次分别进行的，分别约需 60h、60h、30h。

再生时从氦净化系统相应净化设备上解吸的放射性物质随再生氦气直接排放到负压通风系统或先暂时存放在废氦气缓冲罐中衰变一段时间后再排放到负压通风系统，从而通过排风烟囱排放到环境。

氧化铜床将氢氧化成水（HT 氧化成 HTO），将 CO 氧化成 CO_2（含 ^{14}C），其本身并不吸附它们，所以氧化铜床再生时主要是将铜再氧化成氧化铜，释放的放射性物质很少。分子筛将氧化铜床氧化得到的水（含氚水）和 CO_2 吸附沉积下来，分子筛再生时则是将氚水和 CO_2 解吸下来，大部分氚水被冷凝收集到贮液罐中，小部分氚水和全部 CO_2 随再生氦气排放。活性炭低温吸附器主要吸附惰性气体裂变产物核素及其他气体成分（如 N_2、Ar 等），低温吸附器再生时，其吸附的惰性气体被解吸下来，随再生氦气排放到环境或先暂时存放在废氦气缓冲罐中一段时间后再排放到环境；再生过程持续一段时间，惰性气体核素还可能产生一些固态衰变产物（主要是 ^{88}Kr 衰变产生 ^{88}Rb，^{138}Xe 衰变产生 ^{138}Cs），也可能随再生氦气排放到环境。但随着对 HTR-PM 氦净化系统再生流程的进一步分析及设计改进，惰性气体核素的衰变子体的释放量是可以忽略不计的。惰性气体裂变产物核素主要由低温吸附器吸附，而低温吸附器的再生排在氧化铜床和分子筛床的再生之后，如前文所述，从氧化铜床开始再生（此时氦净化系统各净化单元都已停止运行，原已吸附到各净化单元的放射性核素量因衰变而单调减少）到低温吸附器开始再生，共经历了约 120h，早已超过 ^{88}Kr 和 ^{138}Xe 的 10 个半衰期，也早已超过 ^{88}Rb 和 ^{138}Cs 的 10 个半衰期（^{88}Kr、^{138}Xe、^{88}Rb 和 ^{138}Cs 的半衰期分别为 2.84h、14.08min、17.78min 和 33.41min），这些核素都已衰变到可以忽略不计，即低温吸附器再生时向环境排放的气载放射性物质不包含这些核素。

氦净化系统连续工作 t 时间后，某净化吸附设备中核素 i 的数量 $n_i(t)$（原子数）随时间的变化服从以下微分方程：

$$\frac{\mathrm{d}n_i(t)}{\mathrm{d}t}=QC_{1i}\varepsilon_i-\lambda_i n_i(t) \tag{10.6.15}$$

当 $t=0$ 时，$n_i(t)=0$

求解此方程则得：

$$n_i(t)=\frac{1}{\lambda_i}QC_{1i}\varepsilon_i[1-\exp(-\lambda_i t)] \tag{10.6.16}$$

式中，Q 为一回路氦气流经该净化设备的净化流量，cm^3/s；ε_i 为对核素 i 的净化效率；其余参数的说明同前。

实际上，每个净化吸附设备总有一定的气空间体积，这些气空间的氦气中也包含一些放射性核素，这些核素量在氦净化系统稳态运行时与氦净化系统连续运行时间 t 是无关的，并且与较长时间（如 1800h）的吸附量相比往往是一个小得多的量。另外，以 150kg/h 流量从蒸汽发生器引入氦净化系统旁路的一回路氦气，达到氦净化系统入口需要一定的时间 t_0，达到各净化吸附设备尘埃过滤器、氧化铜床、分子筛和低温吸附器所需要的时间（也记为 t_0，但值各不相同）依次增加，因为途中要依次经过前面有一定气空间的设备（当然，经过较长较粗的管道也要耗费时间），这样，达到后面的净化设备时已经历了较长时间。考虑到气空间中包含的核素活度及途中经历的时间，式(10.6.16)应改进为如下形式：

$$n_i(t)=\frac{1}{\lambda_i}QC_{1i}\varepsilon_i f_0[\exp(-\lambda_i t_0)][1-\exp(-\lambda_i t)]+C_{1i}V_{\mathrm{P}}[\exp(-\lambda_i t_0)] \tag{10.6.17}$$

式中，f_0 为进入氦净化系统的氦气流经某净化部件的份额，对尘埃过滤器和分子筛为 100%，对活性炭吸附器为 25%；t_0 为氦从蒸汽发生器流到该部件所历经的时间，单位为 s；V_P 为该净化部件气空间体积，单位为 cm^3；其余参数的说明同前。

在氦净化系统工作时，碘和金属核素均被尘埃过滤器过滤掉，氚和 ^{14}C 被分子筛吸附，惰性气体核素则被低温活性炭吸附器吸附。氧化铜床起转化作用，本身并不吸附核素。氦净化系统工作 1800h 后，分子筛、氧化铜床和低温活性炭吸附器需要再生，而尘埃过滤器不进行再生。

对尘埃过滤器、氧化铜床、分子筛和低温吸附器，氦气从蒸汽发生器到这些设备的时间 t_0 分别取 20s、180s、740s 和 1200s；这些设备的气空间体积 V_P 分别取 $0.27m^3$、$1.33m^3$、$3.19m^3$ 和 $0.46m^3$。

按以上设计参数，在氦净化系统连续工作 1800h 后，由式(10.6.17)计算得到尘埃过滤器、氧化铜床、分子筛和低温吸附器中的放射性核素活度，列于表 10.6.3。在计算尘埃过滤器时，核素累积时间 t 取为 1 年的时间。

表 10.6.3　HTR-PM 氦净化系统一个工作周期后各净化设备中核素活度(尘埃过滤器取 1 年的时间)

(单位：Bq)

核素	尘埃过滤器	氧化铜床	分子筛	低温吸附器
^{83m}Kr	—	7.5E+06	3.3E+07	1.6E+08
^{85}Kr	—	1.0E+05	4.6E+05	1.6E+09
^{85m}Kr	—	3.3E+07	1.5E+08	1.8E+09
^{87}Kr	—	3.5E+07	1.5E+08	4.9E+08
^{88}Kr	—	7.5E+07	3.3E+08	2.5E+09
^{131m}Xe	—	2.2E+06	9.9E+06	7.9E+09
^{133}Xe	—	4.8E+08	2.2E+09	7.8E+11
^{133m}Xe	—	1.5E+07	6.8E+07	1.0E+10
^{135}Xe	—	7.6E+07	3.5E+08	8.8E+09
^{131}I	1.5E+09	—	—	—
^{132}I	2.3E+08	—	—	—
^{133}I	8.6E+08	—	—	—
^{134}I	1.8E+08	—	—	—
^{135}I	4.0E+08	—	—	—
^{88}Rb	1.0E+08	7.5E+07	3.3E+08	2.5E+09
^{138}Cs	7.0E+07	4.4E+07	1.3E+08	5.8E+07
^{89}Sr	5.9E+04	—	—	—
^{90}Sr	1.1E+04	—	—	—
^{134}Cs	5.7E+07	—	—	—
^{137}Cs	9.1E+07	—	—	—
^{110m}Ag	1.1E+07	—	—	—
^{3}H	—	—	7.6E+12	—
^{14}C	—	—	1.2E+11	—

氦净化系统再生需要一定时间，再生结束时含放射性的再生氦气直接通过负压通风系统由烟囱排入大气环境或先暂时存放在废氦气缓冲罐中一段时间后再排放到环境，则HTR-PM 由一列氦净化系统正常列的再生每年排到环境中的放射性核素 i 的数量 A_i(Bq/a)为

$$A_i = m\lambda_i n_i(T_{\mathrm{p}})\eta_{\mathrm{i}} \exp(-\lambda_i T_{\mathrm{r}}) \exp(-\lambda_i T_{\mathrm{s}}) \tag{10.6.18}$$

式中，m 为一列氦净化列每年再生的次数；T_{p} 为氦净化系统每列正常净化列工作时间(约1800h)；$n_i(T_{\mathrm{p}})$为每列正常净化列工作时间 T_{p} 刚结束时，在净化设备中核素 i 的数量，单位为 atom，由式(10.6.17)计算；η_i 为再生时进入再生氦气气载排放途径的核素 i 数量占净化设备上该核素累积吸附量的份额，对氚取 2%，对其他核素都取 100%，这是因为假设 98%的 HTO 都被冷凝收集到含氚废水收集罐中，而其他核素在 10℃的温度下都不考虑冷凝；T_{r} 为从氦净化系统再生开始到再生结束某净化设备所需的时间，即净化设备上累积吸附的核素在再生时所经的衰变时间，单位为 s；T_{s} 为在废氦气缓冲罐中的贮存时间，单位为 s。

如果再生完成后废气不再暂存，而是直接排放，则源项计算时考虑的主要时间参数为一列氦净化系统工作时间为 1800h，再生时间约需 150h。再生工艺设计流程及相应的参数为氦净化系统需要再生时，先关闭氦净化系统进、出口的阀门，使氦净化系统与一回路氦气隔离，然后进行氧化铜床的再生，约需 60h；再进行分子筛床的再生，约需 60h；最后进行低温吸附器的再生，约需 30h。所以，计算中对低温吸附器再生排放的惰性气体核素应至少取 120h 衰变时间，即这部分气体核素在氦净化系统停止正常运行进入再生流程后，在低温吸附器中至少暂存衰变 120h 后再随低温吸附器再生而排放。这样，计算源项时即使不再考虑低温吸附器本身再生时间带来的衰变，氧化铜床、分子筛和低温吸附器再生时核素的衰变时间 T_{r} 也应分别取 60h、120h 和 120h。

为了进一步减小气载放射性排放量，可设计增加污染氦贮存罐收集再生回路废气，在罐中暂存 90d 后排放，这时，短寿命核素已充分衰变，排放量可以忽略不计，半衰期为数天的核素的排放量也大大降低。氦净化系统连续工作时间取 1800h，氧化铜床、分子筛床和低温吸附器的再生时间分别取 60h、60h 和 30h。这样得到的 HTR-PM 氦净化系统再生排放到环境的放射性核素量列于表 10.6.4。

表 10.6.4　HTR-PM 氦净化系统再生向环境释放的气载放射性物质（单位：Bq/a）

核素	排放量	核素	排放量
^{3}H	1.46E+12	^{89}Kr	—
^{14}C	1.13E+12	^{90}Kr	—
^{83m}Kr	—	^{131m}Xe	2.85E+08
^{85}Kr	1.55E+10	^{133}Xe	3.13E+07
^{85m}Kr	—	^{133m}Xe	—
^{87}Kr	—	^{135}Xe	—
^{88}Kr	—	^{135m}Xe	—

10.6.1.4 燃料装卸系统的污染氦排放

该来源的放射性物质指燃料装卸系统装卸料操作时气氛切换的抽真空过程及气体放空过程排放到燃料装卸系统舱室的少量放射性污染气体，通过核岛厂房排风系统的负压通风系统排放。

对 HTR-PM，反应堆运行期间，一段时间内平均每天装新燃料球和卸出的乏燃料球均为 800 个，每天分四批各 200 个球装料和卸料。每装入一批新燃料球和卸出一批乏燃料球均要进行一次气氛切换，以平衡各管段及与环境的压力，排放污染氦气。

每天装入 4 批新燃料球，需要进行 4 次气氛切换，每次气氛切换时装料缓冲管段(A2管段)都有不到 0.2MPa 污染氦气排到燃料装卸系统舱室，进而通过负压通风系统排到环境。

同样，每天卸出 4 批乏燃料球，需要进行 4 次气氛切换，每次气氛切换时卸料缓冲管段(B2 管段)也都有不到 0.2MPa 污染氦气排到燃料装卸系统舱室，进而通过负压通风系统排到环境。

由以上操作排向环境的放射性核素 i 的数量 A_i(Bq/a)为

$$A_i = \lambda_i C_{1i} \cdot \frac{p_{\mathrm{v}}}{p_1} \cdot \frac{T_1}{T_{\mathrm{v}}} N_{\mathrm{o}} (m_{\mathrm{f1}} V_{\mathrm{f1}} + m_{\mathrm{f2}} V_{\mathrm{f2}})(1-\varepsilon_i) \tag{10.6.19}$$

式中，p_{v} 为装卸料缓冲管段放空或抽真空时污染气体压力，单位为 MPa；p_1 为一回路氦气运行压力，单位为 MPa；T_{v} 为装卸料缓冲管段污染气体排放时平均温度，单位为 K；T_1 为一回路氦气平均温度，单位为 K；$\mathrm{N_o}$ 为反应堆每年运行的天数；m_{f1} 为每天装料的次数；V_{f1} 为装料缓冲管段气空间的体积，单位为 $\mathrm{cm^3}$；m_{f2} 为每天卸料的次数；V_{f2} 为卸料缓冲管段气空间的体积，单位为 $\mathrm{cm^3}$；ε_i 为过滤器对核素 i 的过滤效率。其余参数的说明同前。

按 HTR-PM 设计，每次装料和每次卸料都有不到 0.2MPa 的污染氦气需要放空，即取 p_{v} 为 0.2MPa；装料缓冲管段和卸料缓冲管段的气空间体积均为 22.2L，每天装卸料各 4 次；装卸料缓冲管段中污染氦气温度取 80℃，一回路氦气平均温度取 300℃；假设 HTR-PM 每年运行 365d，一回路氦气中核素浓度采用表 10.3.3 中的值，并且排放时不考虑过滤器对核素的过滤效率，则按式(10.6.19)计算得到燃料装卸系统的污染氦排放造成的气载放射性释放量列于表 10.6.5。

表 10.6.5 HTR-PM 燃料装卸向环境释放的气载放射性物质 （单位：Bq/a）

核素	燃料装卸系统通风排放	核素	燃料装卸系统通风排放
^{3}H	6.39E+08	^{88}Kr	4.11E+08
^{14}C	9.78E+06	^{89}Kr	5.78E+07
^{41}Ar	—	^{90}Kr	1.47E+07
^{83m}Kr	4.14E+07	^{131m}Xe	1.17E+07
^{85}Kr	5.47E+05	^{133}Xe	2.58E+09
^{85m}Kr	1.80E+08	^{133m}Xe	7.97E+07
^{87}Kr	1.93E+08	^{135}Xe	4.14E+08

续表

核素	燃料装卸系统通风排放	核素	燃料装卸系统通风排放
^{135m}Xe	3.97E+07	^{89}Sr	5.11E+00
^{131}I	8.12E+05	^{90}Sr	1.85E-01
^{132}I	1.05E+07	^{134}Cs	1.14E+03
^{133}I	4.32E+06	^{137}Cs	1.57E+03
^{134}I	2.21E+07	^{110m}Ag	2.91E+02
^{135}I	6.17E+06	^{88}Rb	2.62E+07

10.6.1.5　放射性污染设备保养和检修时的排放

此项很难估计，但根据德国 AVR 高温堆的运行经验表明，此部分放射性释放量很小，相对于前面几项的释放量可以忽略不计。但为保守估计这部分释放量，计算时假设此项释放量为前 4 项释放量总和的 10%，并以此量加到总释放量中去。

10.6.1.6　二回路水泄漏造成的气载氚排放

如果假定从一回路渗透到二回路的氚全部以 HTO 的形式，并随二回路泄漏水按液态途径排放，则将高估液态途径氚排放量，相应地低估气态途径氚排放量。

但随着对二回路水的设计排放方式及可能的泄漏方式的进一步了解，可以认为二回路水泄漏必有相当一部分以气态形式(水蒸气)排放，按德国 HTR-MODUL 安全分析报告中的估计，进入气态途径和液态途径的氚排放比例为 1∶4，则 HTR-PM 由二回路水泄漏造成的气载氚排放量约为 1.12×10^{12}Bq/a。若氦净化系统的再生系统达到预期效果，则氦净化系统再生时的气载氚排放量将进一步降低(远小于假设的 2%按气载途径排放)，反过来二回路水泄漏造成的气载氚排放量可能占主要地位。

10.6.1.7　计算结果汇总

HTR-PM 对正常运行工况下气载放射性物质采用烟囱排放，表 10.6.6 汇总了以上计算结果，给出了 HTR-PM 正常运行工况下气载放射性向环境的释放量。从表中数据也可看出，核素总释放量中除 ^{3}H、^{14}C 及 ^{41}Ar 外，较长寿命惰性气体核素的释放主要来自再生气体的释放，较短寿命惰性气体核素的释放主要来自一回路冷却剂的泄漏。

表 10.6.6　HTR-PM 正常运行工况下气载放射性物质向环境的释放

(单位：Bq/a)

核素	安全壳空气活化	一回路冷却剂泄漏	氦净化系统再生的排放	燃料装卸系统通风	二回路水泄漏	设备房维修与检修	释放到环境的总放射性量
^{3}H	—	3.10E+11	1.46E+12	6.39E+08	1.12E+12	2.89E+11	3.18E+12
^{14}C	—	4.74E+09	1.13E+12	9.78E+06	—	1.13E+11	1.25E+12
^{41}Ar	7.45E+12	—	—	—	—	7.45E+11	8.20E+12
^{83m}Kr	—	2.00E+09	—	4.14E+07	—	2.04E+08	2.25E+09

续表

核素	安全壳空气活化	一回路冷却剂泄漏	氦净化系统再生的排放	燃料装卸系统通风	二回路水泄漏	设备房维修与检修	释放到环境的总放射性量
^{85}Kr	—	2.65E+08	1.55E+10	5.47E+05	—	1.58E+09	1.73E+10
^{85m}Kr	—	1.85E+10	—	1.80E+08	—	1.87E+09	2.05E+10
^{87}Kr	—	6.73E+09	—	1.93E+08	—	6.92E+08	7.62E+09
^{88}Kr	—	2.87E+10	—	4.11E+08	—	2.91E+09	3.20E+10
^{89}Kr	—	9.01E+07	—	5.78E+07	—	1.48E+07	1.63E+08
^{90}Kr	—	3.93E+06	—	1.47E+07	—	1.86E+06	2.05E+07
^{131m}Xe	—	5.34E+09	2.85E+08	1.17E+07	—	5.64E+08	6.20E+09
^{133}Xe	—	1.11E+12	3.13E+07	2.58E+09	—	1.11E+11	1.22E+12
^{133m}Xe	—	2.94E+10	—	7.97E+07	—	2.95E+09	3.24E+10
^{135}Xe	—	7.14E+10	—	4.14E+08	—	7.18E+09	7.90E+10
^{135m}Xe	—	2.90E+08	—	3.97E+07	—	3.30E+07	3.63E+08
^{131}I	—	3.63E+08	—	8.12E+05	—	3.64E+07	4.00E+08
^{132}I	—	6.35E+08	—	1.05E+07	—	6.46E+07	7.10E+08
^{133}I	—	1.16E+09	—	4.32E+06	—	1.16E+08	1.28E+09
^{134}I	—	5.37E+08	—	2.21E+07	—	5.59E+07	6.15E+08
^{135}I	—	8.55E+08	—	6.17E+06	—	8.61E+07	9.47E+08
^{89}Sr	—	2.45E+03	—	5.11E+00	—	2.46E+02	2.70E+03
^{90}Sr	—	8.97E+01	—	1.85E-01	—	8.99E+00	9.89E+01
^{134}Cs	—	5.54E+05	—	1.14E+03	—	5.55E+04	6.11E+05
^{137}Cs	—	7.62E+05	—	1.57E+03	—	7.64E+04	8.40E+05
^{110m}Ag	—	1.41E+05	—	2.91E+02	—	1.41E+04	1.55E+05
^{88}Rb	—	2.84E+10	—	2.62E+07	—	2.84E+09	3.13E+10

计算结果表明，HTR-PM 每年释放到环境的气载放射性物质中，惰性气体(包括 ^{41}Ar)的活度为 9.62×10^{12}Bq，碘为 3.95×10^{9}Bq，长寿命固体物质为 1.61×10^{6}Bq，氚为 3.18×10^{12}Bq，^{14}C 为 1.25×10^{12}Bq。

10.6.2 放射性废液源项

10.6.2.1 放射性废液的来源

产生放射性废液的来源有氦净化系统冷凝水、设备检修、阀门去活性、地面去污、二回路水的泄漏与计划排放、运行人员与检修人员洗浴、沾污工作服清洗排水等。

除氦净化系统冷凝水和二回路水外的放射性废液通过核疏水系统收集到疏水箱。疏水箱满水后根据废水的放射性活度浓度，排放到不同的收集容器：若废水符合排放标准就直接抽送到监测水箱；若需要处理，则用液下泵抽送到废水罐贮存，再进行蒸发处理。蒸发凝结水贮存在监测水箱，经过检测合格后排放。蒸残液进行水泥固化，在 BOP 固体废物暂存库暂存。氦净化系统收集的氚水在贮罐内长期贮存。

二回路水中的放射性主要是一回路氦气中的氚穿透蒸汽发生器换热管壁进入二回路，含氚水监测符合相关法规标准后排入海水。

具体而言，高温气冷堆运行及检修期间产生的放射性废液主要包括以下几种：

(1)氦净化系统(正常运行工况及事故工况下的净化)产生的冷凝液。

(2)二回路泄漏水。

(3)集水坑和泄漏的废液。

(4)来自去污间的废液。

(5)来自实验室的废液。

(6)设备去污及地面冲洗废液。

(7)洗衣房废水。

(8)淋浴及卫生间排水。

高温气冷堆产生的这 8 项放射性废液又可分为 4 类，如表 10.6.7 所示。

表 10.6.7 HTR-PM 放射性废液来源、产生量及活度浓度

类别	来源	水量(m^3/a)	活度浓度(Bq/L)
第Ⅰ类	氦支持系统正常运行净化冷凝液	0.1	$<8\times10^{11}$(即氚的活度浓度)
第Ⅱ类	二回路泄漏水	90 000	$<6.2\times10^{4}$
第Ⅲ类	检修去污水、实验室排水、地面冲洗水	180	$<3.7\times10^{4}$
第Ⅳ类	洗衣水、淋浴水	1 200	<7.4

其中，第(1)项废液主要是含氚废水，将排放到专用的贮存罐中贮存，不排放到环境。本章中将该项废水称作第Ⅰ类废水。

第(2)项废水主要含氚，其中的氚是在反应堆运行期间从一回路通过换热器管壁渗透进入二回路的。该类废水中的氚排放浓度设计控制值和年排放量设计控制值分别为 6.2×10^{4}Bq/L 和 5.6×10^{12}Bq。本章中将该项废水称作第Ⅱ类废水。

在压水堆中，一回路以水作冷却剂，且一回路压力高于二回路，所以二回路泄漏水中放射性裂变产物和活化产物的浓度是不容忽视的；而在高温气冷堆中，一回路以氦气作冷却剂，二回路压力高于一回路，除了氚可在高温下穿透传热管管壁进入二回路外，一回路中其他放射性物质难以泄漏进入二回路。

高温气冷堆第(3)(4)(5)(6)项废液的年产生量和活度都较难估计，在德国 HTR-MODUL 安全分析中，考虑了去污水和实验室水(活度浓度 3.7×10^{4}Bq/L)、地坑水和泄漏水(活度浓度 3.7×10^{3}Bq/L)、洗衣水(活度浓度 3.7×10^{1}Bq/L)、淋浴水和盥洗室水(通常无放射性)。所以，在没有其他参考依据的条件下，高温气冷堆这几项废水的活度浓度取 HTR-MODUL 中废水浓度的最大值，即 3.7×10^{4}Bq/L。本章中将这几项废水称作第Ⅲ类废水。随着 HTR-PM 一回路氦气少量泄漏，伴随泄漏的是气载放射性物质，没有进入液态排放途径；只有在去污水及实验室废水中才可能有一回路泄漏的可沉积放射性物质(包括沉积的石墨粉尘吸附的放射性物质)。这种废水的产生量(排放量)是很难估计的，HTR-PM 初步设计中预计第Ⅲ类废水排放量为 $180m^3/a$，该值可能随着设计分析的深入而调整。

第(7)(8)项废液预计年产生及排放量约 1200m^3/a，由于其放射性浓度很低，一般不做降低放射性浓度的处理。本章中将这些废水称作第Ⅳ类废水。

10.6.2.2 放射性废液的排放

(1)第Ⅰ类废水：HTR-PM 的第Ⅰ类废水主要含氚，来源于氦净化系统净化冷凝液，年产生量 0.1m^3，长期贮存，不向环境排放。经分析计算，在高温气冷堆核电厂刚投入运行的年份，产氚量最大，相应的进入氚水贮存罐的氚量也最大，此时氚水贮存罐中氚活度浓度$<8\times10^{11}$Bq/L。运行 3 年后一直到寿期末，由于 ^{6}Li 活化产氚量的变化，使产氚量变小，对平衡堆芯而言，氚水贮存罐中氚活度浓度设计值应小于 4×10^{11}Bq/L。

(2)第Ⅱ类废水：HTR-PM 液态氚的释放来自于第Ⅱ类废水，即二回路泄漏水。根据 10.6.3 的分析，第Ⅱ类废水的氚排放活度浓度控制为$<6.2\times10^4$Bq/L，此类废水量保守估计为 90 000m^3/a，氚的液态途径排放量设计值因而达到 5.6×10^{12}Bq/a。

考虑到 10.6.1 中的分析结论，即二回路泄漏及排放水估计有 1/5 进入气载途径，则通过第Ⅱ类废水液态途径排放的氚可能减少为 4.48×10^{12}Bq/a。

(3)第Ⅲ、Ⅳ类废水：HTR-PM 液态途径其他核素的释放来自于第Ⅲ类废水(即检修去污水、实验室排水、地面冲洗水)和第Ⅳ类废水(即洗衣淋浴水)，第Ⅲ类废水经蒸发处理后排放，第Ⅳ类废水可直接排放。为满足日益严格的法规要求及对环境进行更好的保护，将放射性废水浓度的排放限值优化为 1000Bq/L，以适应以后更严格的管理要求。这两类废水量分别为 180m^3/a 和 1200m^3/a。

在 HTR-PM 中，设置了容积共为 90m^3 的废水罐收集第Ⅲ类废水，而按表 10.6.7，第Ⅲ类废水的年产量估计为 180m^3，活度浓度$<3.7\times10^4$Bq/L，因此在计算废水罐中放射性源项时，假设初始活度浓度为 3.7×10^4Bq/L 的第Ⅲ类废水在 6 个月内均匀灌满 90m^3 的废水罐，则向废水罐灌注废水的速率为 5.787×10^{-3}L/s，向废水罐的放射性排放速率为 $R_t=2.14\times10^2$Bq/s。在估算这部分放射性废液源项时，假定进入初始第Ⅲ类废水中的核素全部是一回路可沉积核素，而且各核素所占比例取反应堆 40 年寿期末一回路系统中核素沉积量的比例。根据表 10.3.4，40 年寿期末一回路放射性总沉积量 $A_{dt}=4.64\times10^{12}$Bq，核素 i 的沉积量记为 A_{di}，则不难推得 90m^3 的废水罐刚收集满时罐中核素 i 的活度 A_{ji} 为

$$A_{ji}=\frac{A_{di}}{A_{dt}}\cdot R_t\cdot\frac{1-e^{-\lambda_i t}}{\lambda_i} \tag{10.6.20}$$

t 为灌满 90m^3 废水罐的时间，取 t=180d。

根据以上参数及式(10.6.20)，计算得到 90m^3 的废水罐刚收集满时罐中核素活度，列于表 10.6.8。

表 10.6.8 废水罐刚收集满时罐中核素活度

核素	往废水罐的活度排放率(Bq/s)	90m^3 废水罐刚装满时活度(Bq)
^{131}I	3.27E+01	3.27E+07
^{132}I	5.07E+00	6.04E+04
^{133}I	1.84E+01	1.98E+06

续表

核素	往废水罐的活度排放率(Bq/s)	$90m^3$ 废水罐刚装满时活度(Bq)
^{134}I	4.15E+00	1.89E+04
^{135}I	8.30E+00	2.86E+05
^{89}Sr	3.55E–01	2.04E+06
^{90}Sr	6.46E–02	9.98E+05
^{134}Cs	1.06E+01	1.52E+08
^{137}Cs	1.29E+02	2.00E+09
^{110m}Ag	8.76E–01	1.07E+07
^{88}Rb	2.54E+00	3.90E+03
^{138}Cs	1.66E+00	4.62E+03

由于 HTR-PM 对放射性废液采用蒸发处理，使放射性活度浓度降低几十倍(由 3.7×10^4Bq/L 降到 1000Bq/L)是比较容易实现的。处理后的废水采用槽式排放，即经处理后的废水先排至监测槽(监测水箱)内，充满后取样分析，达标后方可排放，如发现超标，可根据废水的放射性水平返回废水处理系统再度处理，直到达到控制标准为止。达到规定排放控制标准的废水可与核电厂循环冷却水一起通过排放口排入大海。

为得到排放废水源项，假设对第Ⅲ类废水的处理效率：对碘为 90%，对 Cs、Sr、Ag 为 96%；处理过程到排放至少取 7d 衰变时间。另外，假设第Ⅳ类废水(活度浓度为 7.4Bq/L)也至少在监测槽中衰变 7d 后排放。计算得到 HTR-PM 放射性废液排放途径各核素的年排放量如表 10.6.9 所示。其中氚的排放来源于第Ⅱ类废水。

分析表明，因为 HTR-PM 产生与排放的放射性废液很少，由液态途径造成的放射性剂量是很低的。

表 10.6.9 HTR-PM 核电厂废液放射性活度的排放量 (单位：Bq/a)

核素	排放活度	核素	排放活度
^{3}H	4.5×10^{12}	^{134}Cs	1.2×10^{7}
^{89}Sr	1.6×10^{5}	^{137}Cs	1.7×10^{8}
^{90}Sr	8.2×10^{4}	^{131}I	4.3×10^{6}
^{110m}Ag	8.8×10^{5}	^{133}I	4.2×10^{3}

本章对高温气冷堆放射性废物源项的来源进行了较详细的分析，给出了用于我国高温气冷堆源项分析的计算模型和计算方法，并以高温气冷堆核电厂示范工程 HTR-PM 设计参数为基础，进行了实例计算与分析，得到了高温气冷堆放射性废物设计基准源项。这些源项分析方法及分析结果可作为我国模块式高温气冷堆设计与改进的重要基础之一，也可作为高温气冷堆安全分析的重要参考。

总结本章分析计算内容，可得到如下结论和建议。

(1)用 KORIGEN 程序计算球床模块式高温气冷堆堆芯放射性总量是可行的，但需要持续关注核素反应截面等的实验结果以更新程序的核数据库。

(2)利用 KORIGEN 程序计算平衡堆芯放射性总活度，得到一个反应堆平衡堆芯中放射性总量约为 5.12×10^{19}Bq，其中裂变产物总量为 3.97×10^{19}Bq，重同位素为 1.15×10^{19}Bq。

(3)给出了不同裂变产物核素从堆芯燃料元件释放的计算模式：长寿命(半衰期 200d 以上)裂变产物核素(包括 ^{85}Kr)从燃料元件释放到一回路中的释放率用 FRESCO2 程序计算；而碘和惰性气体放射性裂变产物的半衰期较短(除 ^{85}Kr 外)，释放率则用 BOOTH 模型计算。用一定的简化处理方法得到了全堆芯燃料元件关心的裂变产物向一回路的释放率。

(4)给出了计算一回路氦气中放射性裂变产物浓度及一回路内表面沉积量的方法，可作为球床模块式高温气冷堆一回路裂变产物源项计算的参考模式。

(5)用推导的模型计算了反应堆一回路冷却剂中放射性核素(包括裂变产物和活化产物)的活度，得到一回路氦气中惰性气体总活度为 5.9×10^{11}Bq，碘总活度为 5.8×10^{9}Bq，长寿命固态物为 4.0×10^{5}Bq，氚为 8.5×10^{10}Bq，^{14}C 为 1.3×10^{9}Bq；同时得到 40 年寿期末一回路内表面沉积的放射性活度：碘为 1.5×10^{12}Bq，长寿命固态物质为 3.1×10^{12}Bq；另外，也用自推导模型试算了二回路水中氚的浓度。

(6)分析了球床模块式高温气冷堆气载放射性物质向环境释放的途径，并给出了可行的计算方法；以此为基础得到的气载途径向环境的放射性物质释放量设计值，可作为申请排放量的依据。

(7)按照 HTR-PM 气载放射性物质释放途径，计算得到每年释放到环境的气载放射性物质中，惰性气体(包括 ^{41}Ar)的活度为 9.62×10^{12}Bq，碘为 3.95×10^{9}Bq，长寿命固体物质为 1.61×10^{6}Bq，氚为 3.18×10^{12}Bq，^{14}C 为 1.25×10^{12}Bq。

分析了放射性废液释放途径，给出了废液源项计算方法，计算得到 HTR-PM 每年释放到环境的放射性废液中，碘为 4.3×10^{6}Bq，长寿命固体物质为 1.83×10^{8}Bq，氚为 4.5×10^{12}Bq。

第十一章 展 望

我国核电堆型较多，且是从法国、美国、俄罗斯和加拿大 4 个不同国家引进的。由于我国核电厂核与辐射安全监管要求与引进国有一定的差异，国外源项在我国不一定完全适用。同时，每种堆型都拥有一套各自的源项体系，导致我国核电厂一回路源项和排放源项体系庞杂混乱，争议很多，影响核电厂安全、经济性和公众信心，不利于核电厂建设、监管和技术交流，不利于我国核电“走出去”。例如，源项基准不统一，将导致核电厂缺乏统一的设计基准，不能在统一的基准下评价厂址的适宜性，导致流出物排放基本相同的不同机型在同一厂址可建设的机组数大不相同这种严重背离科学和常识的结论；现实源项基准过于保守将导致流出物现实排放源项比实际排放量大几个数量级，不利于准确评估核电厂正常运行的环境影响，影响流出物监测系统的设计及公众对核电的信心等。

本书在深入研究 M310/CPR1000/CNP1000、WWER、AP1000 和 EPR 等堆型国外放射性废物管理源项的基础上，依据我国法规标准要求，从源项应用目的出发，确定源项计算的基本思路，明确了程序计算与运行经验数据相结合的技术路线，构建了一套适用于我国压水堆核电厂的源项框架体系；系统地研究了源项的计算模式和参数，形成了较规范的源项计算方法，有效地解决了上述问题，使不同堆型可以在统一的安全水平下进行源项计算和评价。本书的研究提高了核电厂一回路源项和排放源项计算方法的科学性，增强了核电厂流出物释放环境影响评价结果的可信度，有利于增进公众和有关方对核电厂辐射环境影响的认识。

本书的研究成果：

(1) 已应用于 AP1000 三门核电一期工程、AP1000 海阳核电一期工程、EPR 台山核电站 1、2 号机组、WWER 田湾核电站 3、4 号机组等工程的一回路源项和排放源项计算，安全分析报告相关章节及环境评价报告书的编制和审评，为这些核电厂的放射性废物管理系统设计、放射性废物最小化管理及环境影响评价提供了基础。

(2) 已应用于华龙一号福清 5、6 号机组 FSAR、华龙一号防城港 3、4 号机组 FSAR、CAP1400 示范工程 FSAR 等项目及华龙一号出口项目一回路源项和排放源项的计算，并将应用于安分报告等相关报告的编制。

(3) 已应用于核安全法规《核电厂标准审查大纲》的编制；已应用于核安全监管文件《核电厂一回路源项和排放源项审评原则》的编制；已应用于能源行业标准（NB 标准）《压水堆核电厂正常运行设计基准源项分析准则》的编制；即将应用于 GB/T 13976—2008《压水堆核电厂运行状态下的放射性源项》和 HAD 401/01《核电厂放射性排出流和废物管理》等法规标准的修订；即将应用于华龙一号和能源行业系列标准的编制等。

(4) 本书研究成果也可供高温气冷堆、重水堆、海上浮动堆、小型供热堆和研究堆等堆型源项计算时参考。

虽然我国核电厂一回路源项和排放源项的研究工作已取得了重要成果，但由于源项研究工作涉及面非常广泛，加之是首次系统开展这方面工作的研究，经验不足，时间有限，所获得的运行数据也有限，对一些计算参数和假设的研究还不够充分，后续应进一步开展以下研究工作。

11.1 我国核电厂一回路源项运行数据研究

我国核电厂一回路源项和排放源项框架体系中，明确了程序计算与运行经验数据相结合的技术路线。源项研究应基于大量的运行数据，本书首次较为系统地统计分析了我国运行核电厂一回路源项运行数据，为研究确定核电厂一回路源项和排放源项基准提供了基础。但书中所收集到的一回路源项运行数据(包括裂变产物源项和活化腐蚀产物源项)较为有限，后续需收集分析尽可能多的运行数据，以确保一回路源项基本假设的代表性和包络性。

核电厂一回路源项是衡量核电厂运行状态的主要参数，是核电厂设计和运行管理的主要依据，是运行核电厂燃料完整性分析、辐射防护最优化、放射性废物最小化、一回路水化学优化、流出物排放量优化和辐射环境影响评价的技术基础。因此，开展我国在役核电厂一回路源项运行数据研究工作是非常重要的。

法国 EDF 和美国 EPRI 等机构，均构建了较为系统的一回路源项运行数据分析系统，为一回路源项的设计、审评和研究提供了重要的技术支持。在源项研究工作中发现，目前我国虽然根据相关法规标准对核电厂气液态流出物排放源项运行数据开展了收集和分析，但对一回路运行数据，还没有进行系统的收集，更没有开展相关的分析和研究工作。

我国大亚湾、秦山和田湾等核电基地，已有 100 多堆年的运行经验，为我国积累了大量宝贵的运行数据，包括一回路源项运行数据。对这类数据进行系统的收集、整理、分析和研究，是非常重要的，可为我国核电厂的运行管理优化、新电厂的源项设计等提供基础。为了推动这项工作，由生态环境部核与辐射安全中心牵头，国内所有运行核电厂和核电设计研究单位共同参与，在中国环境科学学会放射性废物专业委员会下成立了核电厂一回路源项运行数据研究工作组，专门致力于核电厂一回路源项运行数据的研究。

11.2 一回路源项计算参数和假设的深入研究

一回路裂变产物逃逸率系数、氚从锆合金(燃料的包壳)和不锈钢(次级中子源的包壳)的释放比、一回路活化腐蚀产物源项计算方法、^{14}C 源项计算中氮浓度的取值等，是后续需要开展进一步研究的工作。

11.2.1 裂变产物源项

逃逸率系数是计算裂变产物从破损燃料元件释放的关键参数，目前工程设计中广泛使用的这套逃逸率系数来自国外 20 世纪五六十年代的钻孔实验。事实上，影响裂变产物逃逸率系数的因素非常多，除了裂变产物的化学形态外，逃逸率系数对破损尺寸和燃料温度非常敏感。后续可以根据国内核电厂的燃料破损情况开展这方面的研究。

国内核电厂设计仍沿用 0.25%燃料元件破损率或归一化到 37GBq/t ^{131}I 当量活度浓度的裂变产物源项进行放射性废物处理系统设计和屏蔽设计，该基准来自 20 世纪七八十年代的核电厂的运行经验。近 40 年来，行业内在燃料运行方面已积累了非常丰富的经验，燃料设计和制造水平已经有明显提升，燃料破损率也已经明显降低。根据国内外核电厂的最新运行数据，当前核电厂燃料元件破损率已降低到 10^{-5} 数量级。因此后续有必要开展降低正常运行源项基准的专题研究。

11.2.2 活化腐蚀产物源项

活化腐蚀产物的产生、释放和迁移机理非常复杂，这些放射性核素以不同物理和化学形态转化。尽管很难通过程序准确地预测核电厂活化腐蚀产物源项，但近年来国内外在水化学优化、腐蚀机理和材料选择等方面开展了大量的研究，以降低沉积剂量。在后续程序开发有两个完全不同的方向，一是通过准确的回路试验和腐蚀实验等进一步优化更复杂的机理性模型，二是根据活化腐蚀产物的运行测量数据建立半经验模型。这两类方法都有助于提高对活化腐蚀产物的产生和迁移行为的认识。目前来看，基于足够样本数量的同类型电厂运行经验反馈数据来对关键参数进行修正，是得到更符合实际的活化腐蚀产物源项分析结果最为有效的方法。

目前国内大部分核电厂只监测冷却剂中活化腐蚀产物的总活度，并不对这些放射性核素处的物理和化学形态进行研究。对不同物理和化学形态的活化腐蚀产物的测量，将有助于更准确地分析不同核素的行为，有利于通过水化学优化来降低沉积源项。

此外，我国新建的 AP1000 堆型为加锌电厂，但其反应堆冷却剂中的腐蚀产物源项却基于 NUREG-0017 中的方法，以参考电厂测量数据为基础通过一定的调整而得到。考虑到这些参考电厂大多数可能是没有注锌的，且后续可结合 AP1000 核电厂的运行数据对一回路注锌结果开展进一步研究。

11.2.3 氚源项

燃料和次级中子源是排放氚的重要(潜在)来源，但不同工程项目采用的氚从锆合金(燃料的包壳)和不锈钢(次级中子源的包壳)释放的比例有很大差异，不同研究者根据压水堆核电厂的氚排放运行数据反推出来的氚释放比例也差异较大。这主要是目前对核电厂排放氚的源头及其贡献分析不够准确，一方面是因为国内缺少氚对这些合金材料扩散的直接测量结果，另一方面是不同研究者使用模型差异较大。

当前结合氚的产生量与系统、设备及环境排放量来反推氚通过燃料和包壳项主回路的扩散份额是有效和可信的方法，这就要求特定周期内系统和设备中包容的氚及环境排放氚的测量结果要具有一定的可靠性。另外，在核电厂采用新的燃料类型后，无论是新燃料及包壳对氚扩散性能的对比分析研究，还是后续运行经验反馈数据的系统测量和收集，对得到可靠的氚源项分析结果都极为重要。

后续可以通过开展氚对不同合金扩散的直接测量实验得到准确的释放比例，也可通过对不同压水堆的氚排放量和堆芯设计进行系统的比较分析来优化氚源项计算模型。

目前国内一些单位正在开展降低压水堆核电厂氚排放量的专题分析，并取得了比较乐观的成果。初步研究表明，取消次级中子源或优化次级中子源的包壳设计可以明显降低氚排放量(对 M310 系列机组可降低 40%以上)。这有望解决后续滨海核电厂的“一址八堆”的氚排放超标技术瓶颈，同时也有利于降低内陆核电厂氚排放的环境影响。

11.2.4 ^{14}C 源项

国内压水堆对 ^{14}C 排放量的监测较晚(从 2011 年开始监测 ^{14}C)，对 ^{14}C 产生和释放行为的研究较少。目前国内理论模型计算的 ^{14}C 产生量比核电厂监测的气、液相排放量总和大很多：一方面可能是理论模型中使用的氮含量过大(如氮含量高达 40mg/kg)，而国外专门测量表明冷却剂氮含量低至数 mg/kg；另一方面可能是现有计算模型均认为冷却剂中产生的 ^{14}C 通过气相和液相排放，低估或未考虑 ^{14}C 在固体废物(特别是废树脂)的分配。后续可以通过测量冷却剂中氮含量、^{14}C 在废树脂中含量、^{14}C 在一回路和流出物中的化学形态等方面开展研究。

11.3 排放源项计算参数和假设的深入研究

对于一回路及相关系统的泄漏率、一回路向二回路泄漏率、二回路凝结水精处理系统对于放射性核素的去除效率、各类废液的活度浓度等排放源项主要计算参数，后续需开展进一步的研究工作。

11.3.1 二回路源项

二回路源项计算的模式是较为清晰的，但其中的几个关键参数对于源项的计算影响很大。二回路源项的来源为一回路通过蒸发器向二回路发生的泄漏，除一回路源项外，一回路向二回路泄漏率的准确性是首先需要确定的重要参数，此值需要根据不同堆型蒸发器所采用的设备类型、材质等参数结合实际运行情况来确定。以 M310 系列机组 18 个月换料循环为例，二回路源项计算假设了一台蒸汽发生器的泄漏率在循环内，前 16 个月维持 1.5kg/h，循环末 2 个月从 1.5kg/h 线性增加到 73.5kg/h。该泄漏率模型是非常保守的，且超过了正常运行的范畴。因为一回路冷却剂从一回路到二回路的泄漏率超过 70kg/h 时，机组已经进入事故规程。后续应结合电厂运行经验对该假设做进一步优化，以更加贴近现实。

此外，尚有几个对于二回路源项计算起到关键作用的参数需要确定：一是二回路凝结水精处理系统对于放射性核素的去除效率，由于二回路精处理系统是针对二回路非放水质控制设置的，一般而言对于放射性核素的去除效率没有明确的指标；二是二回路中水通过精处理系统的份额、蒸发器排污流量等参数，其对于二回路源项的计算影响也很大。这些参数按照设计值开展计算往往会使得二回路源项或者二回路排放源项结果偏大，与实际运行经验不符，因此需要结合实际运行经验来确定，以得到更加符合实际的二回路源项。

11.3.2 排放源项

核电厂运行过程中的排放源项会受到机组运行状态、燃料原件密封性、设备泄漏率、去除效率等各方面参数的影响，而且往往这些影响对于最终的排放影响是非常大的，因此排放源项计算是采用以设计为基础、结合大量经验反馈数据来进行调整的理论与经验相结合的方法。排放源项的这一特点就决定了为更好地反映出不同机型的排放特点，需要大量收集经验反馈数据，这些数据包括实际运行过程中一回路的活度浓度情况及核素组成、废液处理系统收集到的各路废液的活度浓度、一回路及相关系统的泄漏率、一回路向二回路的泄漏率、与气态释放相关的一回路泄漏率、安全壳泄漏率和辅助厂房内冷却剂泄漏率等。

由于每一种机型所采取的设备类型、运行状态和特点等差异很大，后续应开展不同机型运行数据的收集、整理和分析工作，通过这些数据的收集可以准确地对排放源项计算中现实和保守工况下不同参数进行区分，更重要的是无论从排放总量还是核素组成上都可以得到更加接近于实际运行工况下排放的计算结果，这对于后续开展准确的排放监测、辐射环境影响评价及辐射环境监测具有很大的意义。

11.4 高温气冷堆源项的深入研究

从国内外高温气冷堆技术的发展历程来看，模块式高温气冷堆因为其固有安全特征而受到越来越多的关注。但正如第十章所言，与压水堆相比，高温气冷堆源项可供参考的分析方法和经验数据都非常缺乏。我国发展的模块式高温气冷堆技术已处于世界领先水平，对高温气冷堆源项的研究方兴未艾，未来一段时期主要的研究工作将集中在如下几个方面：

(1)源项分析软件自主研发：在 HTR-PM 源项分析中，堆芯放射性总量采用从德国引进的 KORIGEN 程序计算，裂变产物从堆芯的释放率计算则用到了从德国引进的 FRESCO2 程序；而我国自己开发的模型和程序则并未经过正规的软件开发流程，未形成有力的知识产权保护，不利于我国高温气冷堆技术的推广。针对这种情况，未来几年将按我国软件开发规范，着重自主开发高温气冷堆源项分析的系列软件，包括基于源耗减模型的堆芯总量计算程序、基于 Fick 扩散定律的堆芯裂变产物释放率计算程序，基于自开发模型的一回路放射性水平计算程序、气载放射性向环境释放计算程序、氚产生与释放程序、^{14}C 产生与释放程序等。

(2)源项的机理性研究：在 HTR-PM 及以前的高温气冷堆源项分析中，较多地用到经验模型或经验公式，在一些关键参数的选取上更是如此，比如各种重要裂变产物在燃料元件中的扩散系数、在石墨基体和一回路表面的吸附与沉积等，基本上采用国际上高温堆运行经验数据或实验测量数据及由此得到的经验公式(测量数据拟合曲线)。我国发展的模块式高温气冷堆，无论从燃料设计、堆芯设计还是一回路系统设计等，都与国际上已有的高温气冷堆有所差别，这就导致源项计算公式和源项参数可能有所不同。因此，近几年我们在逐步发展高温气冷堆机理性源项分析方法，对吸附、扩散等关键过程采用“第一性原理”进行分析计算，从微观尺度“从头算”，以得到高温气冷堆放射性裂变产物迁移过程的规律及其关键参数，并与传统分析方法进行对比分析。将来我们会进一步加强这方面的研究，不但要进行裂变产物机理性源项研究，还要研究氚、^{14}C、^{60}Co 等重要活化产物产生与迁移过程的微观分析方法。

(3)运行数据、实验数据的收集与模型改进：对模块式高温气冷堆源项分析而言，最大的困难是缺乏实测数据，因此，在高温气冷堆核动力厂的安全分析中，大多数时候不得不采用保守的源项分析模型和保守的输入参数，给反应堆安全措施、辐射防护措施及放射性废物管理系统的设计带来额外的负担。依托高温气冷堆国家重大科技专项，HTR-PM 即将建成运行，而且在 HTR-10 上建立了研究高温气冷堆裂变产物行为的实验回路，我们将充分利用这些实验回路和 HTR-PM 的运行，尽可能收集放射性物质释放及在各系统、设备、部件中的分布实测数据，反馈到源项分析，以便对源项分析模型及其参数进行改进，并进一步得到高温气冷堆的现实源项。

11.5 其他堆型源项研究

本书从源项应用目的出发构建源项框架体系，采用程序计算与运行经验数据相结合的技术路线，这对于其他堆型的源项计算也是适用的；本书采用的源项计算模式和参数研究方法，也可供其他堆型参考。未来应针对重水堆、海上浮动堆、小型供热堆和研究堆等堆型的具体特点，系统地开展各堆型一回路源项和排放源项的源项基准、计算模式和计算参数研究，以更好地服务工程建设需要，更好地保护人类和环境。

参 考 文 献

曹勤剑，郑建国，刘立业，等，2015. 压水堆核电站一回路系统的辐射源项及其测量[J]. 辐射防护通讯，35(4)：38-41.

陈忠宇，张勇，2009. 秦山核电厂大修期间辐射源项分析[J]. 辐射防护，(2)：65-71.

单陈瑜，卢皓亮，石秀安，等，2012. 压水堆核岛系统 ^{16}N 源项计算分析[J]. 中国核电，5(4)：329-334.

单陈瑜，石秀安，蔡德昌，等，2013. 大亚湾和岭澳一期核电站氚年排放量计算分析[J]. 核科学与工程，33(1)：31-37.

方岚，刘新华，祝兆文，等，2016. 核电厂惰性气体排放活度浓度的估算[J]. 核科学与工程，36(3)：306-312.

方岚，徐春艳，刘新华，等，2012. 压水堆核电站一回路活化腐蚀产物源项控制措施探讨[J]. 辐射防护，32(1)：8-14.

付鹏涛，蔡德昌，2017. 基于压水堆运行反馈的 ^{14}C 源项研究[J]. 核科学与工程，37(2)：215-222.

付鹏涛，石秀安，韩嵩，等，2013. CPR1000 型压水堆 ^{14}C 产生量研究[J]. 原子能科学技术，47(b06)：184-187.

傅鹏轩，2009. 大亚湾、岭澳核电站一回路辐射源项调查及控制技术的研究[D]. 上海：上海交通大学.

顾颖宾，中国核工业集团公司，2014. VVER-1000 核电厂水化学[M]. 北京：中国原子能出版社.

广东大亚湾核电站岭澳核电站生产运行年鉴(1994-2015)[M]. 北京：原子能出版社.

胡建军，唐彬，杨彬，2013. 基于输运计算方法的压水堆冷却剂 16N 和 17N 活化源项计算研究[J]. 核动力工程，34(5)：16-19.

环境保护部，2011. 核电厂放射性液态流出物排放技术要求：GB14587—2011[S]. 北京：中国环境科学出版社.

环境保护部，2011. 核动力厂环境辐射防护规定：GB 6249—2011 [S]. 北京：中国环境科学出版社.

贾子瑜，2004. 源项分析计算与研究[D]. 北京：中国原子能科学研究院.

李付平，刘辉，刘衡，等，2015. 正常运行工况下核电厂气态流出物中 ^{85}Kr 与 ^{133}Xe 的关系[J]. 辐射防护通讯，(1)：28-32.

李建龙，董正鹏，张文发，等，2014. 压水堆核电站检修过程中气载放射性源项及防护[J]. 辐射防护通讯 (5)：7-11.

李璐，陈义学，刘兆欢，等，2013. 核电厂放射性源项程序 DORAST 可视化平台开发[J]. 原子能科学技术，47(b12)：488-493.

刘新华，方岚，祝兆文，2015. 压水堆核电厂正常运行裂变产物源项框架研究[J]. 辐射防护，35(3)：129-135.

刘兆欢，陈义学，李璐，等，2013. DORAST 程序在 AP1000-回路和二回路系统中的源项分析[J]. 原子能科学技术，47 (b12)：625-629.

吕炜枫，熊军，唐邵华，等，2013. 压水堆核电站运行状态下气液态放射性流出物源项计算研究[J]. 原子能科学技术，47(b06)：197-201.

米爱军，王晓霞，王炳衡，等，2013. 离散纵标输运计算方法在压水堆核电厂 Ar 活化源项分析中的应用[J]. 原子能科学技术，47(b06)：179-183.

欧阳俊杰，陈跃，2004. 大亚湾核电站 1994～2002 年放射性流出物监测总结[J]. 辐射防护，24(3)：162-172.

潘跃龙，2014. 核电厂放射性固体废物管理系统的设计与开发[D]. 长沙：湖南大学.

潘自强，2011. 辐射安全手册[M]. 北京：科学出版社.

强亦忠，1990. 常用核辐射数据手册[M]. 北京：原子能出版社.

曲静原，曹建主，李红，等，2006. 中国高温气冷堆核电示范工程环境辐射影响初步分析[J]. 核动力工程，27(6)：109-112.

全国核能标准化技术委员会，2002. 电离辐射防护与辐射源安全基本标准：GB 18871—2002 [S]. 北京：中国标准出版社.

全国核能标准化技术委员会，2008. 压水堆核电厂运行状态下的放射性源项：GB/T 13976—2008 [S]. 北京：中国标准出版社.

阮於珍，2010. 核电厂材料基础[M]. 北京：中国原子能出版社.

邵静，万海霞，徐治龙，等，2015. 压水堆主回路源项敏感性分析[J]. 科技创新导报，(35)：125-128.

吴华强，邓军，陈彰贵，等，2015. 核电厂燃料包壳破损情况下反应堆停堆过程中水化学监测与控制[J]. 辐射防护通讯，(1)：6-9.

吴美景，2005. 核电厂主冷却剂辐射源项研究[D]. 上海：上海交通大学.

许明霞，2012. 压水堆一回路冷却剂活化腐蚀产物钴银锑[J]. 核安全，(1)：1-9.

许锐，2015. 大型先进压水堆燃料组件裂变产物释放及扩散机理研究[D]. 上海：上海交通大学.

尤伟，米爱军，杨德锋，2015. 压水堆核电机组一回路裂变产物源项分析[J]. 中国科技成果，(11)：59-62.

云桂春，2009. 压水反应堆水化学[M]. 黑龙江：哈尔滨工程大学出版社.

张稳，肖雪夫，王川，2012. 核电厂放射性液态流出物总 γ 放射性浓度控制值估算[J]. 辐射防护通讯，(3)：10-15.

赵博，王晓亮，毛亚蔚，等，2015. 新建核电厂(华龙一号)运行的环境影响评估[J]. 辐射防护，35(s1)：5-11.

赵杨军，顾志杰，2010. 核电厂常规运行工况下放射性惰性气体和碘的释放源项计算[J]. 辐射防护，(4)：226-231.

郑福裕，章超，2010. 核反应堆物理基础[M]. 北京：中国原子能出版社.

中华人民共和国国务院，2011. 中华人民共和国放射性废物安全管理条例[M]. 北京：法律出版社.

中华人民共和国全国人民代表大会，2003. 中华人民共和国放射性污染防治法[M]. 北京：法律出版社.

周静，宫权，邱海峰，2014. 压水堆核电厂裂变产物源项计算方法研究[J]. 核科学与工程，34(4)：469-474.

周岩，丁谦学，梅其良，2015. 压水堆核电厂放射性活化源项计算[J]. 辐射防护，35(s1)：90-95.

American National Standards Institute & American Nuclear Society，1984. ANSI/ANS-18. 1-1984：Radioactive Source Term for Normal Operations of Light Water Reactors[S].

American National Standards Institute & American Nuclear Society，1999. ANSI/ANS-18. 1-1999：Radioactive Source Term for Normal Operations of Light Water Reactors[S].

American National Standards Institute & American Nuclear Society，1993. ANSI/ANS 55. 6，liquid radioactive waste processing system for light water reactor plants[S].

Eckerman KF，1993. EPA-402-R-93-081，External exposure to radionuclides in air，water，and soil [R]. United Washington DC：States Environmental Protection Agency.

Eckerman KF，Wolbarst AB，Richardson ACB. EPA-520/1-88-020，Limiting Values of Radionuclide Intake And Air Concentration and Dose Conversion Factors For Inhalation，Submersion，And Ingestion. Federal Guidance Report No. 11[R]. Washington DC：United States Environmental Protection Agency.

Fischer U，Wiese HW，1991. Verbesserte konsistente Berechnung des Nuklearen Inventars Abgebrannter DWR-Brennstoffe anf der Basis von Zell-Abbrand-Verfahren mit KORIGEN[R]. Institut fuer Neutronenphysik and Reaktortechnik，Kernforschungszentrum Karlsruhe (Heizexperiment).

IAEA，2010. Review of fuel failures in water cooled reactors[M]. International Atomic Energy Agency.

Lin CC，1996. Radiochemistry in Nuclear Power Reactors[M]. Washington：National Academy of Sciences Press.

Maria Aránzazu Tigeras Menéndez. Fuel Failure Detection，Characterization and Modelling- Effect on Radionuclide Behaviour in PWR Primary Coolant[D].

Nuclear Regulatory Commission，1979. NUREG CR-0715：In-Plant Source Term Measurements At Zion Station[S].

Nuclear Regulatory Commission，1985. NUREG-0017：Calculation of Releases of Radioactive Materials in Gaseous

and Liquid Effluents from Pressurized Water Reactors[S].
U. S. Nuclear Regulatory Commission，2010. 10CFR 20，Code of Federal Regulations，Title 10，Part 20，Standards for Protection Against Radiation[S].
Uchrin G，Hertelendi E，Volent Gábor，et al，1997. 14C measurements at PWR-Type nuclearpower plants in three middle European countries[J]. Radiocarbon，40(1)：439-446.